The Book of Michael of Rhodes

The Book of Michael of Rhodes

A Fifteenth-Century Maritime Manuscript

edited by Pamela O. Long, David McGee, and Alan M. Stahl

Volume 1: Facsimile
edited by David McGee

transcription by Franco Rossi
translation by Alan M. Stahl

The MIT Press Cambridge, Massachusetts London, England

MIT Press books may be purchased at special quantity discounts for business or sales promotional use. For information, please email special_sales@mitpress.mit.edu or write to Special Sales Department, The MIT Press, 55 Hayward Street, Cambridge, MA 02142.

This book was set in Garamond Pro on 3B2 by Asco Typesetters, Hong Kong, with facsimile scanning by Jay's Publishers Services, Inc., Hanover, MA, and was printed and bound at Grafos, Barcelona, Spain.

Library of Congress Cataloging-in-Publication Data

Michael, of Rhodes, d. 1445.
The book of Michael of Rhodes : a fifteenth-century maritime manuscript / edited by Pamela O. Long, David McGee, and Alan M. Stahl.
v. cm.
Contents: v. 1. Facsimile / edited by David McGee — v. 2. Transcription and translation / edited by Alan M. Stahl ; transcription by Franco Rossi and translated by Alan M. Stahl — v. 3. Studies / edited by Pamela O. Long.
Text in English and Venetian Italian.
ISBN 978-0-262-13503-0 (v. 1 : hbk. : alk. paper) — ISBN 978-0-262-19590-4 (v. 2 : hbk. : alk. paper) —
ISBN 978-0-262-12308-2 (v. 3 : hbk. : alk. paper)
1. Michael, of Rhodes, d. 1445. 2. Naval art and science—Early works to 1800. 3. Navigation—Early works to 1800. 4. Mathematics—Early works to 1800. 5. Astrology—Early works to 1800. 6. Calendars—Italy—Early works to 1800. 7. Shipbuilding—Early works to 1800. I. Long, Pamela O. II. McGee, David, 1955– III. Stahl, Alan M., 1947–
IV. Rossi, Franco. V. Title.
V46.M56 2009
623.80945′309023—dc22 2008008611

10 9 8 7 6 5 4 3 2 1

Contents

Volume 1: Facsimile

Volume 2: Transcription and Translation

Volume 3: Studies

Preface to Volume 1

In 1401, a young man named Michael of Rhodes joined the Venetian navy as a humble oarsman. Over the next four decades he sailed on more than forty voyages with the commercial and military fleets of Venice, fighting in several sea battles as he rose from the lowest positions in the navy to the highest ranks available to a non-noble officer like himself.

Along the way, Michael mastered an astonishing range of knowledge, and in 1434 he began to write a manuscript reflecting the different kinds of knowledge he had acquired. Among its 241 folios are 180 pages of commercial mathematics, a beautifully illustrated section on astrology, several tables and other documents relating to time reckoning, some of the earliest known portolan texts, and the world's first extant treatise on shipbuilding. It is a facsimile of Michael's manuscript that you hold in your hand.

The text was more or less complete by 1436, and several parts were copied into other manuscripts in the century following Michael's death in 1445. The section on shipbuilding was of particular interest in the sixteenth and seventeenth centuries, when it was copied at least three times. The manuscript then disappeared from view. It was not until 1848 that the great French historian Augustin Jal published a study of one of the copies of the shipbuilding material, calling it the *Fabrica di galere*. Scholars, however, had no idea the original manuscript still existed or of the identity of the author until 1966, when Michael's manuscript came up for auction at Sotheby's in London. To the dismay of the scholarly community, which recognized its importance, the manuscript was purchased by a private collector and disappeared again.[1]

Fortunately, Michael's manuscript came up for auction at Sotheby's again in 2000, when it was purchased by a private collector with a different attitude. Aware that the Dibner Institute for the History of Science and Technology, of Cambridge, Massachusetts, was interested in the manuscript, the new owner graciously made it available to the Dibner for study and publication.

The Dibner Institute, originally on the initiative of Executive Directors Evelyn Simha and Bonnie Edwards, supported by Acting Director George Smith, then established the Michael of Rhodes Project under the direction of independent scholar Pamela O. Long, Burndy Library Research Director David McGee, and Princeton University Curator of Numismatics Alan M. Stahl. An international team of scholars was recruited to work on various aspects of the manuscript: Dieter Blume, Professor of Medieval Art History at Friedrich Schiller University in Jena, Germany; Mauro

1. Readers can learn more about the history of the manuscript in the essays of Franco Rossi and Alan Stahl found in volumes 2 and 3.

Bondioli, a leading authority on early Venetian shipbuilding; Piero Falchetta, curator of maps and special projects at the Marciana National Library in Venice; Raffaella Franci, Professor in the Department of Mathematics and Computer Science at the University of Siena; Franco Rossi, noted paleographer, Vice-Director of the State Archives of Venice, and Director of the State Archives of Treviso; and Faith Wallis, Professor in the Department of Social Studies of Medicine at McGill University, an authority on medieval chronology, calendars, and medicine. Funds were then raised for the Michael of Rhodes Project, which has been generously supported by the National Endowment for the Humanities (Grant No. RZ-50047-03), the National Science Foundation (Grant No. SES-0322627), the Gladys Krieble Delmas Foundation, the Burndy Library, the Dibner Institute, and the Dibner Fund.[2]

The original goals of the Michael of Rhodes Project were twofold. One goal was to ensure that the contents of the manuscript could never be lost again. A second was to make the subjects covered in Michael's manuscript more widely known and thereby encourage historical research in late medieval and early Renaissance science and technology. To achieve these goals, an initial decision was made to publish a three-volume edition of the manuscript that would include a facsimile, a transcription and translation of the Venetian text, as well as a set of interpretive essays. It was also decided to establish a public website devoted to Michael and his manuscript, aimed at the general public and interested scholars.

The work of the research team was supported by the creation of a collaborative web portal by David McGee, hosted by the Burndy Library. The portal allowed team members to view digital images of the manuscript together with transcriptions and translations of the manuscript as they were revised by Franco Rossi and Alan Stahl, respectively. At the time, this was a new way of allowing researchers from around the world to work together, and was essential to the work of the Michael of Rhodes Project. The completed transcriptions and translations can be found in volume 2 of this edition, edited by Alan Stahl.

The initial research results of our team were presented at a workshop hosted by the Dibner Institute in December of 2004, following which team members completed drafts of their specialized articles on various aspects of the manuscript. Their revised papers were presented at a public conference hosted by the Dibner Institute and supported by the Glady Krieble Delmas Foundation in December of 2005. Comments and contributions to the study of Michael of Rhodes were made at this conference by an invited group of eminent scholars: Patricia Fortini Brown, John Dotson, Paolo Galluzzi, Matthew Harpster, Alan Hartley, David Jacoby, Brad Loewen, John Jeffries Martin, John Pryor, Dennis Romano, Pamela H. Smith, Peter Spufford, Glen Van Brummelen, Warren Van Egmond, Filipe Vieira de Castro, and Diana Gilliland Wright. The completed studies of our team can be found in volume 3 of this edition, edited by Pamela Long.

Many people have supported the project with their time, effort, and advice. Initial thanks are due to Evelyn Simha, Bonnie Edwards, and George Smith of the Dibner Institute, as well as Director of the Burndy Library Phillip N. Cronenwett and former Burndy Library Curator of Rare Books Benjamin Weiss. Rita Dempsey kept track of our finances and Dawn Davis Loring organized the conference of 2005. More thanks are due to members of the Michael of Rhodes project team for their congenial collaboration, and to the attendees of the public Michael of Rhodes conference

2. Readers can read more about the activities of the Michael of Rhodes Project in the preface to volume 3.

held in 2005. Dibner Fellow Matthew Harpster participated in many discussions of Michael's treatise on shipbuilding. Alan Hartley's assistance in translating obscure shipbuilding terms was invaluable. Dr. Almuth Seebohm translated Dieter Blume's article from German into English. Special mention should be made of Dibner Fellow Dr. Claire Calcagno for her work in translating the essays of four team members from Italian into English. Particular thanks are due to Joan McCandlish and Bruno Leung of the Burndy Library, without whom the private Michael of Rhodes portal could not have been maintained.

We owe an immense debt of gratitude to producer Keren Shomer, senior producer Louise Weber, former producer Rick Groleau, and senior designer Kim Ducharme, as well as the entire web design team of WGBH Interactive (including Julie Wolf, Stewart Smith, and Mayo Todorovic), for their expert work on the public website. Additional thanks are due to Paolo Galluzzi, of the Istituto e Museo di Storia della Scienza in Florence, Italy, for hosting the public Michael of Rhodes website.

David McGee
Ottawa, Canada
July 21, 2008

Notes on the Facsimile

The present volume contains full-color reproductions of every page of the Michael of Rhodes manuscript. Each page is printed at the same size as the original, and care has been taken to ensure that all the content of each of the original pages is reproduced.

This volume includes reproductions of six additional documents. The first five are the wills of Michael and his second wife Cataruccia and are the only known documents relating to Michael's private life, other than his manuscript. The final document reproduced is a note written on the inside of an official account of Michael's voyage to Constantinople in 1440, stating that Michael would have to go to the Venetian Arsenal to account for oars that went missing on the voyage. Apart from the appearance of Michael's name in papers concerning the annual election of officers in the navy, and one almost illegible document granting Michael a state office as a pension in the last year of his life, this is the only other known document that contains Michael's name.

As a look at the facsimile will show, the Michael of Rhodes manuscript begins with a number of blank pages, followed by Michael's own table of contents, his written text, several portolans in a different hand, then a series of blank pages interspersed with brief notes in additional hands. Each of these sections of the manuscript presents problems with respect to page numbering. A brief explanation of the pagination of the manuscript in this edition will therefore be in order.

First, it should be noted that the largest part of the manuscript is the text written out by Michael. This is the only part of the manuscript that was originally numbered by Michael himself, beginning at page 1 and continuing up to page 204. Michael, however, seems to have regarded facing pages as a logical unit. He therefore wrote the same page number at the top left and top right of each pair of facing pages. We chose to retain Michael's page numbering, while designating the left-hand pages "a" and right-hand pages "b." Thus the pages that in normal practice might be designated fol. 1 verso and fol. 2 recto are here designated fol. 2a and fol. 2b. Our experience is that the "a" and "b" scheme vastly reduces the confusion caused by the use of recto and verso numbers, since every page of the manuscript that would be given a verso number actually has a different number written on it by Michael himself. For example, what would be fol. 1v actually has the number 2 written on it, fol. 2v actually has 3 written on it, and so on for the next 200 verso pages. The "a" and "b" scheme allows scholars to use the numbers actually found on each page without having to convert them to verso numbers, thereby simplifying citation of the manuscript.

For the sake of simplicity we chose to continue Michael's page numbers as well as the "a" and "b" scheme for the unnumbered folios at the end of the manuscript, beginning with the portolans on fol. 205a and ending with the pen-and-ink test pasted to the back cover at fol. 241b.

Having adopted the "a" and "b" scheme for most of the manuscript, it was decided to apply it to the unnumbered folios at the beginning as well. Here, however, we faced additional problems. The first 23 pages of the manuscript are unnumbered and blank, except for a pen test on the inside of the front cover. Twenty-two of the 23 pages are of later insertion and therefore not original.[1] They are followed by a section containing Michael's own table of contents, which is certainly original, but not paginated. It was thought best to number these two sections differently. The first 23 pages are therefore numbered fols. A1a to A12a. Michael's table of contents is numbered fols. TOC1b to TOC4a.

Several other anomalies in the page numbers should be noted:

a) There is a skip in the page numbering from fol. 9a to fol. 10b, due to a missing page.
b) Michael repeated the page numbers 90 and 91. The affected pages have been numbered 90-1a, 90-1b, 91-1a, 91-1b, 90-2a, 90-2b, 91-2a, and 91-2b.
c) Michael also repeated page number 113. The affected pages have been numbered 113-1a, 113-1b, 113-2a, and 113-2b.
d) Part of a torn-out page can still be found between fol. 144a and fol. 144b. This is the stub of the original fol. 144b/145a. Michael himself apparently tore this page out of the manuscript, then corrected the number on the next folio, continuing the page numbering sequence from there. The recto of the stub is designated fol. 144[stub]r and the verso of the stub fol. 144[stub]v.
e) There is a skip in the page numbering from fols. 156a to 157b, due to a missing page.
f) There is a skip in the page numbering from fols. 215a to 216b, due to a missing page.
g) There is a skip in the page numbering from fols. 233a to 234b, due to a missing page.

We believe the pagination adopted in this edition will make it easier for scholars to use and to cite the Michael of Rhodes manuscript. A list of the principal sections of the manuscript follows.

1. All the blank pages of this later insertion were removed from the manuscript as this edition was going to press, when the manuscript received some much-needed repair. We have included the blank pages in this edition in order to better document the manuscript as it was when we studied it. More about the issues can be found in the articles by Franco Rossi and Alan Stahl in volume 2.

Principal Sections of the Manuscript

	folios
Mathematics	
Miscellaneous commercial and mathematical problems	1b–4a, 19b–46b, 49a–56a, 57b–76b, 90-1b–90-2a, 194a–201b, 203a
Calculations with fractions	4b–9a, 10b–11b
Rule of three	9a–10b
Algebra	12a–19b
Marteloio	47a–48b
Squared numbers	56b–57a
Square and cube roots	77a–90-1a
Michael's Autobiographical Record	**90-2b–93b**
Time Reckoning	
Calendar with saints' days and other fixed celebrations	95a–102b
Instructions for drawing blood	102b–103b
Signs of the zodiac	104a–109b
Daily rise of stars influencing the sea	110a–111a
Dangerous days of the year	111a–111b
Table for the date of Easter, 1401–1500	129b
Rules and table for determining which sign the sun is in	130a–130b
Tables (of Solomon) for determining the date of each new moon, and the date of Easter, 1435–1530	131a–135a
Rules for determining the epact and age of the moon, speed of the sun, etc.	185a–188a

Facsimile

f. A1a

f. A1b

f. A2a

f. A2b

f. A3a

f. A3b

f. A4a

f. A4b

f. A5a

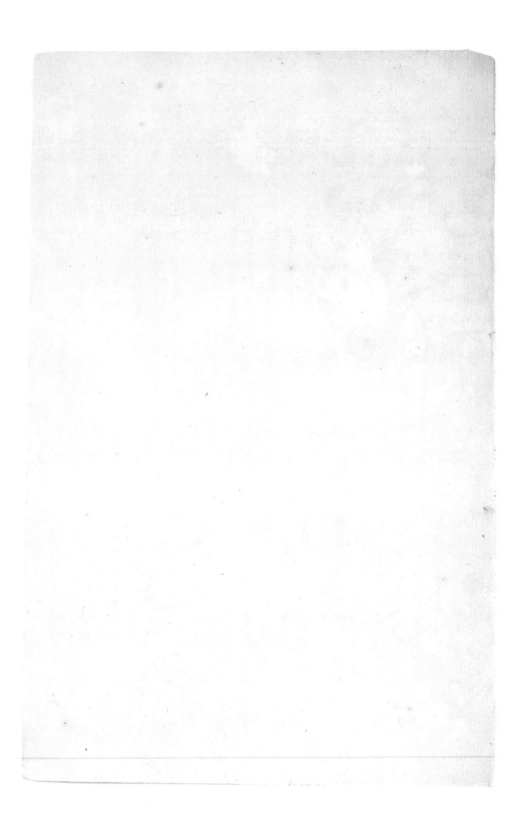

f. A5b

f. A6a

f. A6b

f. A7a

f. A7b

f. A8a

f. A8b

f. A9a

f. A9b

f. A10a

f. A10b

f. A11a

f. A11b

f. A12a

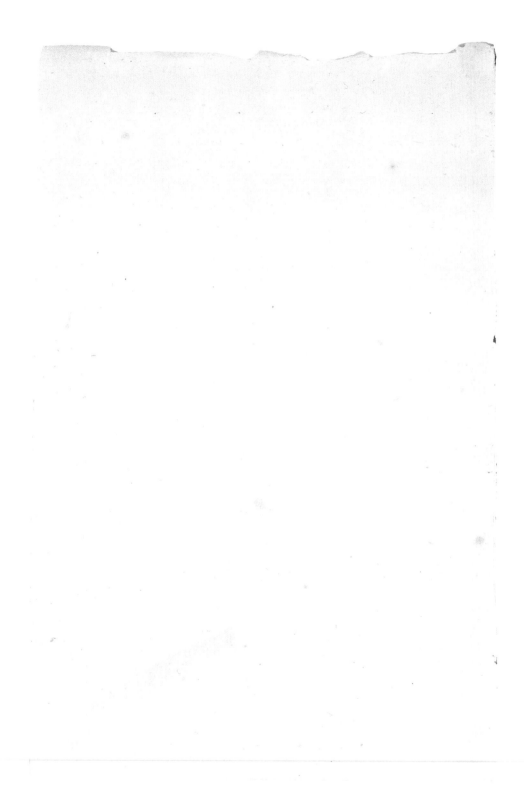

f. TOC1b

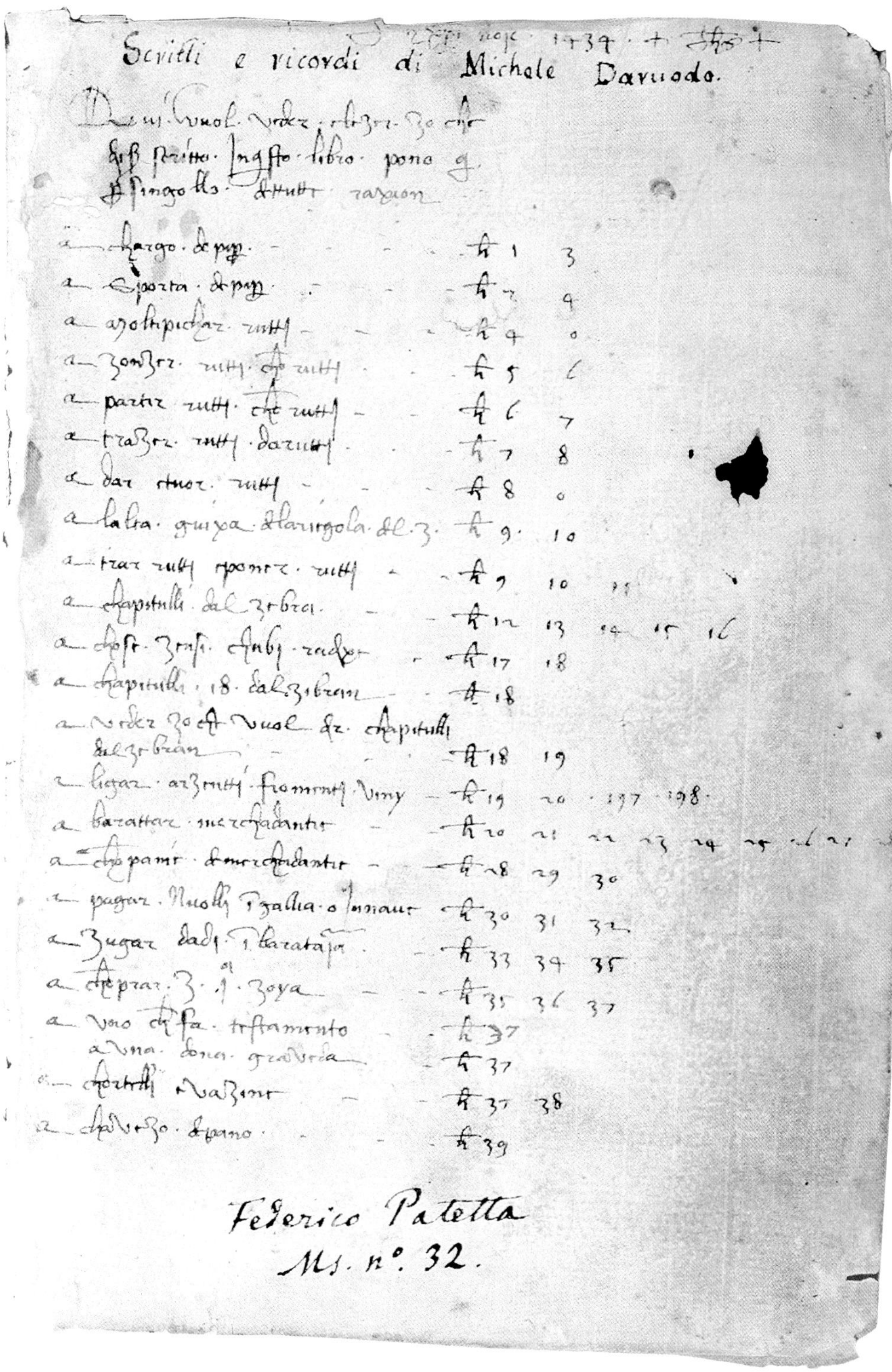
Scritti e ricordi di Michele Daruodo.

Federico Patetta
Ms. nº. 32.

f. TOC2a

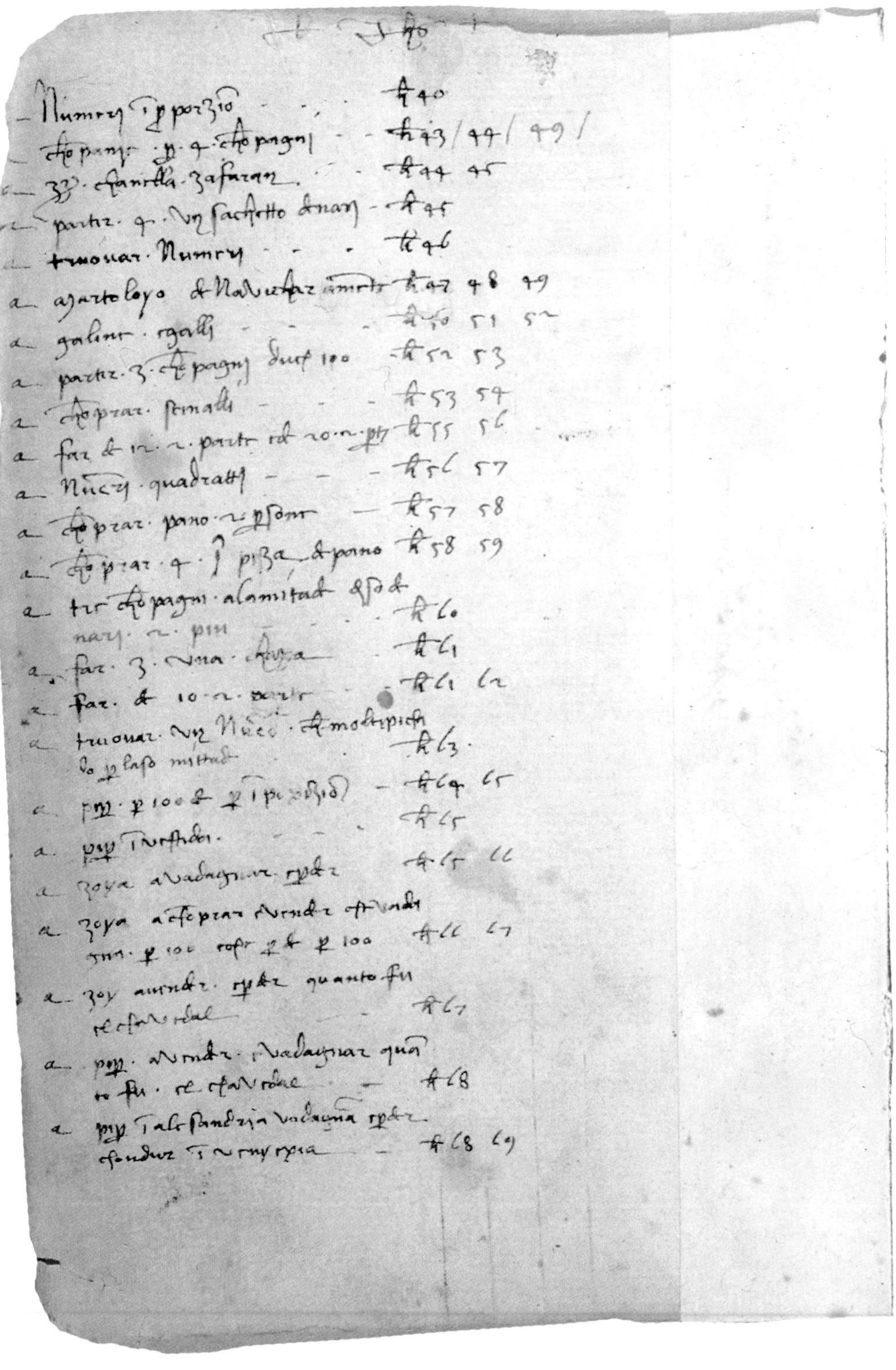

f. TOC2b

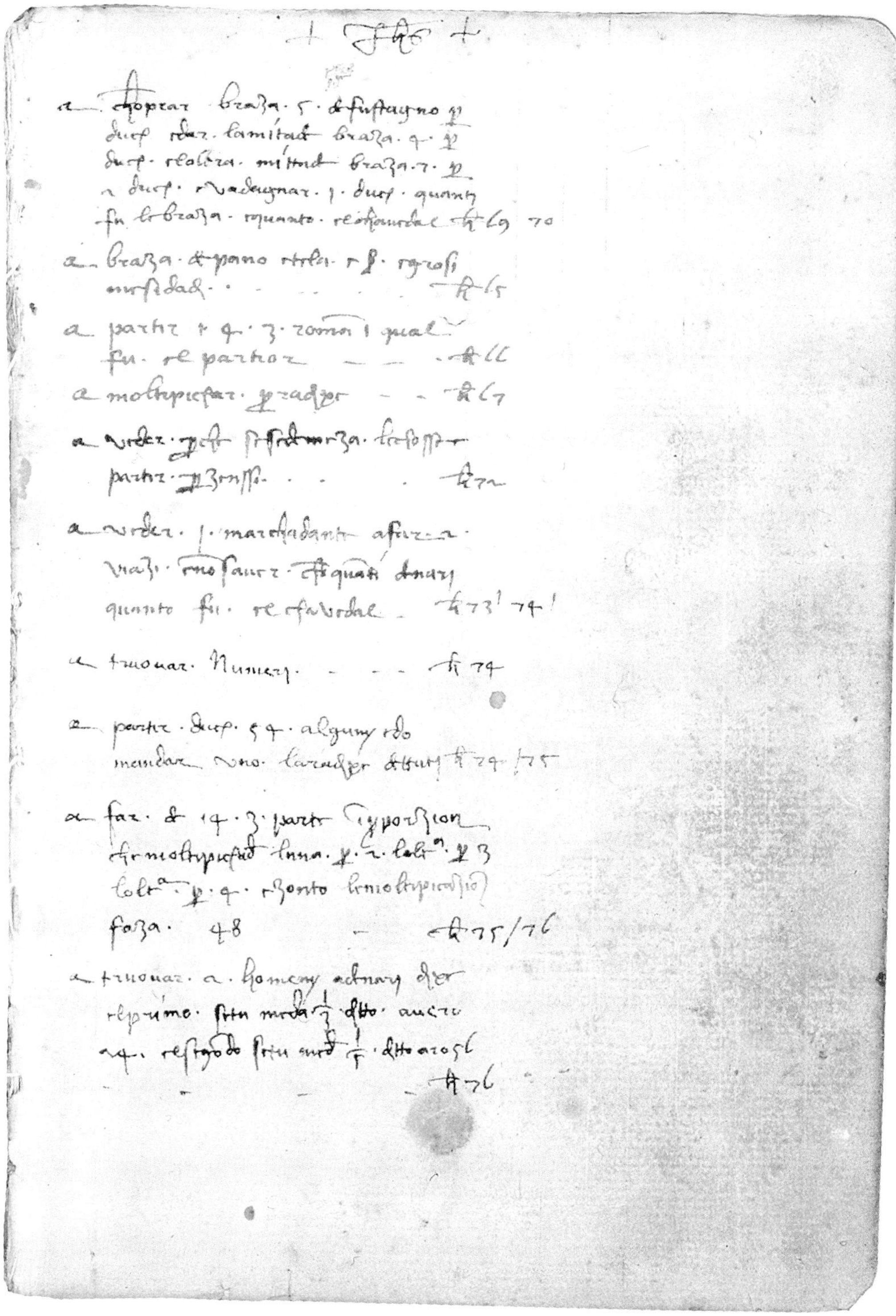

f. TOC3a

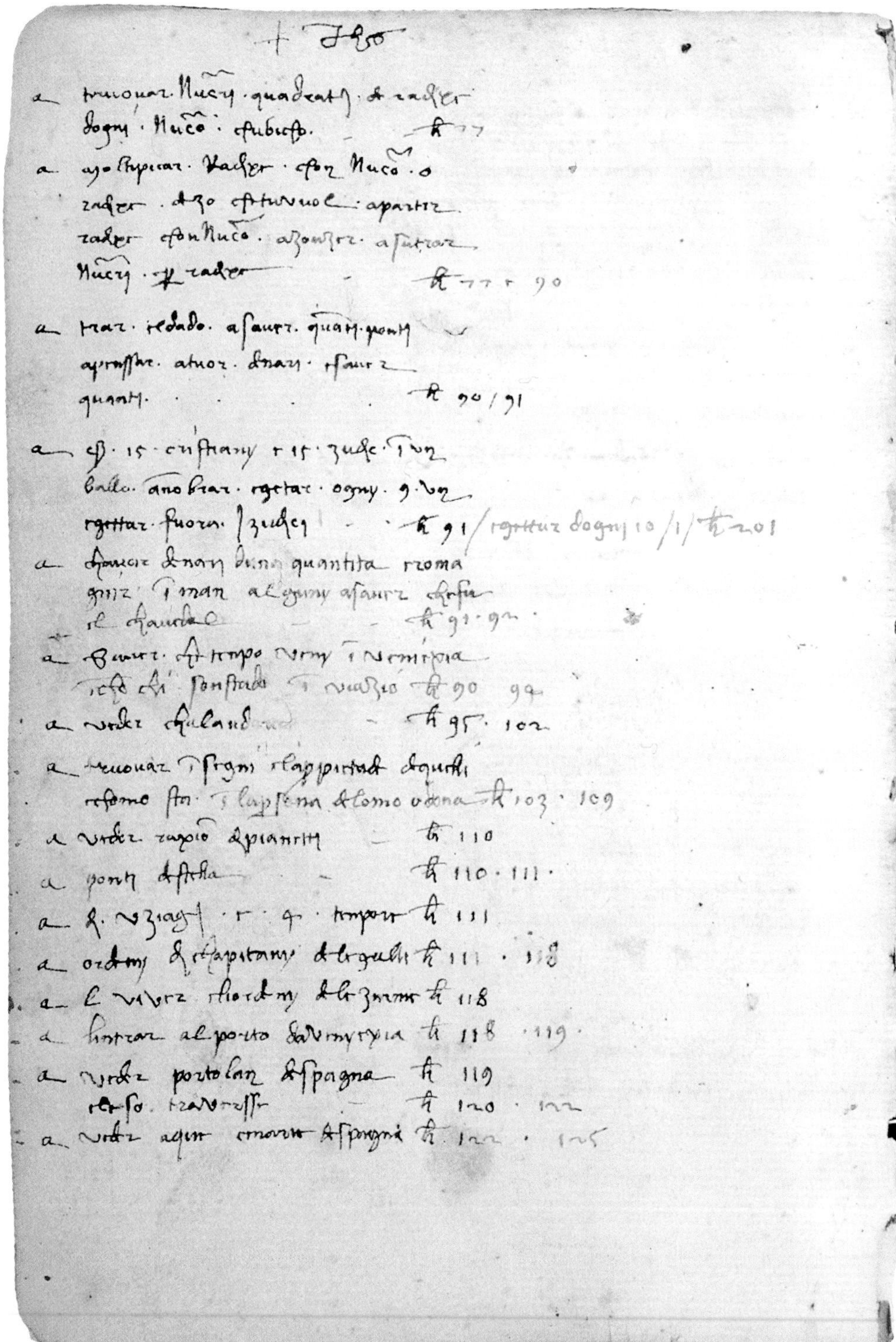

f. TOC3b

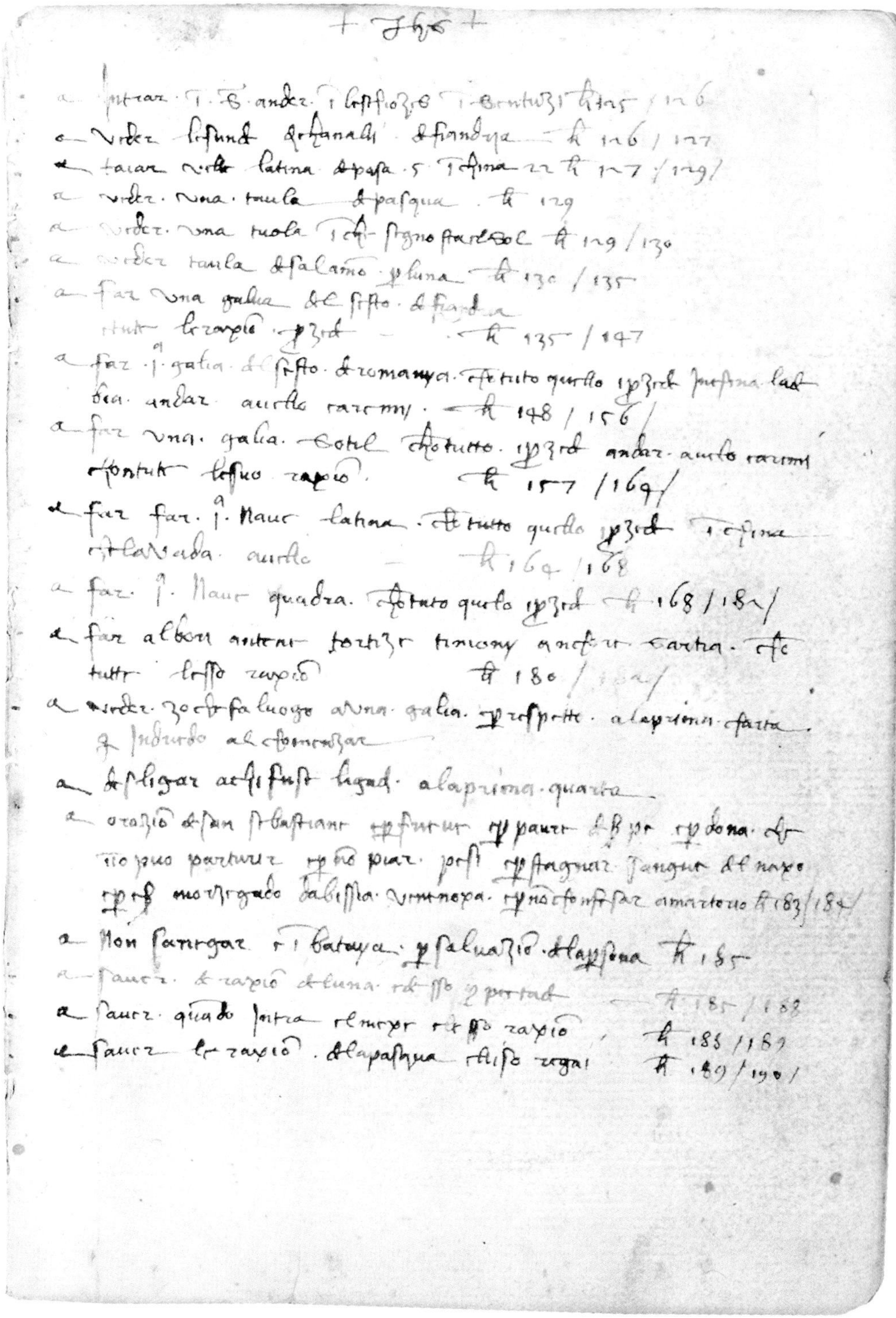
+ Ihs +

a intrar [illegible] K 125 / 126
a veder le fund de fanali de fiandra K 126 / 127
a taiar vele latina de pasa 5 i fina 22 K 127 / 129
a veder una taula de pasqua K 129
a veder una tuola [illegible] K 129 / 130
a veder taula de Salamon per luna K 130 / 135
a far una galia del sesto de fiandra [illegible] K 135 / 147
a far j galia del sesto de romania [illegible] andar a quelle [illegible] K 148 / 156
a far una galia sotil [illegible] andar [illegible] K 157 / 164
a far far j nave latina [illegible] K 164 / 168
a far j nave quadra [illegible] K 168 / 182
a far albori antene [illegible] timoni anchore sarta [illegible] K 180 / [illegible]
a veder [illegible] a una galia [illegible] a la prima [illegible]
a desligar [illegible] a la prima quarta
a orazio de san Sebastian [illegible] K 183 / 184
a non [illegible] per salvazio de la persona K 185
a saver de razio de luna [illegible] K 185 / 188
a saver quando [illegible] razio K 188 / 189
a saver [illegible] razio de la pasqua [illegible] K 189 / 190

f. TOC4a

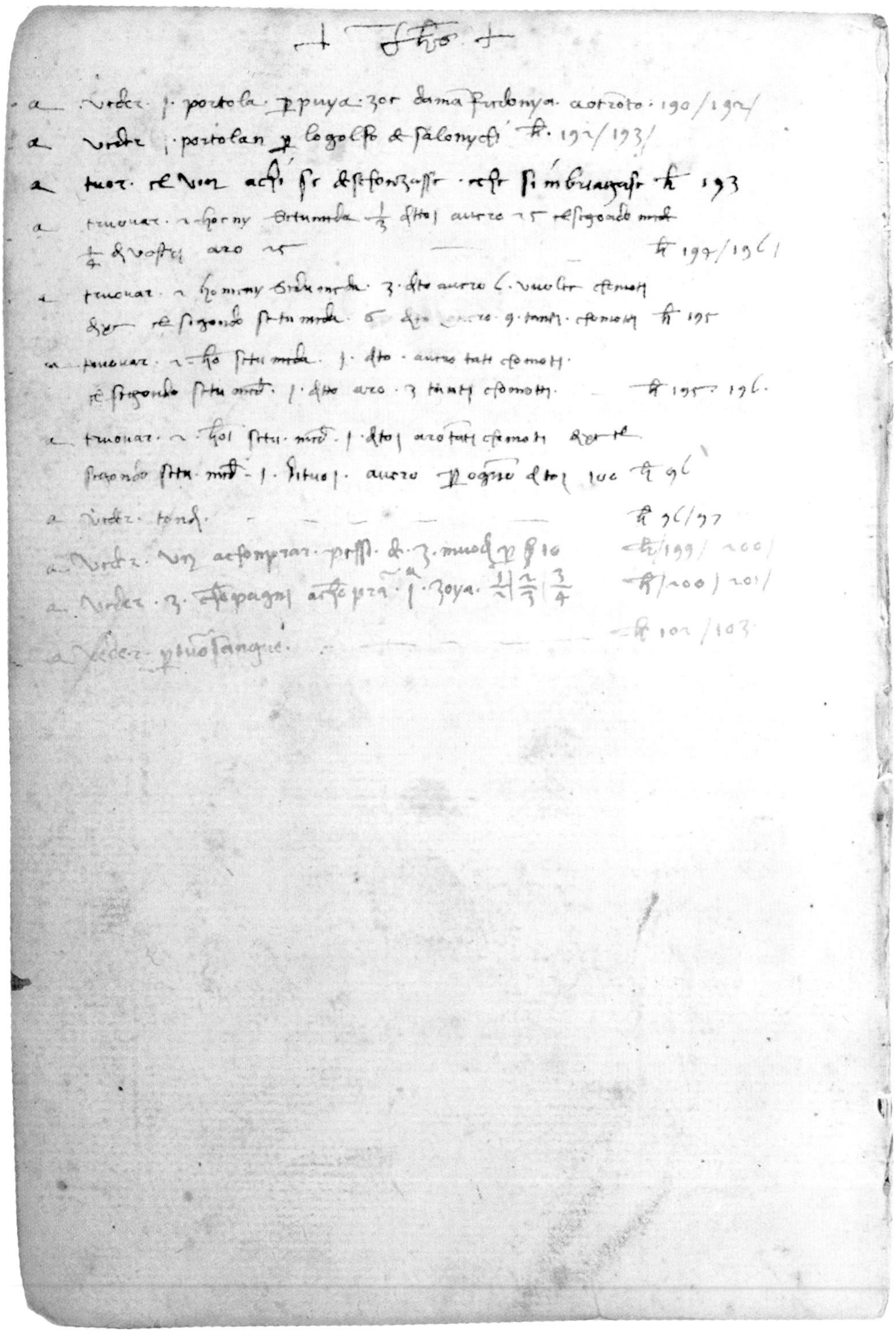

f. 1b

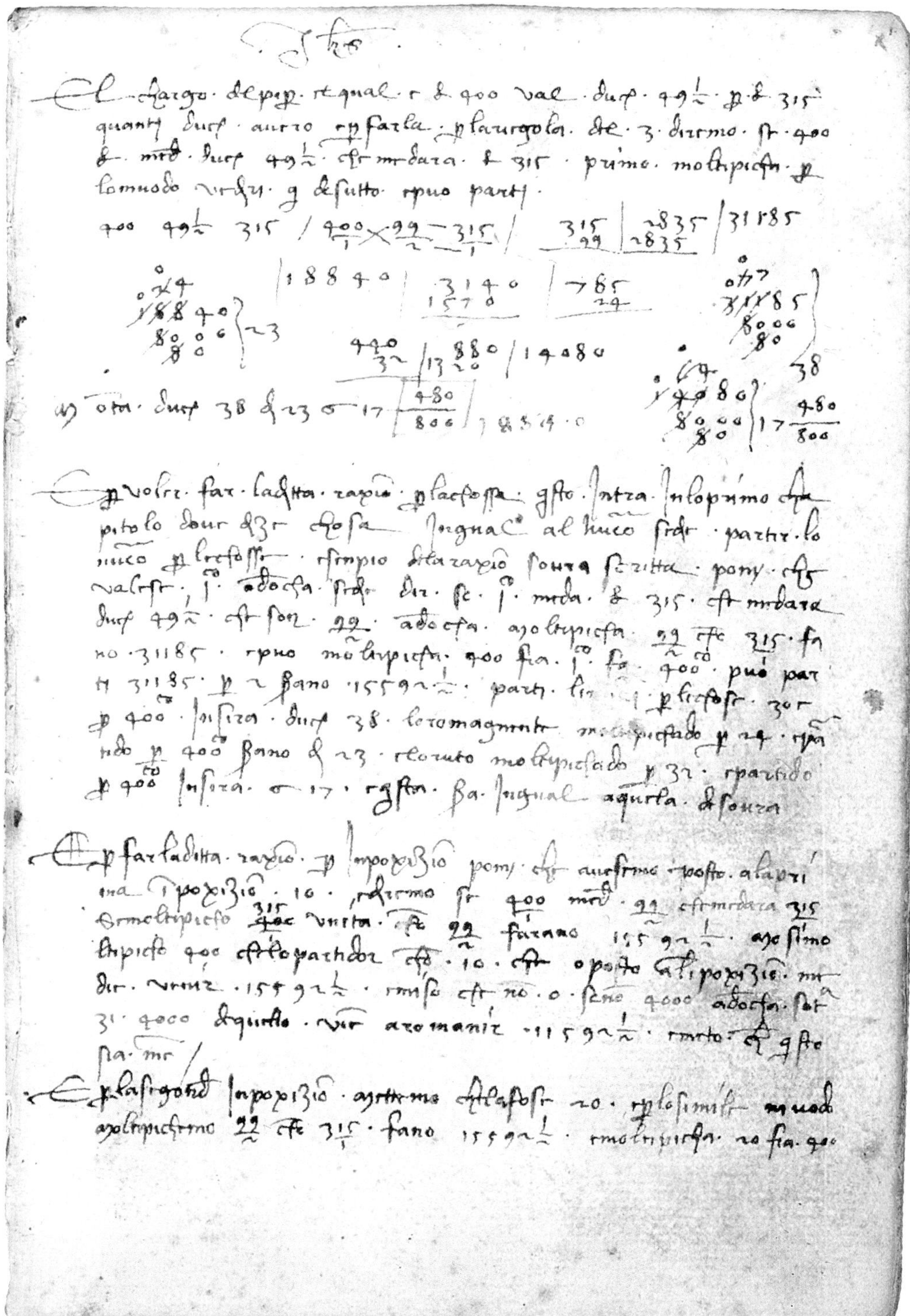

f. 2a

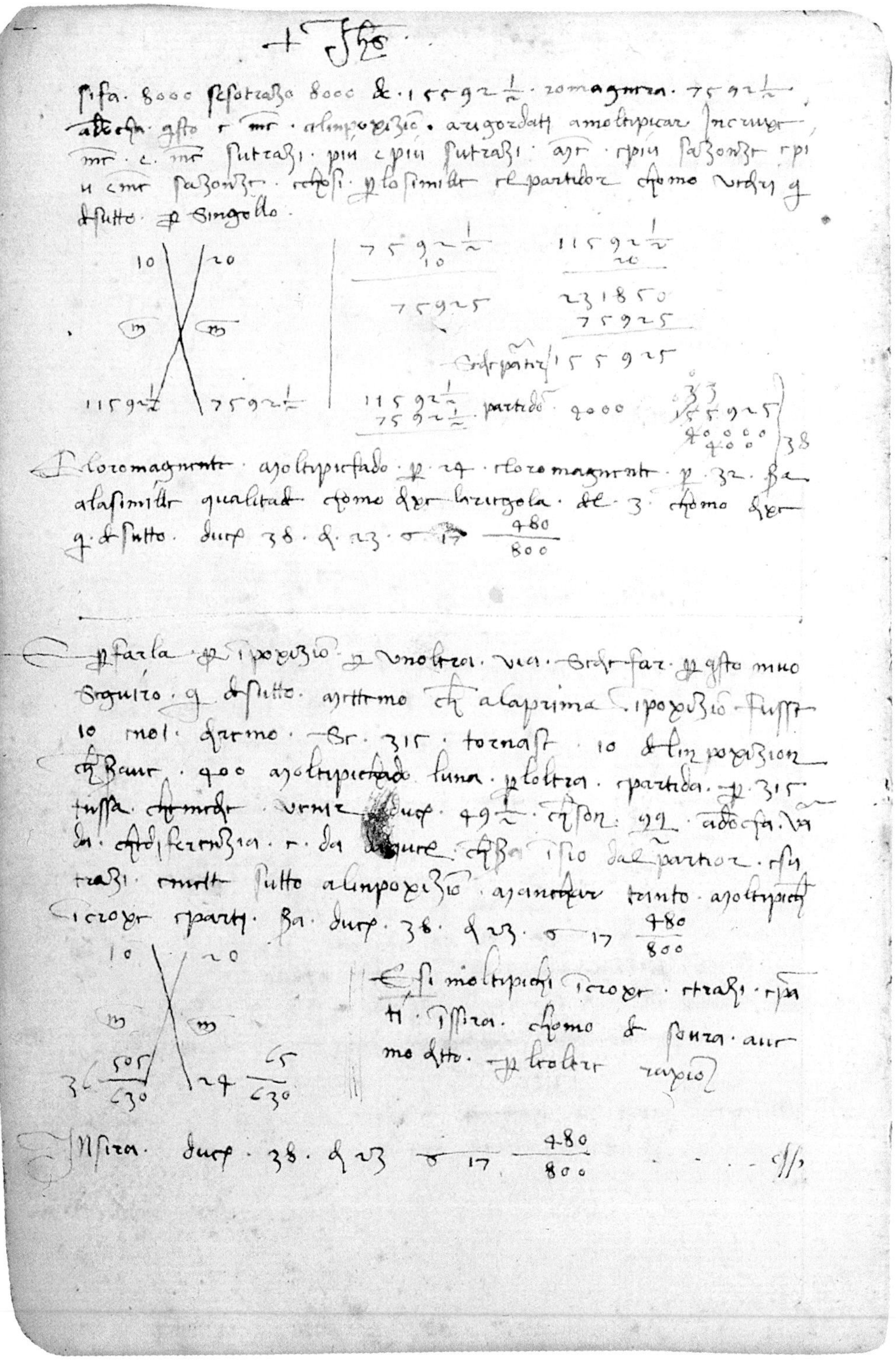

f. 2b

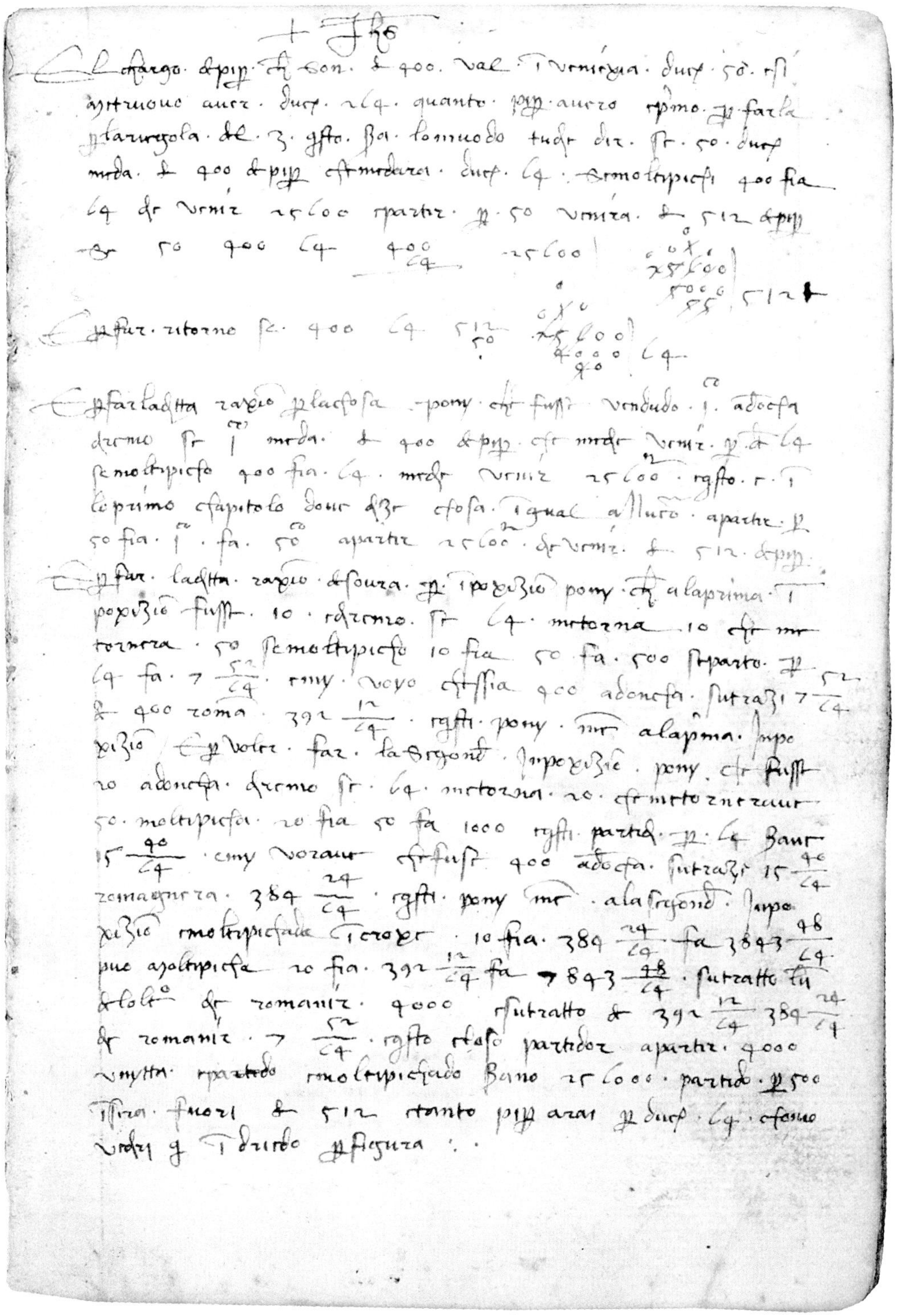

f. 3a

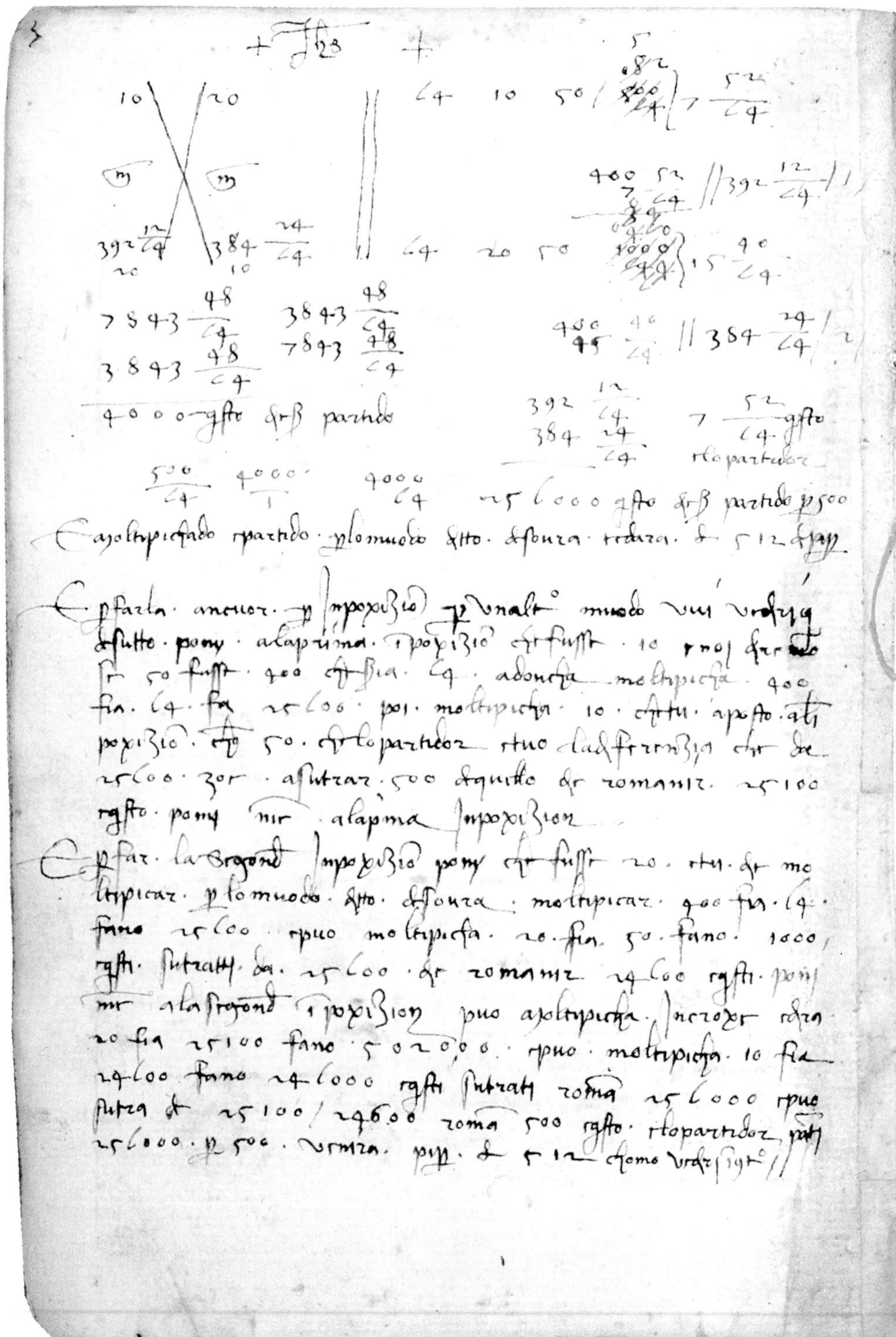

f. 3b

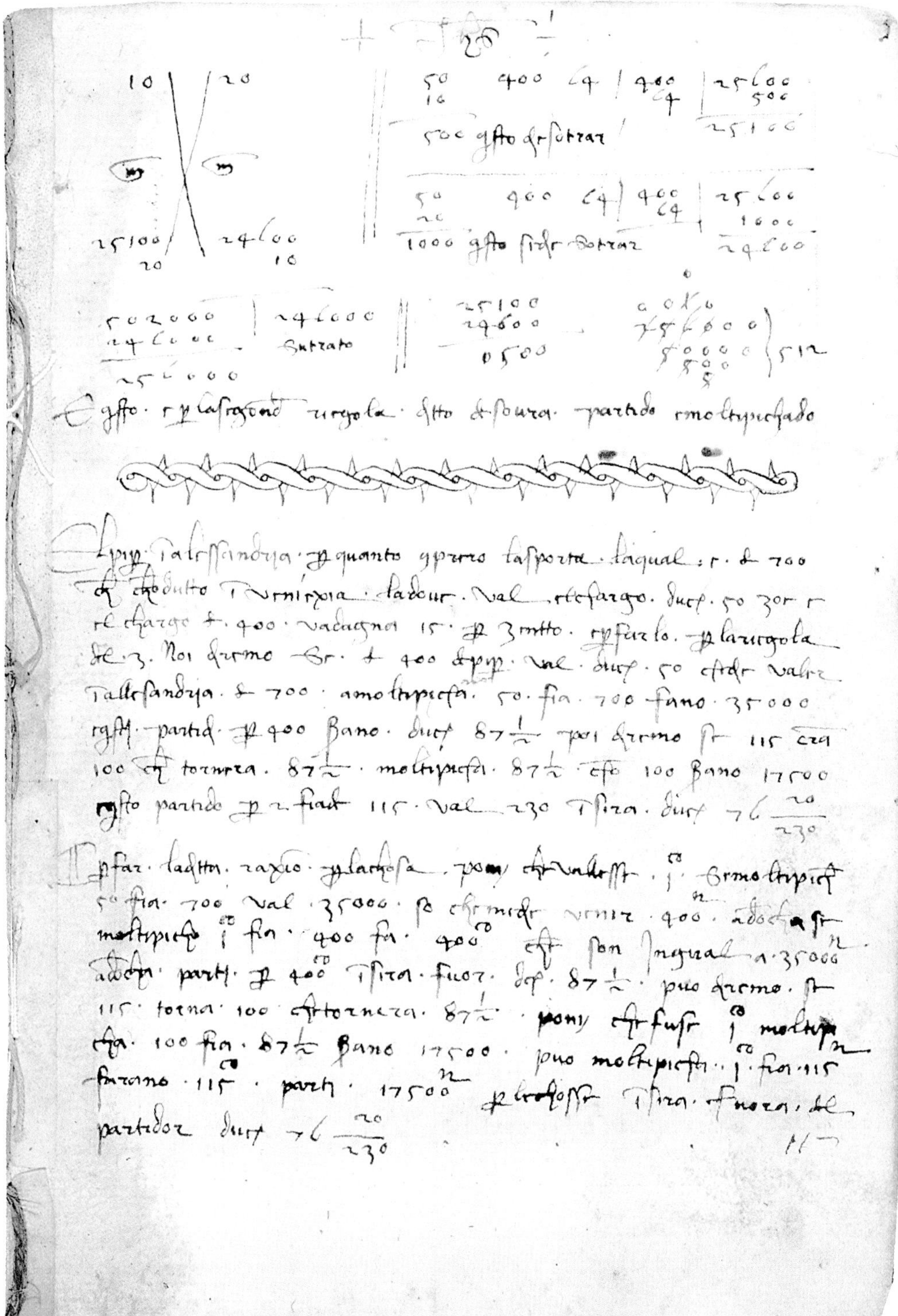

f. 4a

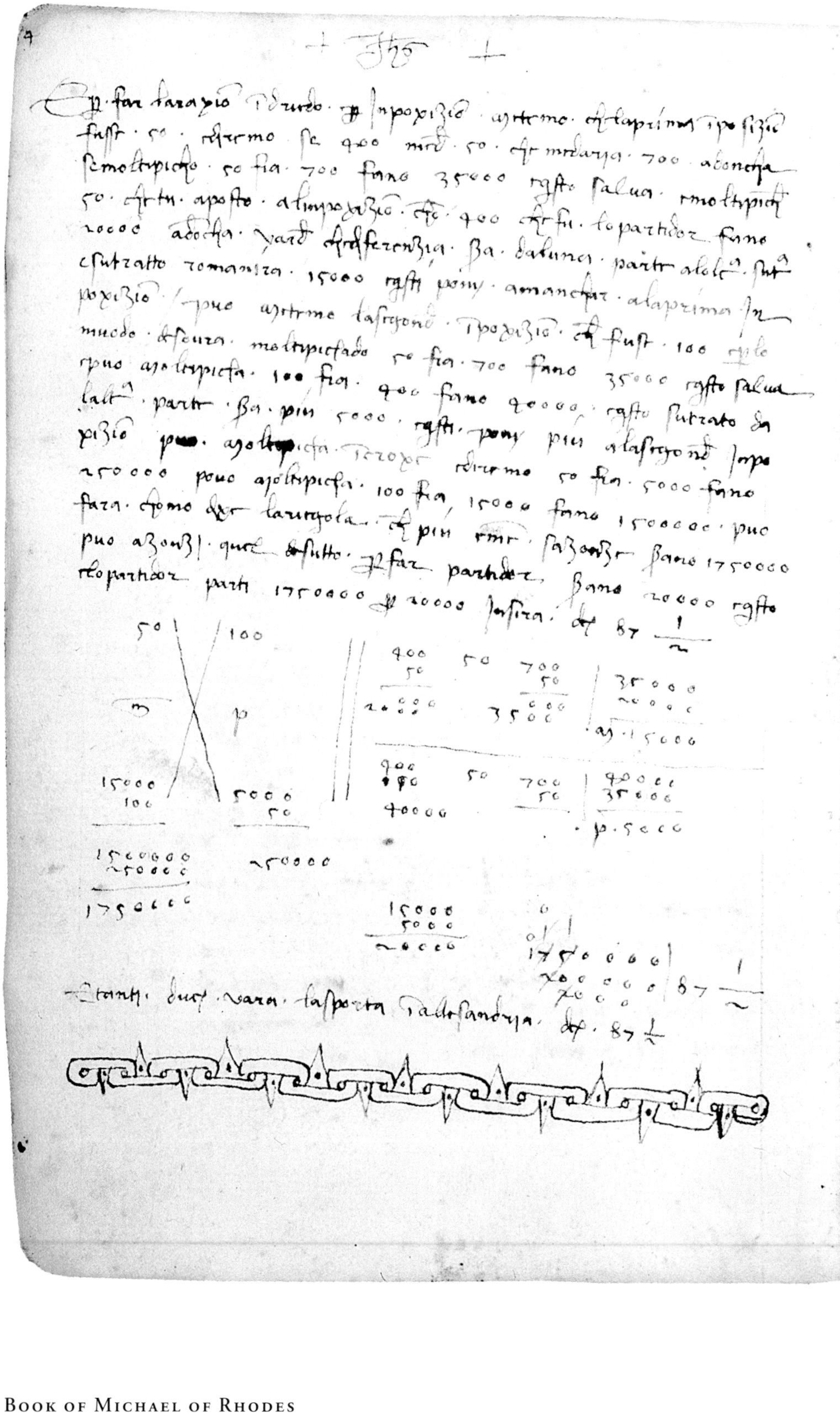

f. 4b

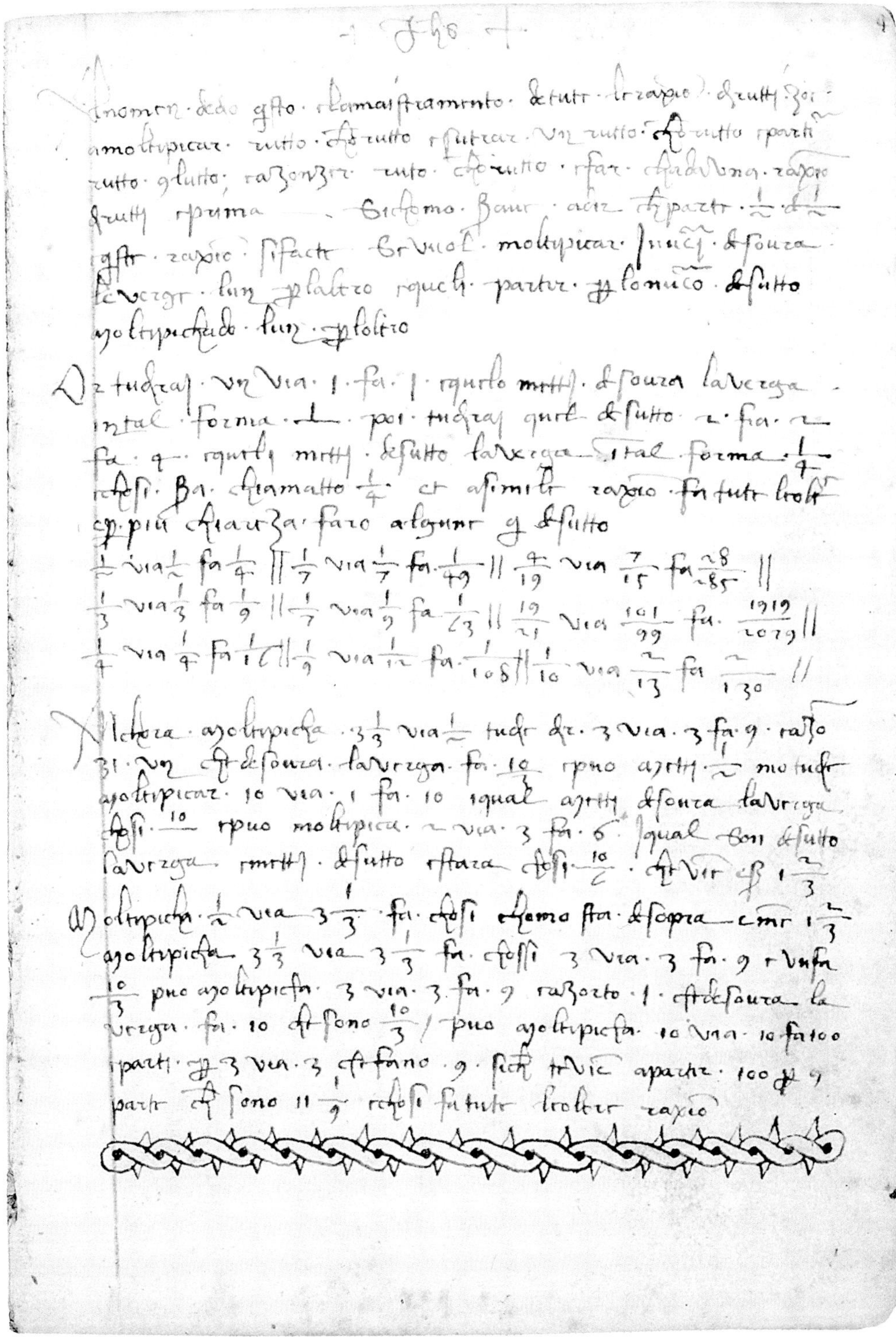

† Jhs †

Inomen dedo q[ue]sto e lo maistramento de tutte le raxion de tuti [...]
a moltipicar ruto ch[e] ruto e sutrar u[n] ruto ch[e] tuto e partir
ruto p[er] tuto e razonzer ruto ch[e] ruto e far ch[e] d una razo[n]
de ruti p[r]ima. E [e] lo mo bon · açio ch[e] parte ½ d[e]
q[ue]sta raxio[n] si facta. Br uio[l] moltipicar sur uç de soura
la verg[a] lun p[er] l altro e qu[e]lo partir p[er] lo nu[mer]o de suto
moltipichado lun p[er] lo altro.

De tu[e] raxo[n] u[n] uia 1 fa 1 e q[ue]lo metti de soura la verga
in tal forma 1. Poi tu[e] raxo[n] qu[e]l de suto e fia 2
fa 4 e q[ue]lo metti de suto la verga in tal forma 1/4
e [...] ba. chiamato ¼ et a simille raxio fa tute le al[tre]
e piu chiauza faro algune q[ue] de suto

½ uia ½ fa ¼ || ⅐ uia ⅐ fa 4/19 || 4/19 uia 7/15 fa 28/85 ||
⅓ uia ⅓ fa 1/9 || ⅐ uia ½ fa 1/27 || 19/21 uia 101/99 fa 1919/2079 ||
¼ uia ¼ fa 1/16 || ⅒ uia 1/12 fa 1/108 || ¼ uia 2/13 fa 2/130 ||

Ne[?] a moltipicha 3⅓ uia ⅒ tuoe d[e] 3 uia 3 fa 9 razo
3 [...] uç de soura la verga fa 10 e p[er] o a[..]ti [...] mo tuo[e]
a moltipicar 10 uia 1 fa 10 e qual a[..]ti de soura la verga
[...] 10 e p[er] o moltipica 2 uia 3 fa 6 equal so de suto
la verga e metti de suto e stara [...] 10/6 a[..] ur e[...] 1⅔

Moltipicha ½ uia 3⅓ fa [...] e chomo sta de sopra e mr 1⅔
a moltipicha 3⅓ uia 3⅓ fa chosi 3 uia 3 fa 9 e un fia
10/3 p[er] o a moltipicha 3 uia 3 fa 9 razo[n]to 1 a de soura la
verga fa 10 e sono 10/3 p[er] o a moltipicha 10 uia 10 fa 100
e parti p[er] 3 uia 3 e sono 9 siche tu vie a parte 100 p[er] 9
parti ch[e] sono 11 ⅑ e chosi fa tute le oltre raxio

f. 5a

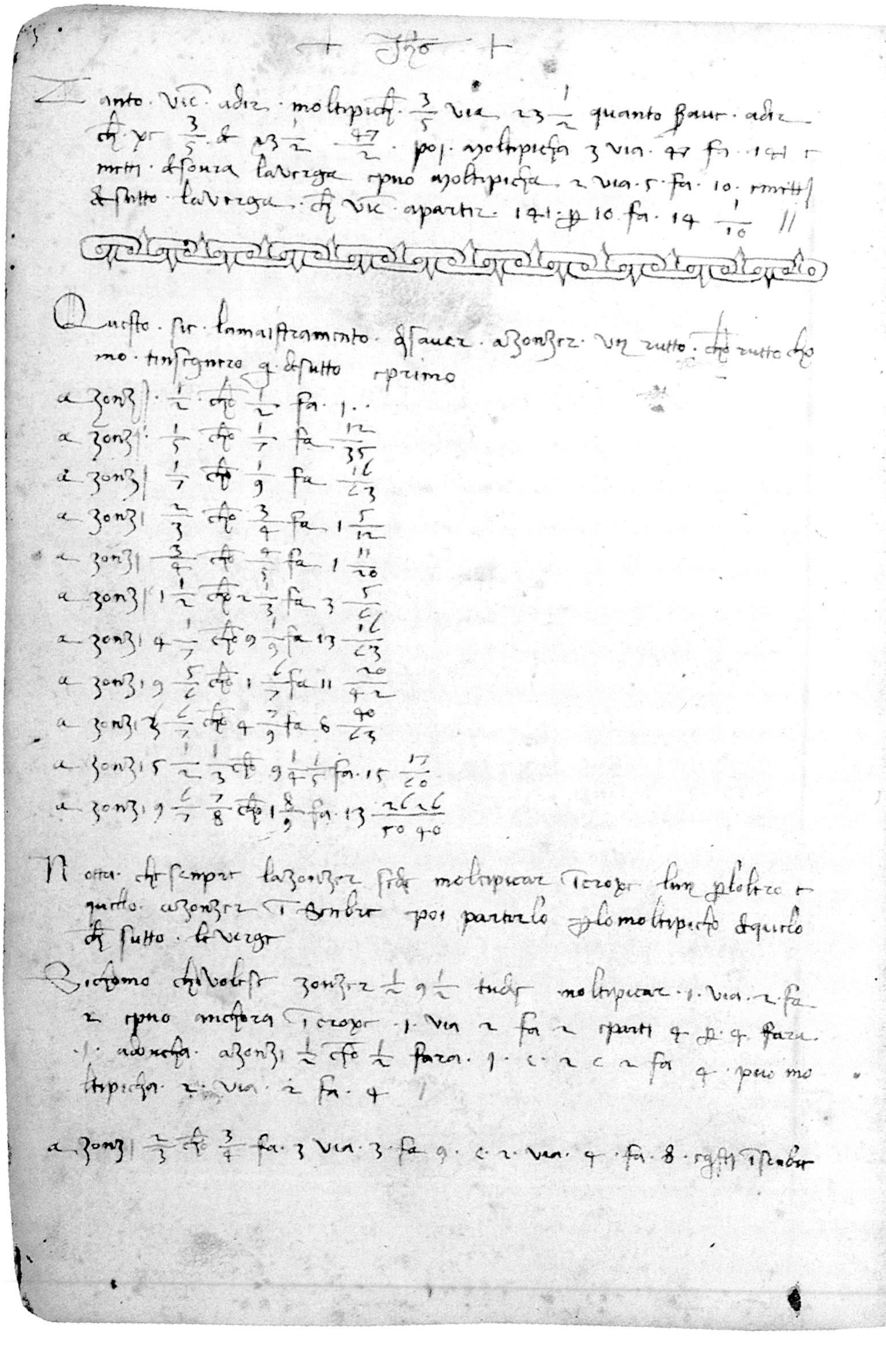

f. 5b

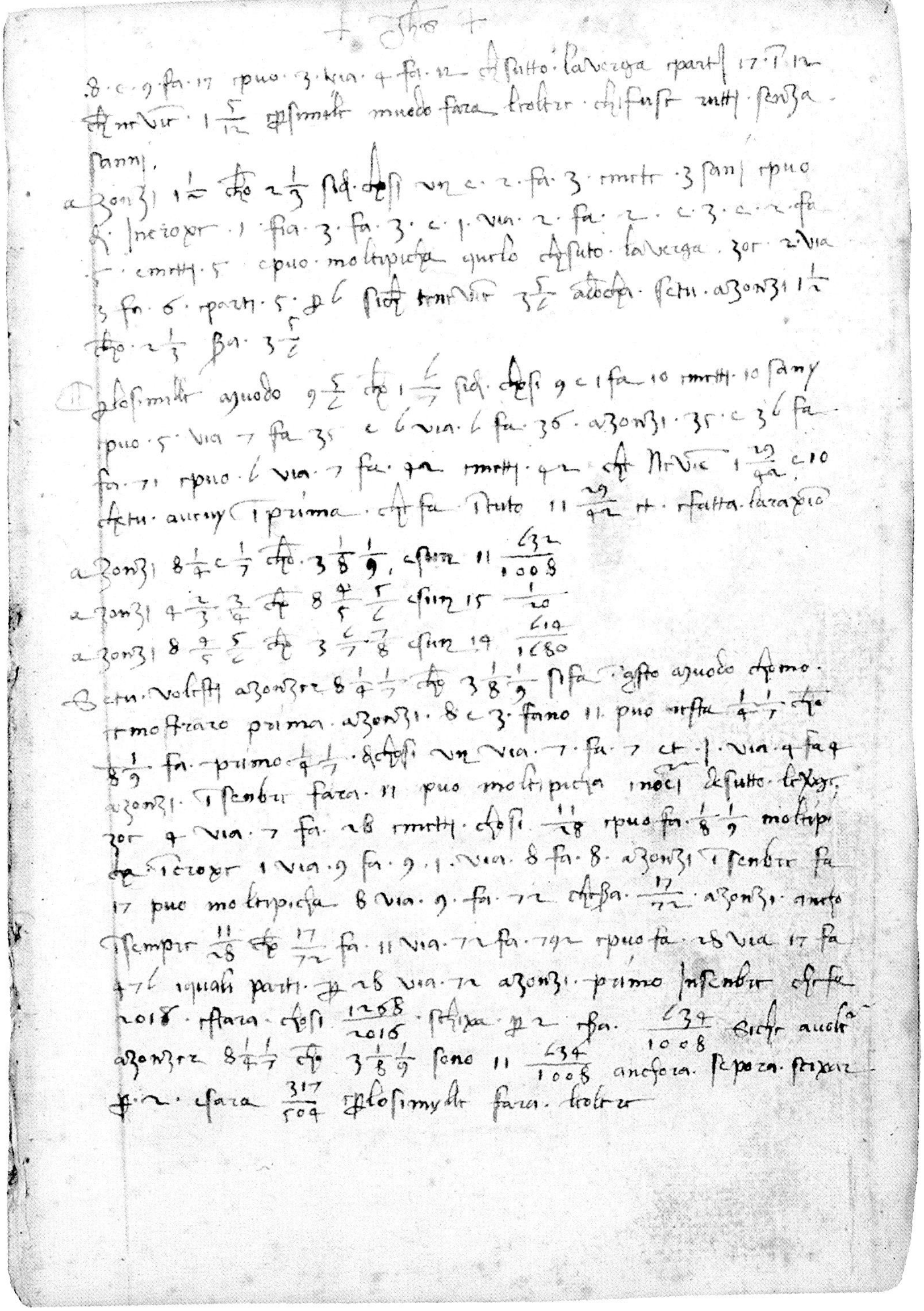

f. 6a

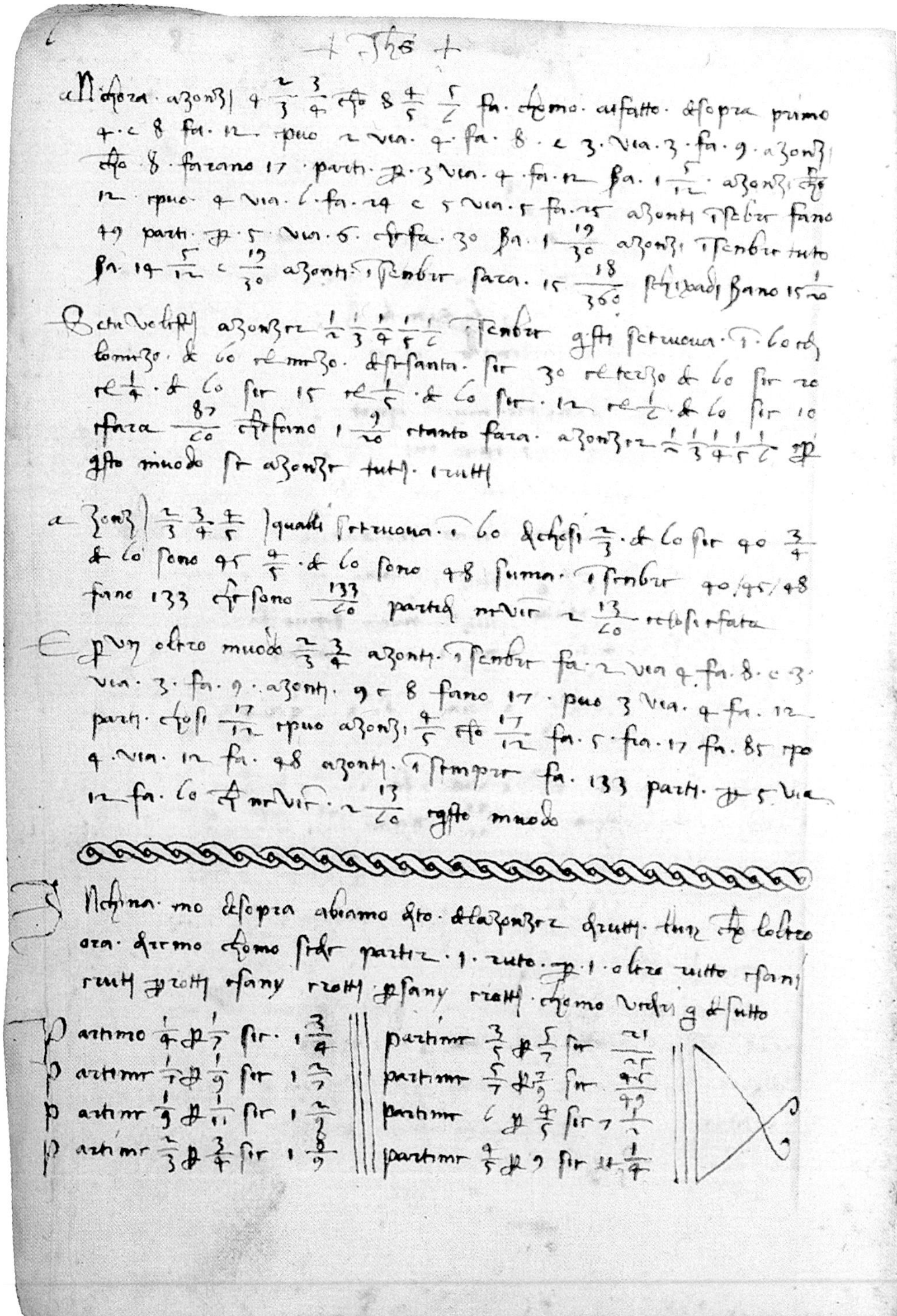

+ Ihs +

Anchora azonzi 4 2/3 3/4 cho 8 4/5 5/6 fa chomo a fatto de sopra primo 4 e 8 fa 12 e puo 2 via 4 fa 8 e 3 via 3 fa 9 azonzi cho 8 farano 17 parti per 3 via 4 fa 12 fa 1 5/12 azonzi cho 12 e puo 4 via 6 fa 24 e 5 via 5 fa 25 azonti insenbre fano 49 parti per 5 via 6 che fa 30 fa 1 19/30 azonzi insenbre tuto fa 14 5/12 e 19/30 azonti insenbre fara 15 18/360 schizadi fano 15 1/20

Se tu volesti azonzer 1/2 1/3 1/4 1/5 1/6 insenbre questi se truova in 60 che lo comenzo de 60 el mezo che santa sie 30 el terzo de 60 sie 20 el 1/4 de 60 sie 15 el 1/5 de 60 sie 12 el 1/6 de 60 sie 10 e fara 87/60 che sono 1 9/20 e tanto fara azonzer 1/2 1/3 1/4 1/5 1/6 per questo mudo se azonze tuti i rutti

A zonzi 2/3 3/4 4/5 i quali se truova in 60 che chosi 2/3 de 60 sie 40 3/4 de 60 sono 45 4/5 de 60 sono 48 suma insenbre 40/45/48 fano 133 che sono 133/60 parti e monta 2 13/60 e cosi e fata

E per un oltro mudo 2/3 3/4 azonti insenbre fa 2 via 4 fa 8 e 3 via 3 fa 9 azonti 9 e 8 fano 17 puo 3 via 4 fa 12 parti chosi 17/12 e puo azonzi 4/5 cho 17/12 fa 5 fia 17 fa 85 e po 4 via 12 fa 48 azonti insenbre fa 133 parti per 5 via 12 fa 60 che monta 2 13/60 in questo mudo

Anchina mo de sopra abiamo dito dela azonzer de rutti hora che ... oltro ora diremo chomo se de partir 1 ruto per 1 oltro rutto e sani rutti per rotti e sany rotti per sany rotti chomo vederai qui de sotto

Partimo 1/4 per 1/7 sie 1 3/4	partimo 3/5 per 5/7 sie 21/25
partimo 1/7 per 1/9 sie 1 2/7	partimo 5/7 per 7/9 sie 45/49
partimo 1/9 per 1/11 sie 1 2/9	partimo 6 per 4/5 sie 7 1/2
partimo 2/3 per 3/4 sie 1 8/9	partimo 4/5 per 9 sie 11 1/4

f. 6b

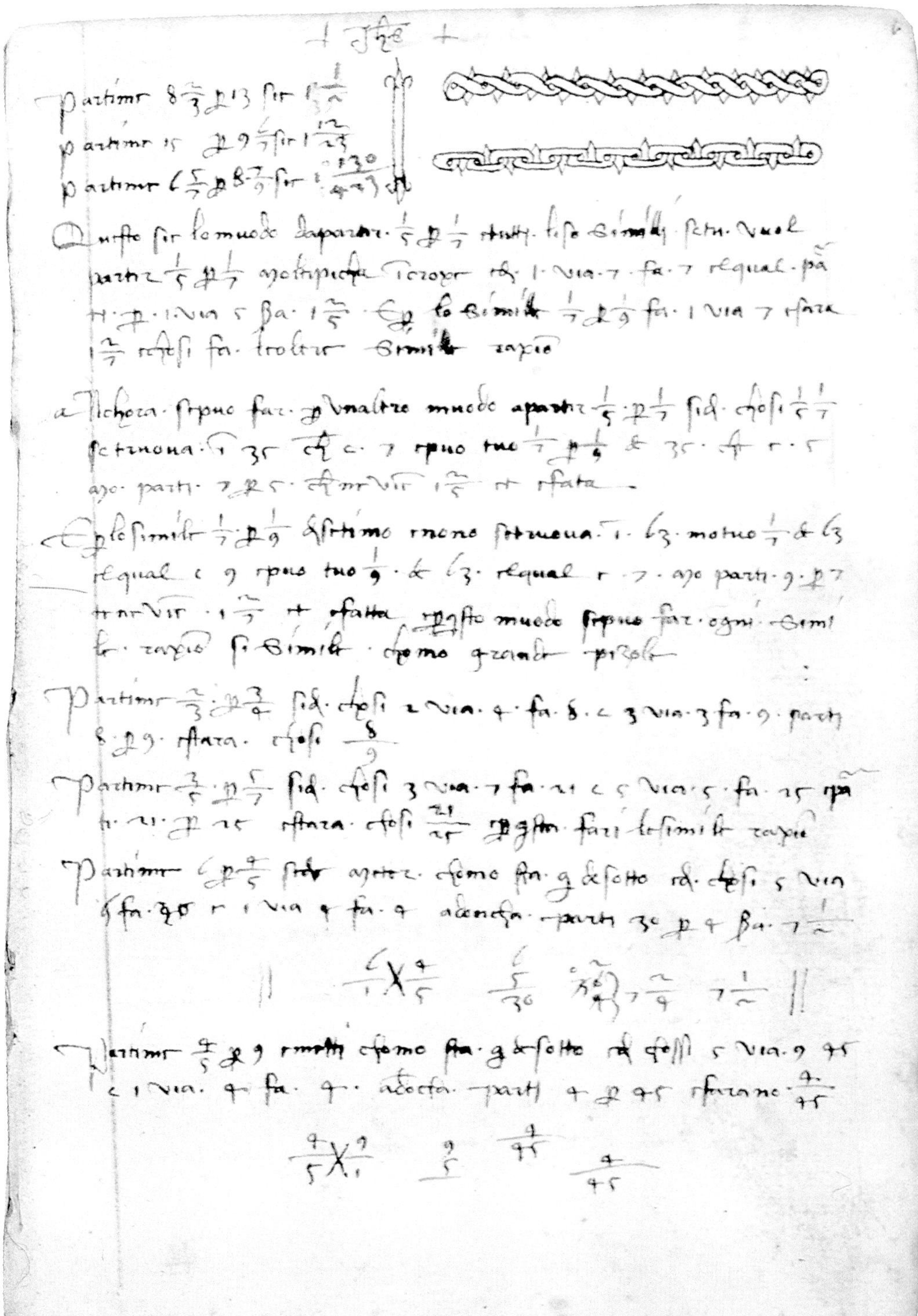

f. 7a

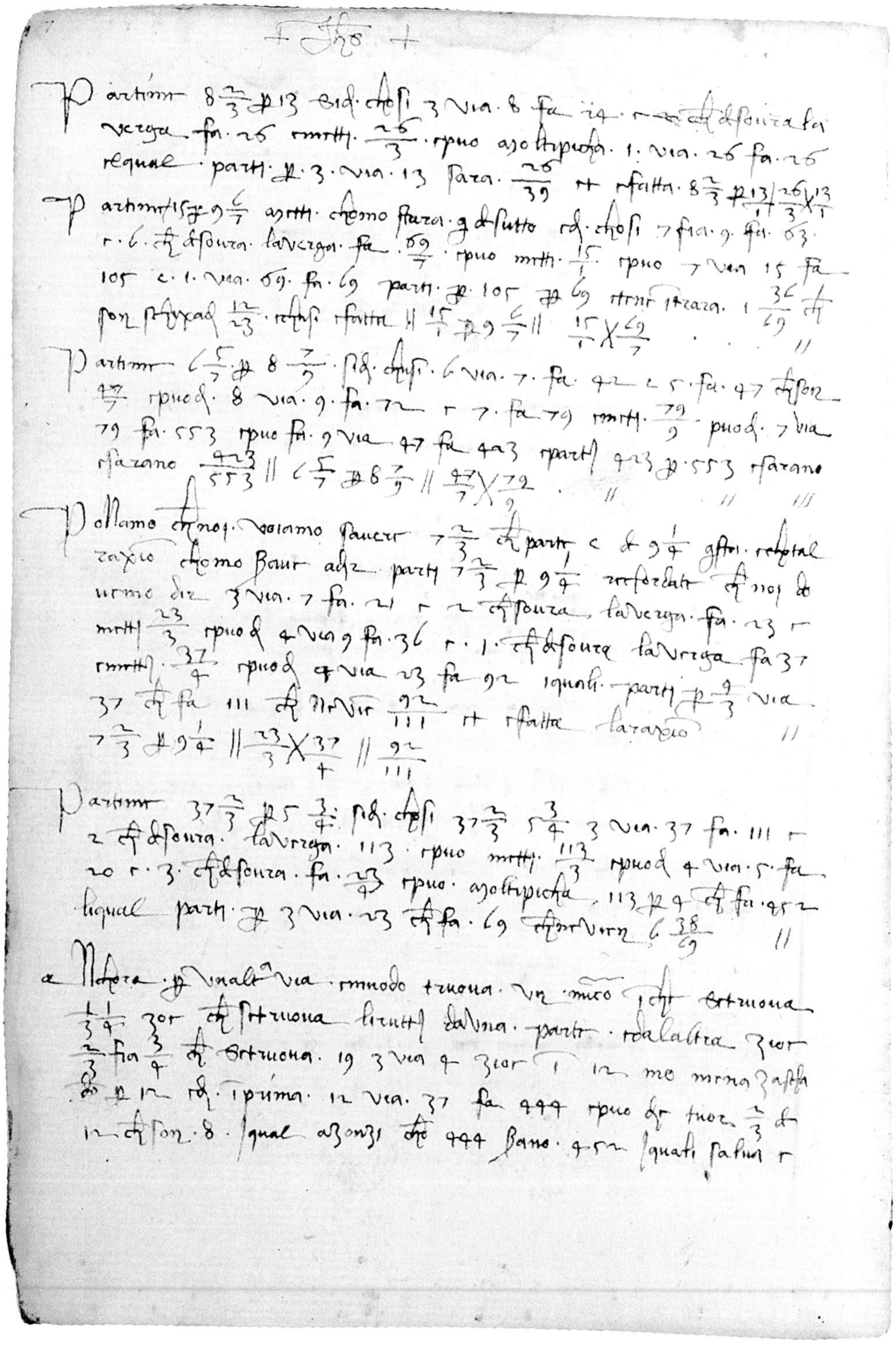

f. 7b

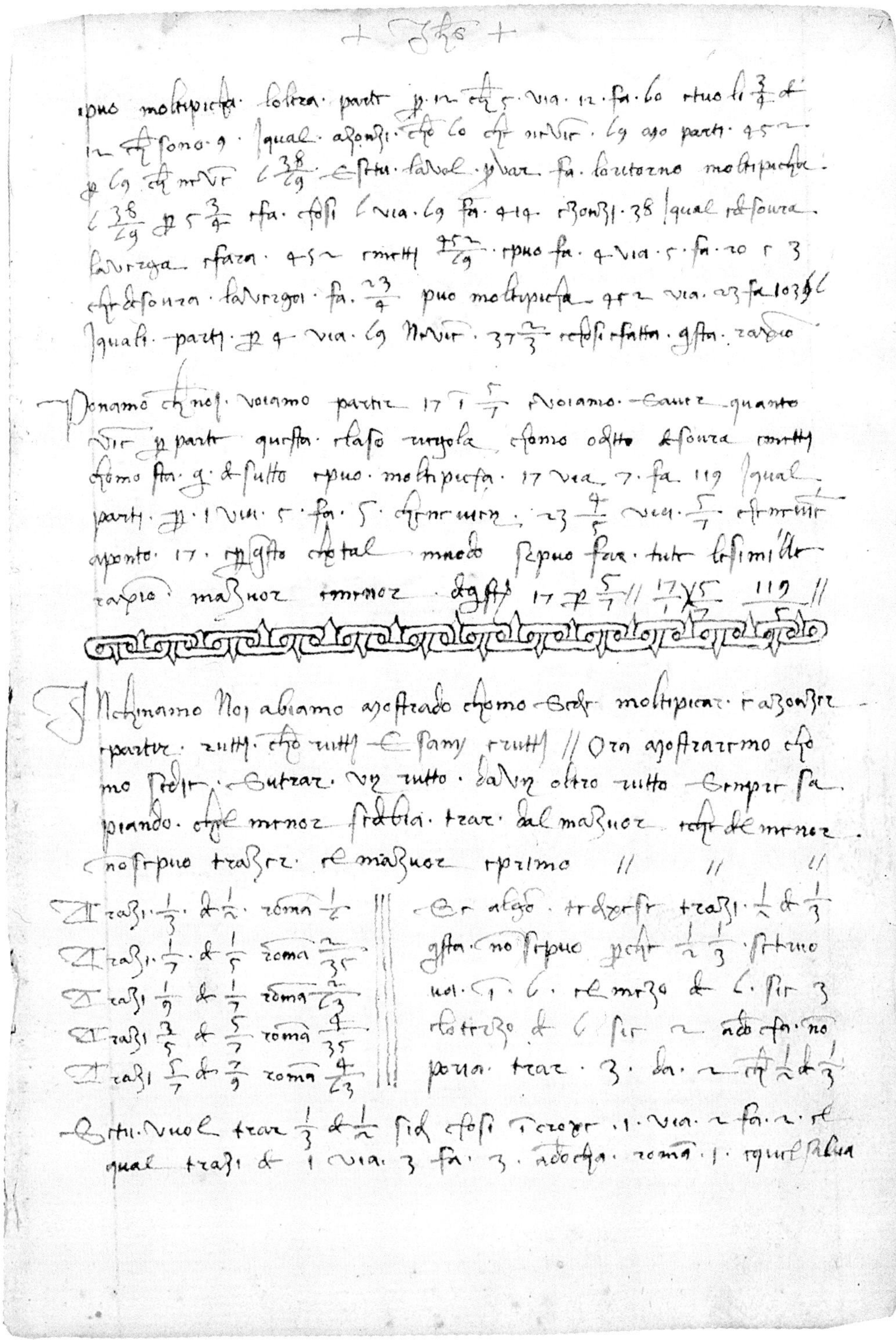

f. 8a

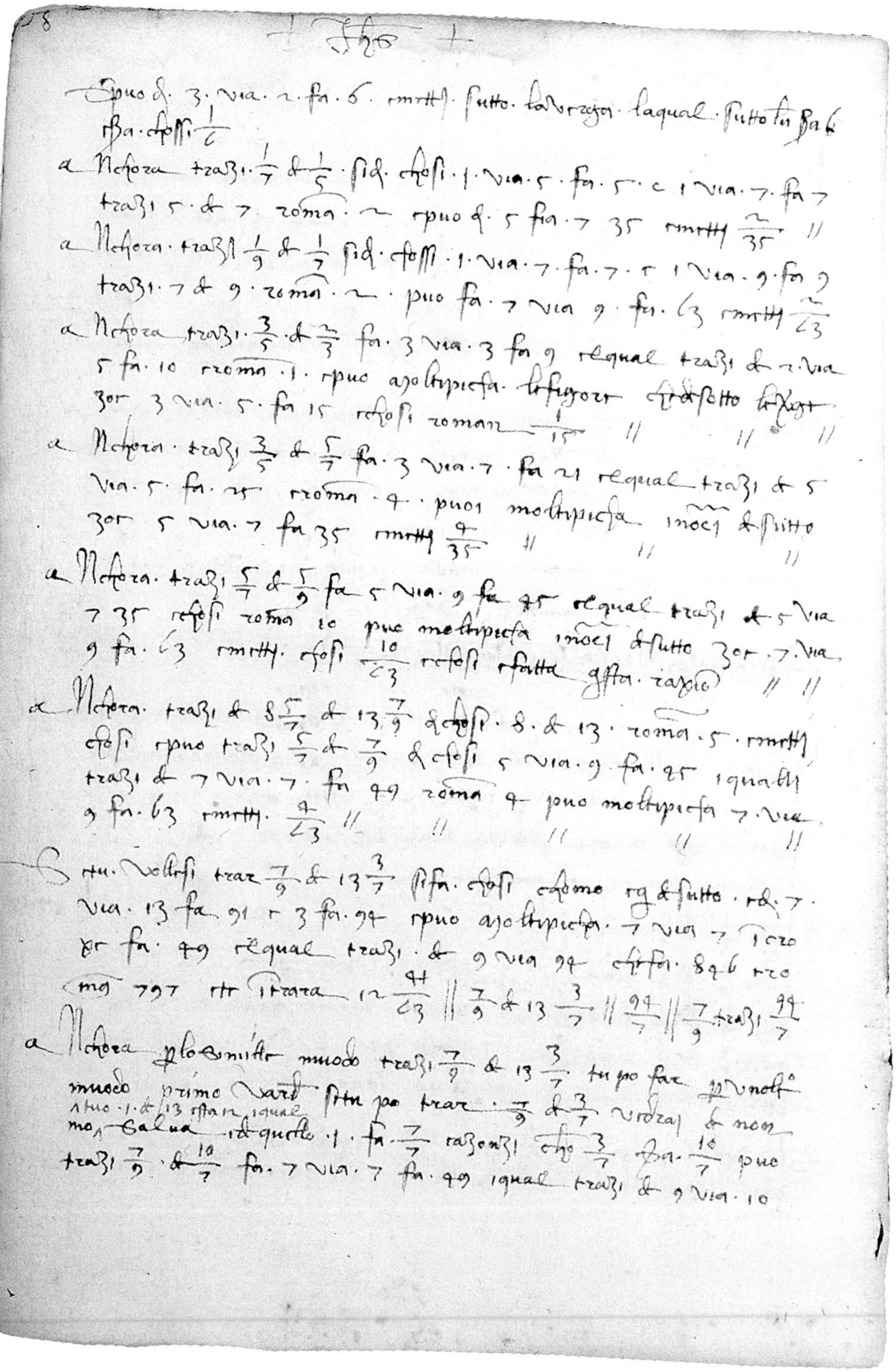

f. 8b

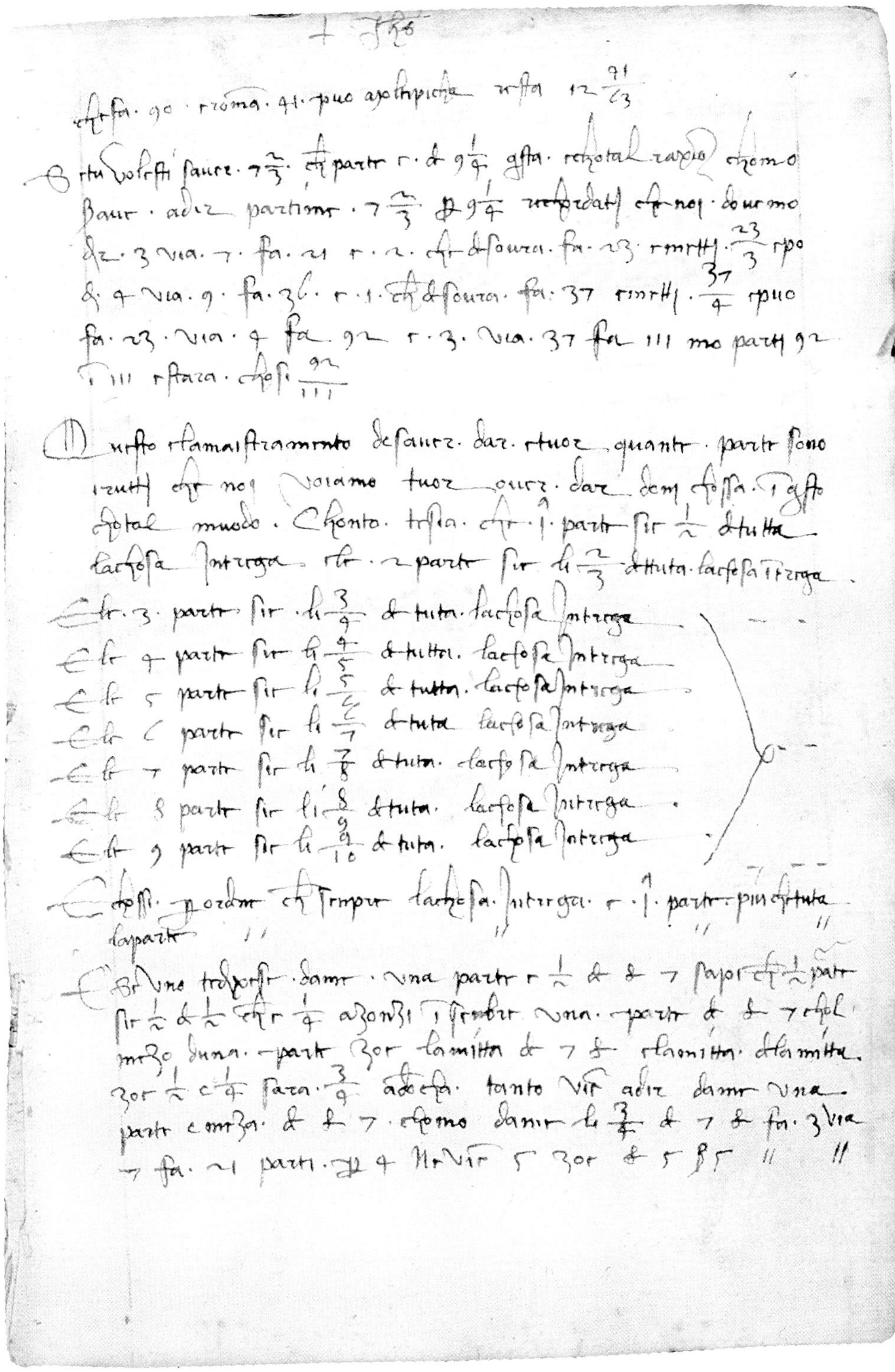

resta. 90 e roma. 41. puo a lo partidor resta 12 71/63

E se tu volessi saver 7 2/3 che parte e de 9 1/4 questa e regolal rasion chomo saver a dir partimo 7 2/3 per 9 1/4 e metti de rotti che noi dovemo dir 3 via 7 fa 21 e 2 che de sovra fa 23 e metti 23/3 e puo di 4 via 9 fa 36 e 1 che de sovra fa 37 e metti 37/4 e puo fa 23 via 4 fa 92 e 3 via 37 fa 111 mo parti 92 in 111 e stara chossi 92/111

Questo e lo amaistramento de saver dar e tuor quante parte sono i rotti che noi volemo tuor over dar de una cossa in questo chotal mudo. Chonto tessa che 1 parte sia 1/2 de tutta la chosa intriega. E le 2 parte sia li 2/3 de tuta la chosa intriega.

E le 3 parte sia li 3/4 de tuta la chosa intriega

E le 4 parte sia li 4/5 de tutta la chosa intriega

E le 5 parte sia li 5/6 de tutta la chosa intriega

E le 6 parte sia li 6/7 de tuta la chosa intriega

E le 7 parte sia li 7/8 de tuta la chosa intriega

E le 8 parte sia li 8/9 de tuta la chosa intriega

E le 9 parte sia li 9/10 de tuta la chosa intriega

E chossi per ordine che sempre la chosa intriega e 1 parte pin che tuta la parte

E se vuo trovesti dame una parte e 1/2 de 7 saper che 1/2 parte sia 1/2 de 1/2 che e 1/4 azonzi in sembre una parte de 7 e chol mezo d'una parte zoe la mitta de 7 e la mitta de la mitta zoe 1/2 e 1/4 fara 3/4 a de chossa tanto vien a dir dame una parte e mezza de 7 e chomo dame li 3/4 de 7 e fa 3 via 7 fa 21 parti per 4 ne vien 5 zoe 5 1/4

f. 9a

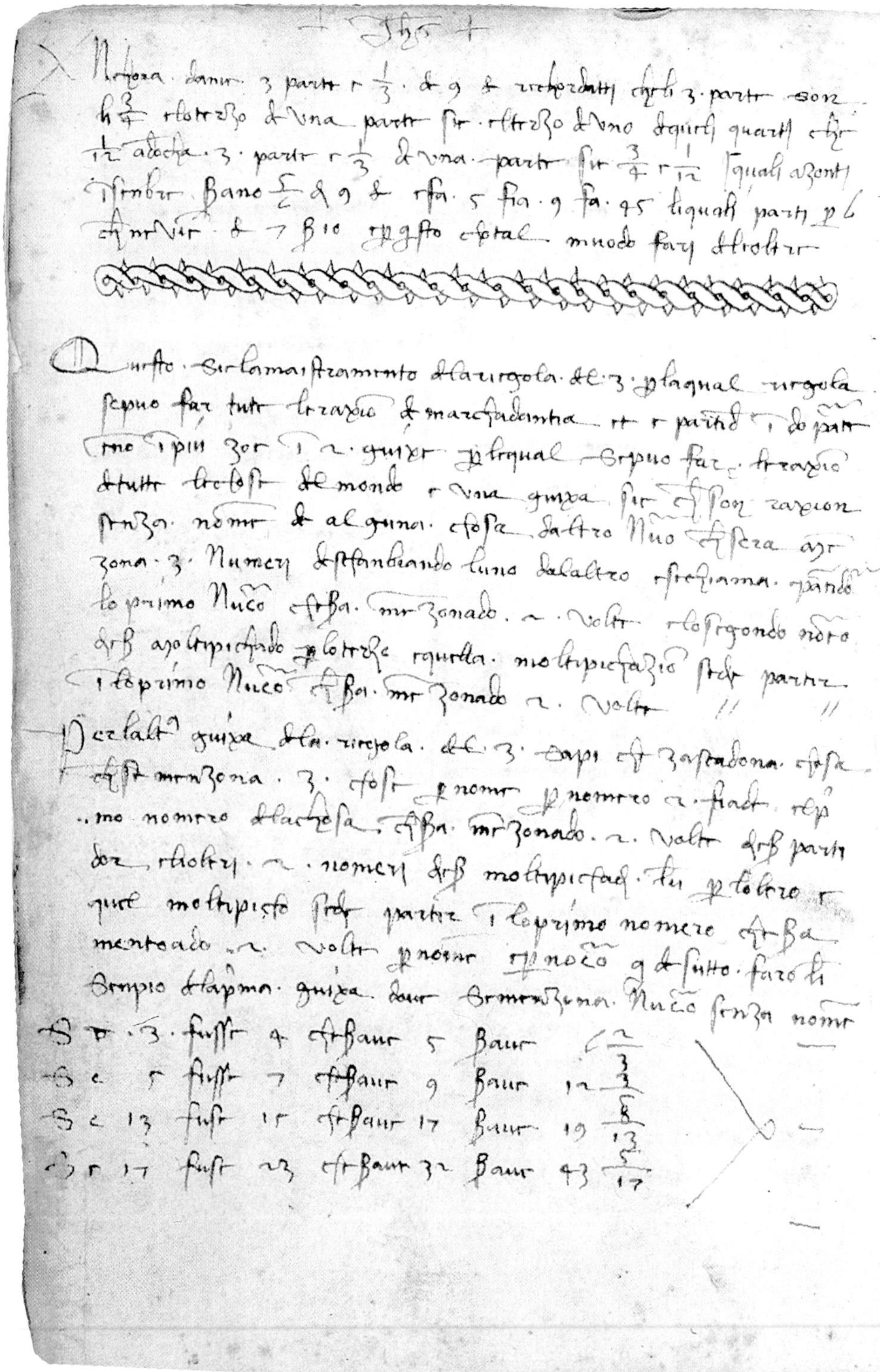
+ Jhs +

Nota ora davir 3 parte e 1/3 de 9 e recordatj che li 3 parte son
li 3/4 e lo terzo de una parte sie lo terzo de uno de quelj quartj che
1/12 a tocha 3 parte e 1/3 de una parte sie 3/4 e 1/12 liquali azontj
insembre fano 5/6 de 9 e che fa 5 fia 9 fa 45 liquali partj per 6
che ne vien de 7 1/2 per questo chotal modo faraj de le altre

Questo sie lo amaistramento dela riegola de le 3 per laqual riegola
se puo far tute le razion de marchadantia et e partido in do parte
la prima sie per la regola de le 3 per laqual se puo far le razion
de tutte le chosse del mondo e una guixa sie che se por razion
senza nome de alguna chossa da l'altro numero che sera
zona 3 numerj desfaziando luno dalaltro ...
lo primo numero che sia menzonado 2 volte ...
... moltipichado per lo terzo e quella moltiplicazion sie partida
in lo primo numero che sia menzonado 2 volte

Per laltra guixa dela riegola de le 3 ...
che sie menzonado 3 chosse ... nome ... nomero ...
... nomero dela chossa che sia menzonado 2 volte ...
... 2 nomerj ... moltipichadi ...
... moltipichado sie partido in lo primo nomero che sia
menzonado 2 volte ... de sotto faro lo
exempio dela prima guixa ... numero senza nome

se 3 fusse 4 che saria 5 saria 6 2/3
se 5 fusse 7 che saria 9 saria 12 3/5
se 13 fusse 15 che saria 17 saria 19 8/13
se 17 fusse 23 che saria 32 saria 43 5/17

f. 10b

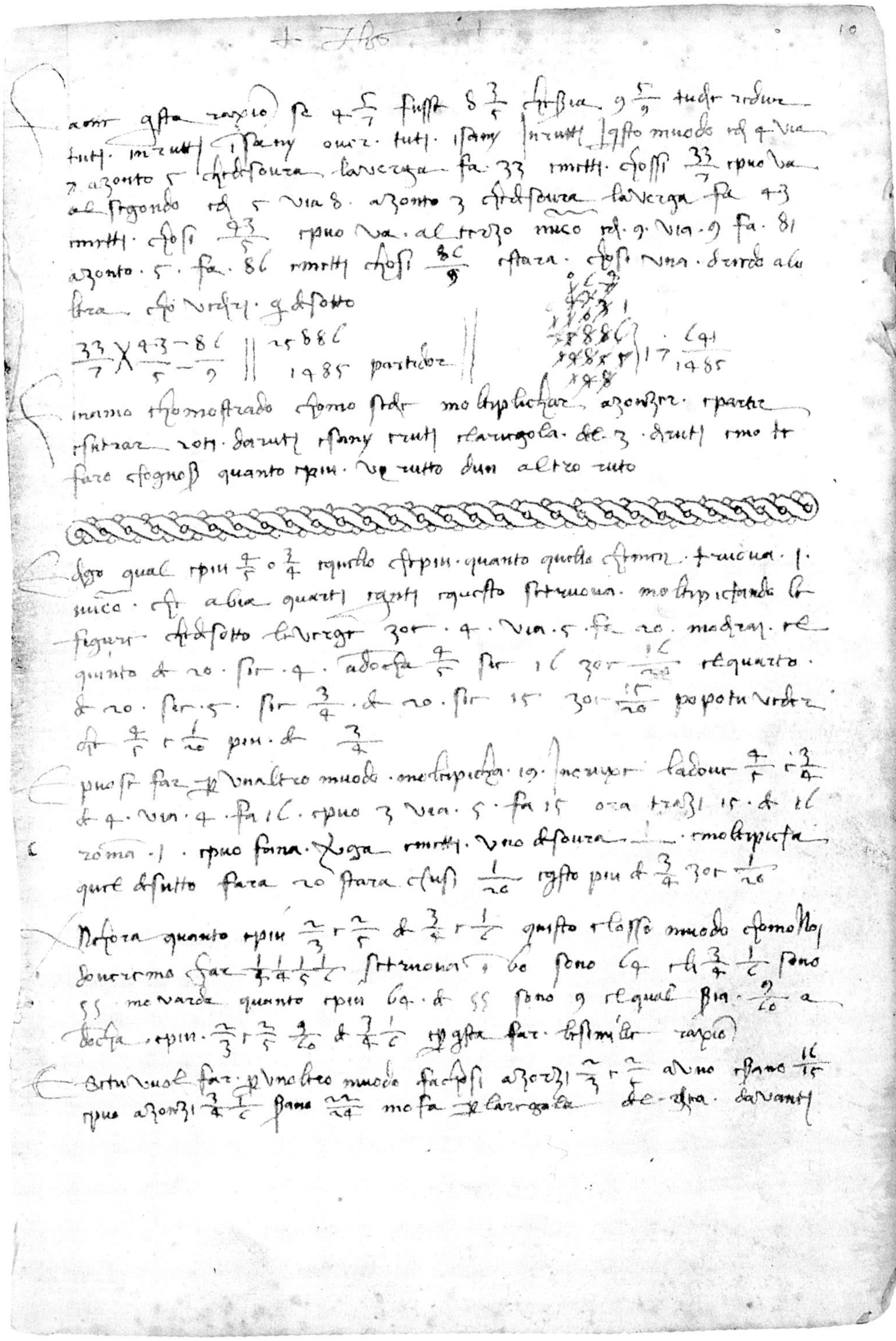

f. 11a

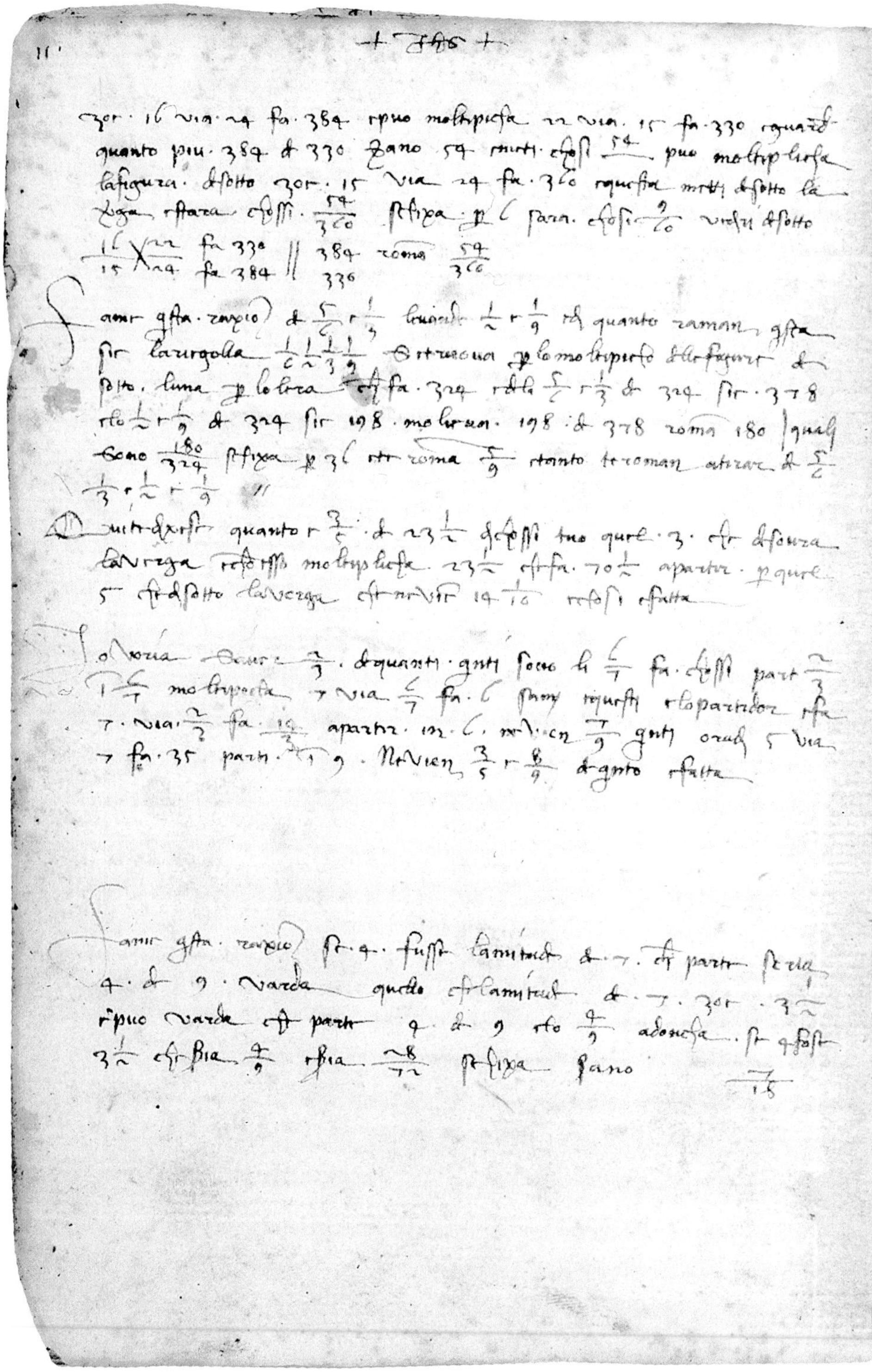

f. 11b

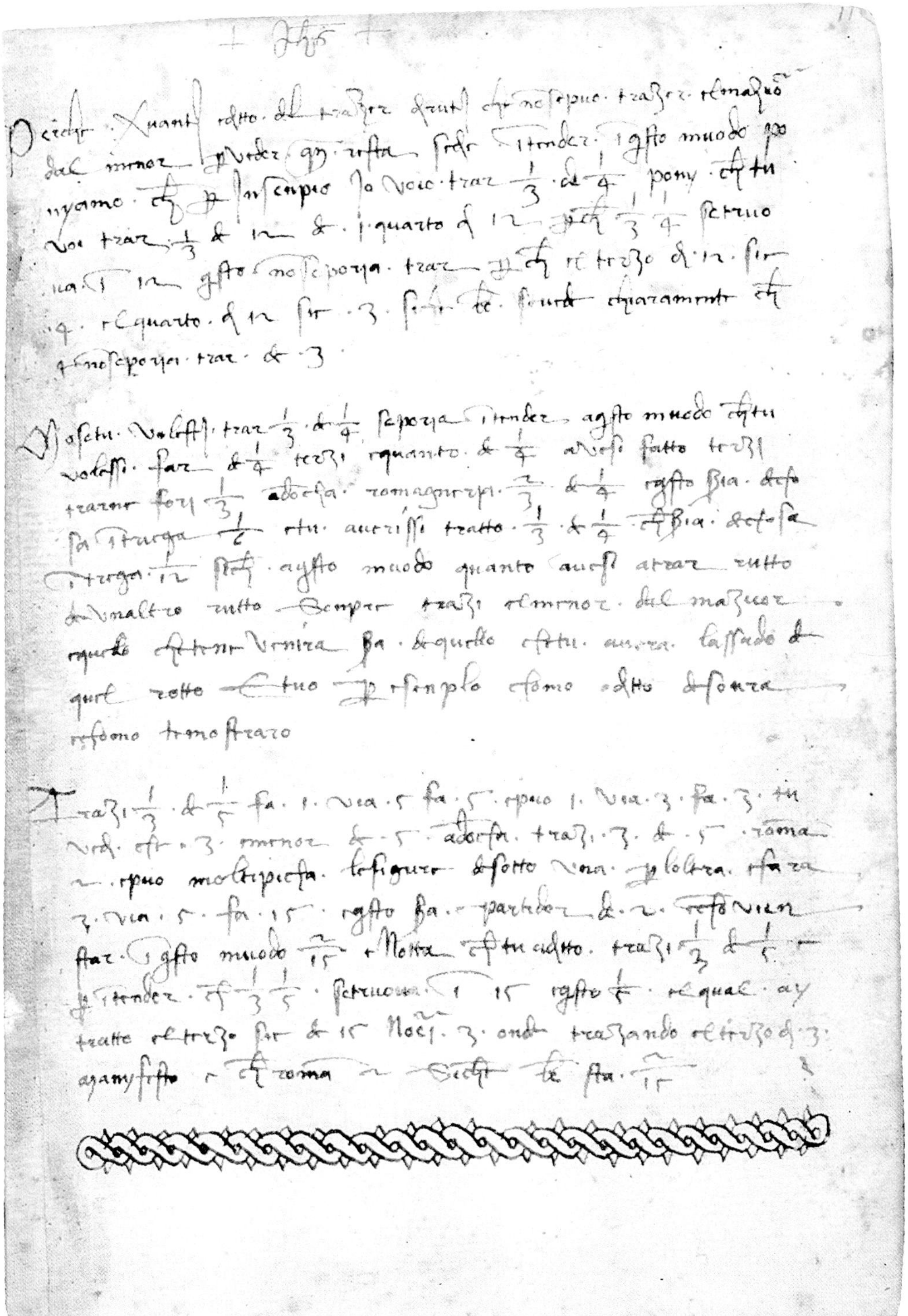

f. 12a

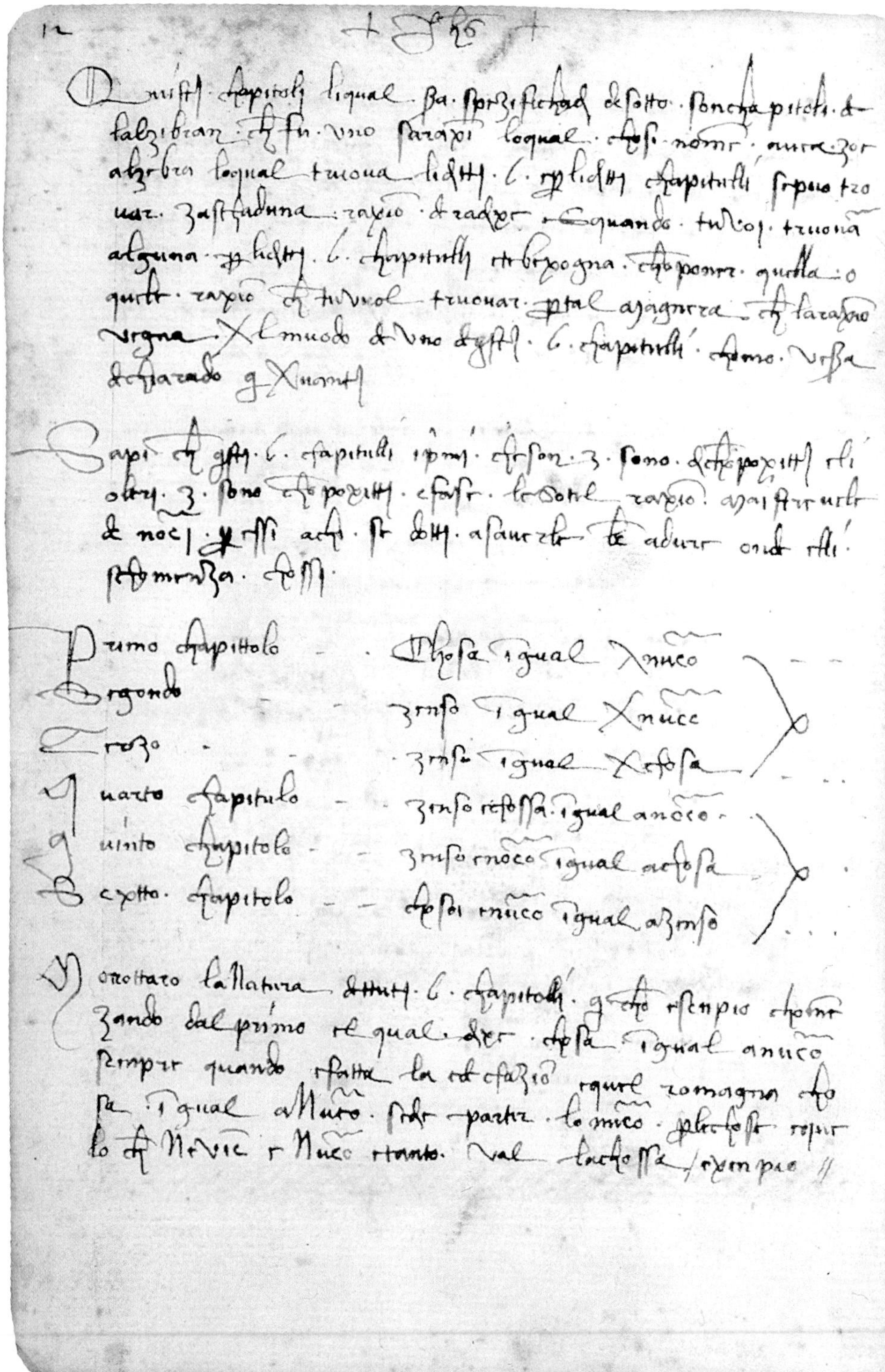
12 + Jhs +

Questi chapitoli li qual sia scriti de sotto sono chapitoli de
Malzibran che fu uno saraxi lo qual chossì nome, aver zoè
algebra lo qual truova li detti 6 chapitoli sempre tro
var zascaduna raxio de raxon e quando tu chosì truova
alguna per li detti 6 chapitoli et te bexogna chesponere quella o
quelle raxio che tu voi truovar per tal manyera che faraxo
segna per modo de uno de questi 6 chapitoli como vesa
dechiarado qui de sotto

Sapi che questi 6 chapitoli i primi che son 3 sono desemposti et li
altri 3 sono chomposti e chosì le dite raxio ...
e noi ... a saver ... onde nelli
dimostranza cossì

Primo chapitolo	chosa igual a numero
Segondo	zenso igual a numero
Terzo	zenso igual a chosa
Quarto chapitolo	zenso e chossa igual a numero
Quinto chapitolo	zenso e numero igual a chossa
Sexto chapitolo	chosse e numero igual a zenso

Mostrarò la natura de detti 6 chapitoli qui che exenpio chomen
zando dal primo el qual dixe chosa igual a numero
sempre quando è fatta la raxio e quel romagna cho
sa igual al numero sempre partir lo numero per le chosse e quel
lo che ne vien e tanto val la chossa / exempio

f. 12b

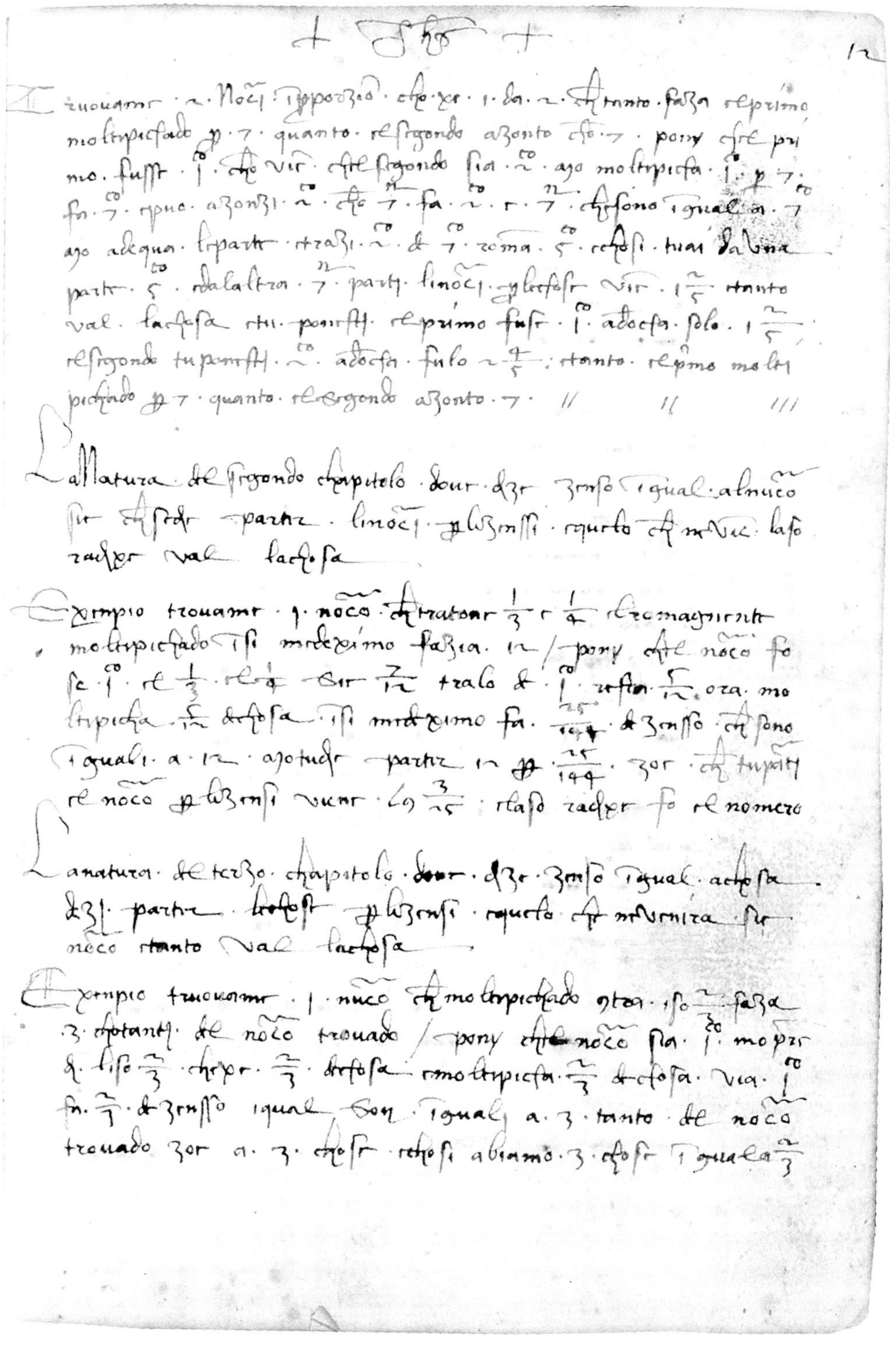

f. 13a

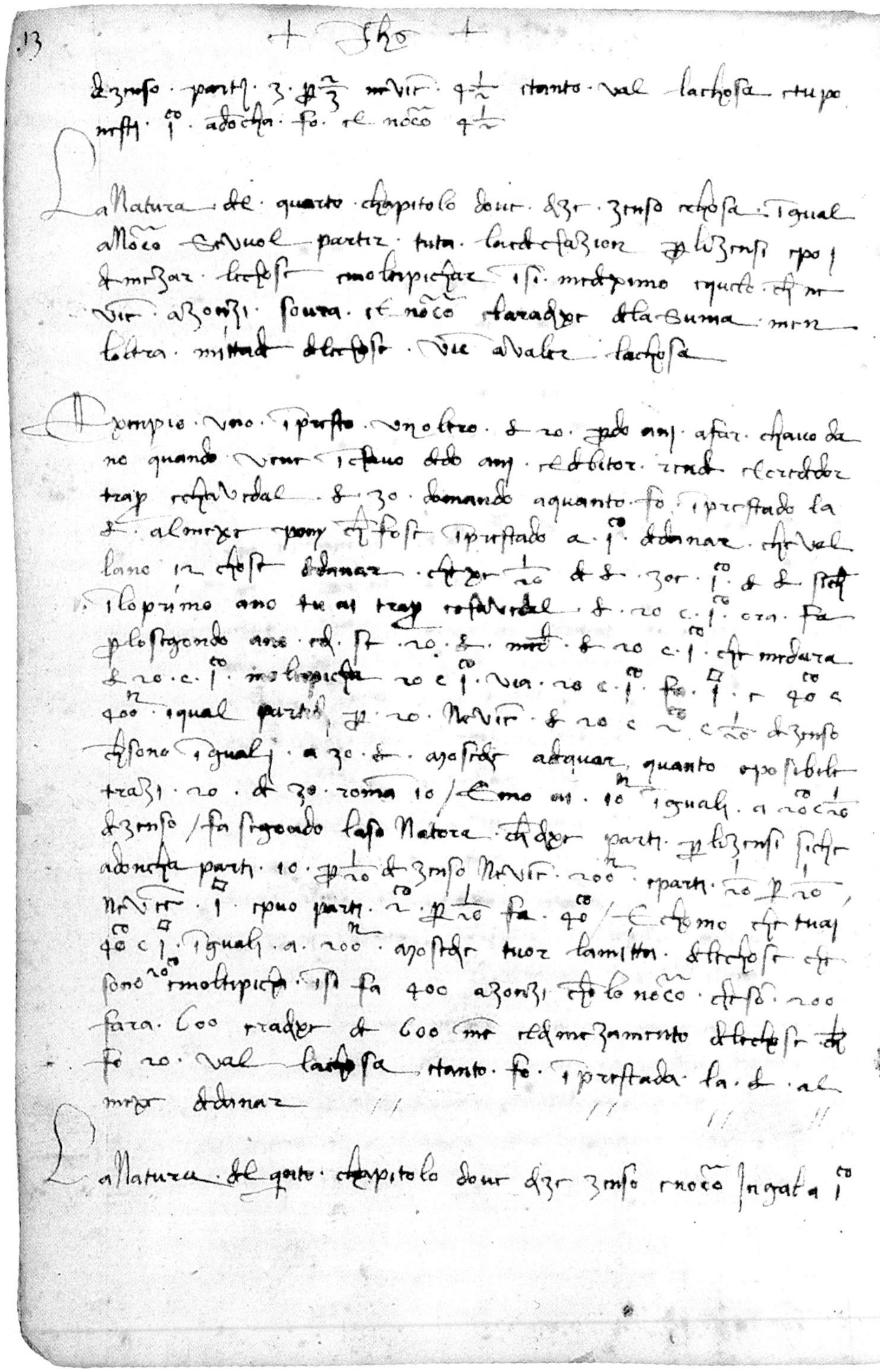

f. 13b

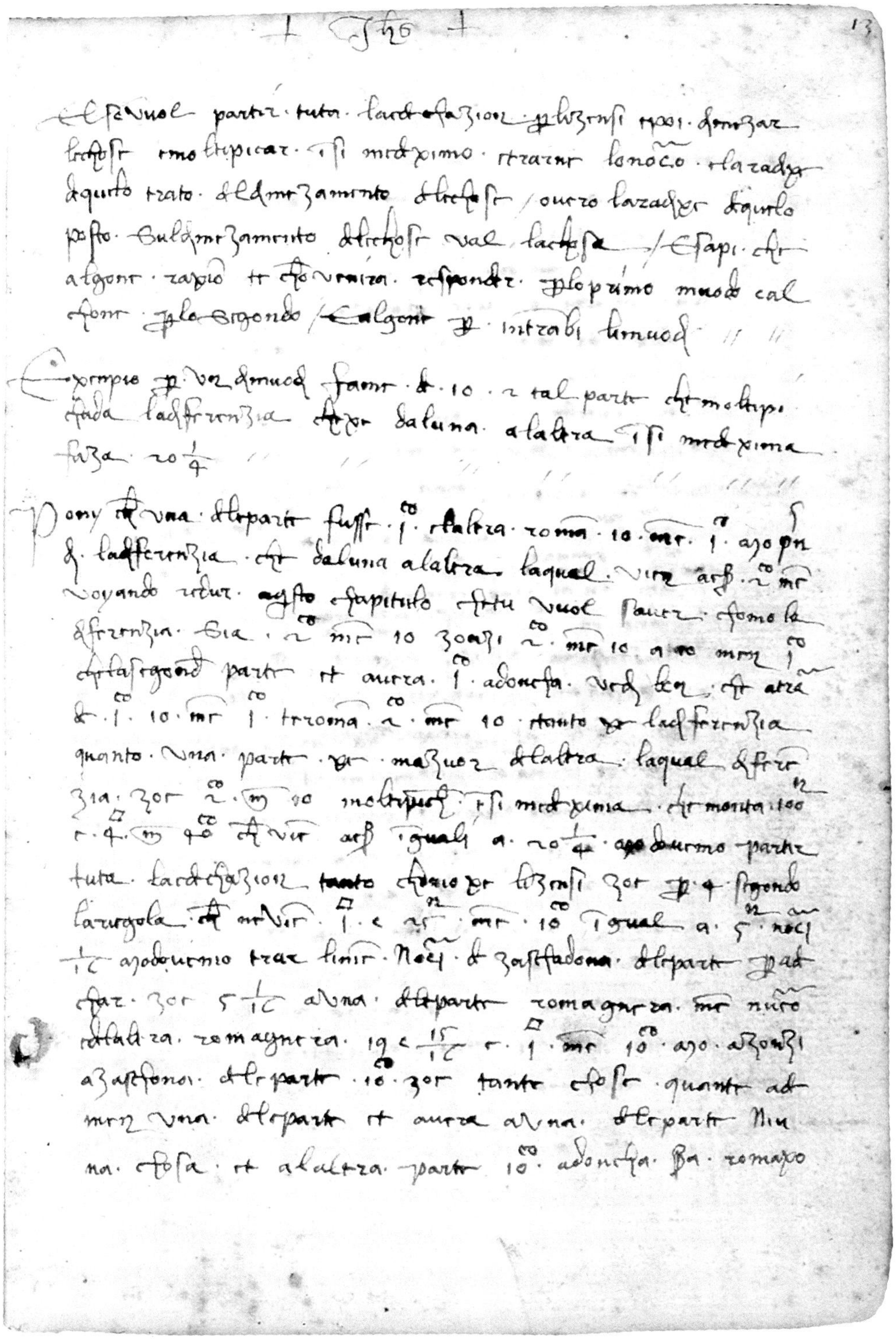

f. 14a

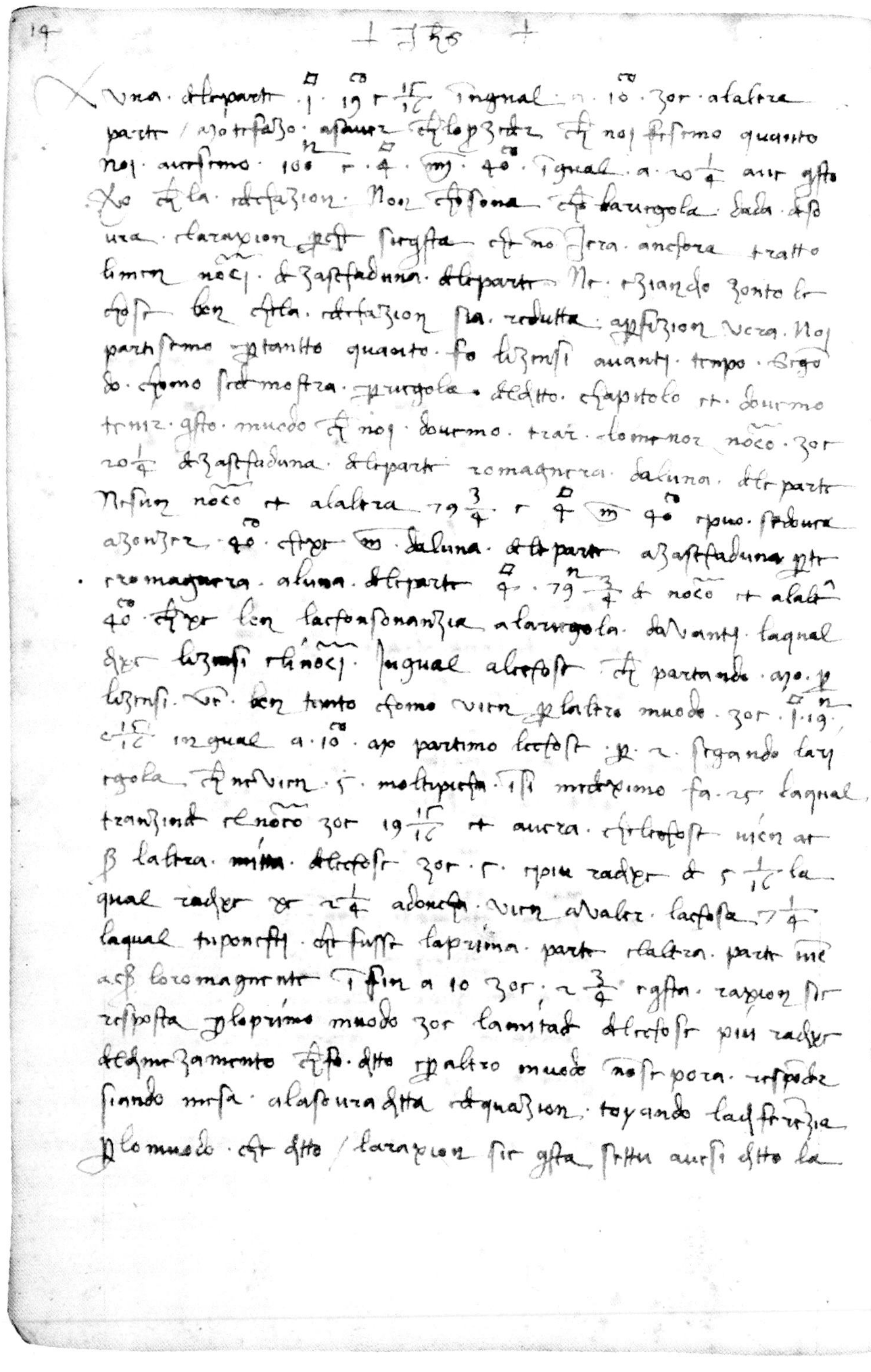

f. 14b

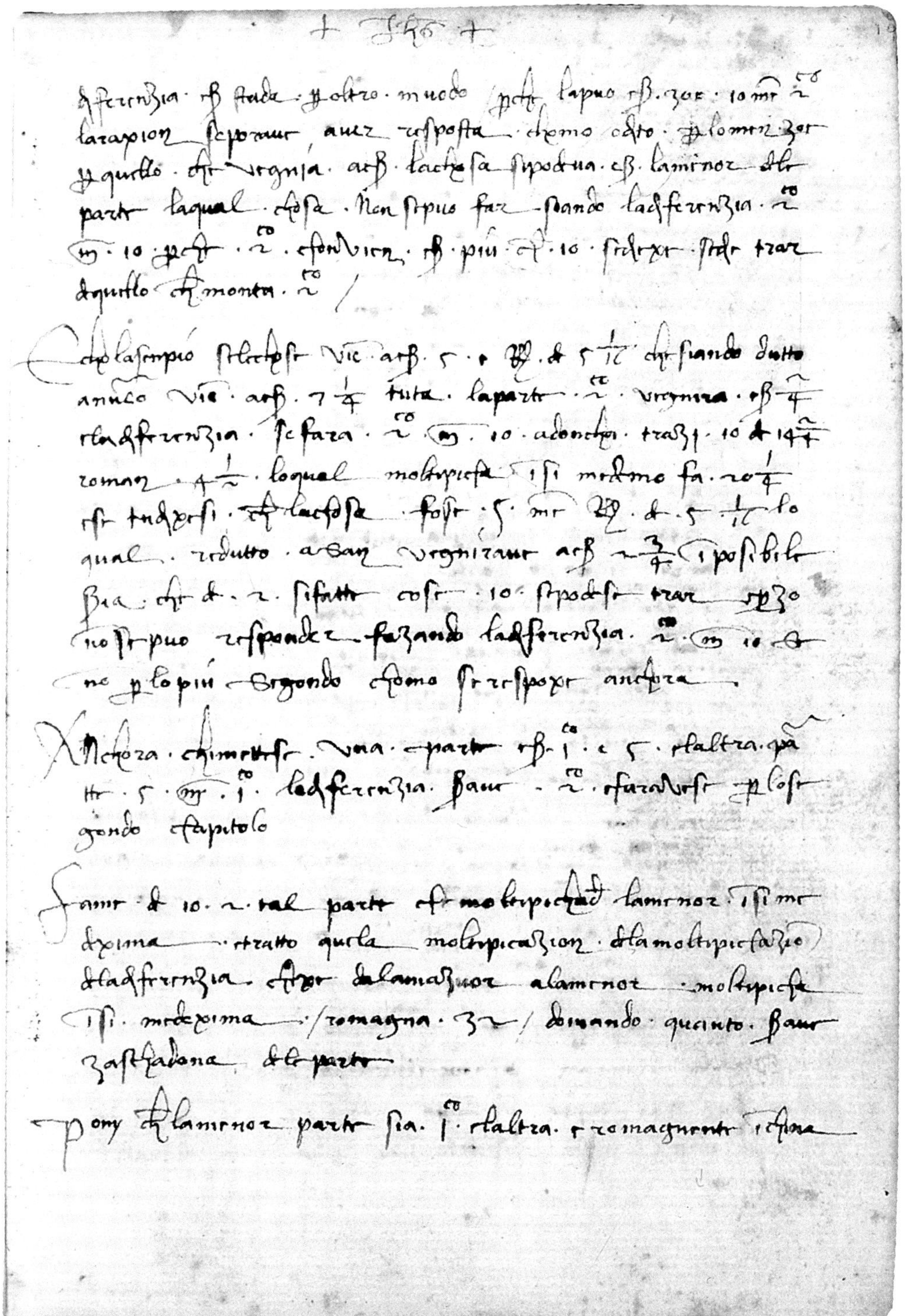

f. 15a

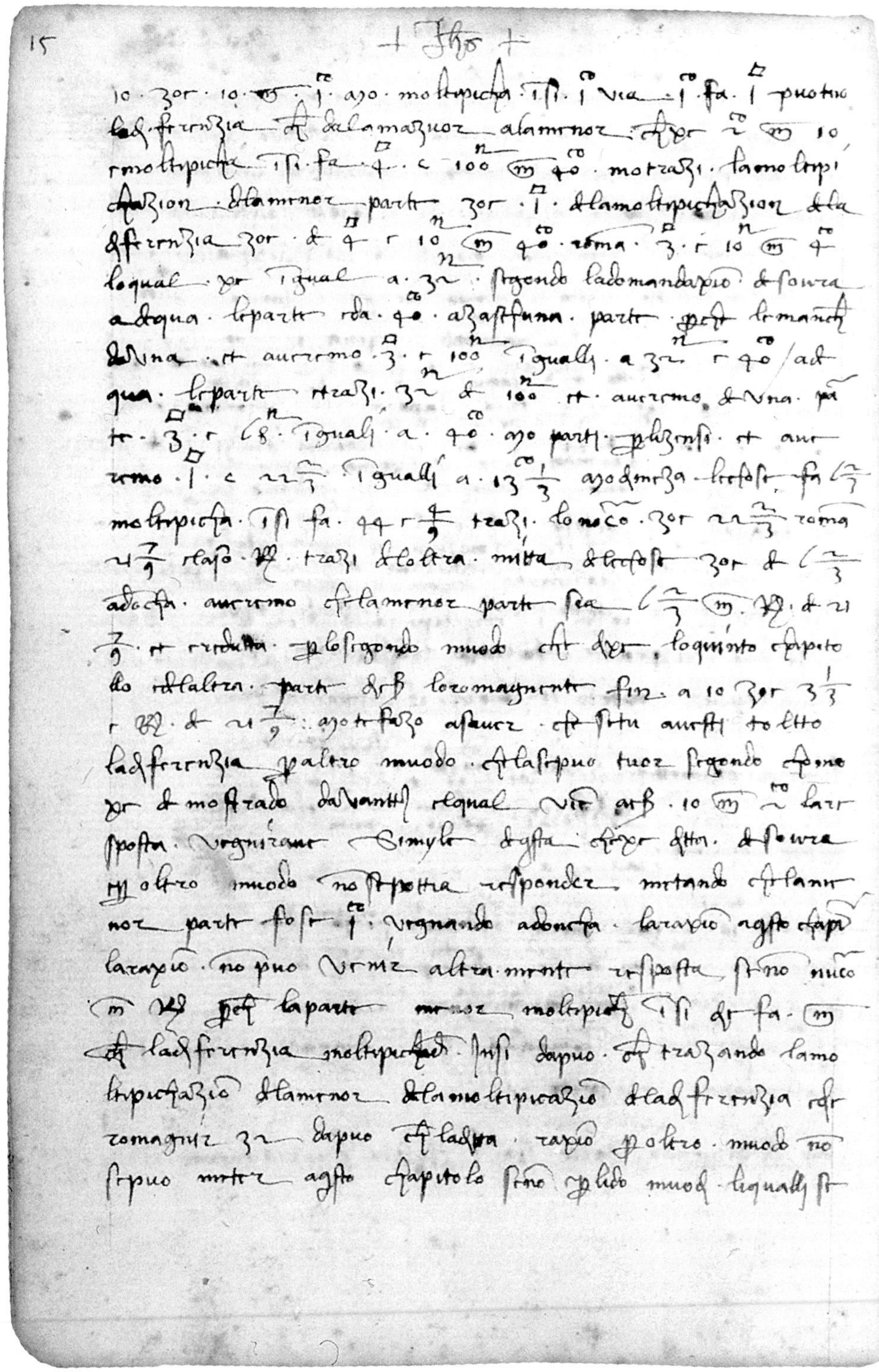

f. 15b

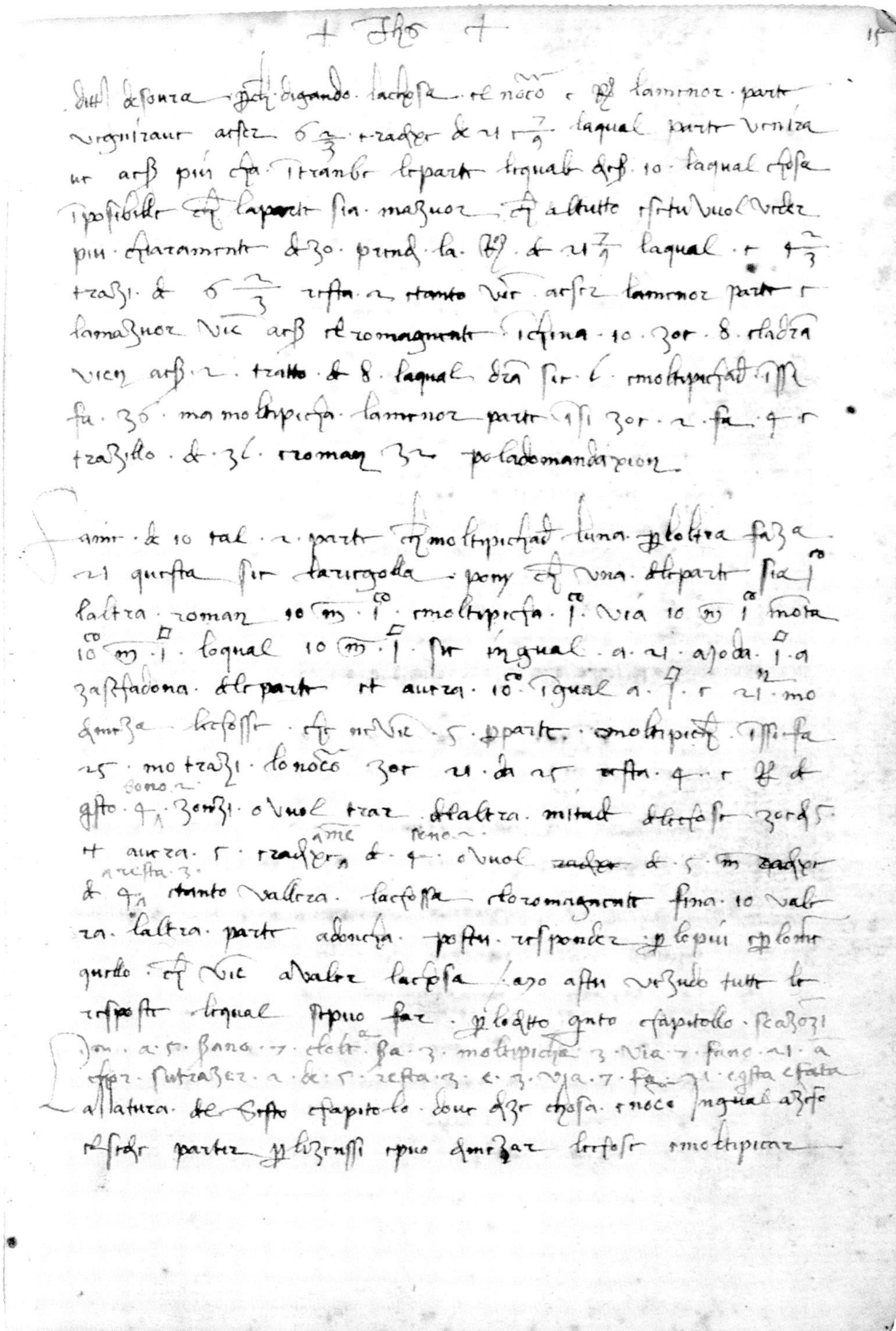

f. 16a

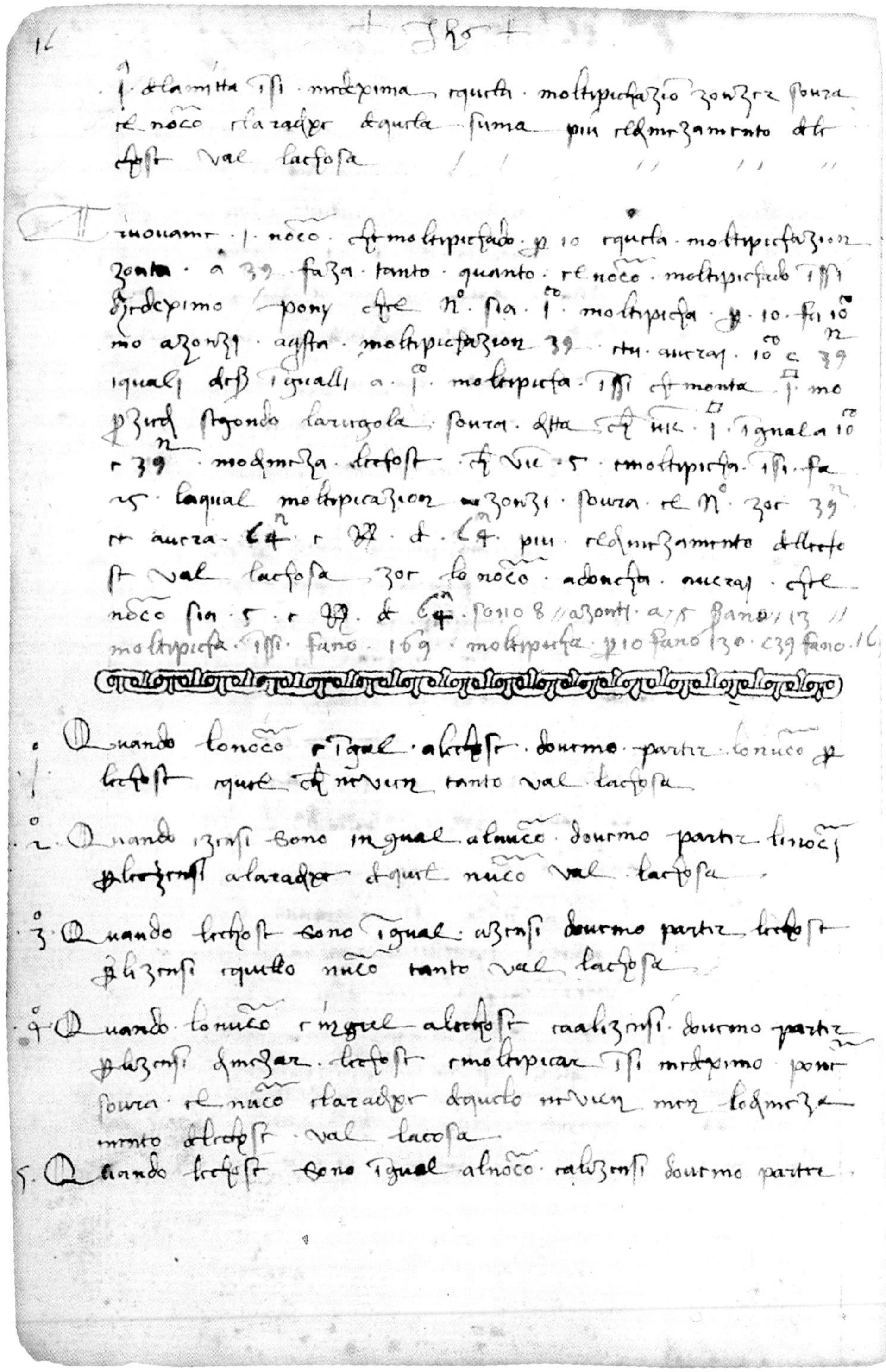

f. 16b

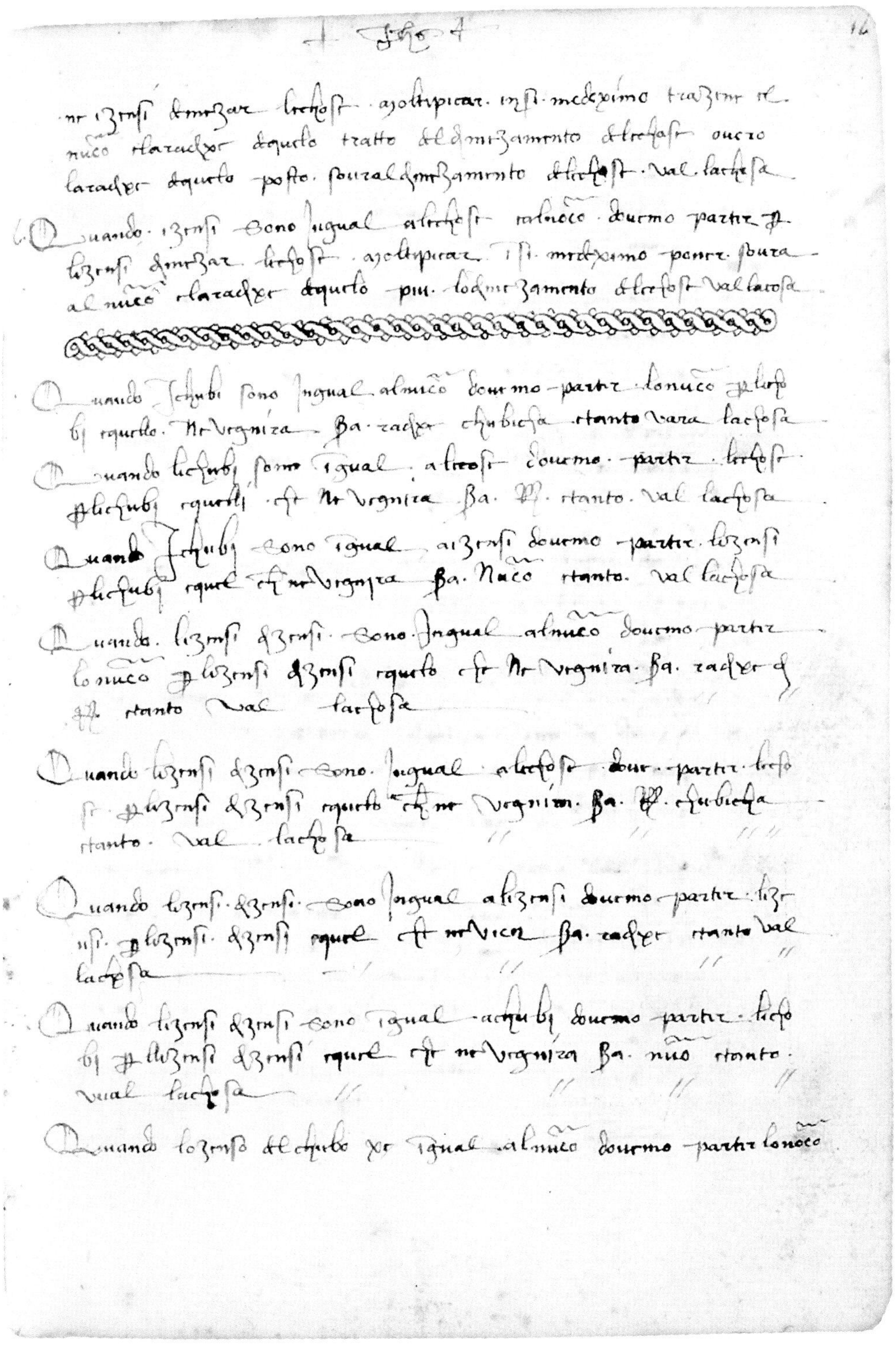
nr i zensi de mezar le cosse a moltiplicar in si medesimo trazer el
nuco e la raixe de questo tratto del dimezamento de le cosse over
la raixe de questo posto sora al dimezamento de le cosse val la cossa

Quando i zensi sono igual a le cosse e al nuco dovemo partir per
li zensi dimezar le cosse a moltiplicar in si medesimo ponere sora
al nuco e la raixe de questo piu lo dimezamento de le cosse val la cossa

Quando li chubi sono igual al nuco dovemo partir lo nuco per li
chubi e quello che ne vegnira sera raixe chubicha e tanto vara la cossa

Quando li chubi sono igual a le cosse dovemo partir le cosse
per li chubi e quelli che ne vegnira sera R e tanto val la cossa

Quando li chubi sono igual ai zensi dovemo partir li zensi
per li chubi e quel che ne vegnira sera nuco e tanto val la cossa

Quando li zensi de zensi sono igual al nuco dovemo partir
lo nuco per li zensi de zensi e quello che ne vegnira sera raixe de
R e tanto val la cossa

Quando li zensi de zensi sono igual a le cosse dovemo partir le cosse
per li zensi de zensi e quello che ne vegnira sera R chubicha
e tanto val la cossa

Quando li zensi de zensi sono igual ai zensi dovemo partir li zensi
per li zensi de zensi e quel che ne vien sera raixe e tanto val
la cossa

Quando li zensi de zensi sono igual ai chubi dovemo partir li chubi
per li zensi de zensi e quel che ne vegnira sera nuco e tanto
val la cossa

Quando lo zenso del chubo xe igual al nuco dovemo partir lo nuco

f. 17a

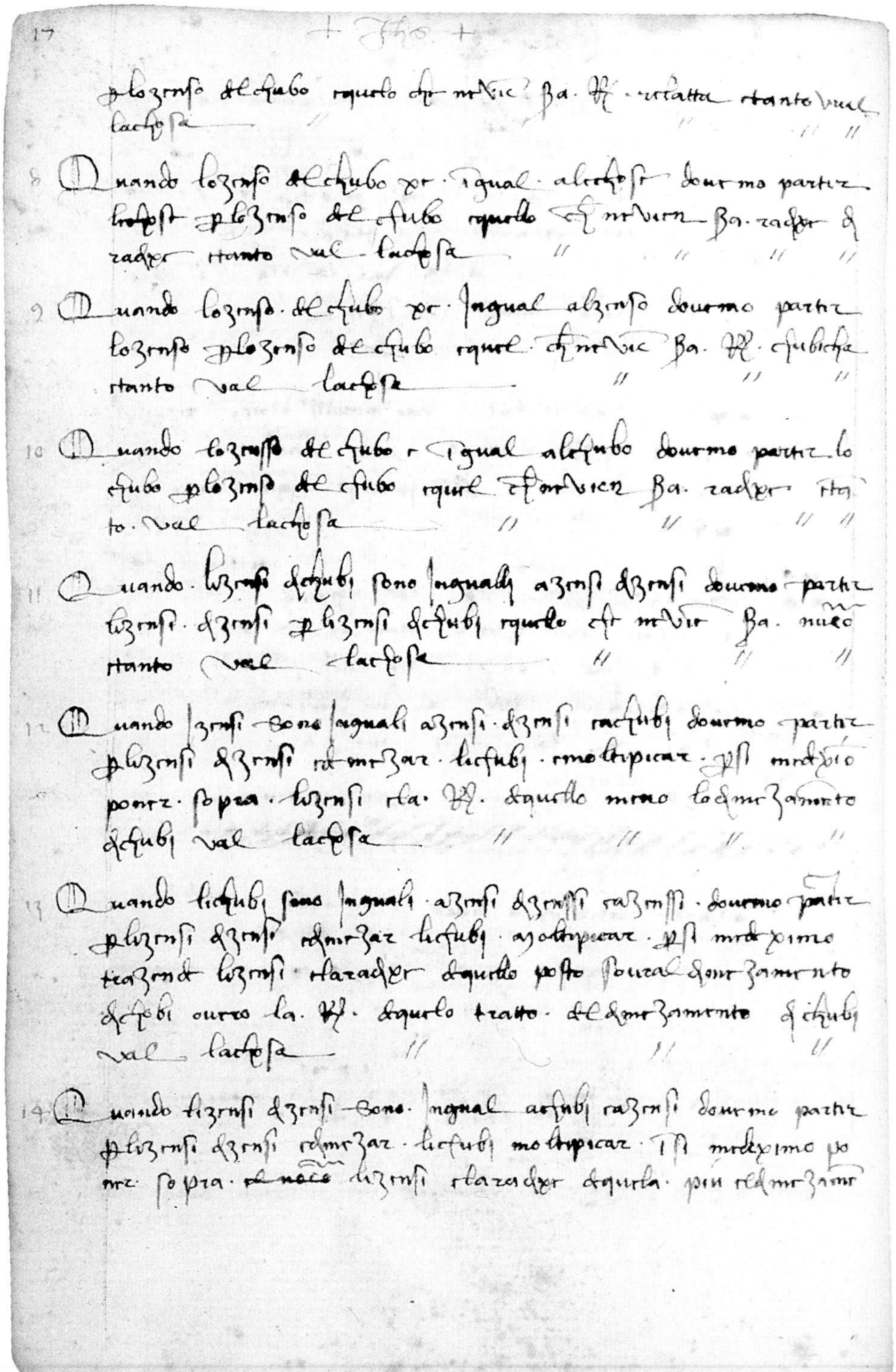

17 + Jhs +

per lo zenso del chubo e quelo che ne vien sarà R. relatta e tanto val la chosa

8 Quando lo zenso del chubo per igual al chosa dovemo partir la chosa per lo zenso del chubo e quello che ne vien sarà radixe di radixe tanto val la chosa

9 Quando lo zenso del chubo per ingual al zenso dovemo partir lo zenso per lo zenso del chubo e quel che ne vien sarà R. chubicha e tanto val la chosa

10 Quando lo zenso del chubo è igual al chubo dovemo partir lo chubo per lo zenso del chubo e quel che ne vien sarà radixe e tanto val la chosa

11 Quando li zensi de chubi sono inguali a zensi de zensi dovemo partir li zensi de zensi per li zensi de chubi e quello che ne vien sarà nuō e tanto val la chosa

12 Quando zensi sono inguali a zensi de zensi e a chubi dovemo partir per li zensi de zensi e dimezar li chubi e moltipicar per si medesimo e ponerlo sopra li zensi e la R. de quello meno lo dimezamento de chubi val la chosa

13 Quando li chubi sono inguali a zensi de zensi e a zensi dovemo partir per li zensi de zensi e dimezar li chubi e moltipicar per si medesimo e trazerne li zensi e la radixe de quello posto sovra el dimezamento de chubi overo la R. de quelo tratto del dimezamento di chubi val la chosa

14 Quando li zensi de zensi sono ingual a chubi e a zensi dovemo partir per li zensi de zensi e dimezar li chubi moltipicar per si medesimo e ponerlo sopra ~~el nūō~~ li zensi e la radixe de quella più el dimezamen

f. 17b

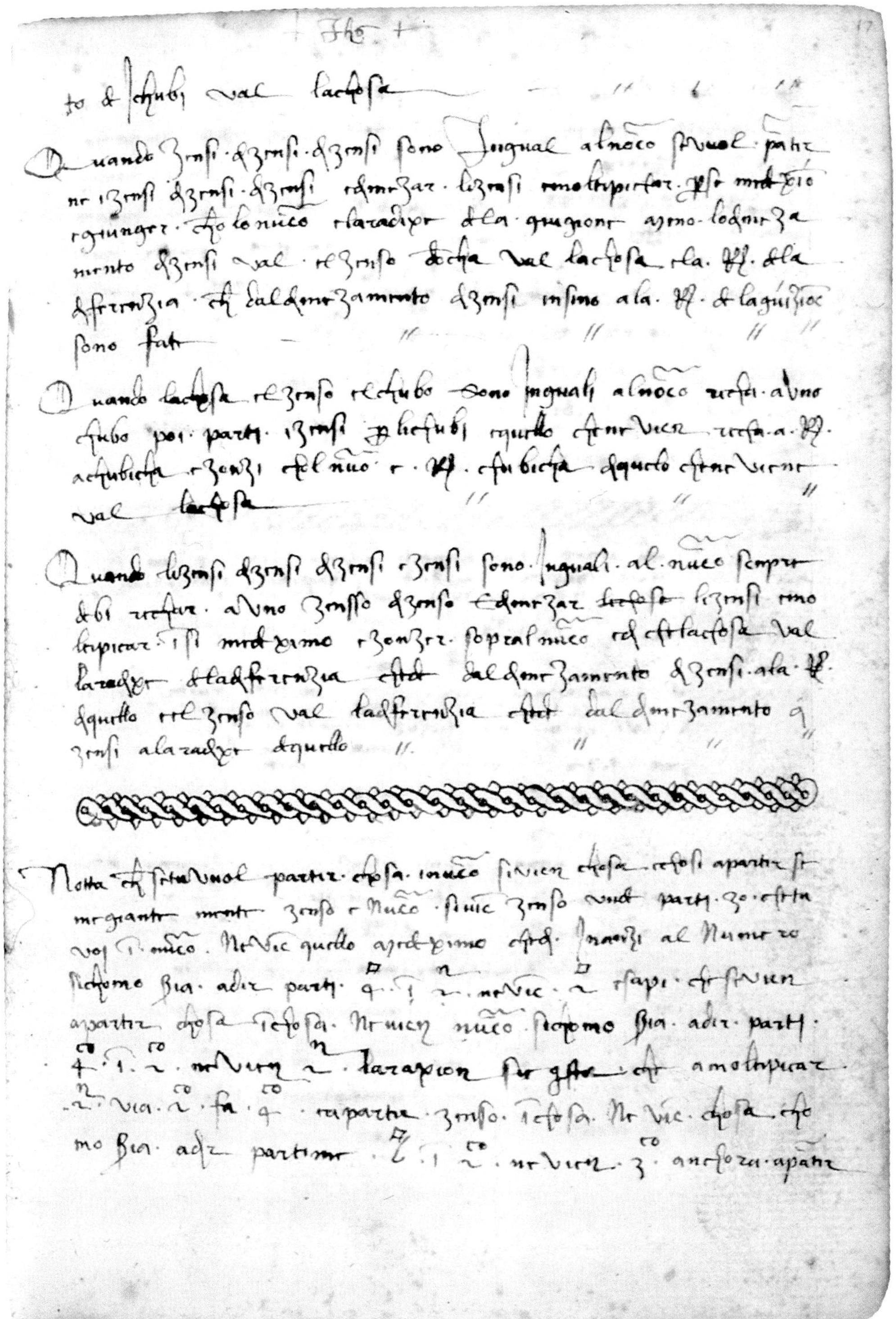

f. 18a

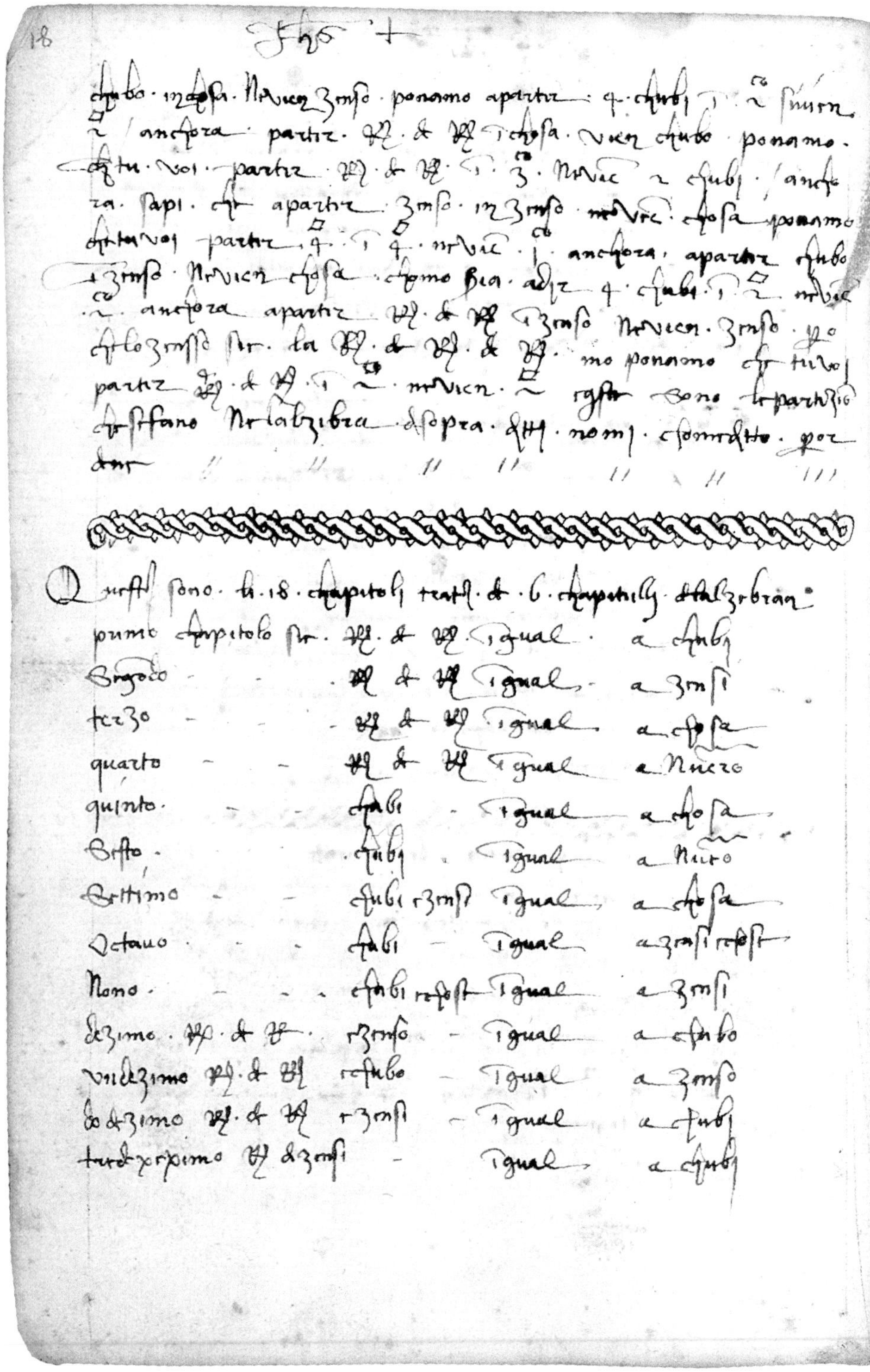

f. 18b

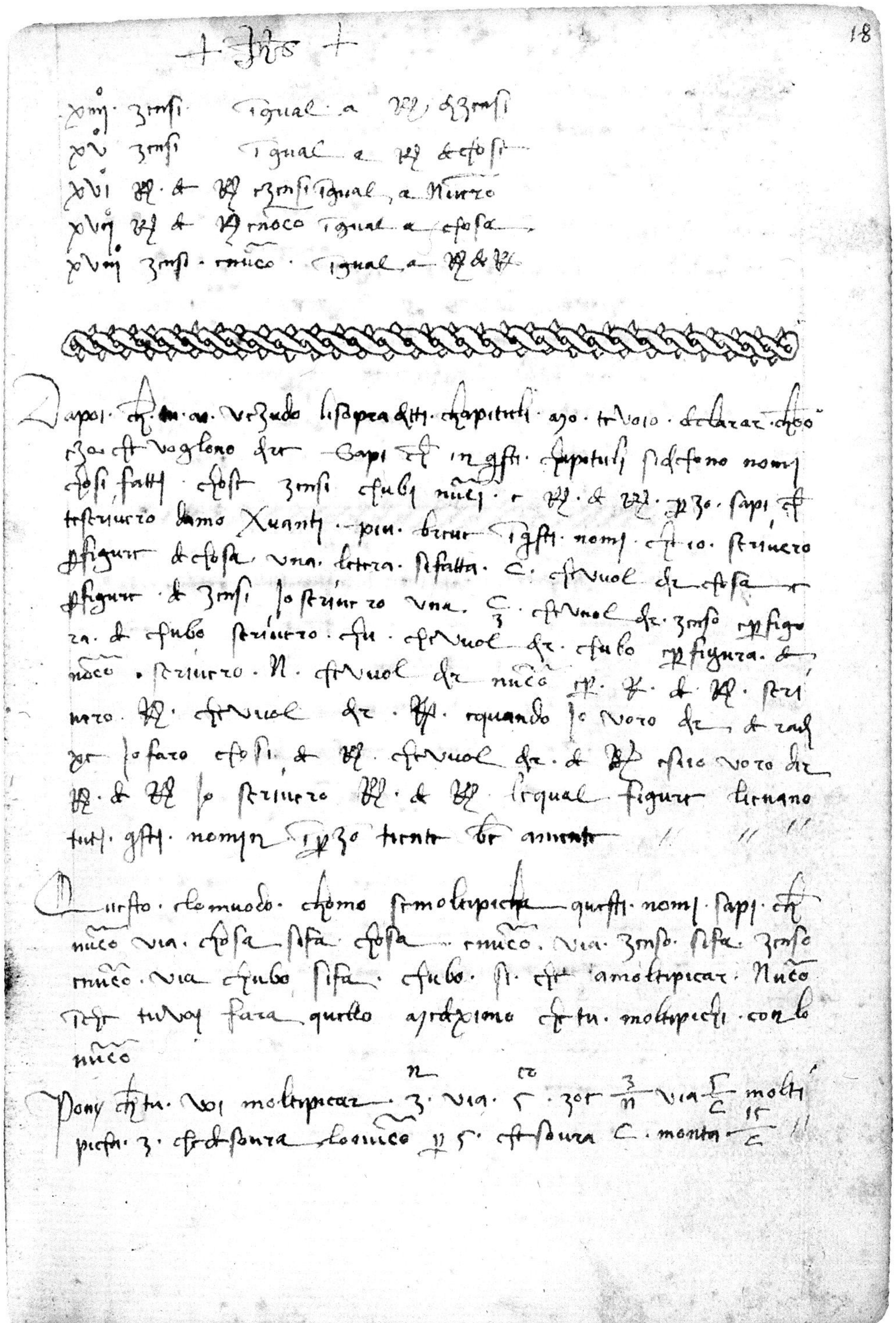
+ Jhs + 18

xiiii° zensi iqual a R° de zensi
xv° zensi iqual a R° de chosi
xvi R° de R° de zensi iqual a numero
xvii R° de R° de numero iqual a chosa
xviii zensi e numero iqual a R° de R°

Dapoi che mi m. ve zudo li sopra ditti chapitoli ayo ancora voio declarar cho zò che vogleno dir. Sapi che in questi chapitoli si dichono nomi chosì fatti: chose, zensi, chubi, numeri e R° e R° de R°. Ancora sapi che io scriverò la mazor parte per brevitade questi nomi che io scriverò. Per figura de chosa una letera si fatta c. che vuol dir chosa, e per figura de zensi io scriverò una ç che vuol dir zenso, per figura de chubo scriverò ... che vuol dir chubo, per figura de numero scriverò n. che vuol dir numero, R° de R° scriverò R° che vuol dir R°. E quando io vorò dir de radize io farò chosì, e R° che vuol dir, e quando vorò dir R° de R° io scriverò R° de R°, le qual figure tenirano tutti questi nomi, per zò tenete ben amente.

Questo è el muodo chomo se moltiplicha questi nomi. Sapi che numero via chosa si fa chosa, numero via zenso si fa zenso, numero via chubo si fa chubo. Si che a moltiplicar numero per tutti sì fa quello medesimo che tu moltiplichi con lo numero.

Pony che tu voi moltiplicar 3 via 5, zor 3/n via 5/c, moltiplicha 3 che sonra lo numero e 5 che sonra c., monta 15/c.

f. 19a

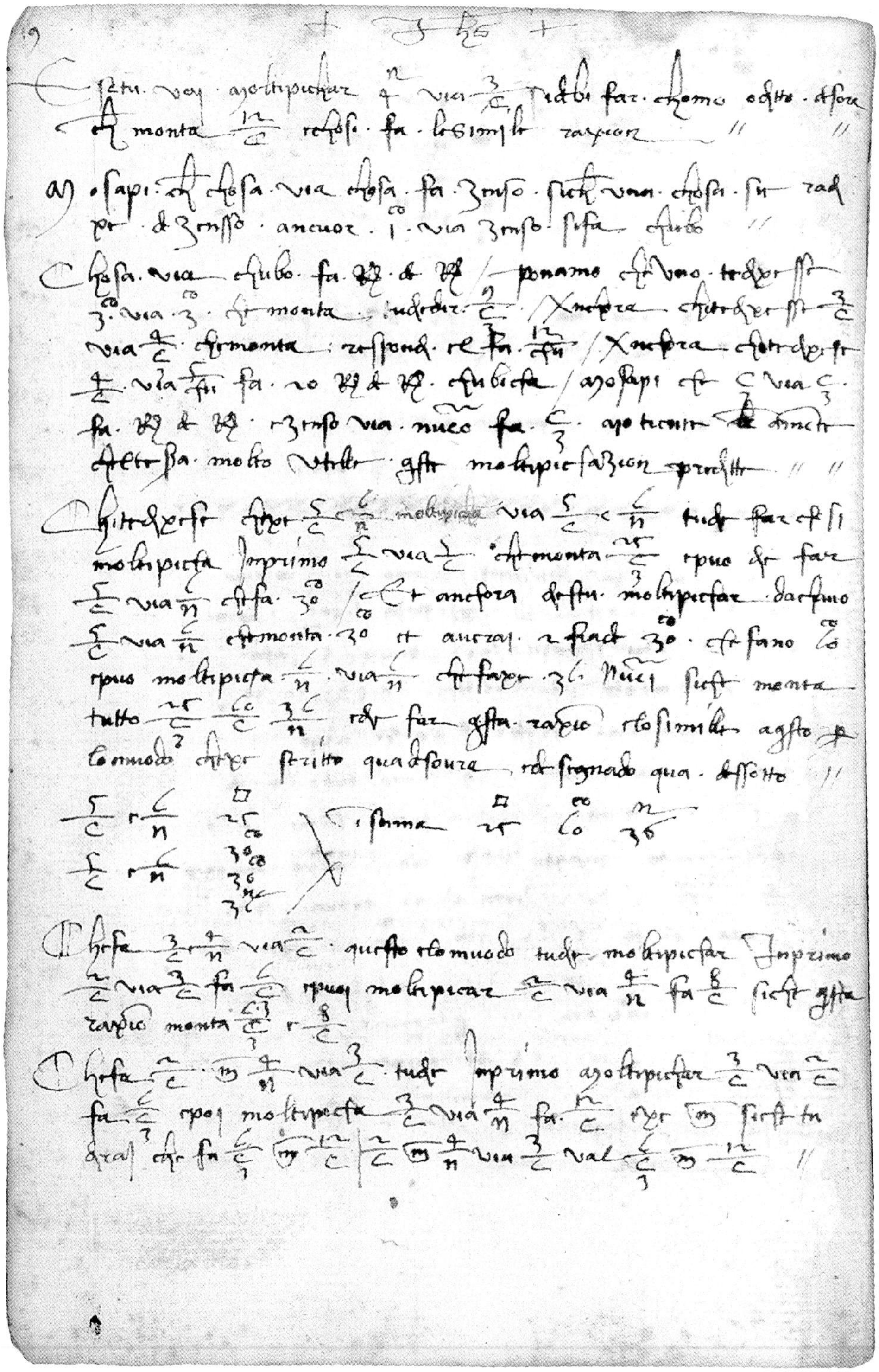

f. 19b

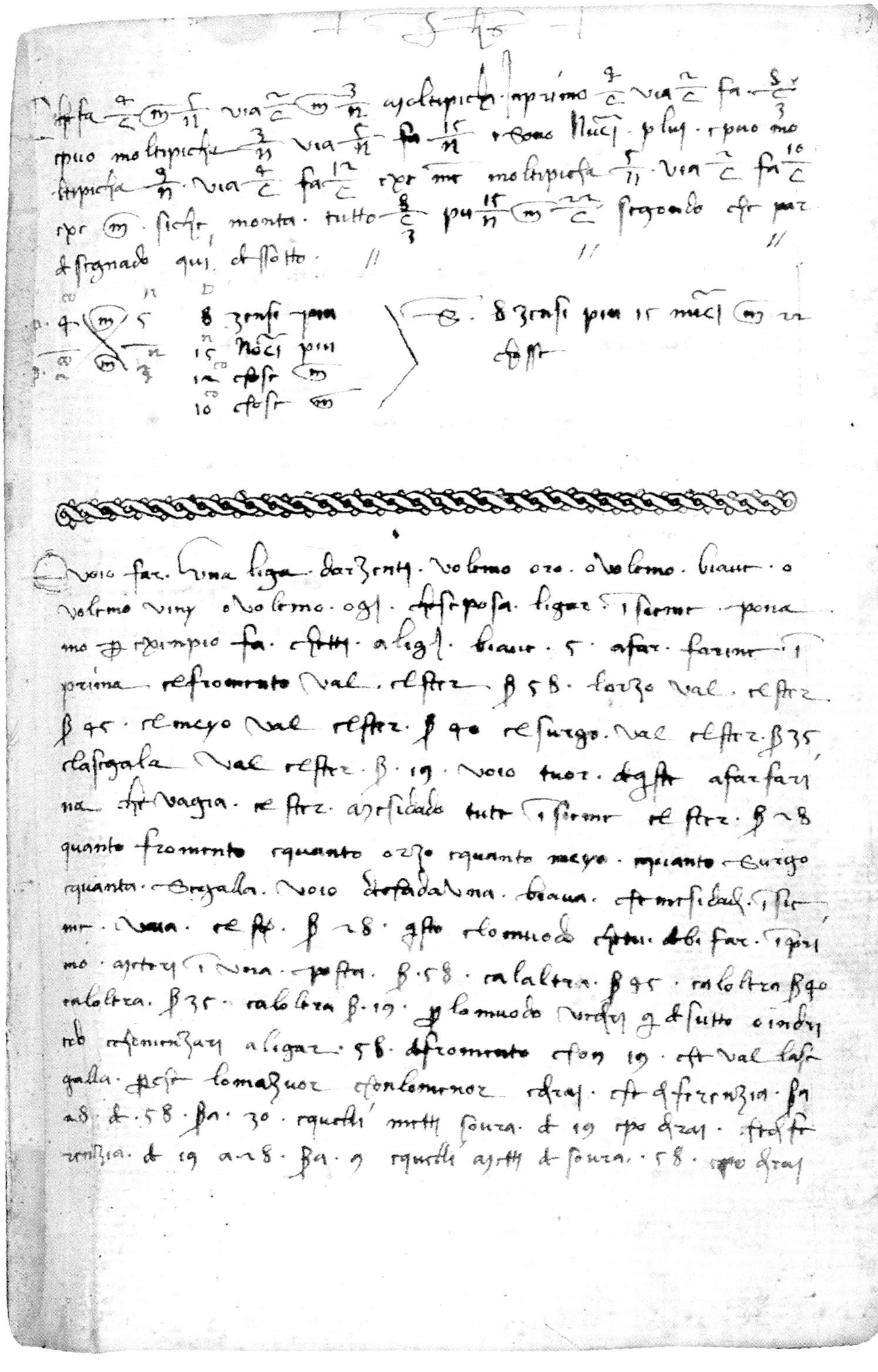

f. 20a

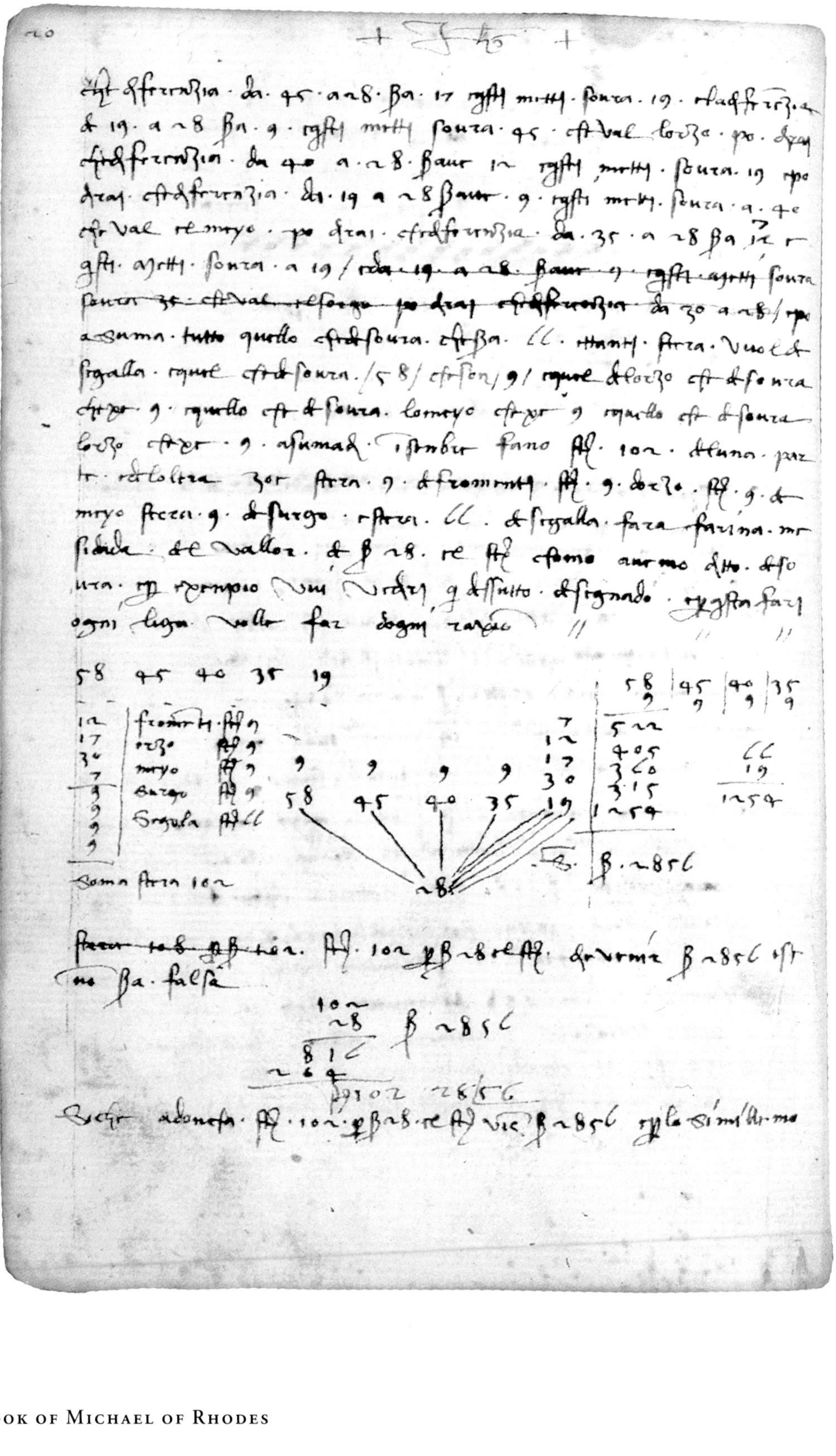

f. 20b

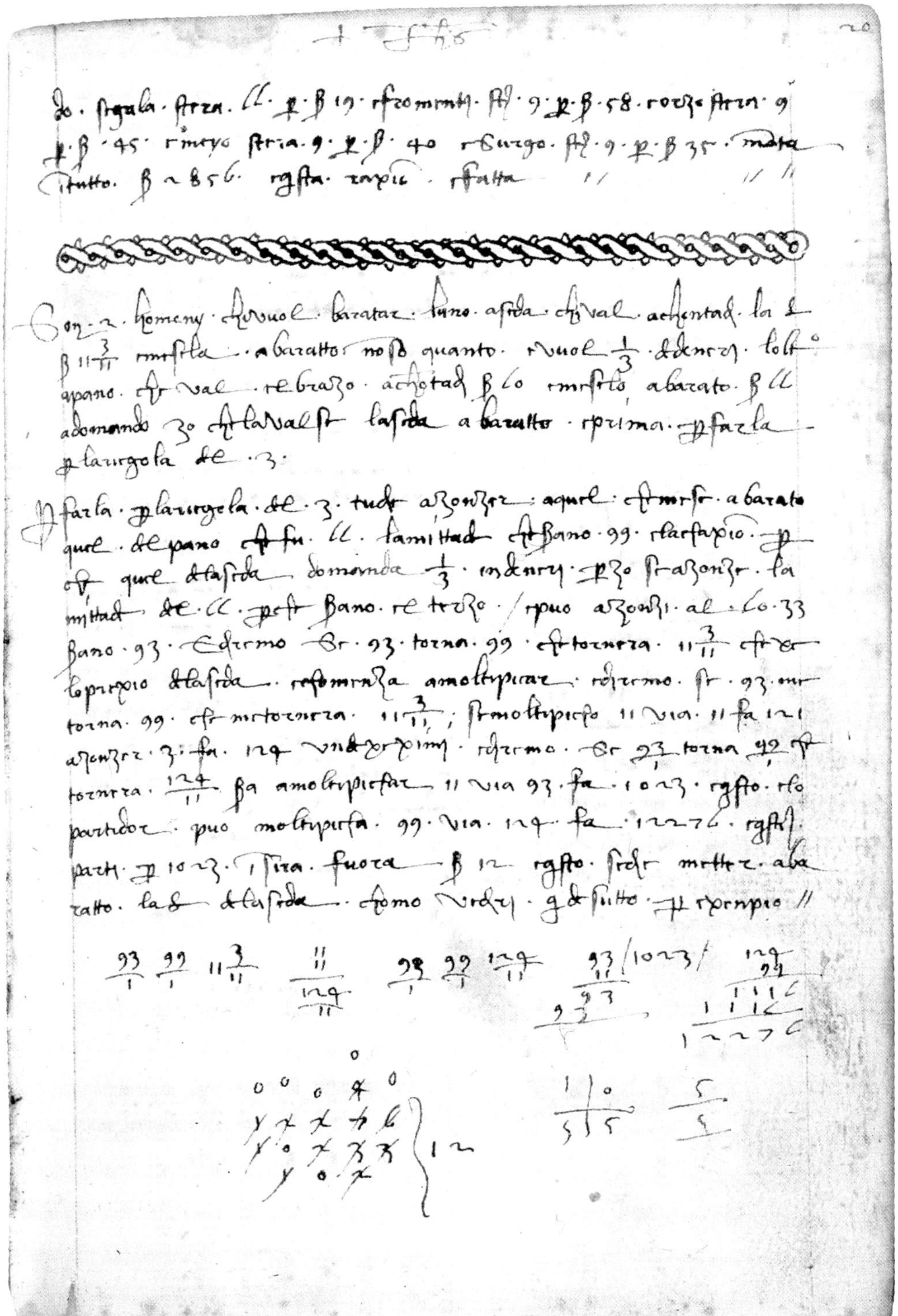

f. 21a

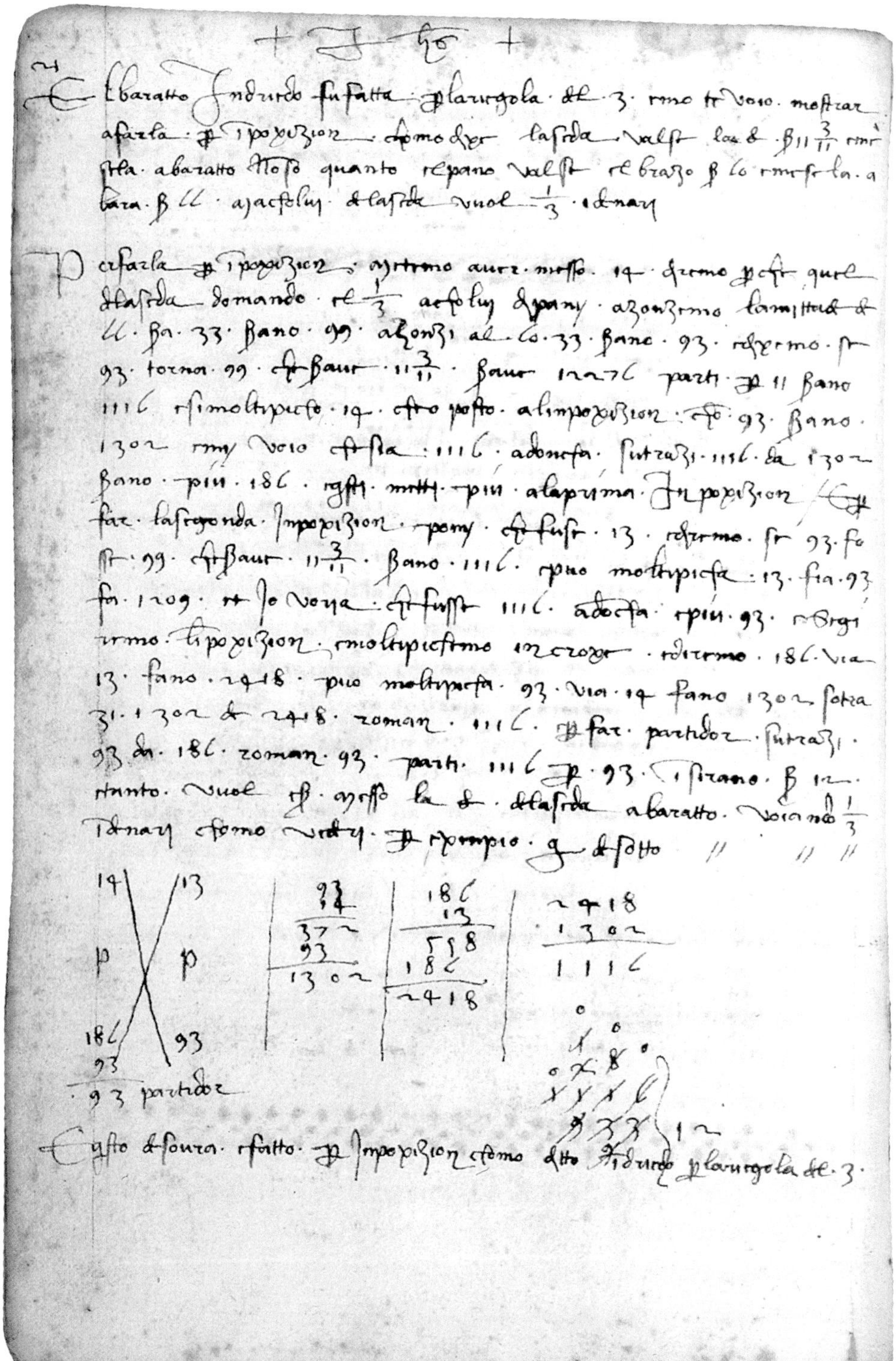

f. 21b

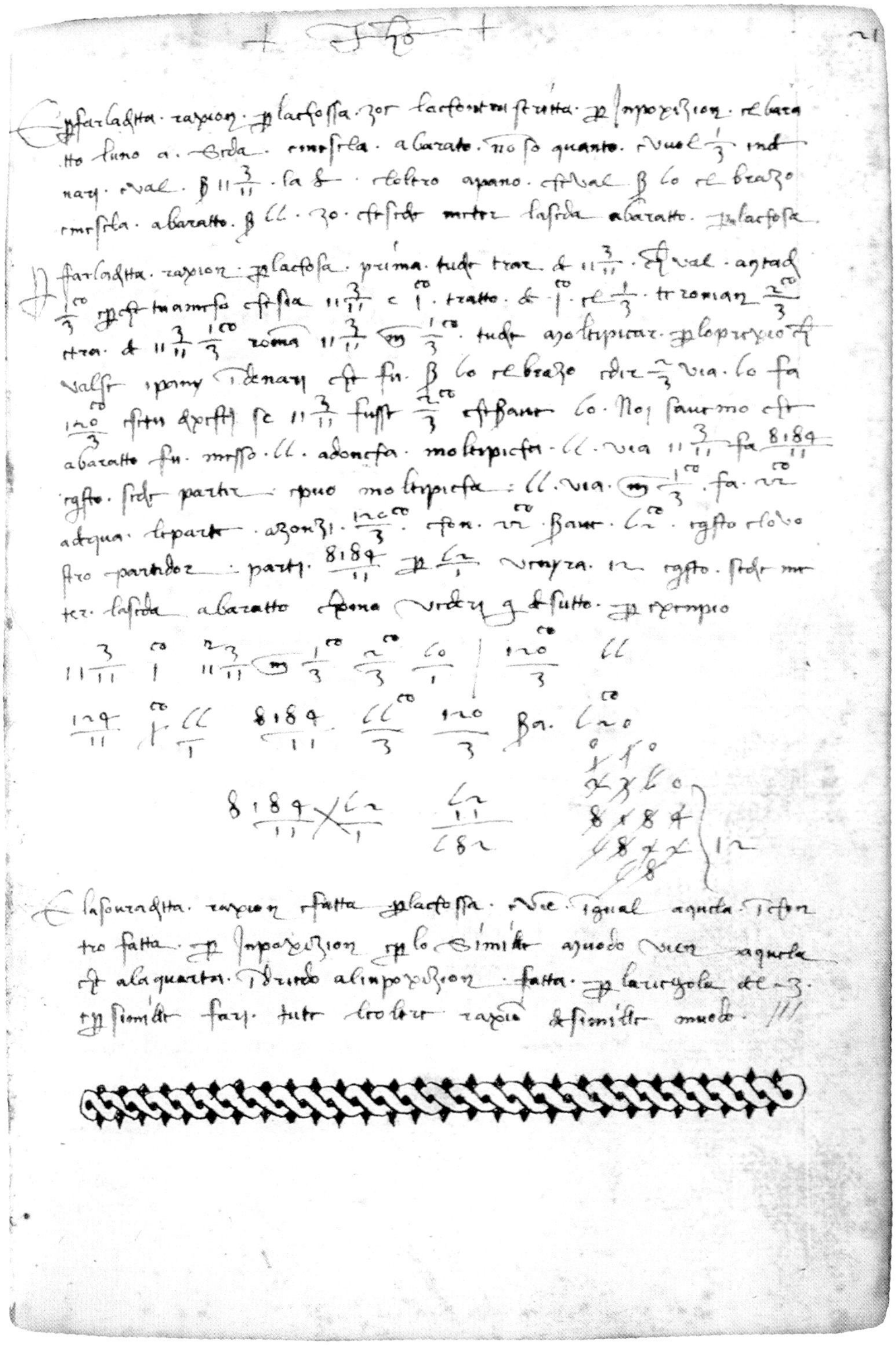

f. 22a

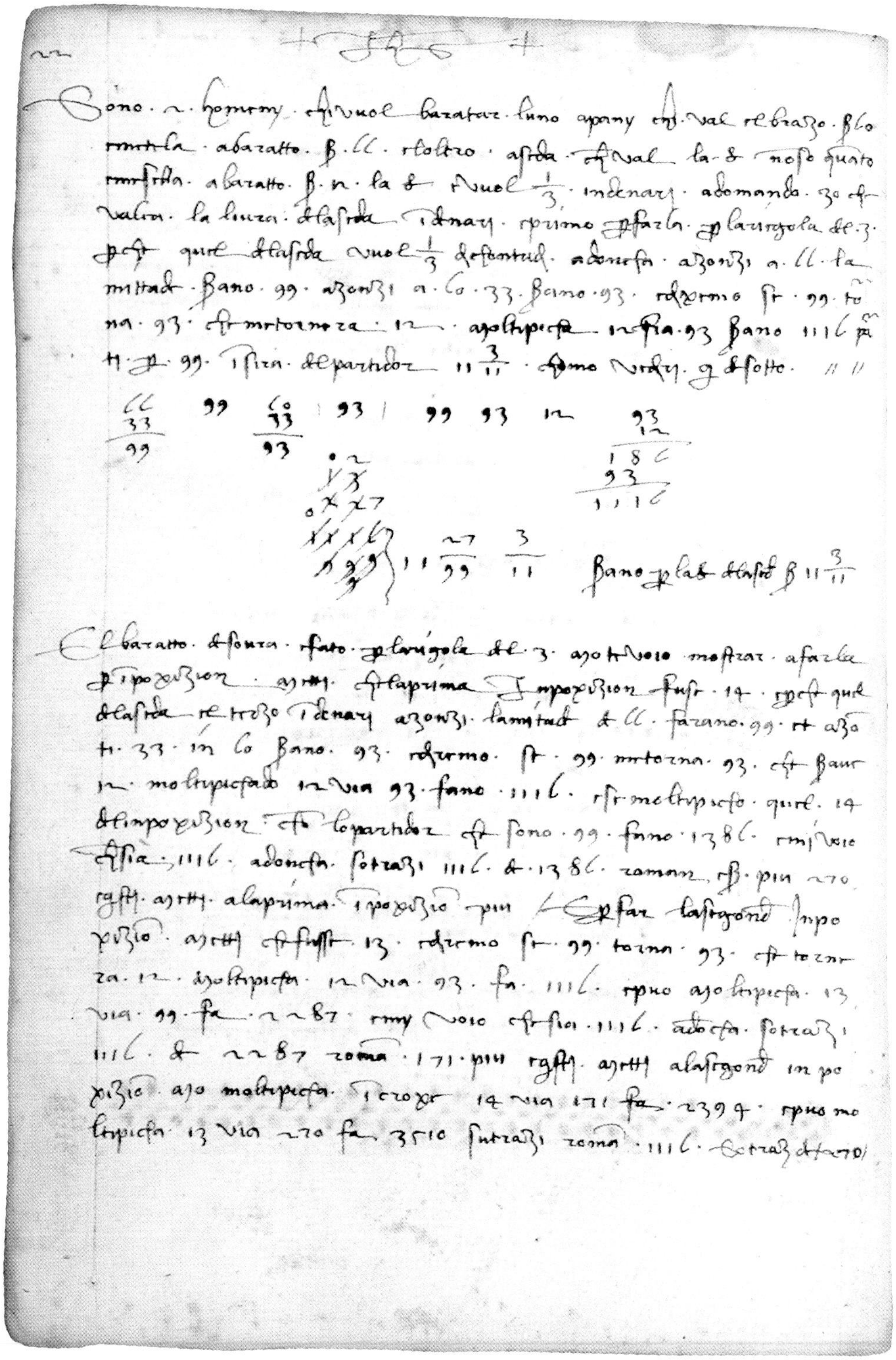

22

Sono . 2 . homeny . che vuol baratar . luno apany che val el brazo . ß 60
contadi . abaratto . ß . 66 . eloltro . aseda . che val . la lb non so quanto
contadi . abaratto . ß . [illegible] . la lb vuol $\frac{1}{3}$. indenari . adomando . zo che
valera . la liura . delaseda . indenari . eprimo perfarla . perlaregola de . 3 .
perche quela delaseda vuol $\frac{1}{3}$ de contadi . adoncha . azonzi a . 66 . la
mittade . fano . 99 . azonzi a . 60 . 33 . fano . 93 . edaremo se . 99 . torna . 93 . che me torna . 12 . amoltipicha . 12 via . 93 fano 1116 parti per . 99 . insira . del partidor . 11 $\frac{3}{11}$. chomo vedey . qua desotto . // //

66 99 60 93 99 93 12 93
33 33 12
99 93 186
93
1116

11 $\frac{27}{99}$ $\frac{3}{11}$ fano per la lb dela seda ß 11 $\frac{3}{11}$

El baratto . desoura . efato . per laregola del . 3 . azo che voio mostrar . afarla
per ipoxizion . azo che . alaprima . inpoxizion . fusse . 14 . perche quela
delaseda el terzo indenary azonzi . lamitade de 66 . farano . 99 . et azo
nti . 33 . in 60 fano . 93 . edaremo . se . 99 . me torna . 93 . che faura
12 . moltipicando 12 via 93 . fano . 1116 . e se moltipicho . quela . 14
delinpoxizion . che lo partidor che sono . 99 . fano . 1386 . e mi voio
che sia . 1116 . adoncha . sotrazi 1116 . de . 1386 . roman . ß . piu 270
resta . azo che . alaprima . ipoxizio piu . E perfar lasegonda inpo
xizio . azo che fusse . 13 . edaremo se . 99 . torna . 93 . che torna
ra . 12 . amoltipicha . 12 via . 93 . fa . 1116 . e poi amoltipicha . 13
via . 99 . fa . 2287 . e mi voio che sia . 1116 . adoncha . sotrazi
1116 . de 2287 roman . 171 . piu resta . azo che alasegonda inpo
xizio . azo moltipicha . incroxe 14 via 171 fa . 2394 . e poi mo
ltipicha 13 via 270 fa 3510 sotrazi roman . 1116 . sotrazi de 270

f. 22b

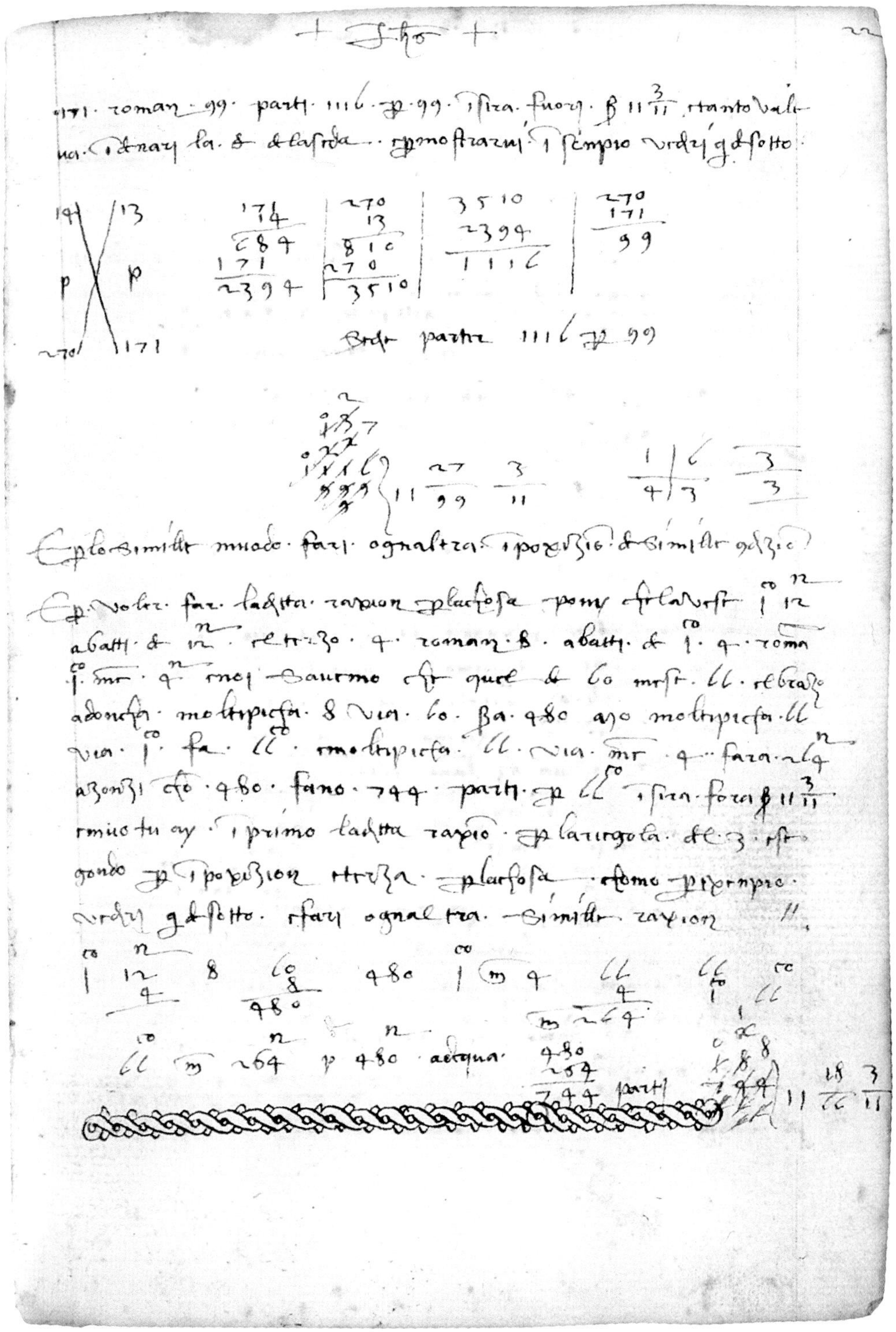

f. 23a

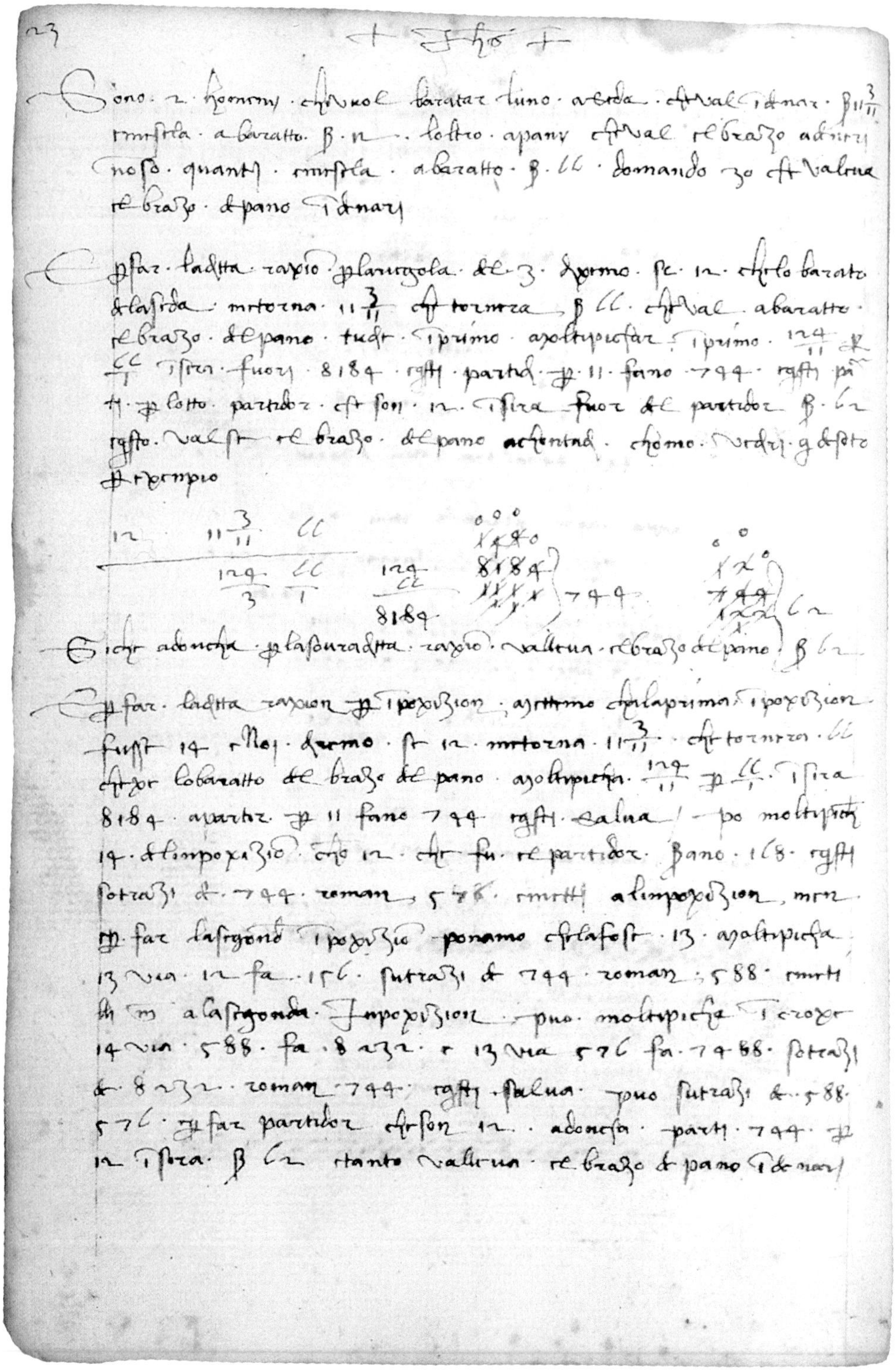

f. 23b

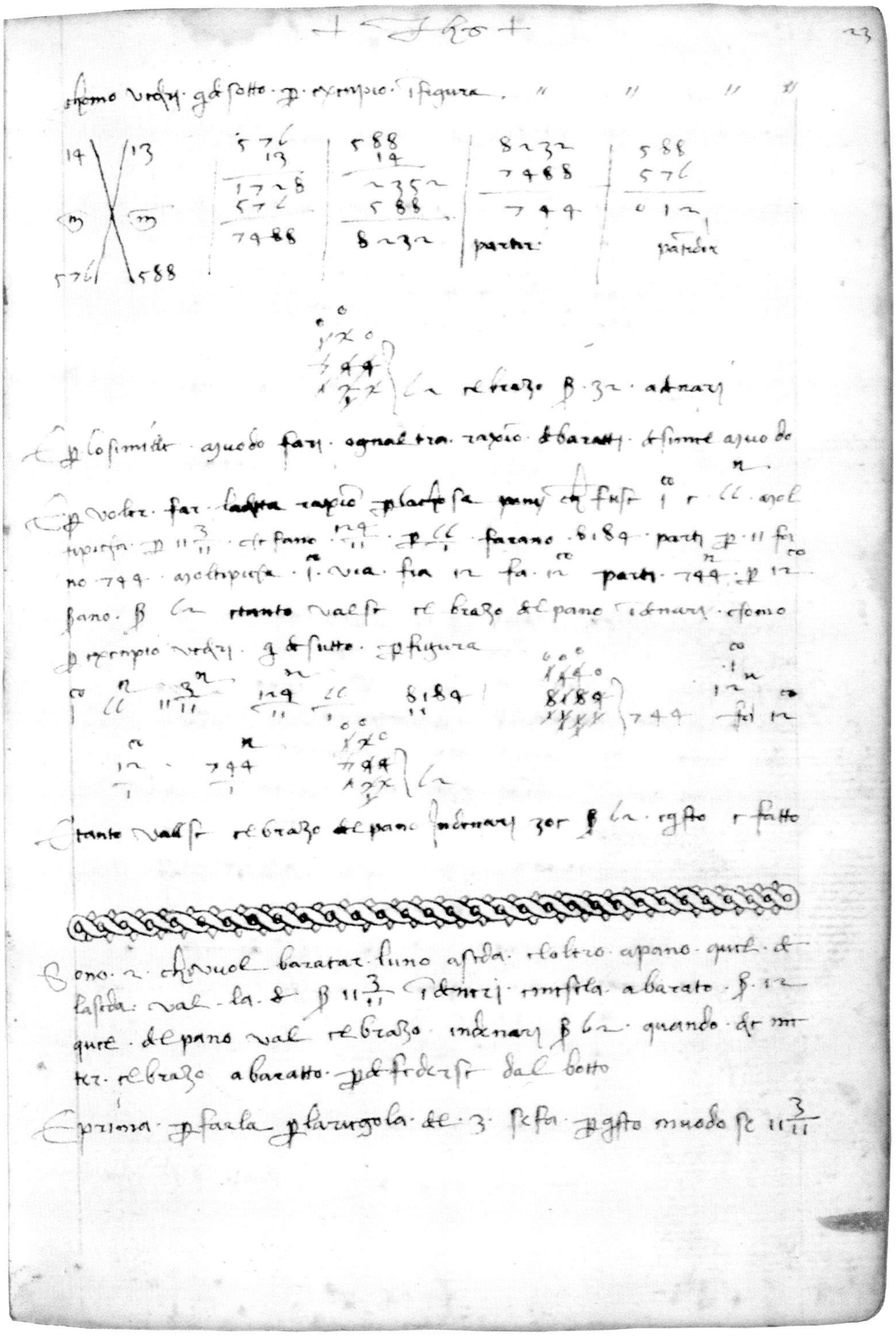

f. 24a

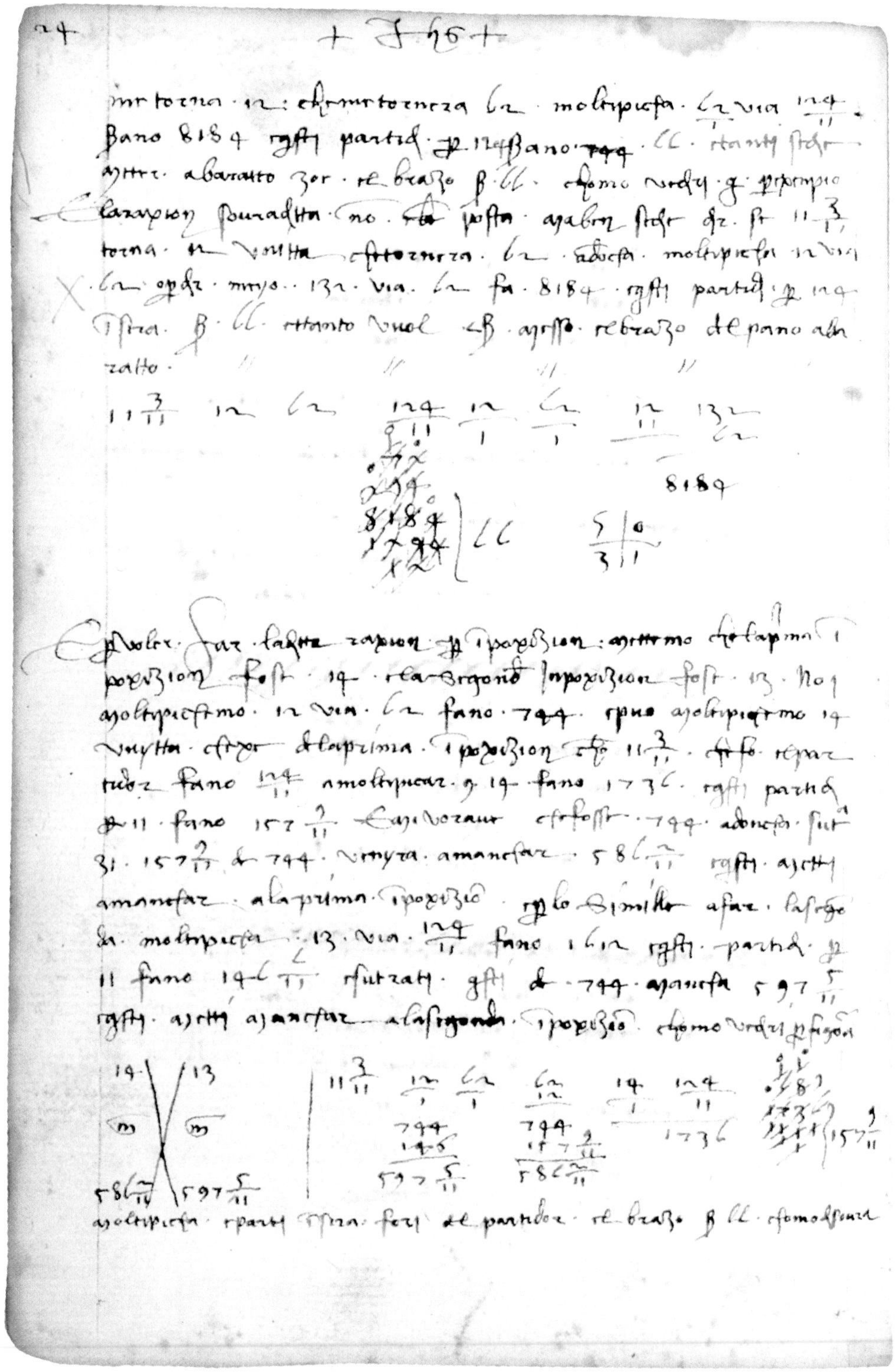

f. 24b

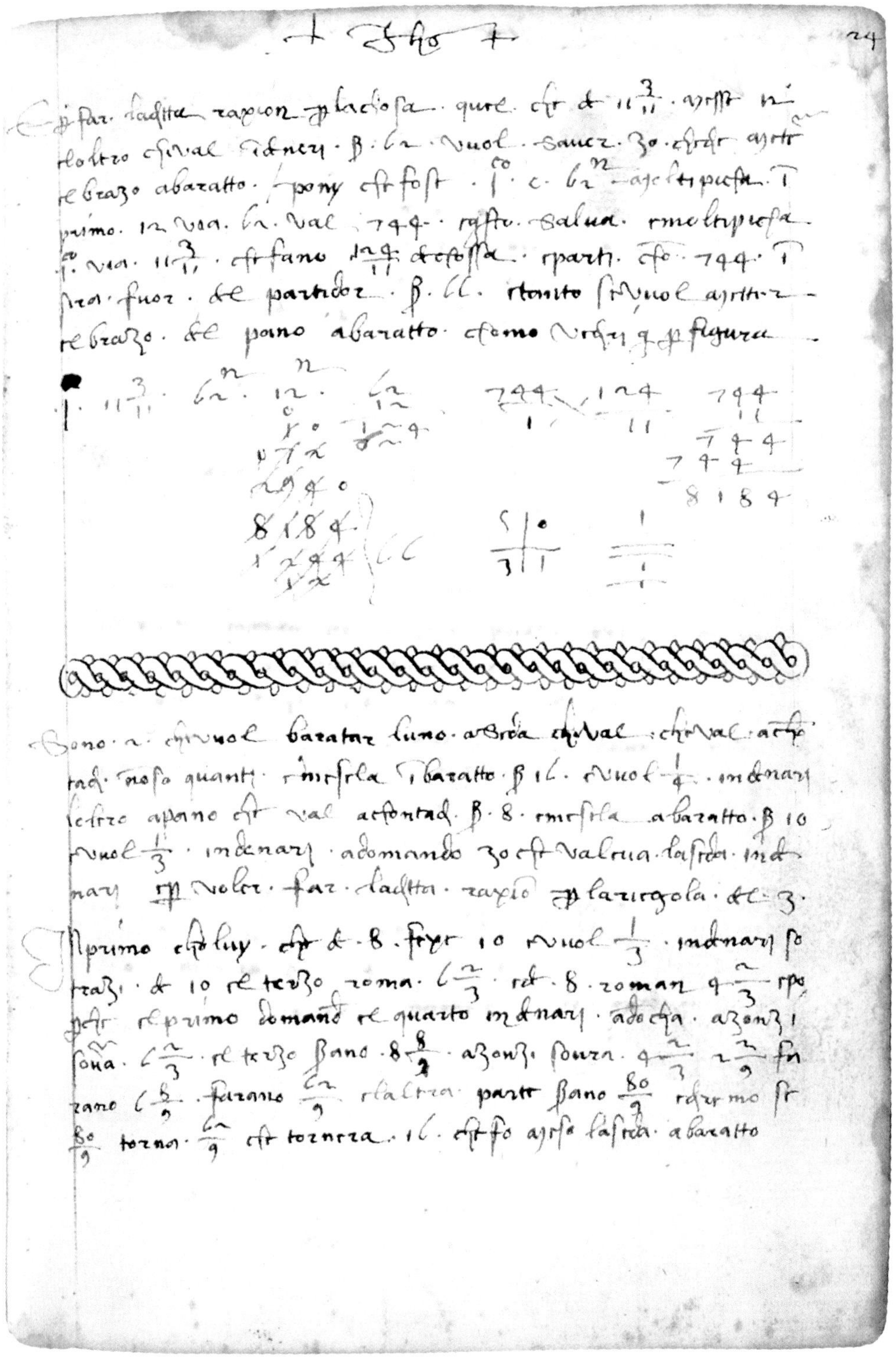

f. 25a

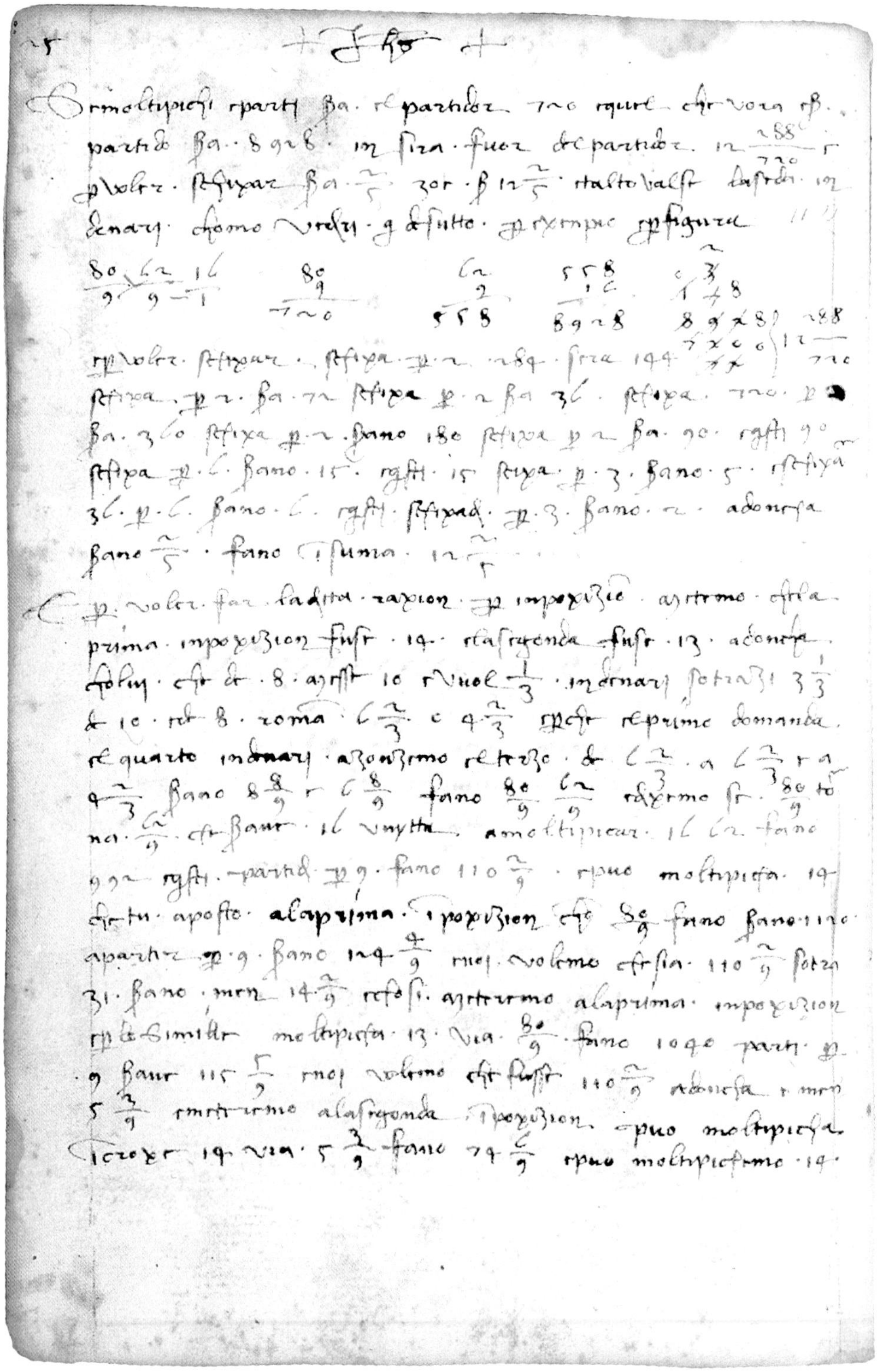
25 + Jhs +

E moltipicha i partj fa. el partidor 720 e quel che vien sé

partido fa. 8928. in fina. fuor del partidor. 12 288/720 e

p volér. schizar fa 2/5 zoè fi 12 2/5 et alto valse lo prexio 12

denarj chomo vedj qui de sutto per exempio per figura

80/9 62/9 16/1 80/9 / 720 62/2 / 558 558/16 / 8928 8928 / 720 288/720

per voler schizar schiza per 2 288 fina 144 ... 12 288/720

schiza per 2 fa 72 schiza per 2 fa 36 schiza 720 per 2

fa 360 schiza per 2 fano 180 schiza per 2 fa 90 resta 90

schiza per 6 fano 15 resta 15 schiza per 3 fano 5 e schiza

36 per 6 fano 6 resta schizado per 3 fano 2 adonca

fano 2/5 fano in suma 12 2/5

E per voler far la dita raxion per impoxizion aytremo che la

prima impoxizion fusse 14 e la segonda fusse 13 adoncha

sono che de 8 agionsse 10 e vuol 1/3 in dinarj sotrazi 3 1/3

de 10 e de 8 roma 6 2/3 e 4 2/3 per che le prime domanda

el quarto in dinarj azonzemo el terzo de 6 2/3 a 6 2/3 e a

4 2/3 fano 8 8/9 e 6 8/9 fano 80/9 62/9 redremo sé 80/9 to

na 62/9 che fano 16 vnytha amoltipicar 16 62 fano

992 resta partid per 9 fano 110 2/9 e puo moltipicha 14

che tu aposto ala prima impoxizion che 80/9 fano fano 1120

a partir per 9 fano 124 4/9 noi volemo che sia 110 2/9 sotra

zi fano men 14 2/9 e po si aytremo ala prima impoxizion

per lo simille moltipicha 13 via 80/9 fano 1040 parti per

9 fano 115 5/9 noi volemo che fusse 110 2/9 adoncha e men

5 3/9 e metremo ala segonda impoxizion e puo moltipicha

in croxe 14 via 5 3/9 fano 74 6/9 e puo moltipichemo 14

f. 25b

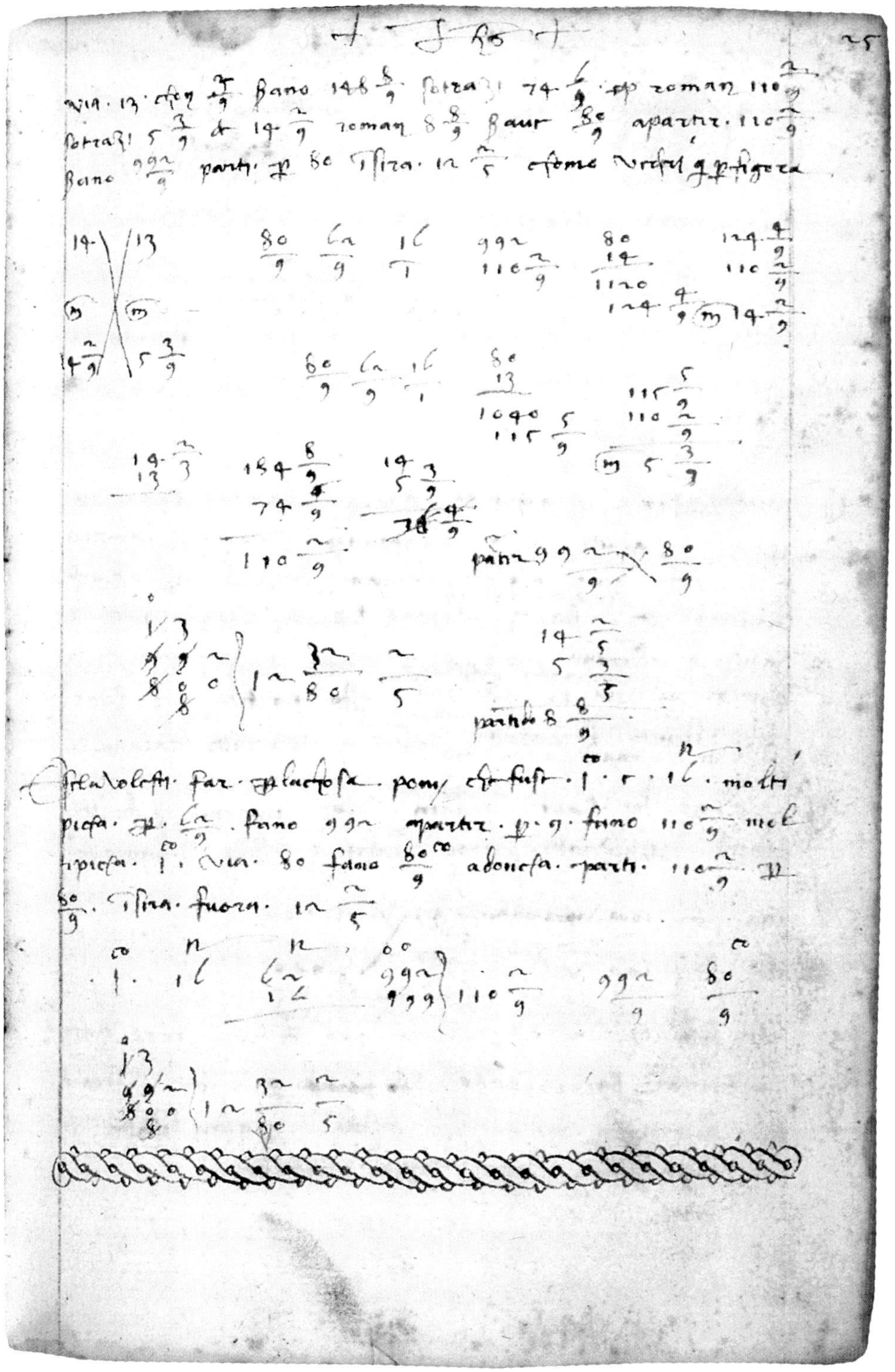

f. 26a

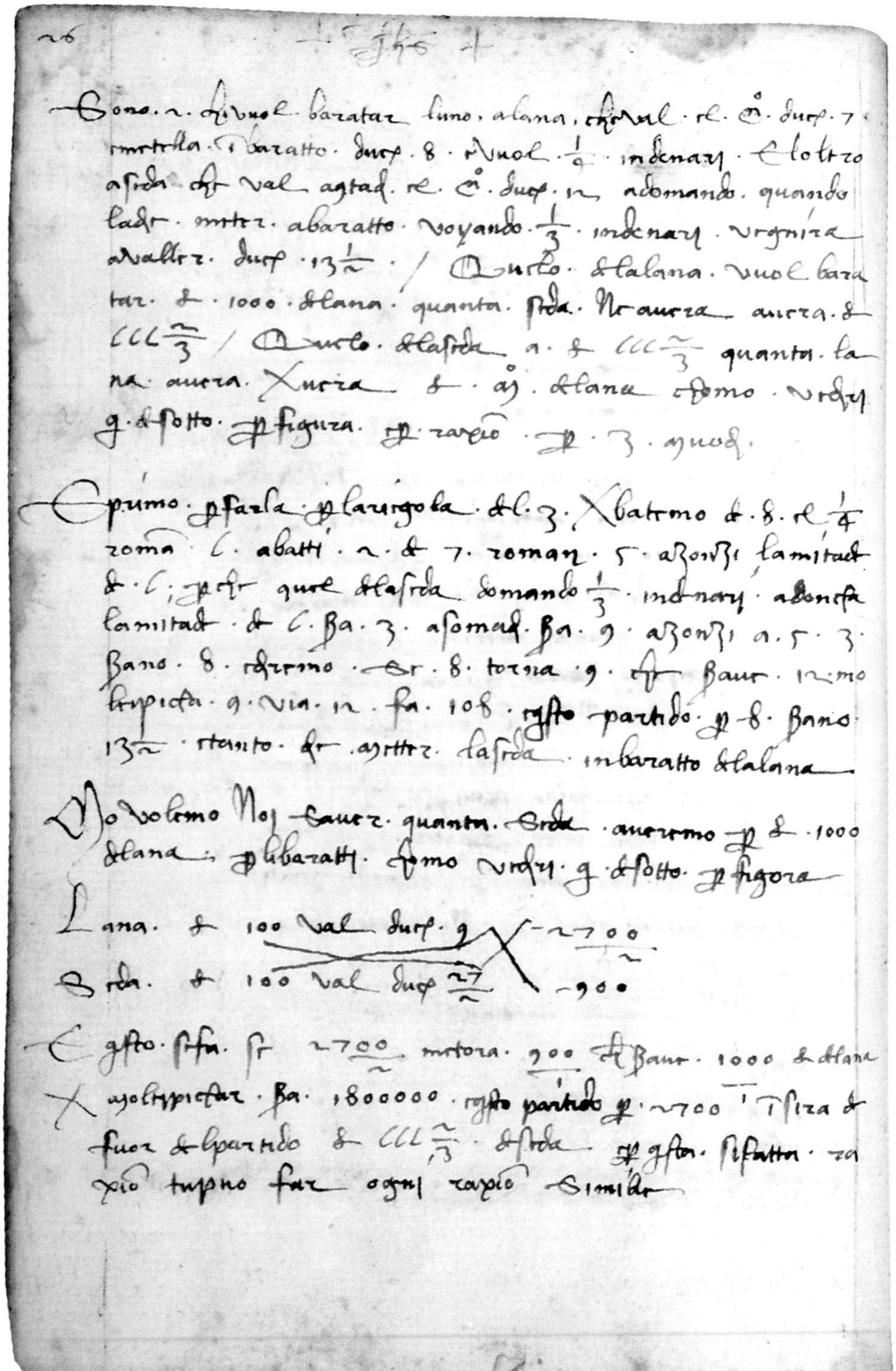

f. 26b

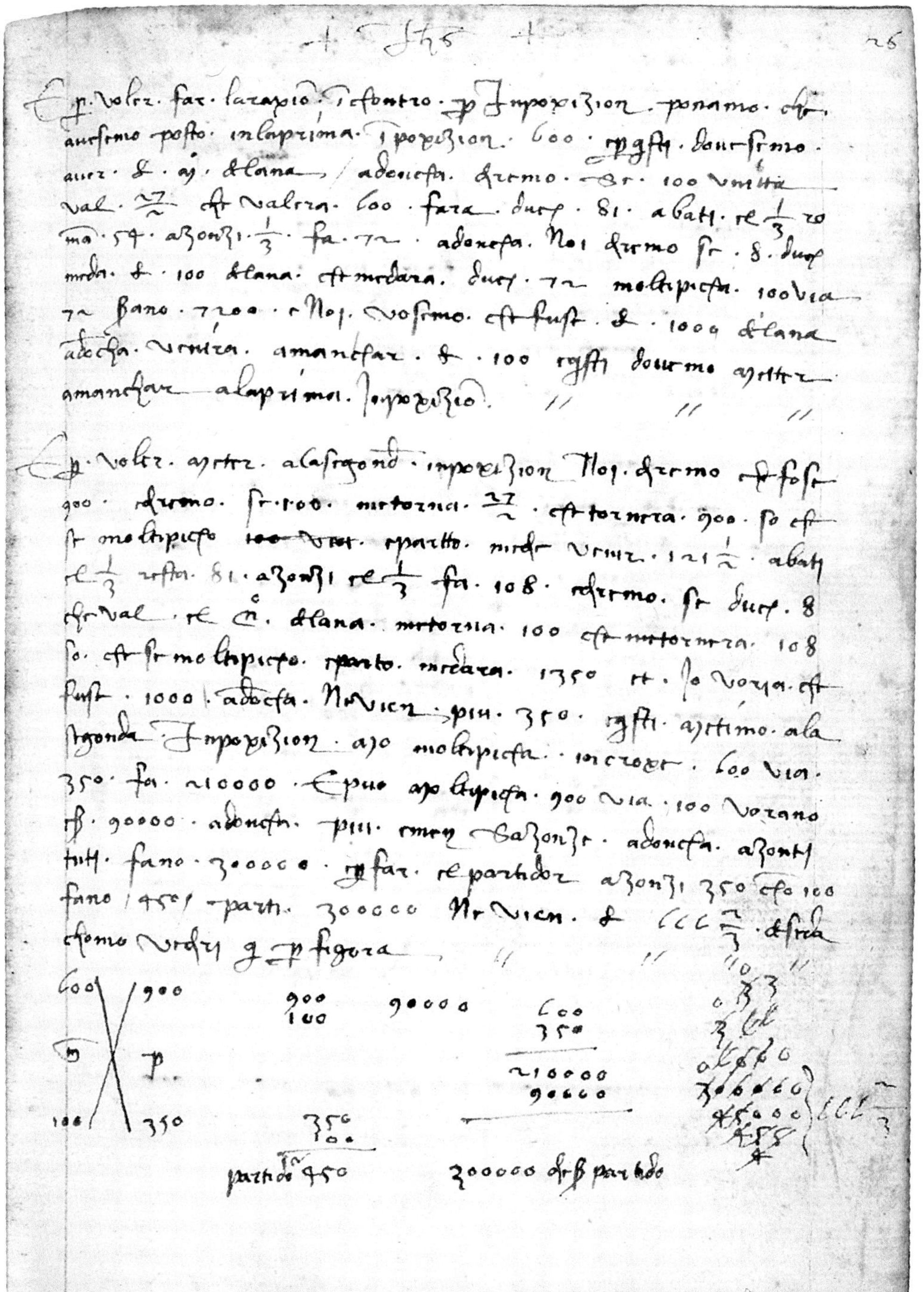

f. 27a

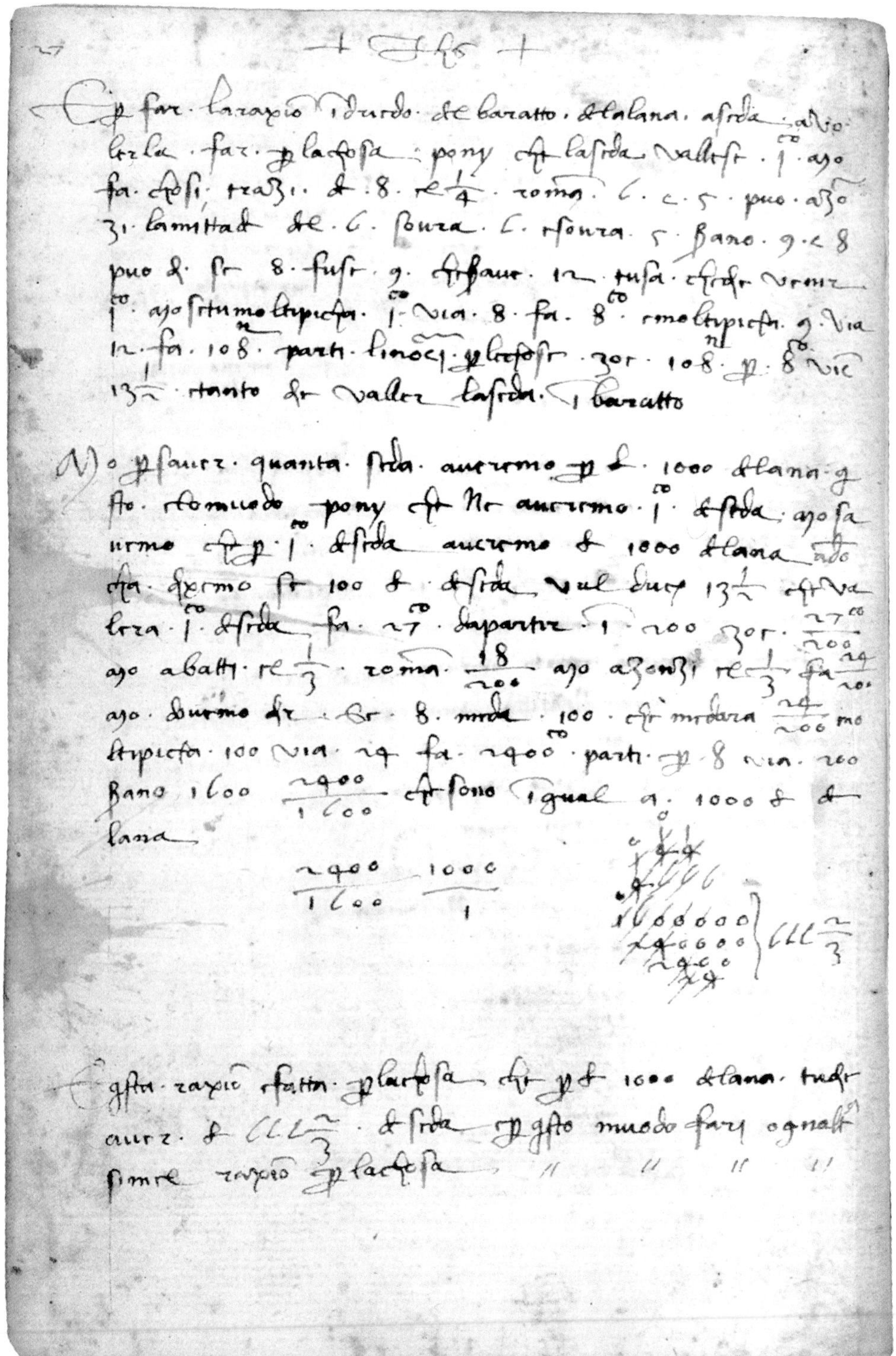

f. 27b

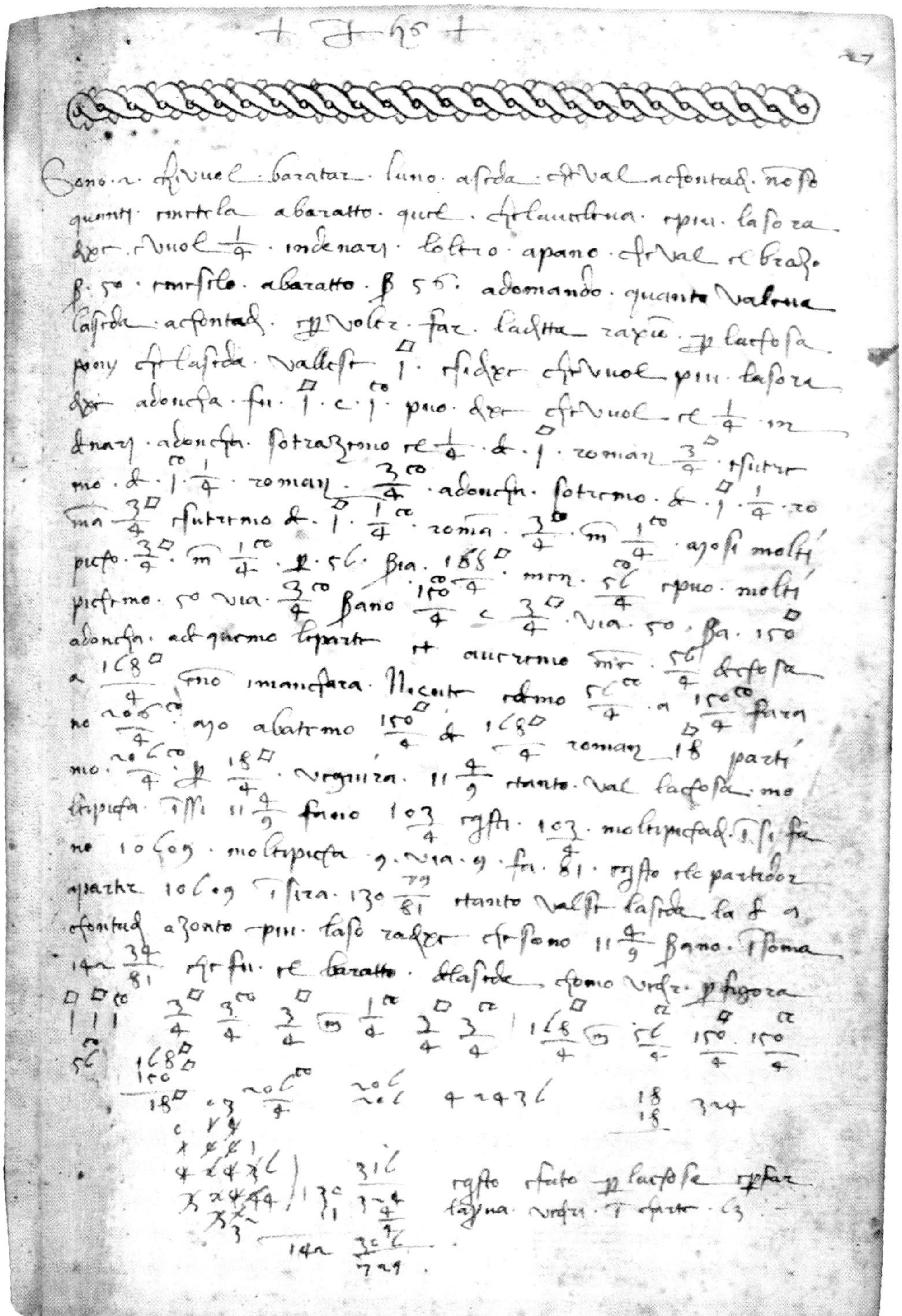

f. 28a

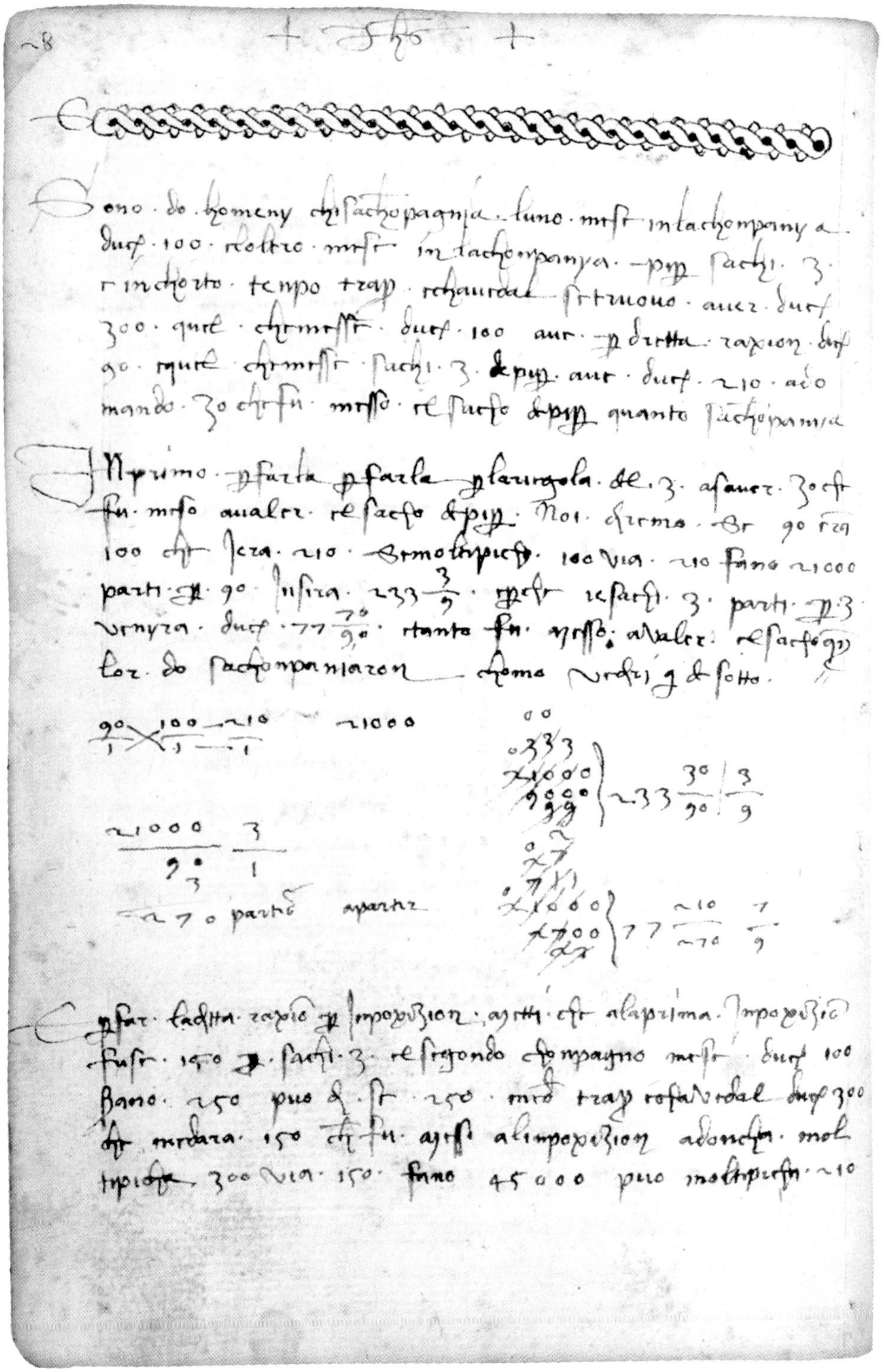

28 + Jhs +

Sono · do · homeny chesachopagnja · luno · mese · in tachompanya a
duc. · 100 · el oltro · mese in tachompanya · per sachi · 3 ·
e in chorto · tempo trasse · chavadal · se trovono · aver · duc.
300 · quel · che messe · duc. · 100 · avr · per dretta · raxion · duc.
90 · quel · che messe · sachi · 3 · de pevere · avr · duc. · 210 · ado
mando · zo che fo · messo · el sacho de pevere quanto sachopanya

In primo · per farla per farla per la regola · de · 3 · a saver · zo che
fo · messo a valer · el sacho de pevere · Noi · diremo · se 90 trà
100 che serà · 210 · se moltipicha · 100 via · 210 fano 21000
parti · per · 90 · insira · 233 3/9 · queste sè sachi · 3 · parti · per 3
venyra · duc. · 77 70/90 · etanto fo messo a valer · el sacho de pevere
lor · do sachompanyaron chome vedi de sotto ·

90/1 × 100/1 — 210/1   21000

233 30/90 3/9

21000/9 3/1

270 parti aparte

77 210/270 7/9

Per far · la ditta · raxion per inpoxizion · agitta · che a la prima · inpoxizion
fusse · 150 per · sachi · 3 · el segondo chompagno messe · duc. 100
fano · 250 pur de se · 250 · mo de trasse chavadal duc. 300
che moderara · 150 che fo · agiste alinpoxizion adonche · mol
tipicha · 300 via · 150 · fano 45000 pur moltipicha · 210

f. 28b

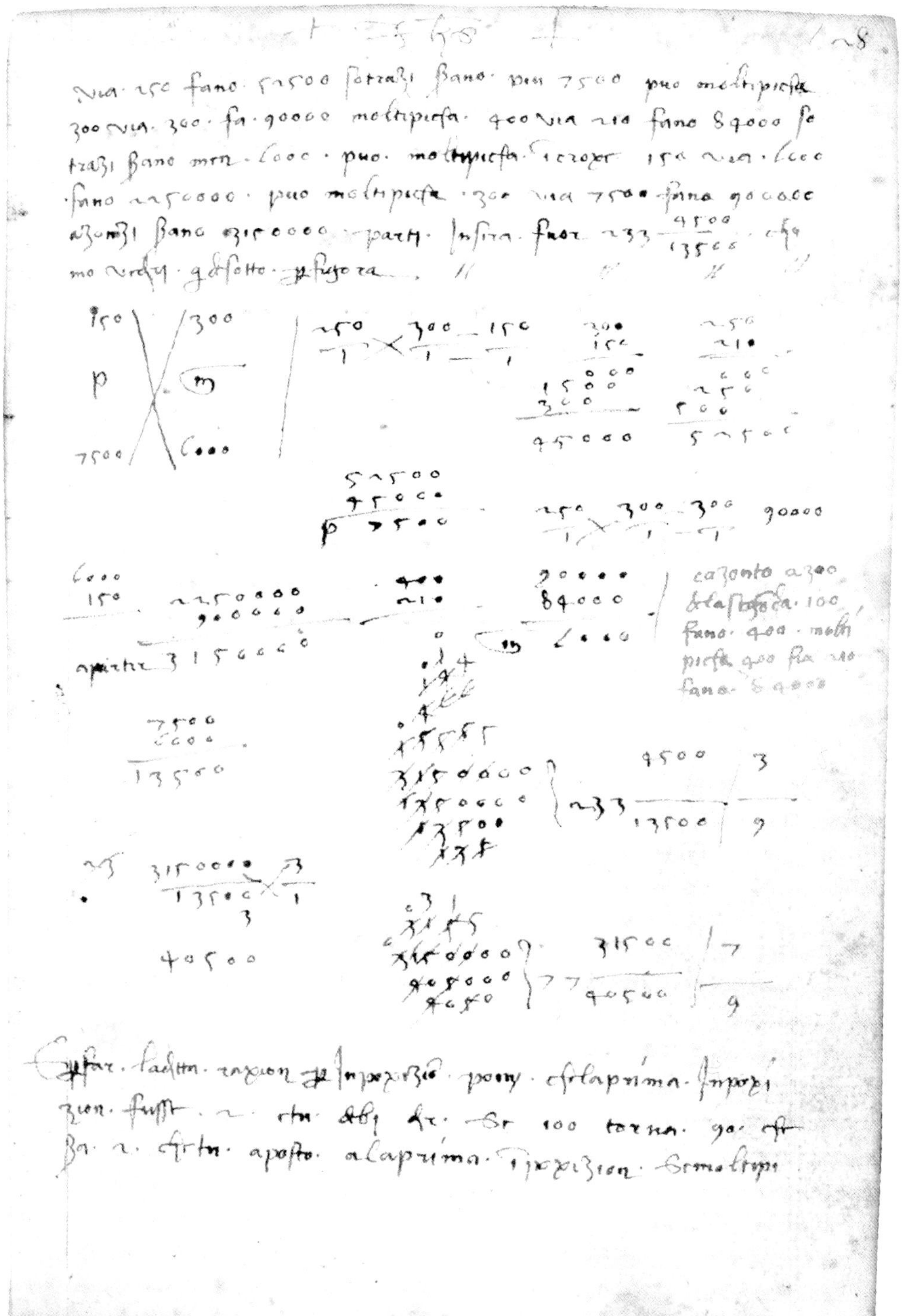

f. 29a

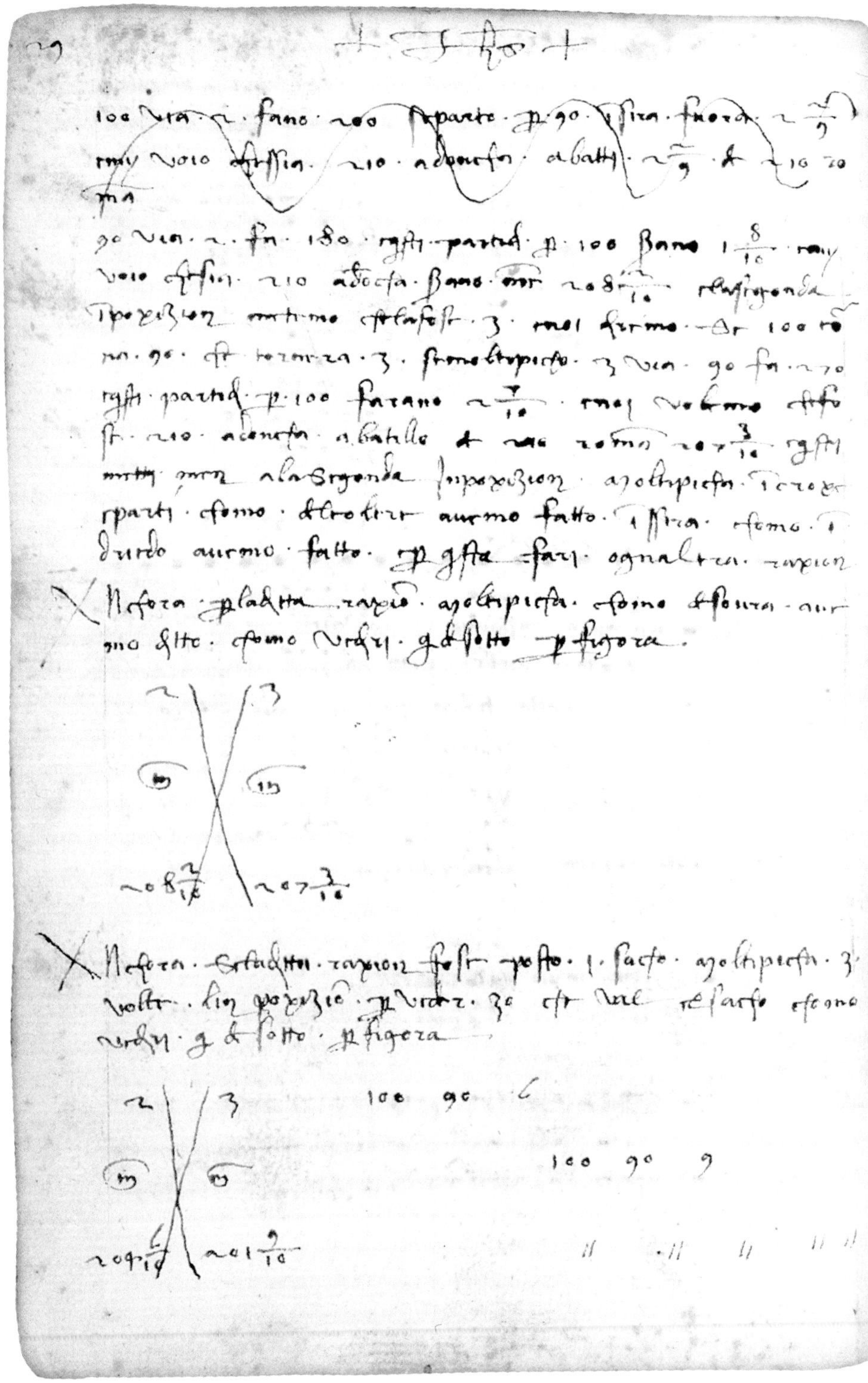

f. 29b

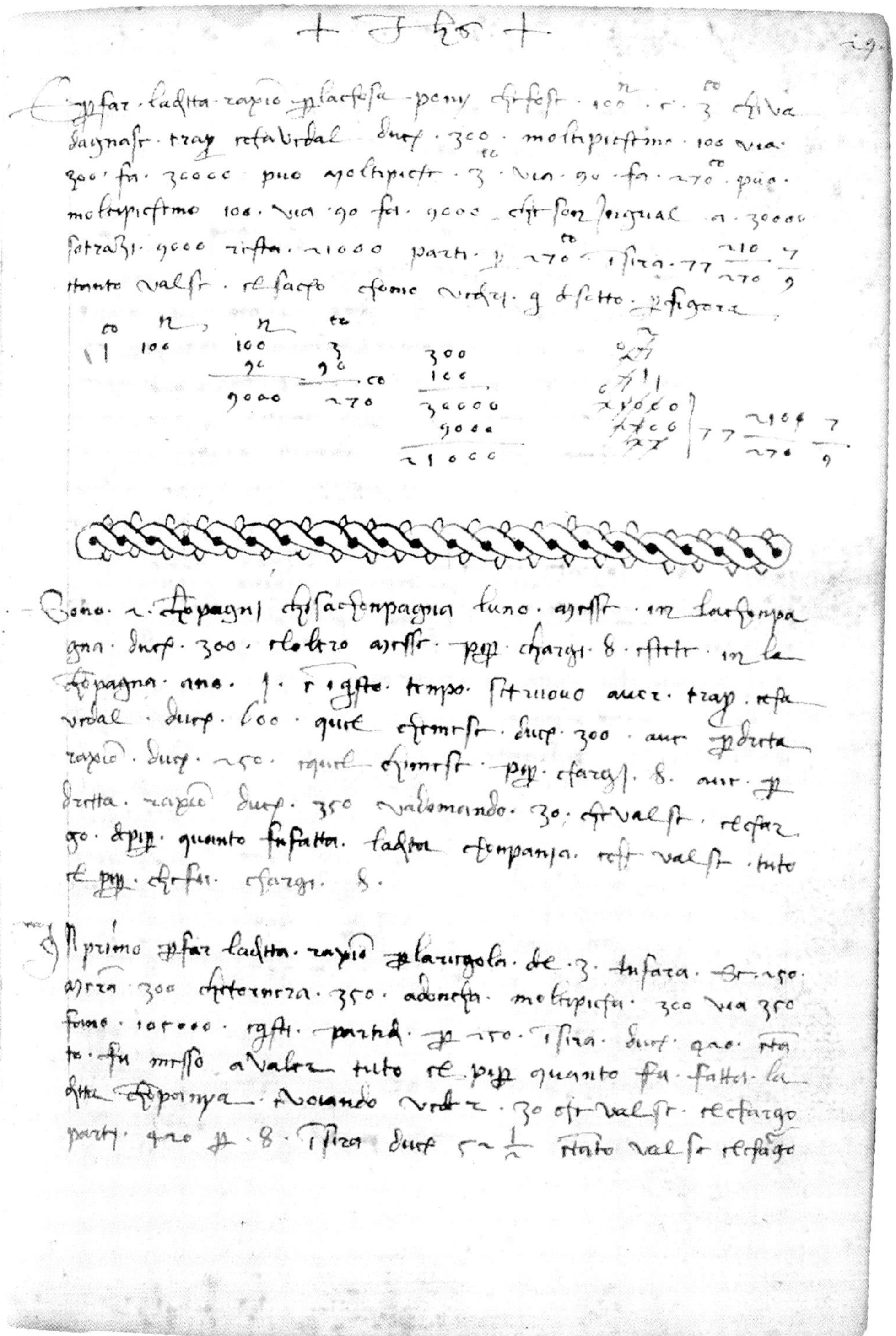

f. 30a

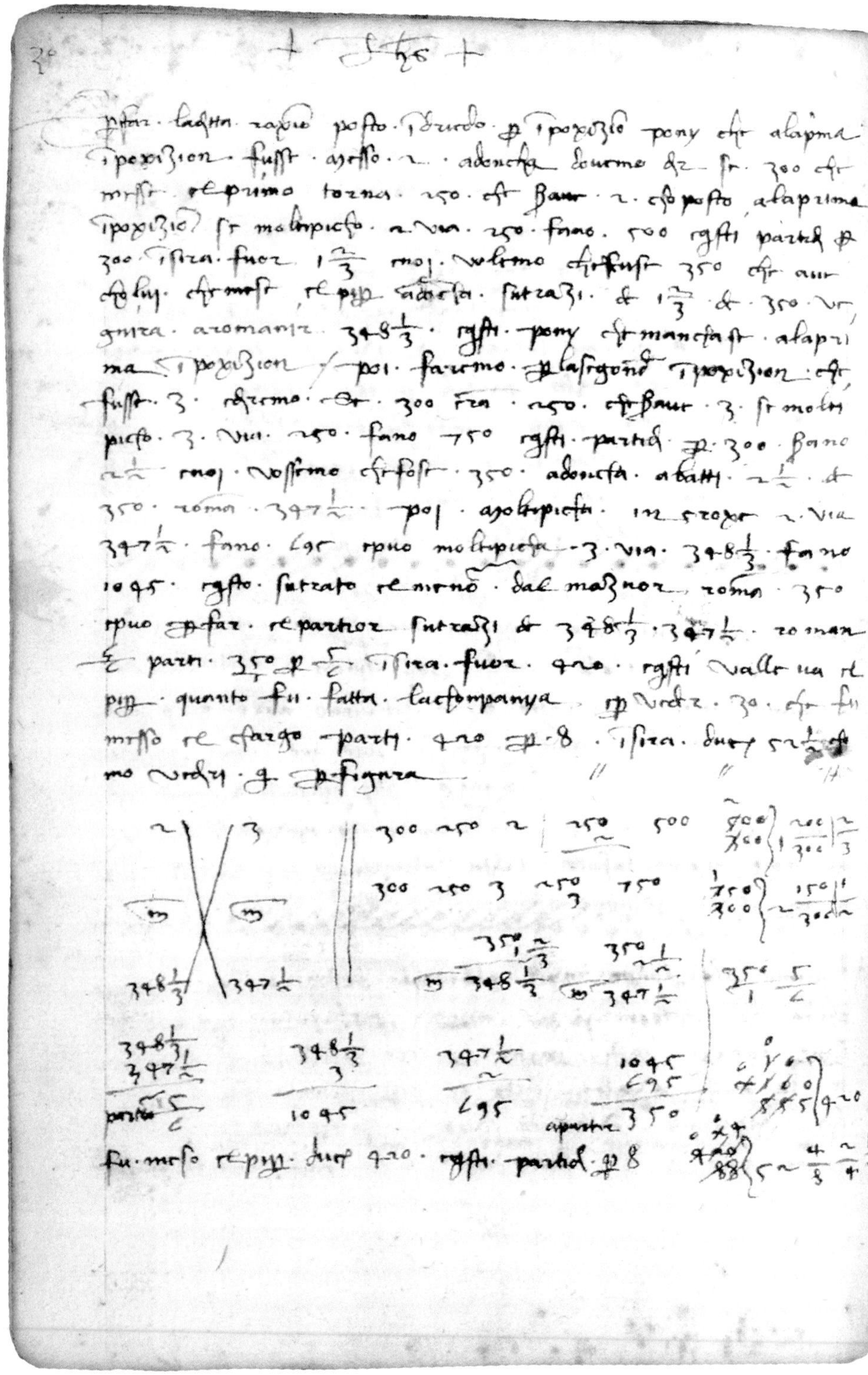

f. 30b

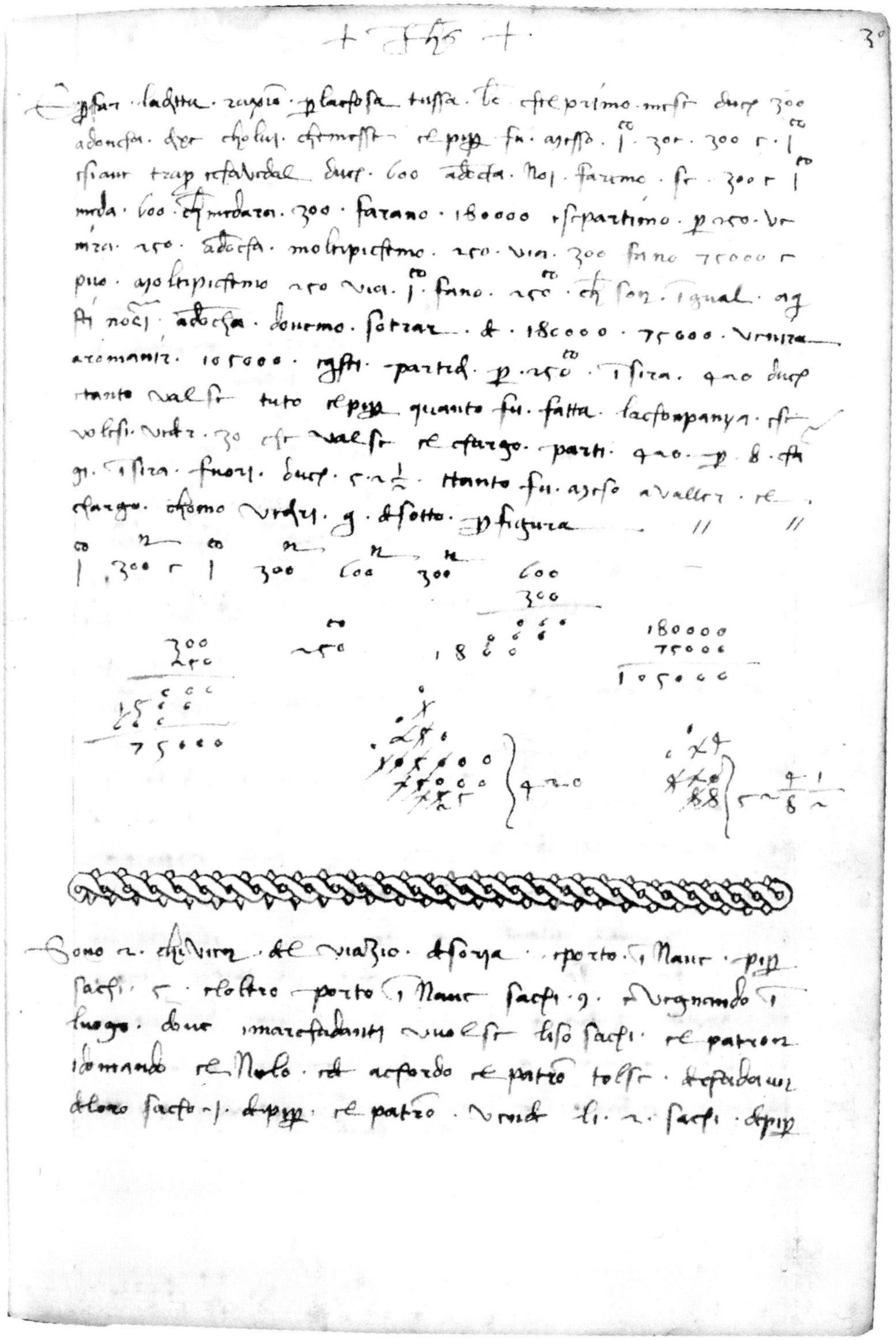

f. 31a

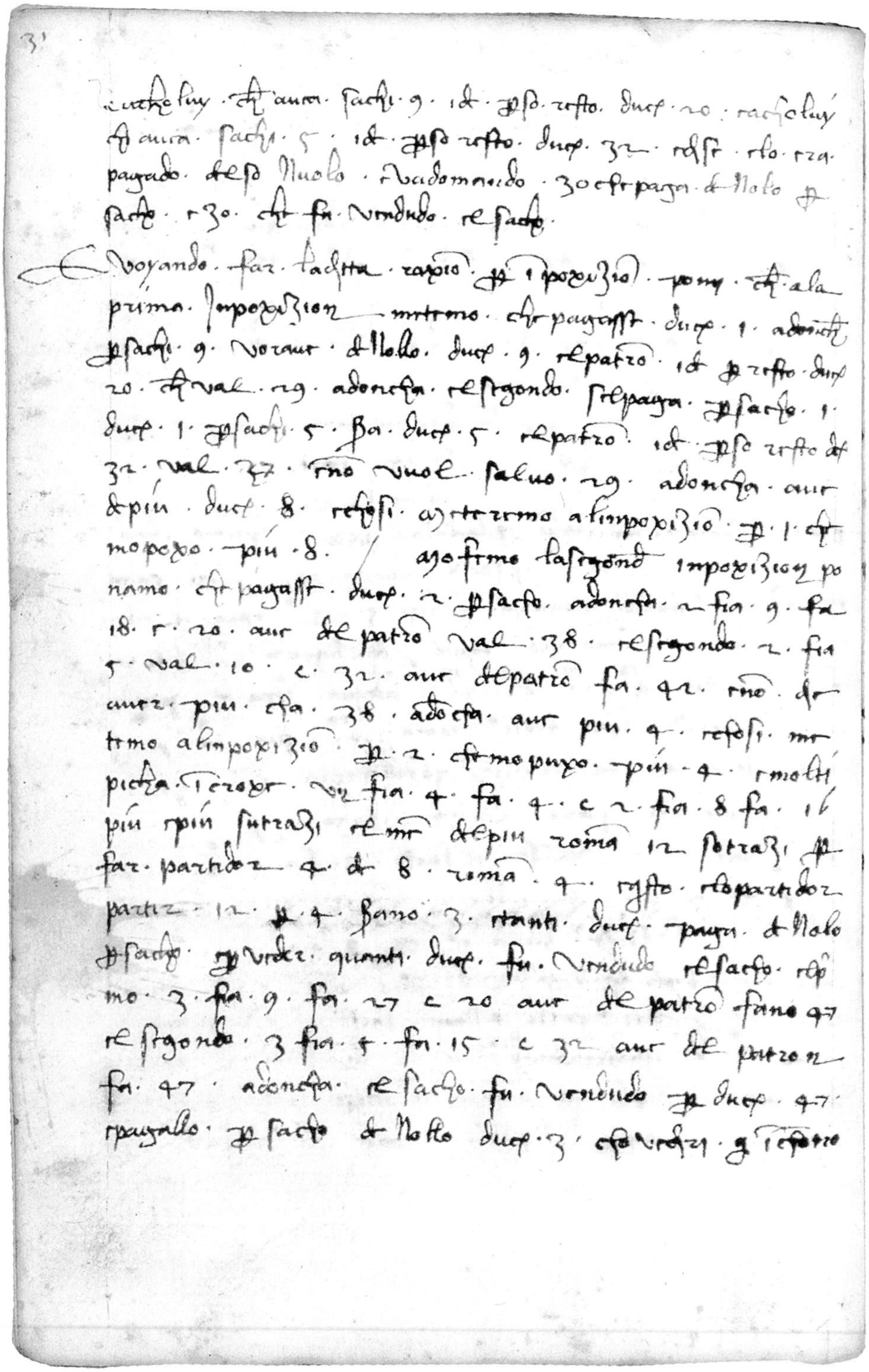

f. 31b

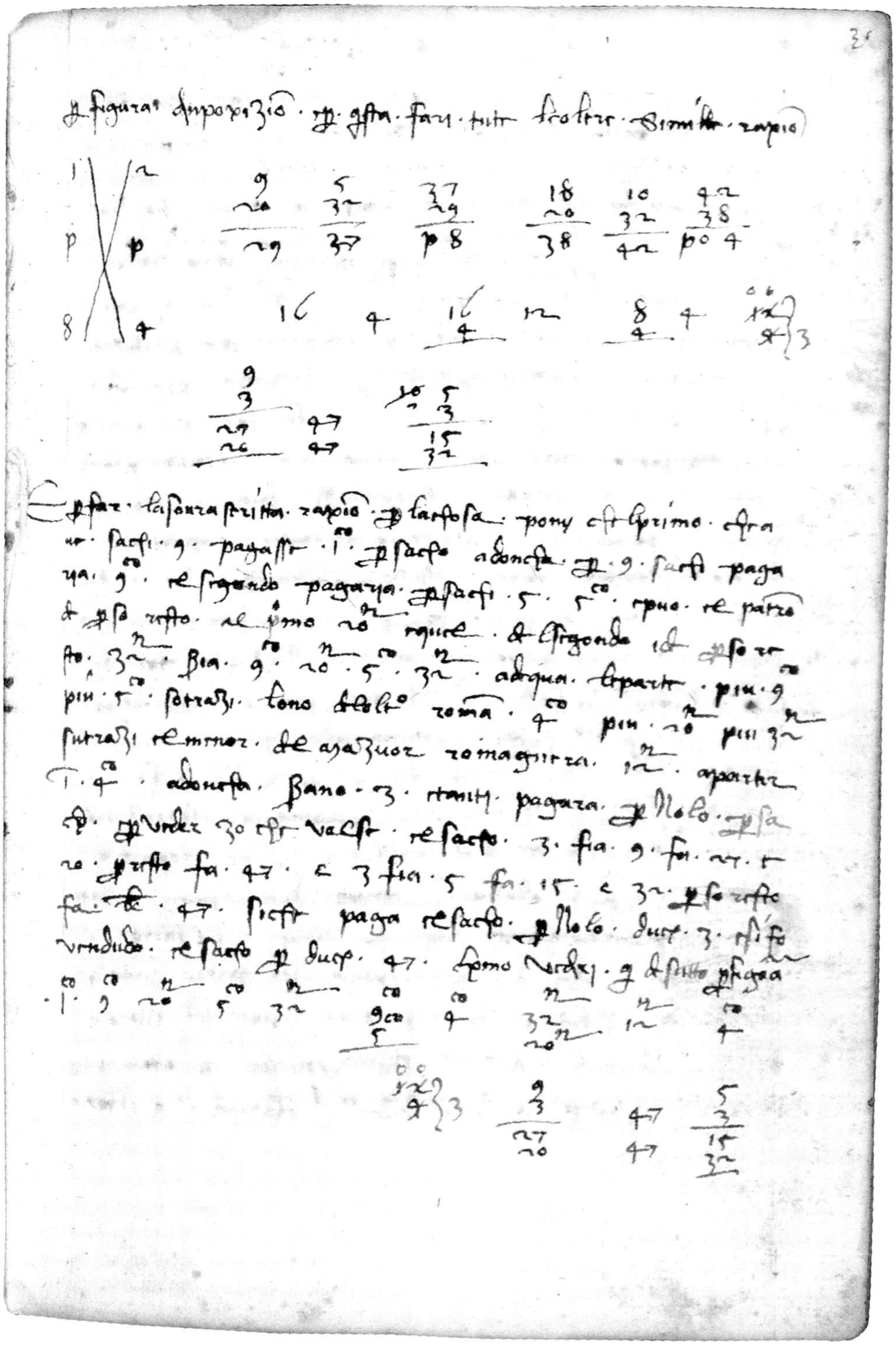

f. 32a

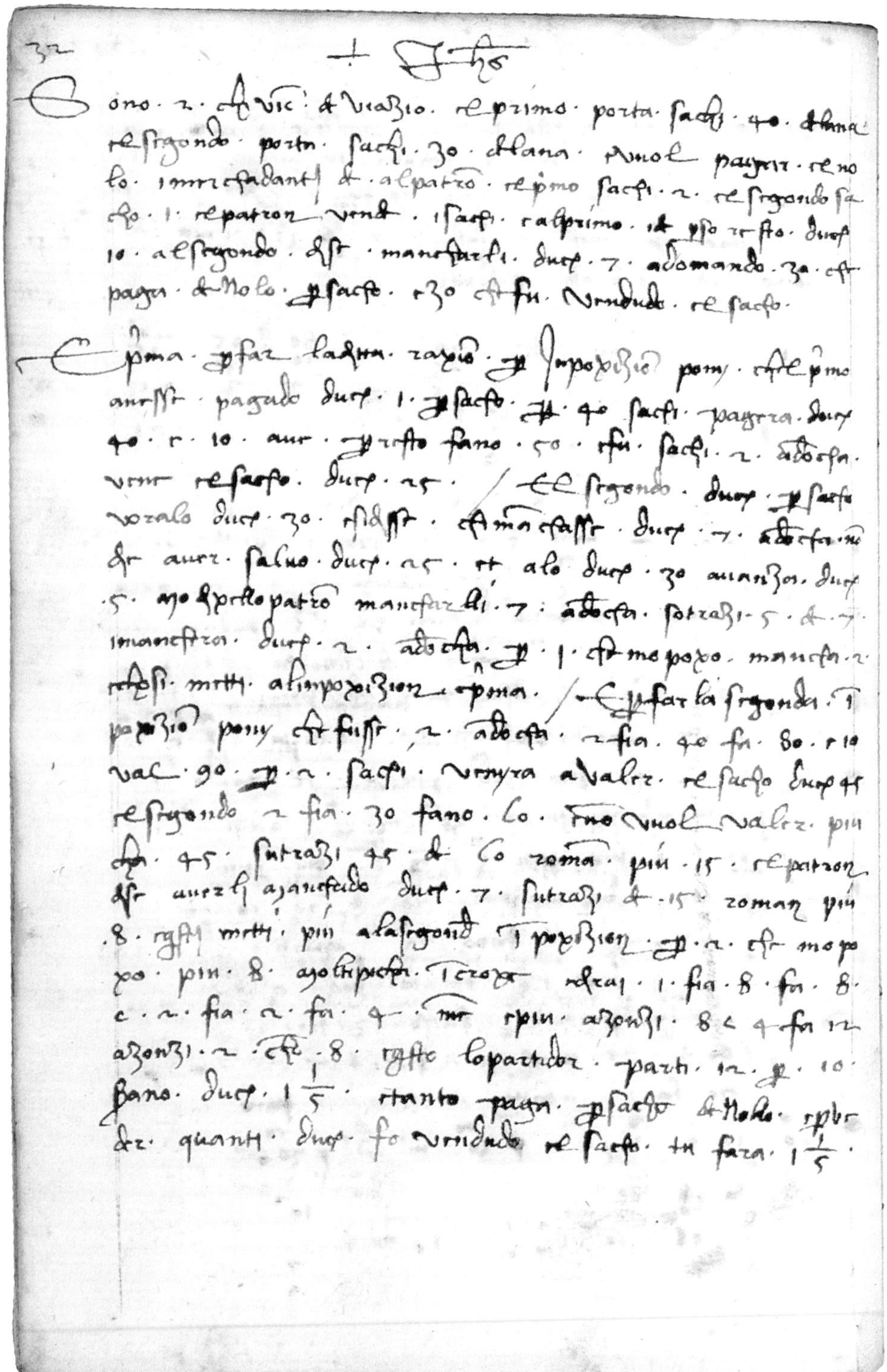
32 + Jhs

Sono .2. che vien de viazio. el primo porta sachi .40. de lana
el segondo porta sachi .30. de lana. e vuol pagar el no-
lo in merchadantia de al patron. el primo sachi .2. el segondo sa-
cho .1. el patron vende .1. sacho. e al primo. el dise el resto. duc.
10. al segondo. dise manchaveli. duc. .7. adomando zo che
pagar de nolo per sacho. e zo che fu vendudo el sacho.

E per far la dita raxion per inpoxizion pony che el primo
avesse pagado duc. 1. per sacho. per 40 sachi pagera duc.
40. e 10. aver. per questo fano .50. che fu sachi .2. adoncha
vien el sacho. duc. 25. / E el segondo. duc. per sacho
vorave duc. 30. e disse. che i mancasse. duc. .7. adoncha
de aver salvo duc. 25. et alo duc. 30 avanzo. duc.
.5. ma el dise al patron mancharli 7. adoncha sotrazi 5 de 7
i manchera duc. 2. adoncha per 1 che me poxo mancha 2
resti metti al inpoxizion e pona. / E per far la segonda i-
poxizion pony che fusse 2. adoncha 2 fia 40 fa 80 e 10
val 90 per 2 sachi vegnira a valer el sacho duc. 45
el segondo 2 fia 30 fano 60. Lo terzo vuol valer piu
che 45 sotrazi 45 de 60 roman piu 15. el patron
dise avereli avanzado duc. 7. sotrazi de 15 roman piu
.8. questi metti piu ala segonda inpoxizion per 2 che me po-
xo piu 8. ma el chi pierde. Terzo. adrezi 1 fia 8 fa 8
e 2 fia 2 fa 4 e piu azonzi 8 e 4 fa 12
azonzi 2 che 8 questo lo partidor parti 12 per 10
sono duc. 1 1/5 e tanto paga per sacho de nolo e per
der quanti duc. fo vendudo el sacho te fara 1 1/5.

f. 32b

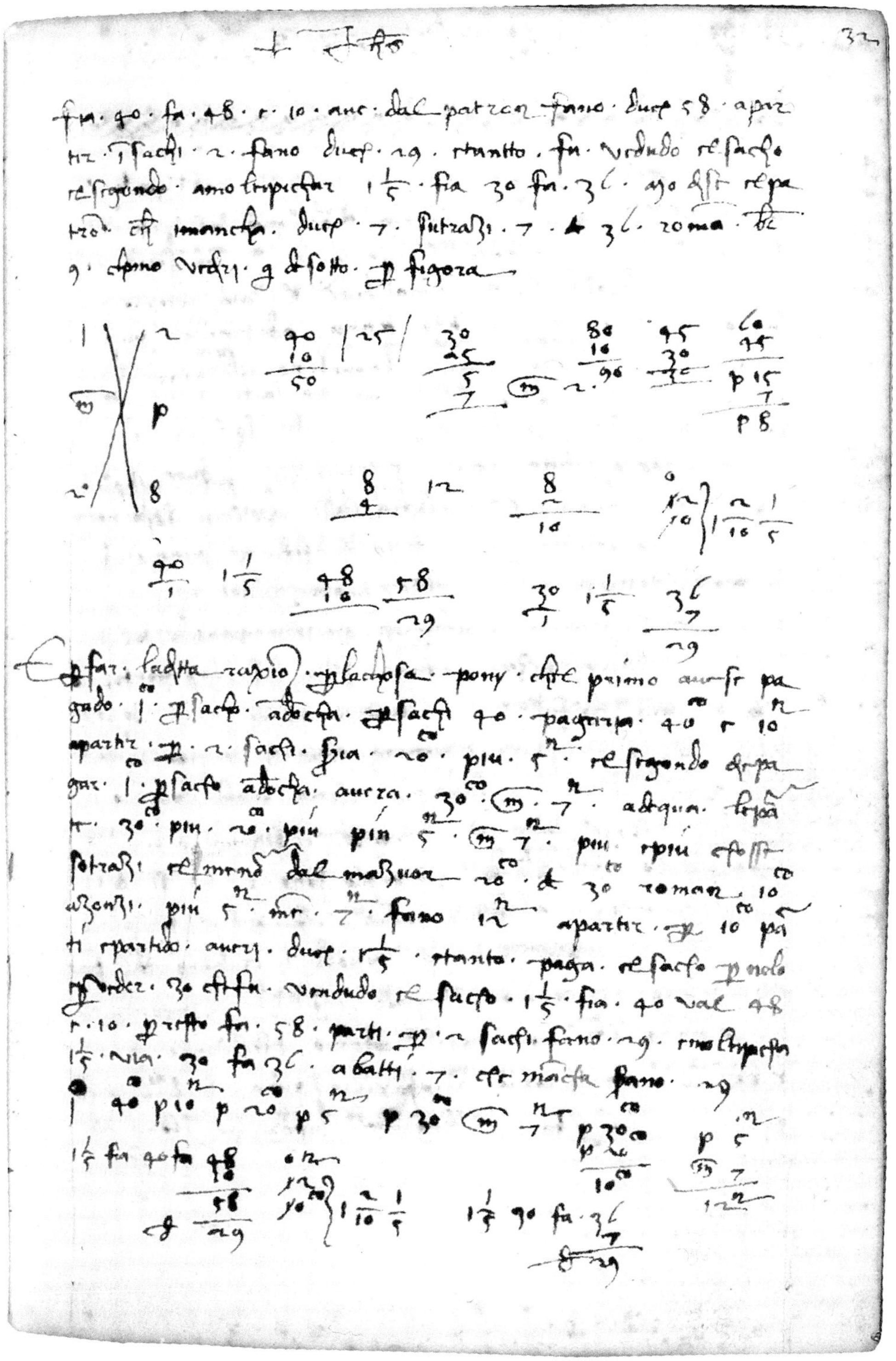

f. 33a

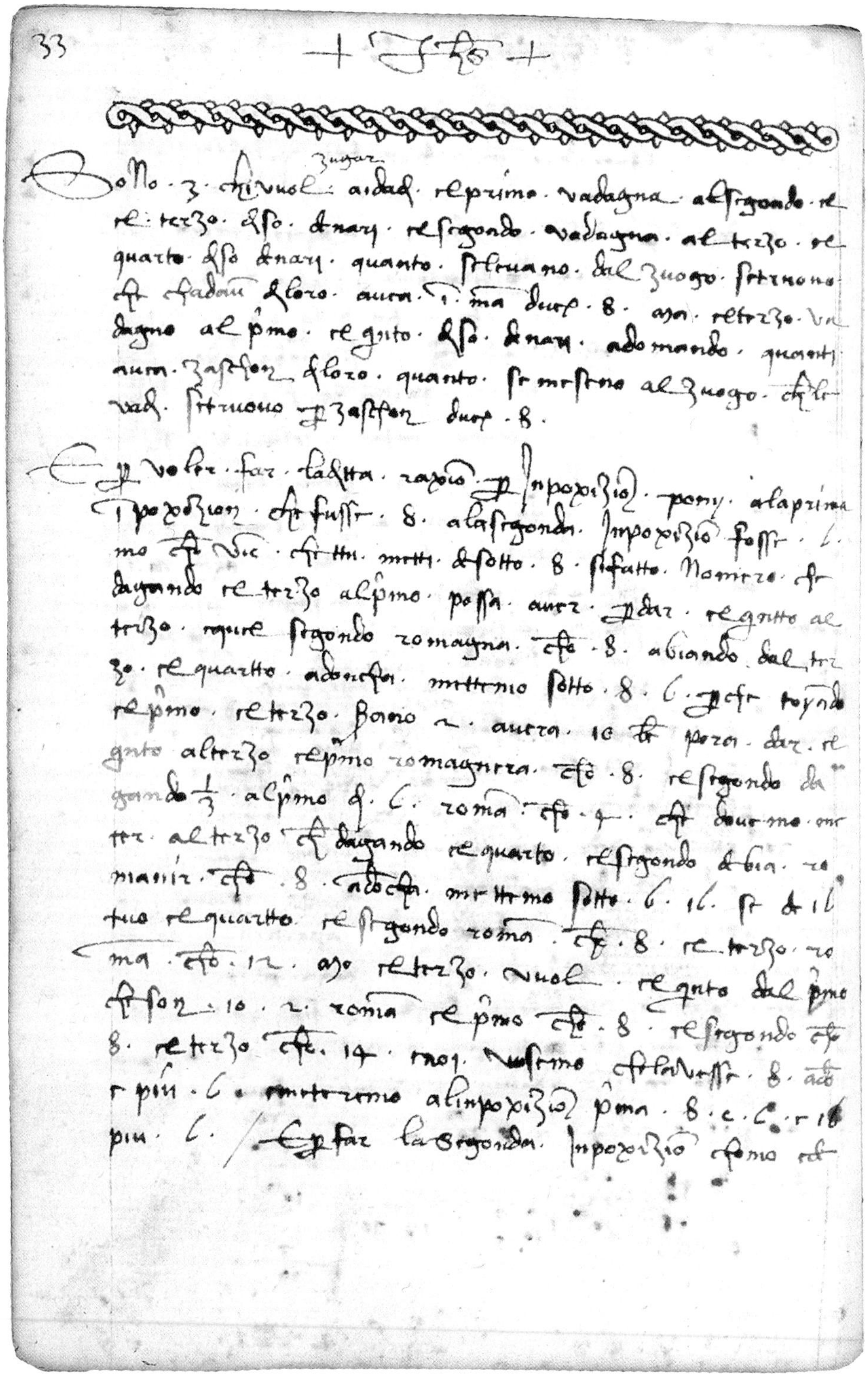

f. 33b

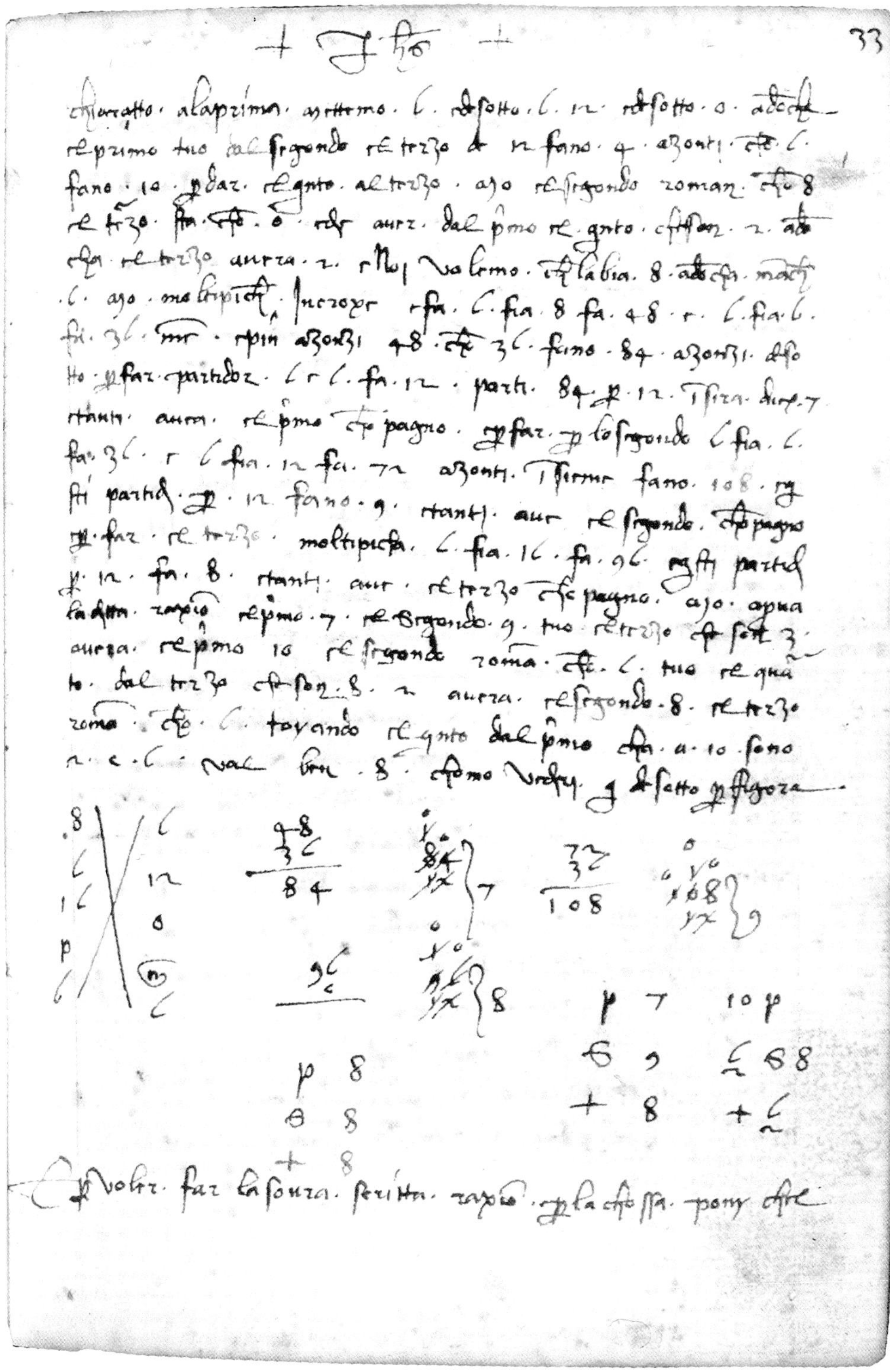

f. 34a

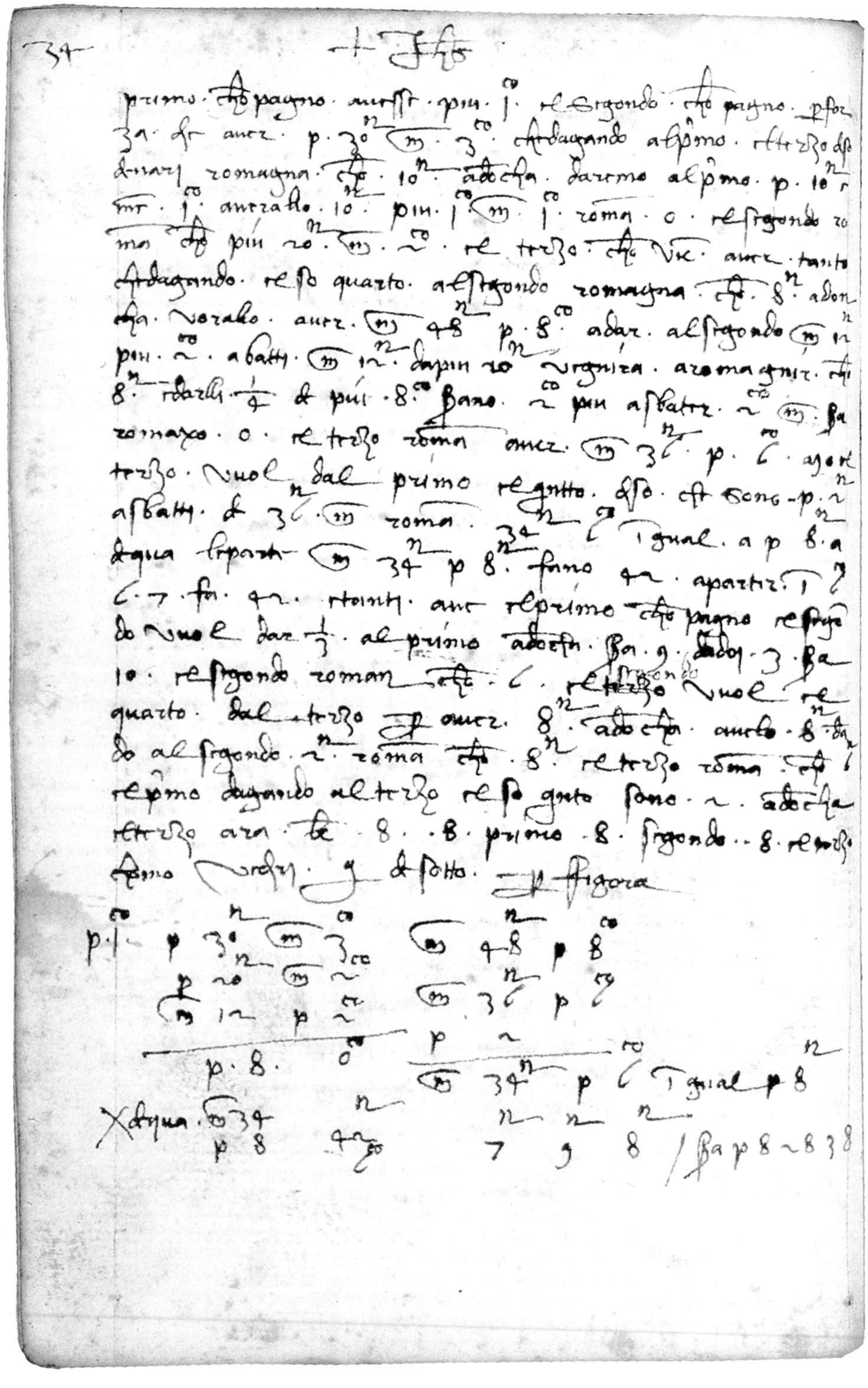

f. 34b

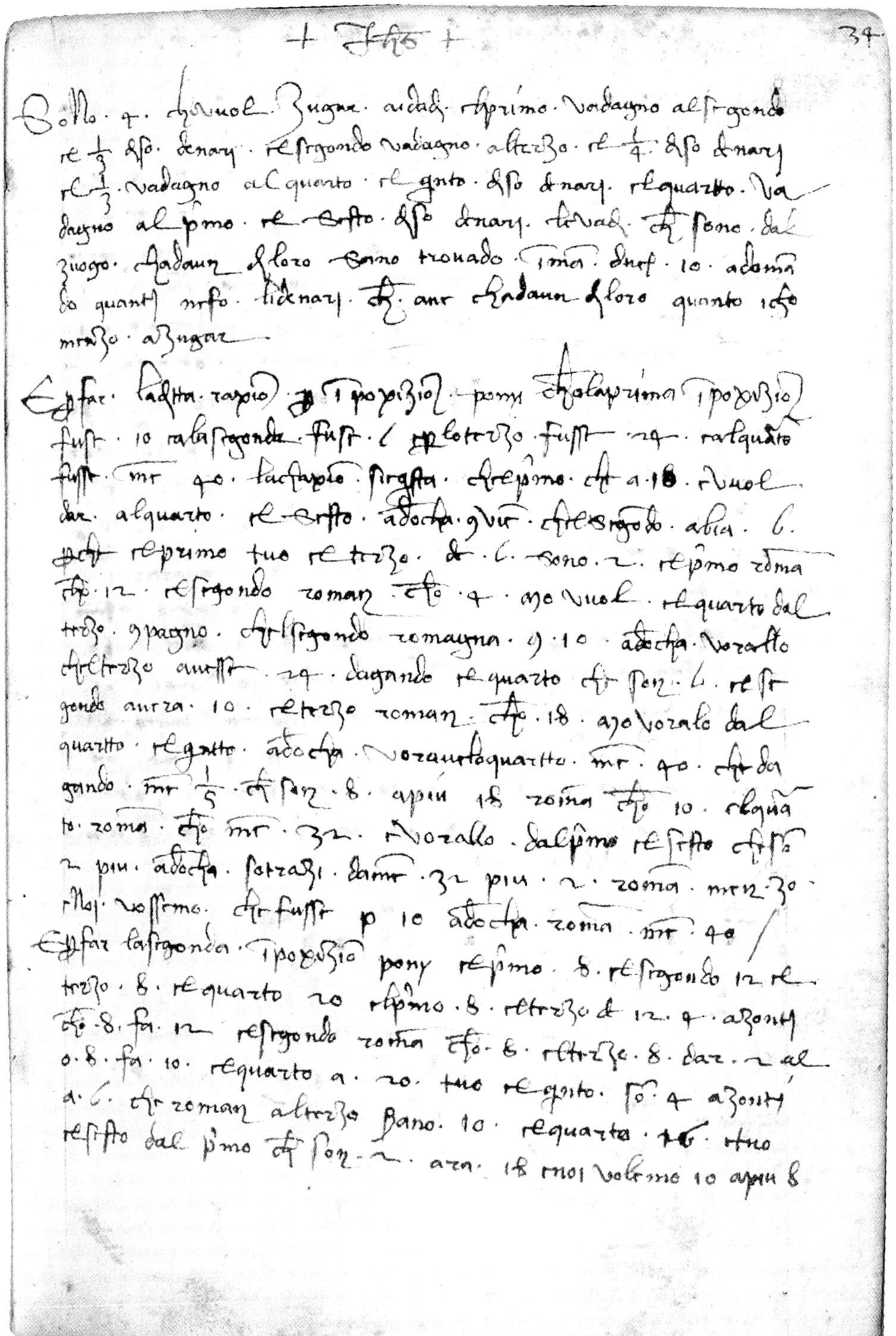

f. 35a

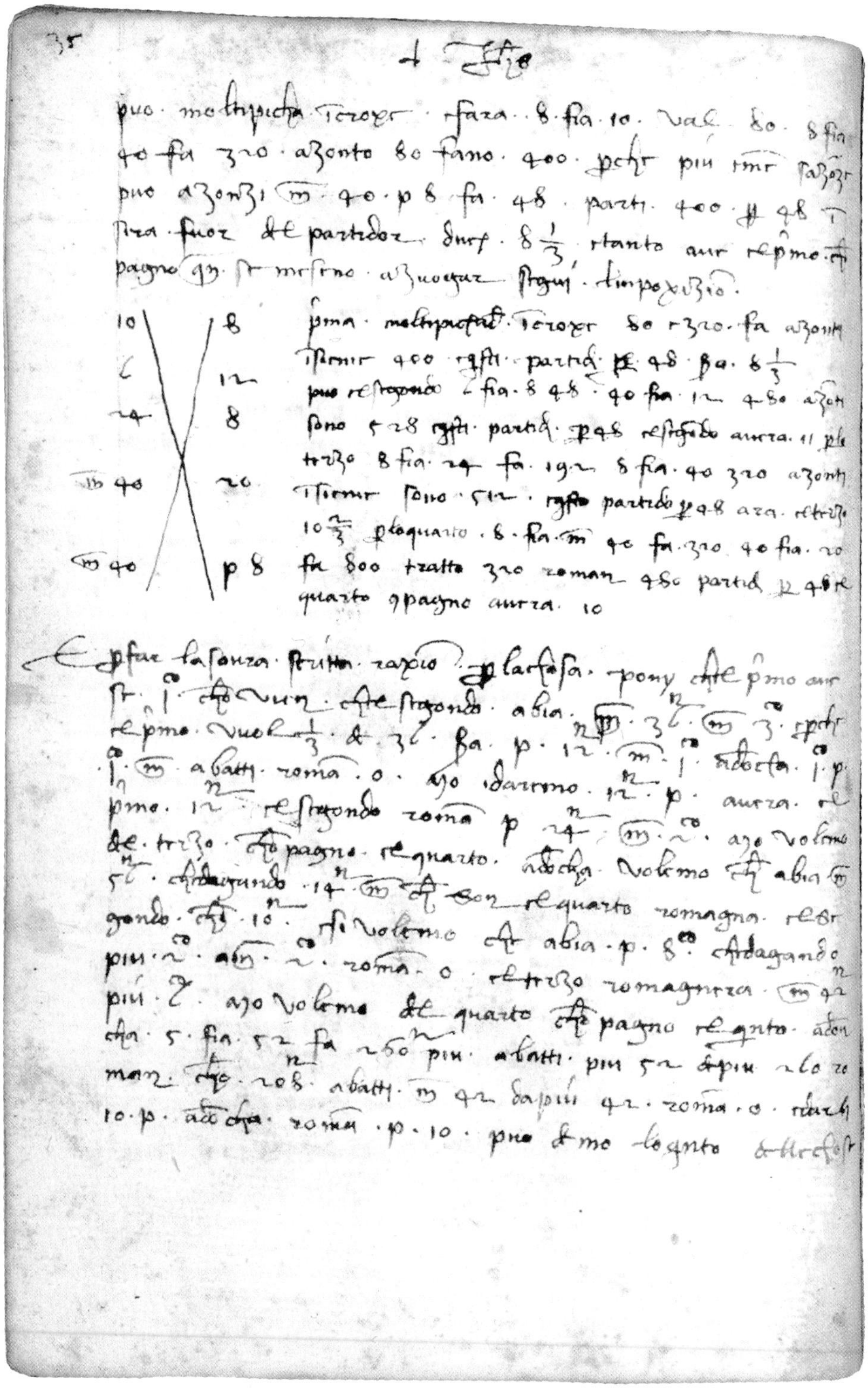

f. 35b

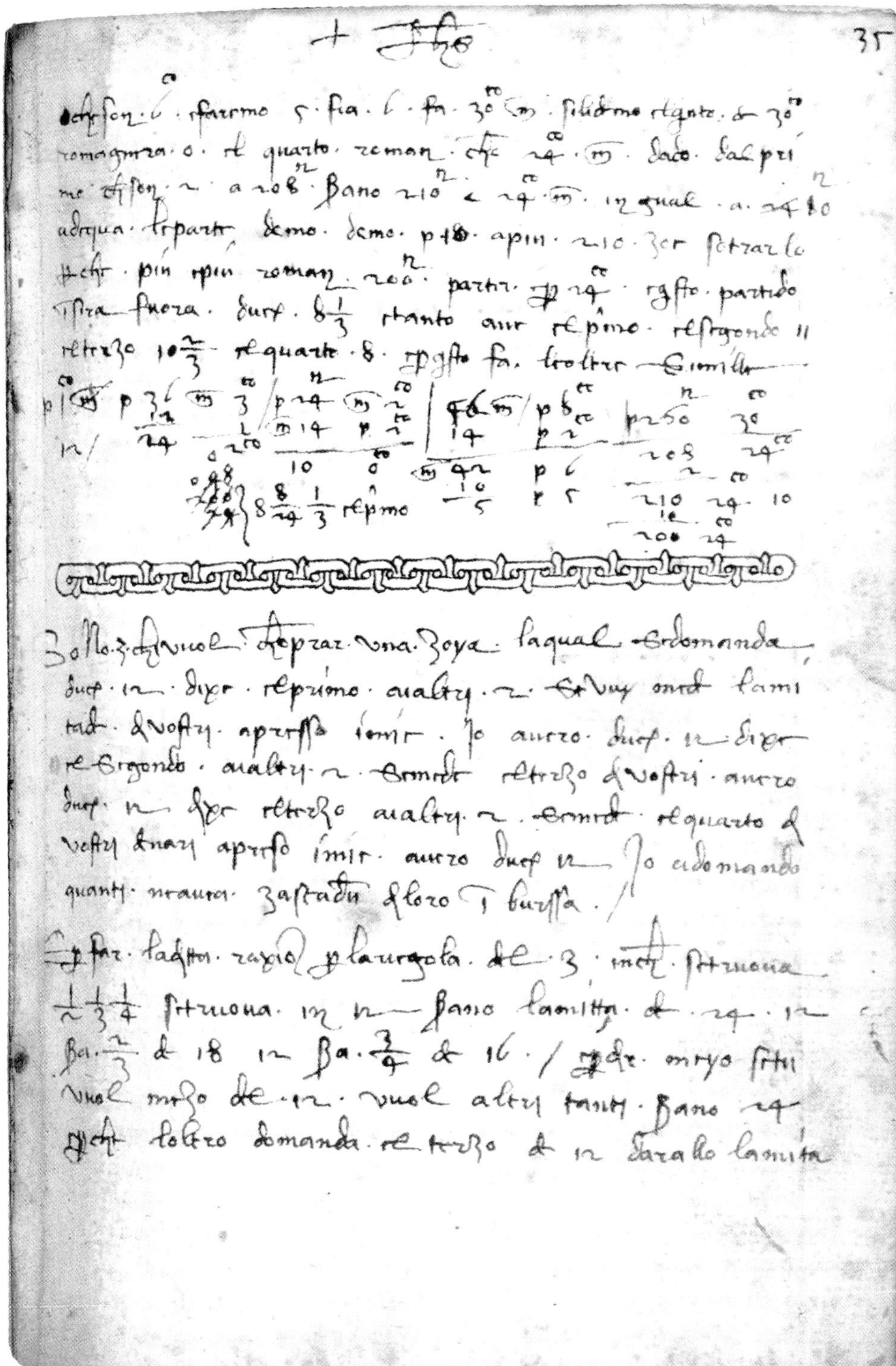

f. 36a

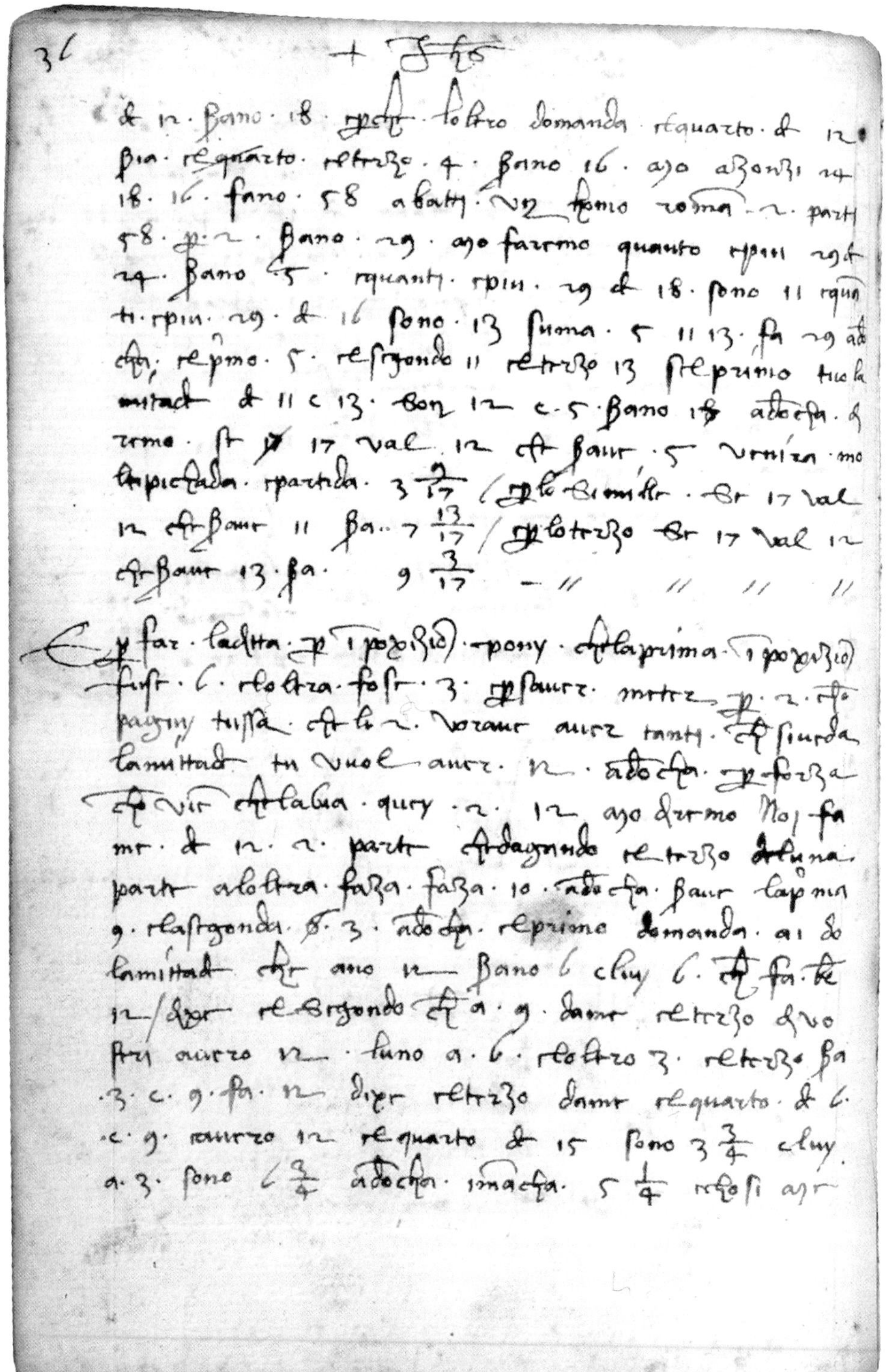

f. 36b

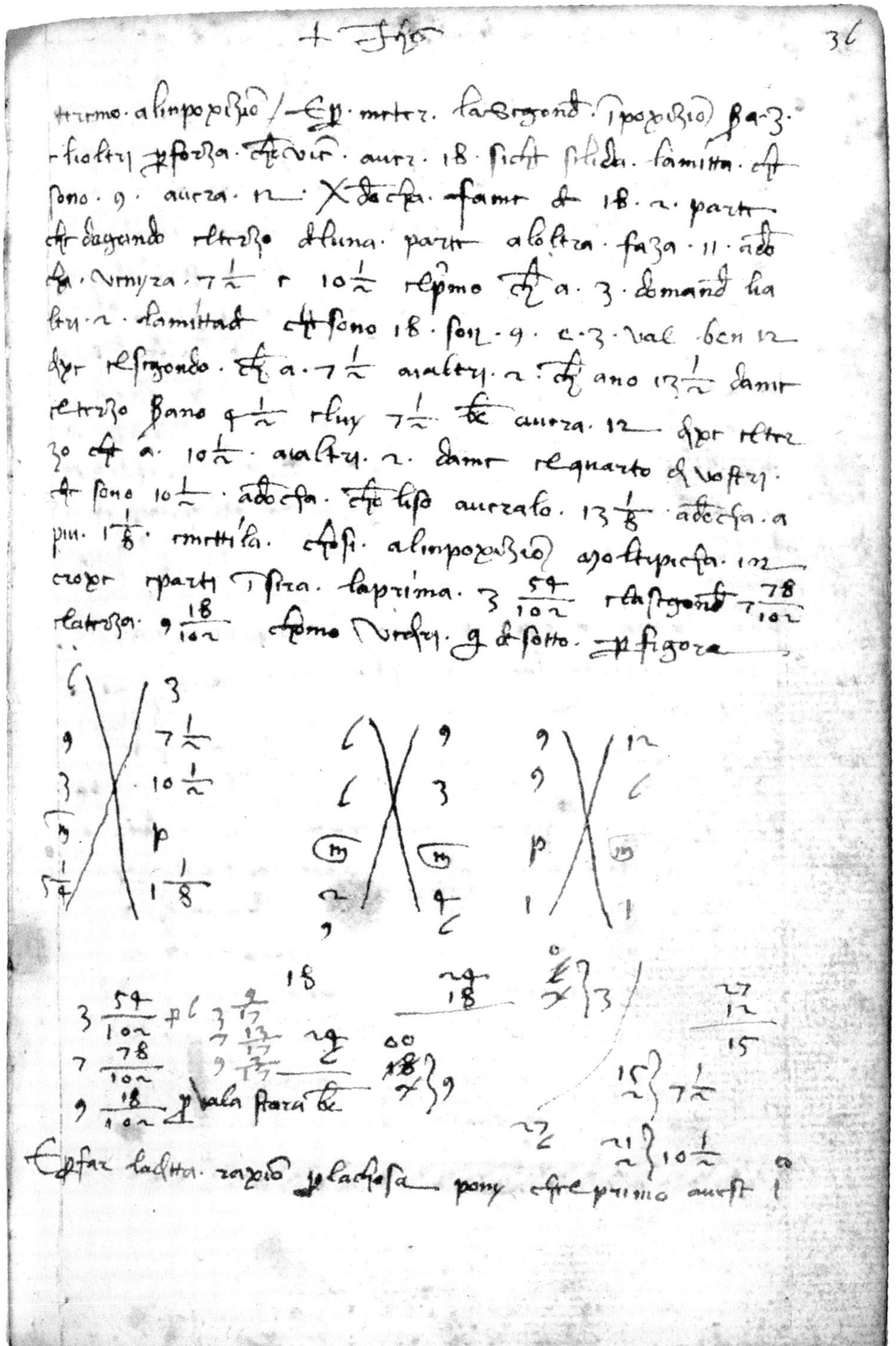

f. 37a

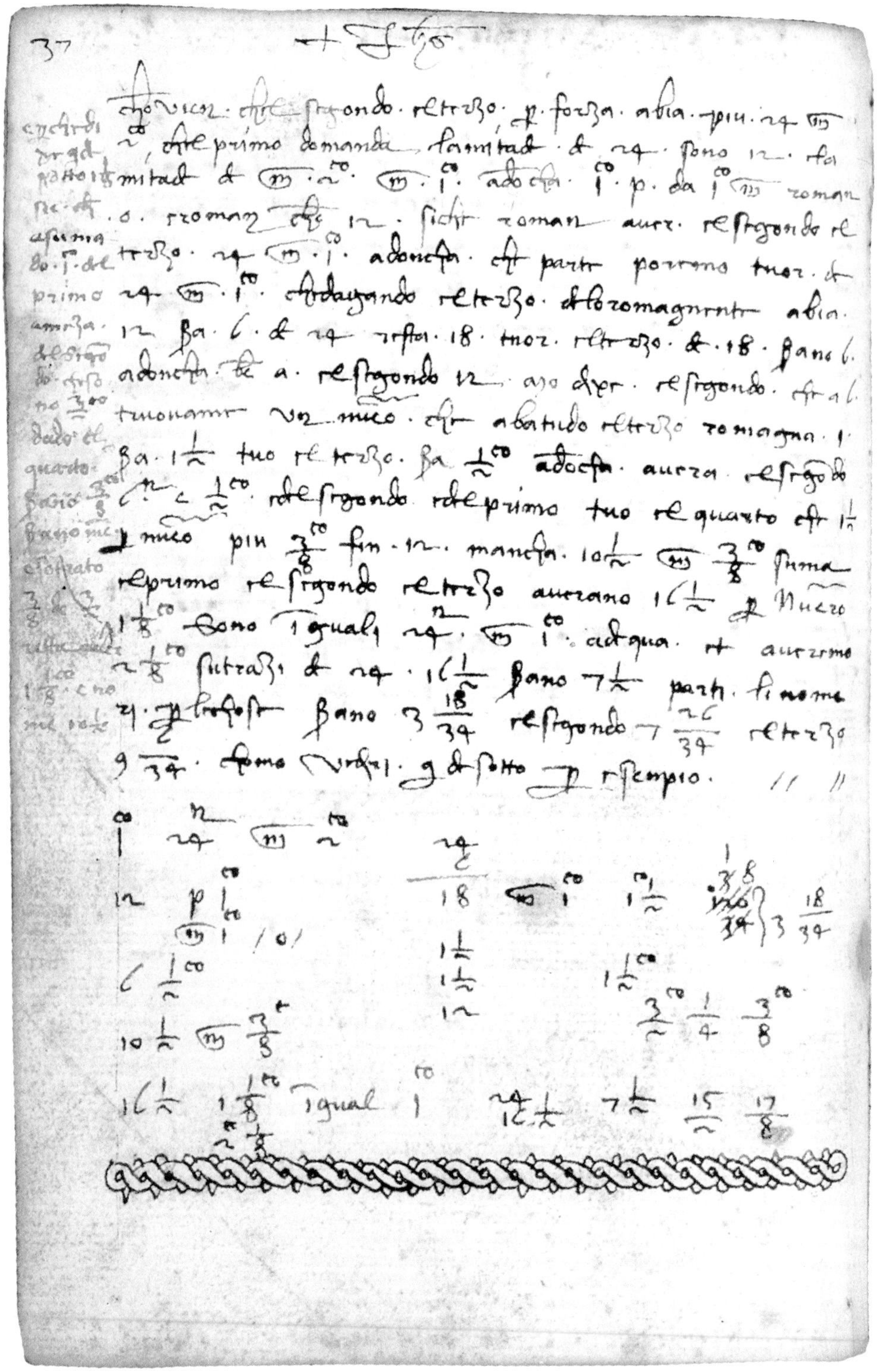

f. 37b

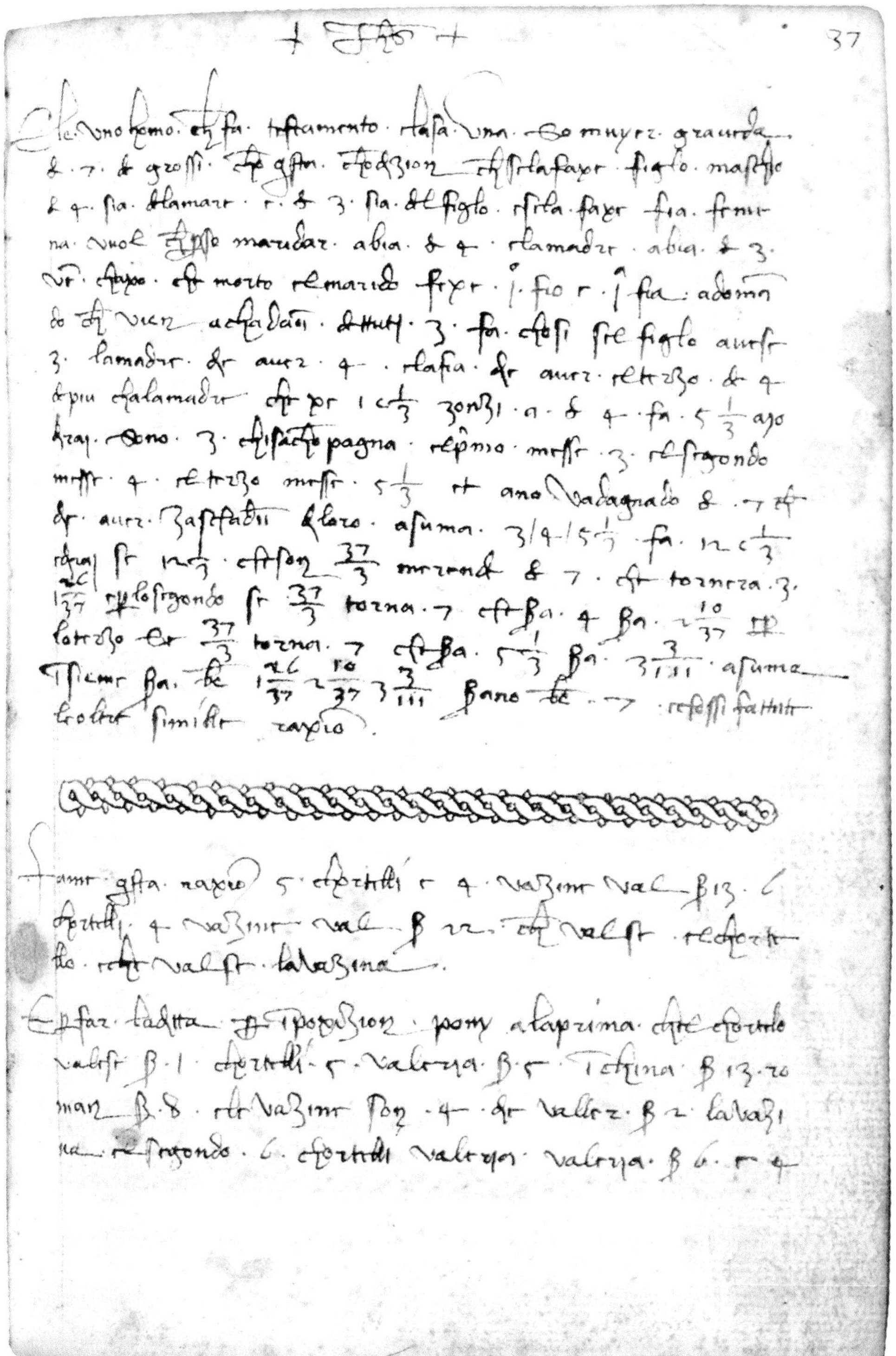

f. 38a

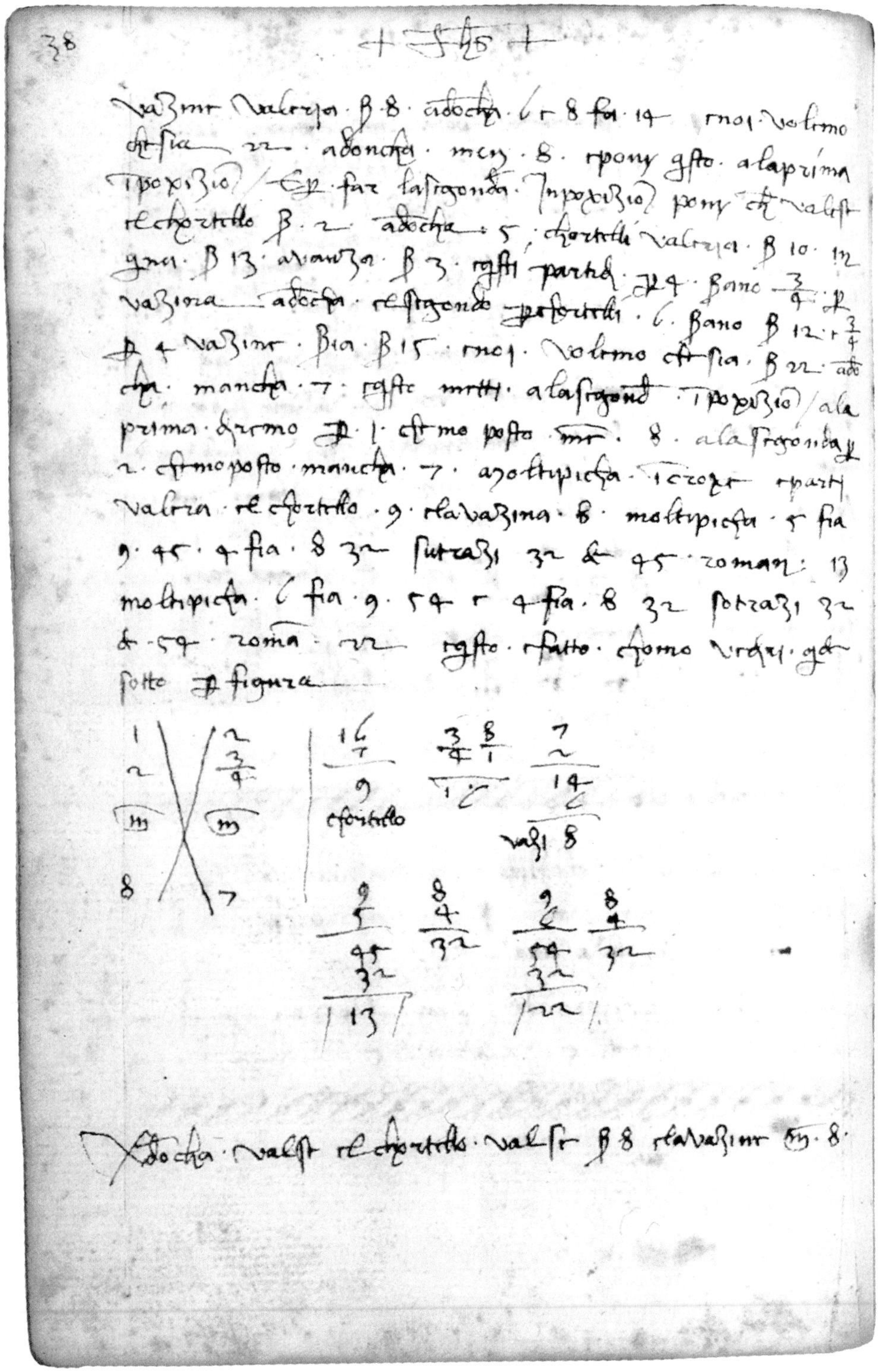

f. 38b

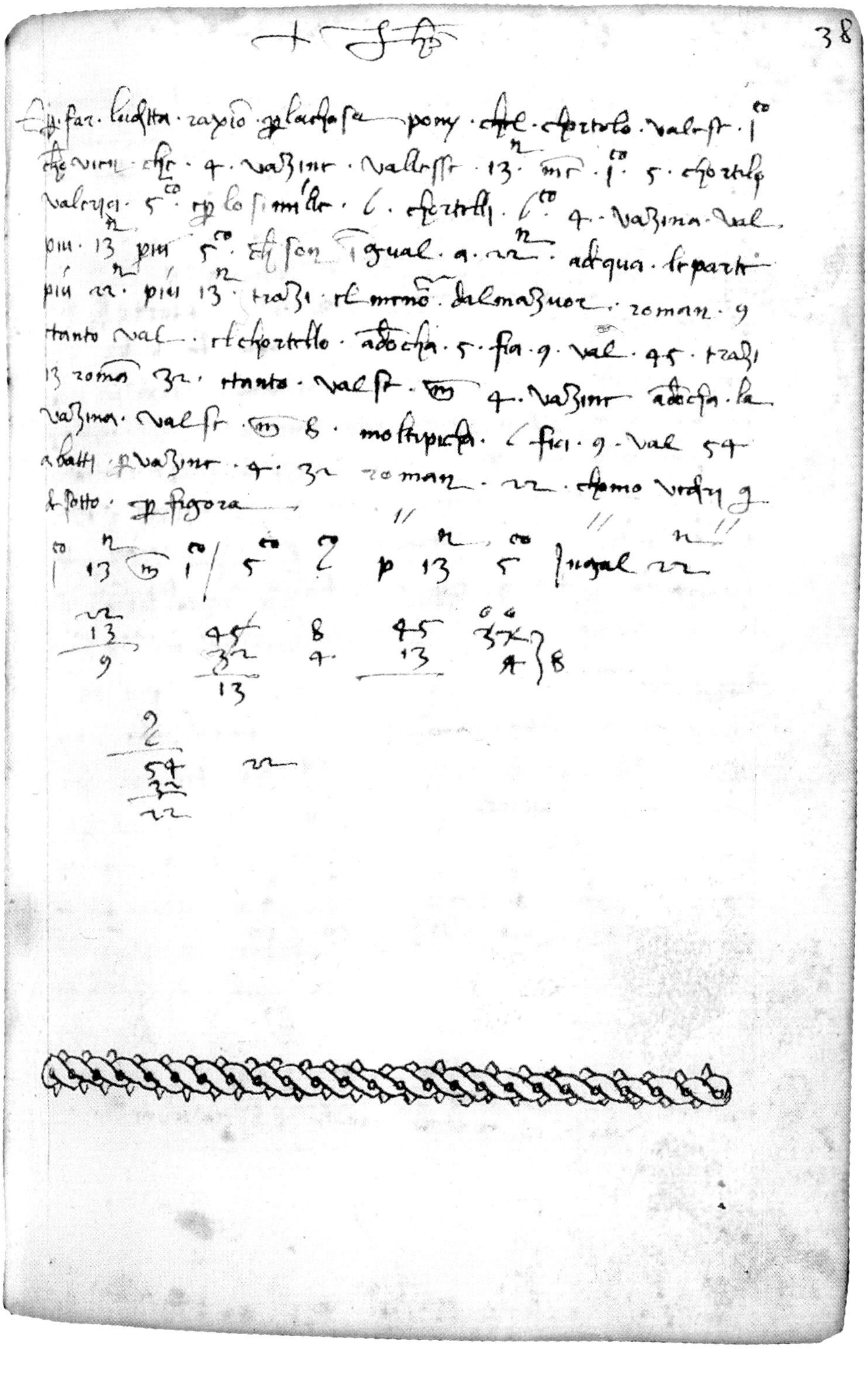

f. 39a

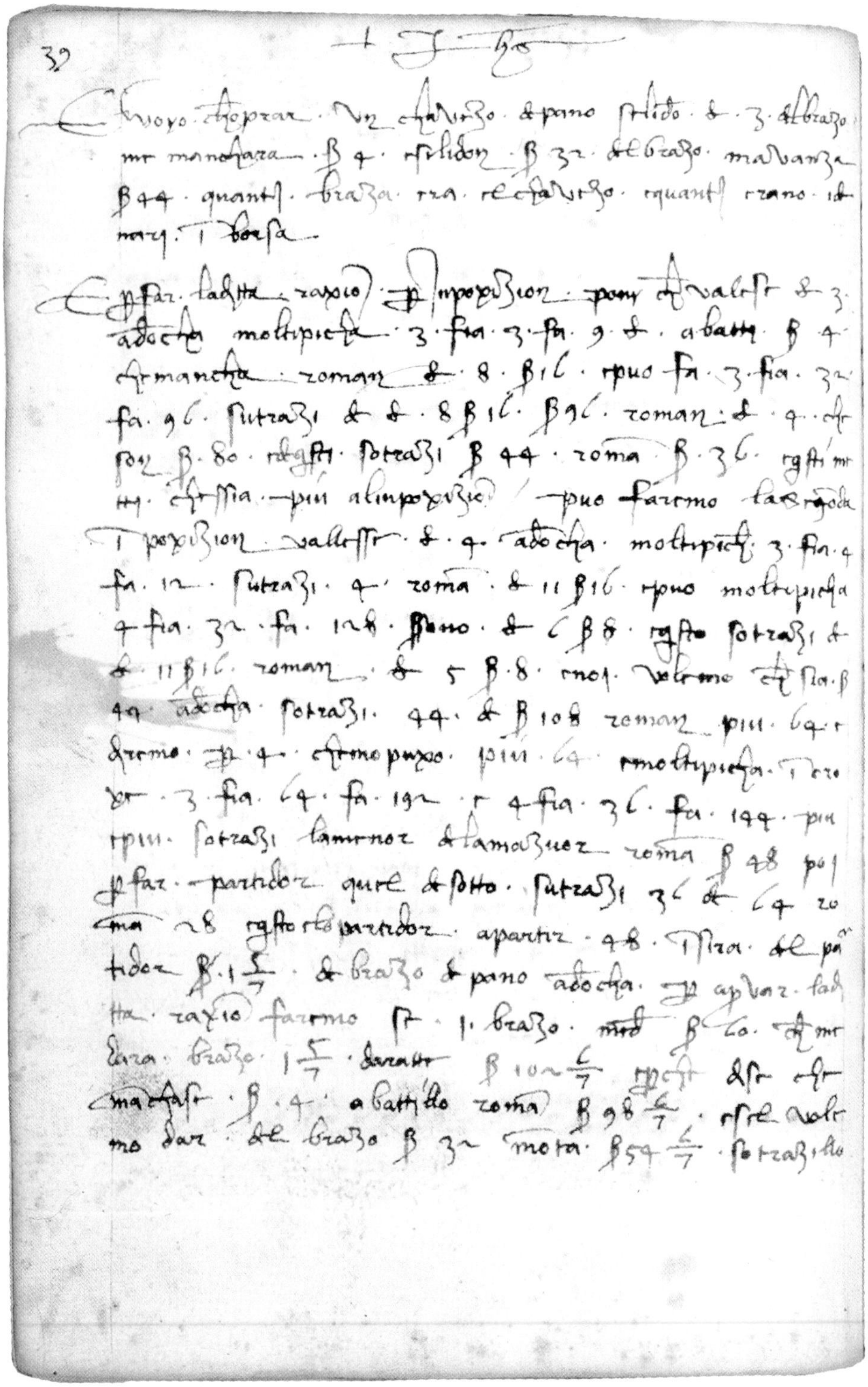

f. 39b

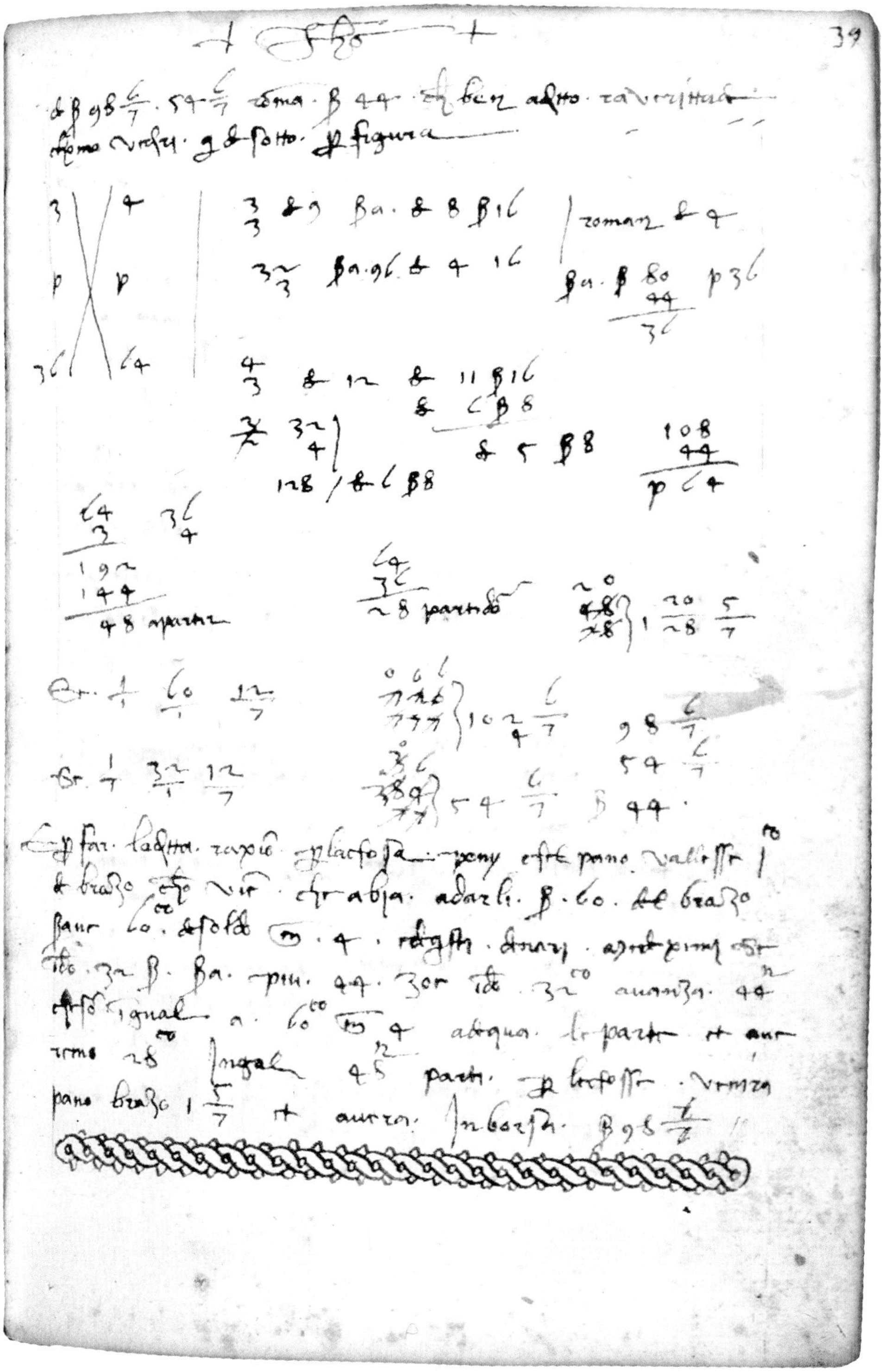

f. 40a

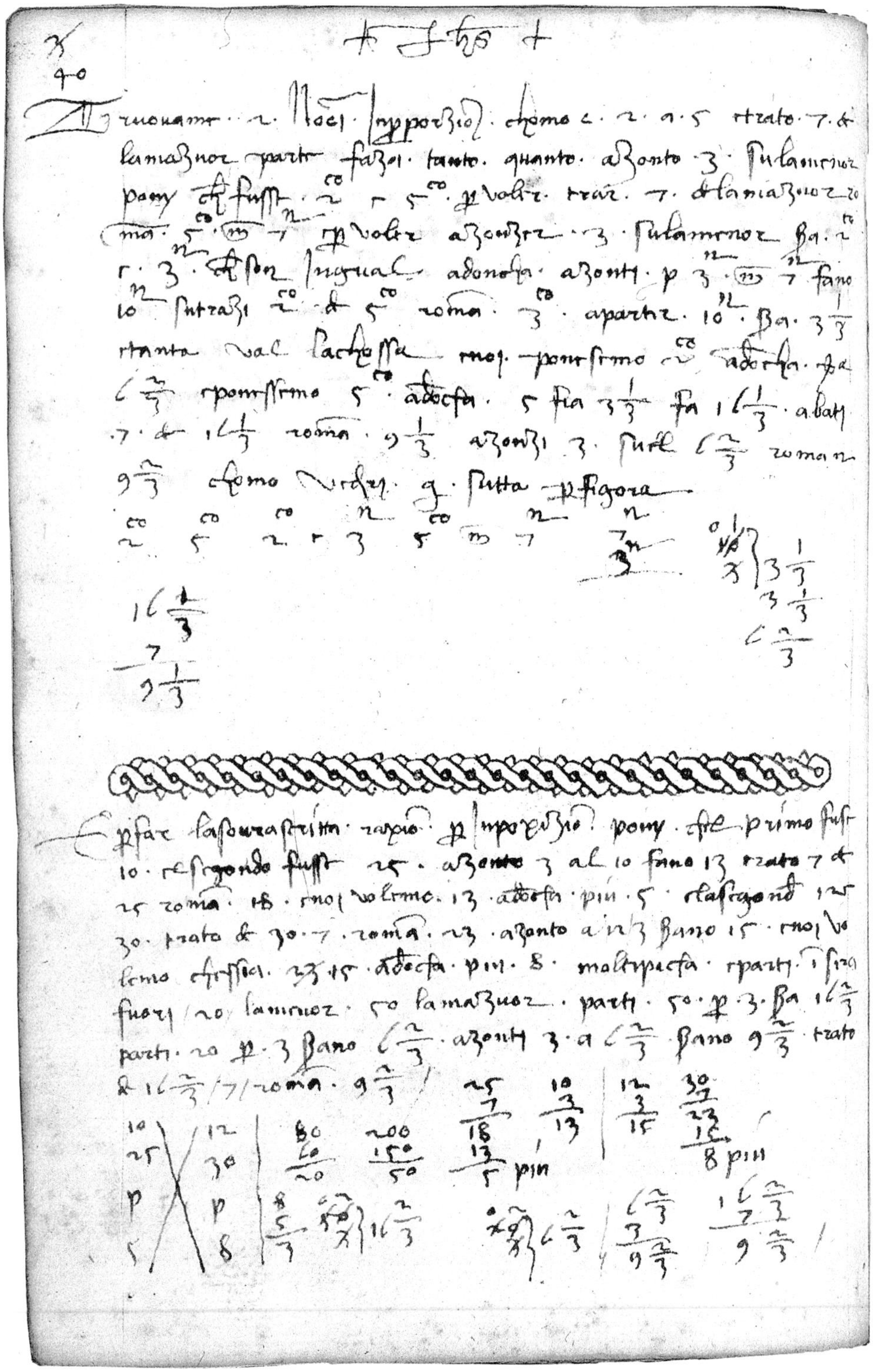

f. 40b

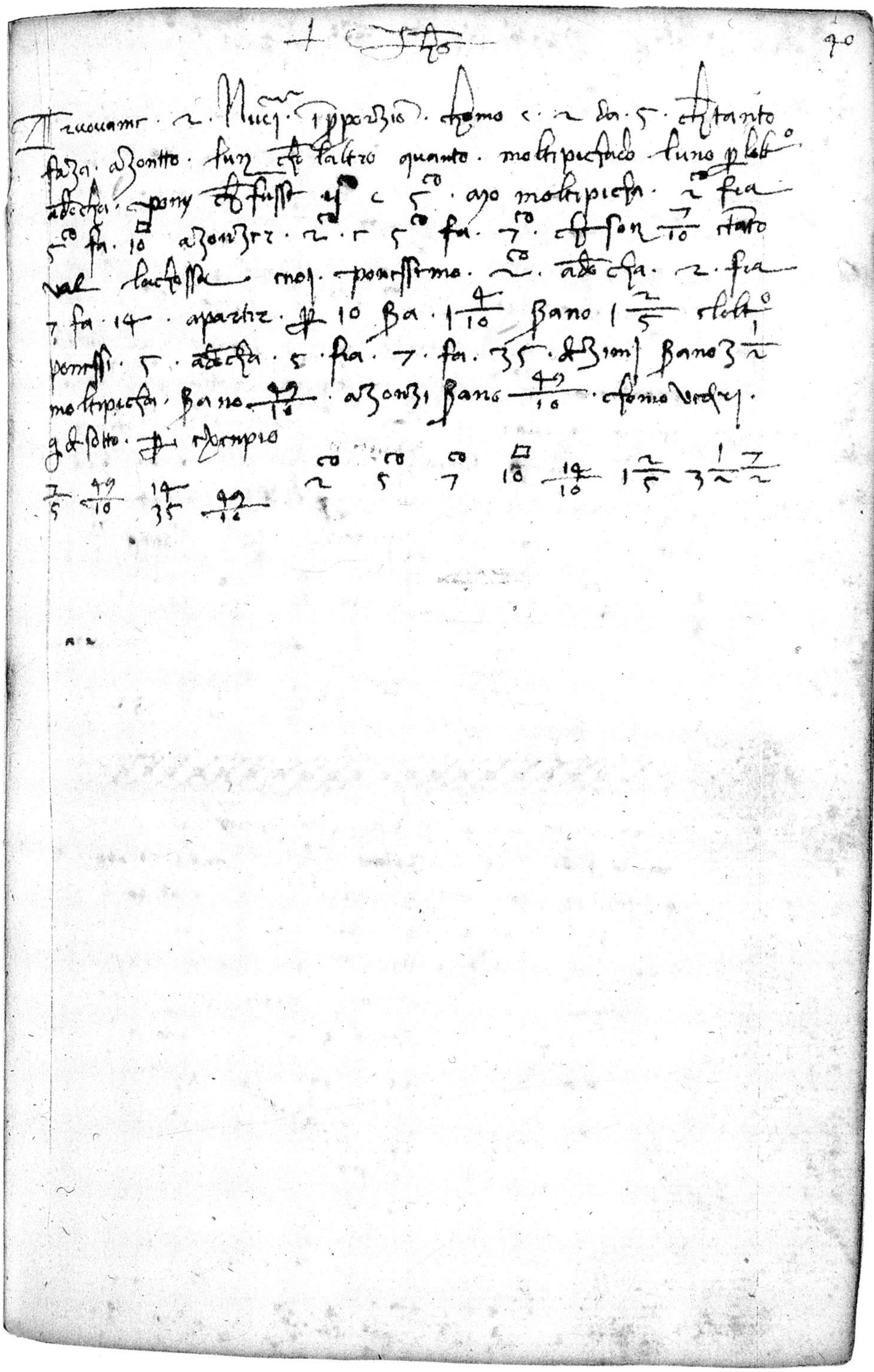

f. 41a

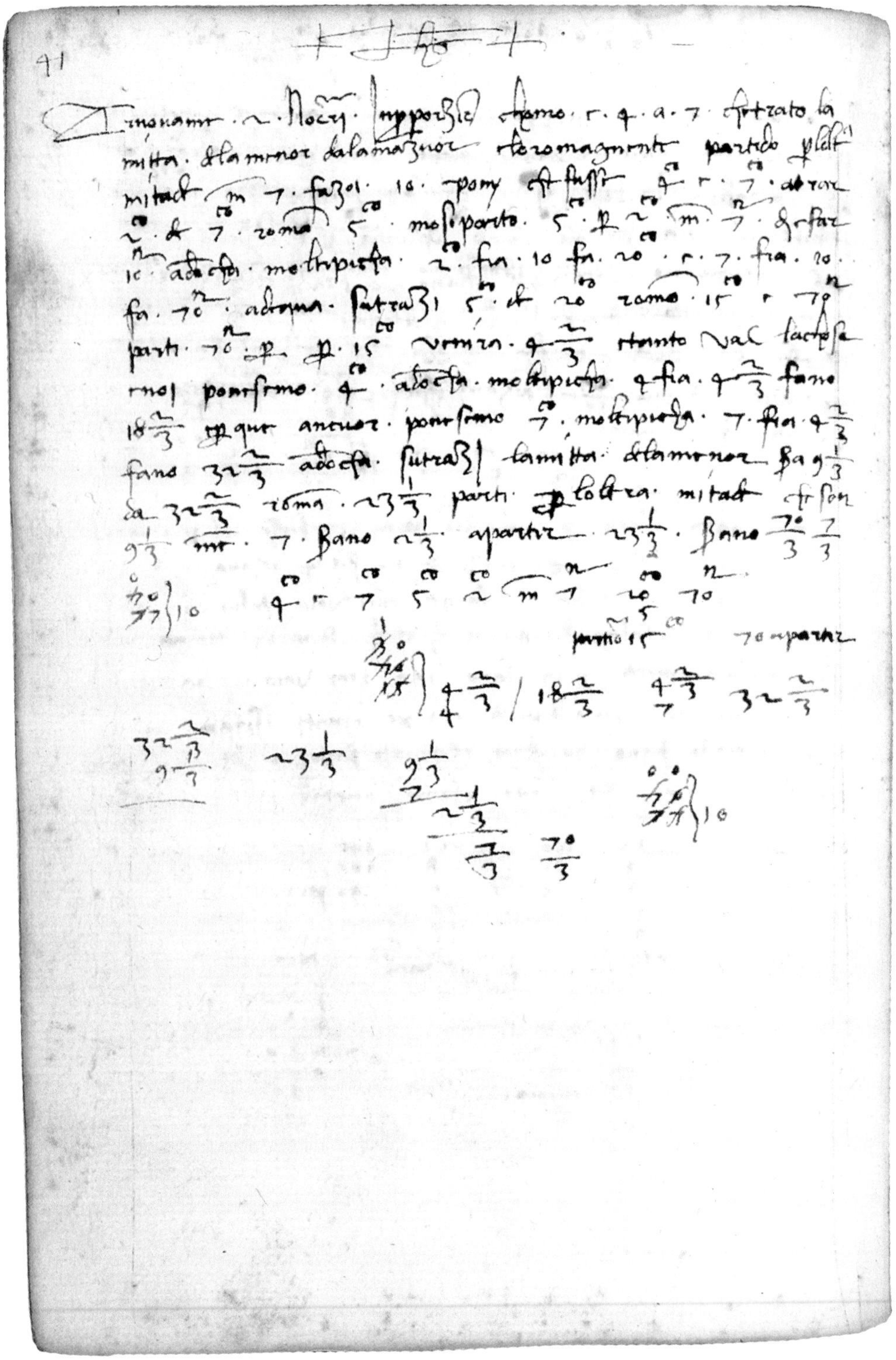

f. 41b

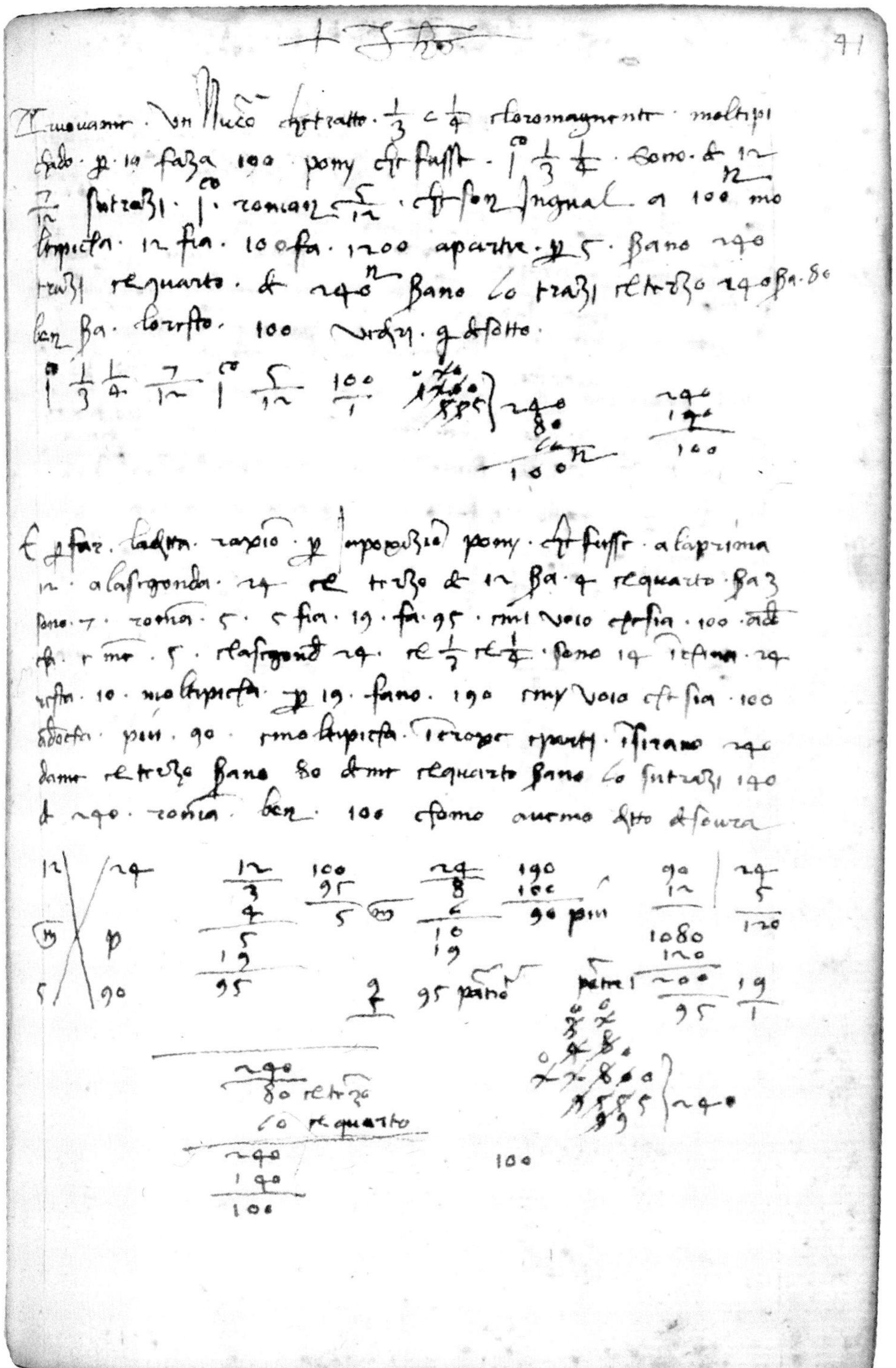

f. 42a

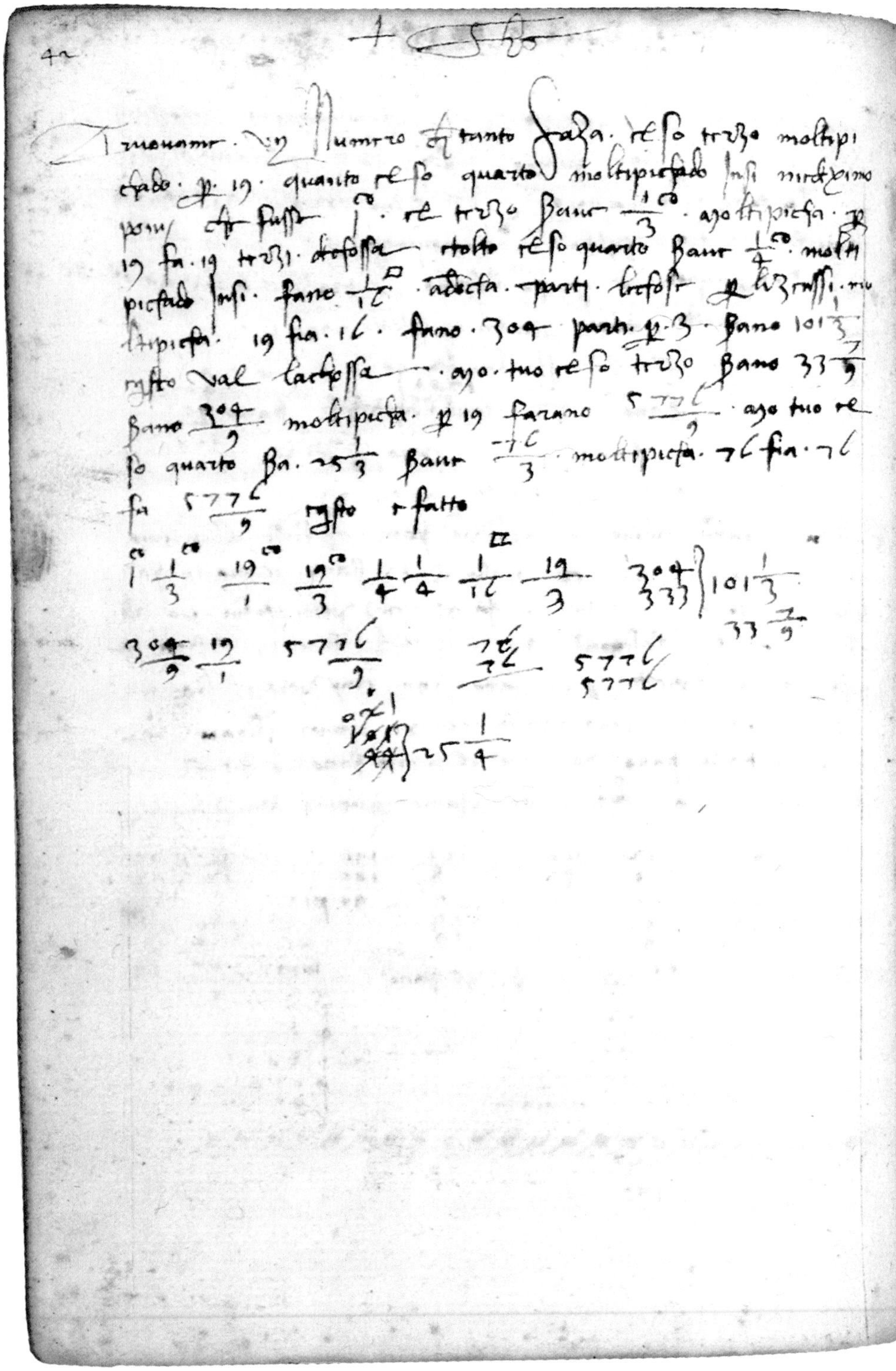
42

Trovame un numero che tanto faza el so terzo moltipl-
icado per 19 quanto el so quarto moltiplicado in si medesimo
poni che fusse 1 cosa el terzo sarave $\frac{1}{3}$ cosa a moltiplicarla per
19 fa 19 terzi de cossa e tolto el so quarto sarave $\frac{1}{4}$ cosa molti-
plicado in si fano $\frac{1}{16}$ censo adeguà parti le cose per li 19 terzi mo-
ltiplicha 19 fia 16 fano 304 parti per 3 sarano $101\frac{1}{3}$
questo val la cossa a so tuo el so terzo sarano $33\frac{7}{9}$
sarano $\frac{304}{9}$ moltiplicha per 19 farano $\frac{5776}{9}$ a so tuo el
so quarto sa $25\frac{1}{3}$ sarave $\frac{76}{3}$ moltiplicha 76 fia 76
fa $\frac{5776}{9}$ questo è fatto

$\frac{1}{3}$ $\frac{19}{1}$ $\frac{19}{3}$ $\frac{1}{4}$ $\frac{1}{4}$ $\frac{1}{16}$ $\frac{19}{3}$ 304 / 333 $101\frac{1}{3}$ $33\frac{7}{9}$

$\frac{304}{9}$ $\frac{19}{1}$ $\frac{5776}{9}$ 76 / 76 5776 / 5776

$25\frac{1}{4}$

f. 42b

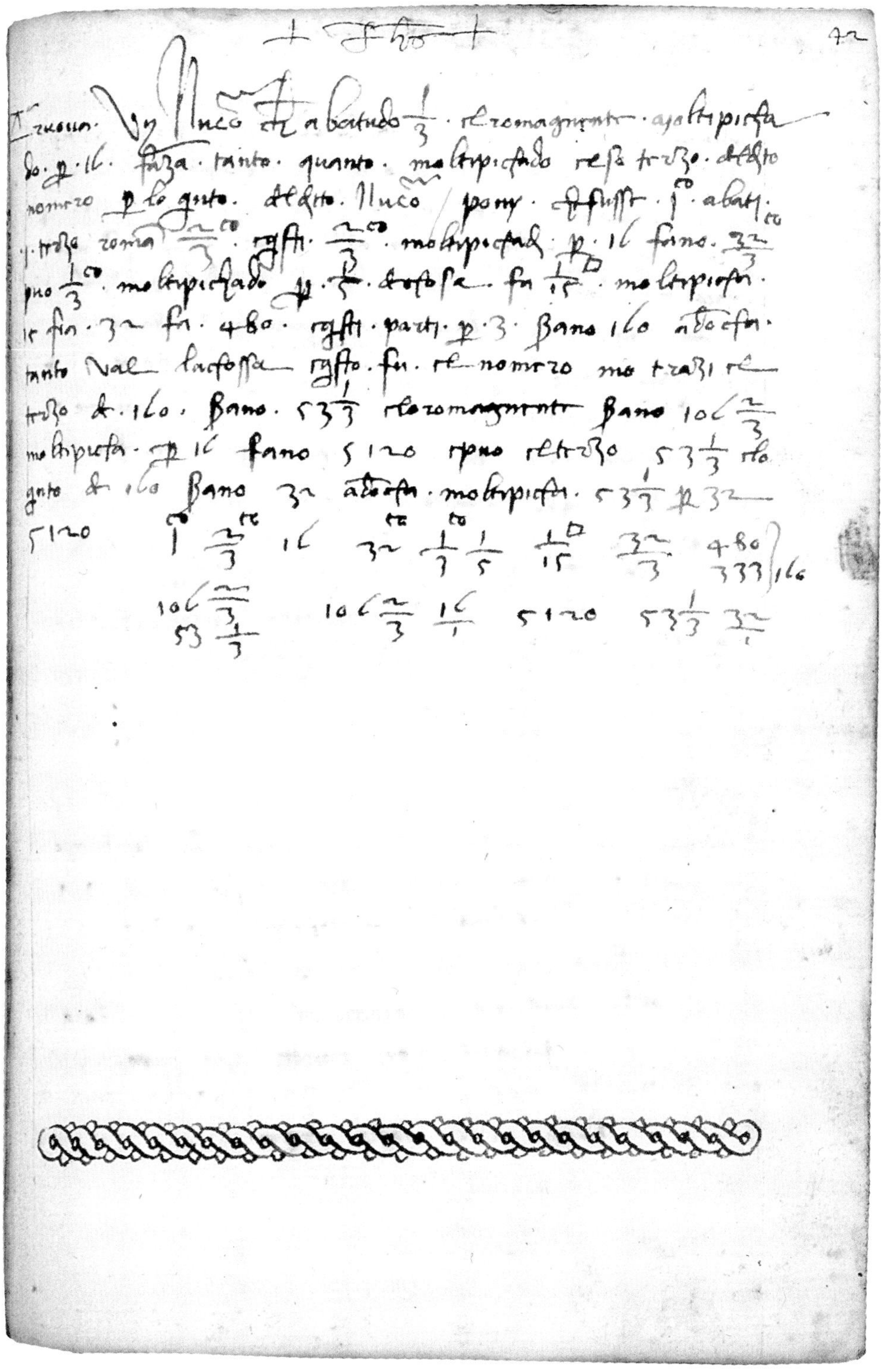

f. 43a

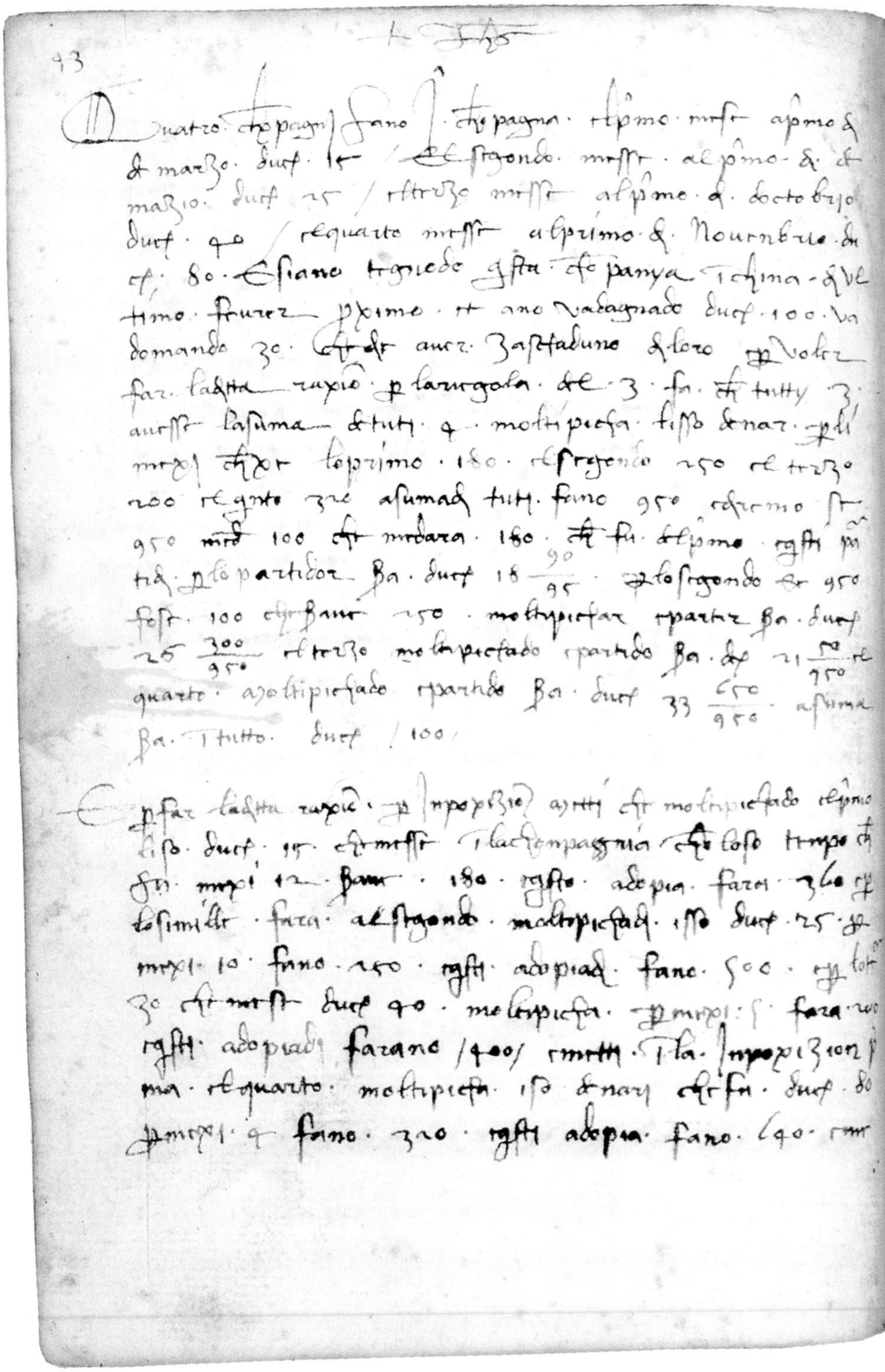

f. 43b

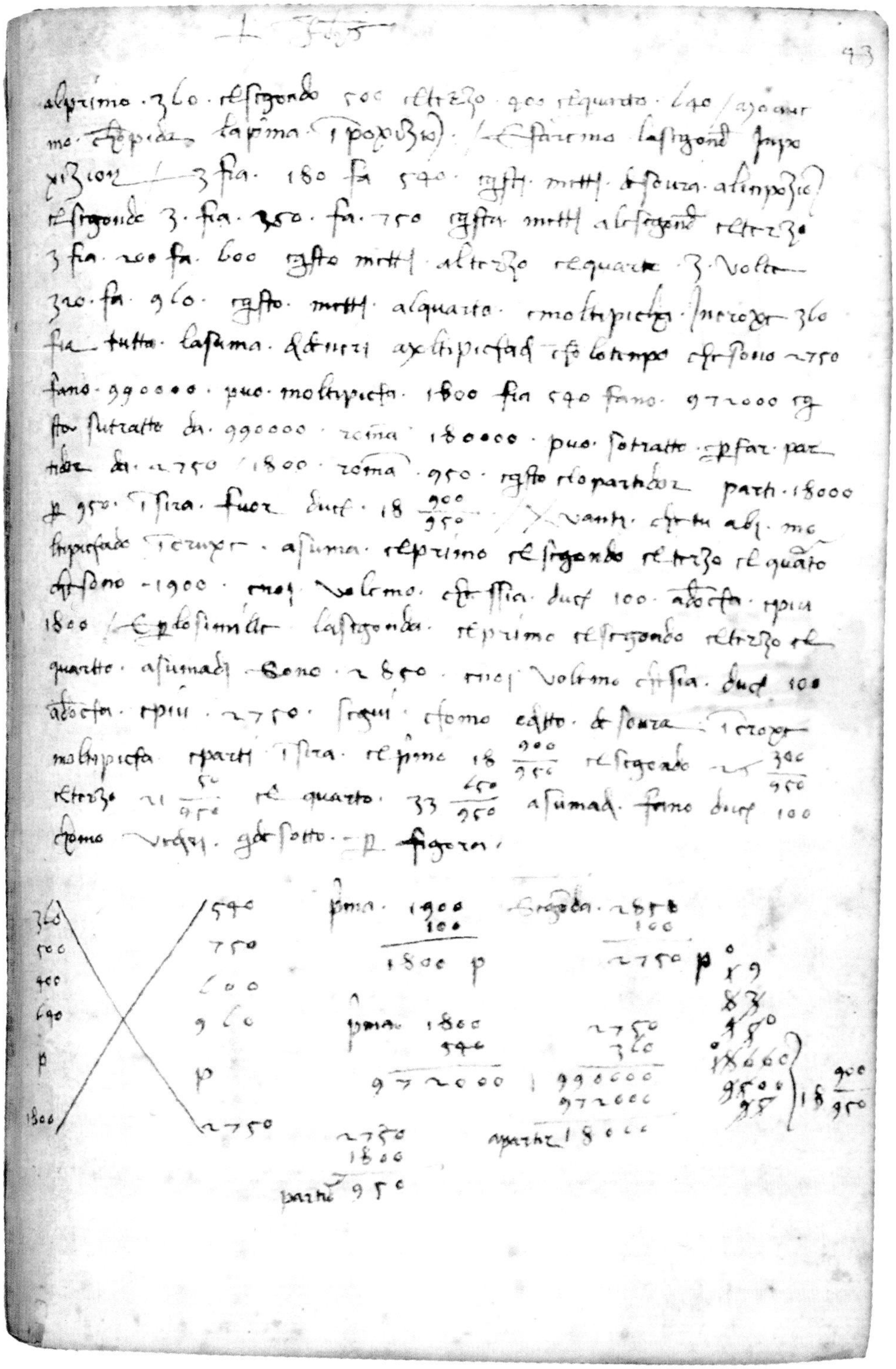

f. 44a

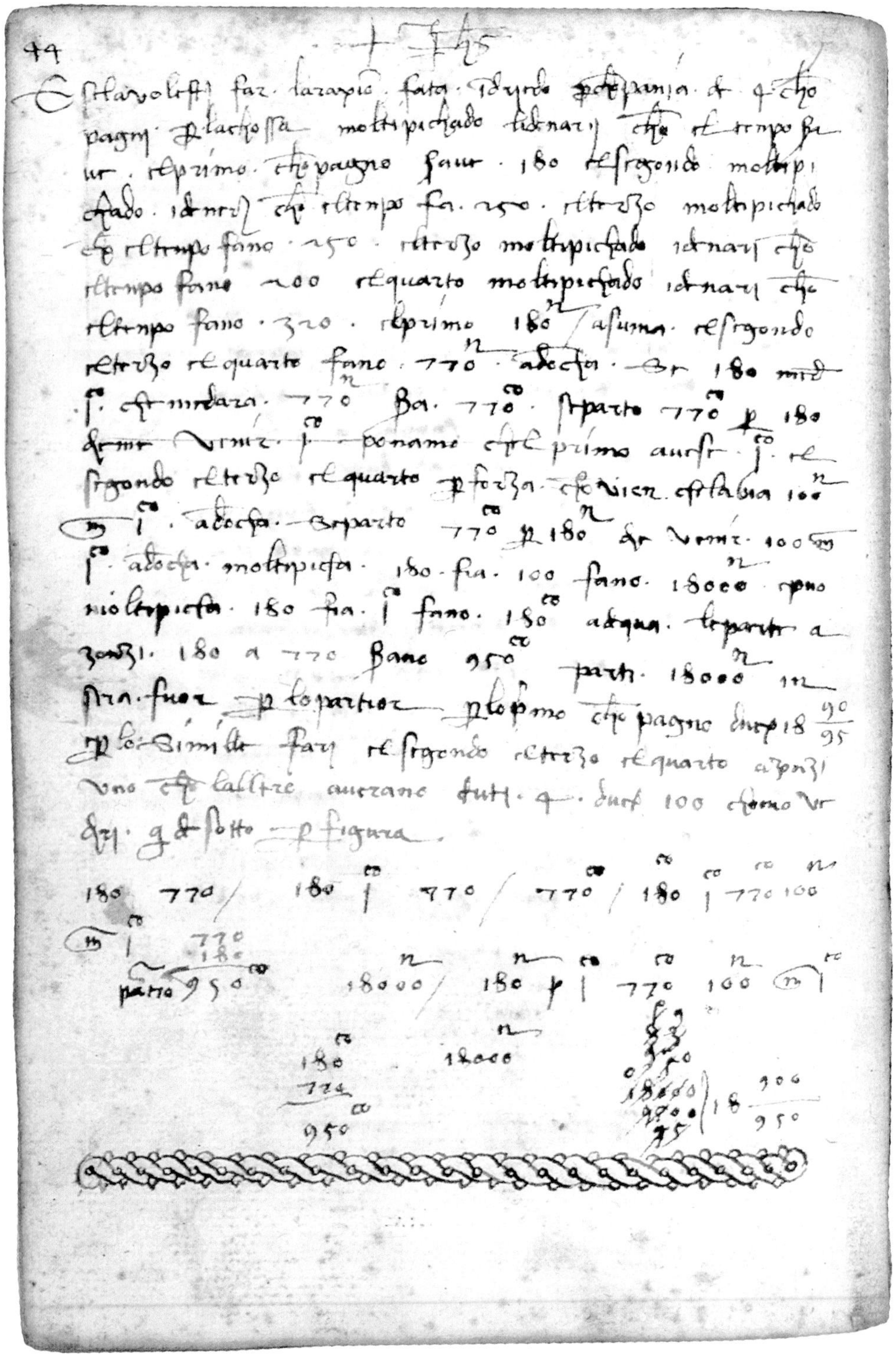

f. 44b

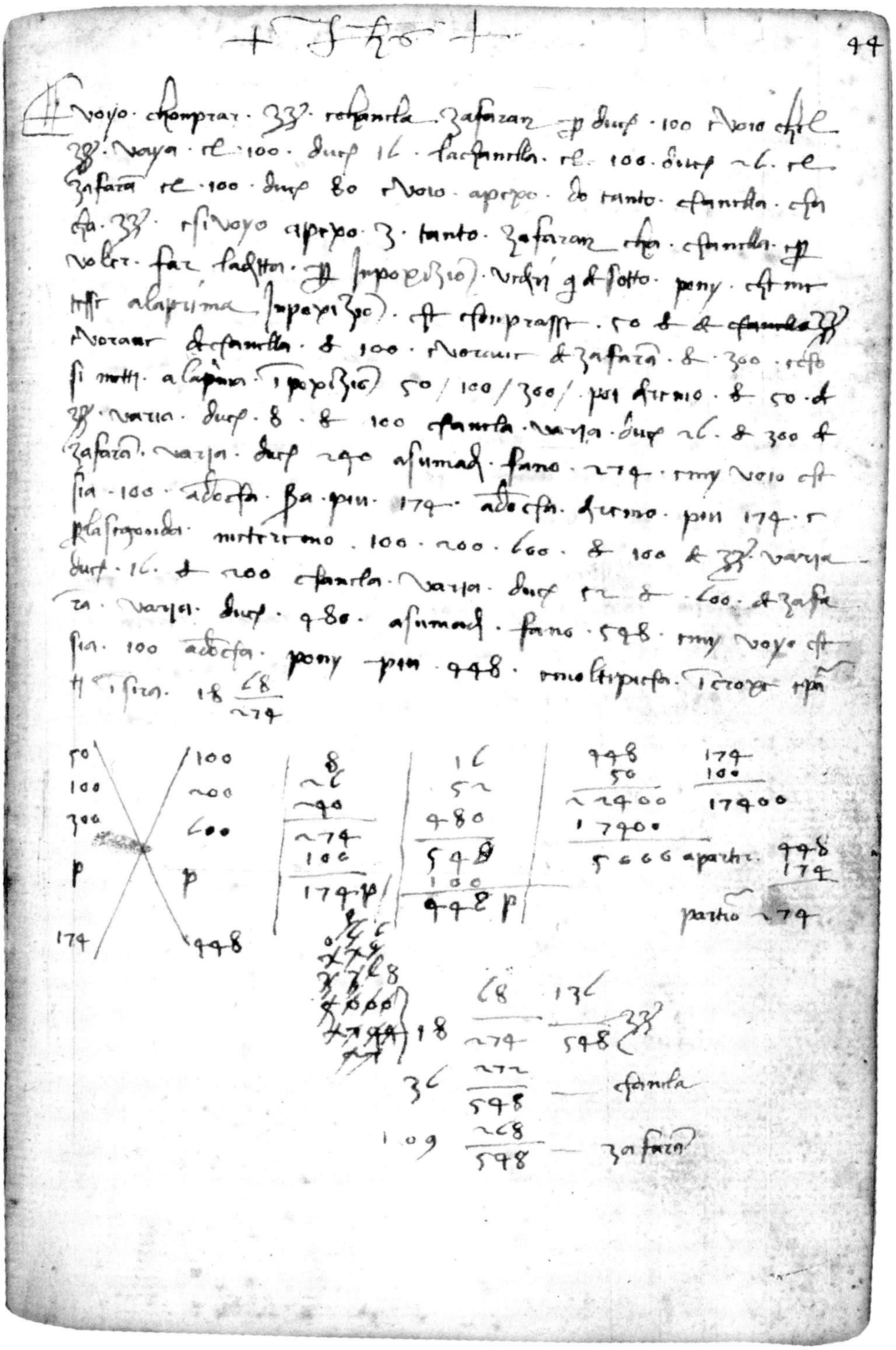

f. 45a

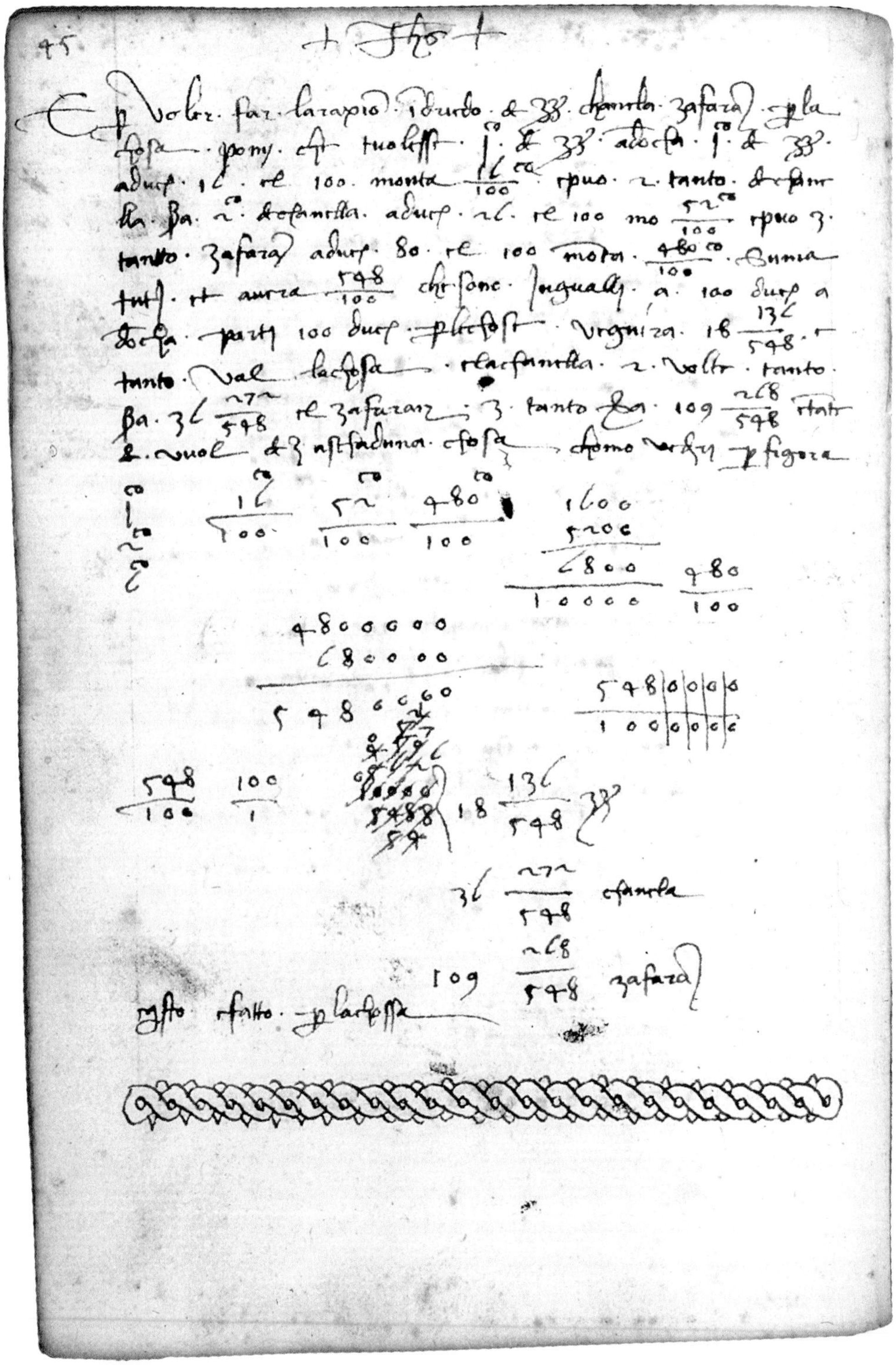

f. 45b

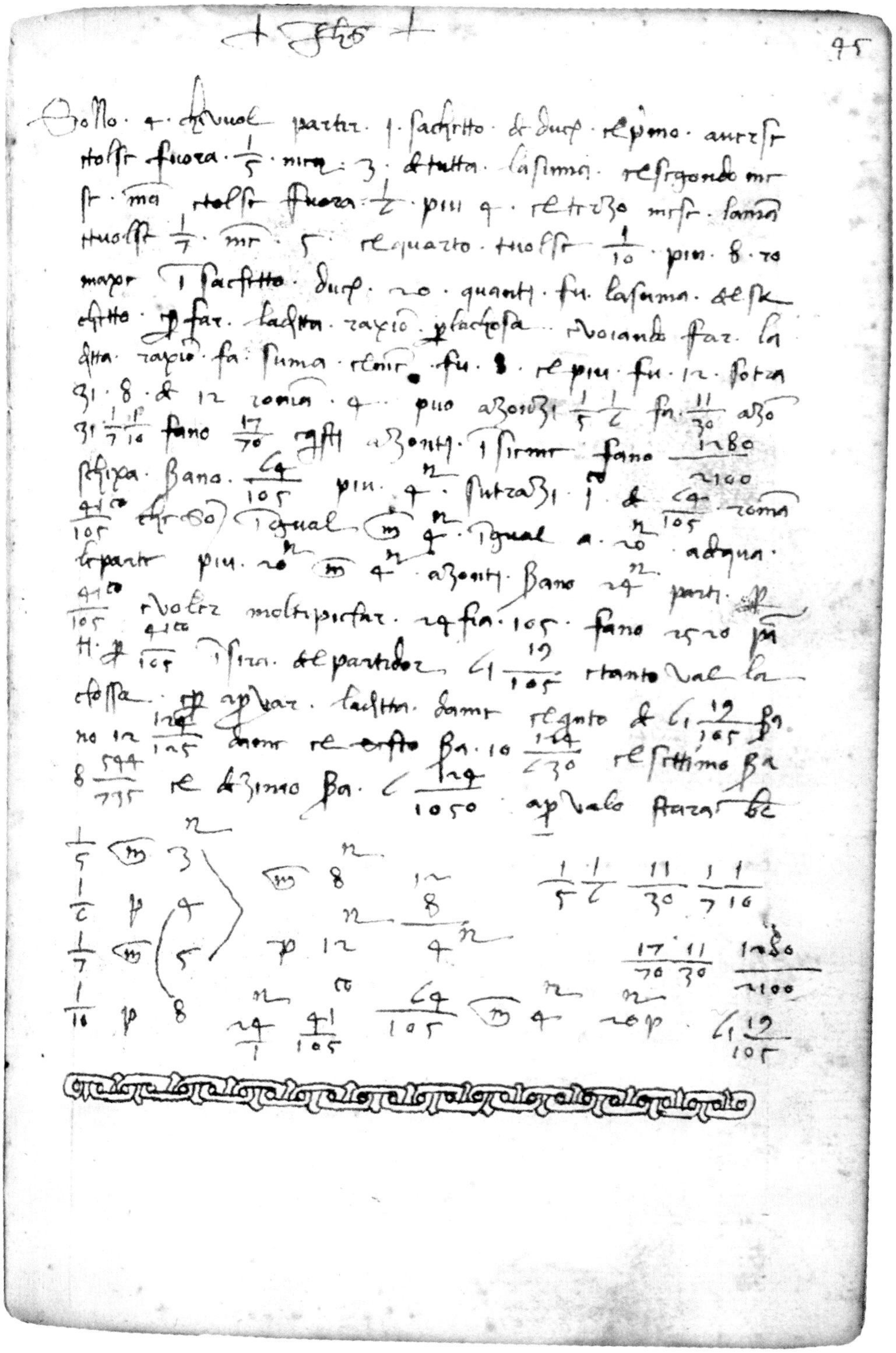
+ Jħs +

95

Dollo. 4. chi vuol partir 1 sachetto de duc. el primo aver se
tolse fuora 1/5 men 3 de tutta la suma el segondo me
se ma tolse fuora 1/6 piu 4 el terzo mese sama
tuolse 1/7 men 5 el quarto tuolse 1/10 piu 8 e ro
mazor 1 sachetto duc. 20 quanti fu la suma del sa
chetto per far la ditta raxion per la chosa e volando far la
ditta raxion fa suma el men fu 8 e el piu fu 12 sotra
zi 8 de 12 roman 4 piu azonzi 1/5 1/6 fa 11/30 azo
nzi 1/7 1/10 fano 17/70 questi azonti insieme fano 1280/2100
schiza fano 64/105 piu 4 n sotrazi 1 de 64/105 roma
41/105 chose iqual m 4 n iqual a 20 n adonqua
le parte piu 20 n m 4 n azonti fano 24 n parti
41/105 e volte moltiplicar 24 fia 105 fano 2520 parti
41 per 41/105 insira del partidor 61 19/105 e tanto val la
chossa per aprovar la ditta dame el quinto de 61 19/105 fa
no 12 124/105 dame el sesto fa 10 124/630 el settimo fa
8 544/735 el dezimo fa 6 129/1050 aprovalo starai be

1/5 m 3 n — m 8 n — 12 n / 8 / 4 n — 1/5 1/6 11/30 1/7 1/10
1/6 p 4
1/7 m 5 — p 12 — 17/70 11/30 1280/2100
1/10 p 8 — 24 n / 1 — 41 co / 105 — 64/105 m 4 n — 20 p — 61 19/105

f. 46a

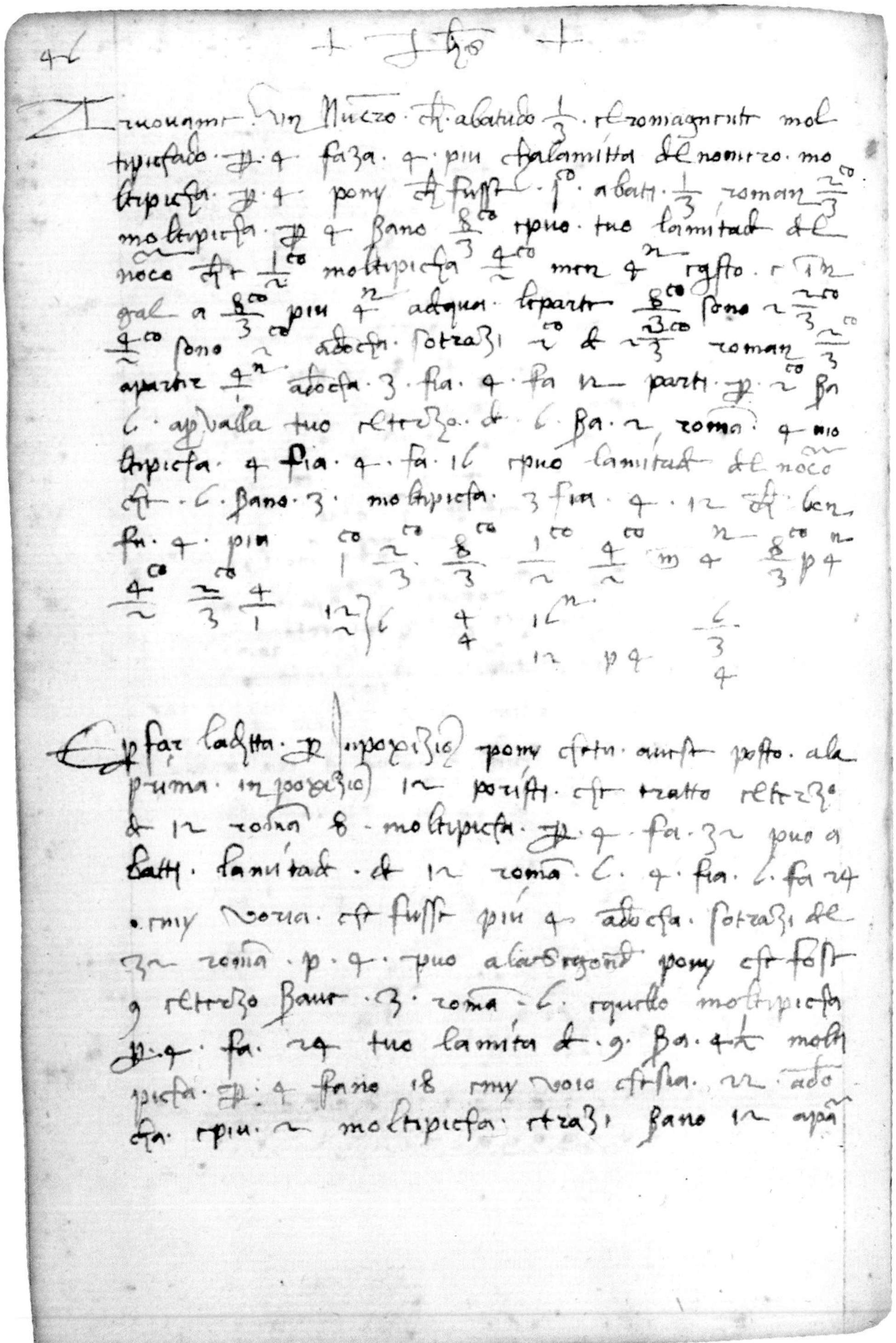

f. 46b

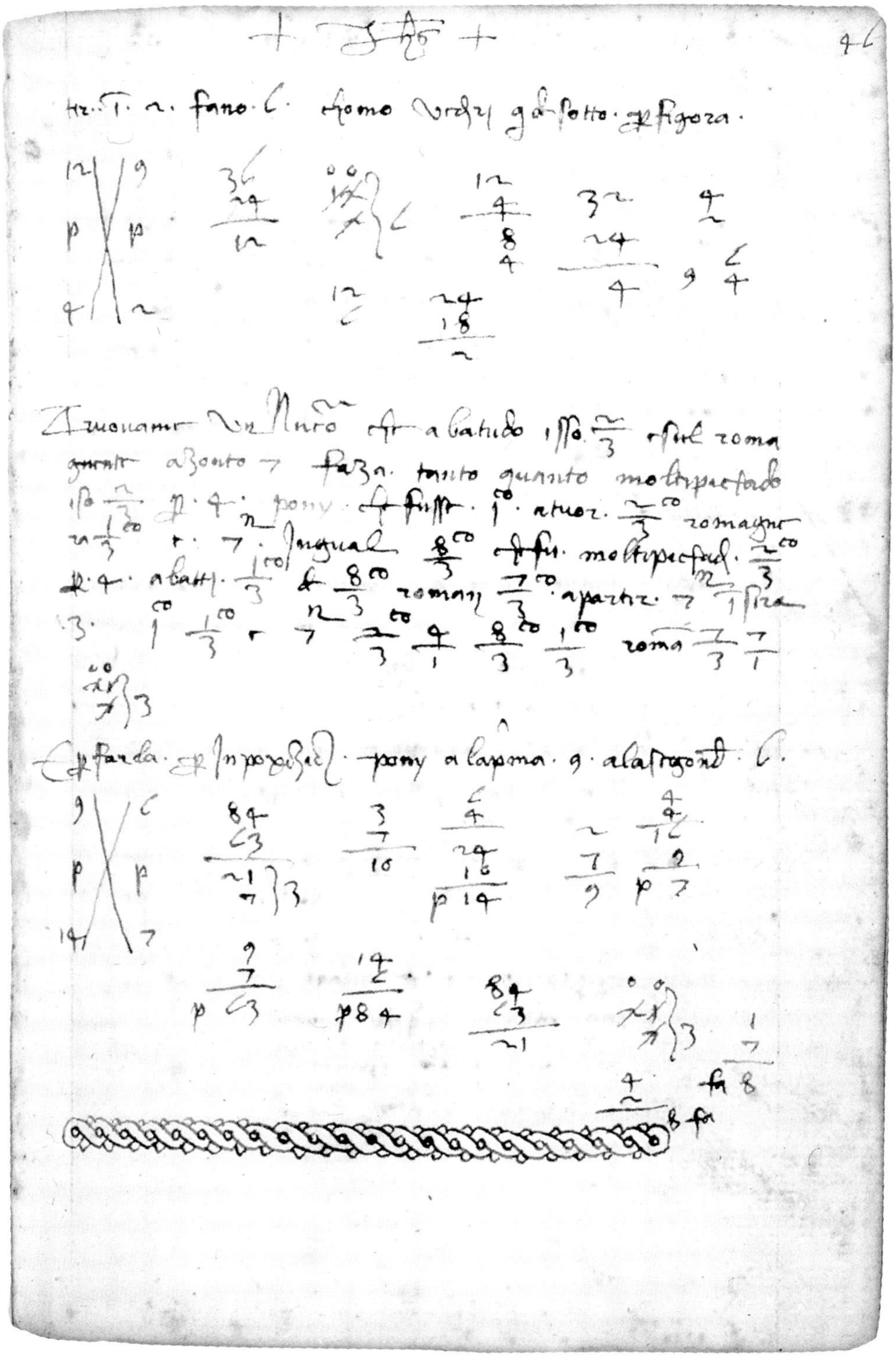

f. 47a

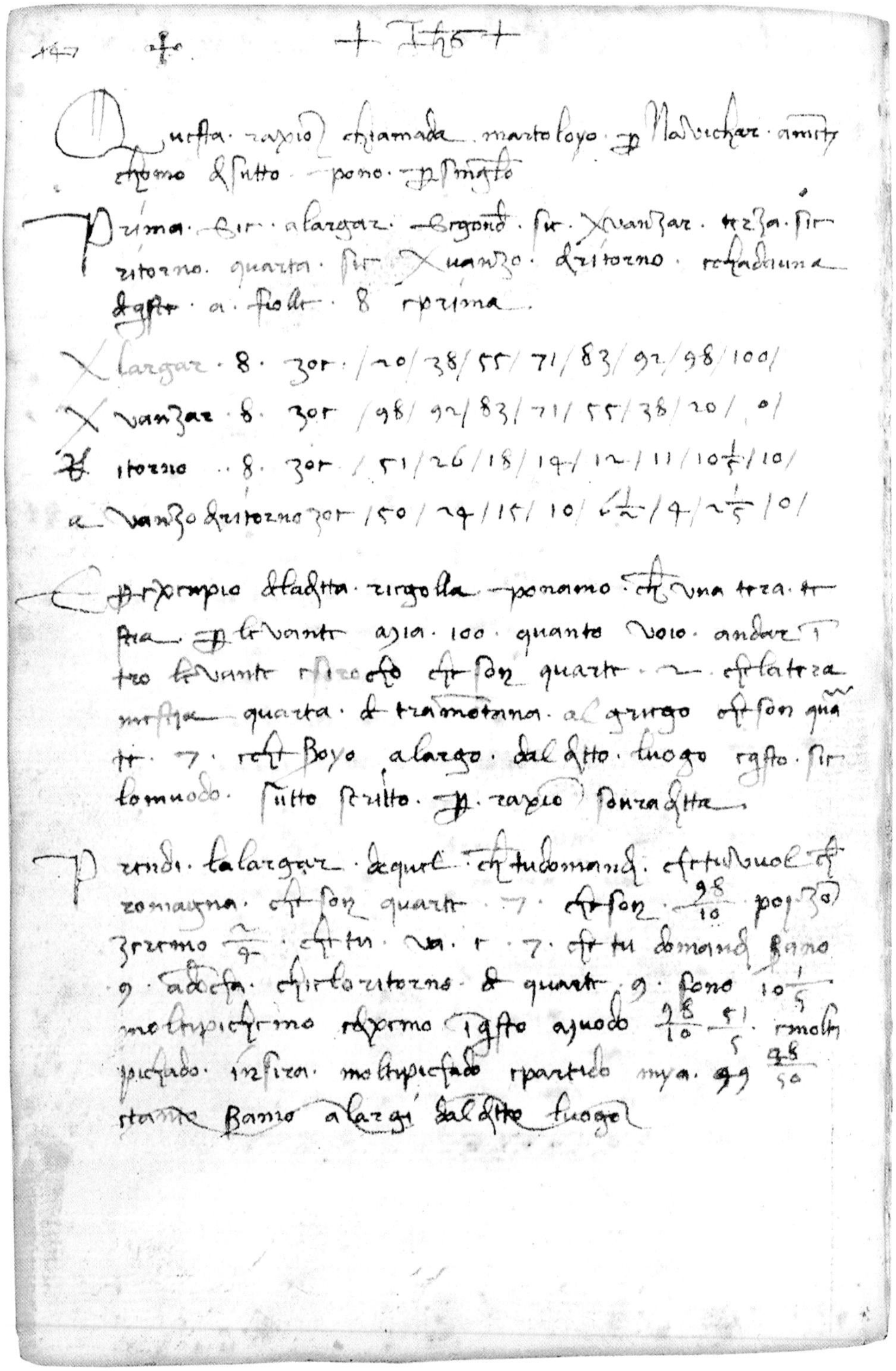

147 ✠ ✠ Ihs ✠

Questa raxion chiamada martoloyo per navichar a mente chomo de sutto sono per signato.

Prima sie alargar. Segonda sie avanzar. Terza sie ritorno. Quarta sie avanzo de ritorno. E chadauna de queste a fiolle 8 e prima.

Alargar	8 zor	20	38	55	71	83	92	98	100
Avanzar	8 zor	98	92	83	71	55	38	20	0
Ritorno	8 zor	51	26	18	14	12	11	10 1/5	10
Avanzo de ritorno	zor	50	24	15	10	6 1/2	4	2 1/5	0

Per exempio de la ditta rigolla ponamo che una terra te sia per levante a zia 100 quanto voio andar in tro levante e sirocho che son quarte 2 che la terra me sia a quarta de tramontana al griego che son quarte 7 e che voyo alargo dal ditto luogo e questo sie lo modo de sutto scritto per raxion sora ditta.

Prendi lalargar de quel che tu domandi che tu vuol che romagna che son quarte 7 che son 98/10 poi zerzemo 2/4 che tu va e 7 che tu domandi sono 9 adesso chiero ritorno de quarte 9 sono 10 1/5 moltiplichemo adesso in questo amodo 98/10 51/5 e moltiplicado insieme moltiplicado e partido mia 99 98/50 staremo sono alargi dal ditto luogo.

f. 47b

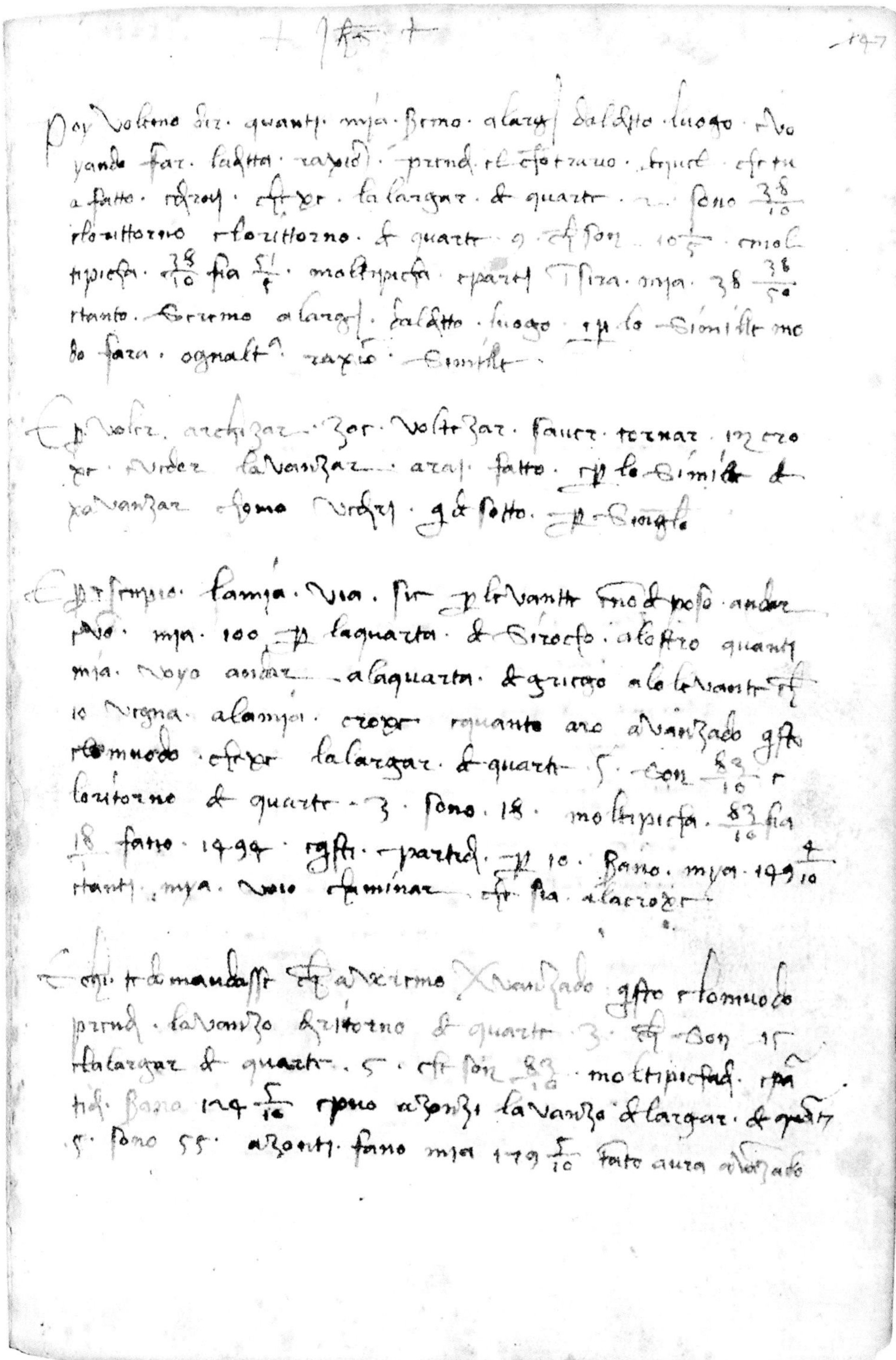

Poi volemo dir. quanti mia. seremo. a largo dal ditto luogo. vo
yando far. la ditta. raxion. prendi el chontrario. zoe quel che tu
a fatto. zoe zoe. che per. la largar. de quarte. 2. sono $\frac{38}{10}$
el retorno el retorno. de quarte. 9. che son. $10\frac{1}{5}$ e mol
tiplicha. $\frac{38}{10}$ fia $\frac{51}{5}$. moltiplicha. e parti e fira. mia. 38 $\frac{38}{50}$
e tanto. seremo a largo. dal ditto luogo. e per lo simille mo
do farai. ogni altra. raxion. simille.

E per voler. archizar. zoe. voltizar. fauer. tornar. in cero
per veder. l'avanzar. arai fatto. e per lo simille de
avanzar. come vederai. qui de sotto. per simille.

E per exempio. l'amia. via. sie per levante e non di posso andar
via. mia. 100 per la quarta. de siroco. a l'ostro quanti
mia. voio andar. a la quarta. de griego a lo levante che
io vegna. a la mia. croxe. e quanto arò avanzado questo
el ... modo. che per la largar. de quarte. 5. son $\frac{83}{10}$ e
lo ritorno de quarte. 3. sono. 18. moltiplicha. $\frac{83}{10}$ fia
$\frac{18}{1}$ fatto. 1494. questi. partidi. per 10. fano. mia. $149\frac{4}{10}$
e tanti. mia. voio chaminar. che fia. a la croxe.

E chi te domandasse che averemo avanzado questo el ... modo
prendi. l'avanzo de ritorno de quarte 3. che son 15
e la largar de quarte. 5. che son $\frac{83}{10}$. moltiplicadi. e par
tidi. fano $124\frac{5}{10}$ e puo azonzi l'avanzo de largar. de quarte
5. sono 55. azonti. fano mia $179\frac{5}{10}$ tanto aura avanzado

f. 48a

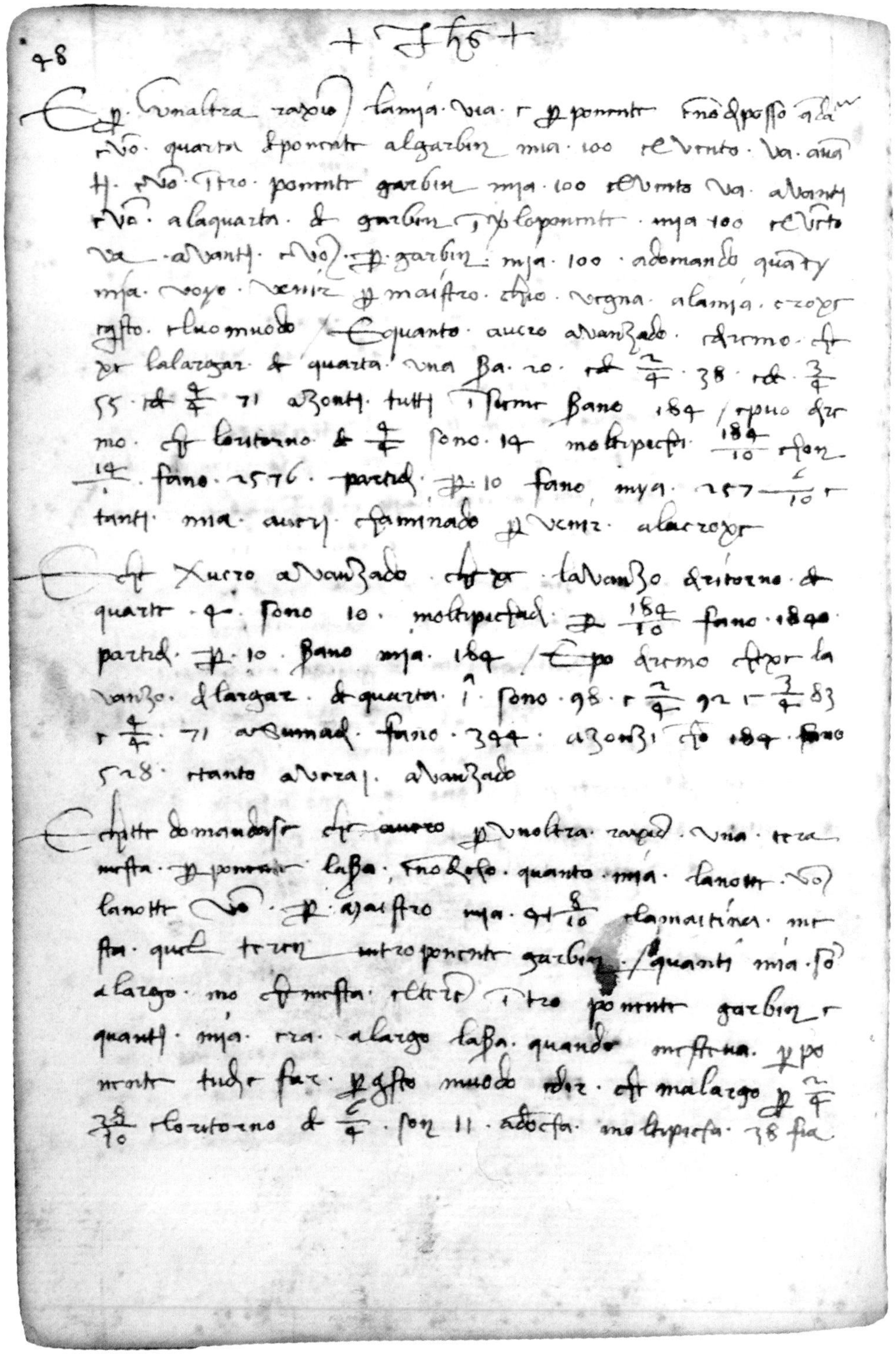

f. 48b

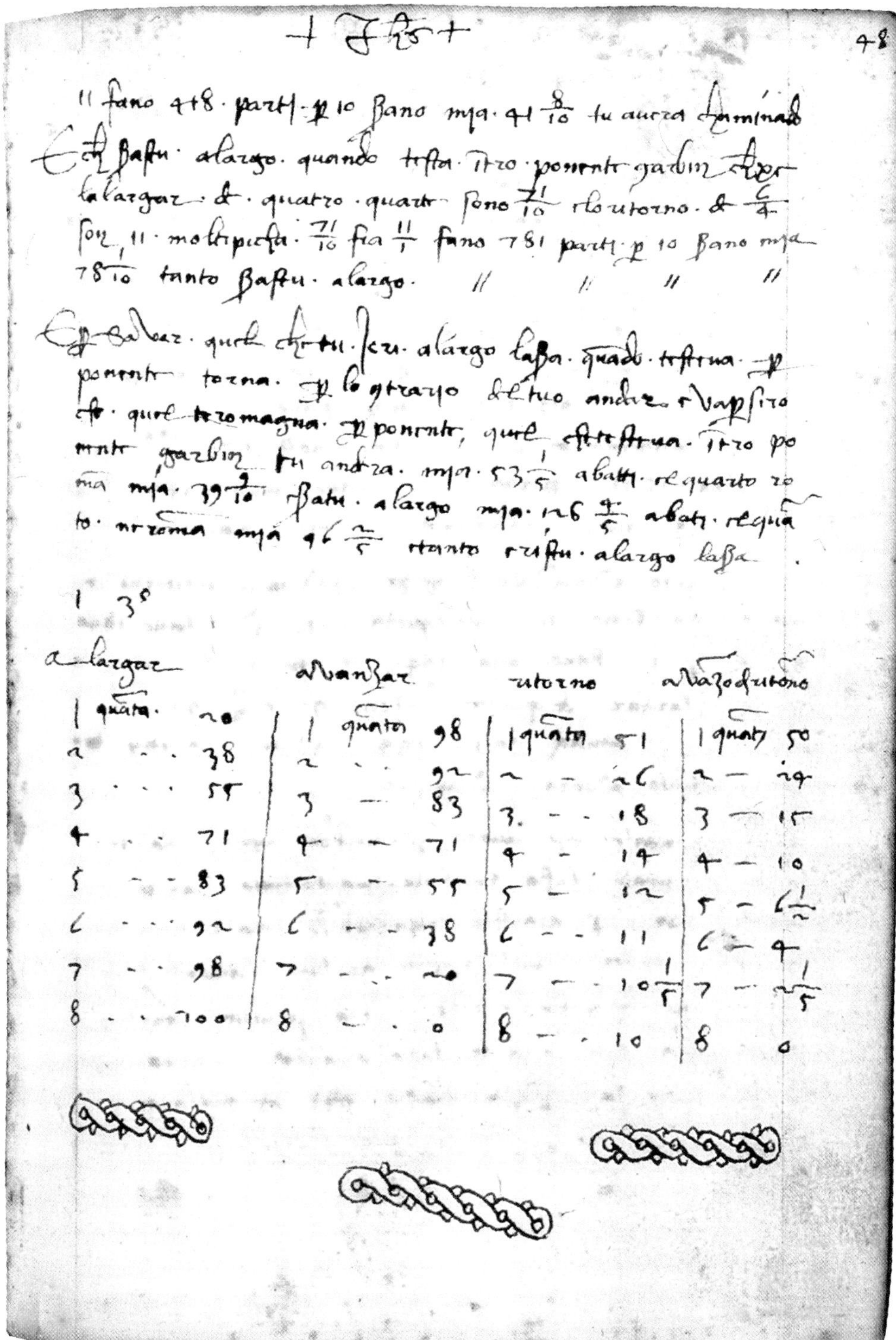
+ Jhs +

48

11 fano 418 · parti · per 10 fano mia 41 8/10 tu aurai caminado

Et bastu alargo quando tu sta in ponente garbin a per la largar e quatro quarti sono 71/10 el so ritorno e 6/4 son 11 moltiplicha 71/10 fia 11/1 fano 781 parti per 10 fano mia 78 1/10 tanto bastu alargo // // // //

Et saber quel che tu sei alargo lassa quado te trova per ponente torna per lo contrario del tuo andar e va per siro che quel te romagna per ponente, quel che te trova in ro ponente garbin tu andara mia 53 1/5 abatti el quarto ro mia 39 9/10 resta alargo mia 126 4/5 abati el quarto ro resta mia 96 2/5 tanto restu alargo lassa.

1 3°

alargar		avanzar		ritorno		avanzo di ritorno	
1 quarta	20	1 quarta	98	1 quarta	51	1 quarta	50
2	38	2	92	2	26	2	29
3	55	3	83	3	18	3	15
4	71	4	71	4	14	4	10
5	83	5	55	5	12	5	6 1/2
6	92	6	38	6	11	6	4
7	98	7	20	7	10 1/5	7	2 1/5
8	100	8	0	8	10	8	0

f. 49a

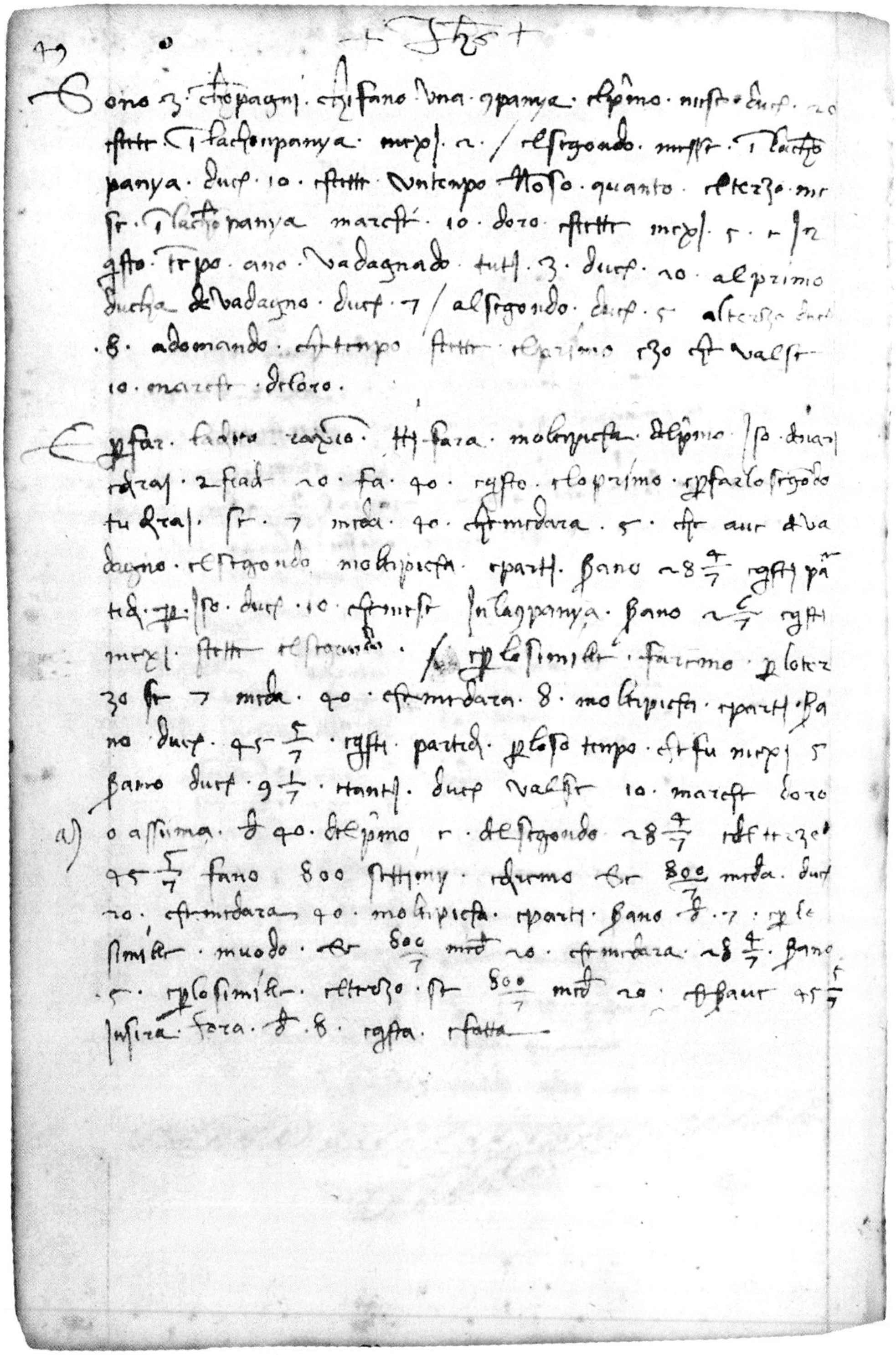

f. 49b

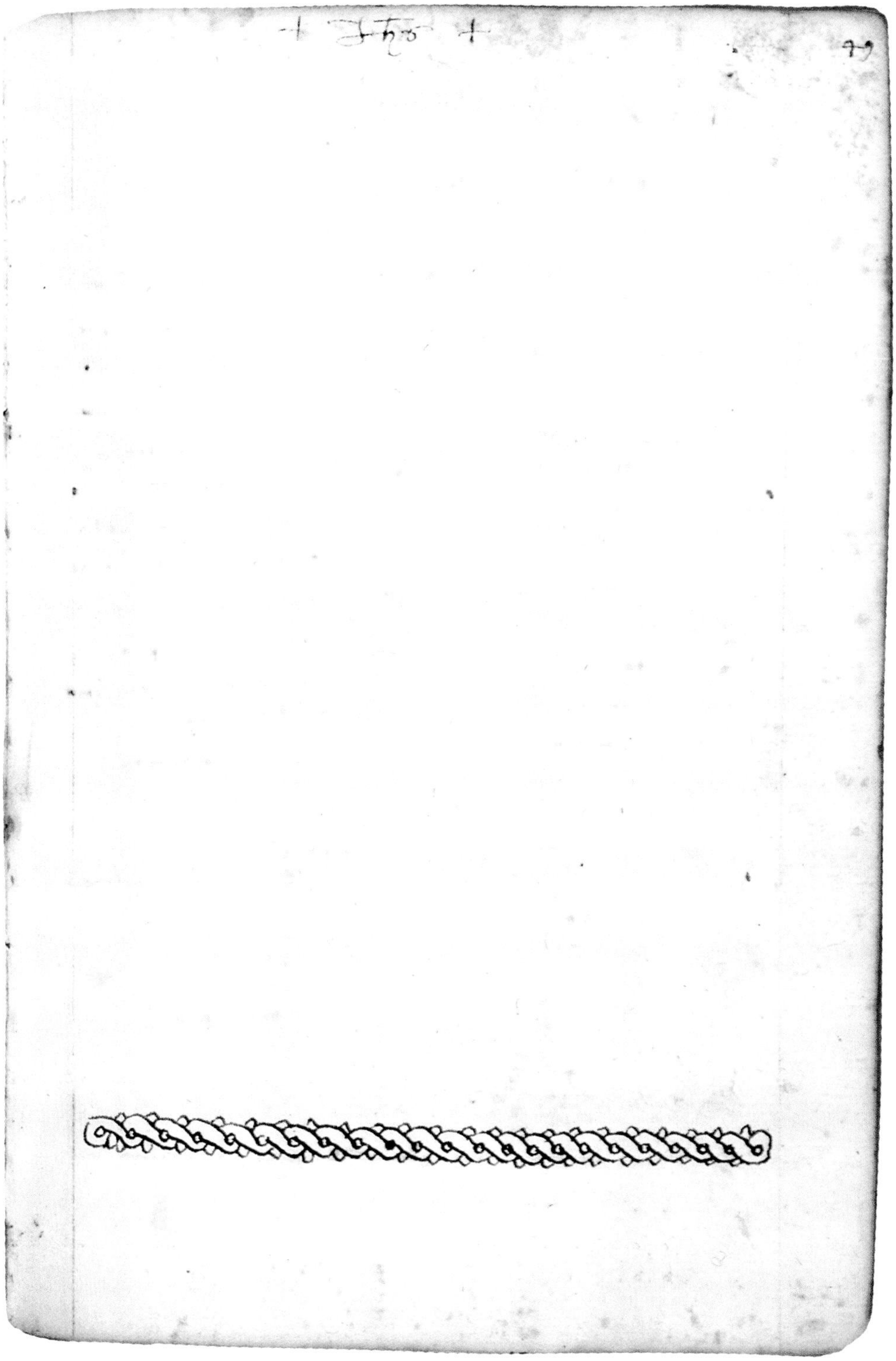

f. 50a

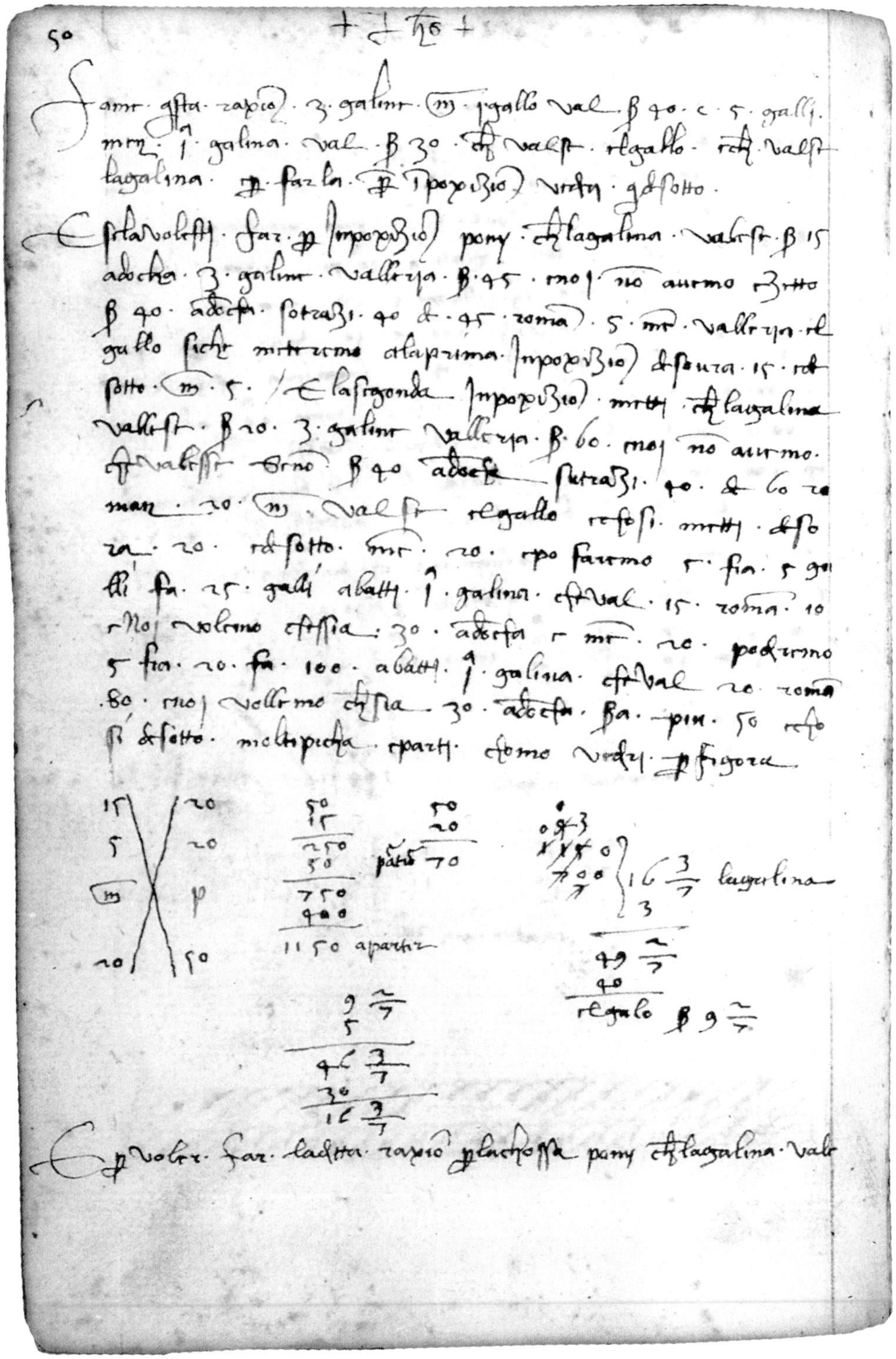

50 + ihs +

Fame qsta raxion. 3. galine men .1. gallo val ß 40. e 5. galli men .1. galina val ß 30. che valse el gallo e che valse la galina per farla per 1 poxizion vedirai qua de sotto.

E se la volesti far per 1 poxizion pony che la galina valesse ß 15 adoncha 3. galine valeria ß 45. e noi no avemo se no ß 40. adoncha sotrazi 40 de 45 roman 5. men valeria el gallo siche metteremo ala prima poxizion de sovra 15. e de sotto men 5. / E la segonda poxizion metti che la galina valesse ß 20. 3. galine valeria ß 60. e noi no avemo che valesse se no ß 40 adoncha sotrazi 40 de 60 roman 20 men val el gallo e tu sì metti de sovra 20 e de sotto men 20. e po faremo 5 fia 5 galli fa 25 galli abatti 1 galina che val 15 roman 10 e noi volemo che sia 30 adoncha 5 men 20 poderemo 5 fia 20 fa 100 abatti 1 galina che val 20 roman 80 e noi volemo che sia 30 adoncha ßa più 50 de sotto moltipicha e parti chomo vedirai per figura

15 | 20
5 | 20
men | p
20 | 50

50 × 15 = 250; 30 → 750; 400; 1150 a partir

50 × 20; partidor 70

$16 \frac{3}{7}$ la galina

$9 \frac{2}{7}$; 5; $46 \frac{3}{7}$; 30; $16 \frac{3}{7}$

$49 \frac{2}{7}$; 40; regalo ß $9 \frac{2}{7}$

E per volér far la ditta raxion per la chosa pony che la galina val

f. 50b

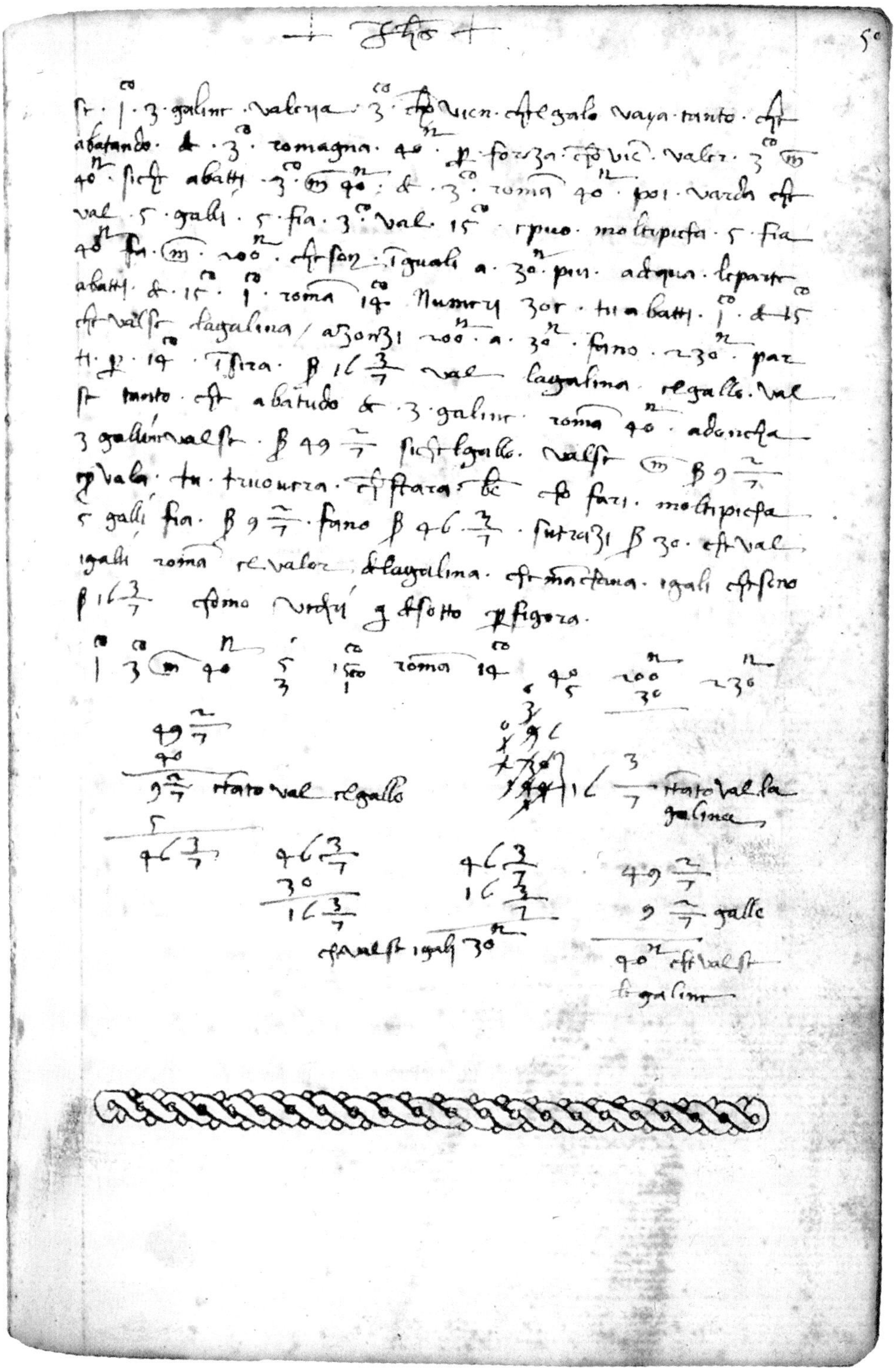

f. 51a

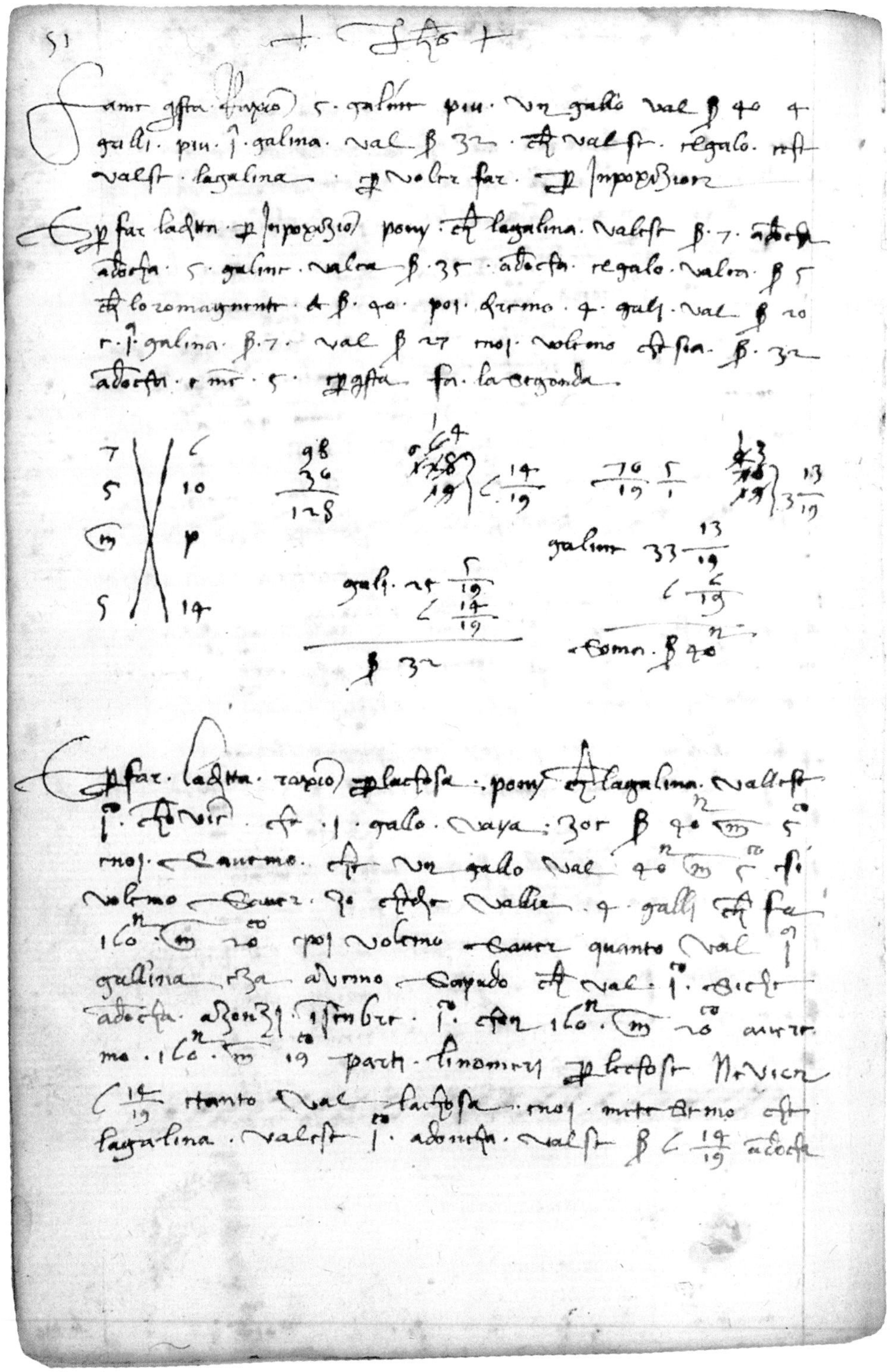

51 † Jhesus †

Fame questa raxion. 5 galine più un gallo val β 40. 4 galli più 1 galina val β 32. che val el gallo e che val la galina. e vuolse far per inpoxicion.

E per far la ditta per inpoxicion, pony che la galina valesse β 7. adoncha 5 galine valera β 35. adoncha el gallo valera β 5 che lo romagnente de β 40. poi diremo 4 galli val β 20 e 1 galina β 7 val β 27. nui volemo che sia β 32. adoncha è men 5. e questa fo la segonda.

7 6 · 5 10 · men p · 5 14

98 · 36 · 128

64 · 128 · 19 · 6 14/19 · 76/19 5/1 · 3 13/19

galine 33 13/19 · 6 6/19 · Soma β 40

galli 26 5/19 · 6 14/19 · β 32

E per far la ditta raxion per la chosa, pony che la galina valesse 1 chosa. che 1 gallo vaya zoè β 40 men 5 chose. nui savemo che un gallo val 40 men 5 chose. se volemo saver quello che valerave 4 galli che fa 160 men 20 chose. poi volemo saver quanto val 1 galina, sapiando che val 1 chosa. adoncha azonzi insenbre 1 chosa con 160 men 20 chose, averemo 160 men 19 chose. parti li nomeri per le chose, ne vien 6 14/19 e tanto val la chosa. nui metteremo che la galina valesse 1 chosa. adoncha valse β 6 14/19 adoncha

f. 51b

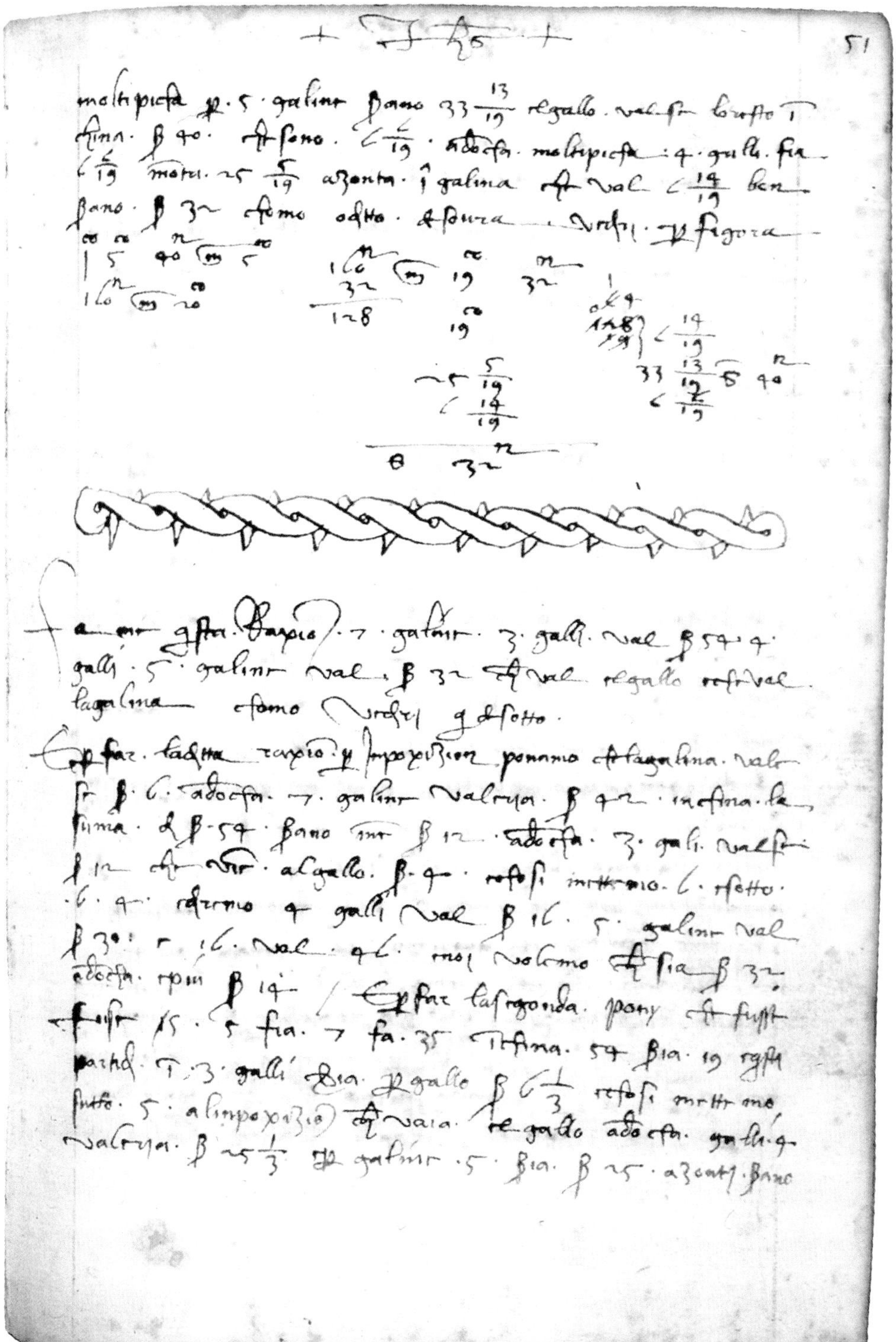

f. 52a

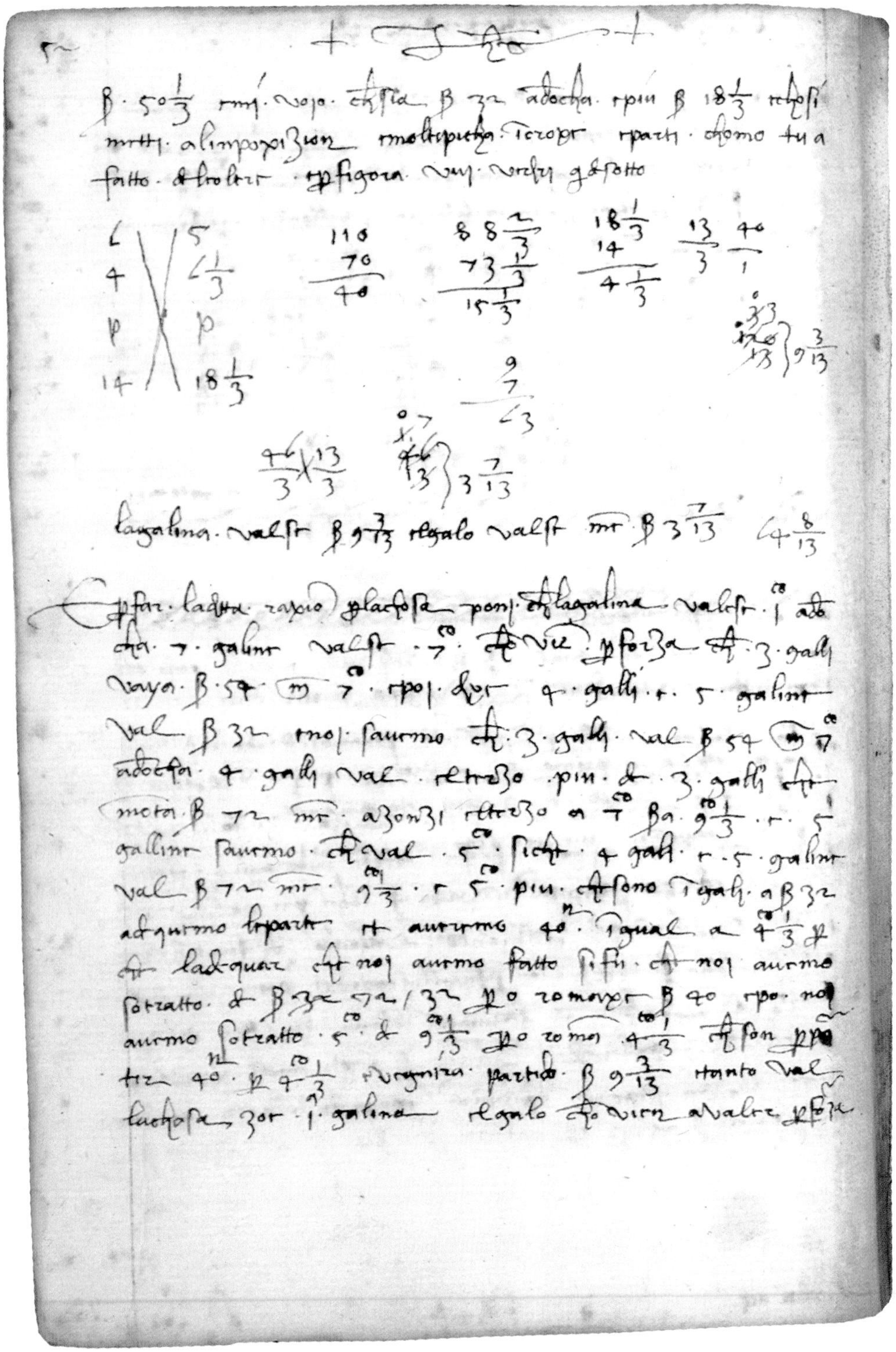

f. 52b

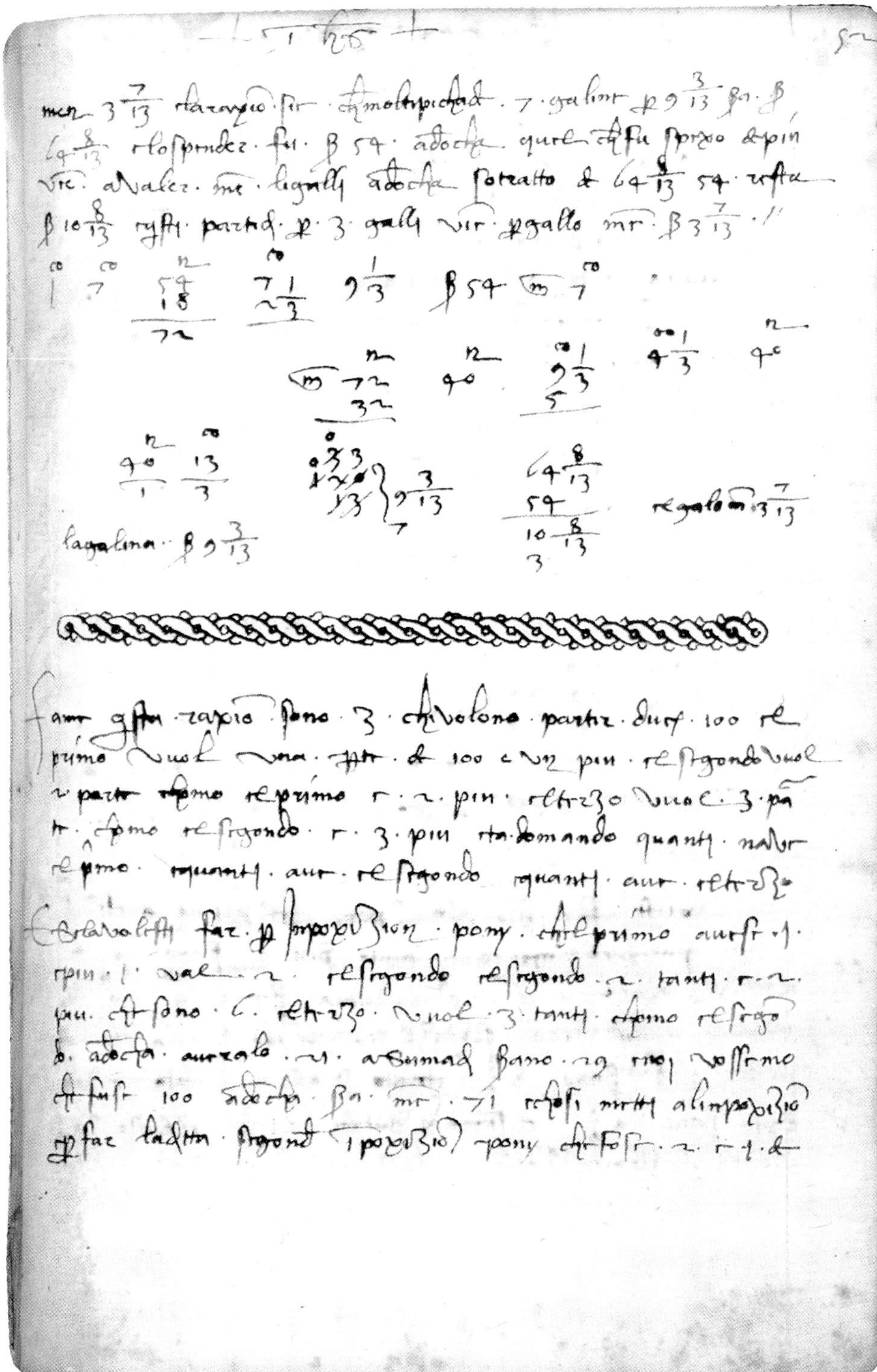

f. 53a

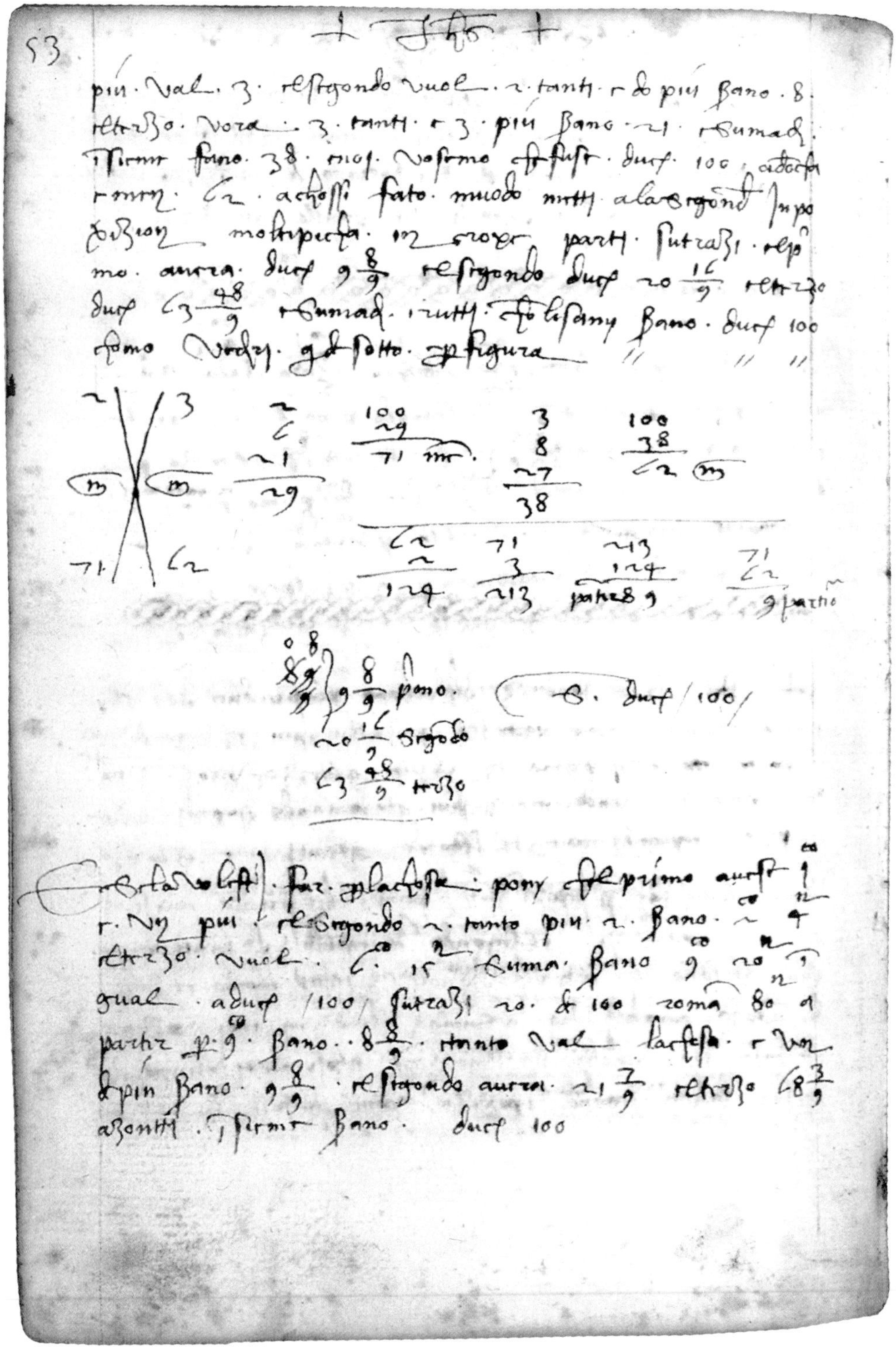

f. 53b

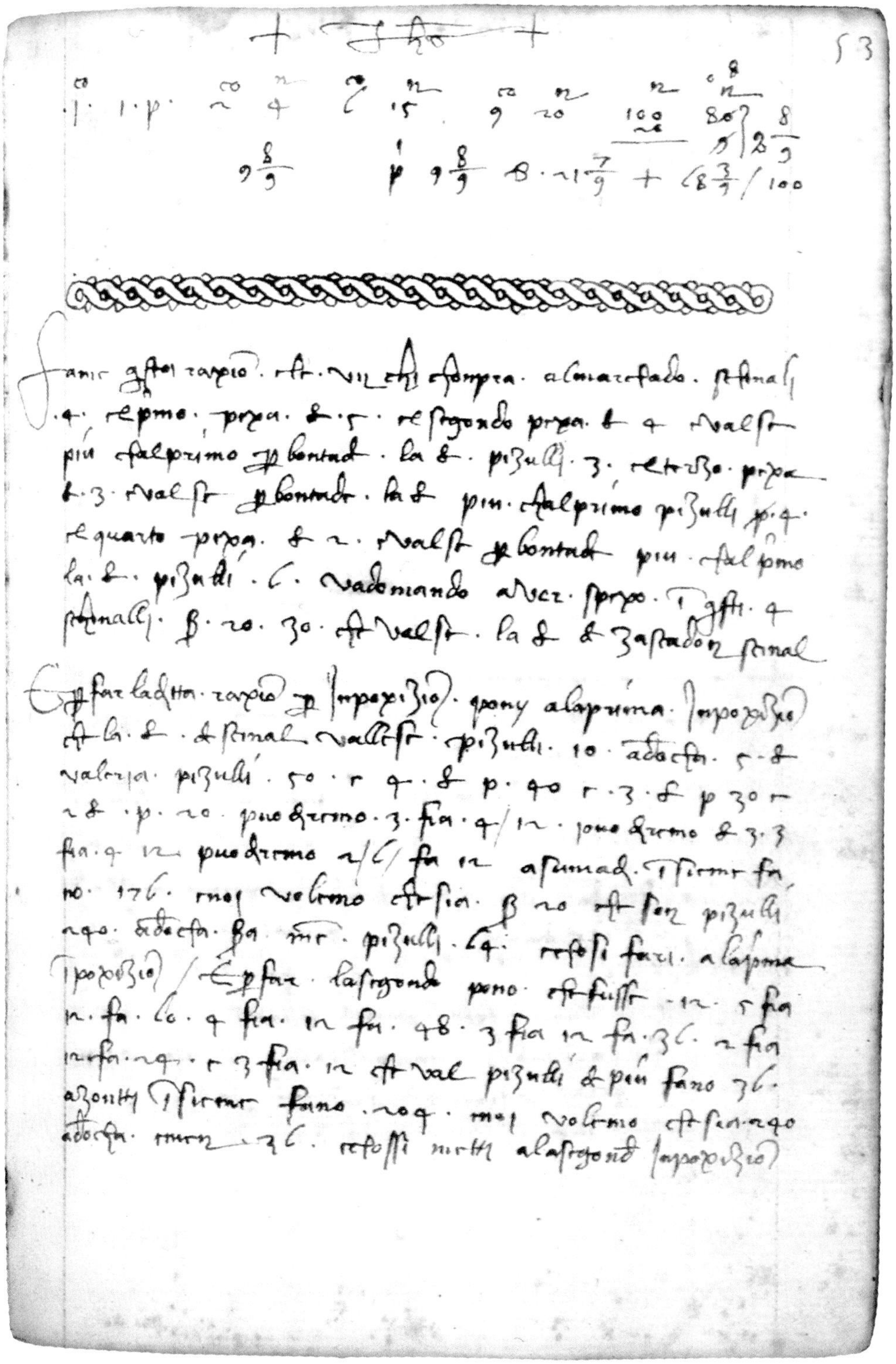

53

Fame questa raxion . che . vii . che compra al marchado . per finali
.4. el primo pezza . ₤ . 5 . el segondo pezza . ₤ 4 e val so
piu che al primo per contadi . la ₤ . pizuli . 3 . el terzo . pezza
₤ . 3 e val so per contadi . la ₤ piu che al primo pizuli p. 4 .
el quarto pezza . ₤ 2 . e val so per contadi piu che al primo
la ₤ . pizuli . 6 . vado mando a ver . per pezo . i questi . 4
per finalli . ß . 20 . 30 . che val so . la ₤ e zascadun final

E per far la ditta raxion per inpoxizion . pony ala prima inpoxizion
che la ₤ . de final valesse . pizuli . 10 . adoncha . 5 . ₤
valeria . pizuli . 50 . e 4 . ₤ p . 40 e 3 . ₤ p 30 e
2 ₤ . p . 20 . puo diremo . 3 . fia . 4 / 12 . pono diremo ₤ 3 . 3
fia . 4 . 12 . puo diremo 2 / 6 / fa 12 . a summado i sieme fa
no . 176 . e noi volemo che sia . ß 20 che son pizuli
240 . adoncha . ha men . pizuli . 64 . reserva fazi . ala prima
inpoxizion / E per far . la segonda pono che fusse . 12 . 5 fia
12 . fa . 60 . 4 fia 12 fa 48 . 3 fia 12 fa . 36 . 2 fia
12 fa . 24 . e 3 fia . 12 che val pizuli de piu fano 36 .
a zonti i sieme fano . 204 . e noi volemo che sia . 240
adoncha . men . 36 . reserva mitti ala segonda inpoxizion

f. 54a

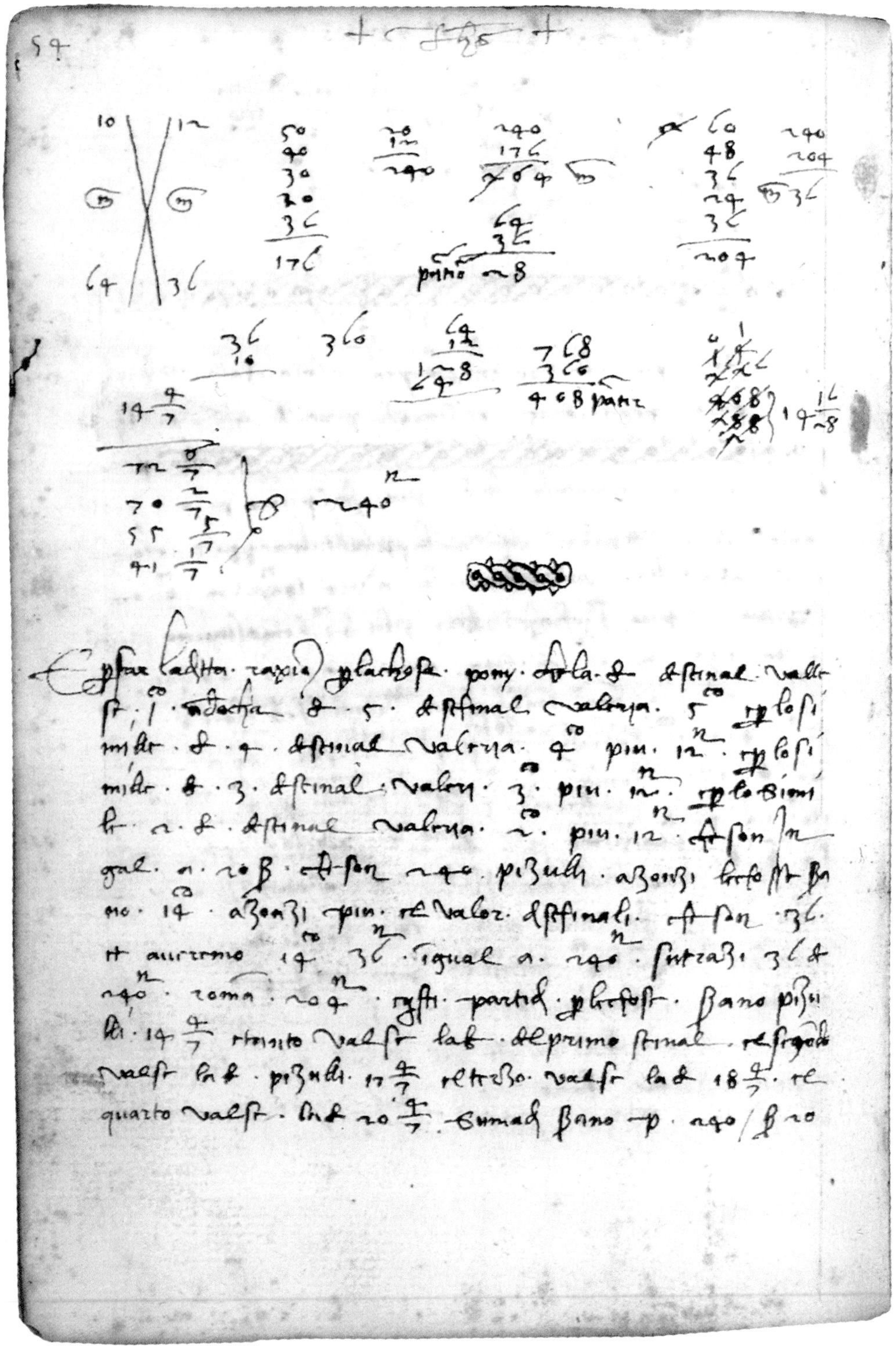

f. 54b

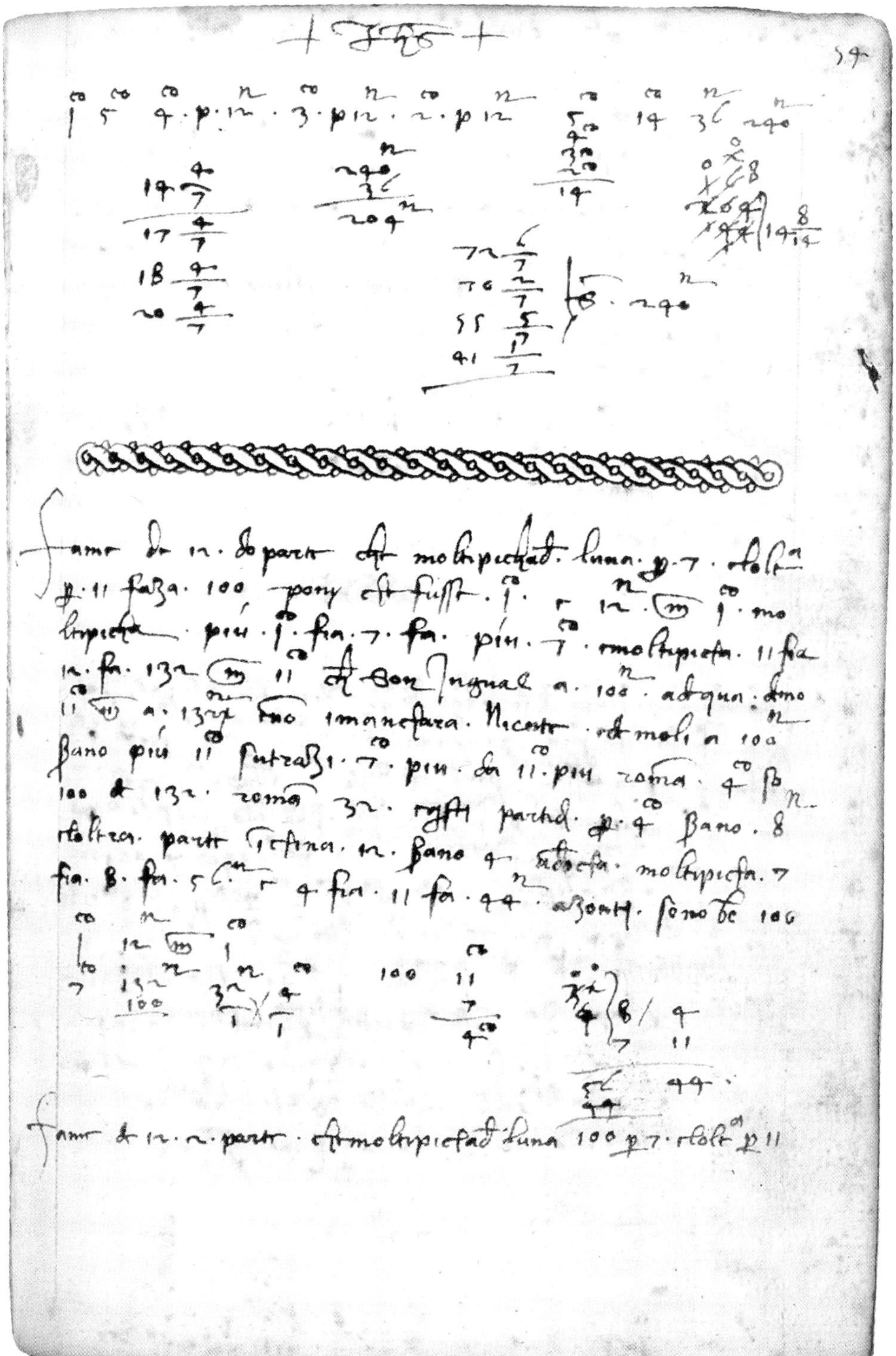

f. 55a

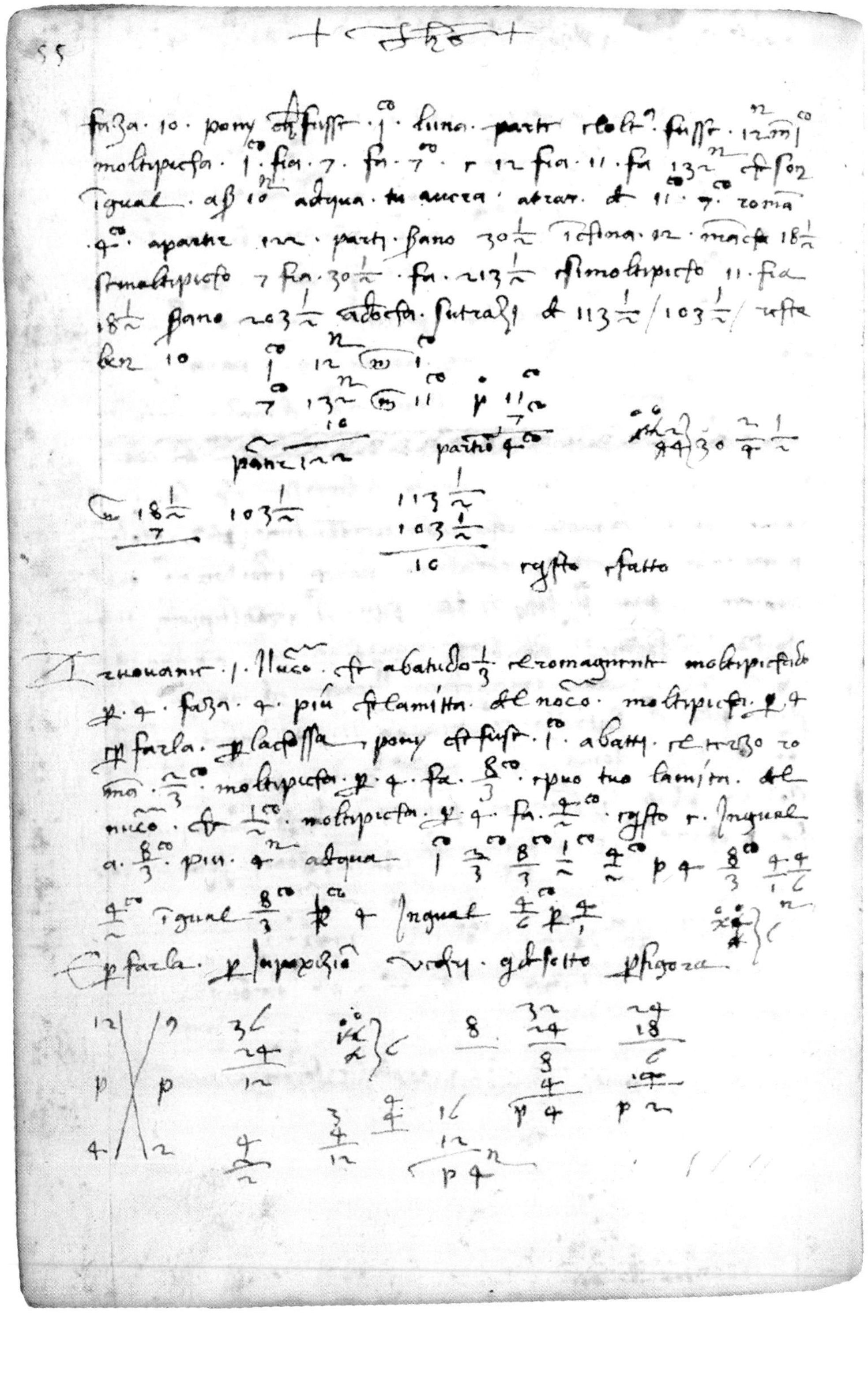

f. 55b

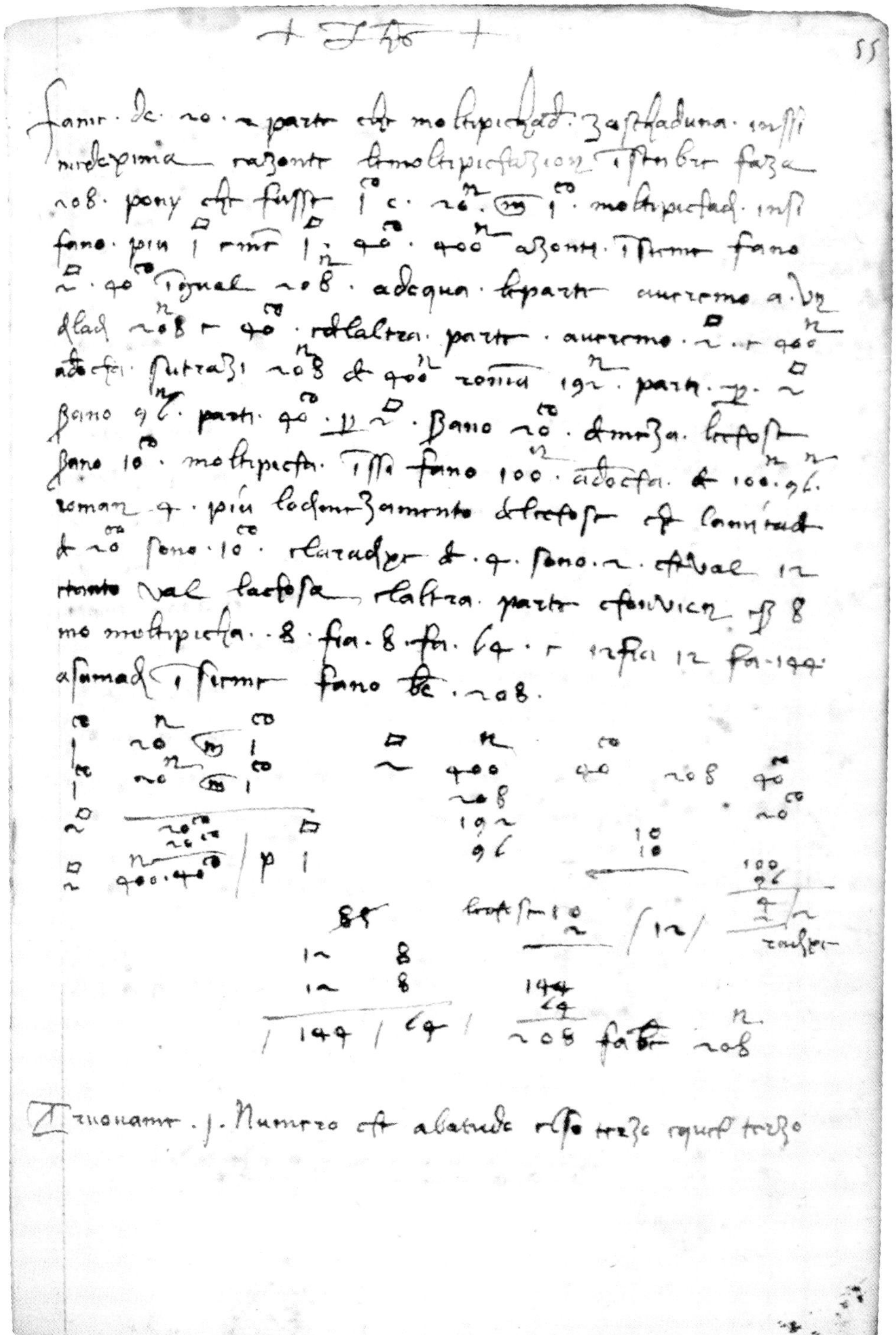

f. 56a

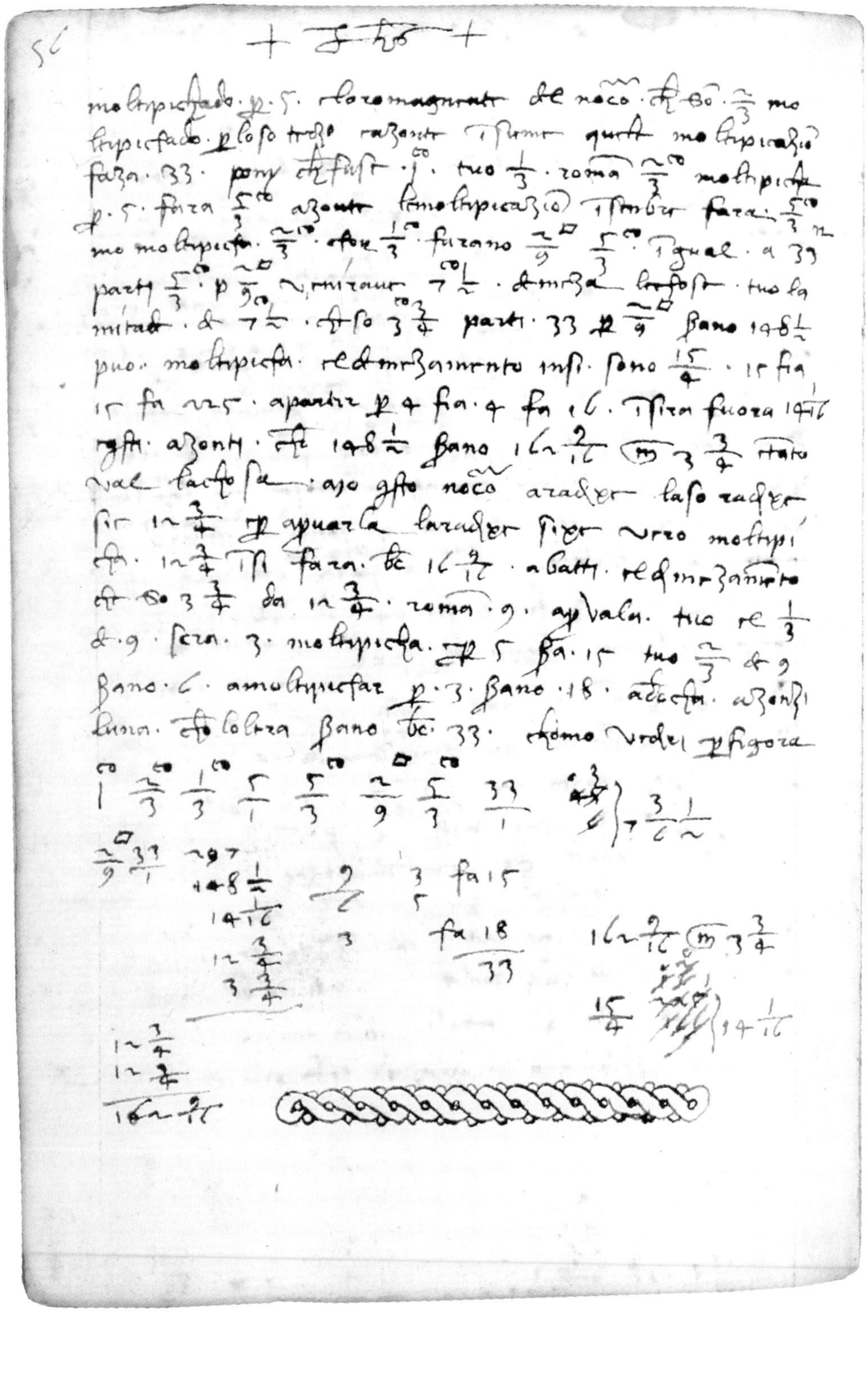

f. 56b

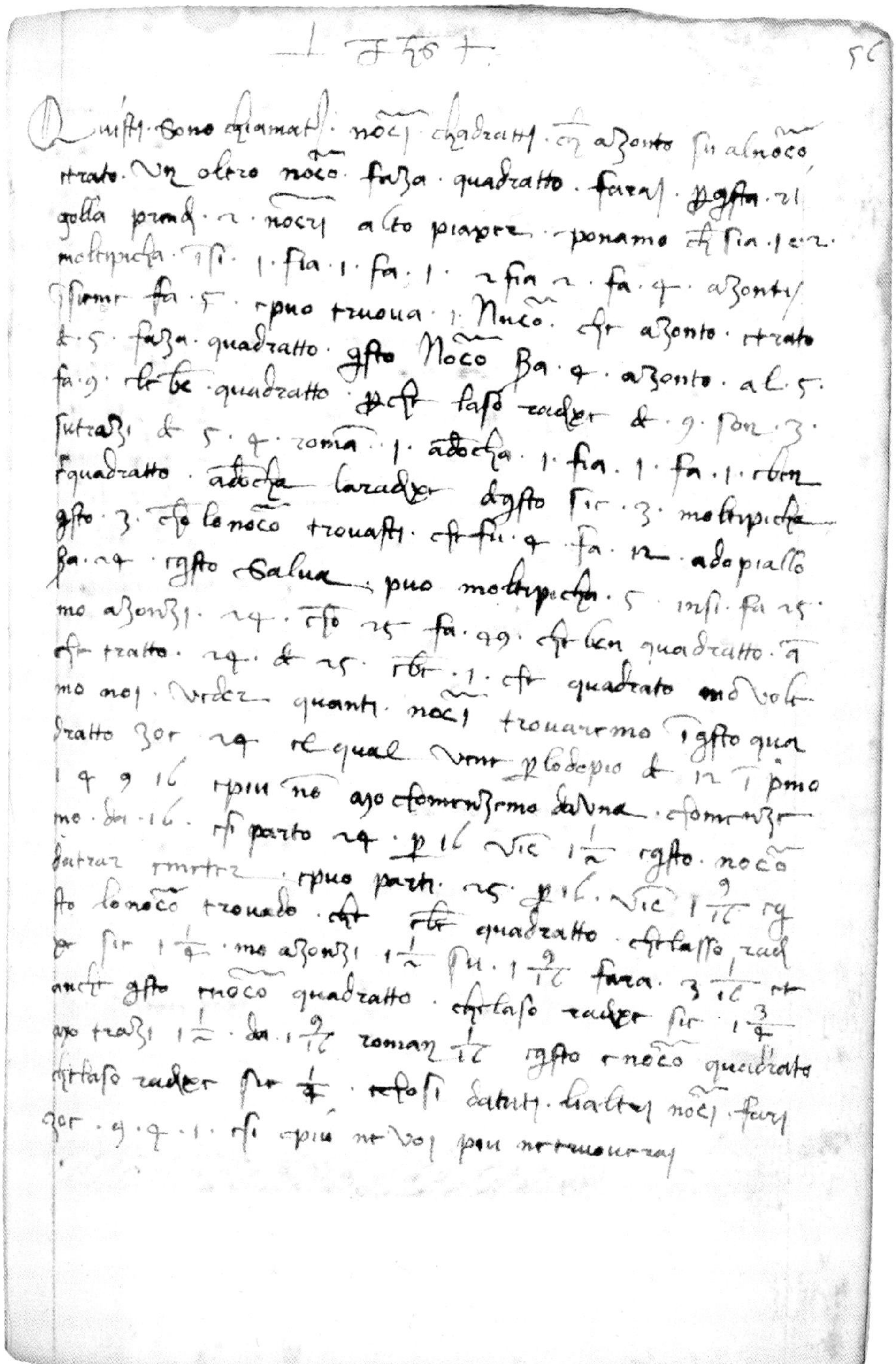
— F 56 + 56

Questi sono chiamati noci quadrati che azonto su al noco
strato. Un oltro noco faza quadratto. faras questo. ri
golla prendi 2 noci a lo piaxer ponamo che sia 1 e 2.
moltipicha in si 1 fia 1 fa 1 e 2 fia 2 fa 4 azonti
insieme fa 5 e puo truova 1 noco che azonto strato
de 5 faza quadratto questo noco sia 4 azonto al 5
fa 9 che be quadratto perche la so radixe de 9 son 3
sutrazi de 5 4 roman 1 adoncha 1 fia 1 fa 1 e ben
quadratto adoncha la radixe de questo sie 3 moltipicha
questo 3 cho lo noco trovasti che fu 4 fa 12 adopiallo
fa 24 questo salva e puo moltipicha 5 in si fa 25
mo azonzi 24 cho 25 fa 49 che ben quadratto e q
che tratto 24 de 25 resta 1 che quadrato [illegible] vol
mo noi veder quanti noci trovaremo in questo qua
dratto zoe 24 el qual vien per lo dopio de 12 in primo
1 4 9 16 e piu no azo e chomenzeremo dal una chomenzar
mo dal 16 e parto 24 per 16 vien 1 1/2 questo noco
sutrar [illegible] e puo parti 25 per 16 vien 1 9/16 [illegible]
sto lo noco trovado che [illegible] quadratto che la so radixe
sie 1 1/4 mo azonzi 1 1/2 su 1 9/16 fara 3 1/16 e
anche questo noco quadratto che la so radixe sie 1 3/4
e poi trazi 1 1/2 da 1 9/16 roman 1/16 questo e noco quadrato
che la so radixe sie 1/4 e cosi dati li altri noci fari
zoe 9 4 1 e si e piu ne voi piu ne trovarai

f. 57a

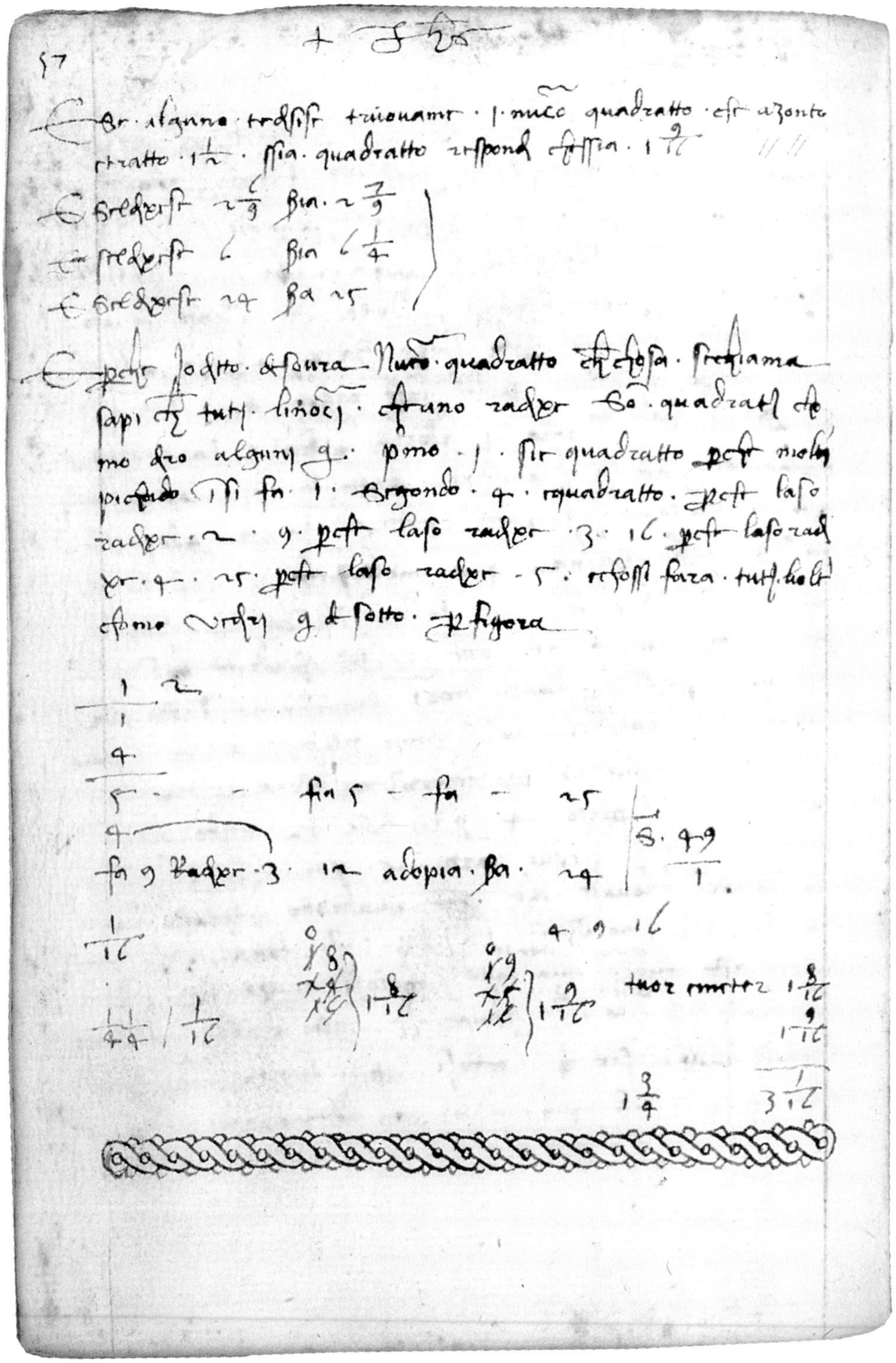

f. 57b

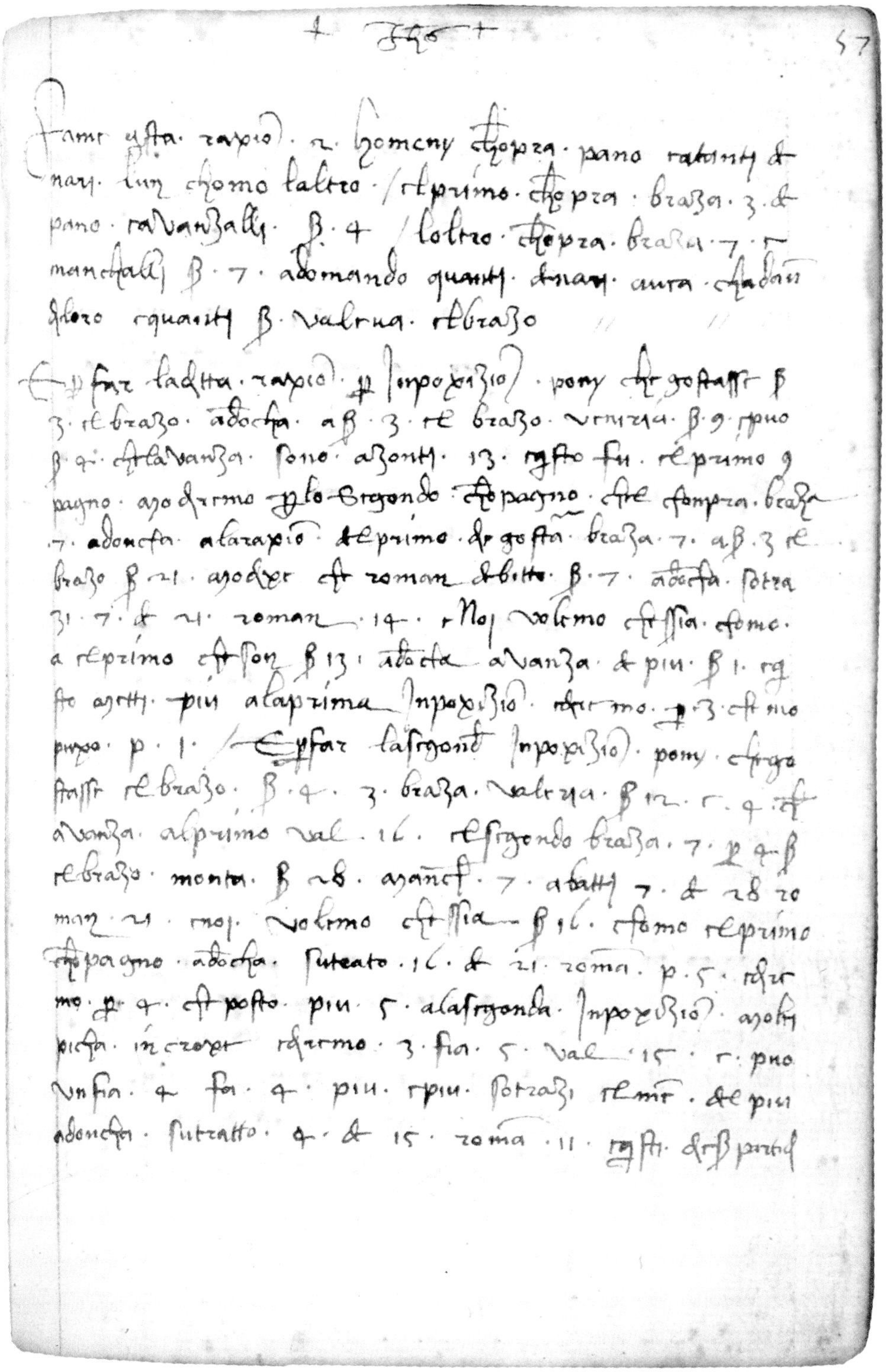

f. 58a

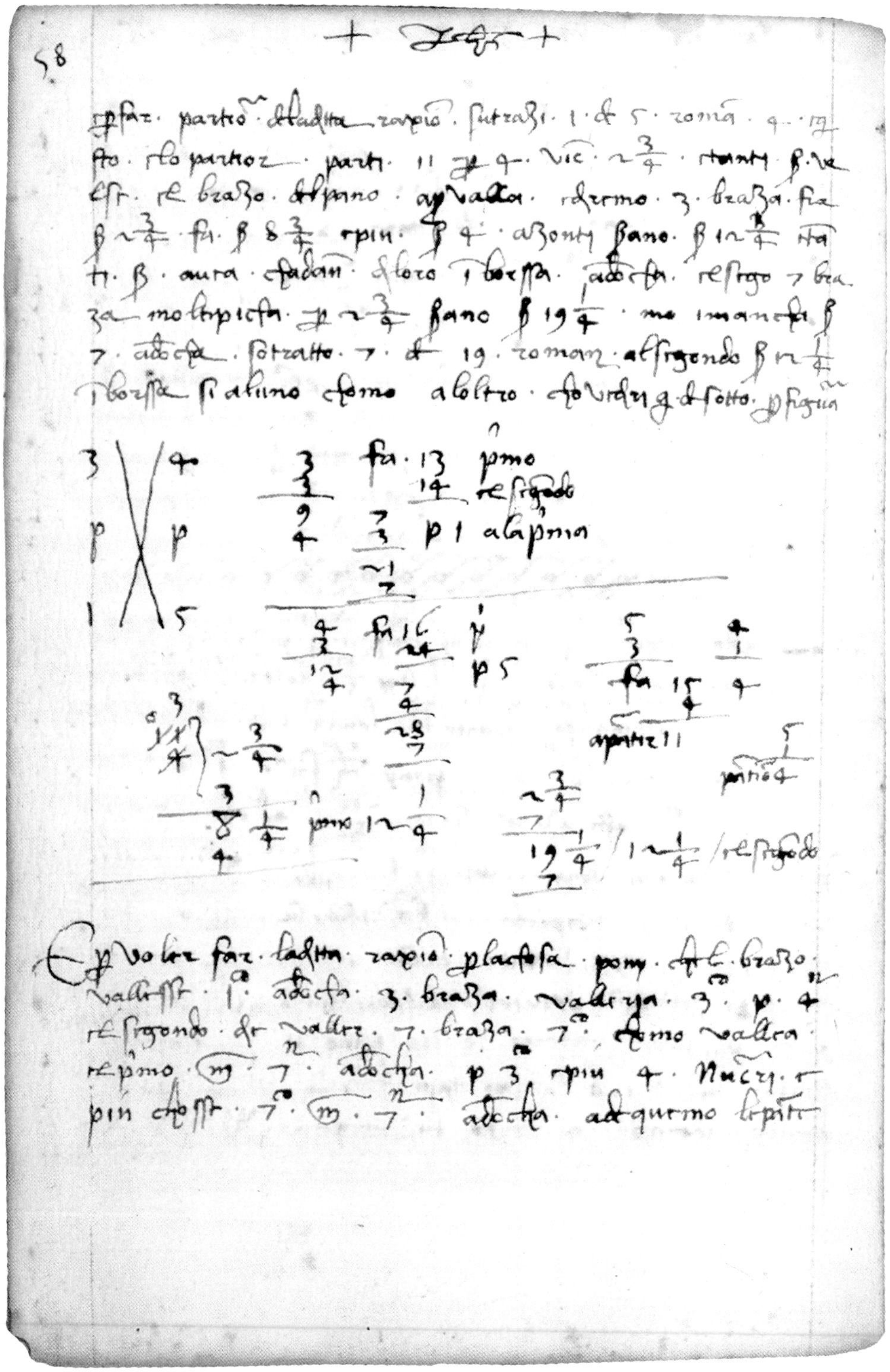

f. 58b

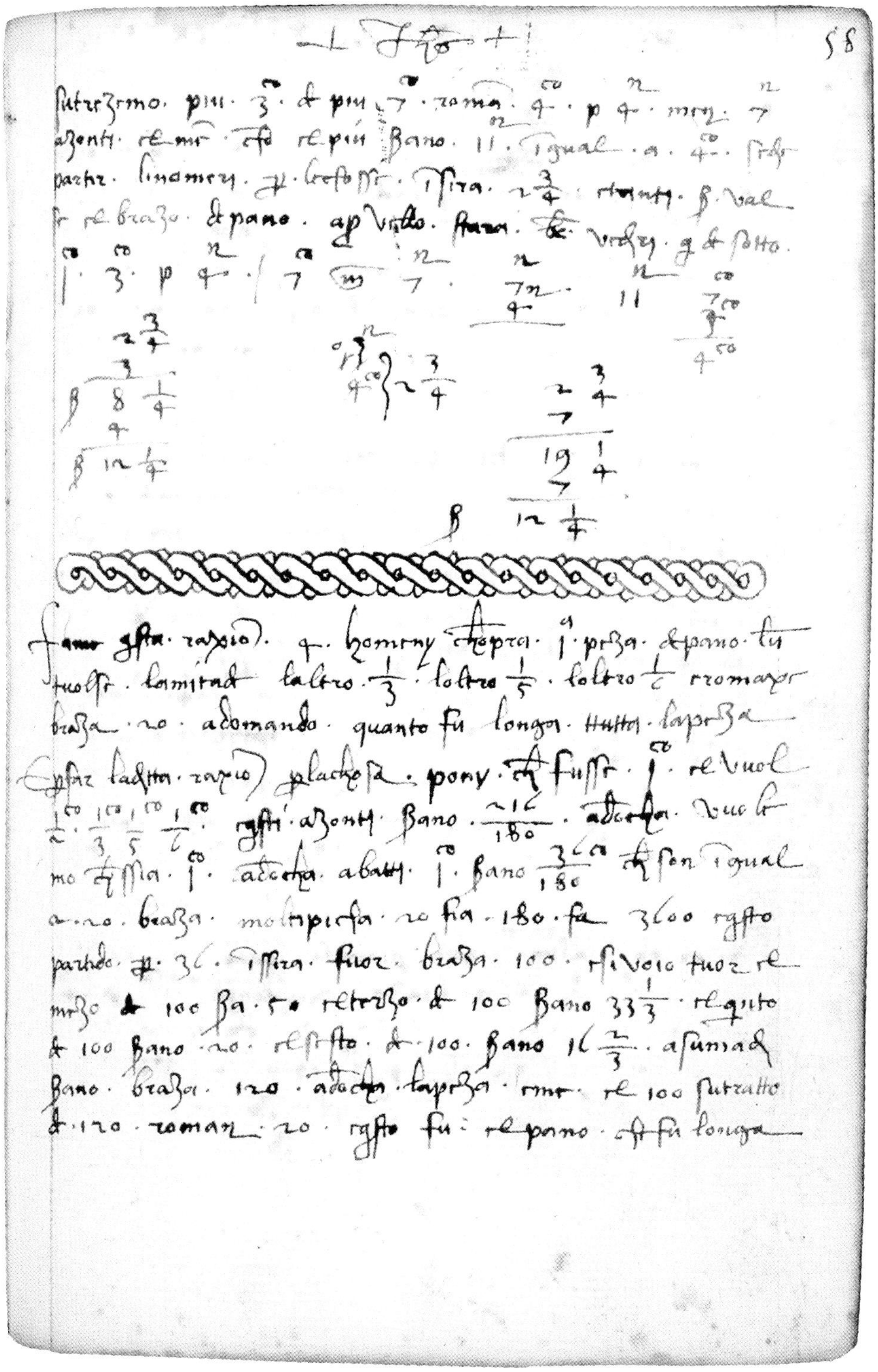

f. 59a

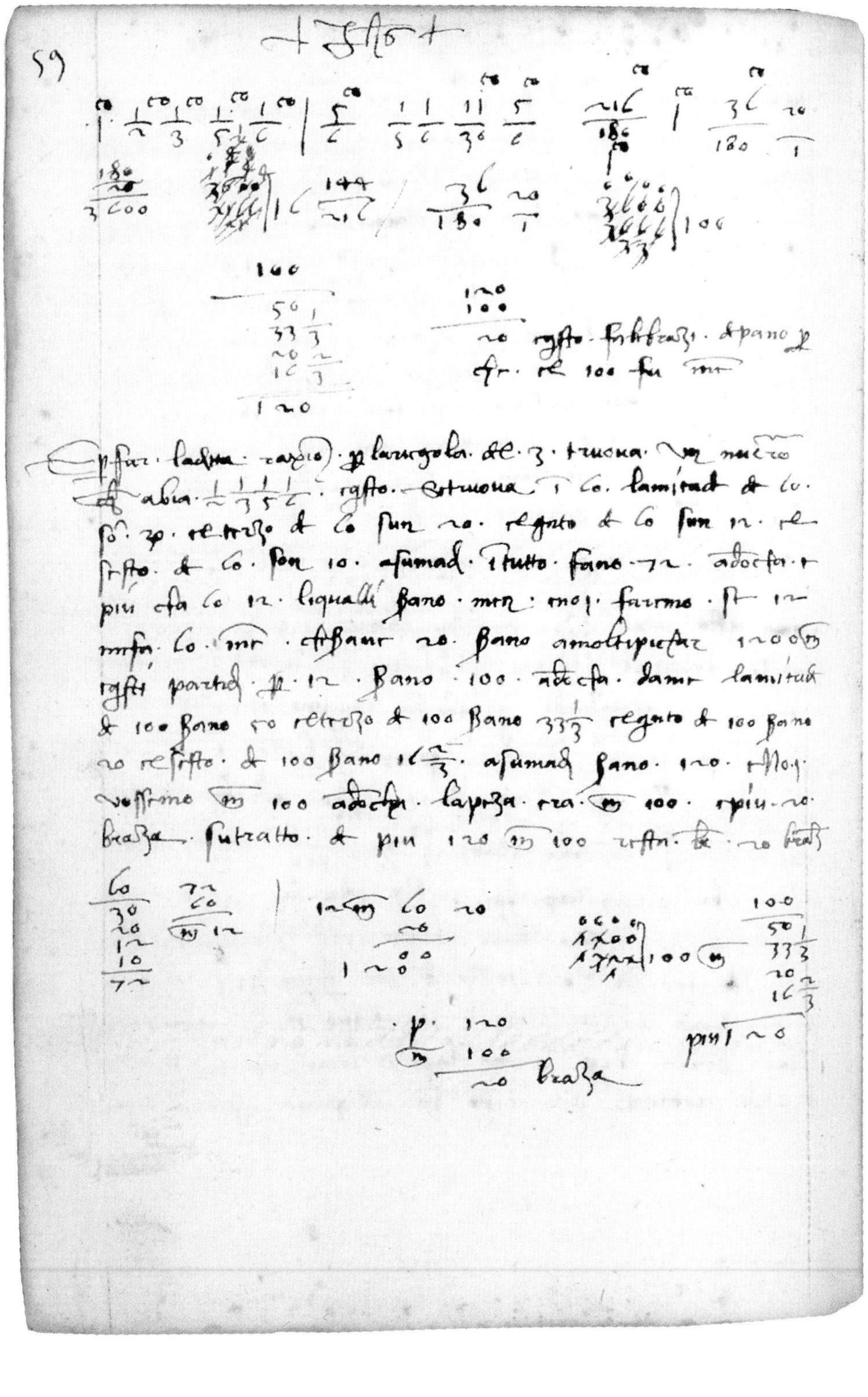

f. 59b

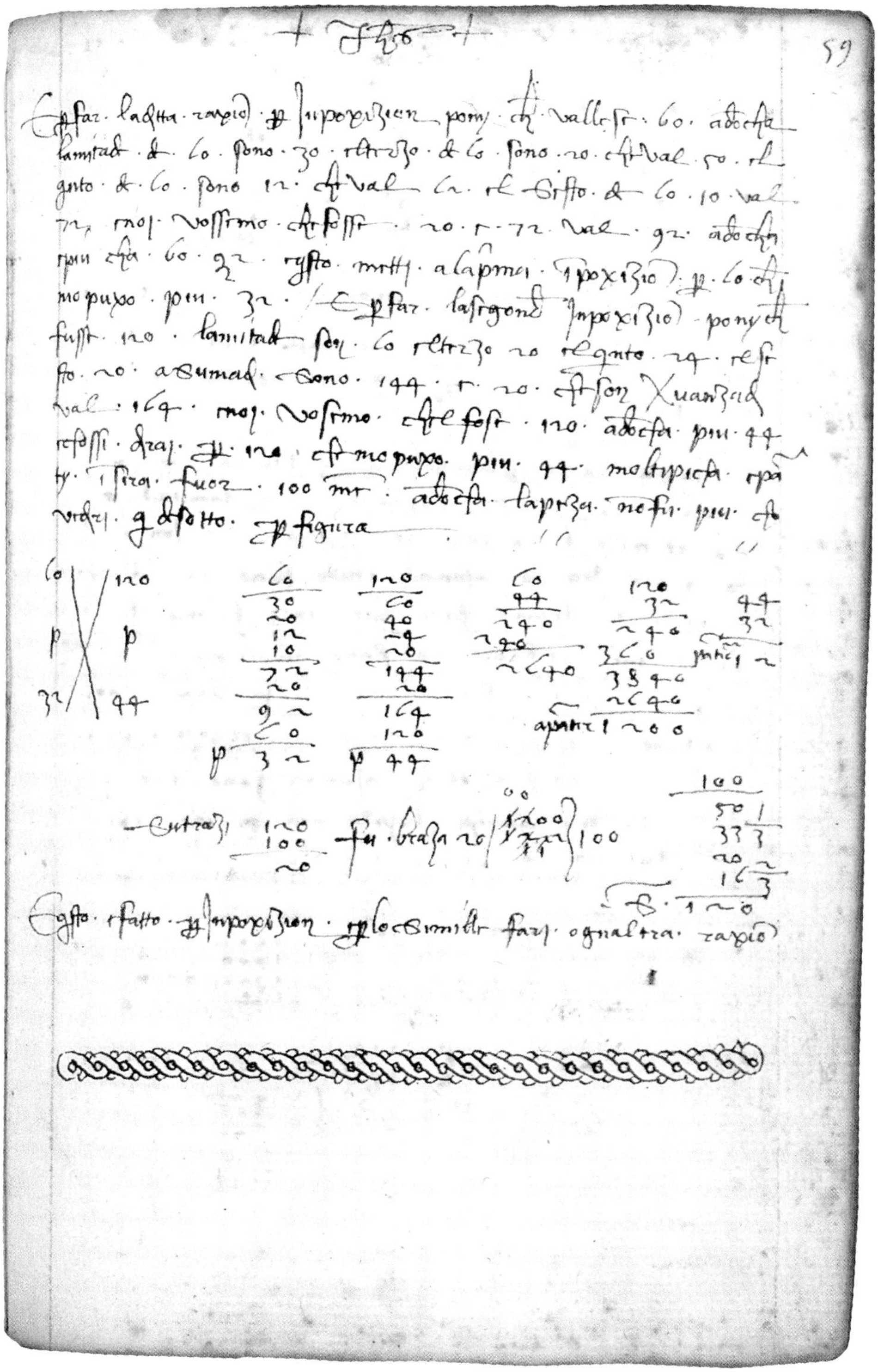

f. 60a

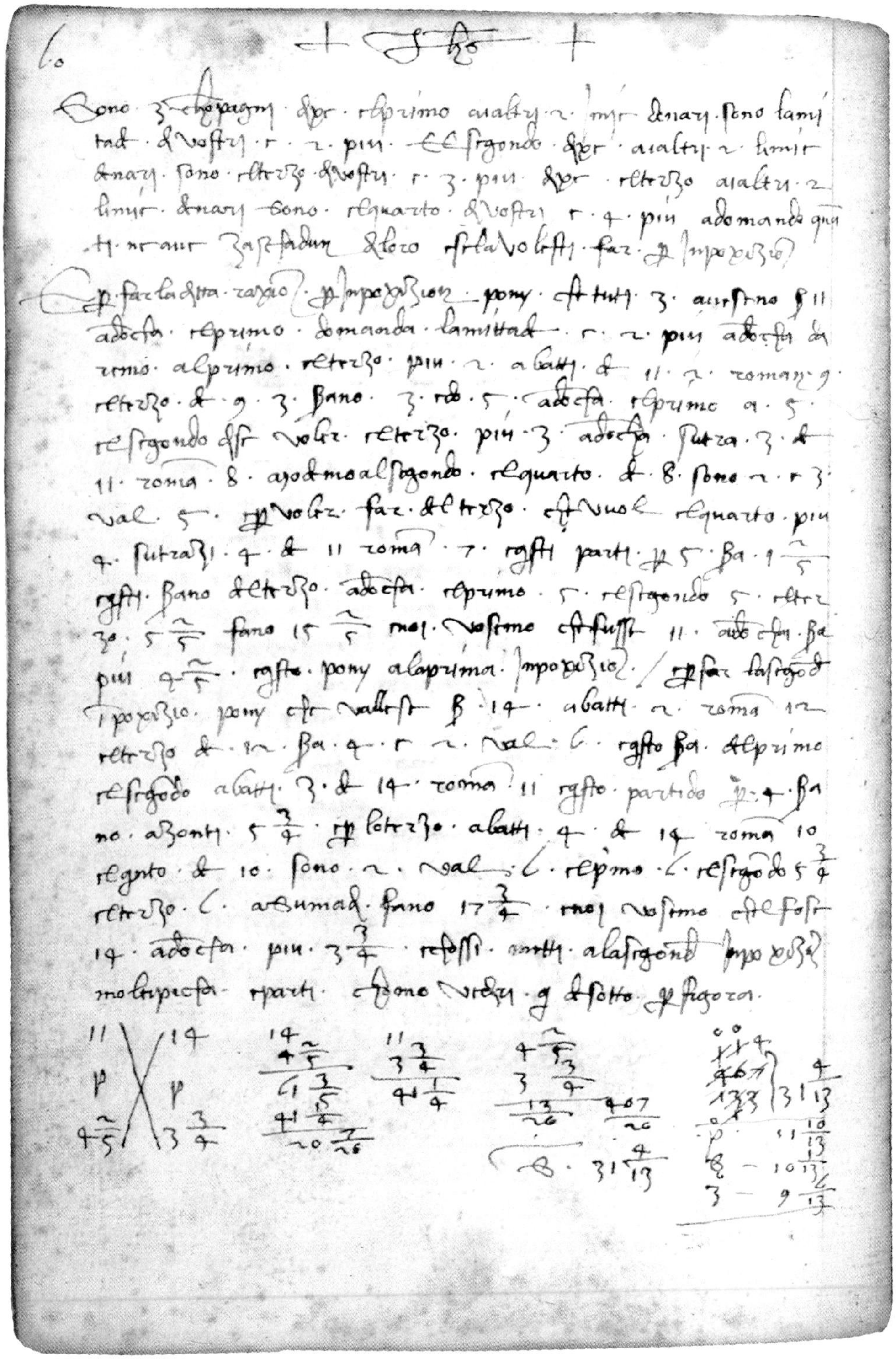

f. 60b

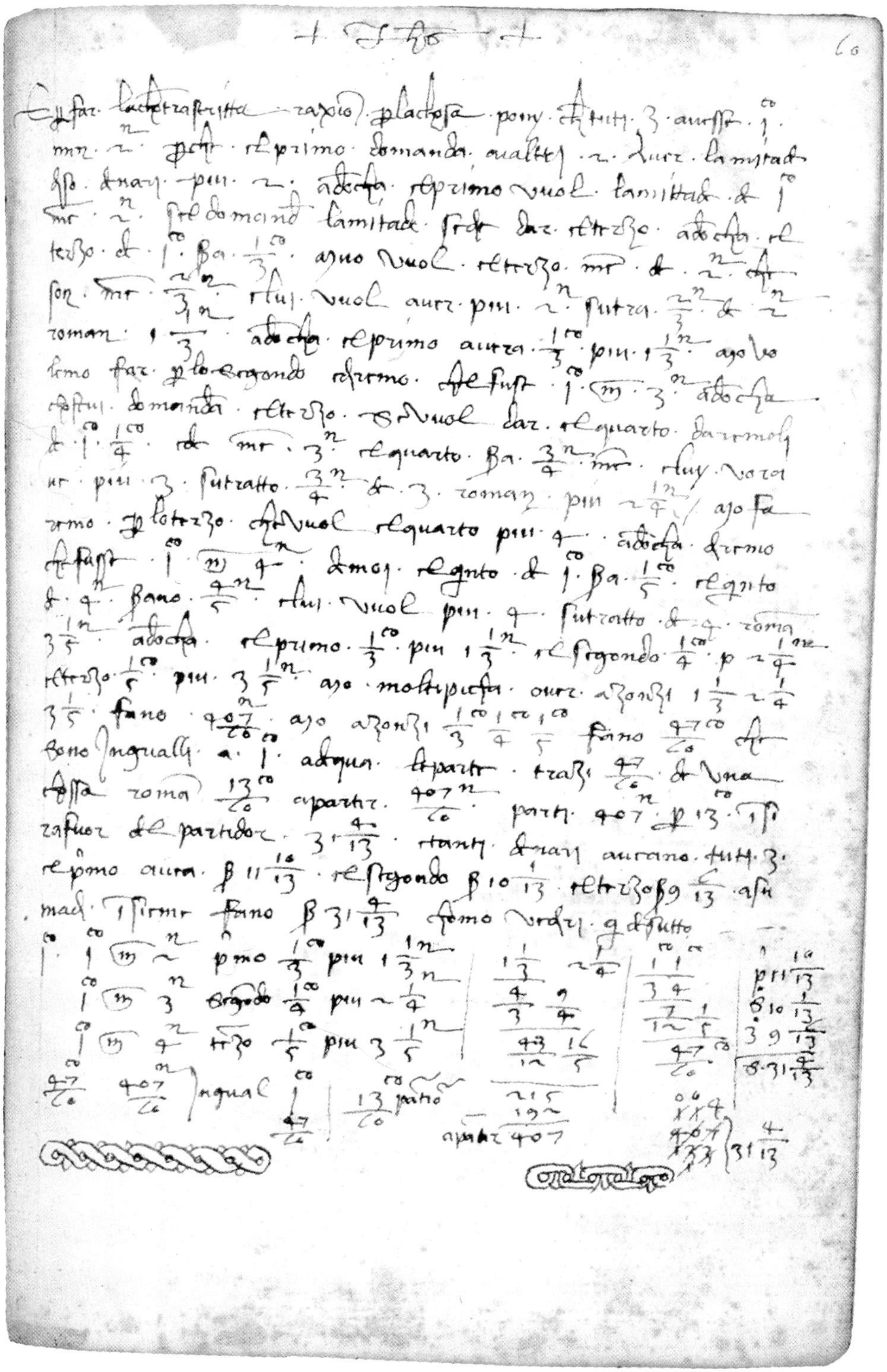

f. 61a

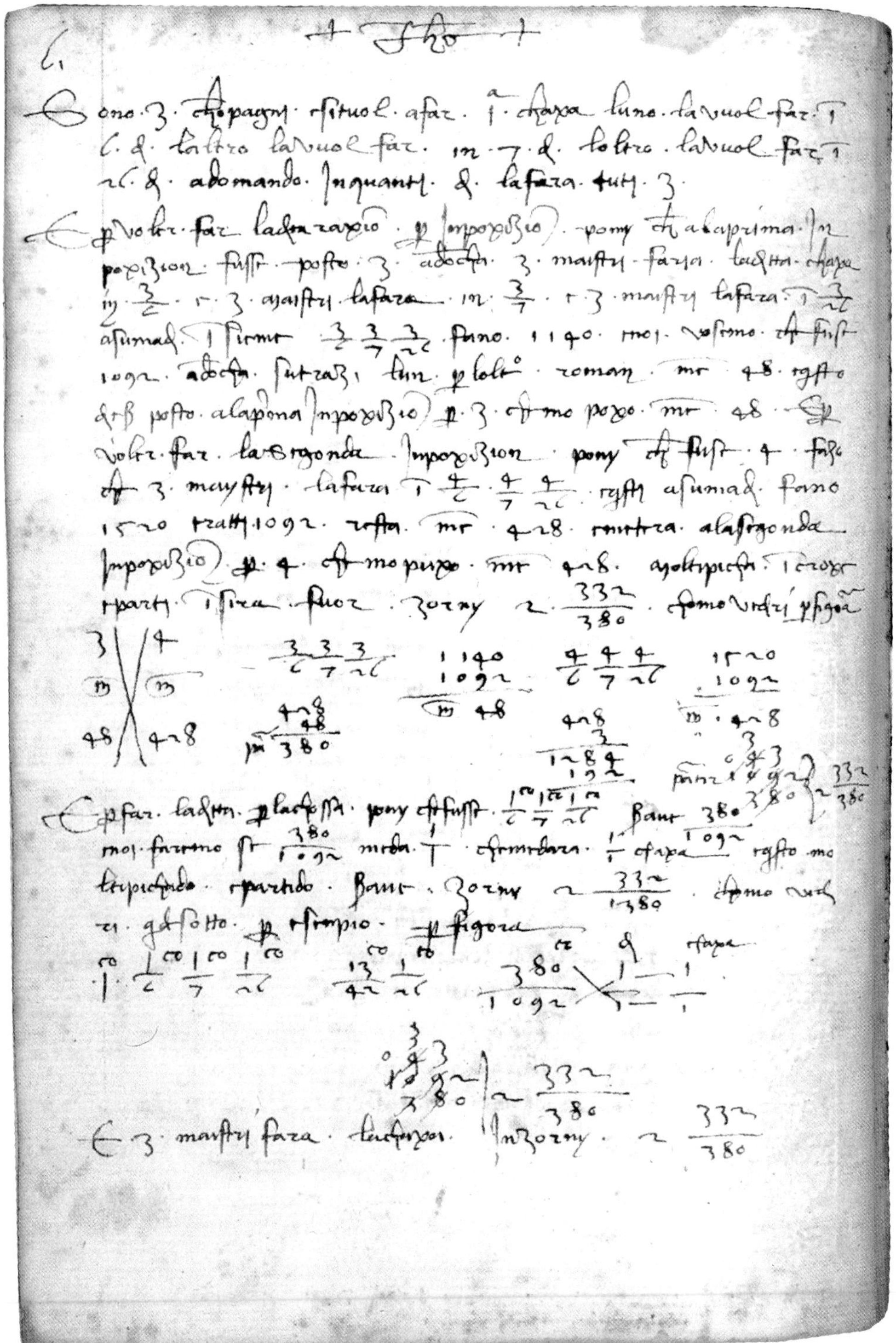

f. 61b

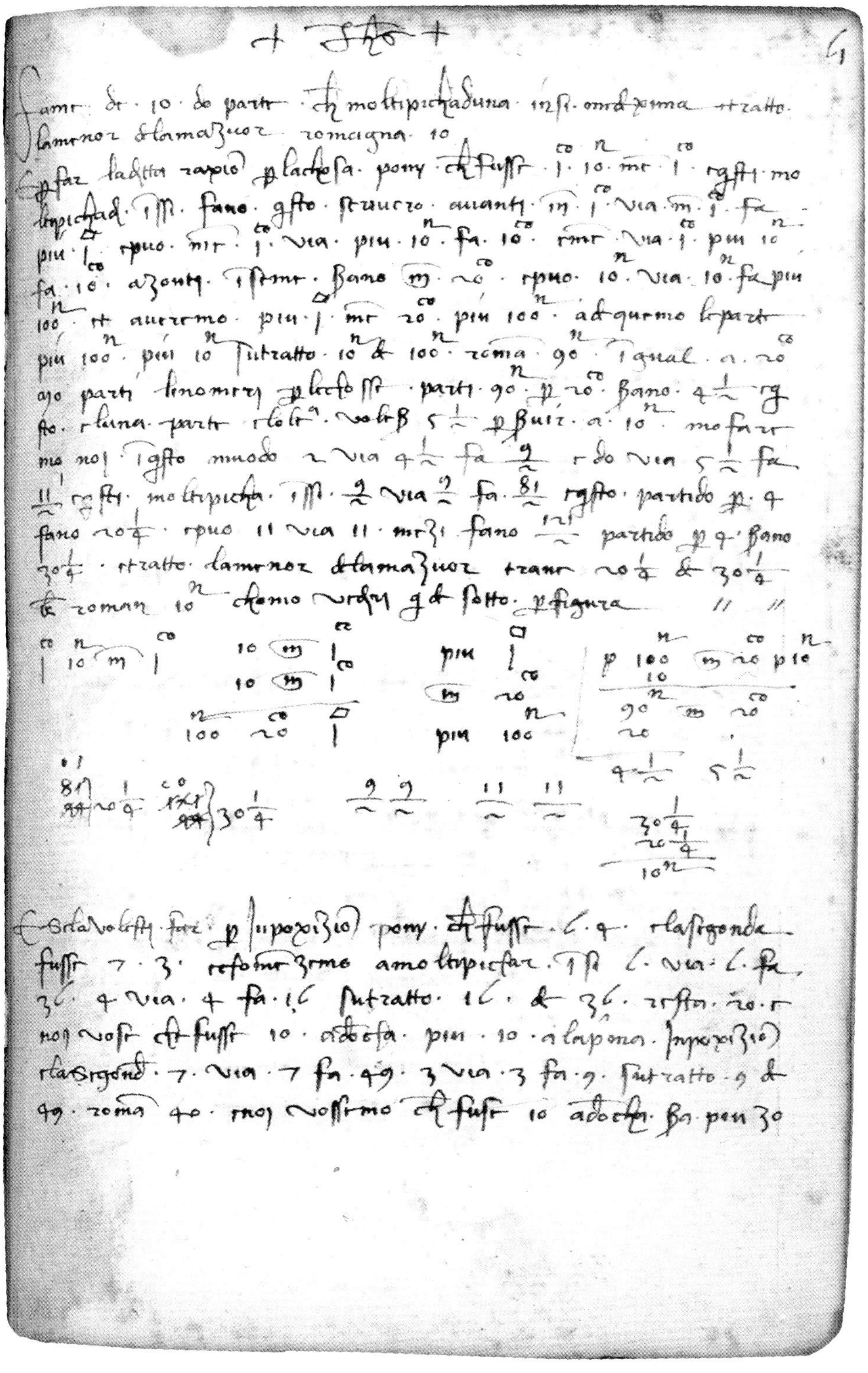

f. 62a

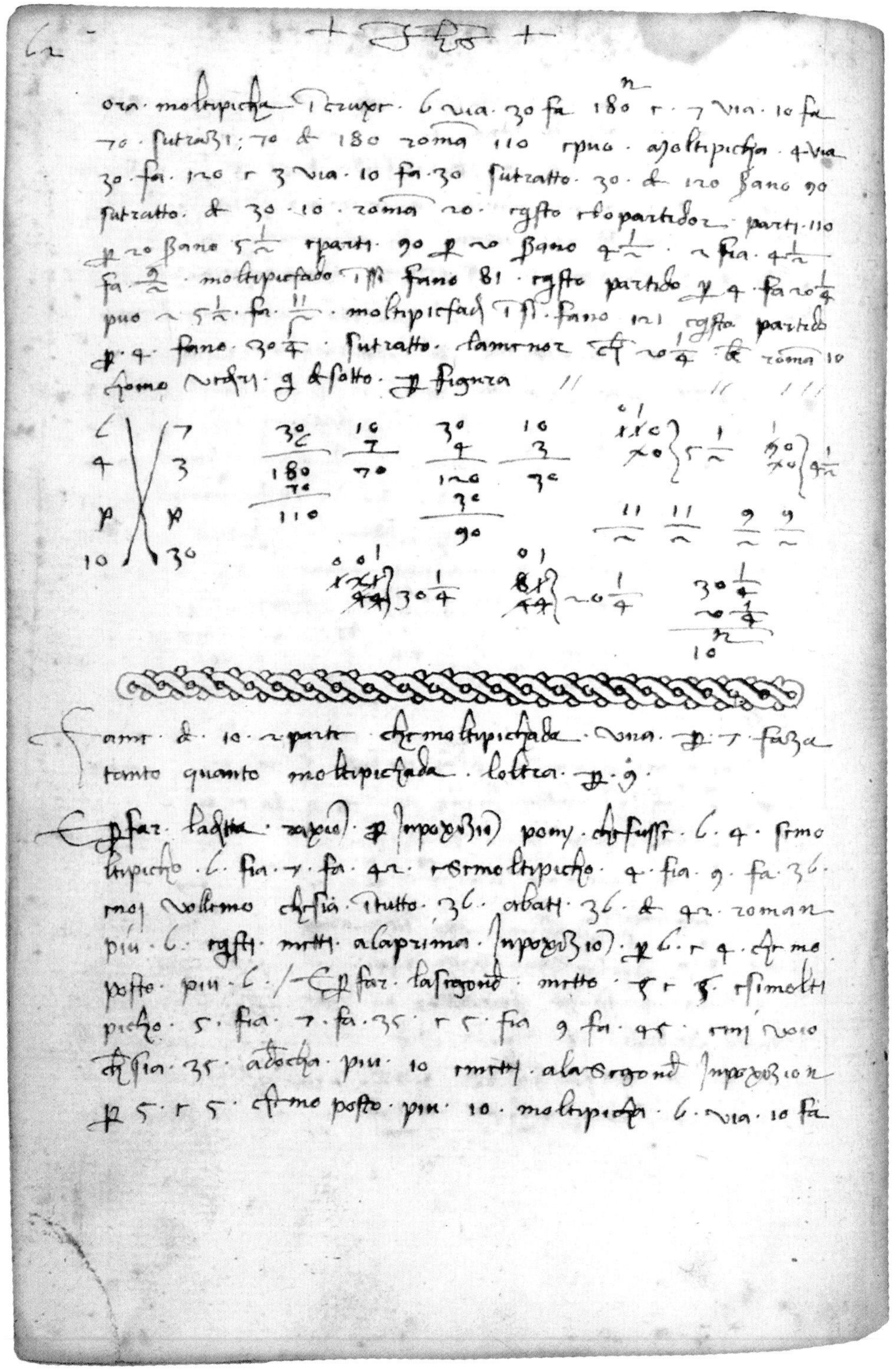

f. 62b

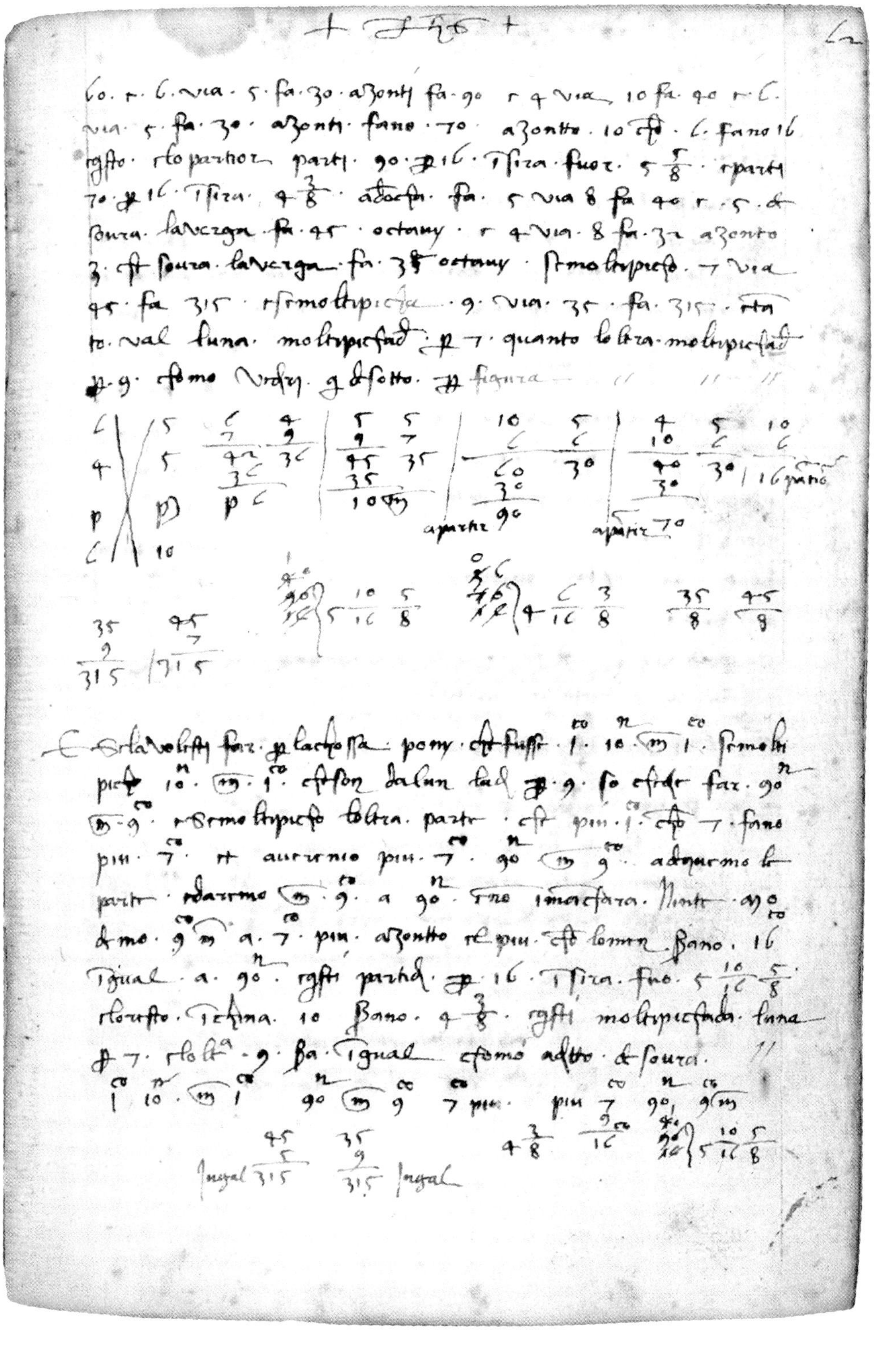

f. 63a

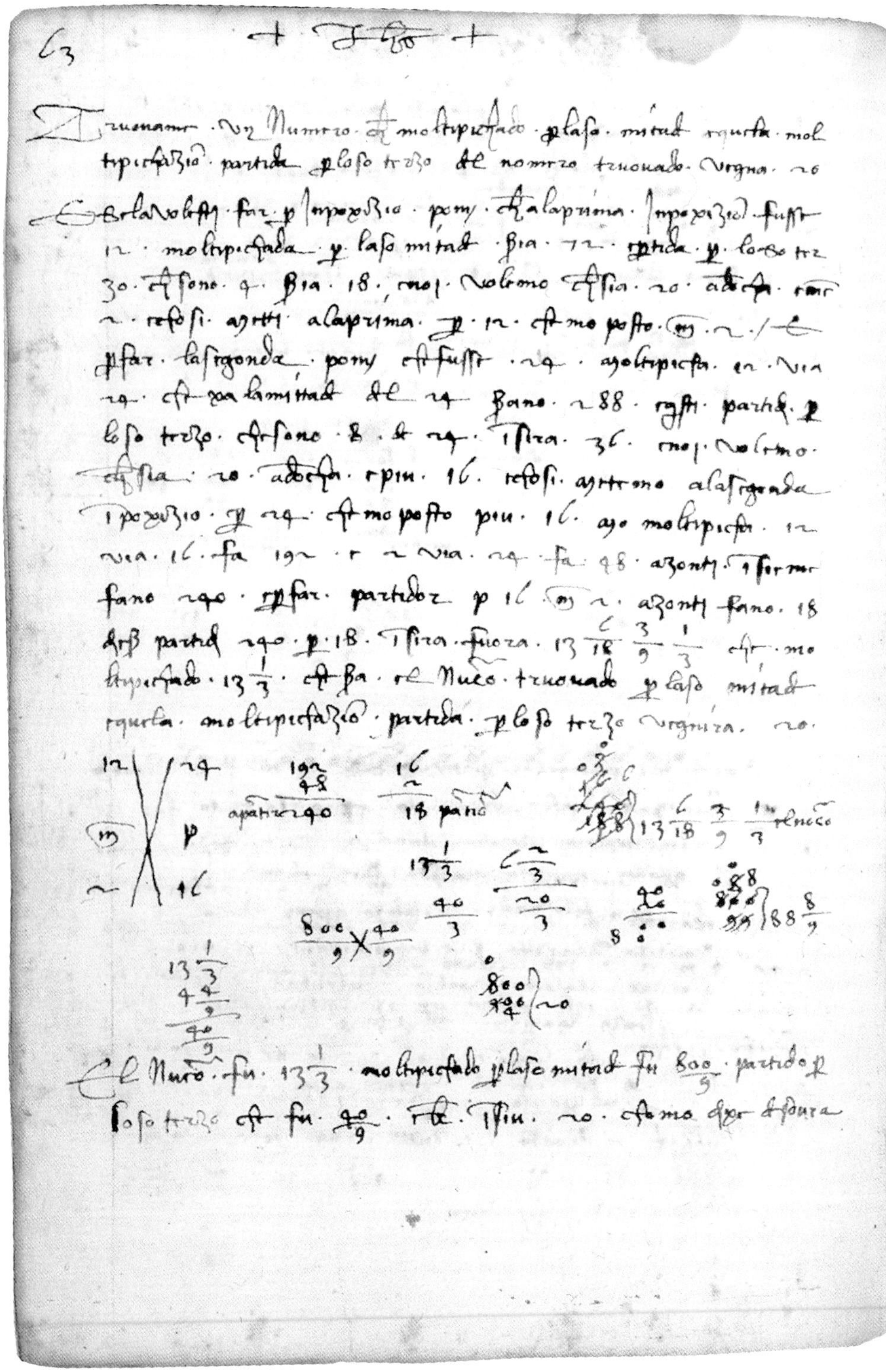
63
+ Jhesu +
Truovame un numero che moltiplichado per la so mitade e quela mol
tiplichazion partida per lo so terzo del nomero truovado vegna 20
E se la volessi far per inpoxizion pony che a la prima inpoxizion fusse
12 moltiplichada per la so mitade fa 72 partida per lo so ter
zo che sono 4 fa 18 e noi volemo che sia 20 adoncha eme
2 e resosi azonti a la prima per 12 che mo posto men 2 / E
per far la segonda pony che fusse 24 a moltiplichar 12 via
24 che xe la mitad del 24 fano 288 questi partidi per
lo so terzo che sono 8 de 24 insira 36 e noi volemo
che sia 20 adoncha e piu 16 e resosi azetrono a la segonda
inpoxizion per 24 che mo posto piu 16 a moltiplichar 12
via 16 fa 192 e 2 via 24 fa 48 azonti insieme
fano 240 per far partidor per 16 men 2 azonti fano 18
de' partir 240 per 18 insira fuora 13 6/18 3/9 1/3 che mo
ltiplichado 13 1/3 che fa el numero truovado per la so mitad
e quela moltiplichazion partida per lo so terzo vegnira 20
El numero fu 13 1/3 moltiplichado per la so mitad fu 800/9 partido per
lo so terzo che fu 40/9 vien insiu 20 chomo dixi de sovra

f. 63b

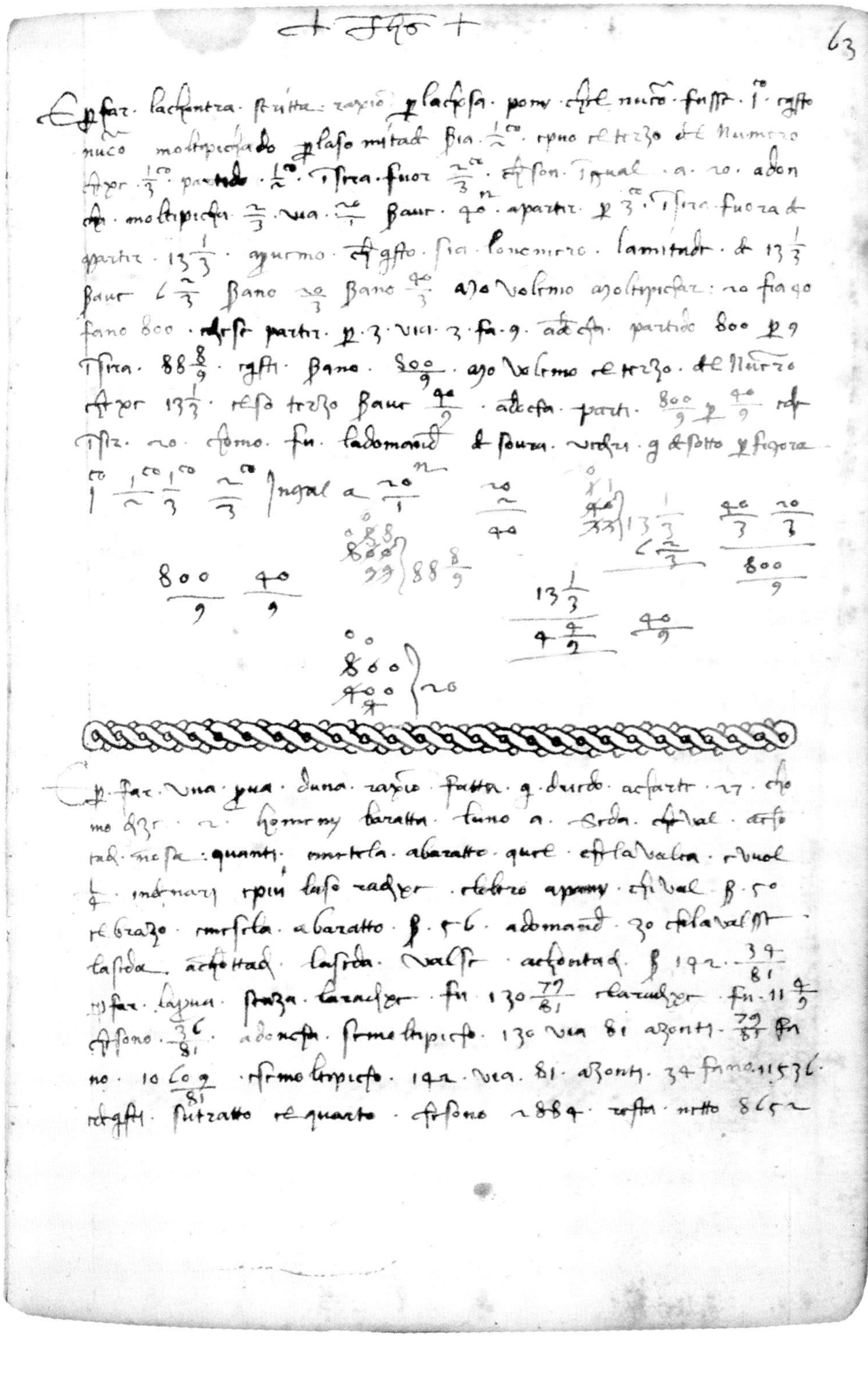

f. 64a

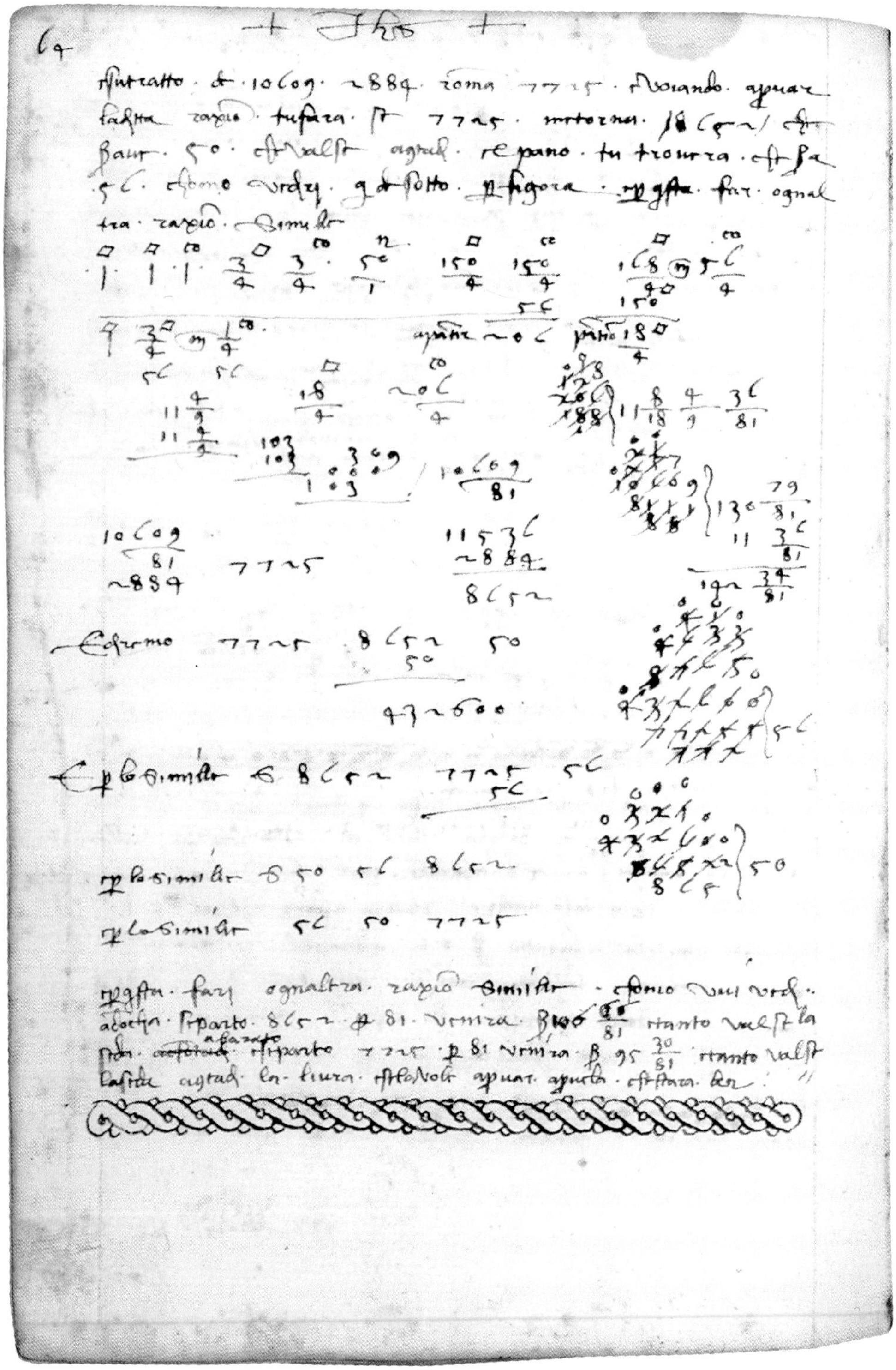

f. 64b

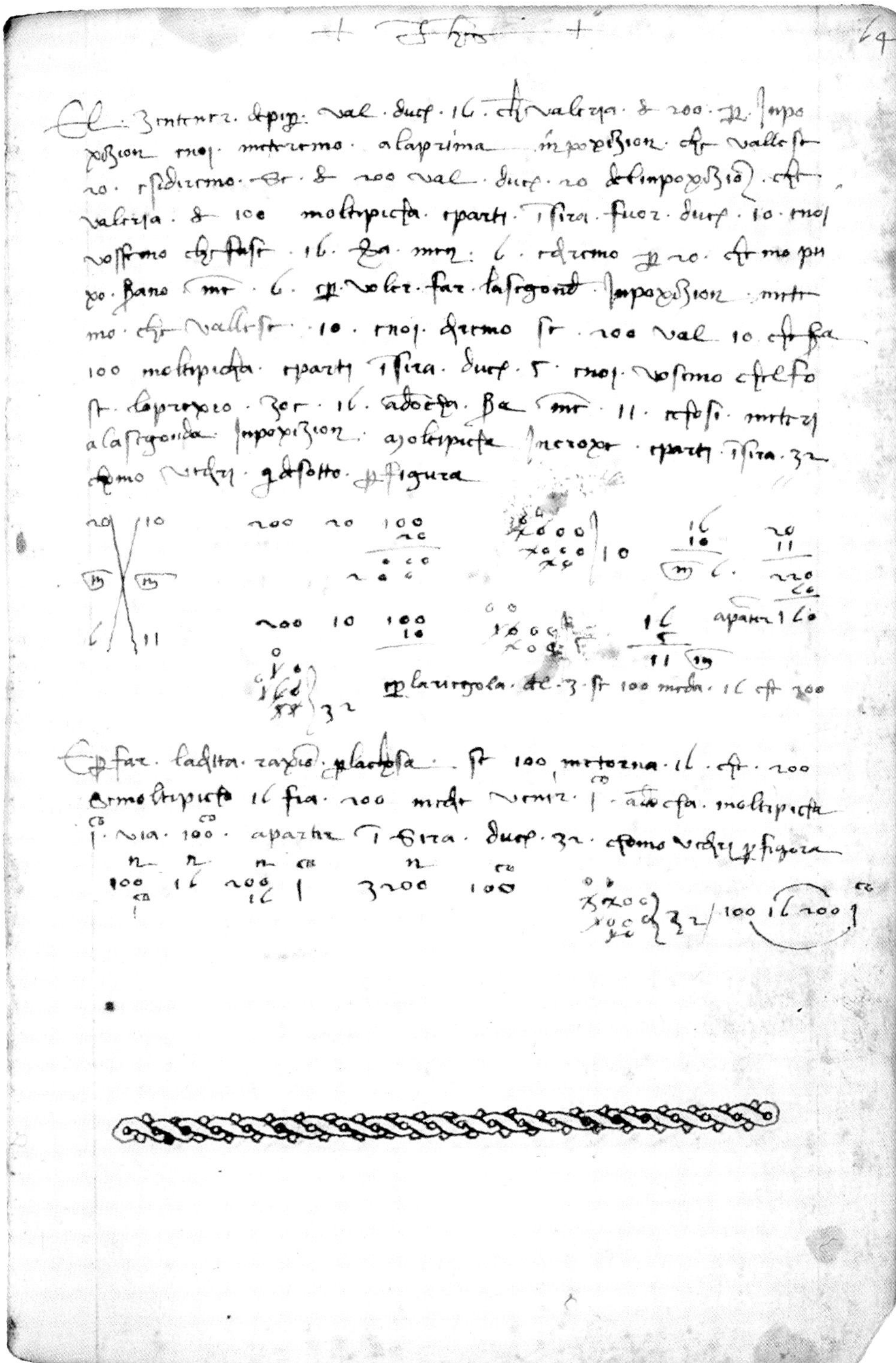

f. 65a

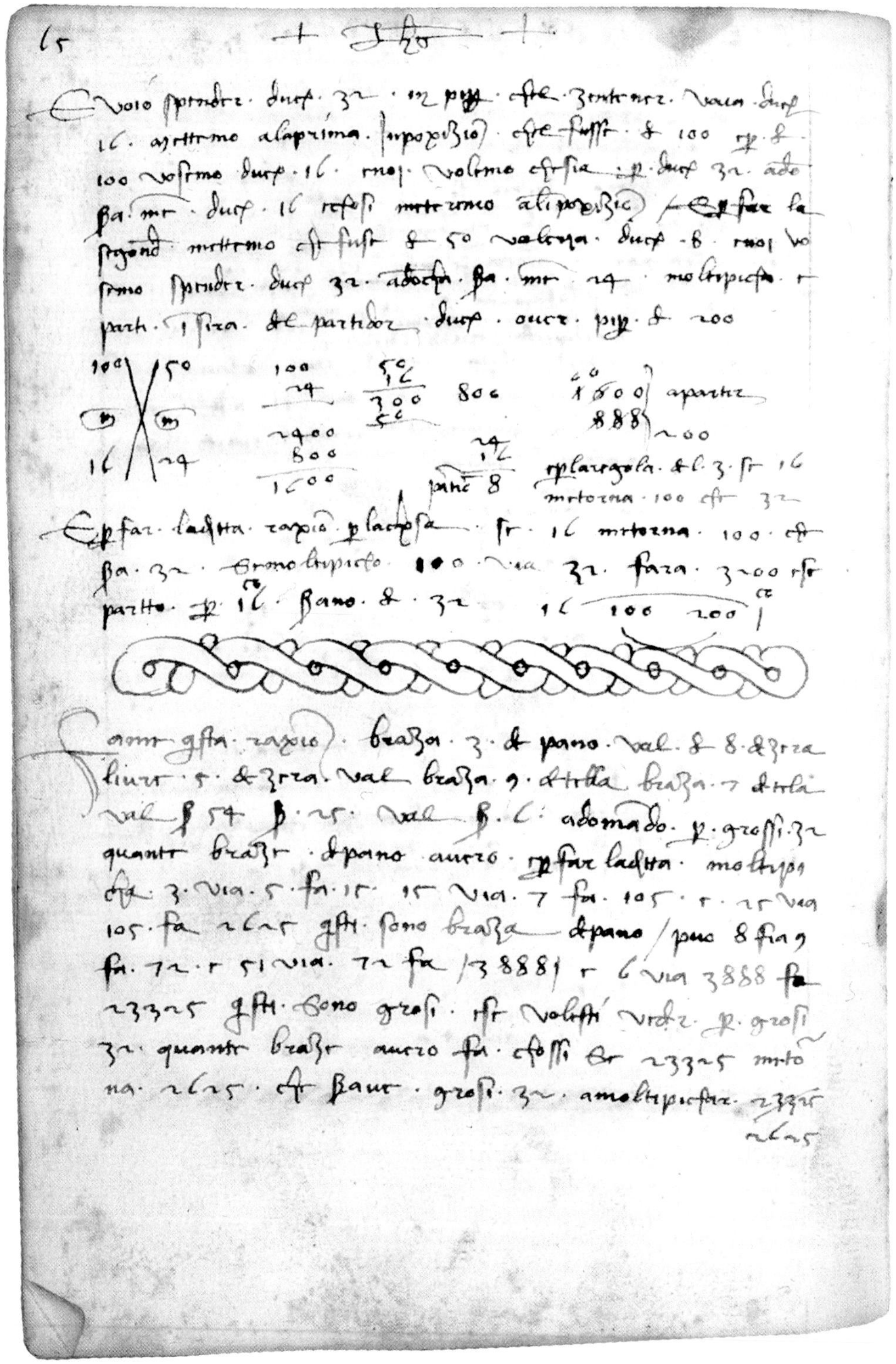

65 + Jhs +

E voio sprendre duc. 32 in pezze che zentenar vaia duc
16 a metterme ala prima inpoxixion che fusse lb 100 per lb
100 vostmo duc 16 e noi volemo che sia per duc 32 ado
sa mr duc 16 che si mettemo ali poxixion / E se far la
segonda mettemo che fusse lb 50 valesse duc 8 e noi vo
lemo sprendre duc 32 adechi sa mr 24 moltipicha e
parti i sira del partidor duc over pezze lb 200

100 / 50 100 50 800 1600 apartir
16 / 24 24 16 888 200
2400 300
800 24
1600 16 parti 8

e per la regola del 3 se 16 mi torna 100 che 32

E se far la ditta raxion per la chossa se 16 mi torna 100 che
sa 32 moltipicando 100 via 32 fara 3200 e se
partto per 16 sono lb 32 16 100 200

Fame questa raxion braza 3 de pano val lb 8 de zera
libre 5 de zera val braza 9 de tella braza 7 de tela
val s 54 s 25 val s 6 adomando per grossi 32
quanti braze de pano averò E se far la ditta moltipi
cha 3 via 5 fa 15 15 via 7 fa 105 e 25 via
105 fa 2625 questi sono braza de pano / puo 8 fia 9
fa 72 e 54 via 72 fa 3888 e 6 via 3888 fa
23328 questi sono grossi che volesti vender per grossi
32 quanti braze averò fa chossì se 23328 mi to
rna 2625 che sarave grossi 32 a moltipichar 23328
2625

f. 65b

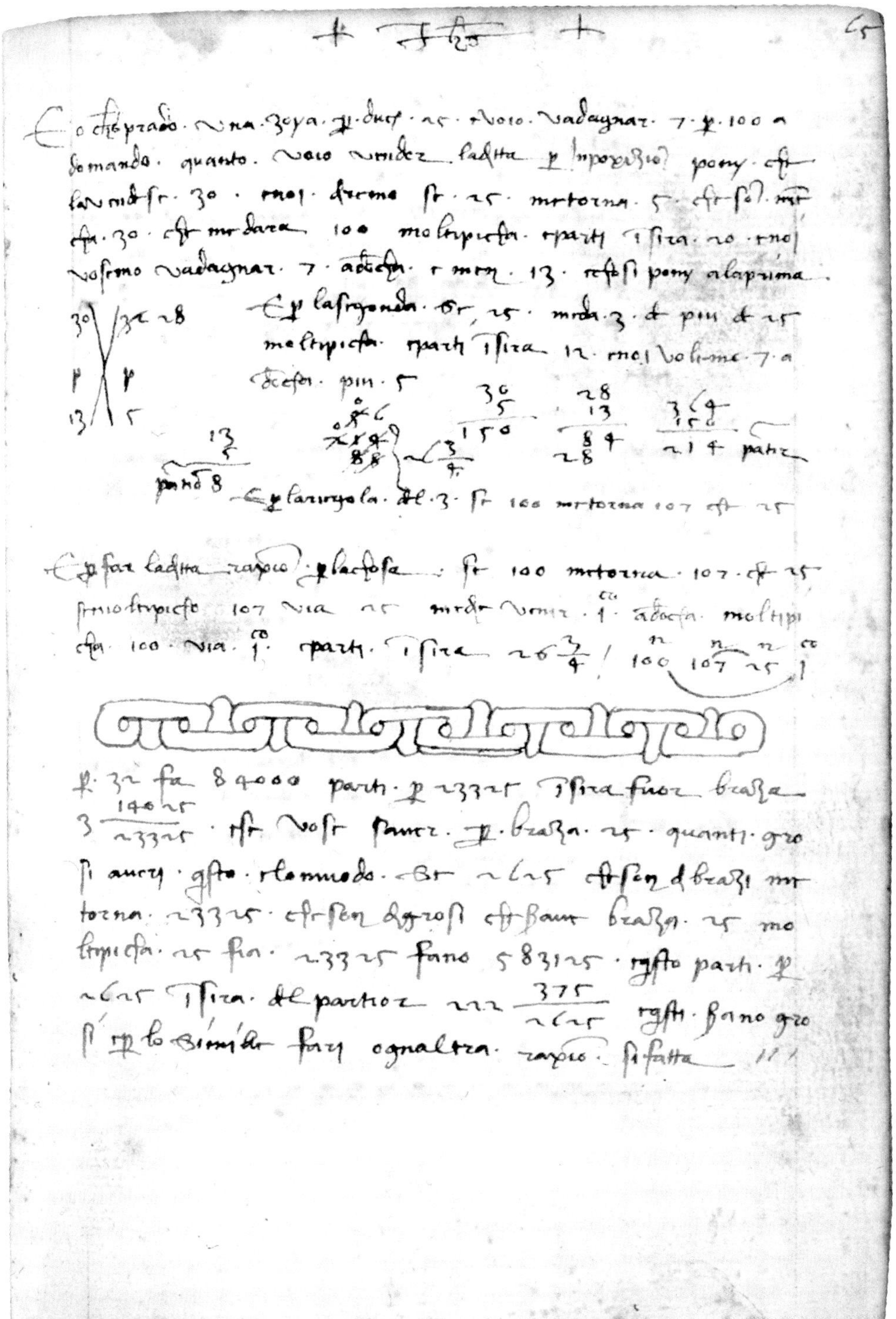

f. 66a

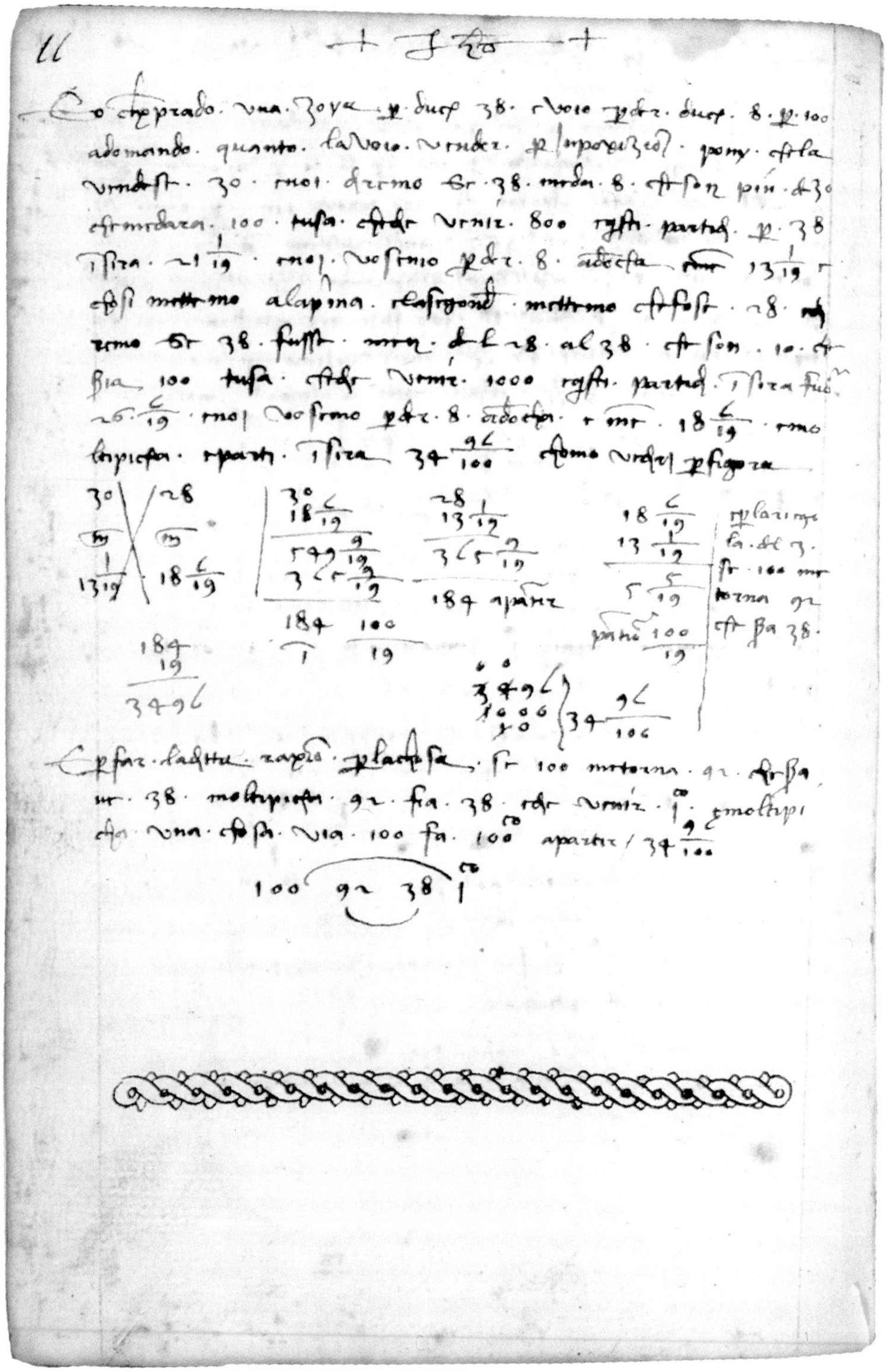

f. 66b

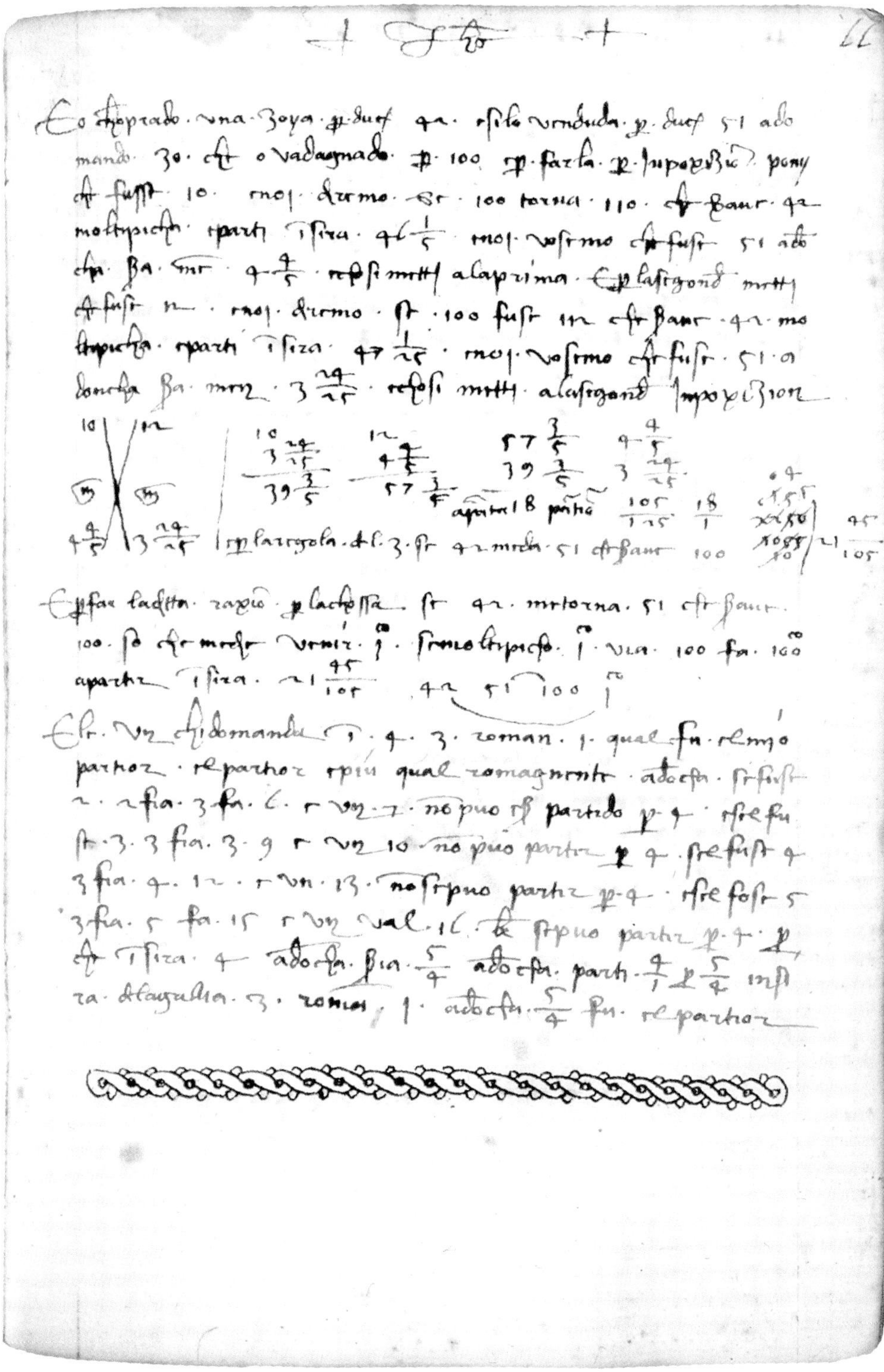

f. 67a

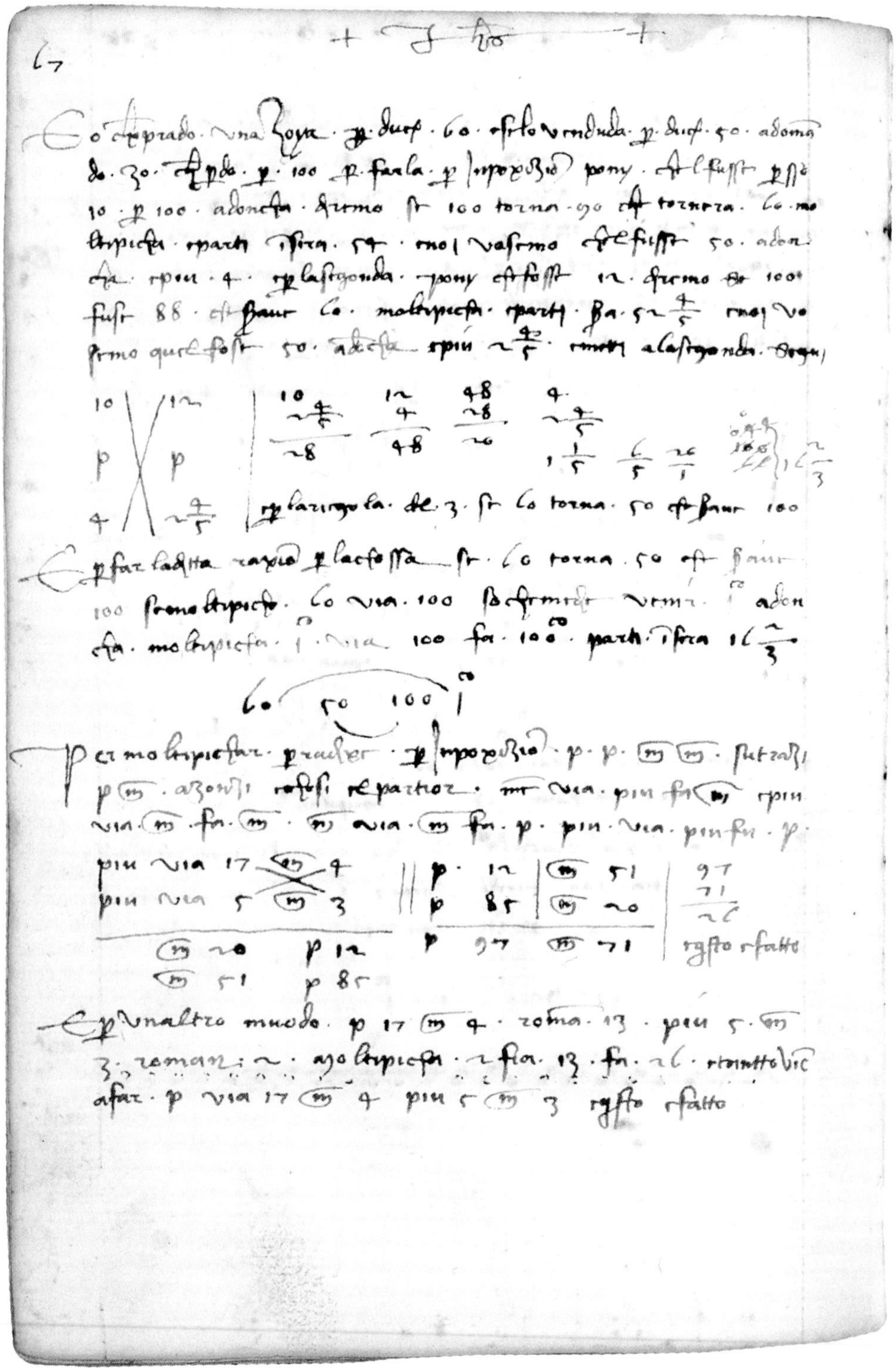

f. 67b

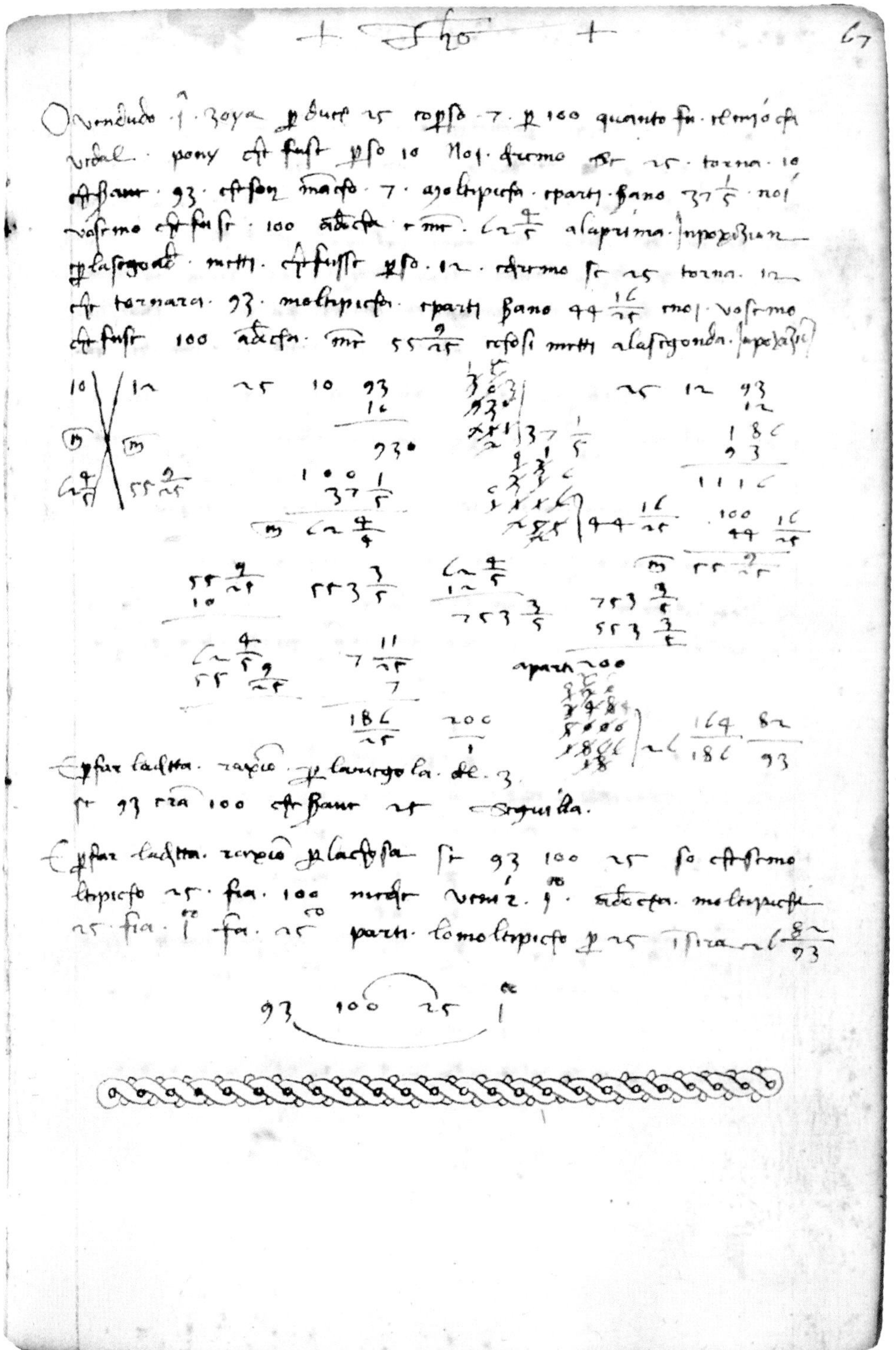

f. 68a

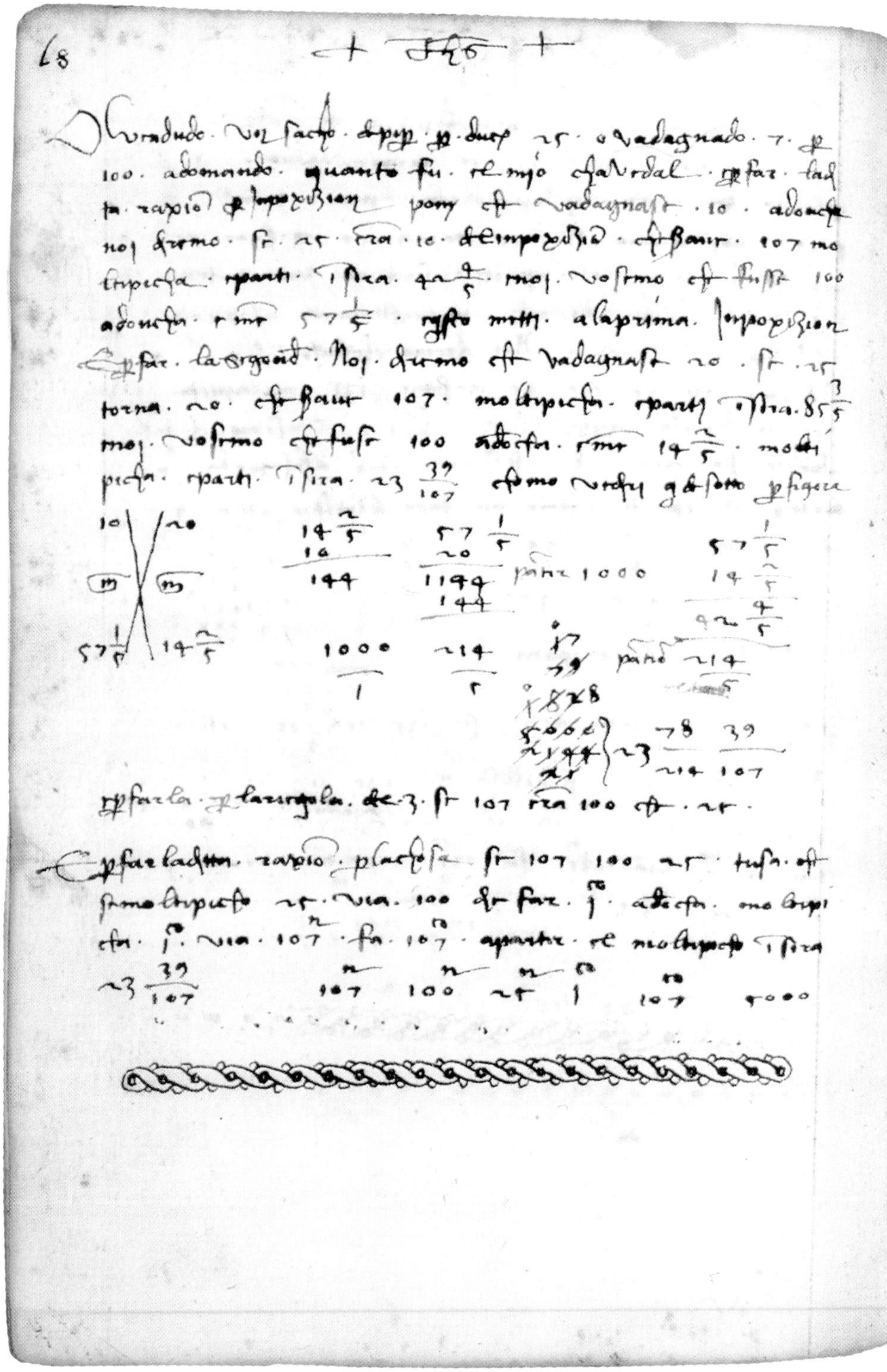

f. 68b

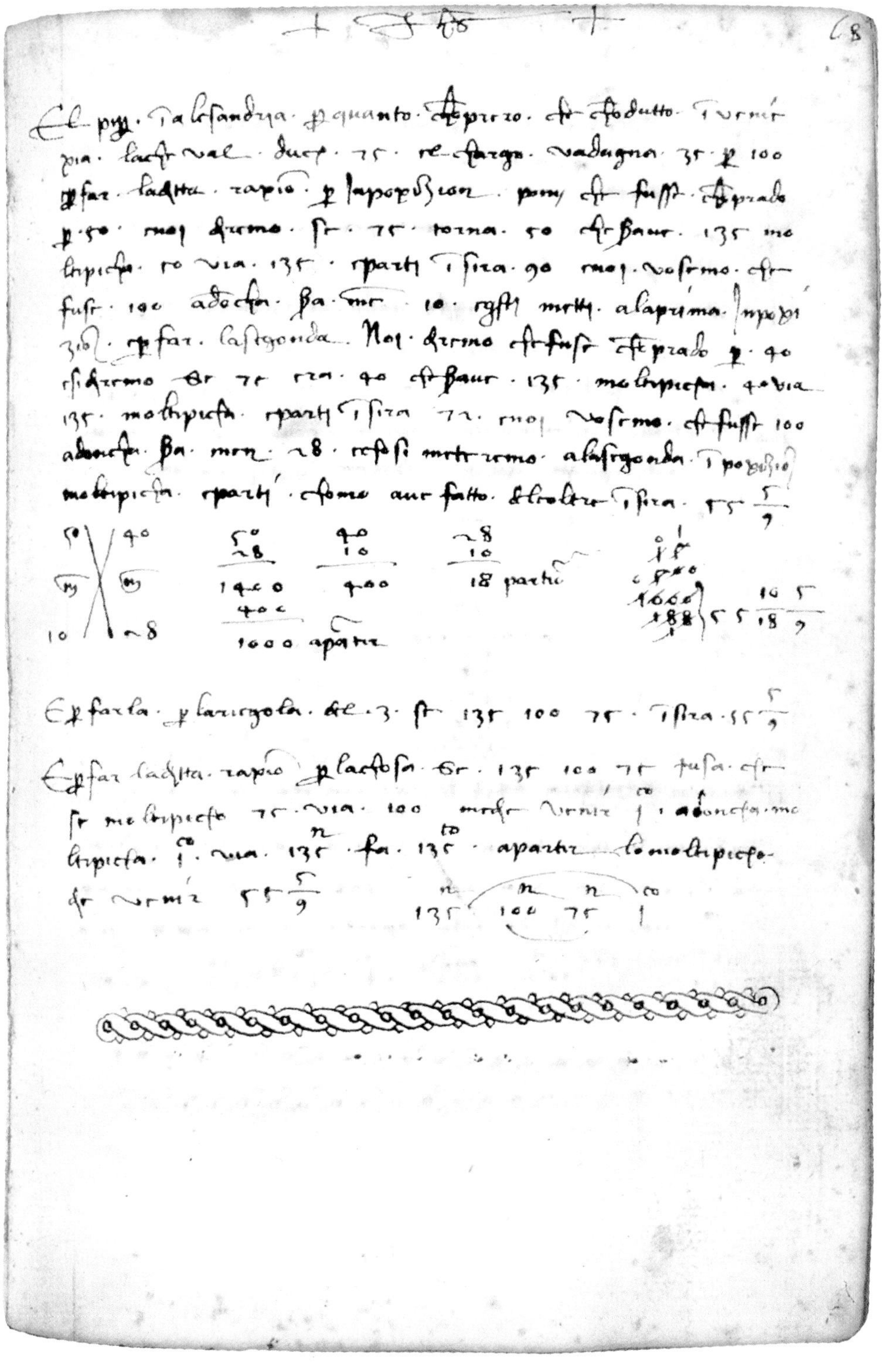

f. 69a

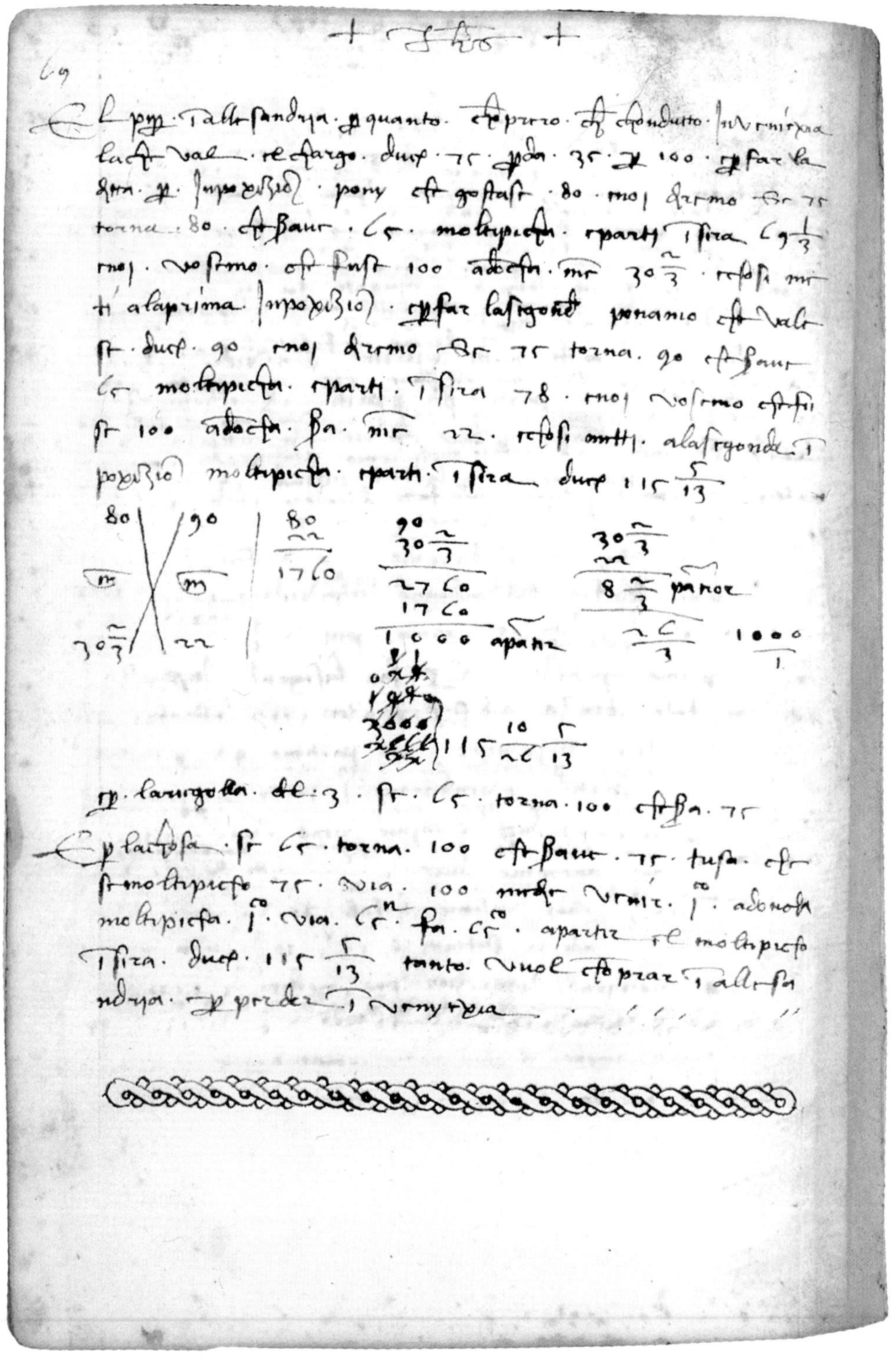

f. 69b

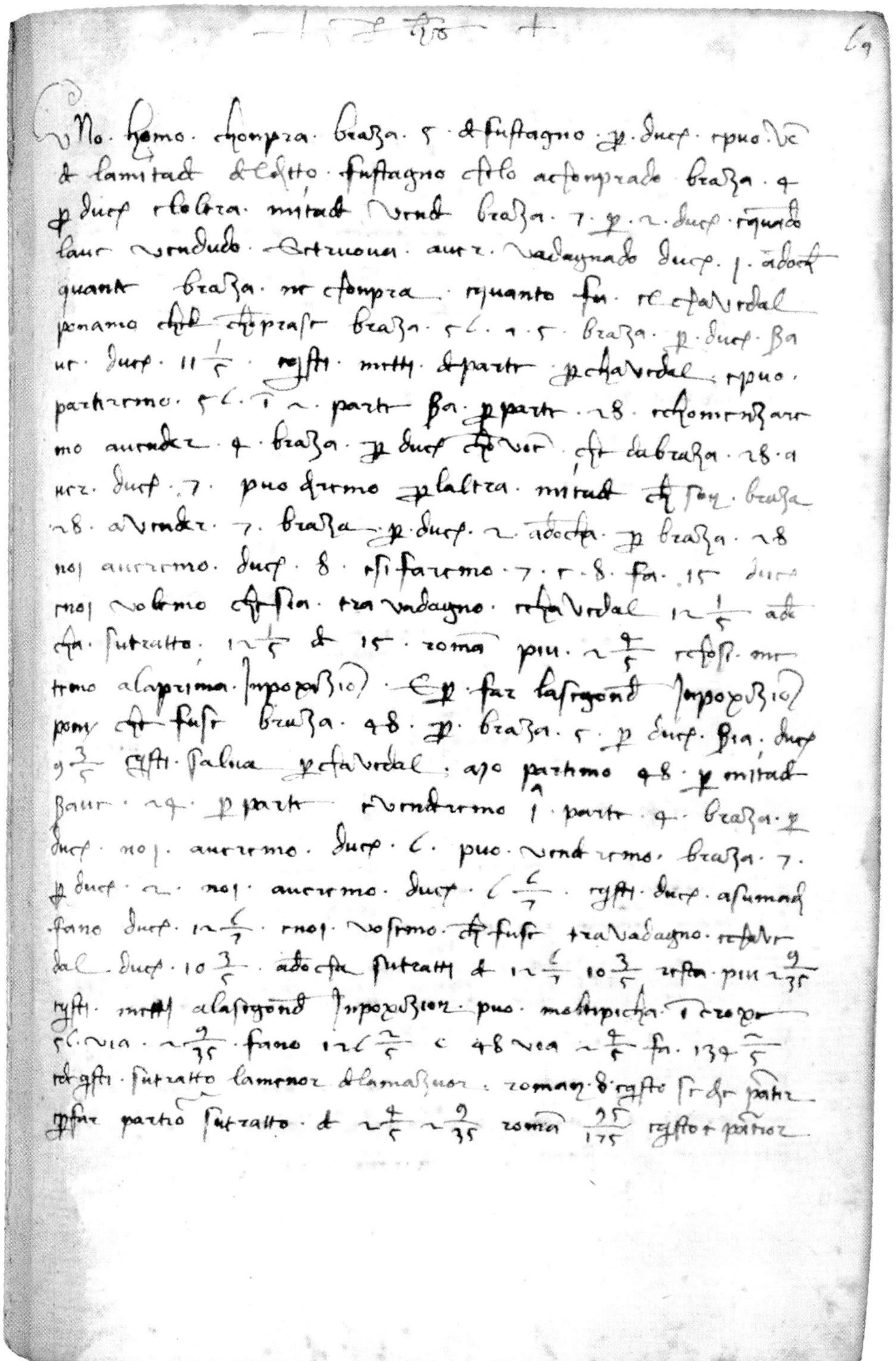

f. 70a

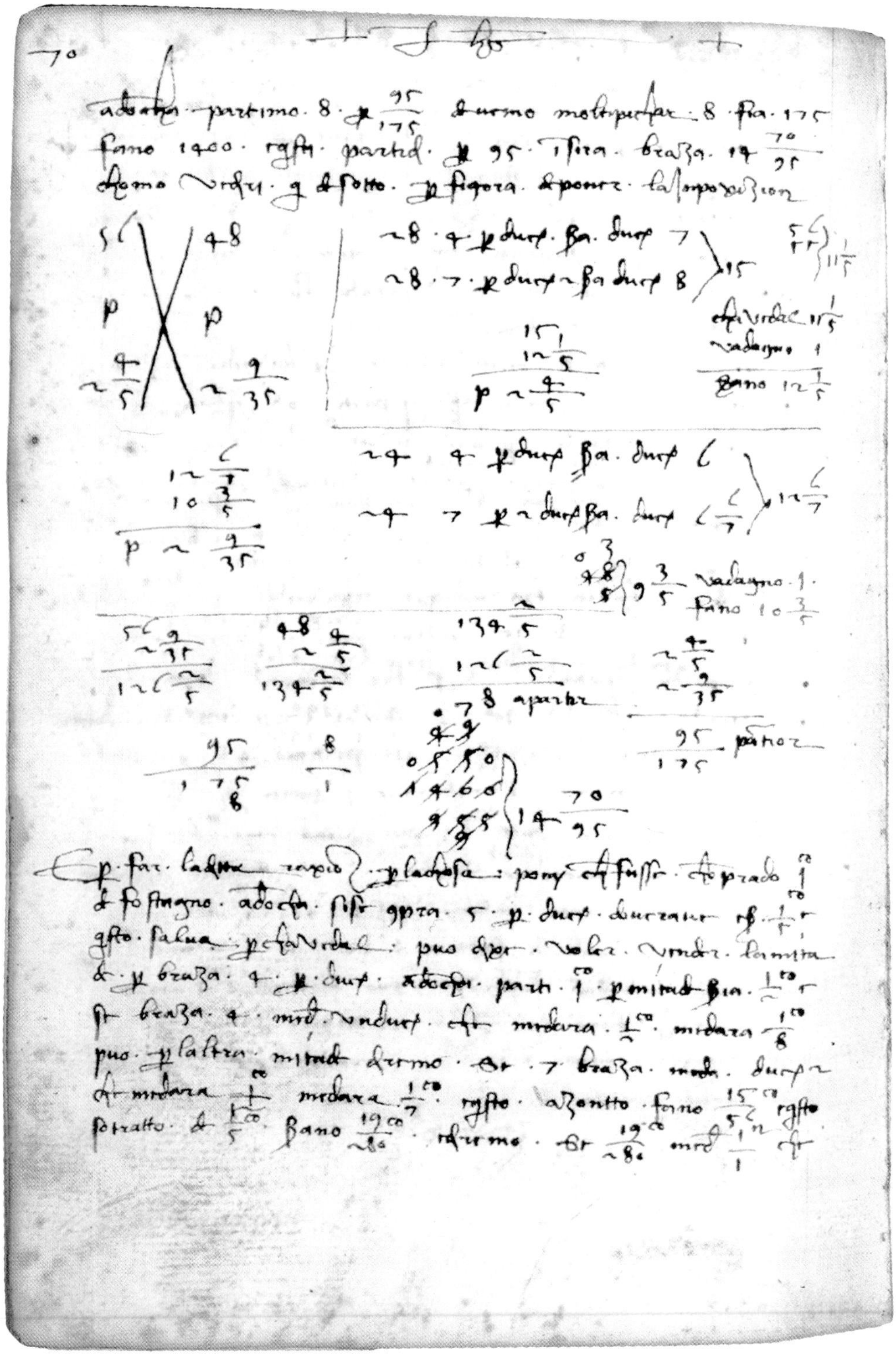

f. 70b

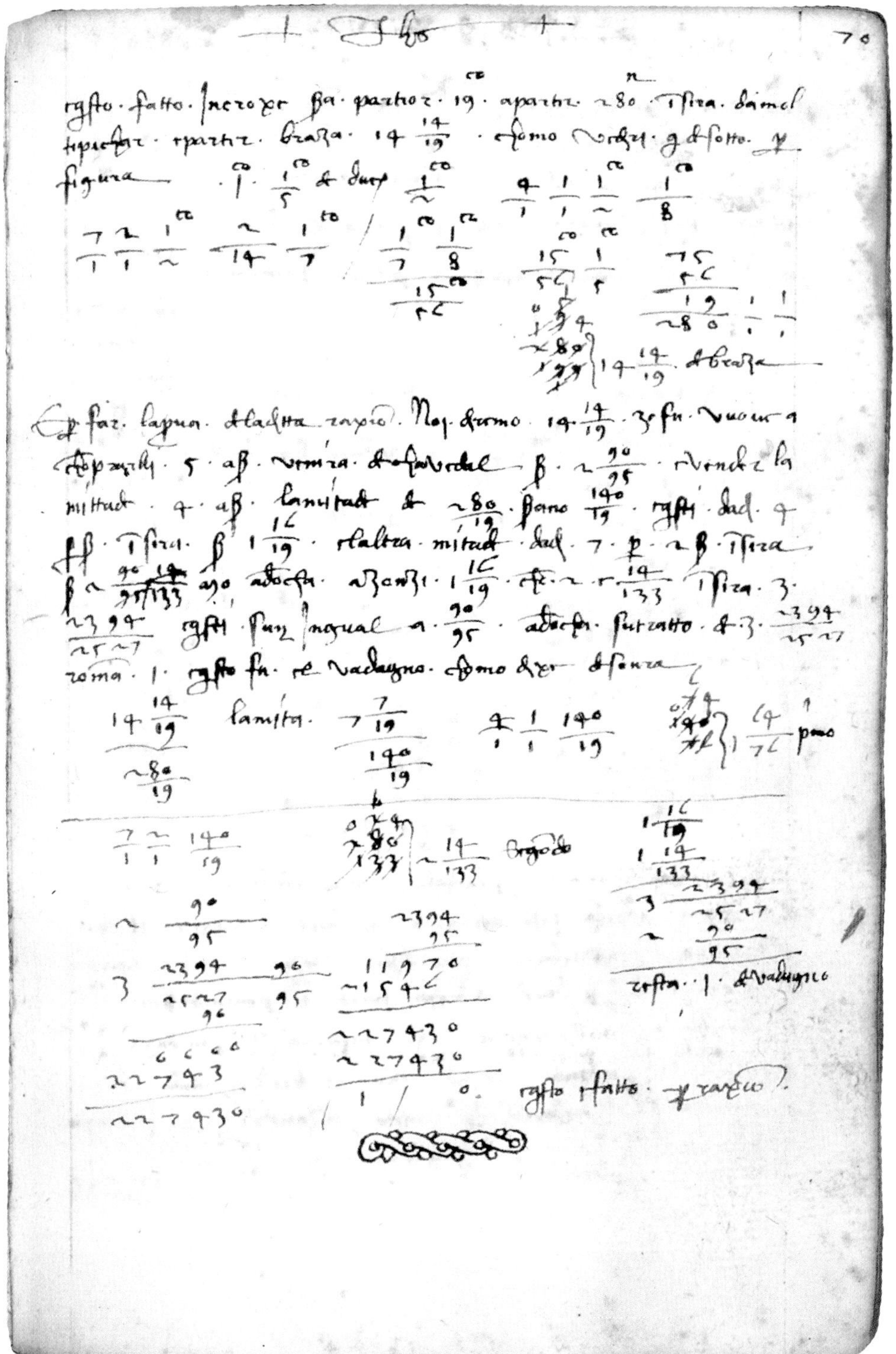

f. 71a

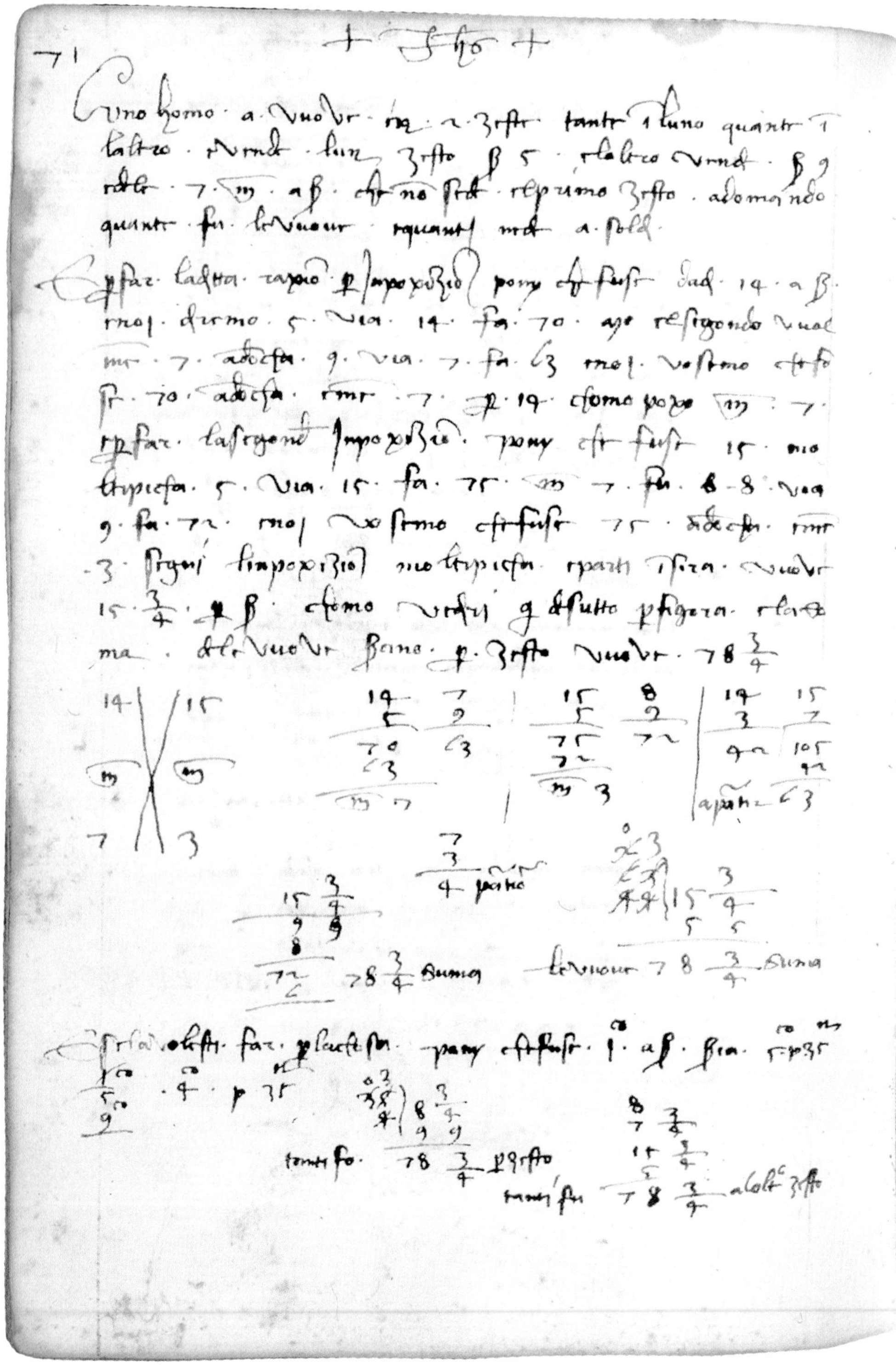

f. 71b

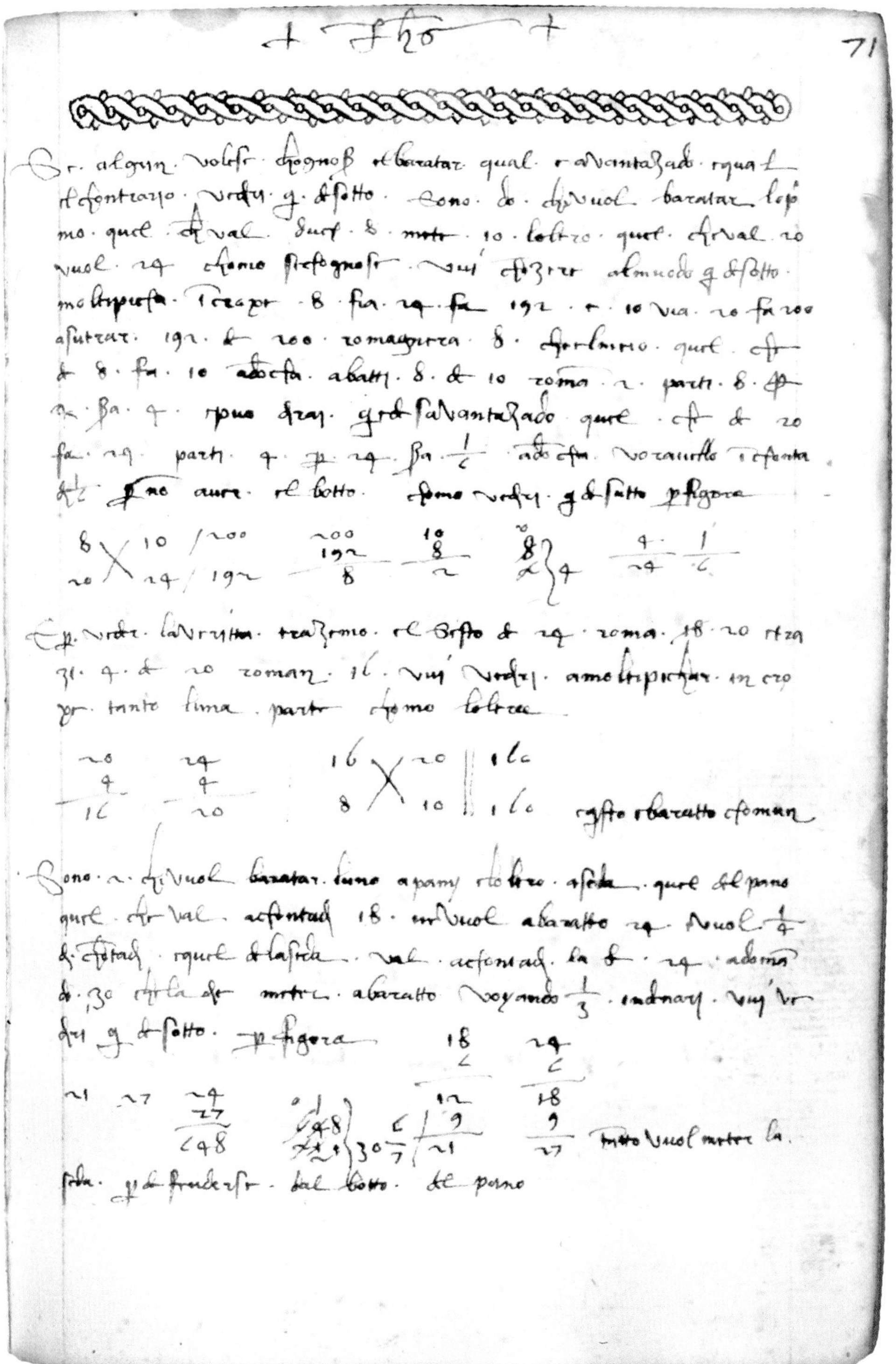

f. 72a

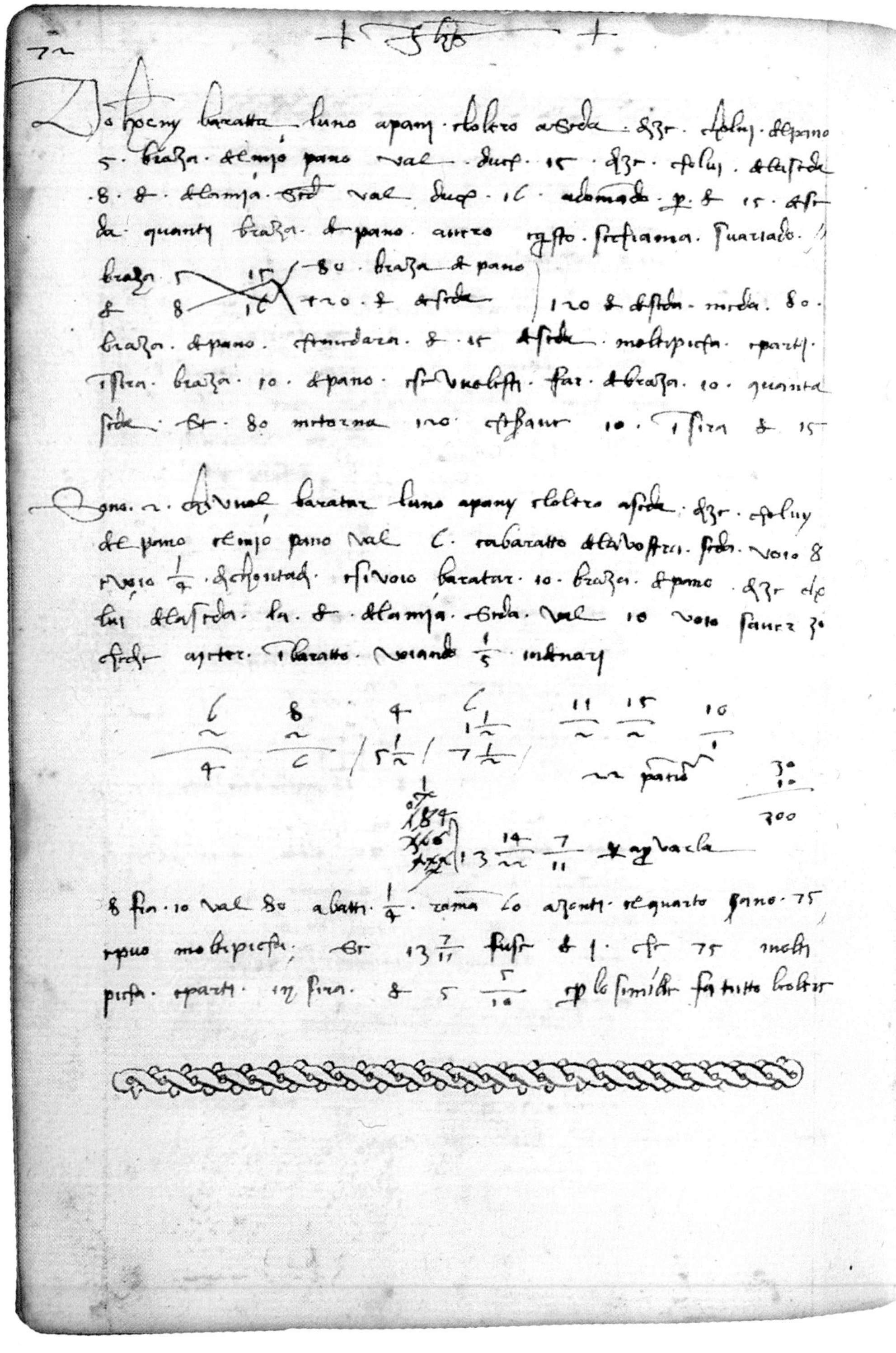

f. 72b

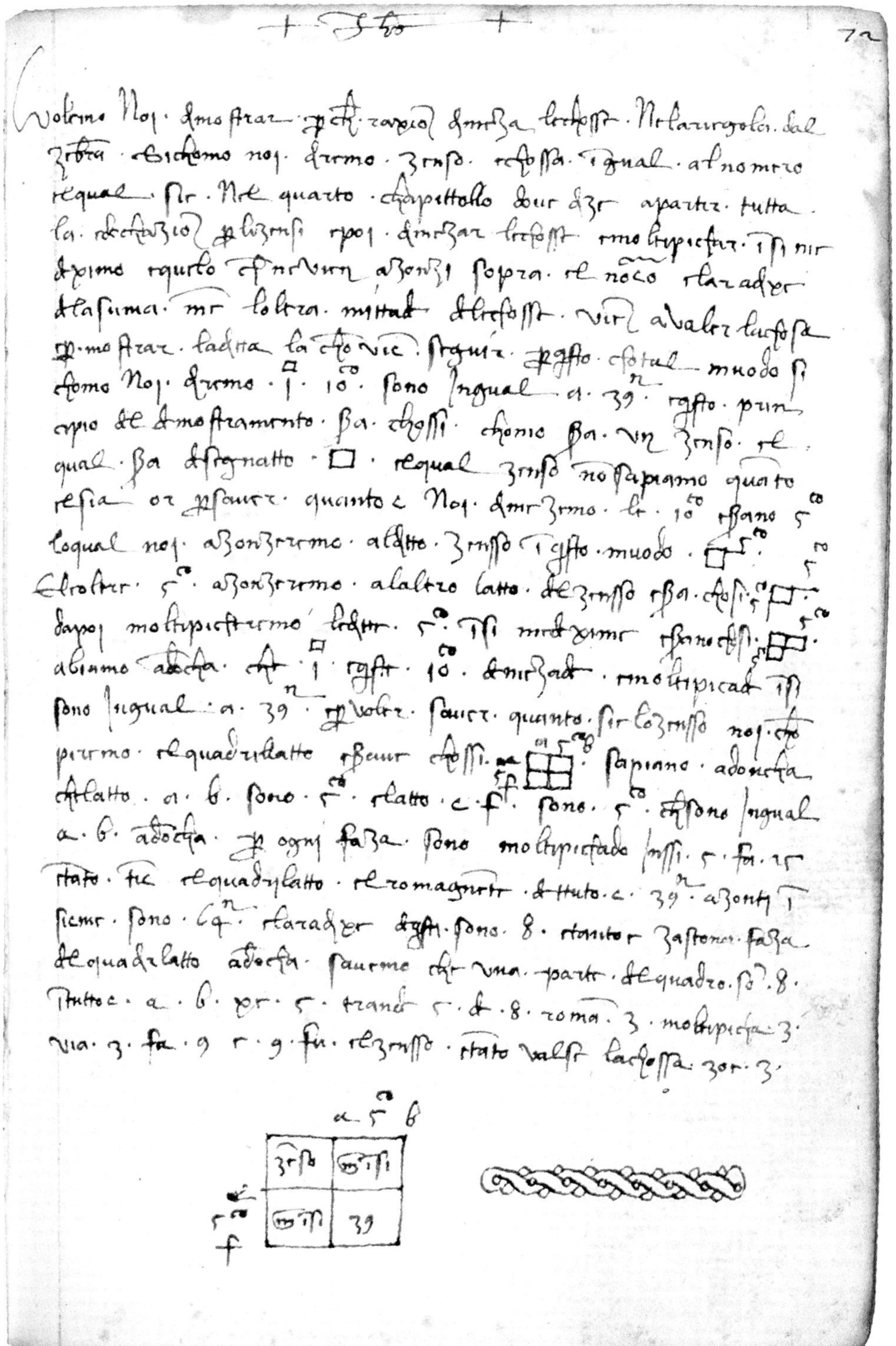

f. 73a

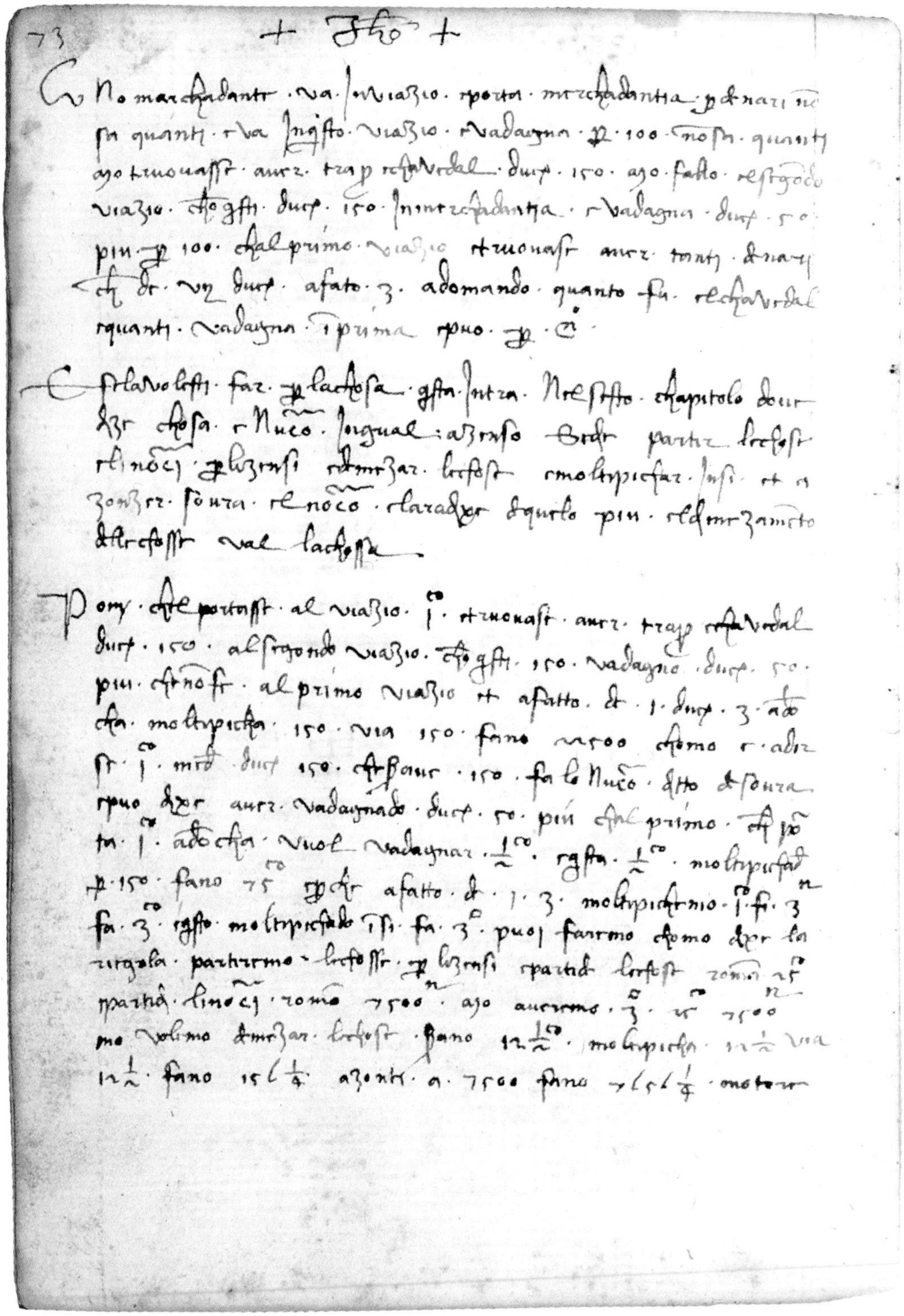

f. 73b

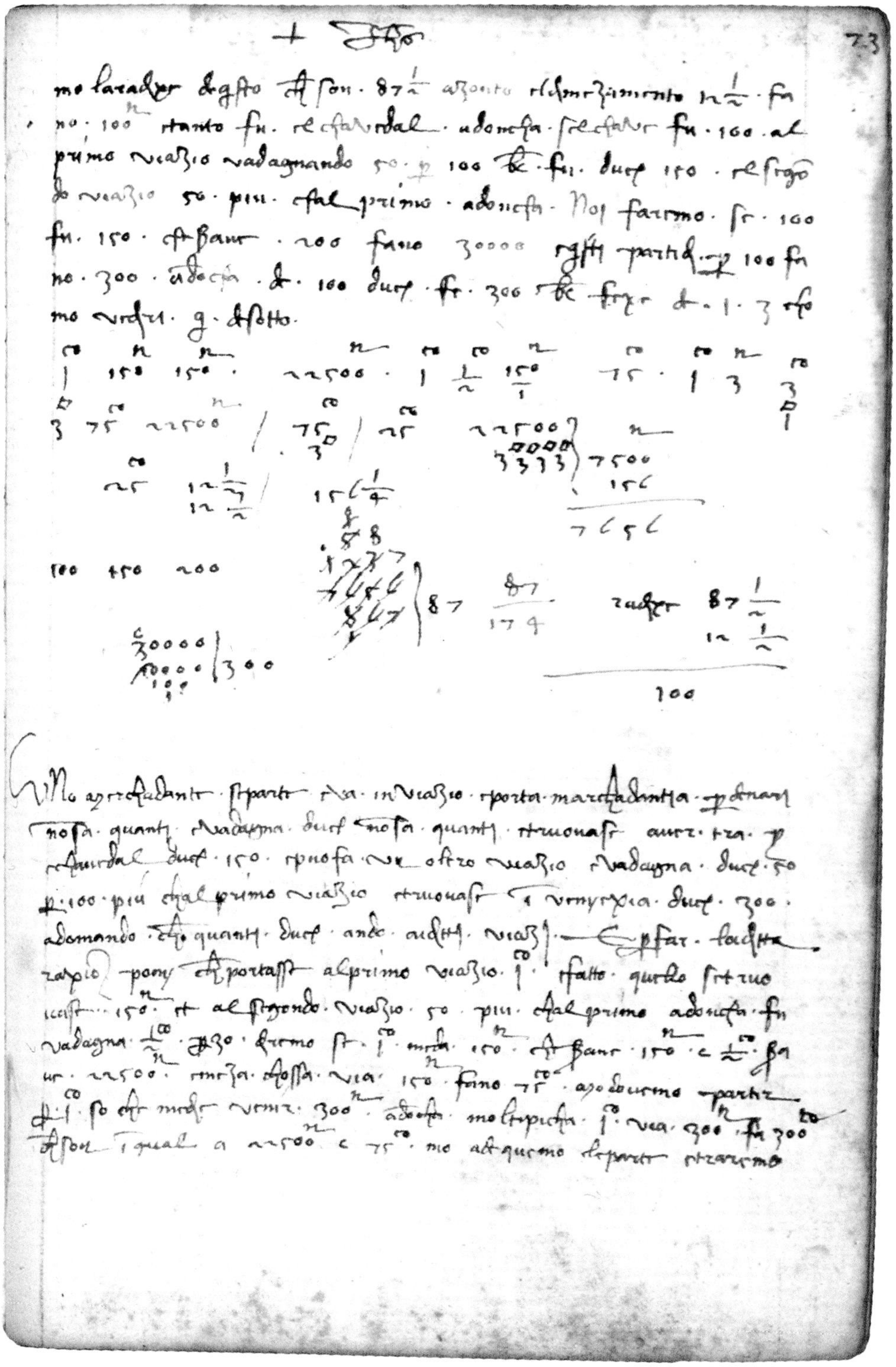

f. 74a

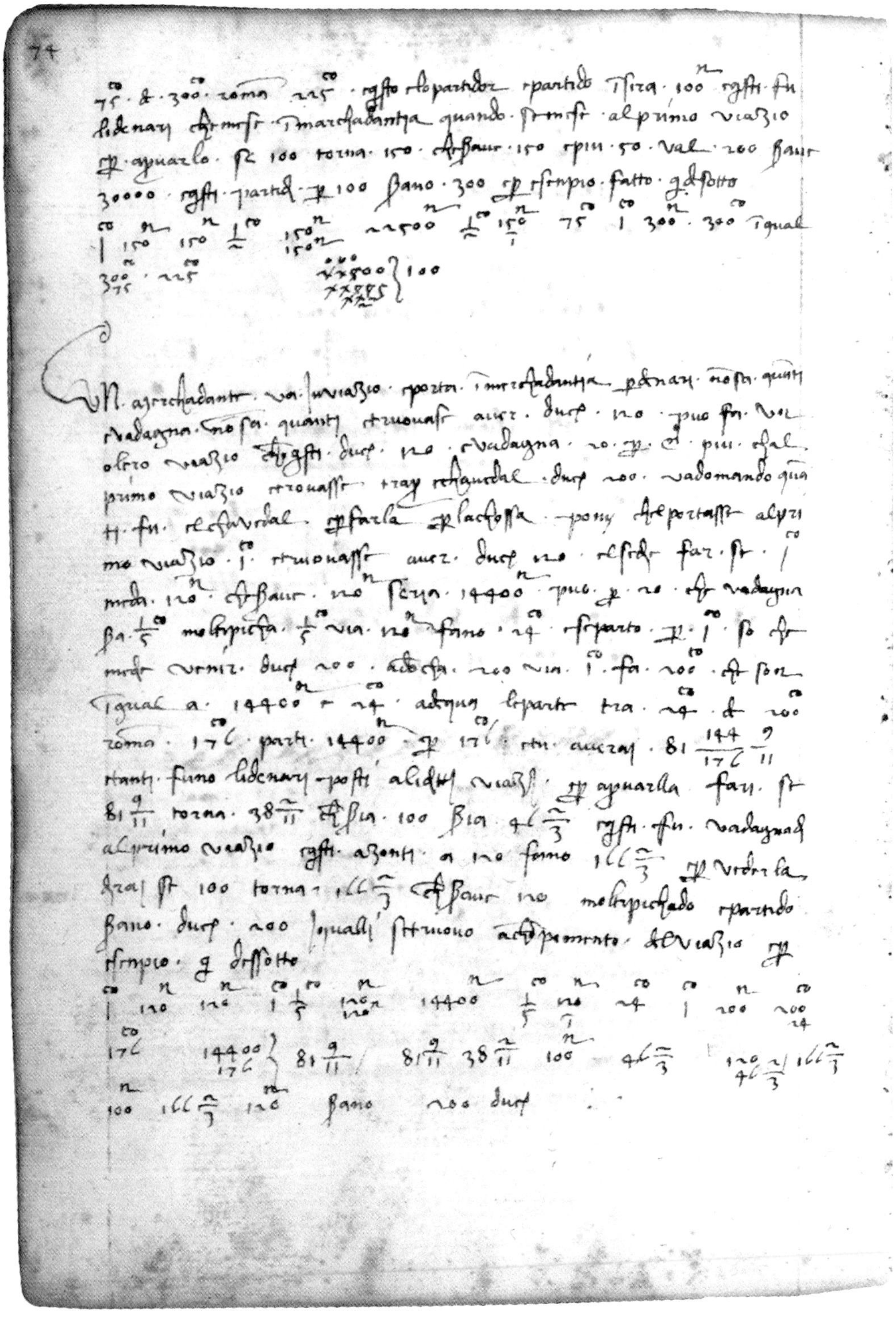

f. 74b

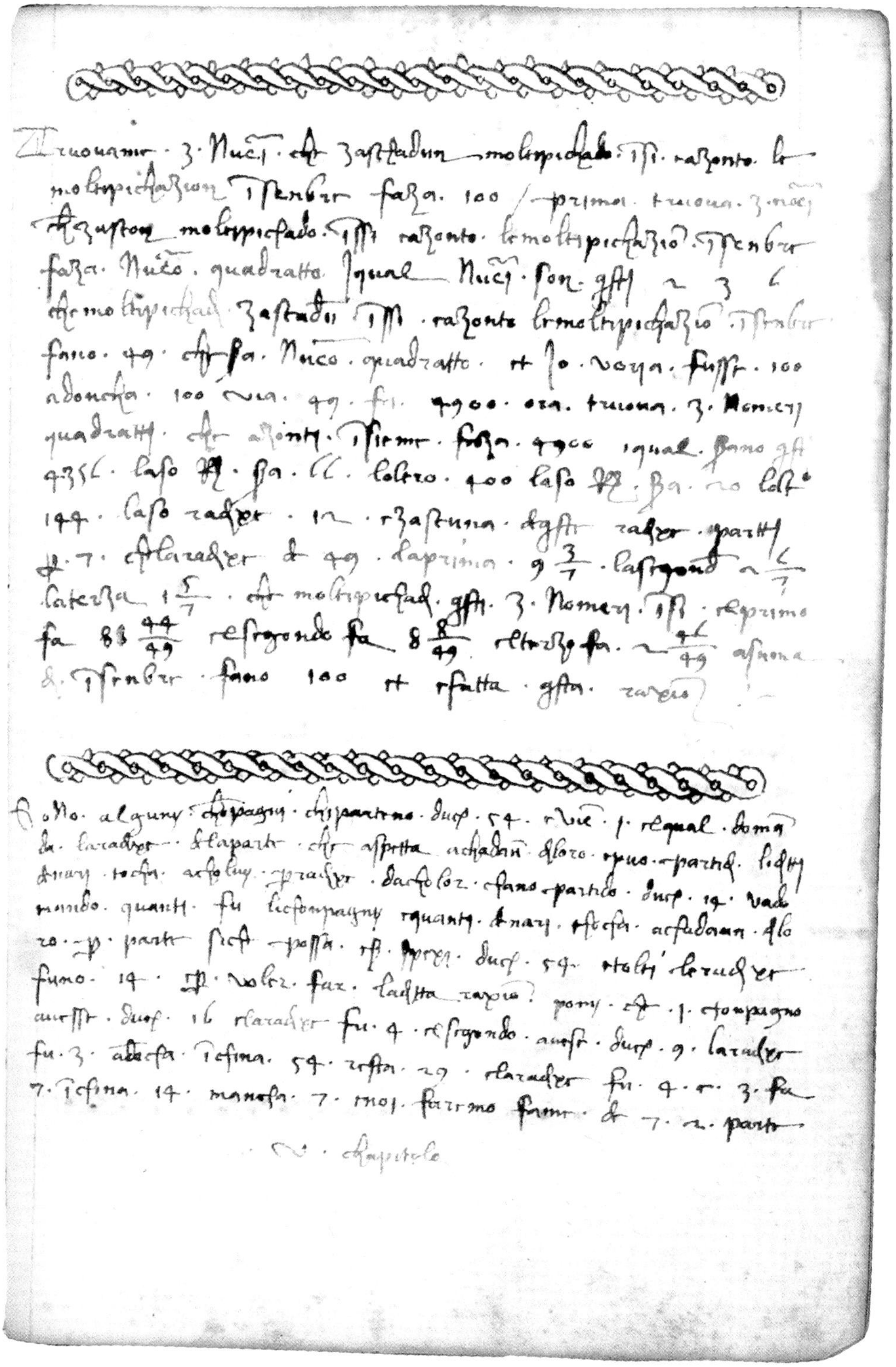
Truoua me. 3. nũeri. che zaschadun moltipichado. in si. razonto. lo
moltipichazion in senbre faza. 100 / prima. truoua. 3. nũeri
che zaschon moltipichado. in si razonto. lo moltipichazion. in senbre
faza. nũero. quadratto. Jqual nũeri. son. questi 2 3 6
che moltipichadi zaschadu in si. razonto lo moltipichazion. in senbre
fano. 49. che sia. nũero. quadratto. et io. voya. fusse. 100
adoncha. 100 via. 49. fa. 4900. ora. truoua. 3. nomeri
quadrati. che azonti. insieme. faza. 4900 iqual. sono questi
4356. la so R. sia. 66. laltro. 400 la so R. sia. 20 laltro
144. la so raixe. 12. ora parti. zaschuna. de queste raixe. per
per 7. che la raixe de 49. la prima. 9 3/7. la segonda 2 6/7
la terza 1 5/7. che moltipichadi. questi. 3. nomeri. in si. la prima
fa 88 44/49 la segonda fa 8 8/49. la terza fa. 2 46/49 asuma
de insenbre. fano 100 et e fatta. questa. raxon

Sono. alguni. chonpagni. che spartino. duc. 54. e vie. 1. equal. somma
de la raixe de la parte che aspetta a chadun de loro e per so partida. li quali
danari tochi a cholui praxe de cholor che fano partida. duc. 14. vado
mando quanti fu li chonpagni e quanti danari. che tocha a chadauno de lo
ro per parte siche. posta. che io pony. duc. 54. e tolti le raixe
fumo 14. Jn voler. fare. la ditta raxon. pony che 1 chonpagno
avesse. duc. 16 la raixe fu. 4. el segondo. avesse. duc. 9. la raixe
fu 3. adoncha che sina. 54. resta. 29. e la raixe fu 4 e 3 fa
7. che sina. 14. manchera. 7. noi faremo. fine de 7. 2. parte

Capitolo

f. 75a

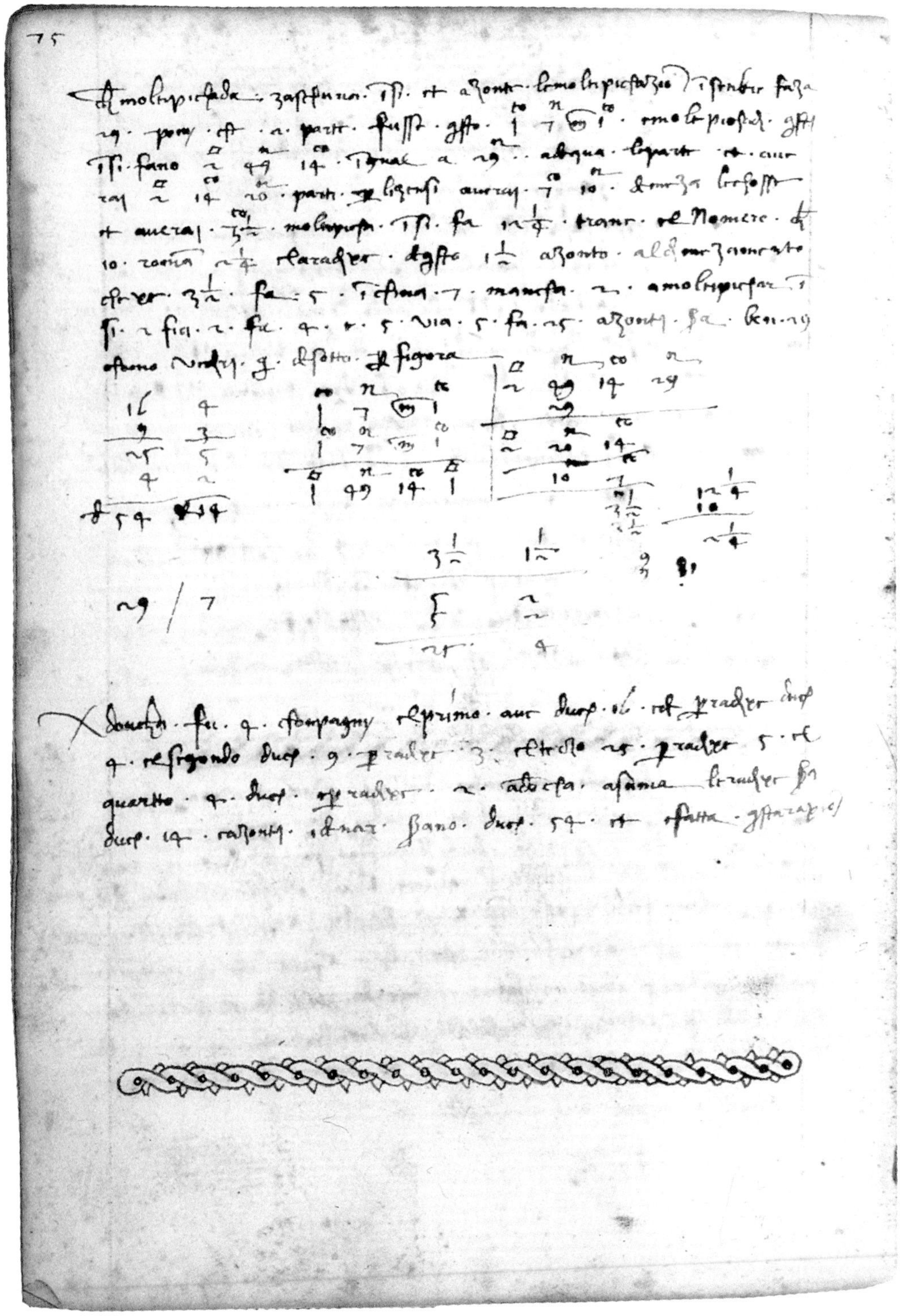

f. 75b

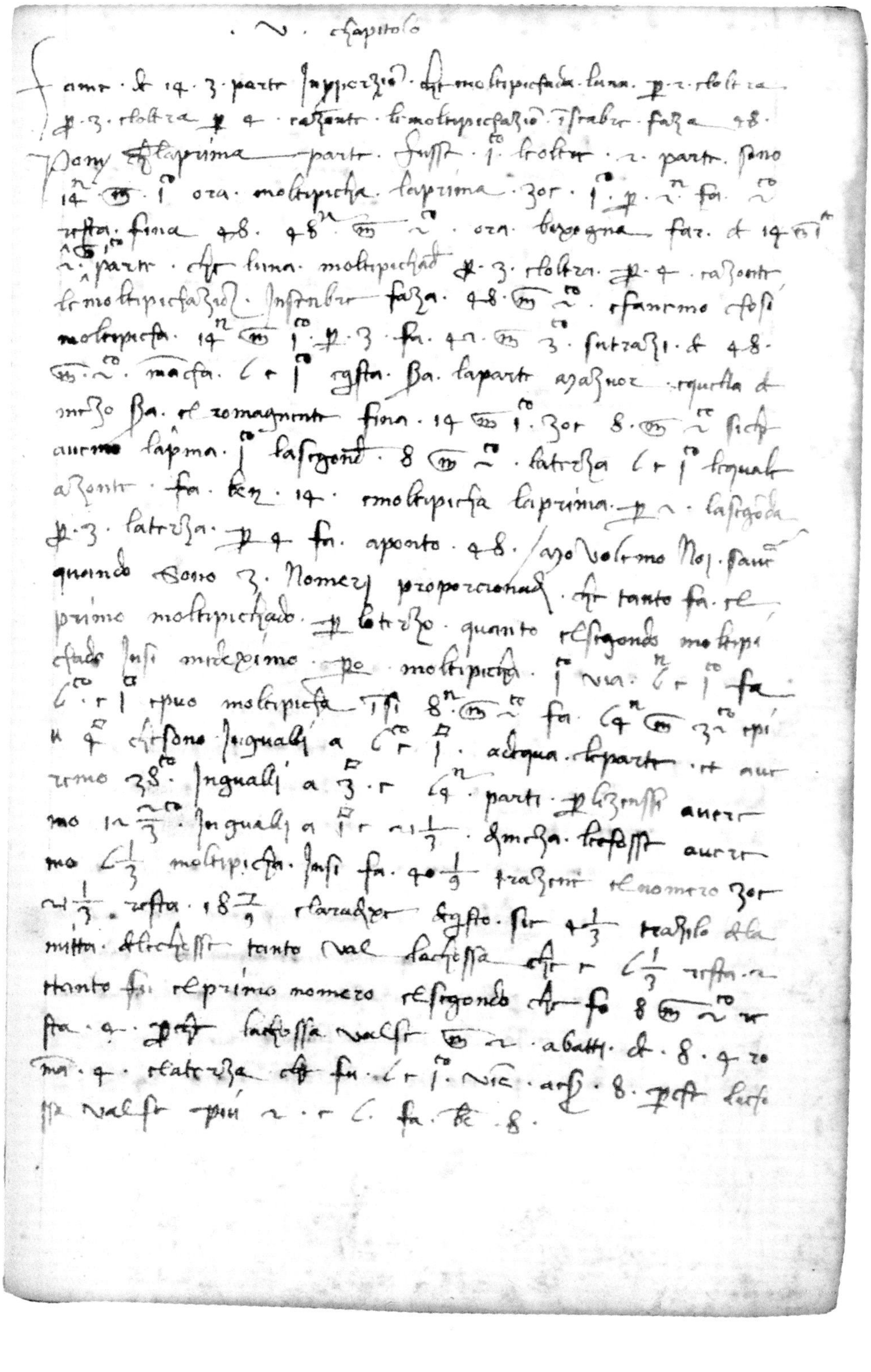

f. 76a

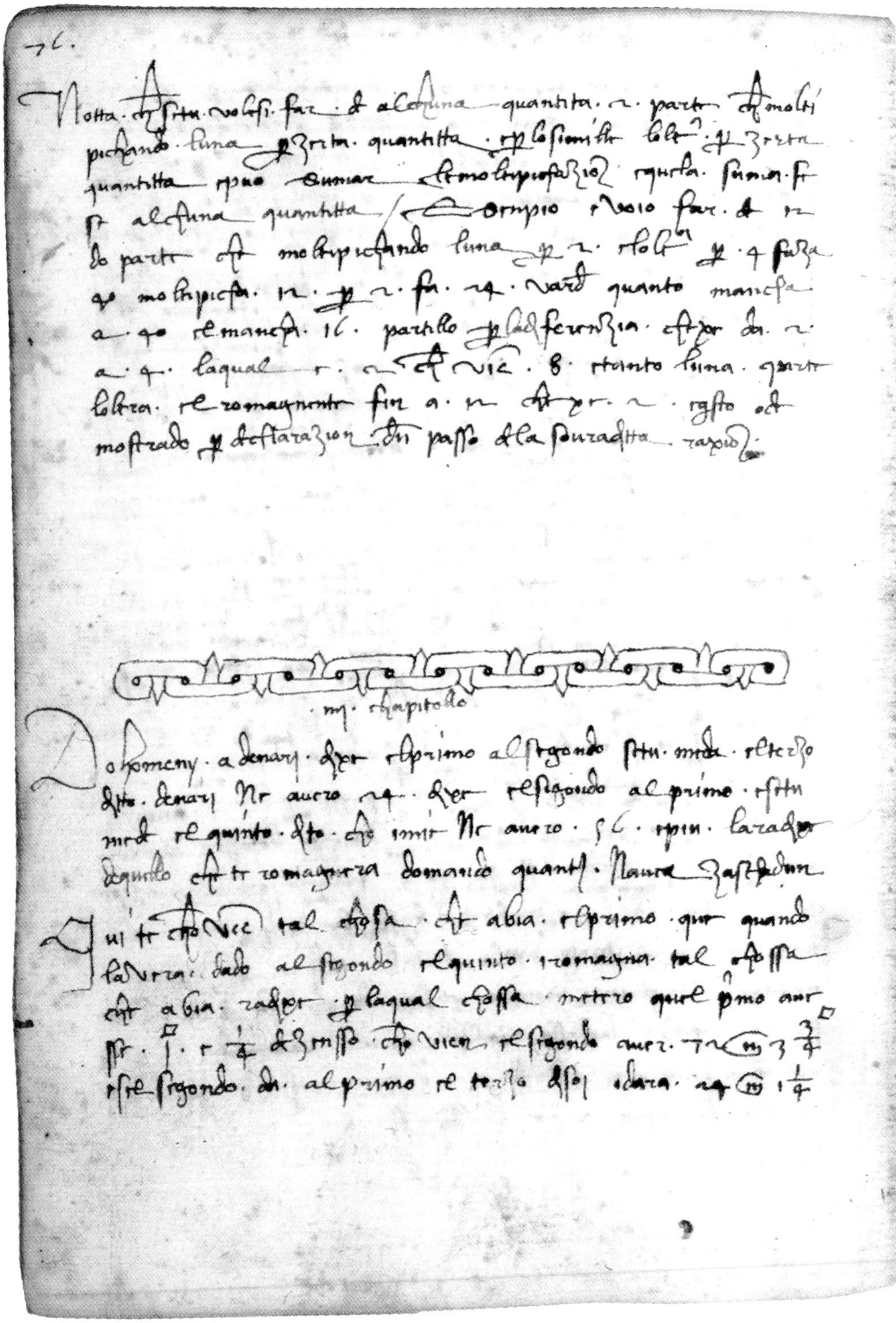

f. 76b

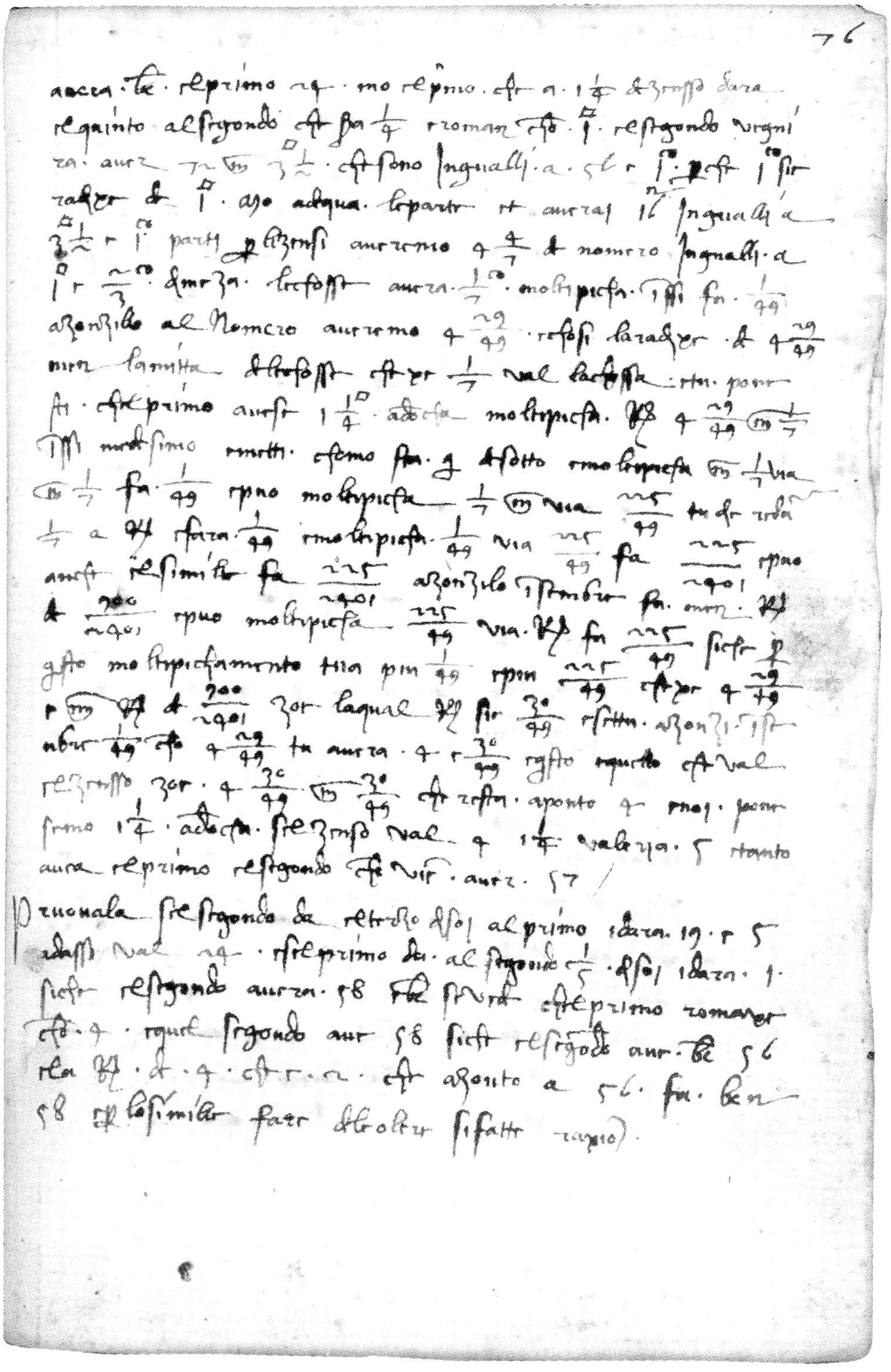

f. 77a

77

Tratado de trovar raixe quadratta de ogni numero
quasi chomenza lo tratado de le raixe quadratte e chubiche
de numeri che abia raixe destrette / onde debe saver che
zaschadun numero per si medesimo moltipichado sie raixe
de la sua moltipichazion zoe raixe quadratta in questo modo
do. 4. e raixe de 16. per che 4 via 4 fa 16. e 5.
e raixe de 25. per 5 via 5 fa 25. e chossi de ogni
numero moltipichado in si medesimo / e raixe chubicha de
quella quando lo numero moltipichado in si medesimo e
quella moltipichazion vien moltipichada per che raixe
quadratta de la moltipichazion in questo modo 3 mol
tipichado in si fa 9. questo 9 moltipichado per la so raixe
quara zoe per 3. fa 27. el qual vien ditto che 3
e raixe chubicha de 27. e 4. e raixe chubicha de 64
e 5. raixe chubicha de 125

E prima te mostrado la regola de trovar la raixe quadrata
de zaschadun numero che [illegible] lo qual avesse rai
xe destretta in questo modo / Tu die adesso numerar
le figure lo qual che sono lo numero del qual tu voi trovar
la raixe quadratta, e se le figure fosse de spari
tu die meter sotto la prima figura la qual e in vez

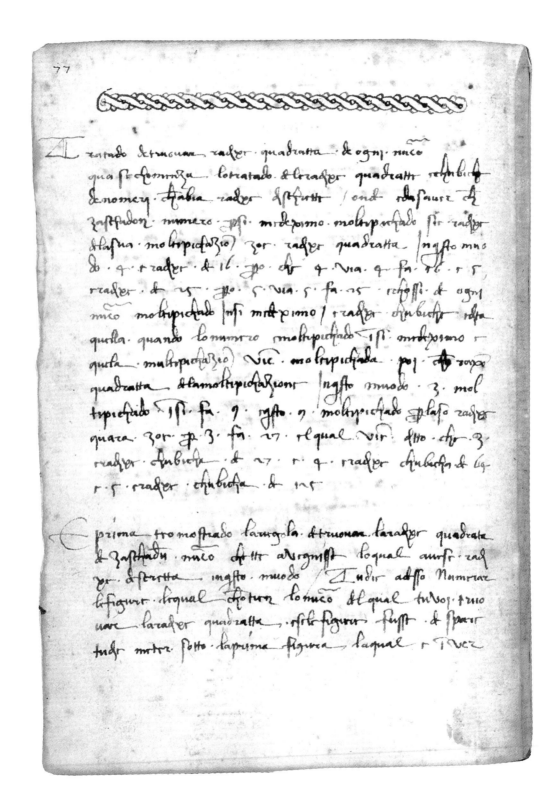

f. 77b

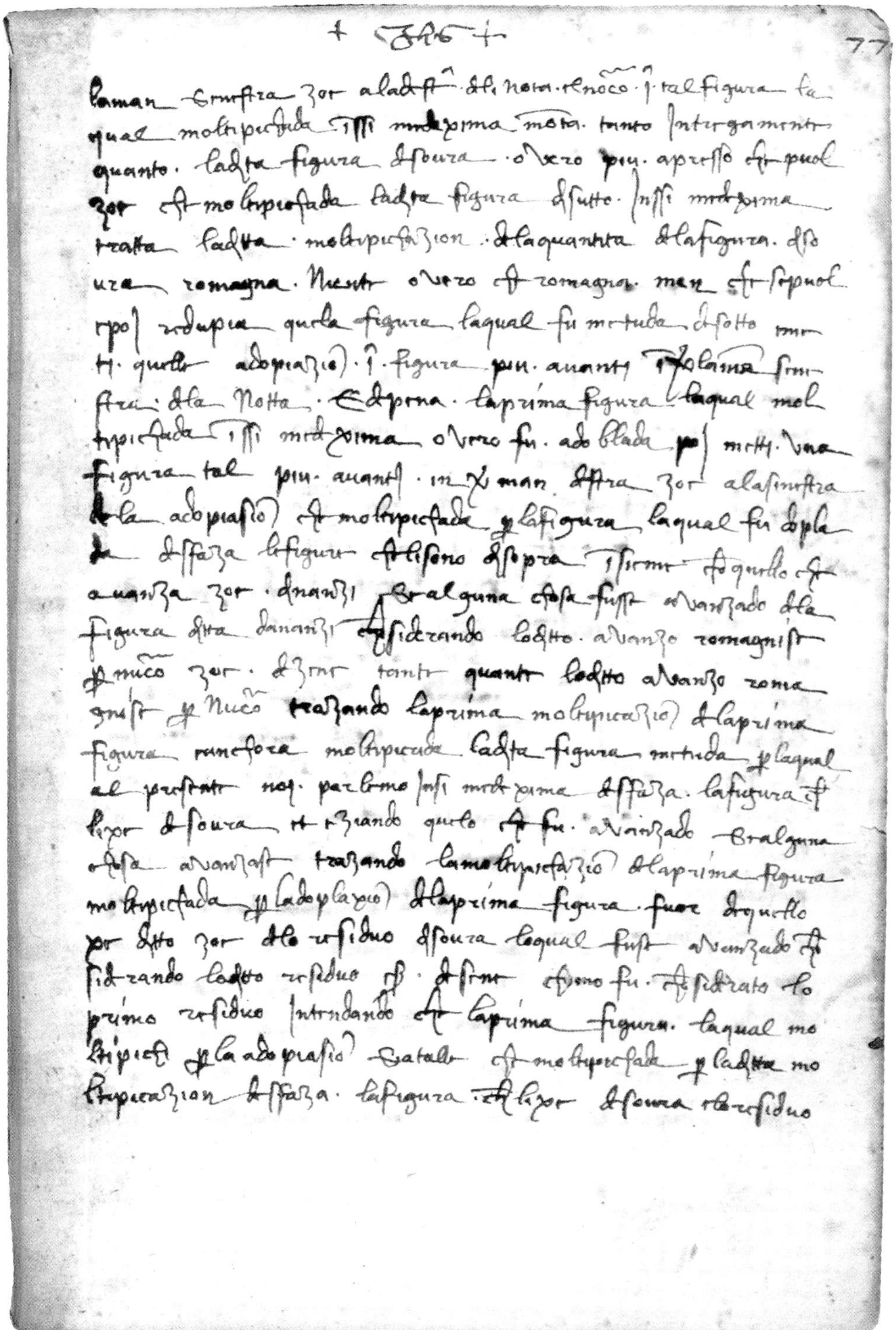

f. 78a

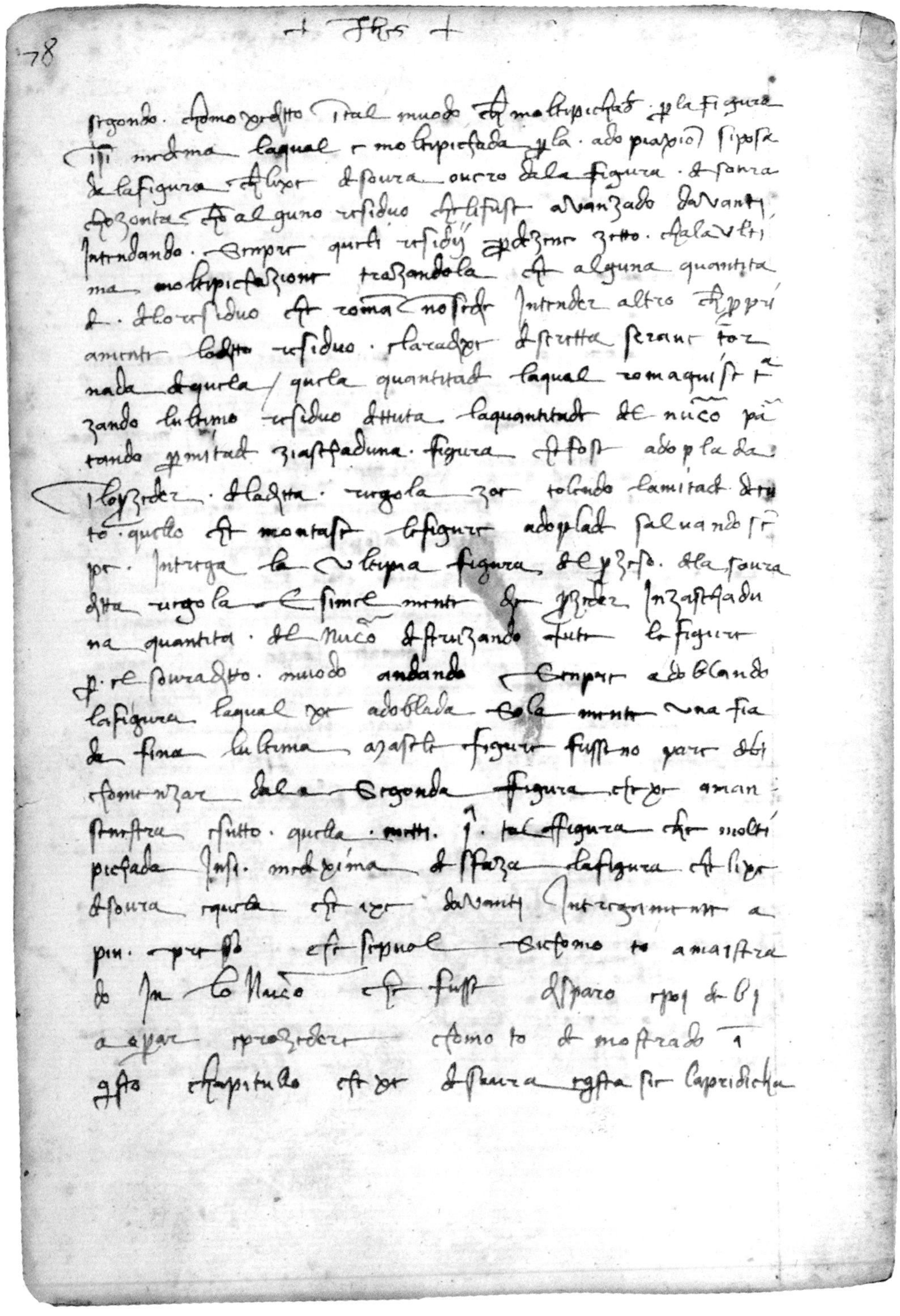
78

+ Jhs +

segondo. chomo zerto i tal mudo che moltipichado per la figura
in si medesima laqual e moltipichada per la . ado piazo si pose
de la figura che lizer de soura ouero dala figura de soura
chonzonta che alguno residuo che li fusse avanzado davanti
intendando. sempre quelli residij . che zerto . chala ulti
ma moltipichazione trazandola che alguna quantita
de . dolo residuo che romane no se de intender altro che ppri
amente lo ditto residuo . e la radixe de sì fatta serave toz
nada de quella / quella quantitade laqual romaquise tra
zando lultimo residuo de tuta laquantitade del nuo pu
tando p mitade zascaduna figura che fosse adopiada
p lo zonzer de la ditta regola zoe tolendo la mitade de tu
to quello che montasse le figure adopiade salvando se
pre intriega la ultima figura de piazolo de la soura
ditta regola e simel mente de zonzer in zascadu
na quantita del nuo destruzando tute le figure
per el soura ditto mudo andando sempre adoblando
la figura laqual zoe adoblada solamente una fia
de fina lultima azo che le figure fusse no par e de
chomenzar dala segonda figura che zoe aman
stanstra e tutto quello . metti . j . tal figura che molti
pichada in si medesima de sfaza la figura che lizer
de soura e quella che zer davanti intergamente a
pui . perzo che se sepuol chomo to amaistra
do in lo nuo che fusse de sparo e poi de lij
a apar e prozeder chomo to de mostrado
questo chapitulo che zoe de soura questa se la pricticha

f. 78b

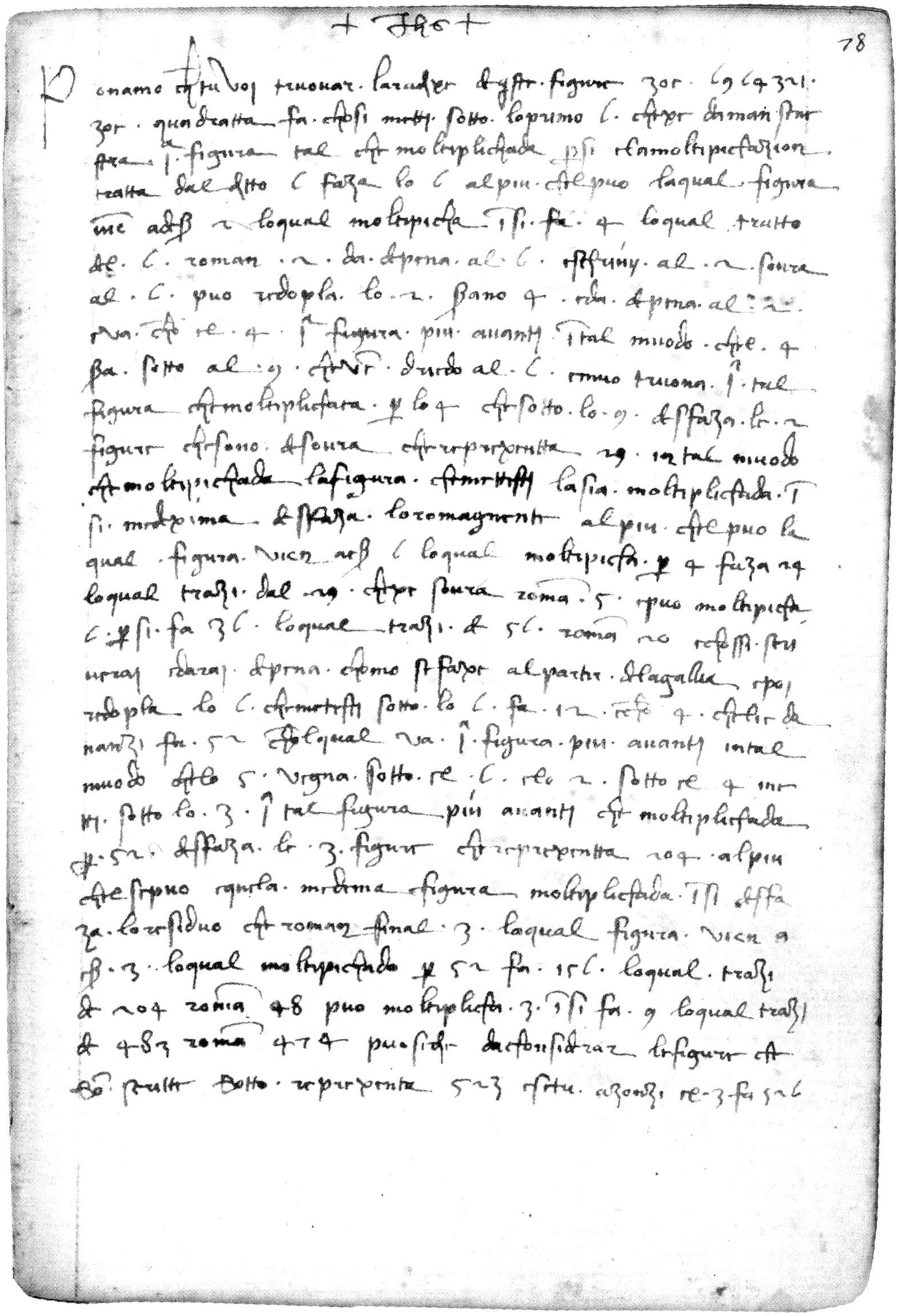

f. 79a

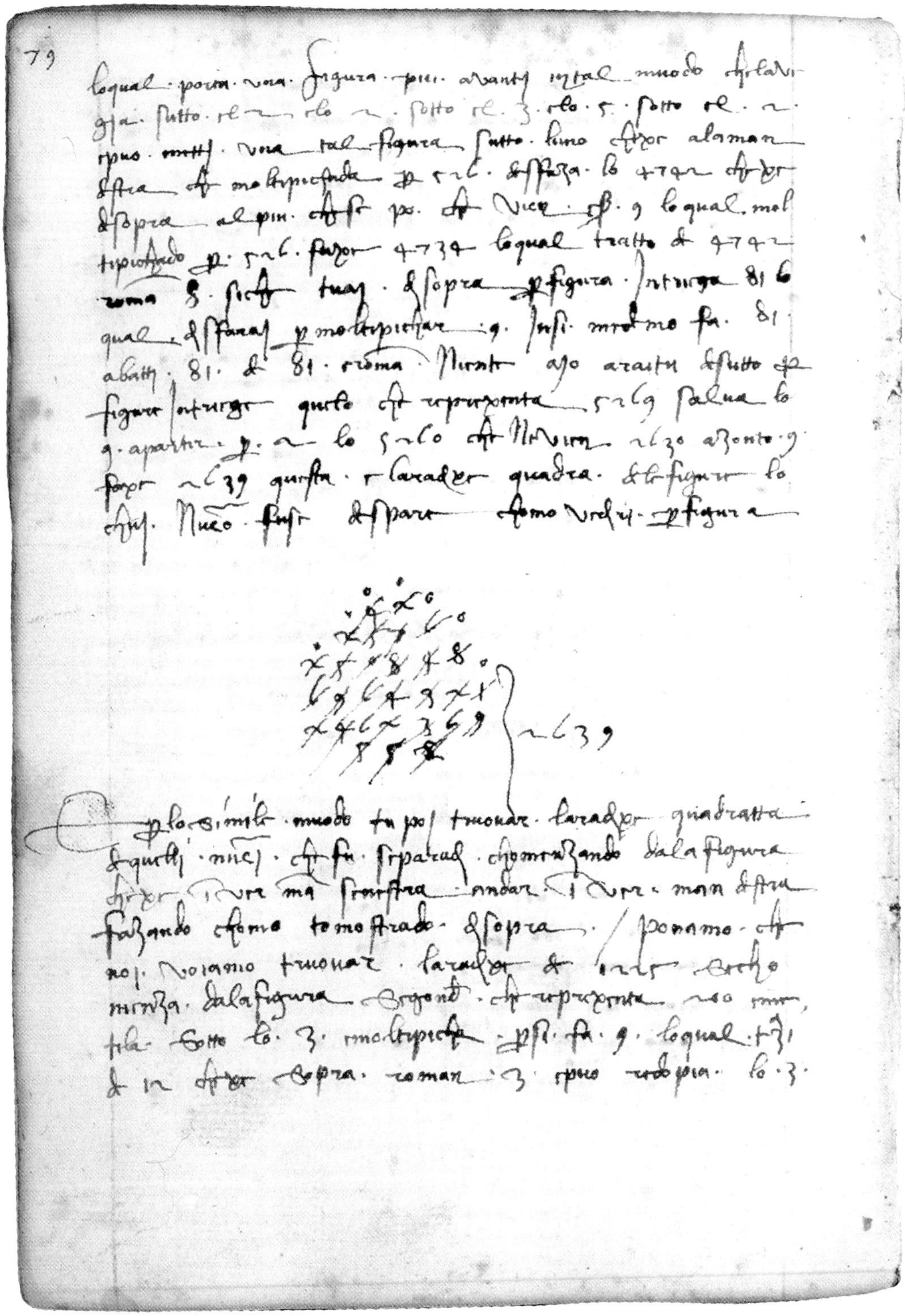

f. 79b

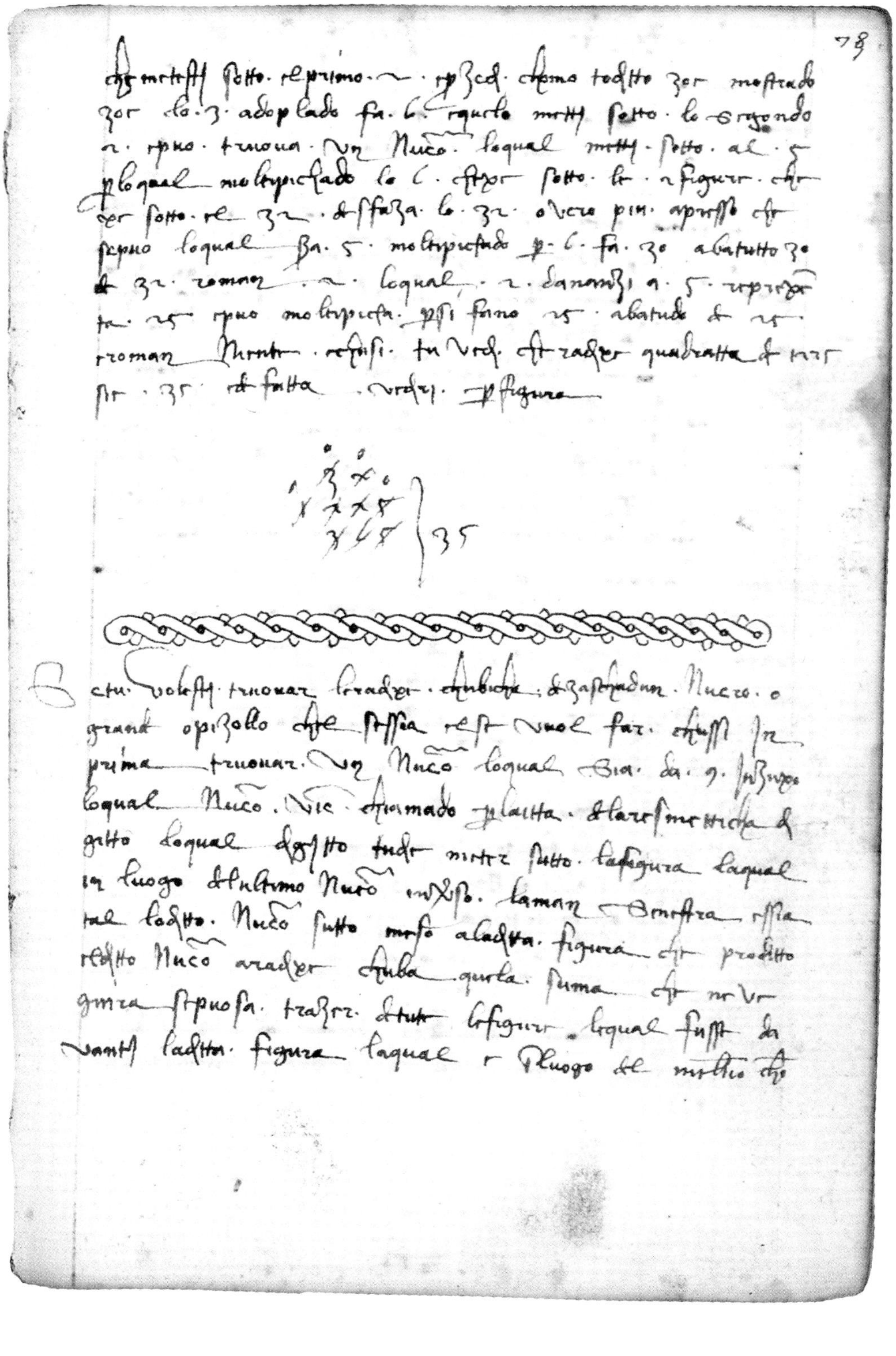

f. 80a

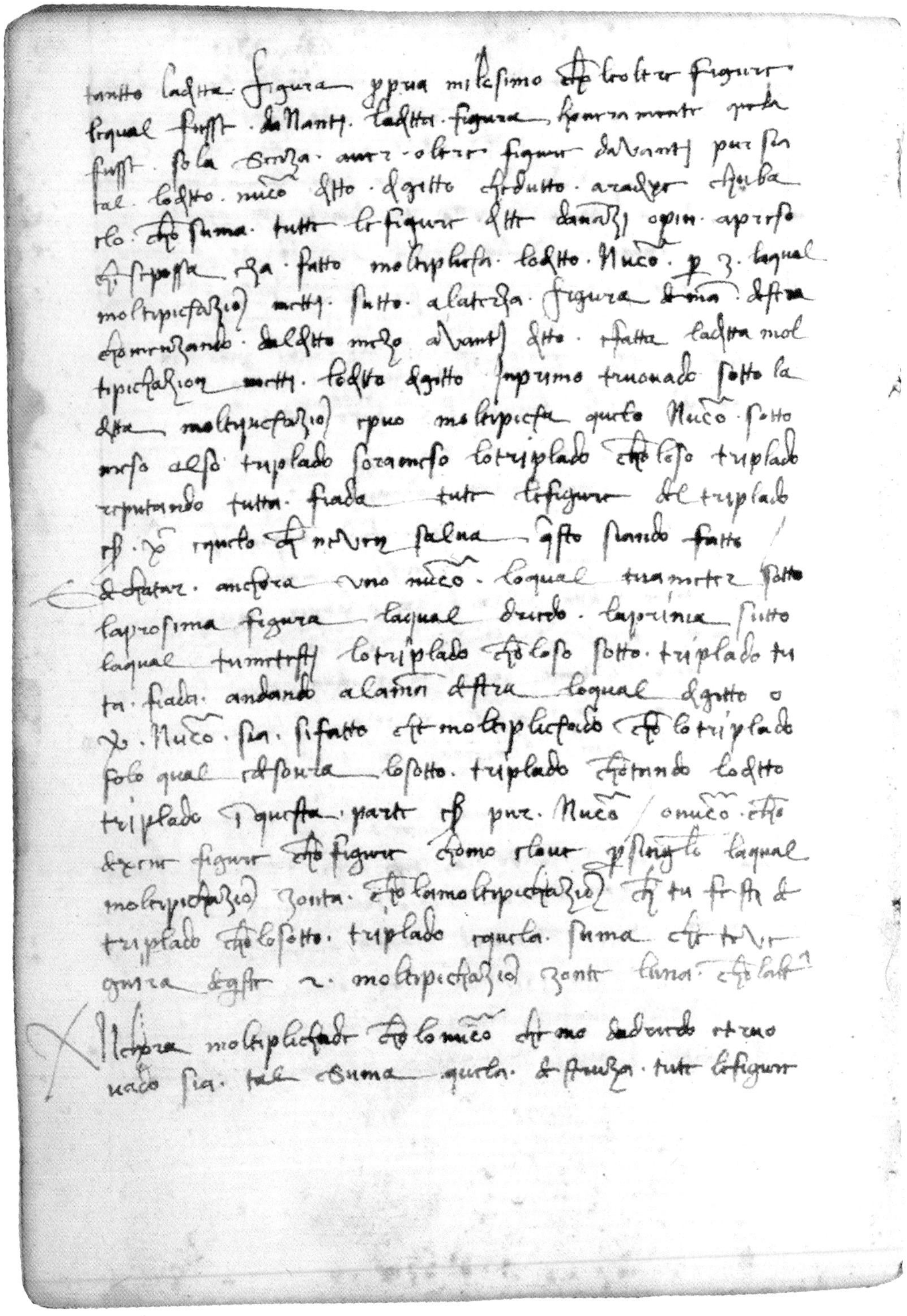

f. 80b

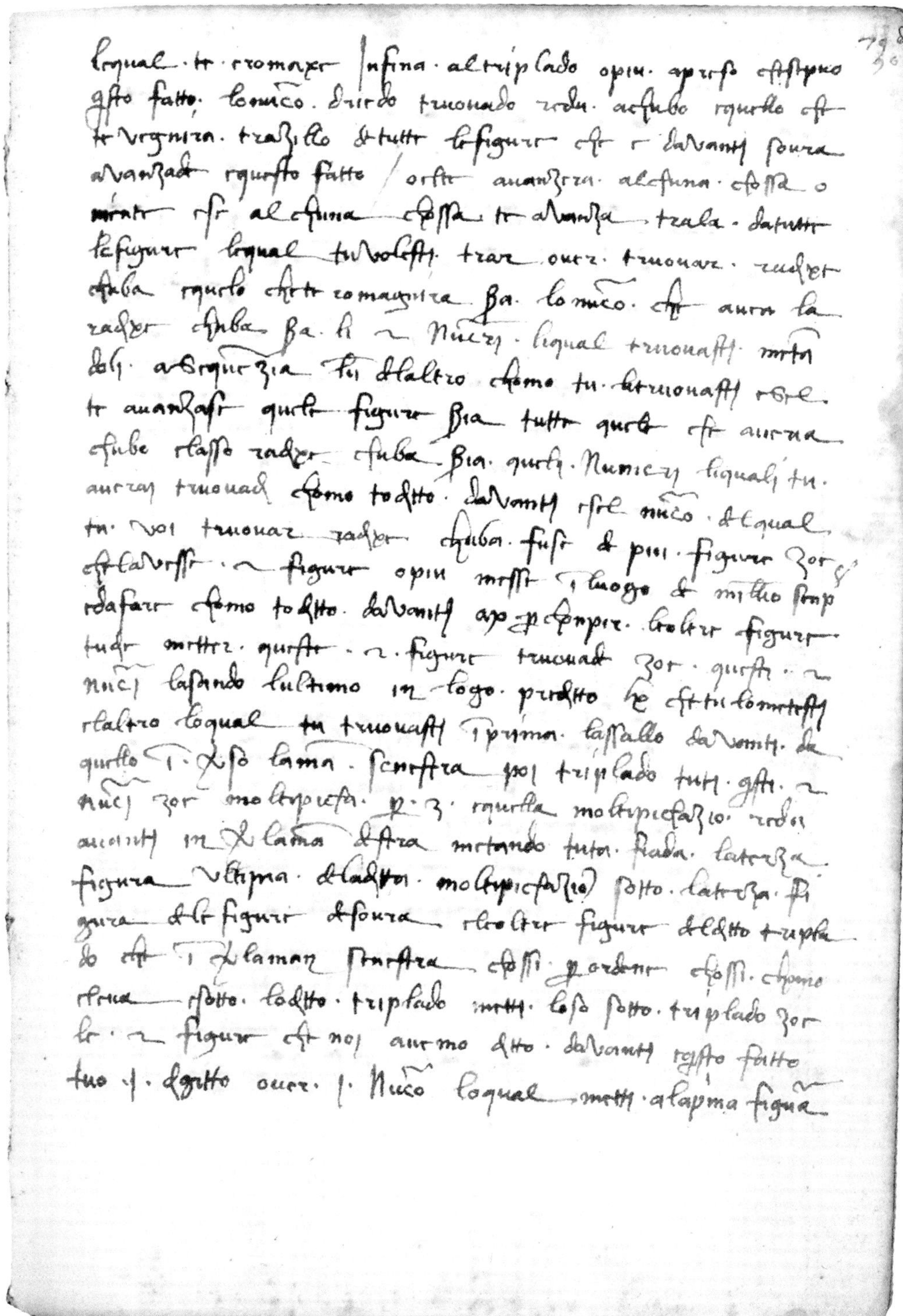
loqual te romaxe | infina al triplado o piu. apresso che questo
questo fatto, lo numero dirredo truovado redu. a chubo e quello che
te vegnira. trazillo de tutte le figure che e davanti soura
avanzade e questo fatto / o che avanzera alchuna chossa o
non e che alchuna chossa te avanza, trala da tutte
le figure lequal tu volessi trar over truovar radixe
chuba e quello che te romagnira sia lo numero che avera la
radixe chuba sia li 2 numeri liqual truovassi meti
dessi a sequenzia l'un de l'altro chomo tu li truovassi e se
te avanzasse queste figure sia tutte queste che avera
chube e lasso radixe chuba sia questi numeri liquali tu
averai truovadi chomo te ditto davanti e se el numero del qual
tu voi truovar radixe chuba fusse de piu figure zoe
che la vesse 2 figure o piu metti in luogo de methodo semp
re da fare chomo te ditto davanti a provar per chomprir le oltre figure
tu de metter questi 2 figure truovade zoe questi 2
numeri lassando l'ultimo in logo predicto he che tu lo metessi
e l'altro loqual tu truovassi in prima lassallo davanti da
quello in verso la man senestra poi triplado tutti questi 2
numeri zoe moltiplicadi per 3 e quella moltiplicazion redu
avanti in ver la man destra metando tutta fiada la terza
figura ultima de la ditta moltiplicazion sotto la terza fi
gura de le figure de soura e le oltre figure del ditto tripla
do che in ver la man senestra chossi per ordene chossi chomo
e trova sotto lo ditto triplado metti lo so sotto triplado zoe
le 2 figure che noi avemo ditto davanti e questo fatto
tuo 1 digitto over 1 numero loqual metti a la prima figura

f. 81a

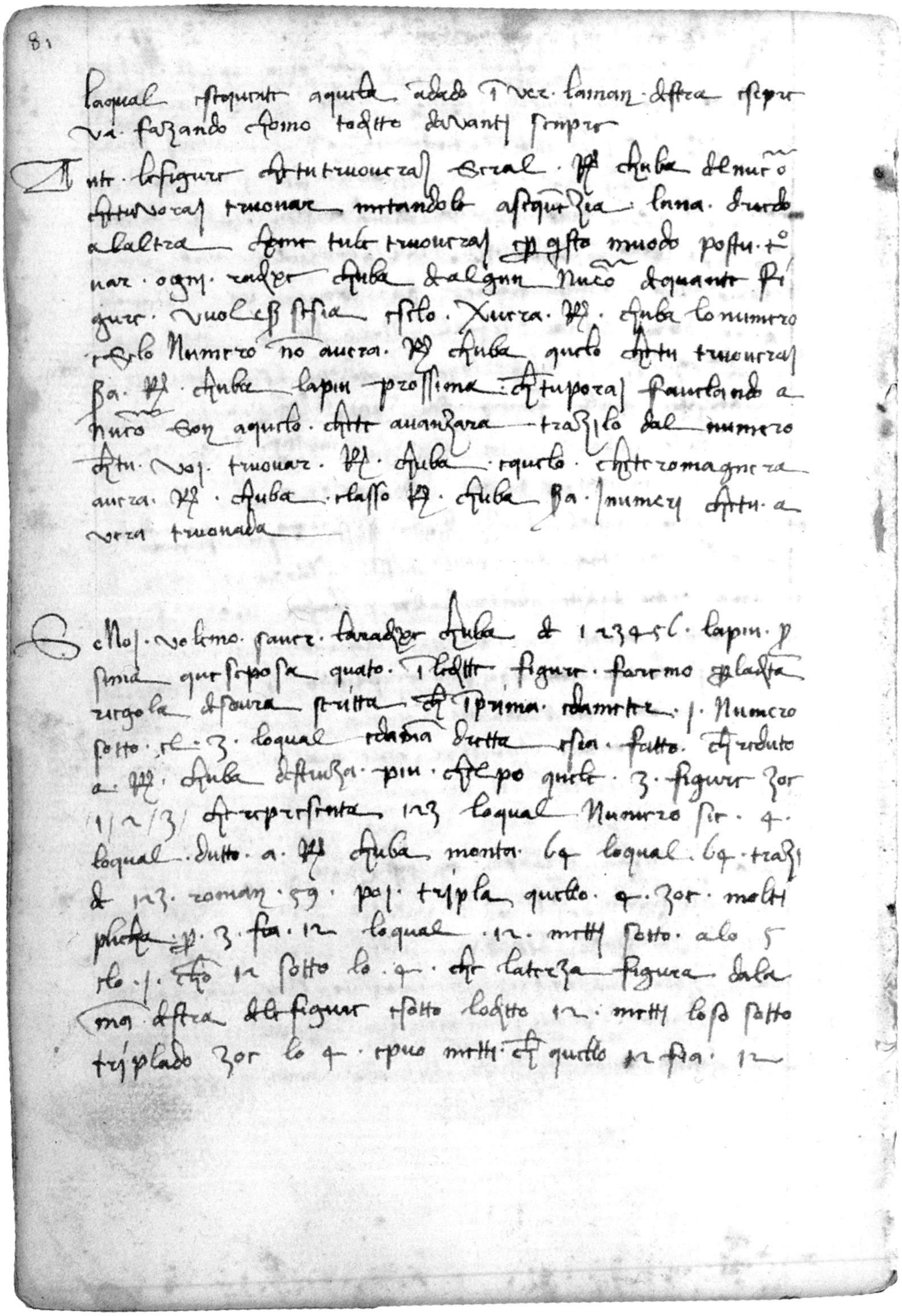

f. 81b

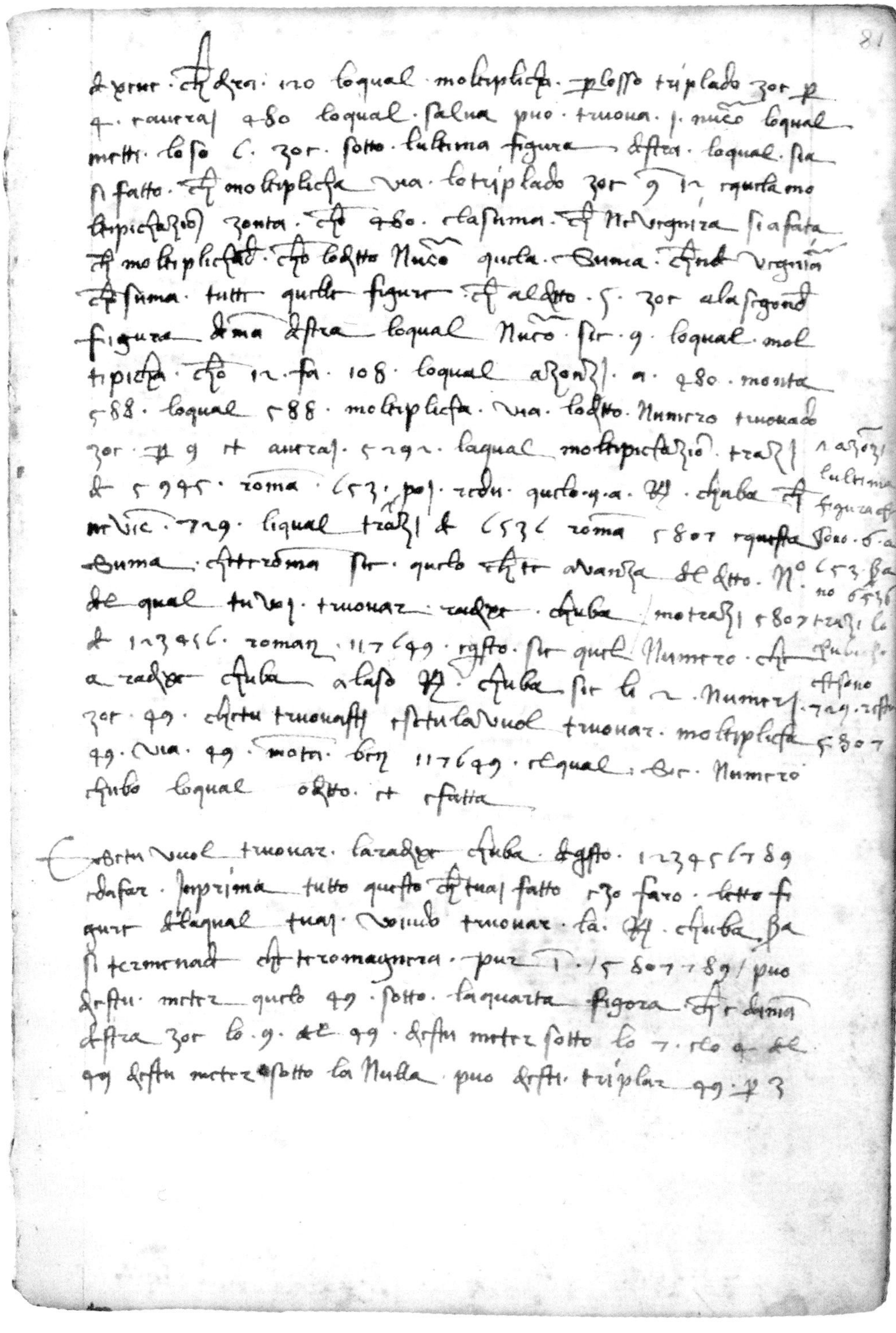

f. 82a

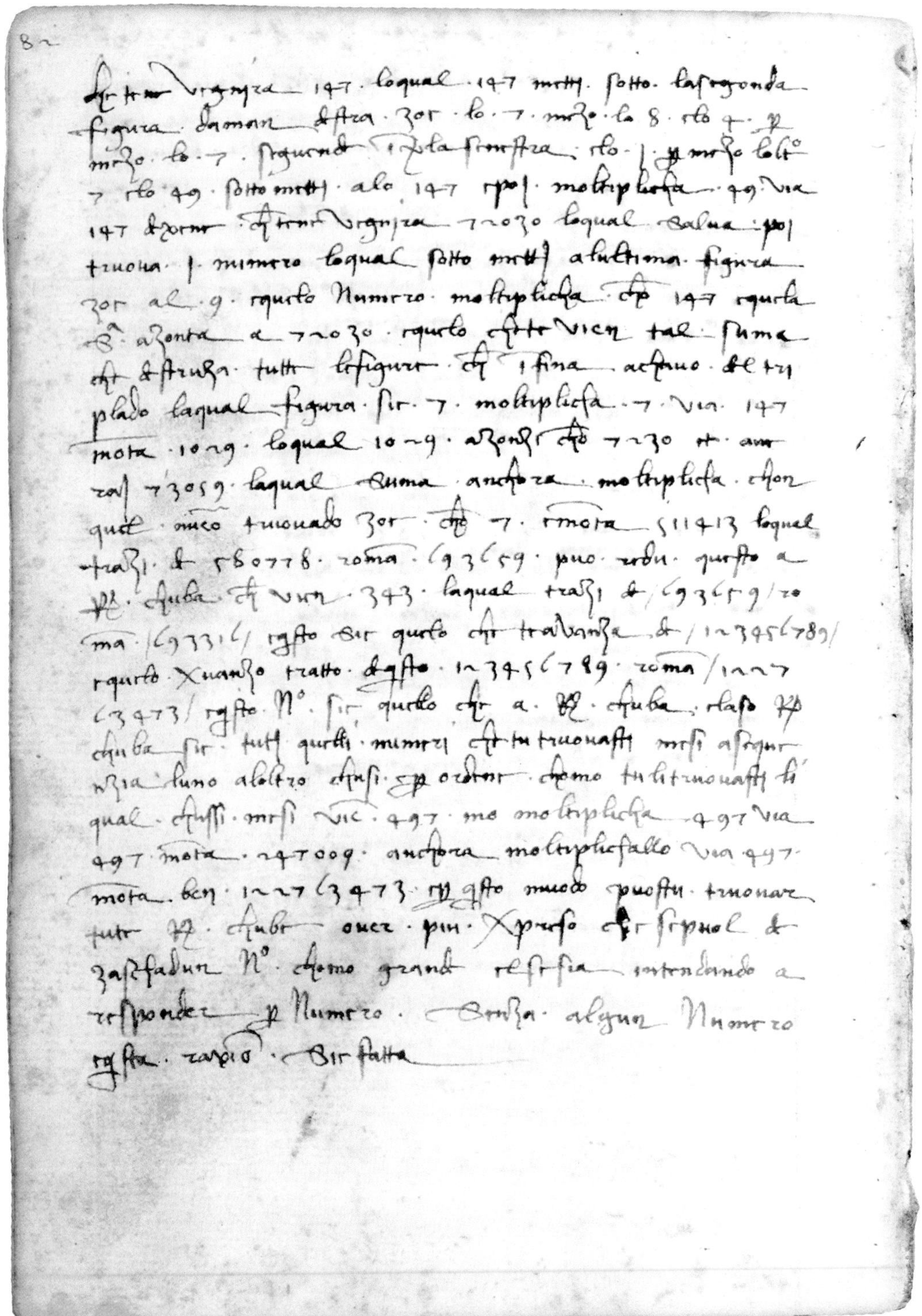

82

che tu averai ingnanza 147 loqual 147 metti sotto la segonda
figura da man destra zoe lo 7 mezo la 8 e lo 4 p(er)
mezo lo 7 seguando e sola sinistra e lo 1 p(er) mezo lo 1°
7 e lo 49 sotto metti alo 147 poi moltiplicha 49 via
147 dezorne che tu averai ingnanza 7203 loqual salua poi
truoua 1 numero loqual sotto metti a lultima figura
zoe al 9 e questo Numero moltiplicha che 147 e quela
s(umm)a azonta a 7203 e questo che te vien tal suma
che destruzi tutte le figure che e fina a chavo del tri-
plado laqual figura sie 7 moltiplicha 7 via 147
monta 1029 loqual 1029 azonzi che 7230 et am-
ras 73059 laqual suma anchora moltiplicha chon
quel anco truouado zoe che 7 e monta 511413 loqual
trazi de 580778 resta 69365 puo vedi questo a
R(adice) chuba che vien 343 laqual trazi de /69365 9/ re-
ma /69331 6/ resto sie quelo che trauanza de /123456789/
e questo Xuanzo tratto de questo 123456789 roma /1227
63473/ resto N° sie quello che a R(adice) chuba e laso R(adice)
chuba sie tutti quelli numeri che tu truouasti mesi a sigur-
nzia luno alaltro chussi p(er) ordene chomo tu li truouasti li
qual chussi mesi vie 497 mo moltiplicha 497 via
497 monta 247009 anchora moltiplichalo via 497
monta ben 122763473 p(er) questo muodo puostu truouar
tute R(adice) chube over piu Xpresso che sipuol de
zascheduno N° chomo grande el se sia intendando a
responder p(er) Numero senza alguna Numero
resta zaxio sie fatta

f. 82b

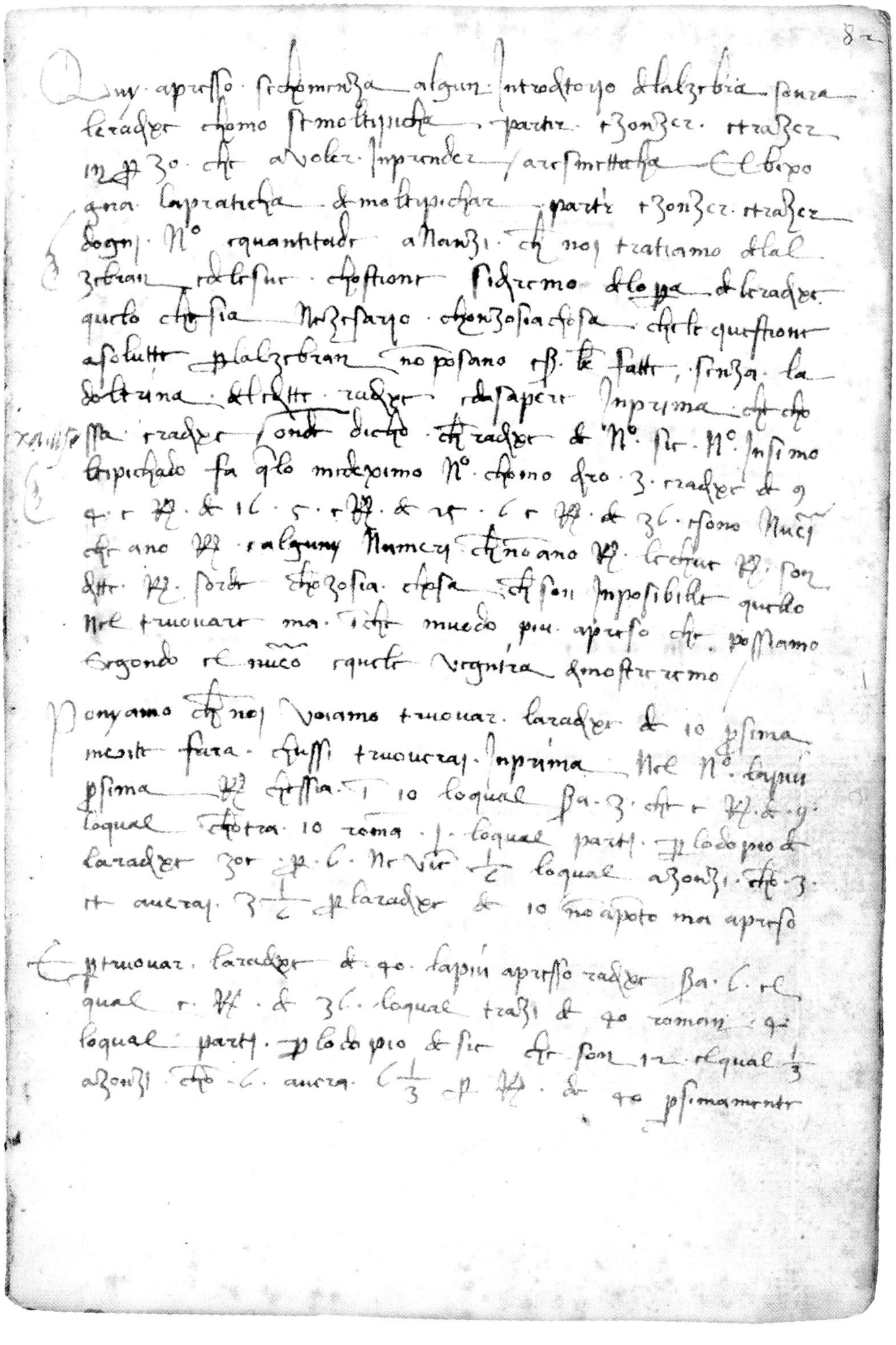

f. 83a

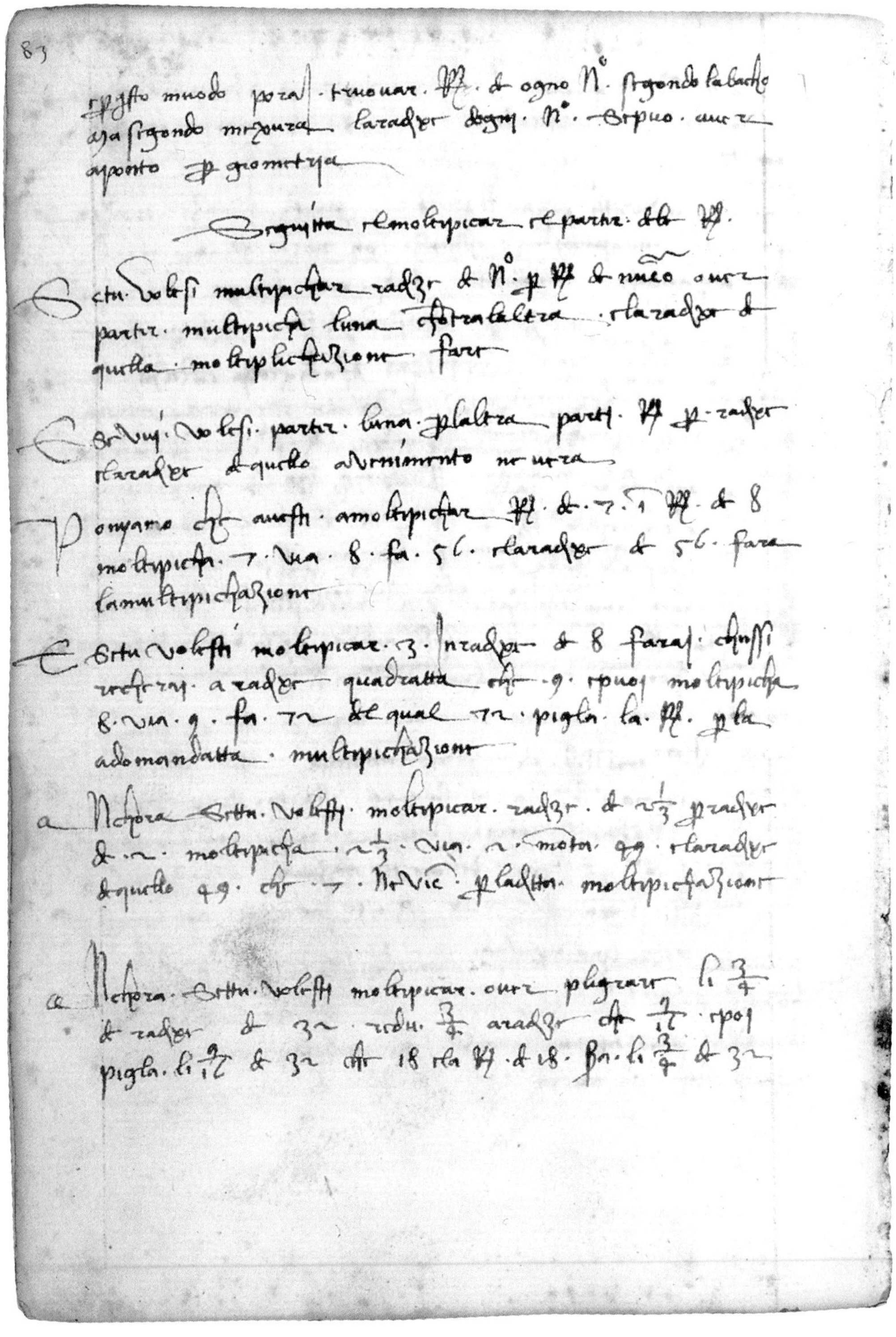

f. 83b

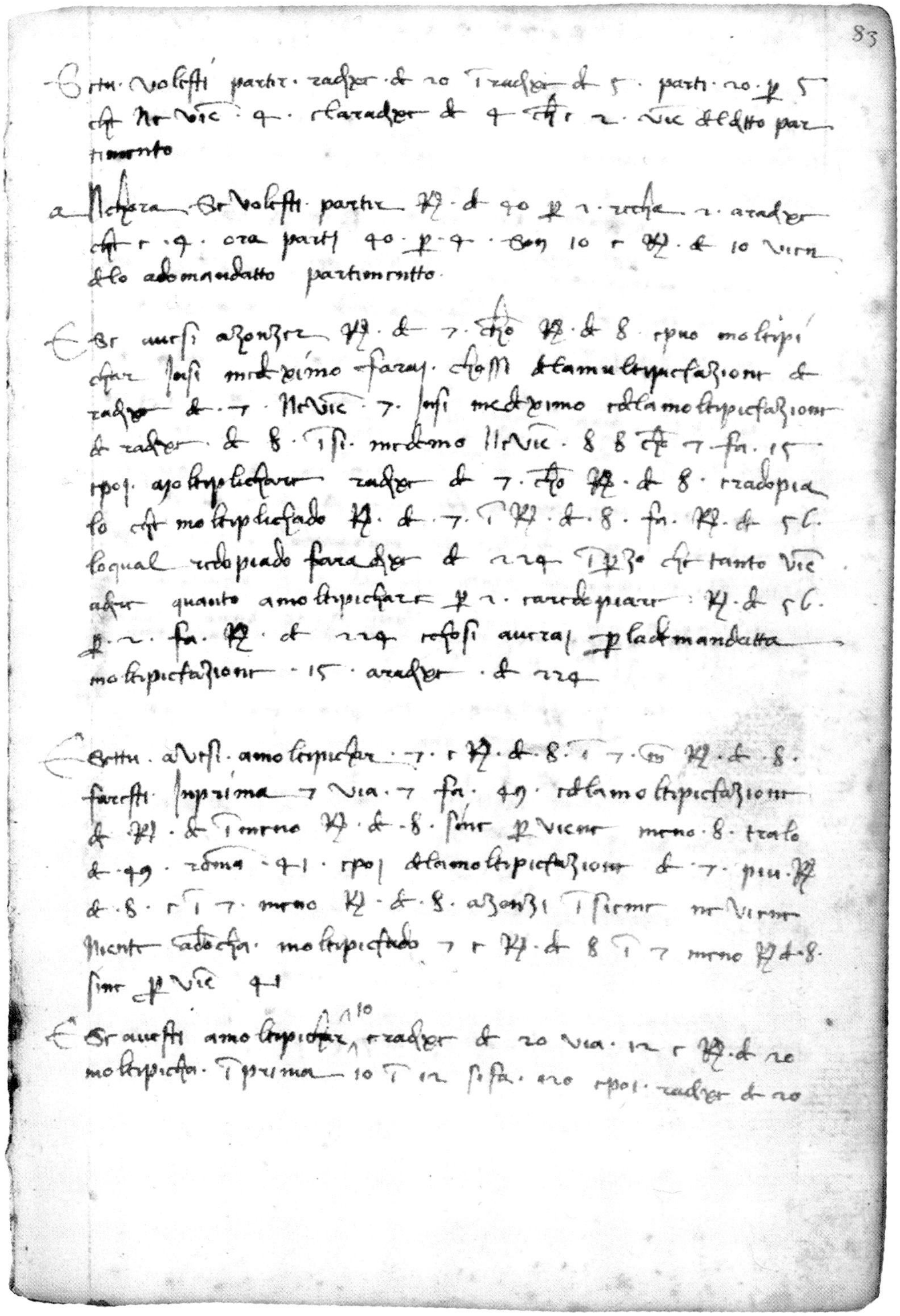

f. 84a

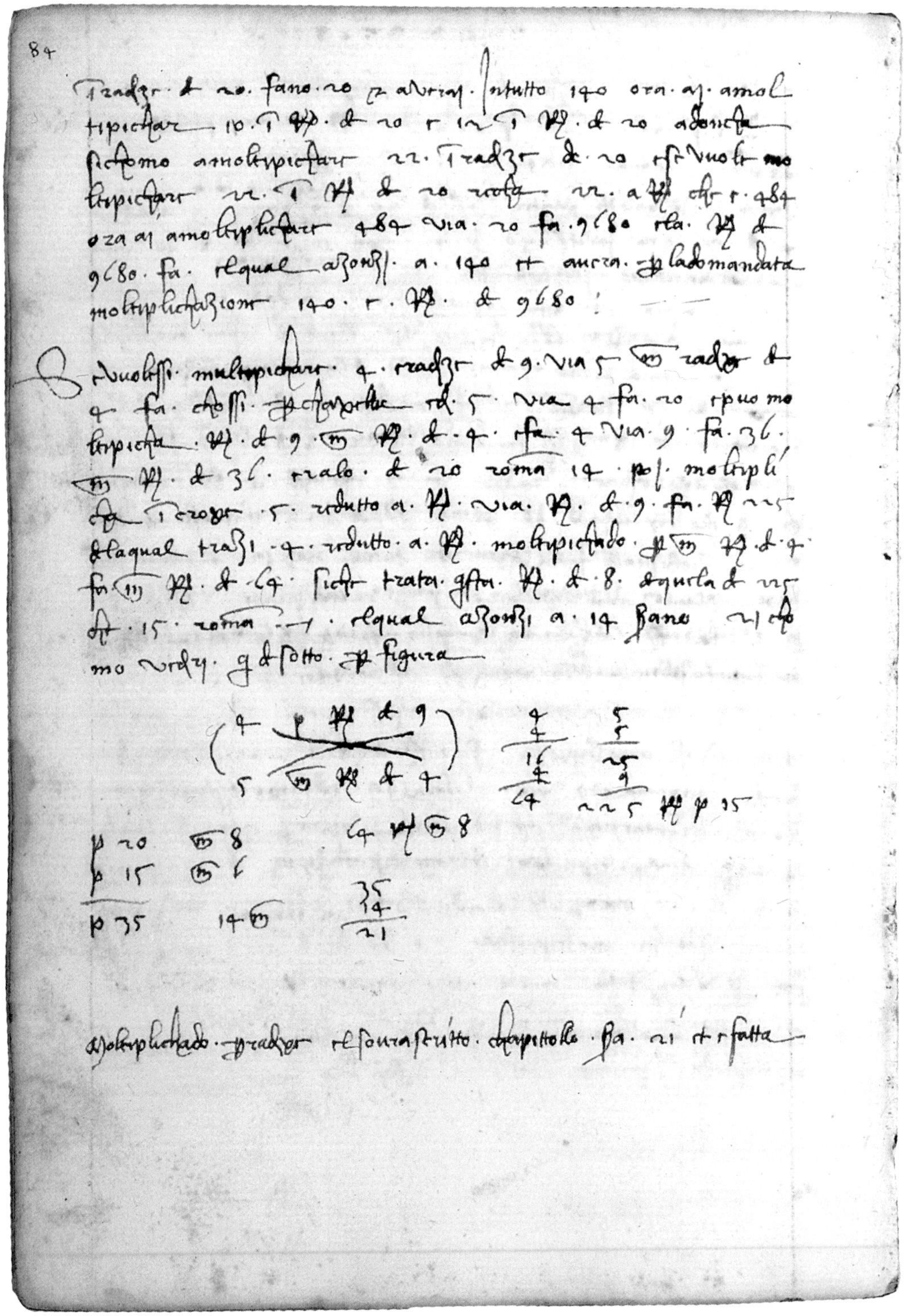

f. 84b

84

Quando volessi rezonzer over trazer R de n° che R de n°
dei moltiplichar l'una per l'altra e la R del moltiplichamentto
radopiar loqual redopiatto rezonzer che l'una e cosa l'altra
R che tu voi rezonzer e la R del rezozamento fara chomo tu
volessi razonzer e la R de 18 e cosa la radixe del 18 dico che dei
moltiplichar 8 via 18 fa 144 piglane la radixe de 12 la
quale redopia fa 24 loqual zonzi cho 18 e cosa 8 zoe cho
al fa 50 e cosi fara el ditto razozamento zoe R de 50

Se tu volessi trazer radixe de 8 de radixe de 18 lo dopio dela R
dela moltiplichazione de 8 in 18 el qual e 24 trazi delo razo
zamentto de 8 in 18 zoe de 26 roman 2 e cosi averai
R de 8 de R de 18 roman R de 2 / ~~E questo~~ medemo
rezozamento e sotramento tuto in altro modo se puo
far zoe che se tu vuol razonzer radixe de 8 cho quela
de 18 parti la R de 18 per la R de 8 zoe sempre la
mazor R dala menor R che ne vien R de 2¼ la
qual R e 1½ e renovasi e cosi resta 2¼ a quarti
che son 9/4 lassa R sie 3/2 zoe 1½ al qual azonzi
sempre uno fara 2½ loqual 2½ moltiplicha in
quela in quela R che fu partida zoe in R de 8 a
cosa ai a moltiplichar 2½ via R de 8 e quela fa
ra R de 50 per lo adomandatto azonzamentto

E se a questo medesimo muodo vorai trazer R de 8 cho R
de 18 parti per 8 che ne vie R de 2¼ el quale e 1½
~~del~~ quale trazi sempre 1 roman ½ loqual ½ mol

f. 85a

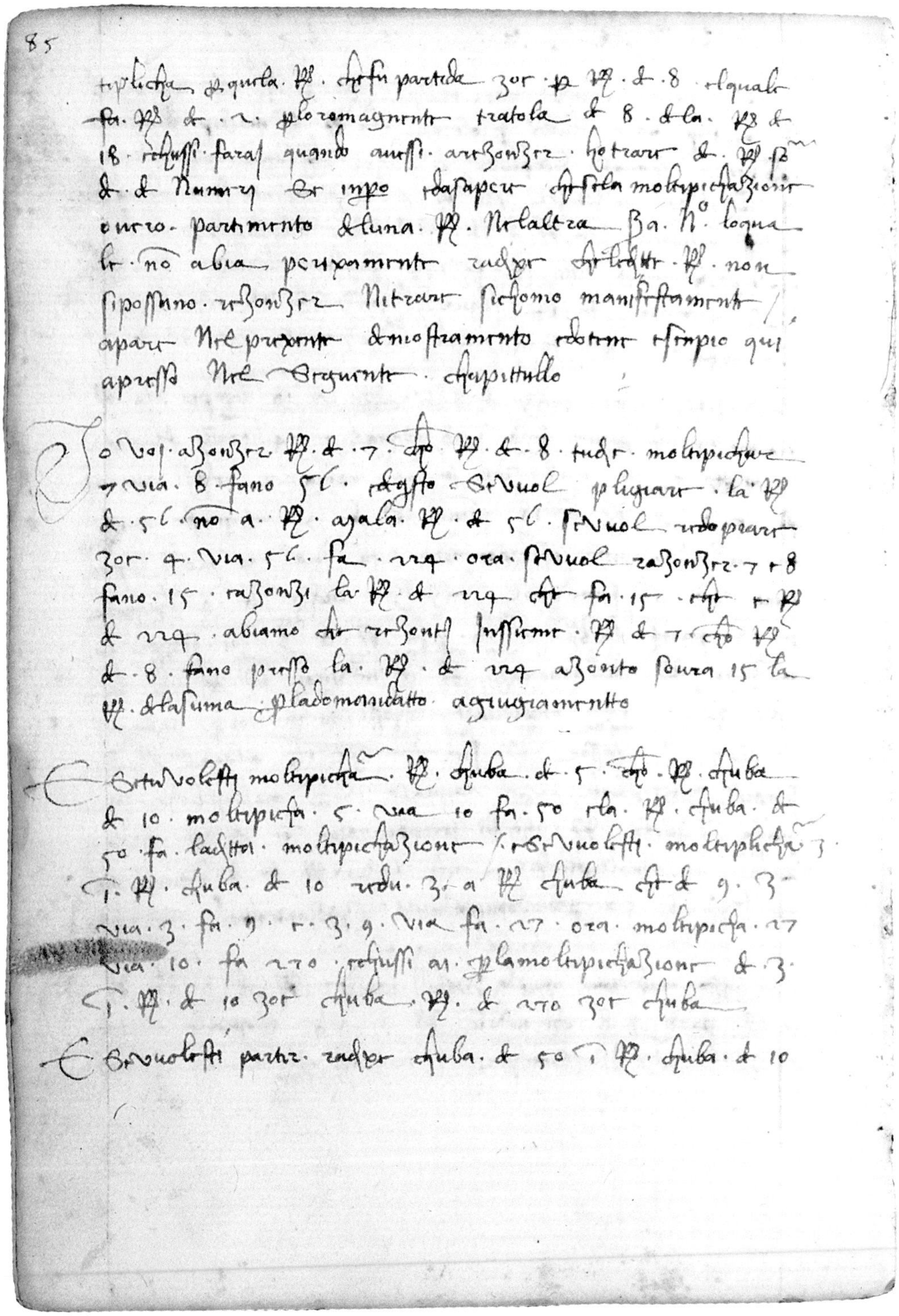

85

tiplichar sequela R. che fu partida zoe R de 8 el qual fa R de 2 per lo romagnente tratola de 8 de la R de 18 romaxe farasi quando averasi a razonzer ho trarre de R de numeri et impossibile da saper che sia la moltipichazione ovver partimento de l'una R ne l'altra salvo che l'una di lor non abia perfettamente radixe che le altre R non si possono razonzer ne trarre siccomo manifestamente apare nel prexente dimostramento cometiene exemplo qui apresso nel seguente chapitollo

Io vojo azonzer R de 7 cum R de 8 tu die moltipichare 7 via 8 fano 56 e questo se vuol per ligar la R de 56 no a R a zala R de 56 se vuol redoplar zoe 4 via 56 fa 224 ora se vuol razonzer 7 e 8 fano 15 razonzi la R de 224 che fa 15 che + R de 224 abiamo che razonzesti insieme R de 7 cum R de 8 fano presso la R de 224 azonto soura 15 la R de la suma per lo domandato azugniamento

E se tu volesti moltipichar R chuba de 5 cum R chuba de 10 moltipicha 5 via 10 fa 50 e la R chuba de 50 fa la ditta moltipichazione e se tu volesti moltipichar 3 in R chuba de 10 redu 3 a R chuba che de 9 3 via 3 fa 9 e 3 9 via fa 27 ora moltipicha 27 via 10 fa 270 romaxe a la moltipichazione de 3 in R de 10 zoe chuba R de 270 zoe chuba

E se vuolesti partir radixe chuba de 50 in R chuba de 10

f. 85b

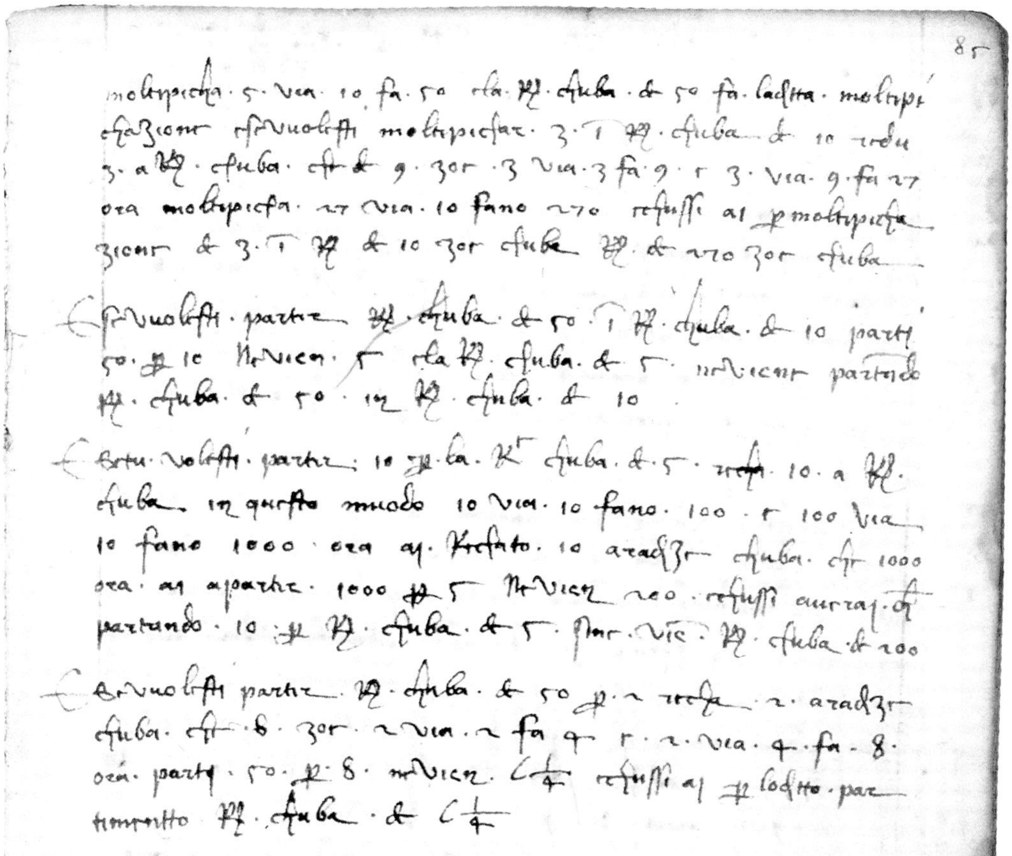
85

moltiplicha . 5 . via . 10 . fa . 50 . e la R. chuba . de 50 fa la ditta moltipli
chazione e se tu volesti moltiplichar . 3 . i R. chuba de 10 redu
3 . a R. chuba . che de 9 . zoe 3 via 3 fa 9 e 3 via 9 fa 27
ora moltiplicha 27 via 10 fano 270 e chussi al p moltiplicha
zione de 3 . i R. de 10 zoe chuba R. de 270 zoe chuba

E se tu volesti partir R. chuba de 50 . i R. chuba de 10 parti
50 . p 10 ne vien 5 e la R. chuba de 5 ne vien partendo
R. chuba de 50 in R. chuba de 10

E se tu volesti partir 10 p la R. chuba de 5 . recha 10 a R.
chuba in questo modo 10 via 10 fano 100 e 100 via
10 fano 1000 ora ai rechato 10 a radize chuba che 1000
ora ai a partir 1000 p 5 ne vien 200 e chussi averai che
partendo 10 p R. chuba de 5 ne vien R. chuba de 200

E se tu volesti partir R. chuba de 50 p 2 recha 2 a radize
chuba che 8 zoe 2 via 2 fa 4 e 2 via 4 fa 8
ora parti 50 p 8 ne vien 6 1/4 e chussi al p ditto par
timento R. chuba de 6 1/4

E se tu volesti multiplichar R. chuba de 10 p R. quadratto de 6
farai chussi recha 10 a R. quadratta che e 100 recha
6 a R. chuba che 216 zoe 6 via 6 fa 36 e 6 via
36 fa 216 ora moltiplicha 100 via 216 fa 21600
e voletu dir la R. chuba dala R. quadratta de 21600
Simigliantemente se tu volesti partir R. chuba de 10
p R. quadratta de 6 parti 100 p 216 ne vien 25/54
averai al partimento ne vien R. de R. chuba de 25/54

f. 86a

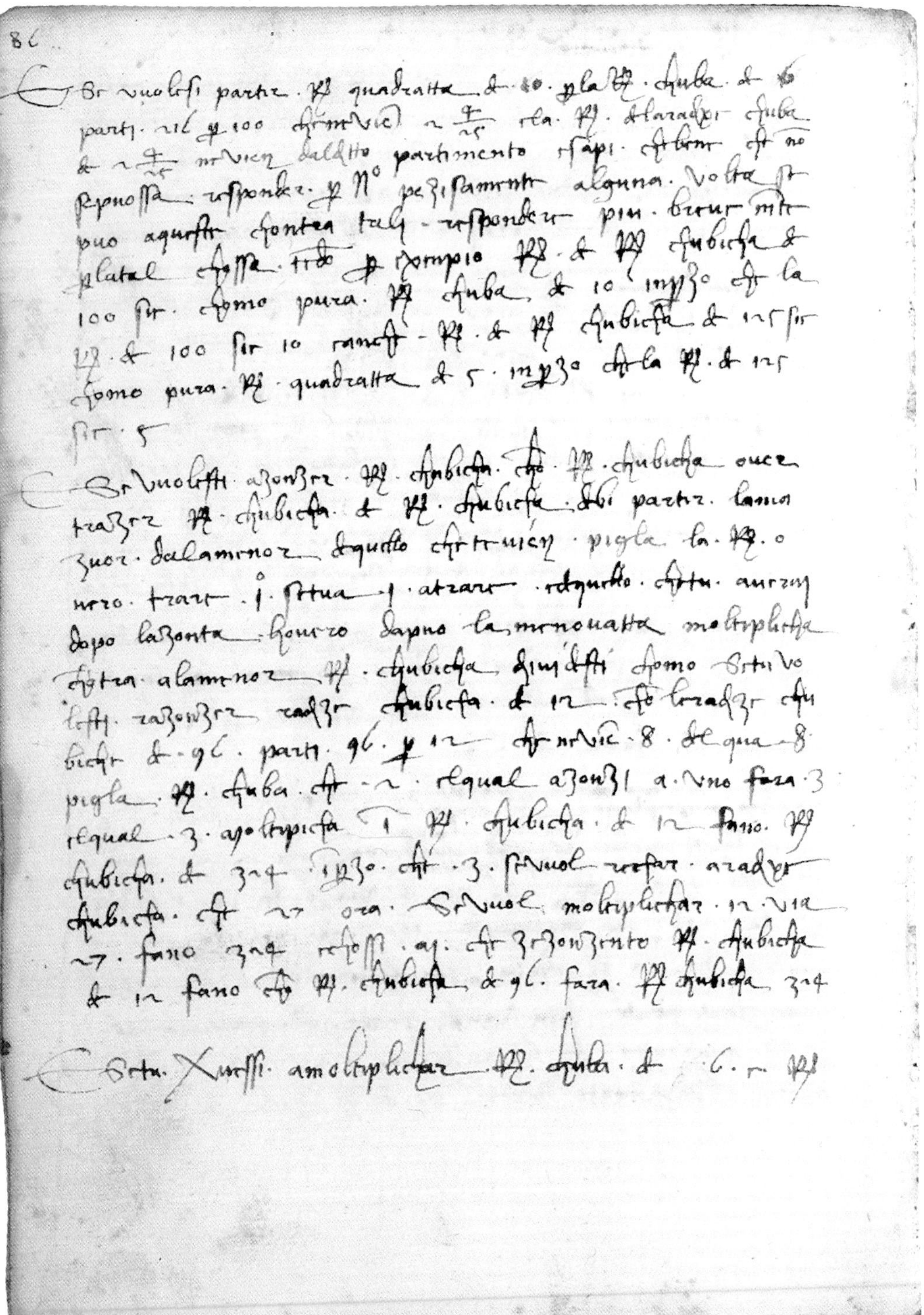

f. 86b

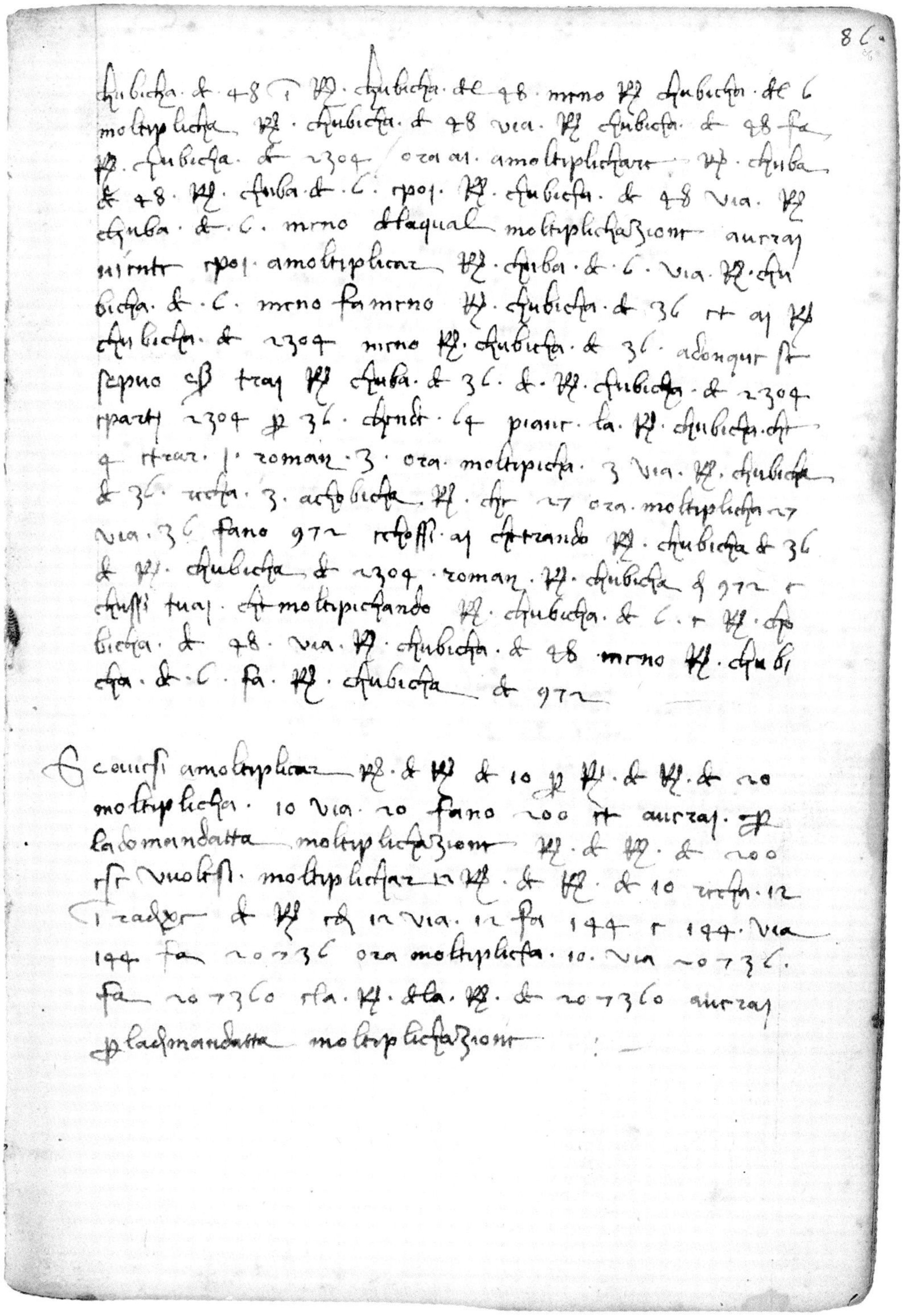
86

chubicha de 48 e R chubicha de 48 meno R chubicha de 6
moltiplicha R chubicha de 48 via R chubicha de 48 fa
R chubicha de 2304 ora ai a moltiplichare R chuba
de 48 R chuba de 6 e poi R chubicha de 48 via R
chuba de 6 meno de laqual moltiplichazion averai
niente e poi a moltiplichar R chuba de 6 via R chu
bicha de 6 meno fa meno R chubicha de 36 et ai R
chubicha de 2304 meno R chubicha de 36 adonque se
sepuo che tu trai R chuba de 36 de R chubicha de 2304
e parti 2304 per 36 che ne ven 64 piane la R chubicha che
4 e trar 1 roman 3 ora moltiplicha 3 via R chubicha
de 36 vien 3 a chubicha R che 27 ora moltiplicha 27
via 36 fano 972 e choxi ai chavando R chubicha de 36
de R chubicha de 2304 roman R chubicha de 972 e
chussi tuai che moltipichando R chubicha de 6 e R chu
bicha de 48 via R chubicha de 48 meno R chubi
cha de 6 fa R chubicha de 972

Se tu vuosi a moltiplichar R de R de 10 per R de R de 10
moltiplicha 10 via 10 fano 100 et averai per
la domandatta moltiplichazion R de R de 100
e se vuolesi moltiplichar 12 R de R de 10 vien 12
in radixe de R che 12 via 12 fa 144 e 144 via
144 fa 20736 ora moltiplicha 10 via 20736
fa 207360 e la R de la R de 207360 averai
per la domandatta moltiplichazion

f. 87a

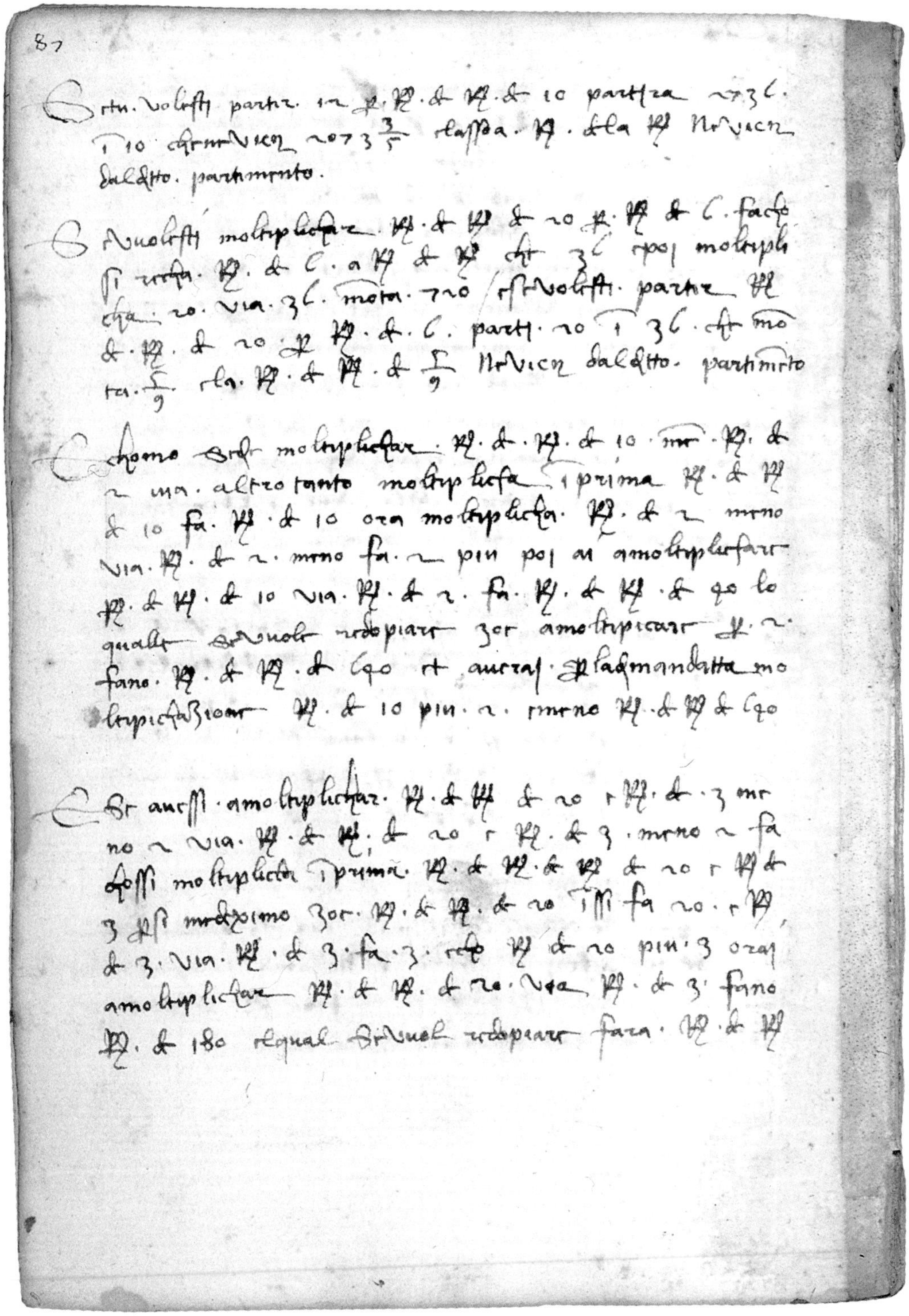

f. 87b

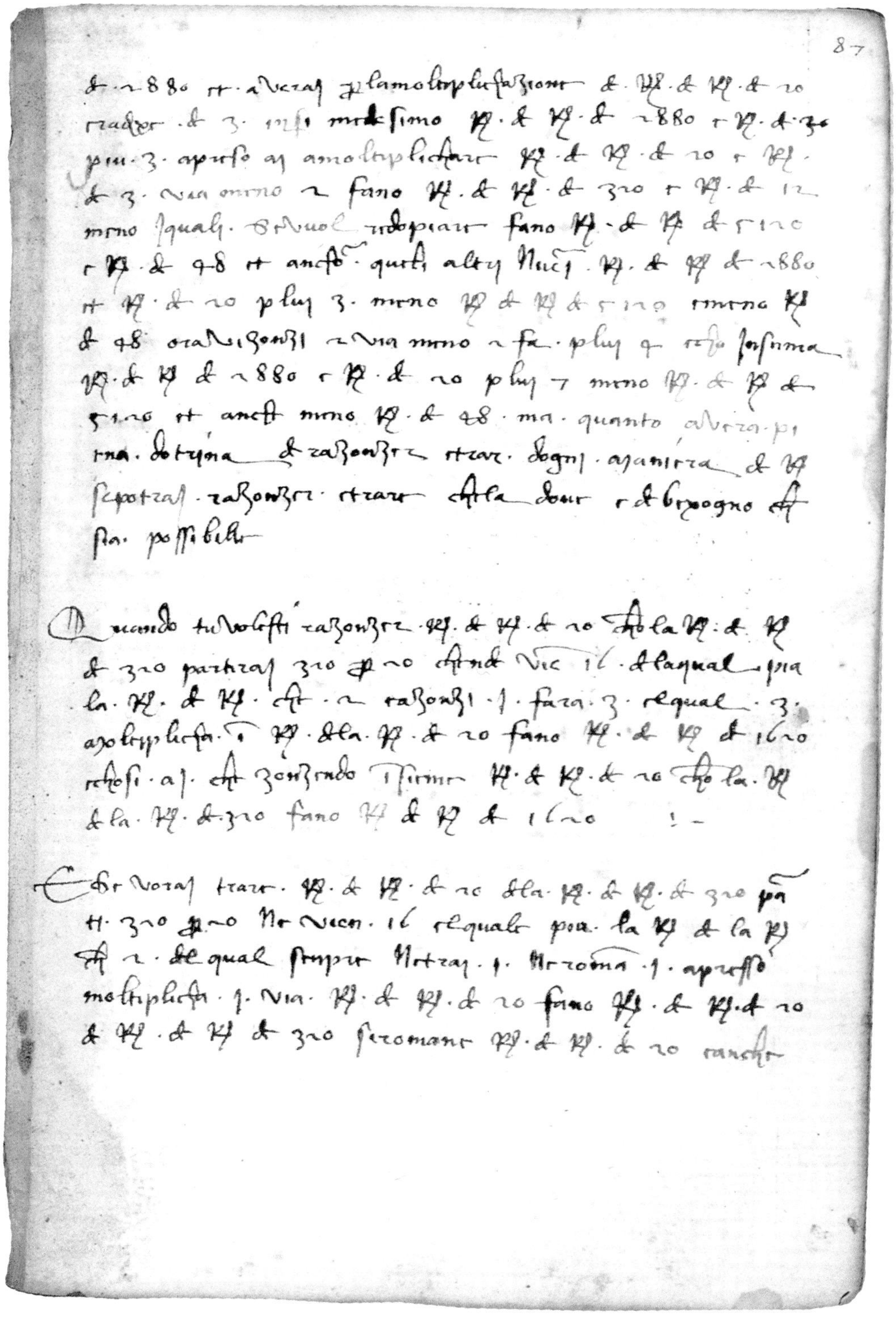

87

de 2880 et averai per la moltiplicazione de R. de R. de 20
radice de 3 mesi medesimo R. de R. de 2880 e R. de 20
piu 3 apresso ai amoltiplicare R. de R. de 20 e R.
de 3 via meno 2 fano R. de R. de 320 e R. de 12
meno iguali. Et vuol radopiare fano R. de R. de 5120
e R. de 48 et ancho questi altri nuci R. de R. de 2880
et R. de 20 plui 3 meno R. de R. de 5120 e meno R.
de 48 ora razonzi 2 via meno 2 fa plui 4 resta sessima
R. de R. de 2880 e R. de 20 plui 7 meno R. de R. de
5120 et ancho meno R. de 48 ma quanto averai pi
ena dotrina de razonzere e trare d'ogni maniera de R.
se potrai razonzere e trare che la dover e de bisogno che
sia possibele

Quando tu volesti razonzere R. de R. de 20 cho la R. de R.
de 320 partirai 320 per 20 che ne vien 16 de la qual piia
la R. de R. che 2 razonzi 1 fara 3 el qual 3
amoltiplicha in R. de la R. de 20 fano R. de R. de 1620
e chosi ai che zonzando insieme R. de R. de 20 cho la R.
de la R. de 320 fano R. de R. de 1620 !—

E se vorai trare R. de R. de 20 de la R. de R. de 320 parti
320 per 20 ne vien 16 el quale piia la R. de la R.
che 2 del qual sempre ne trai 1 ne roman 1 apresso
moltiplicha 1 via R. de R. de 20 fano R. de R. de 20
de R. de R. de 320 se romane R. de R. de 20 ranchor

f. 88a

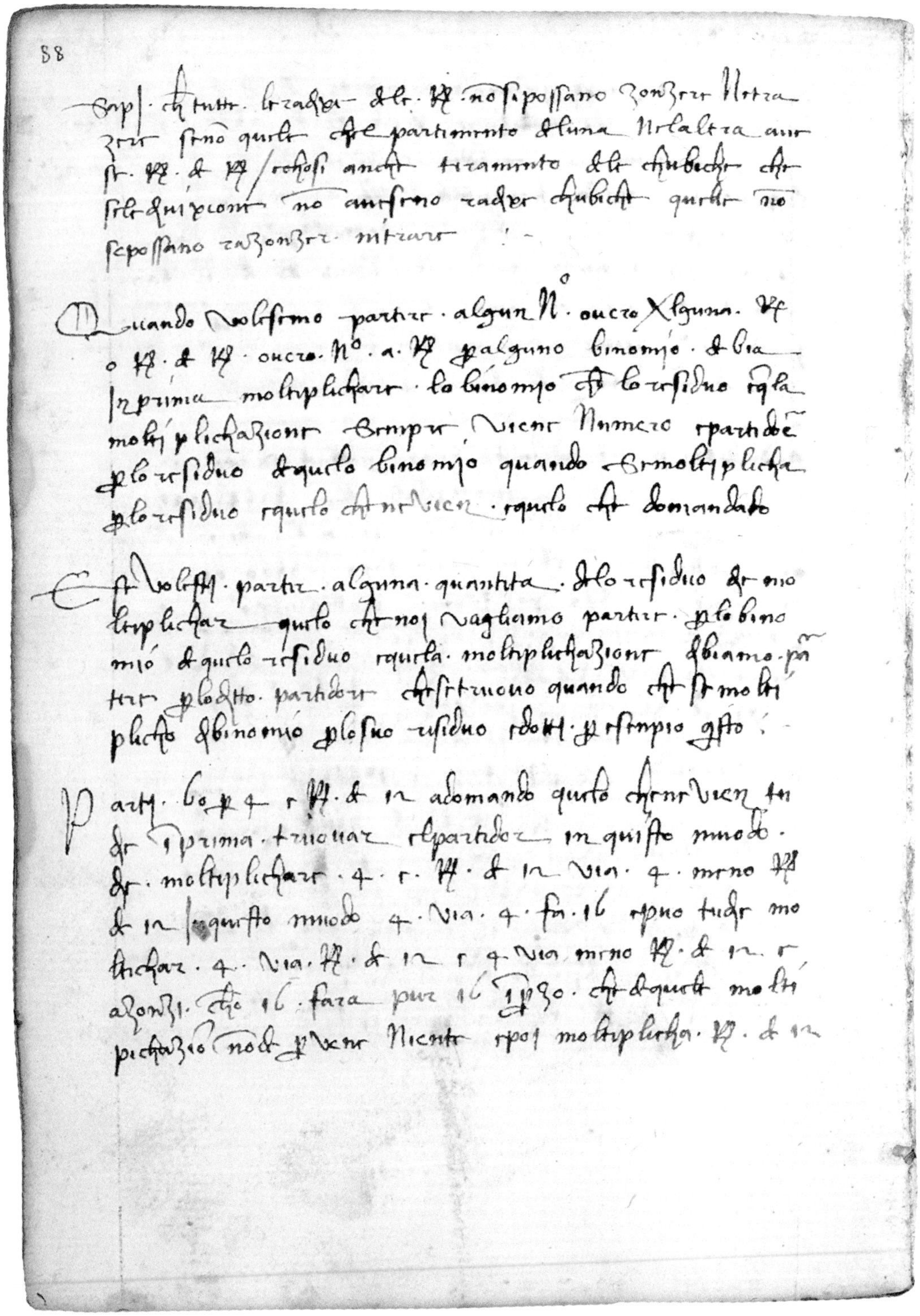

f. 88b

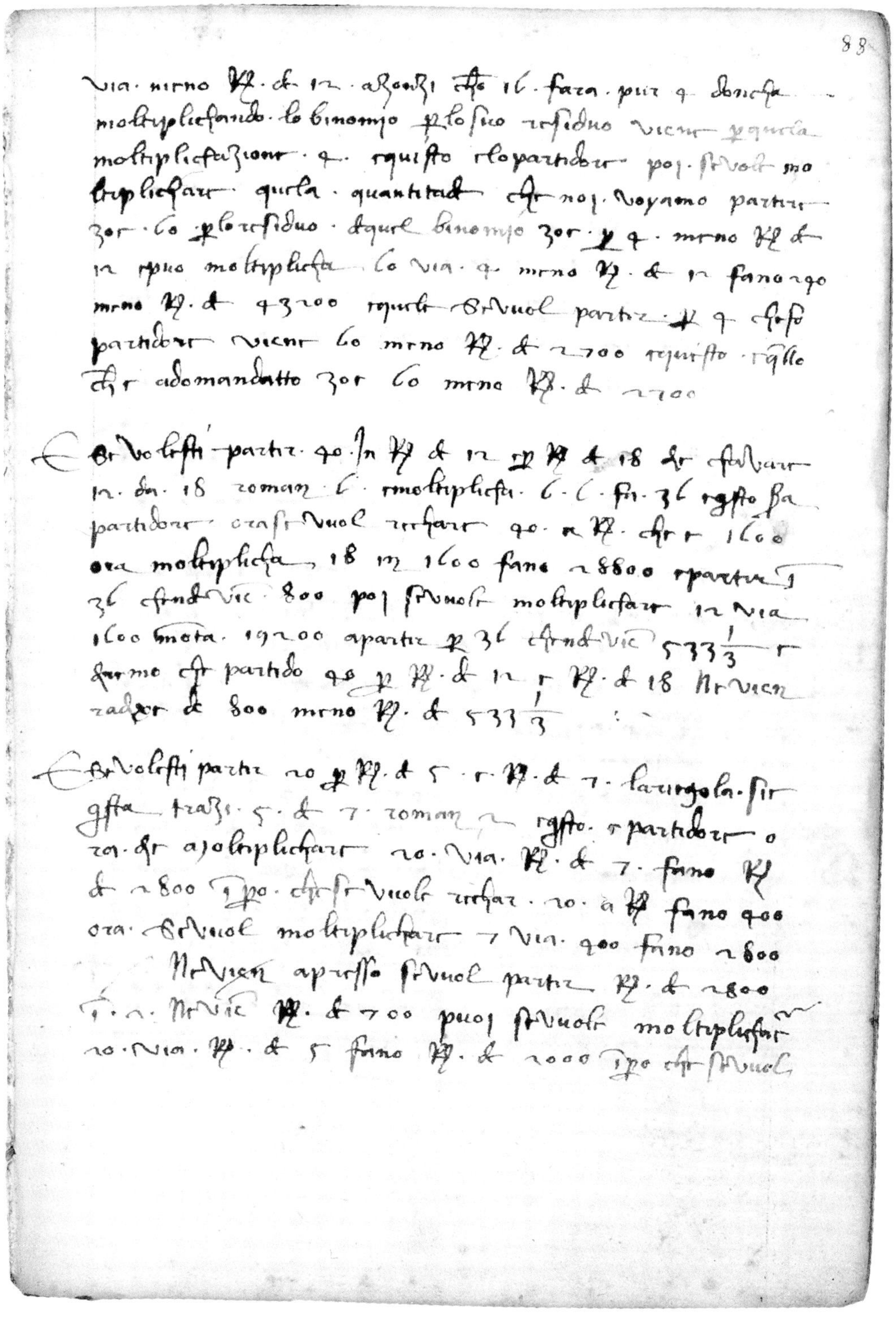
88

via meno R. de 12 a zonzi che 16 fara pur 4 doncha
moltiplichando lo binomio per lo suo residuo vien per quela
moltiplichazion 4 e questo e lo partidor poi se vol mo
ltiplichar quela quantitade che noi voiamo partir
zoe 60 per lo residuo de quel binomio zoe per 4 meno R. de
12 e puo moltiplicha 60 via 4 meno R. de 12 fano 240
meno R. de 43200 e quel se vuol partir per 4 che fo
partidor vien 60 meno R. de 2700 e questo e quello
che adomandatto zoe 60 meno R. de 2700

Se volesti partir 40 in R. de 12 e R. de 18 de schivar
12 de 18 roman 6 e moltiplicha 6 6 fa 36 e questo sia
partidor e se vuol redur 40 a R. che e 1600
ora moltiplicha 18 in 1600 fano 28800 e partir in
36 che ne vien 800 poi se vuol moltiplichar 12 via
1600 monta 19200 a partir per 36 che ne vien 533 1/3 e
semo che partido 40 per R. de 12 e R. de 18 ne vien
radixe de 800 meno R. de 533 1/3

Se volesti partir 20 per R. de 5 e R. de 7 la rigola sie
questa trazi 5 de 7 roman 2 e questo e partidor o
zoe che a moltiplichar 20 via R. de 7 fano R.
de 2800 e poi che se vuol redur 20 a R. fano 400
ora se vuol moltiplichar 7 via 400 fano 2800
Ne vien apresso se vuol partir R. de 2800
in 2 ne vien R. de 700 puoi se vuol moltiplichar
20 via R. de 5 fano R. de 2000 e poi che se vuol

f. 89a

87

recchar 20 a R. de r. de 400 e molitplichar 5 via 400
fano 2000 a partir sse vuol partir li 2000 in 2 e tte
vien R. de 500 e se tu dixessi responderay che partando 20 per
R. de 4 e radixe de 5 sime vien R. de 500 e se
diresti che 10 volessi partir 20 in 1 R. de 4 meno
R. de 5 chosì faresti chomo ai fatto ora mo respo
deresti che el ditto partimento ne vien R. de 100
e R. de 500 :–

Se tu volessi a partir 20 per 3 et R. de 5 faray chosì
recha 3 a radixe che 9 hora e chosì como dixessi io
voio partir 20 per R. de 9 et R. de 5 che
sasi che se vuol chavar 5 de 9 roman 4 e questo e lo
partidor poi se vuol moltiplichar 20 via R.
de 9 zoe 20 via 3 fa 60 a partir per 4 ne vien 15
hora se vuol a moltiplichar 20 via R. de 5 fa R.
de 2000 a partir per 4 ne vien R. de 125 e chosì abi
amo che partando 20 per 3 e R. de 5 sime vien
15 meno R. de 125 a so partendo 20 per 3 meno R.
5 sime vien 15 e radixe de 125 e chosì faray quando
ancoray a partir numero over R. de numero per do R. e sapi che
queste 2 R. ne le qual te a partir se poteno e zonzer
insieme a partir pur per una radixe solla

Se tu volessi a partir 50 e R. de 145 per 6 e R. de 20
se partiremo 50 per 6 et R. de 20 e poi se partiremo R.

f. 89b

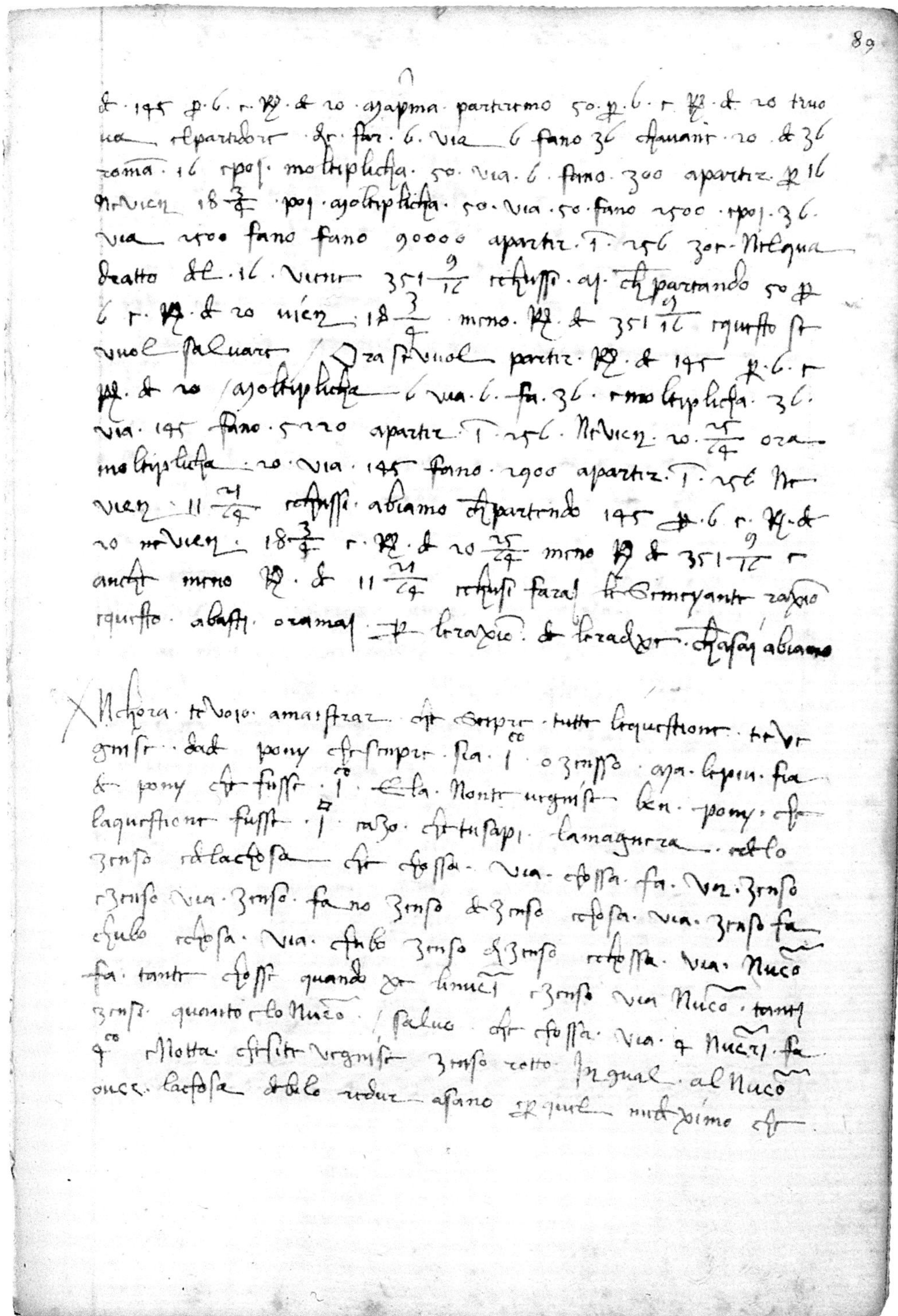

f. 90-1a

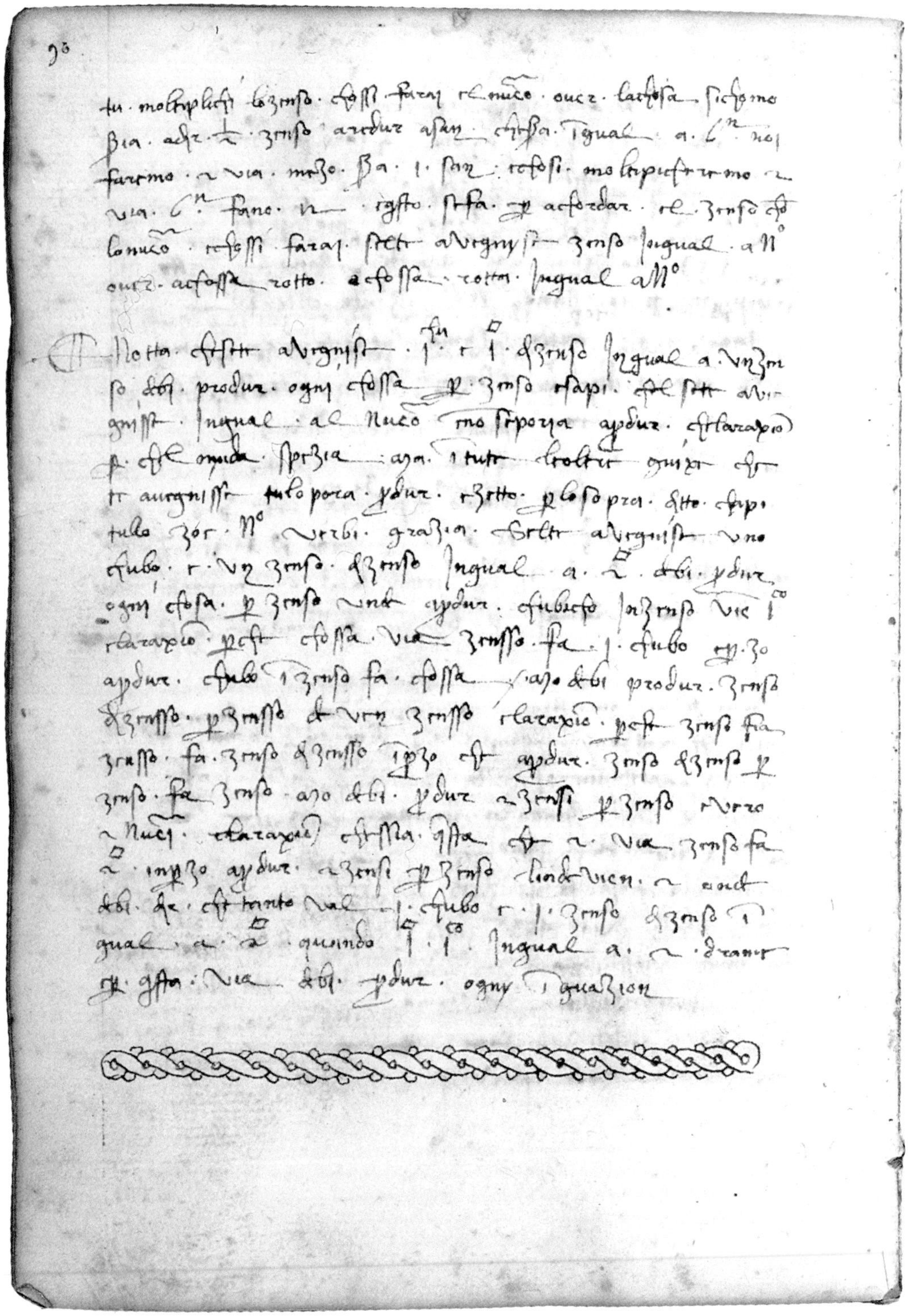

f. 90-1b

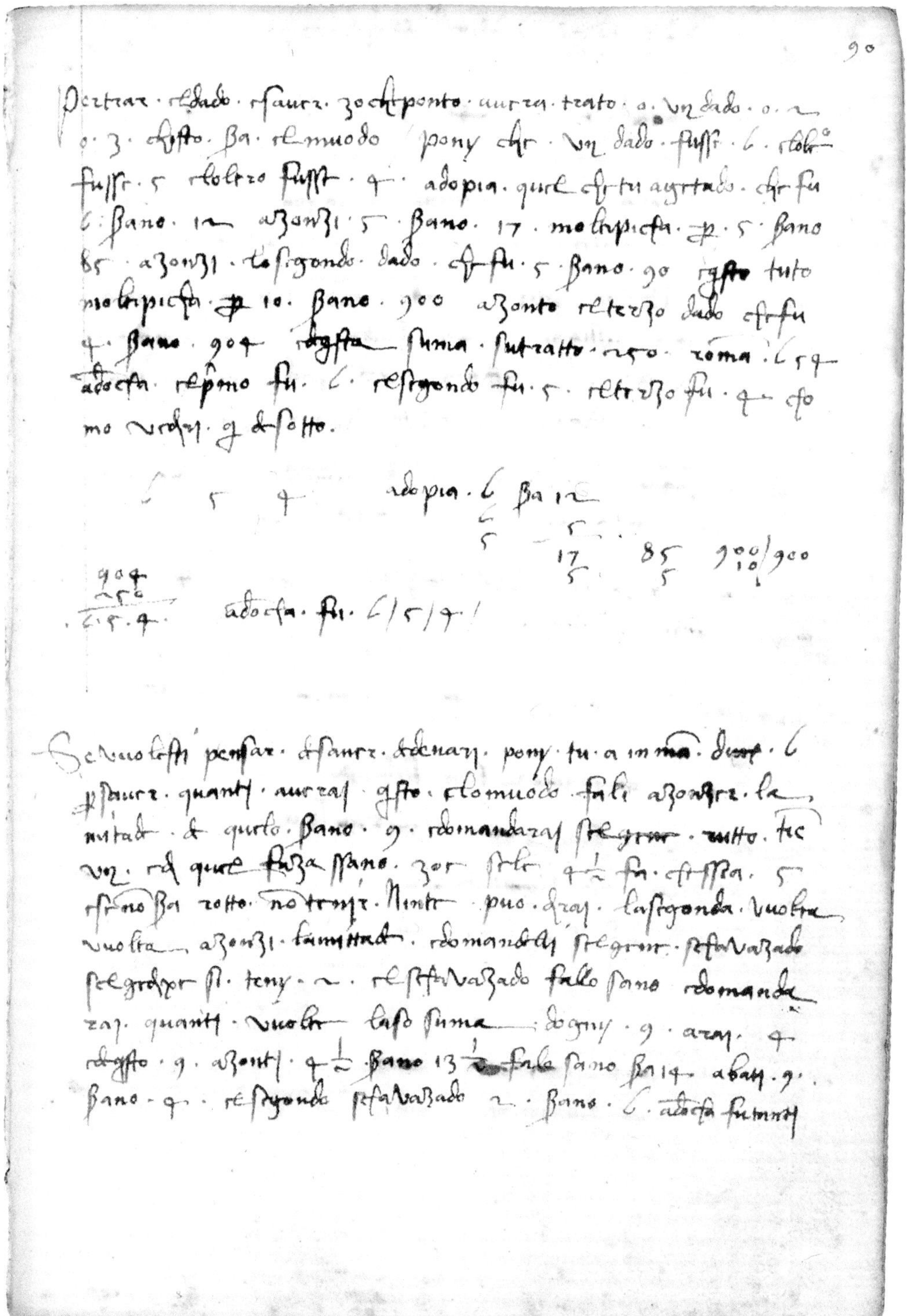
90

Pertrar el dado e saver zo che ponto avera trato o. un dado o. 2
o. 3. questo fa el muodo pony che un dado fusse 6. el sego
fusse 5 el terzo fusse 4 adopia quel che tu ay trato che fu
6 fano 12 azonzi 5 fano 17 moltipicha per 5 fano
85 azonzi lo segondo dado che fu 5 fano 90 questo tuto
moltipicha per 10. fano 900 azonto el terzo dado che fu
4 fano 904 ~~questa~~ suma sutratto 250 roma 654
adoncha el primo fu 6 el segondo fu 5 el terzo fu 4 co
mo vedes qui de sotto.

6 5 4 adopia 6 fa 12
5
17 85 900/900
5 5 10

904
250
654 adoncha fu 6/5/4

Se tu voleste pensar de saver de denary pony tu a in mente dinari 6
de saver quanti averas questo el muodo fali azonzer la
mitade de quelo. fano 9 e domandaras sel gran ~~tutto~~ tie
un. ed quel fanza fano 20 sel 4½ fu che ssia 5
e sì no ssa rotto no tenir niente puo. diras la segonda volta
volta azonzi la mitade e domanderas sel gran sel a vanzado
sel gran per si teny 2 el se a vanzado fallo fano ~~e domanda~~
ras quanti volte laso suma dogny 9 aray 4
e questo 9. azonti 4½ fano 13½ fallo fano fa 14 abatti 9
fano 9 e segondo se a vanzado 2 fano 6 adoncha fu tanti

f. 91-1a

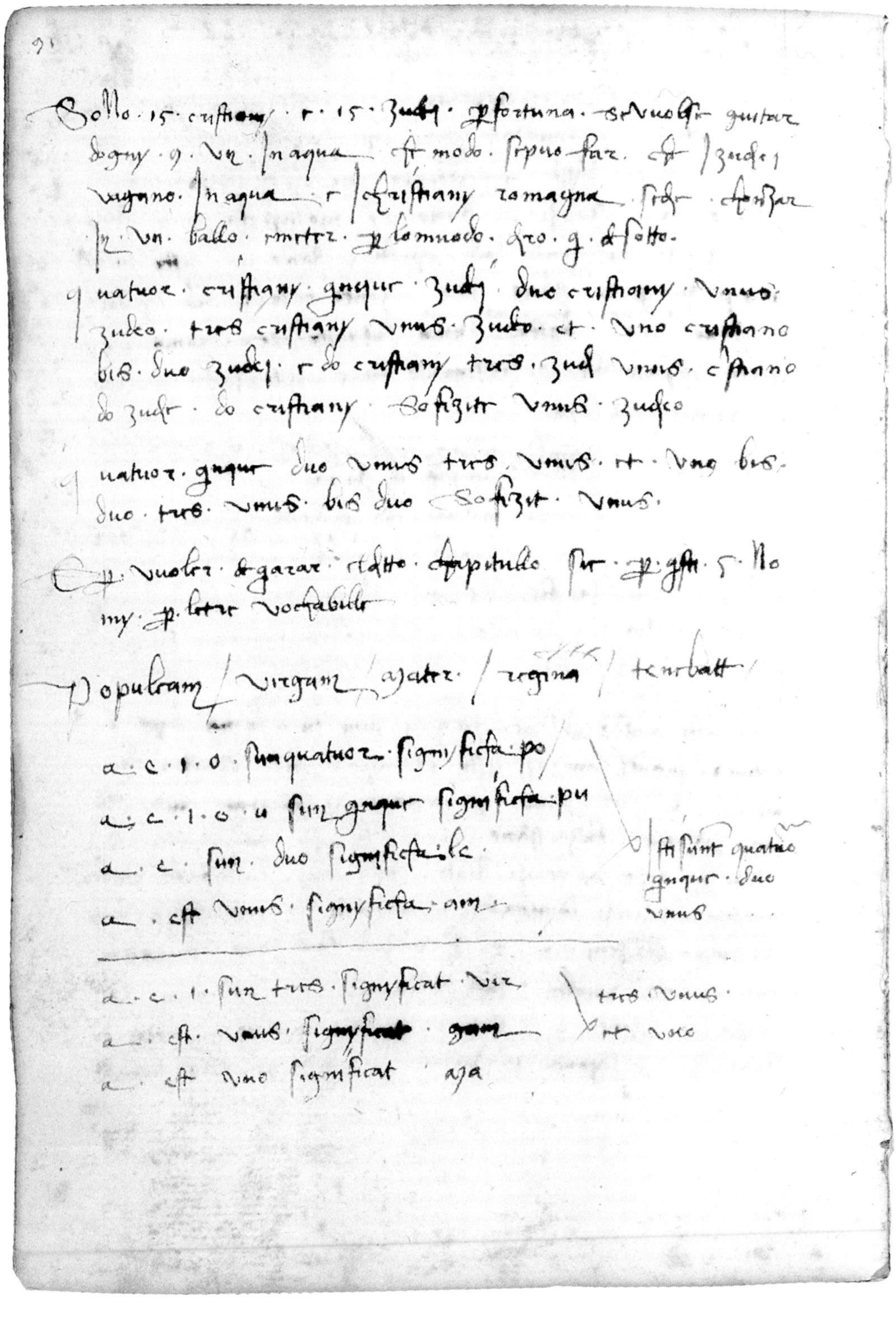
91

Sollo 15 cristiani e 15 zudei per fortuna se vuolse gitar
de gini 9 un in aqua e tu modo se puo far che i zudei
vegano in aqua e li cristiani romagna sechondo chonzar
per un ballo e metter per lo mmodo che g de sotto.

Quatuor cristiani quinque zudei duo cristiani unus
zudeo tres cristiani unus zudeo et uno cristiano
bis duo zudei e do cristiani tres zudei unus cristiano
do zudei do cristiani sofizit unus zudeo

Quatuor quinque duo unus tres unus et uno bis
duo tres unus bis duo sofizit unus.

Et per voler degarar el ditto chapitulo sie per questi 5 no
mi per lor vochabulo

Populeam virgam mater regina tenebat

a e i o sun quatuor significha po
a e i o u sun quinque significha pu
a e sun duo significha le
a est unus significha am

et sunt quatuor quinque duo unus

a e i sun tres significat vir
a est unus ~~significat gam~~
a est uno significat aja

tres unus et uno

f. 91-1b

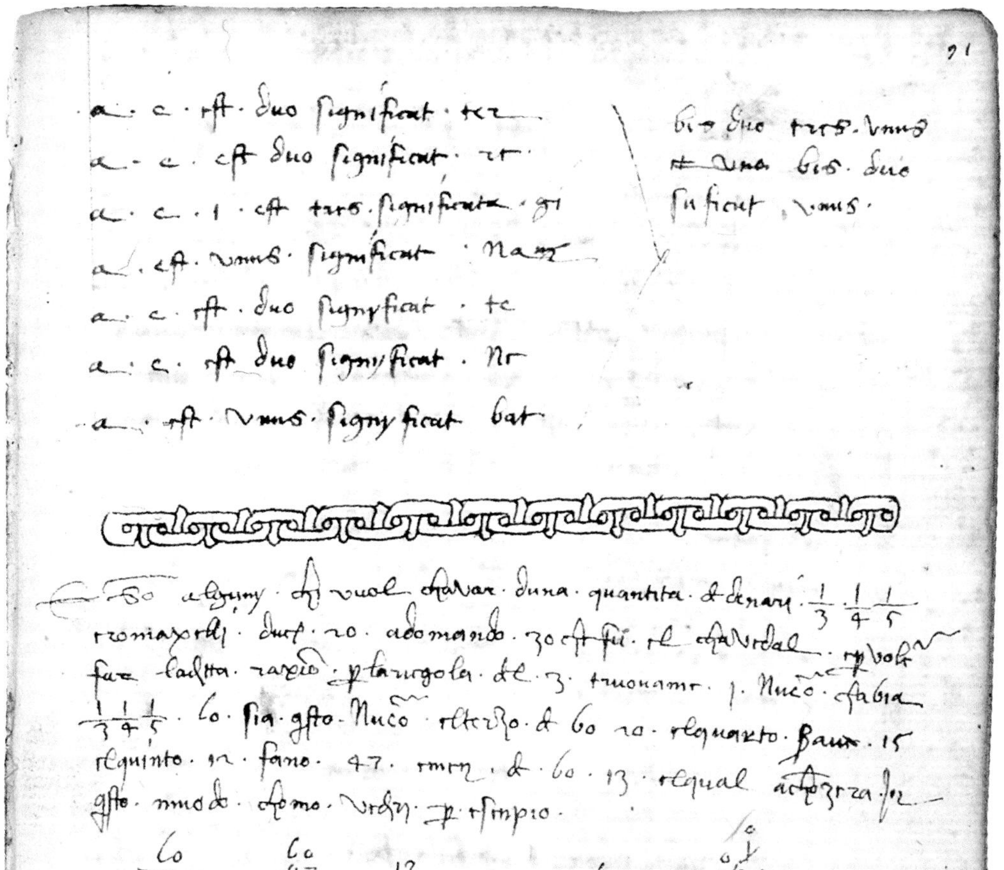

f. 90-2a

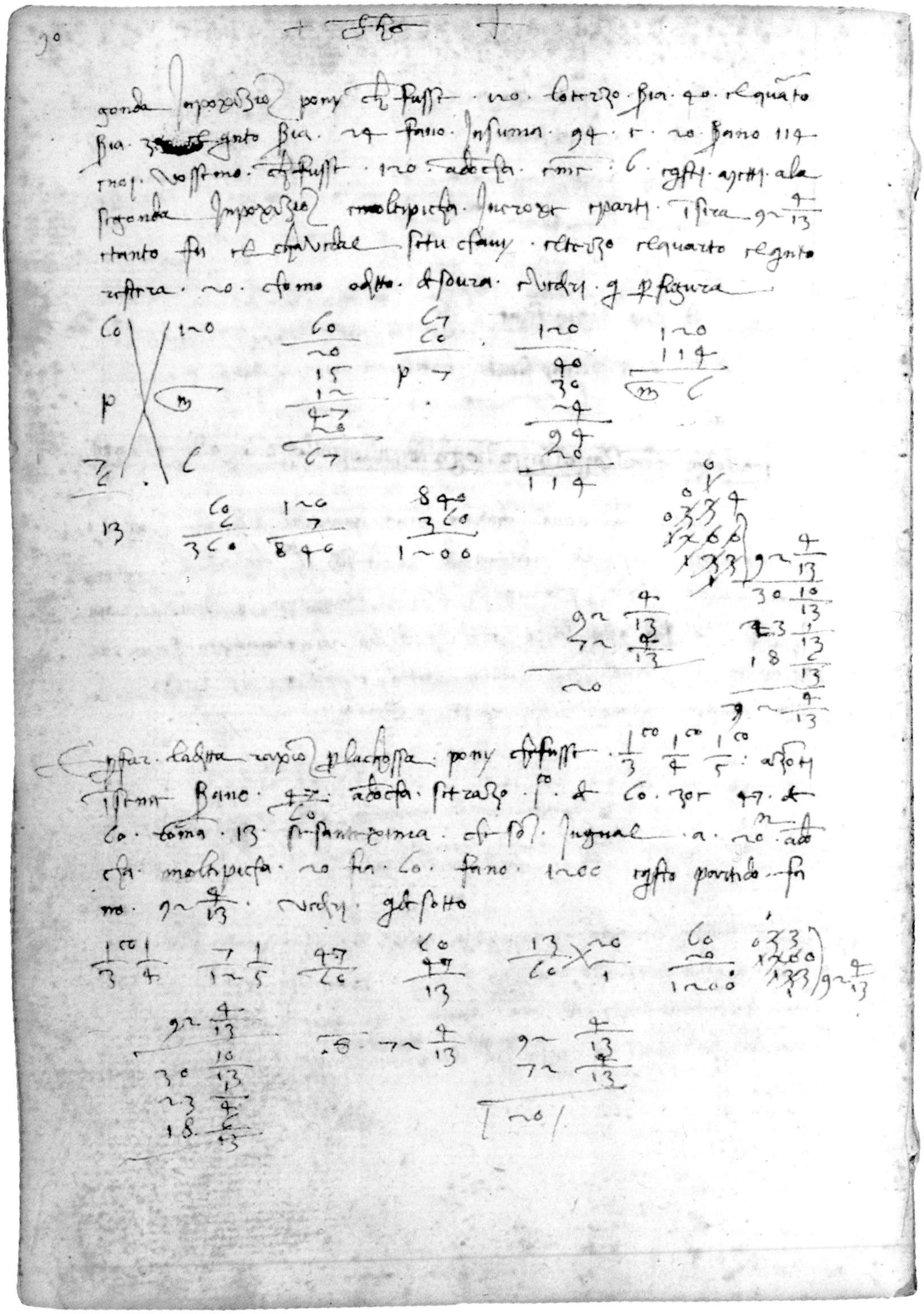

f. 90-2b

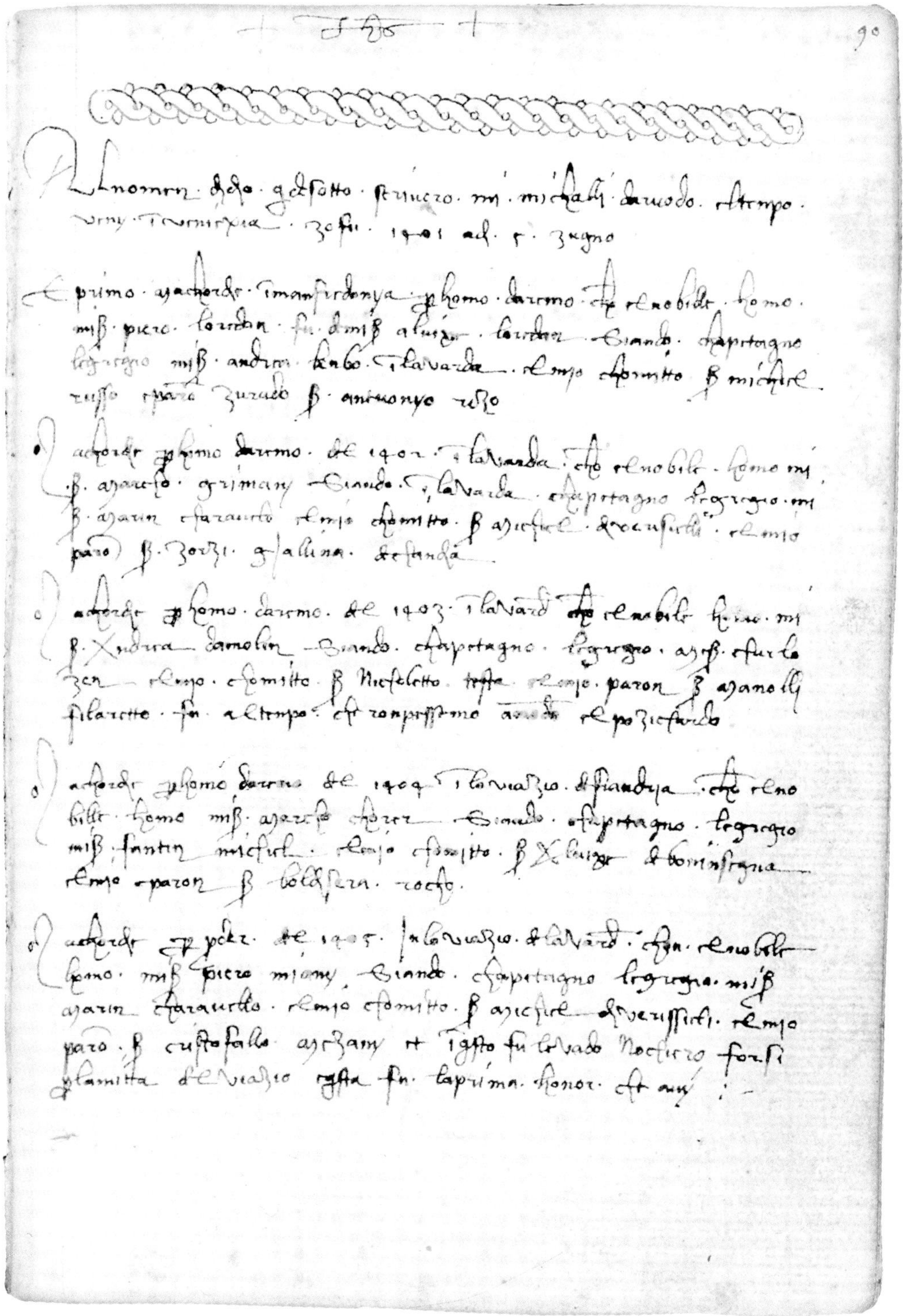

f. 91-2a

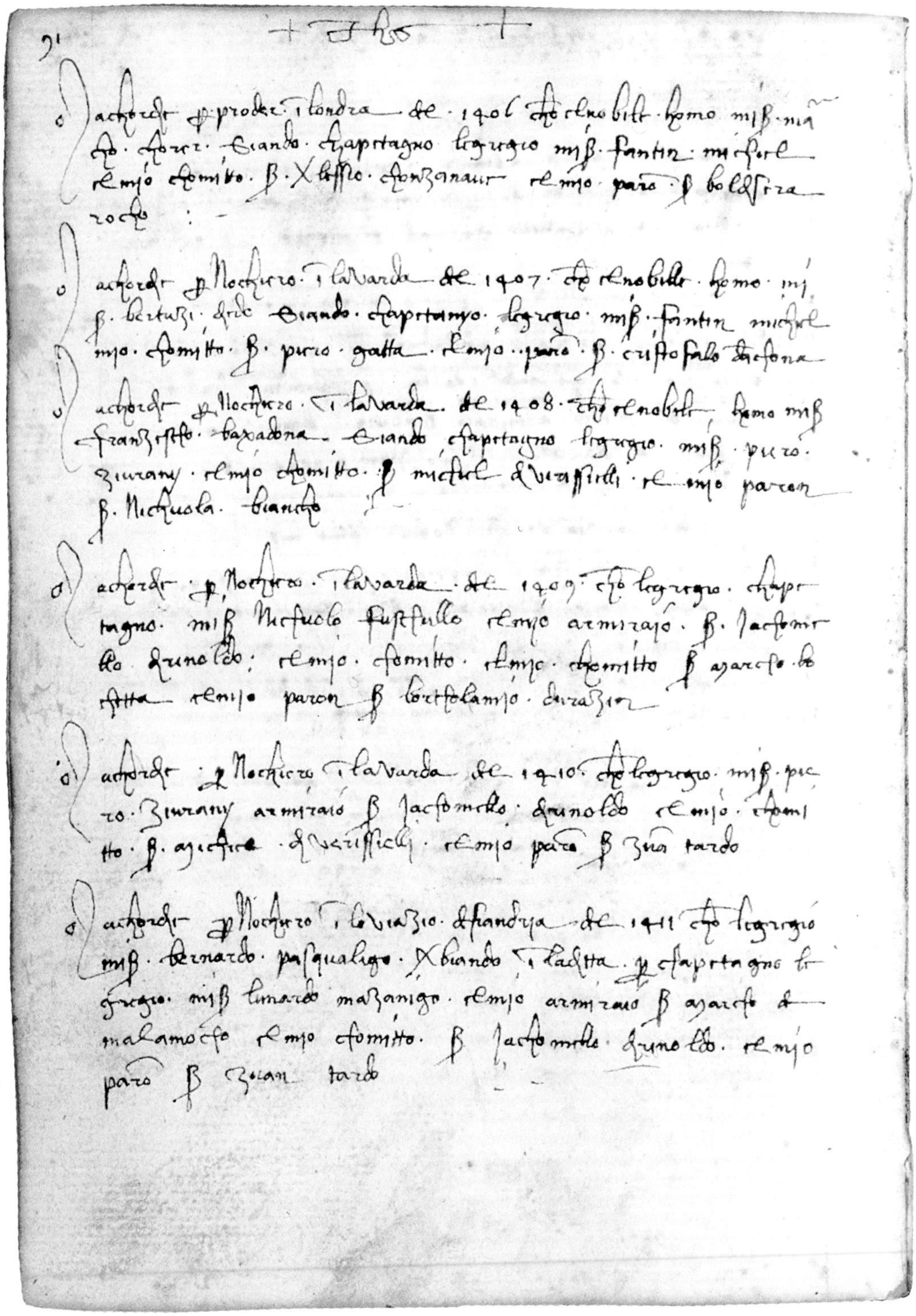

f. 91-2b

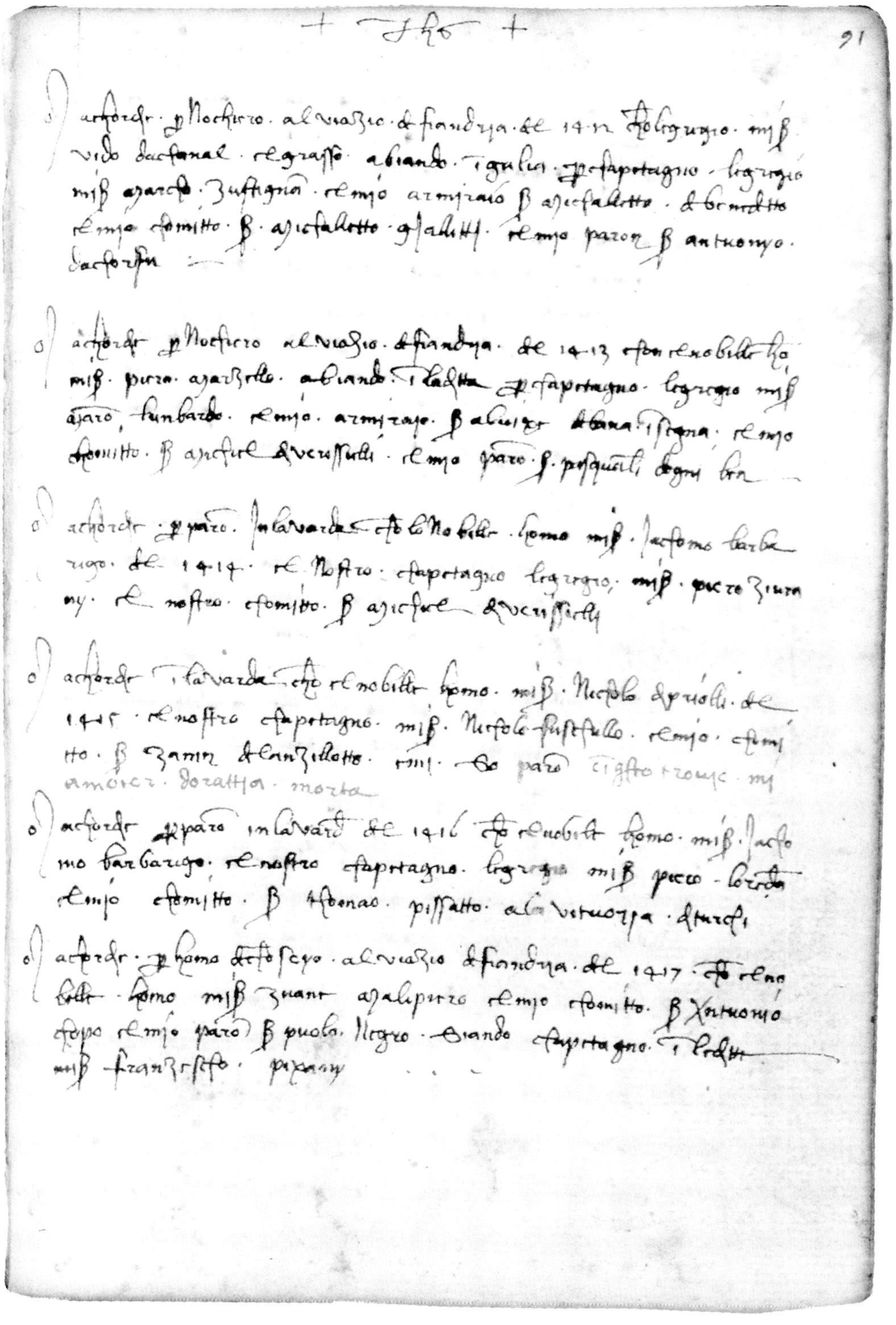

f. 92a

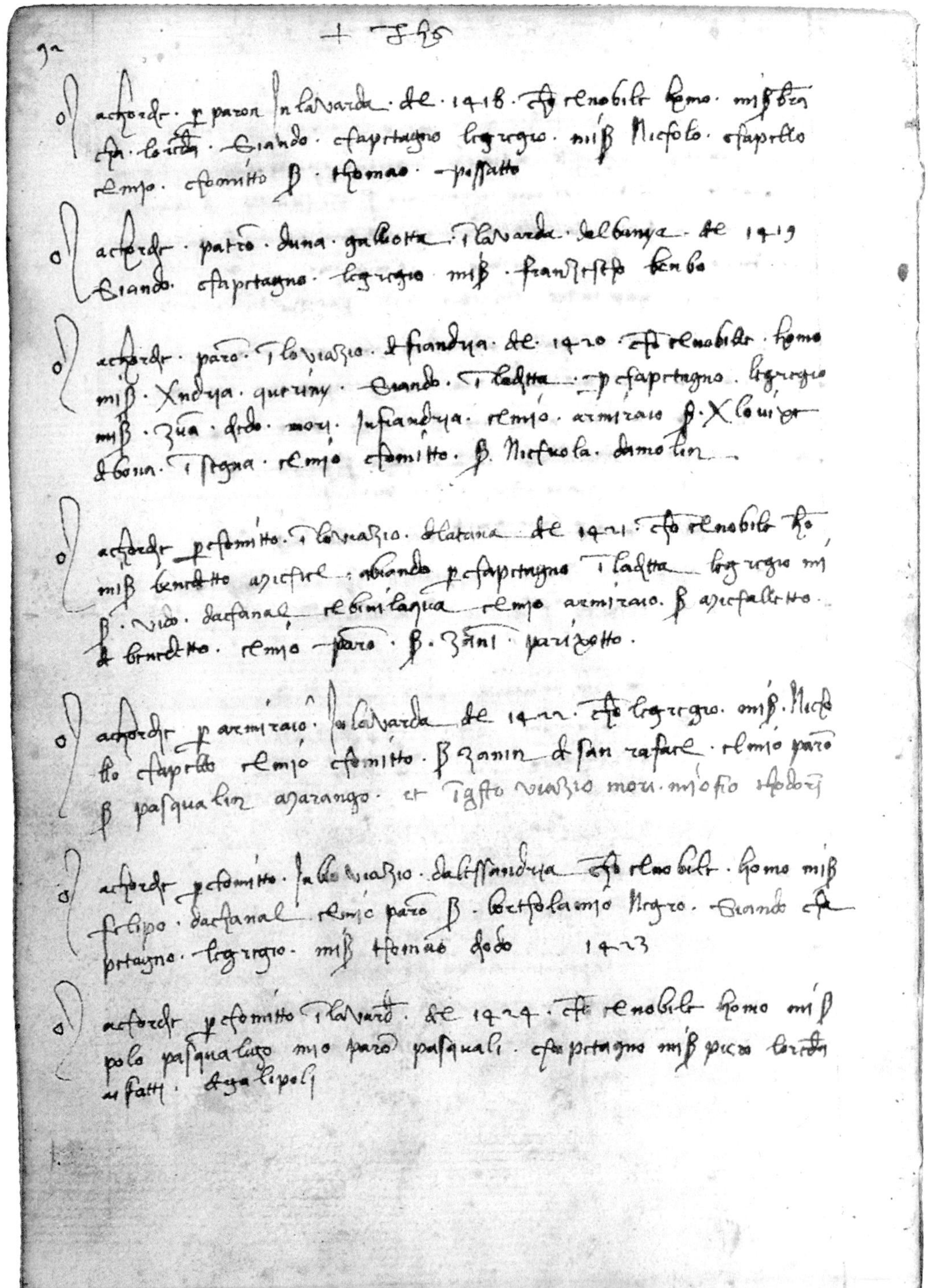

f. 92b

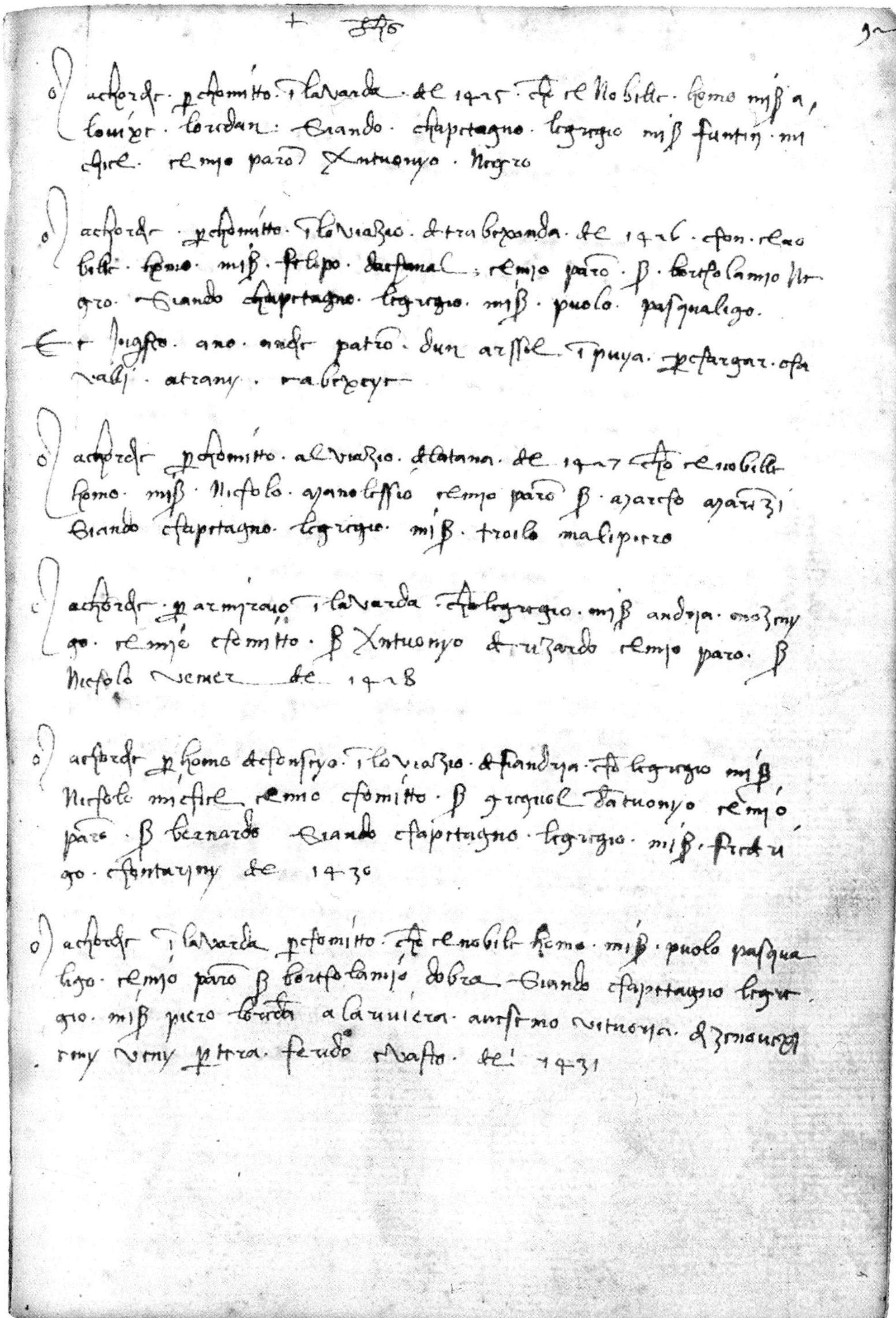

f. 93a

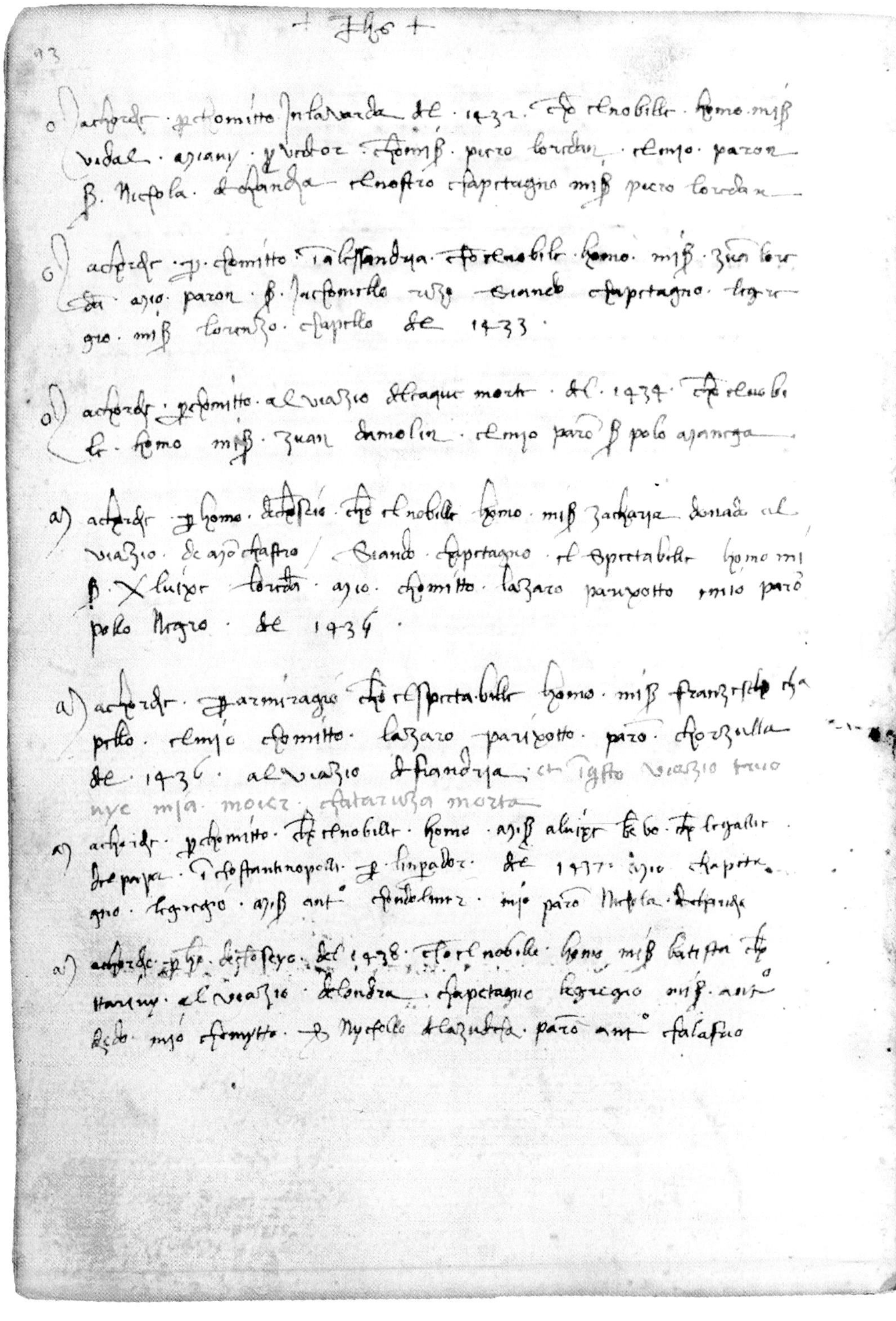

+ Jhs +

93

o) Arecordo per chomitto in fiandra del 1432 cho el nobille homo miss. vidal miani per vedor e chomiss. piero loredan el mio paron s. Nicola da chanal el nostro chapetagnio miss. piero loredan

o) arecordo per chomitto in alexandria cho el nobille homo miss. zuan loredan a mio paron s. Jachomello ruzo siando chapetagnio legregio miss. lorenzo chapello del 1433

o) arecordo per chomitto al viazio de aque morte del 1434 cho el nobile homo miss. zuan da molin el mio paron s. polo ...

a) arecordo per homo de conseio cho el nobille homo miss. zacharia donado al viazio de axo chastro / siando chapetagnio el spetabile homo miss. alvixe loredan a mio chomitto lazaro panizotto e mio paron polo negro del 1434

a) arecordo per armiraglio cho el spetabille homo miss. franzescho cha pesaro el mio chomitto lazaro panizotto paron chozulla del 1436 al viazio de fiandra; et in questo viazio morse mia moier e chatarucia morta

a) arecordo per chomitto cho el nobille homo miss. alvixe bembo cho le galie de parpia in chostantinopoli per l'inperador del 1437 a mio chapetagnio legregio miss. ant° condolmer e mio paron Nicola de ...

a) arecordo per homo de conseio del 1438 cho el nobile homo miss. batista cha ... al viazio de londra chapetagnio legregio miss. ant° bembo mio chomitto s. Nycholo da lazubra paro ant° chalafuo

f. 93b

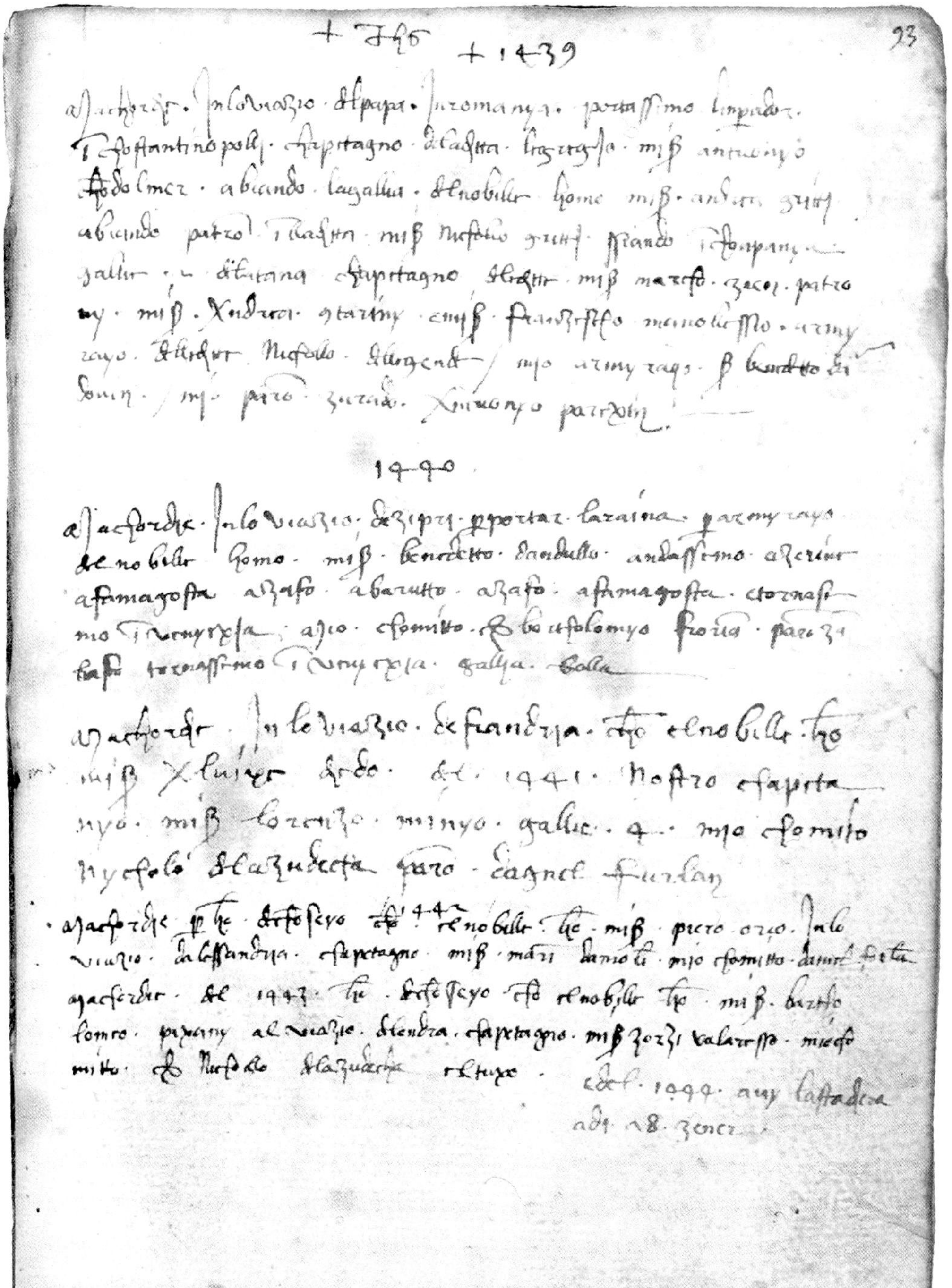

f. 94a

f. 94b

f. 95a

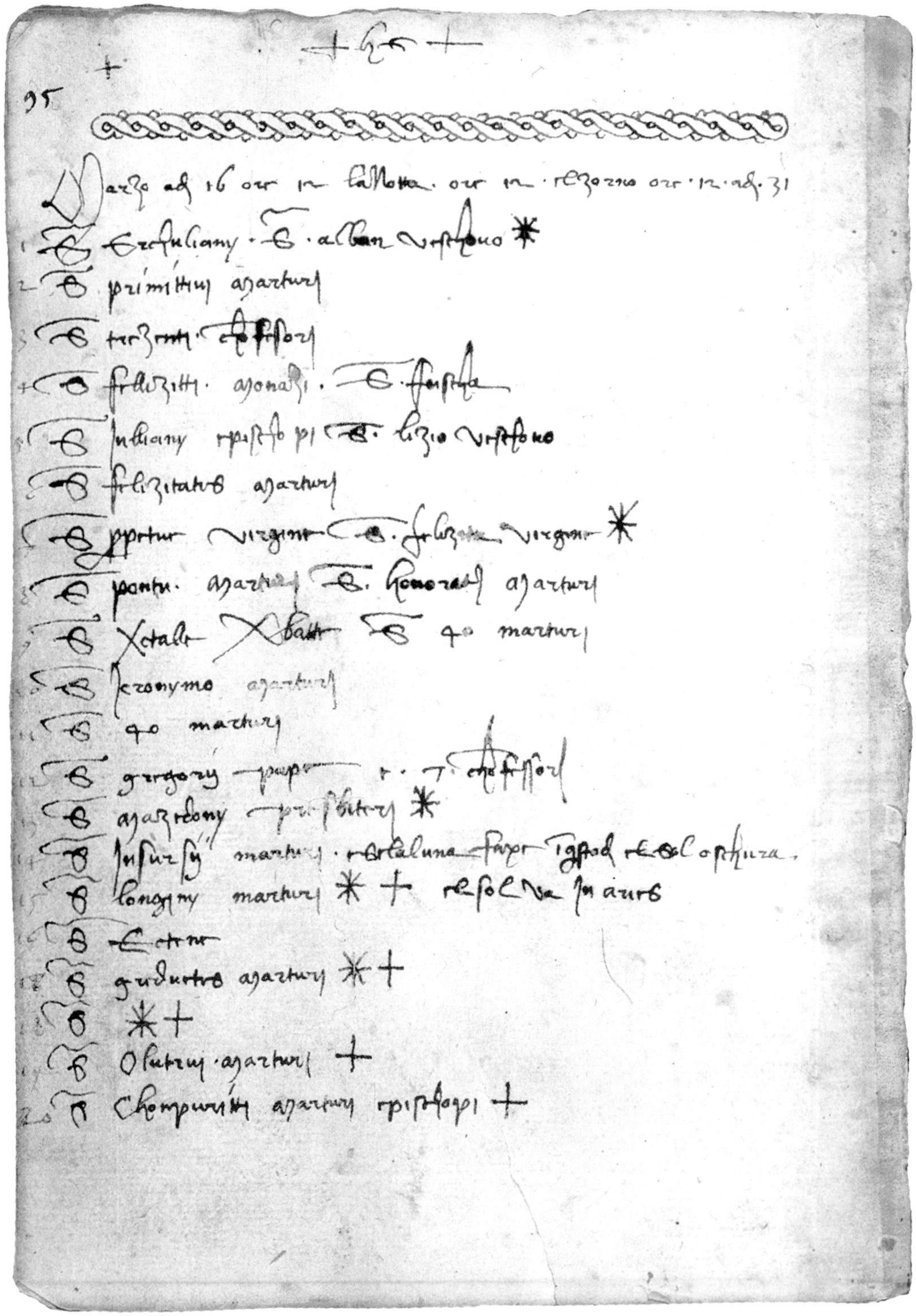
+ yhs +

95

Marzo ad 16 ore in [illegible] ore in [illegible] ore 12 ad 31

1 S. Erculiany. S. alban vescovo *
2 S. primitivy martiry
3 S. [illegible] confessory
4 S. felizitti monazi. S. [illegible]
5 S. Juliany [illegible] S. luzio vescovo
6 S. felizitatis martiry
7 S. perpetue virgine S. felizita virgine *
8 S. ponzio martiry S. honorato martiry
9 S. [illegible] S. 40 martiry
10 S. Jeronymo martiry
11 S. 40 martiry
12 S. gregory pape [illegible] confessory
13 S. [illegible] presbitery *
14 S. [illegible] martiry [illegible]
15 S. longiny martiry * + [illegible]
16 S. [illegible]
17 S. [illegible] martiry * +
18 S. * +
19 S. Olutiry martiry +
20 S. [illegible] martiry episcopi +

f. 95b

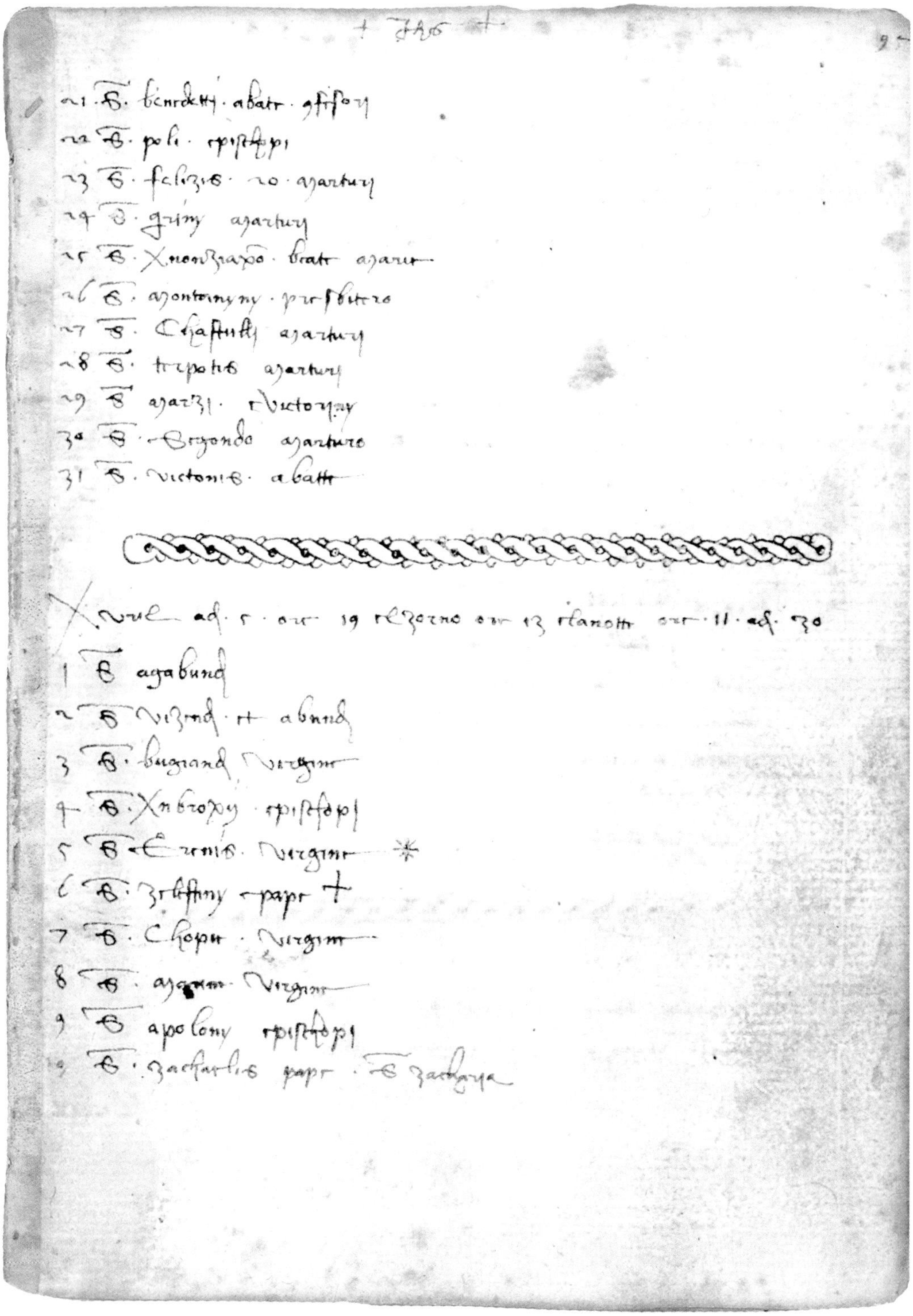

f. 96a

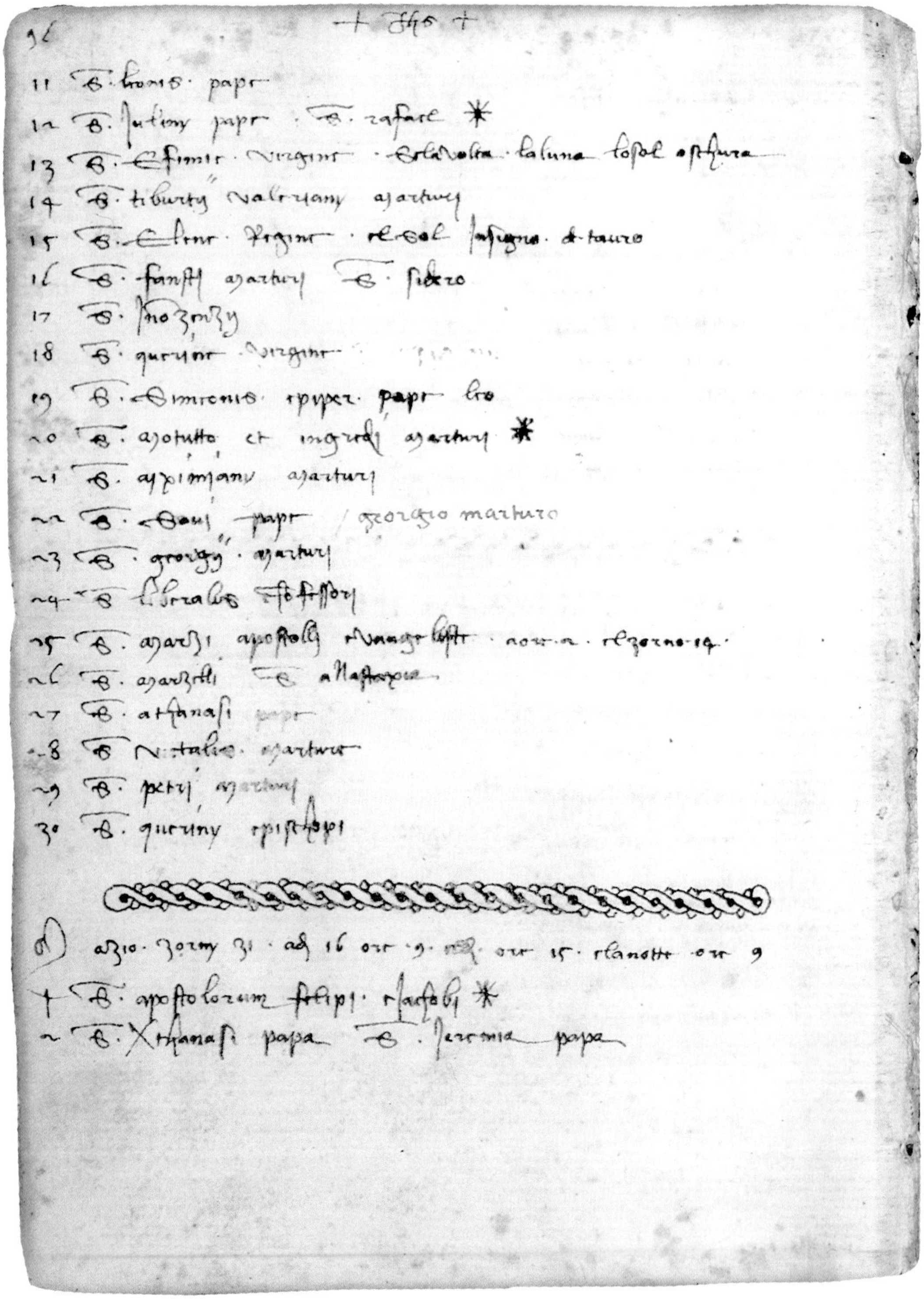
96

+ Yhs +

11 S. leonis pape
12 S. Juliani pape · S. rafael *
13 S. Eufimie virgine · Eclixolla la luna lo sol ossfura
14 S. tiburtij valeriani martiri
15 S. Elene regine · el sol in segno de tauro
16 S. fausti martiri S. piero
17 S. zorzi
18 S. quirine virgine
19 S. Simeonis episcopi pape leo
20 S. Mitrello et ingredi martiri *
21 S. appiniani martiri
22 S. Gaii pape / georgio martiro
23 S. georgij martirj
24 S. liberalis confessori
25 S. marcj apostoli evangeliste · ... el zorno 14
26 S. marcelli S. anastasia
27 S. athanasij pape
28 S. vitalis martiri
29 S. petri martiri
30 S. quirinj episcopi

Maggio zorni 31 · a di 16 ore 9 ... ore 15 · e la notte ore 9
1 S. apostolorum filipi e iacobi *
2 S. Athanasi papa S. Ieremia papa

f. 96b

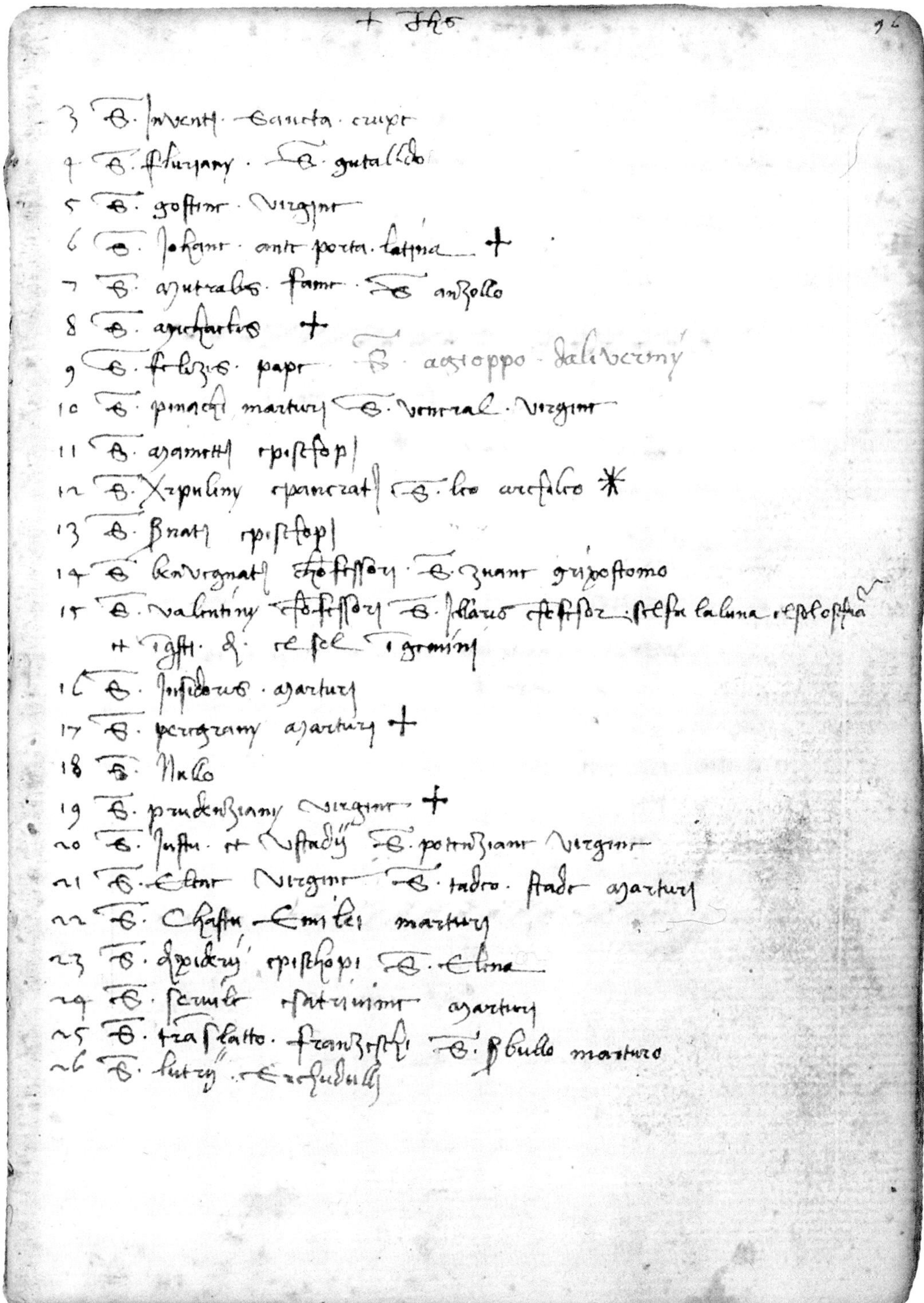

f. 97a

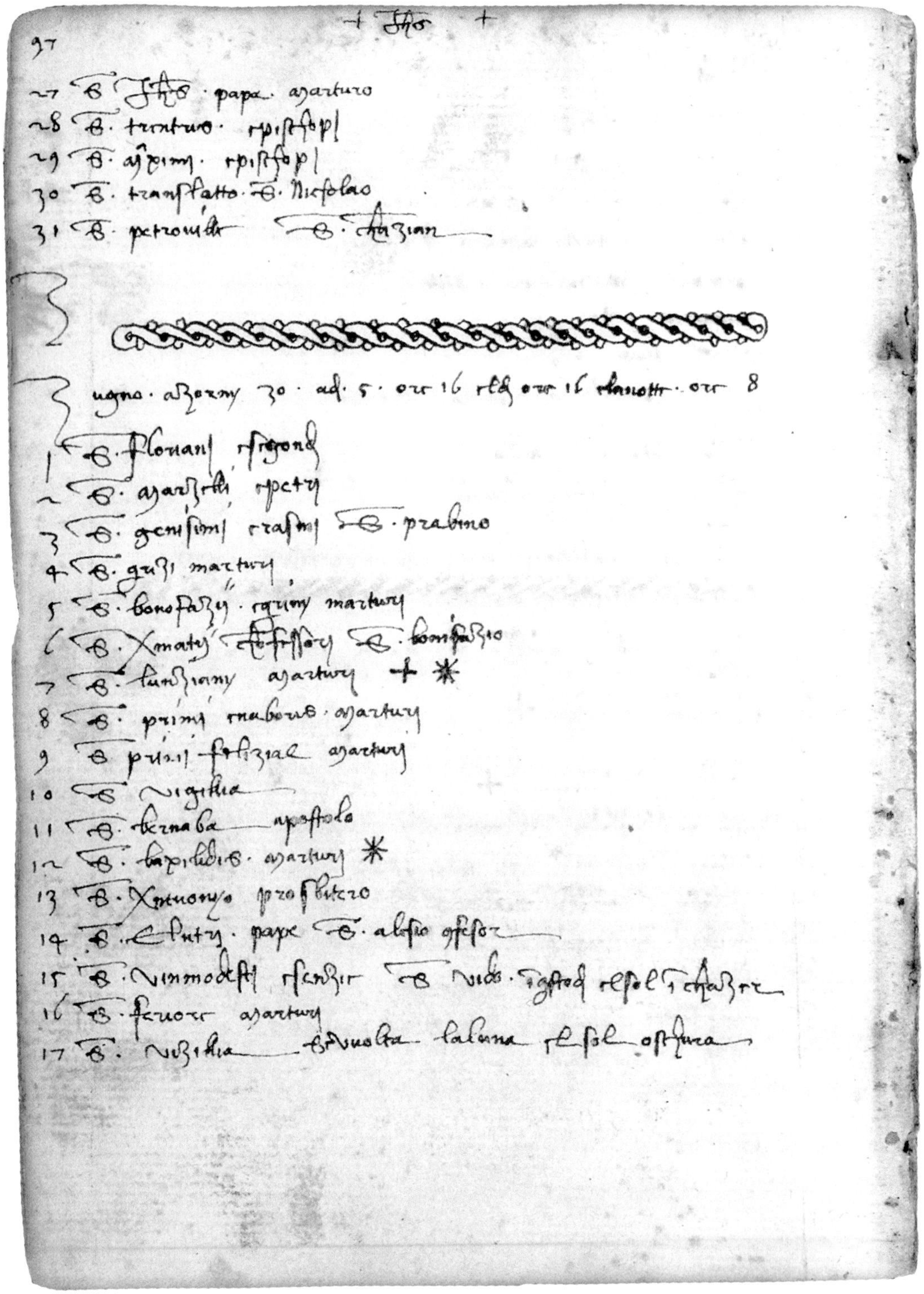

f. 97b

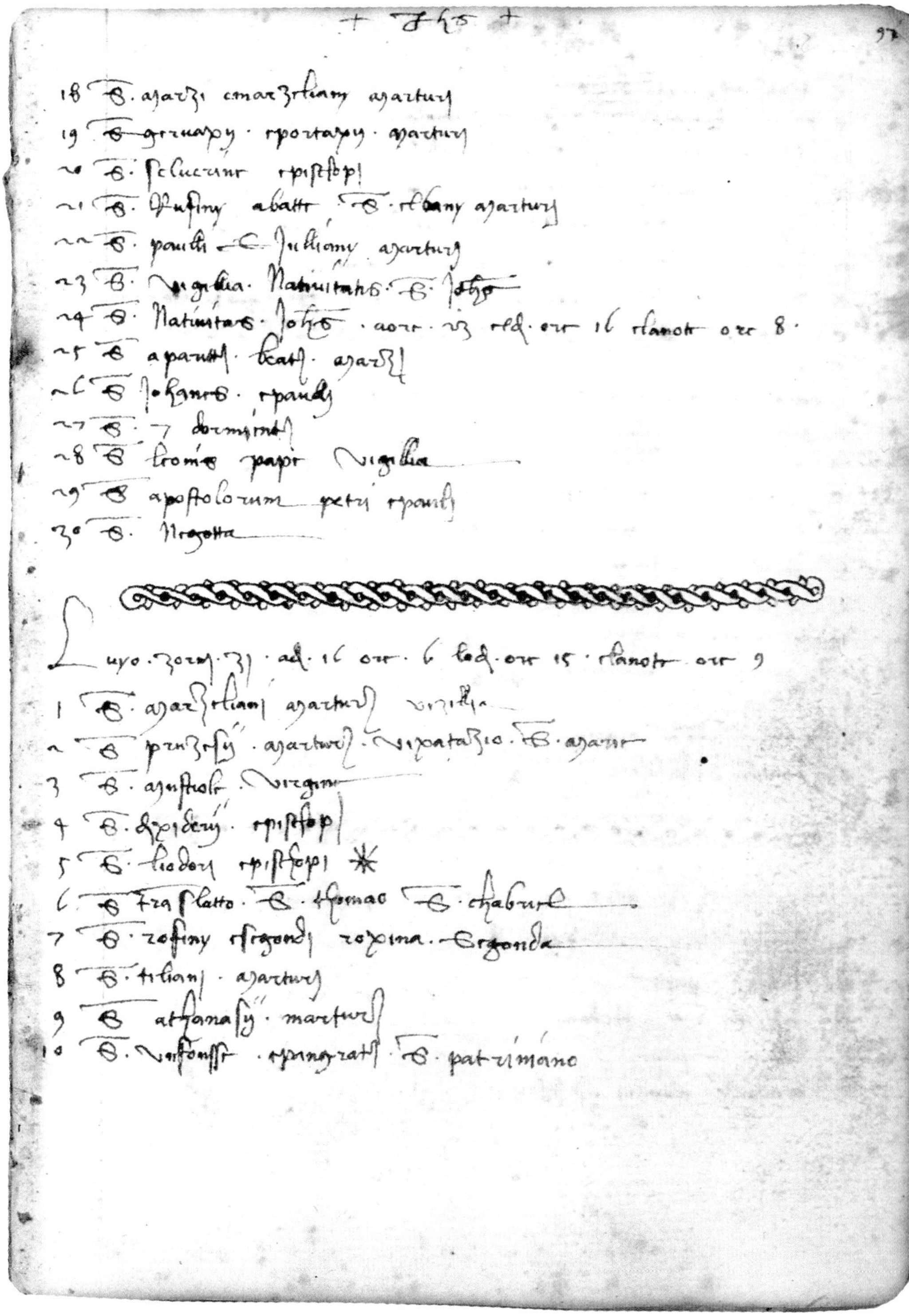

f. 98a

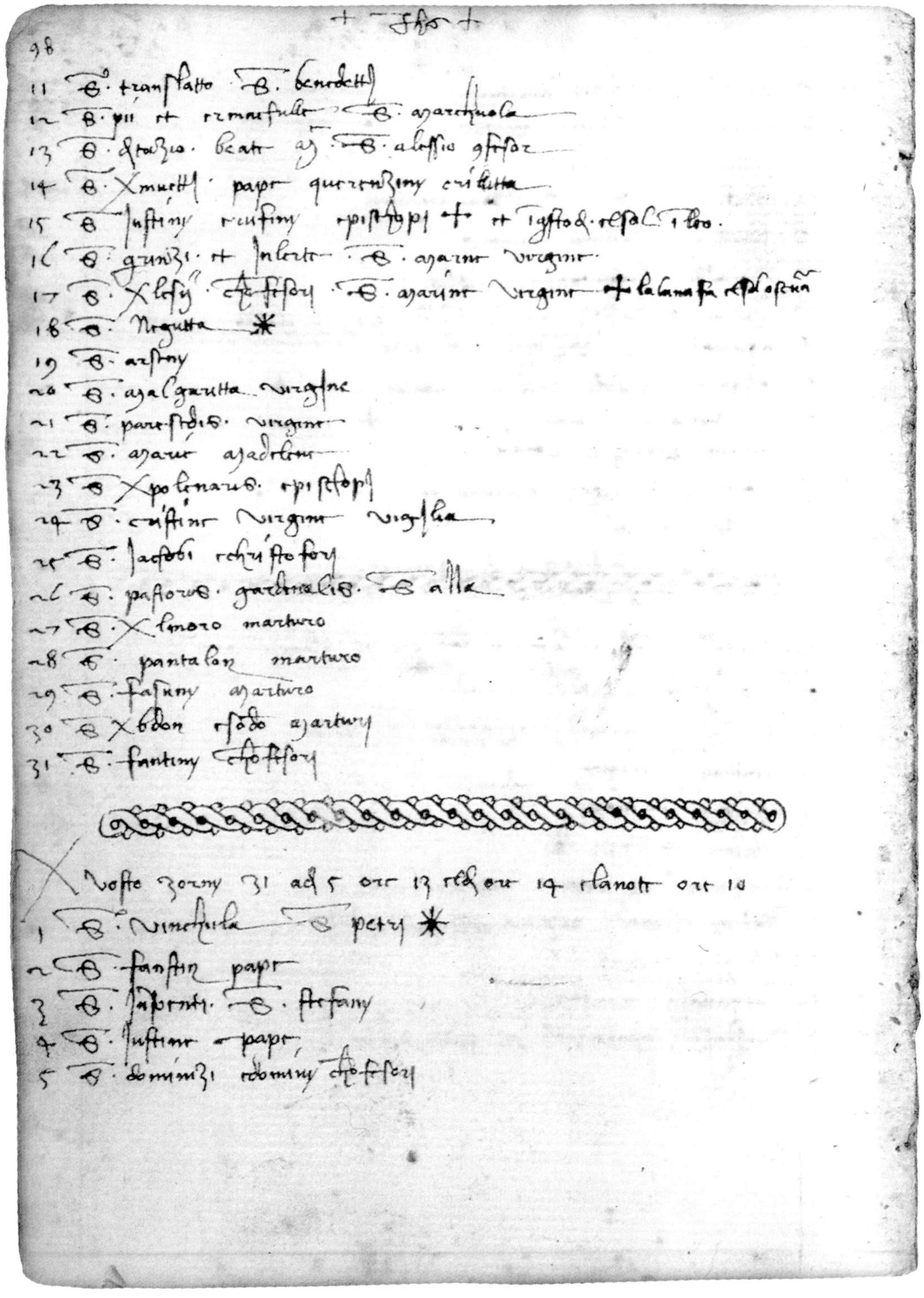

\+ yhs +

98

11 S. translatio S. benedetti

12 S. pii et ermacholle S. marchuola

13 S. [illegible] beati [illegible] S. alessio confesor

14 S. Xmutti papa quirenzini [illegible]

15 S. iustini [illegible] episcopi [illegible]

16 S. [illegible] et [illegible] S. marina vergine

17 S. Xlesy confesori S. marina vergine [illegible]

18 S. [illegible] *

19 S. arseny

20 S. margarita vergine

21 S. prasedis vergine

22 S. maria madalena

23 S. Xpolinaris episcopi

24 S. cristina vergine vigilia

25 S. iacobi e christofory

26 S. [illegible] S. anna

27 S. Xlmoro martiro

28 S. pantalon martiro

29 S. [illegible] martiro

30 S. Xbdon et senen martiri

31 S. fantini confessori

Avosto zorny 31 ad 5 ore 13 el dì ore 14 e la notte ore 10

1 S. vincula S. petri *

2 S. faustin papa

3 S. inventio S. stefany

4 S. iustino papa

5 S. dominici [illegible] confessori

f. 98b

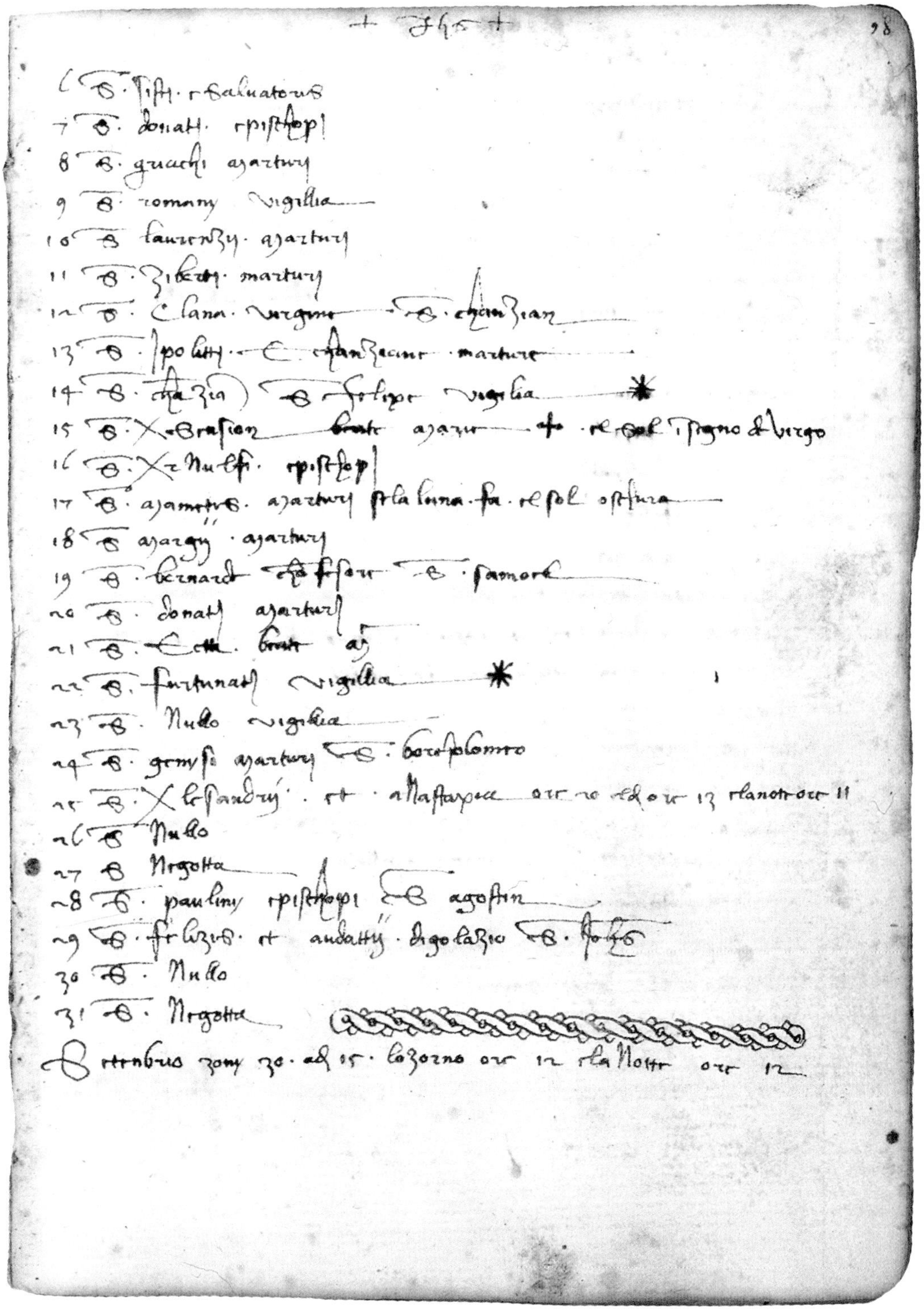

+ IHS +

6 S. Sisti r Saluatoris
7 S. donati episcopi
8 S. quarchi martiri
9 S. romany vigilia
10 S. laurenzy martiri
11 S. Ziberti martiri
12 S. Clara vergne S. chonzian
13 S. ipoliti e chanzeani marture
14 S. eozia S. folipo vigilia ✶
15 S. X. Grasion brate azarir + re sol i signo d virgo
16 S. X. Nulfi episcopi
17 S. azamtire azartiri p la luna fa re sol ostura
18 S. azargy azartiri
19 S. bernard chofsou S. samore
20 S. donati martiri
21 S. brate az
22 S. furtunati vigilia ✶
23 S. Nullo vigilia
24 S. gemfo martiri S. bortolomeo
25 S. X lesandry et a Mastazea ore 10 e d or 13 r lanotr ore 11
26 S. Nullo
27 S. Nrgotta
28 S. paulinj episcopi S. agostin
29 S. felizio et audatty d gola zio S. fo fe
30 S. Nullo
31 S. Nrgotta 〰〰〰〰〰〰〰
Settenbrius zony 30 ad 15 lozorno ore 12 e la Nottr ore 12

f. 99a

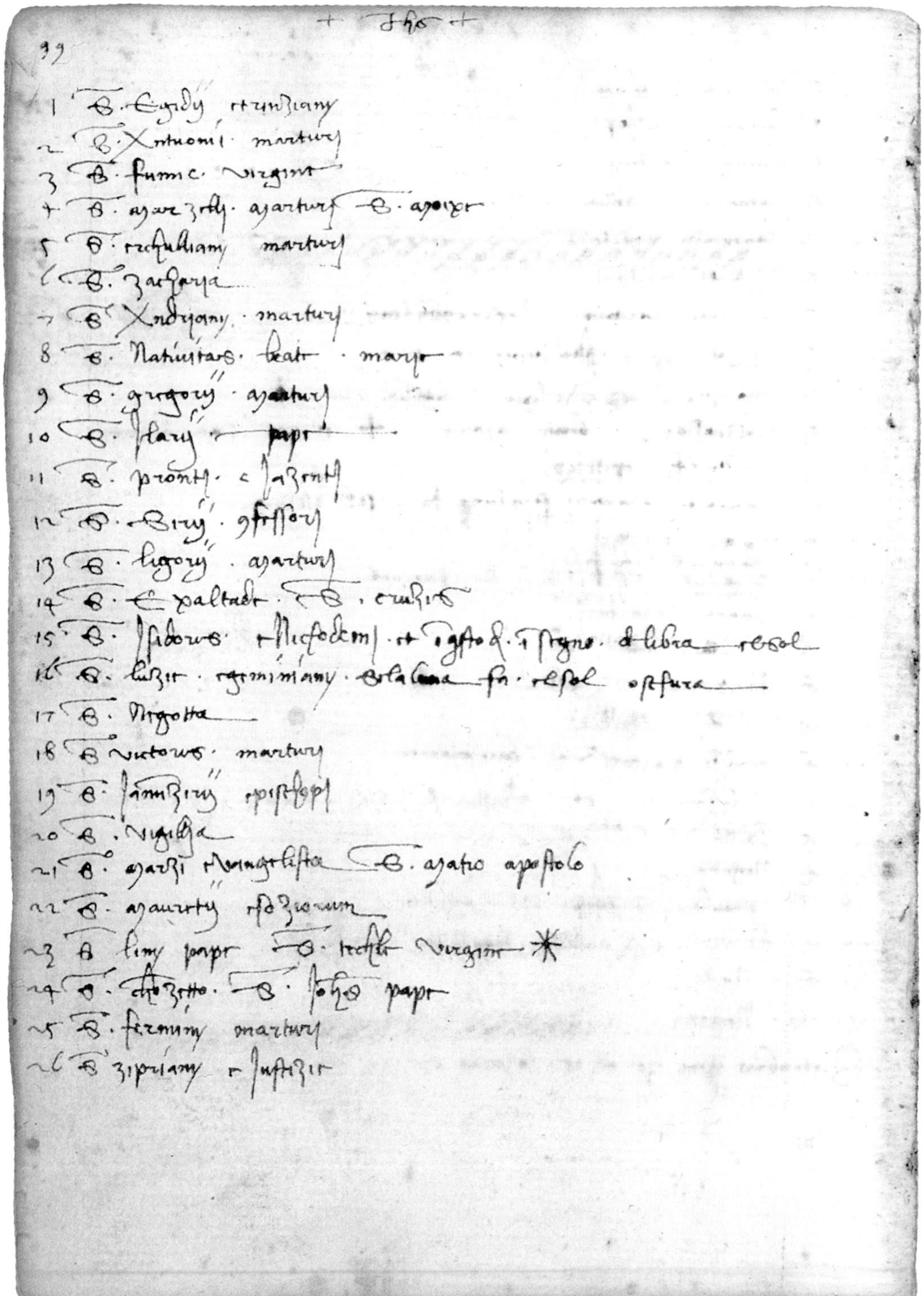
+ Jhs +
99
1 S. Egidy et zenziany
2 S. Antonini martiri
3 S. Fumie virgine
4 S. Marzelli martiri S. Moixe
5 S. Rechuliany martiri
6 S. Zacharia
7 S. Andriany martiri
8 S. Natiuitas beate marie
9 S. Gregory martiri
10 S. Ilary e pape
11 S. Pronty e Jazenty
12 S. Siry confessori
13 S. Ligory martiri
14 S. Exaltacion S. Croxe
15 S. Isidoro e Nicodemi et [illegible] et libra resol
16 S. Luzia e zeminiany [illegible] resol oscura
17 S. Virgotta
18 S. Victoris martiri
19 S. Janzary episcopi
20 S. Vigilia
21 S. Marzi evangelista S. Matio apostolo
22 S. Maurity sodziorum
23 S. Liny pape S. Techla virgine *
24 S. [illegible] S. Joha pape
25 S. Firmini martiri
26 S. Zipriany e Justine

f. 99b

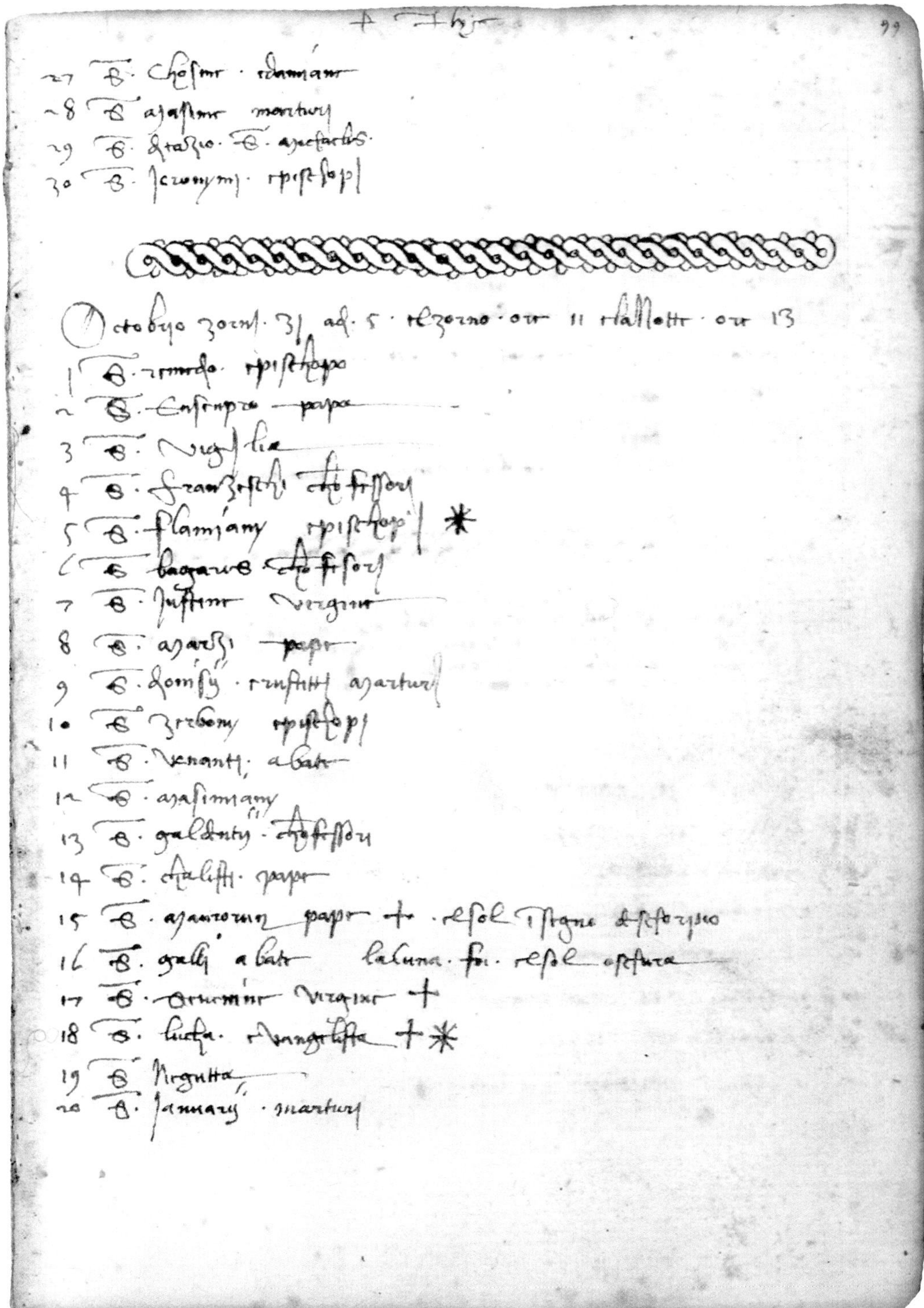

99

27 S. Chosme e damian
28 S. Massimo martury
29 S. Stazio. S. Michaelis
30 S. Jeronymi episcopi

Ottobrio zorni 31 ad 5 el zorno ore 11 la notte ore 13
1 S. Remedio epischopo
2 S. [illegible] papa
3 S. Vigilia
4 S. Franzescho confessor
5 S. Flaminy episcopi *
6 S. [illegible] confessor
7 S. Justina vergine
8 S. Marcho papa
9 S. Dionisy rustici martiri
10 S. Zereoni episcopi
11 S. Venanty abate
12 S. Massimiany
13 S. Galdenty confessor
14 S. Calisti papa
15 S. Mauroum papa + el sol in segno de scorpio
16 S. Galli abate la luna fa el sol oscura
17 S. [illegible] vergine +
18 S. Lucha evangelista + *
19 S. [illegible]
20 S. Janiary martiri

f. 100a

100 + Jhs +

21 S. Ilarioni · martiri
22 S. Vrsulle · virgini
23 S. Felipi · episcopi
24 S. Frucziny episcopi
25 S. Vitalis · bonifazii vigilia
26 S. Eusandi · chavri S. Dimitri
27 S. Evaristi · pape vigilia
28 S. Apostolorum Simonis et Iude
29 S. vigilia
30 S. Marzelli · episcopi
31 S. Jermani episcopi vigilia omnium sanctorum

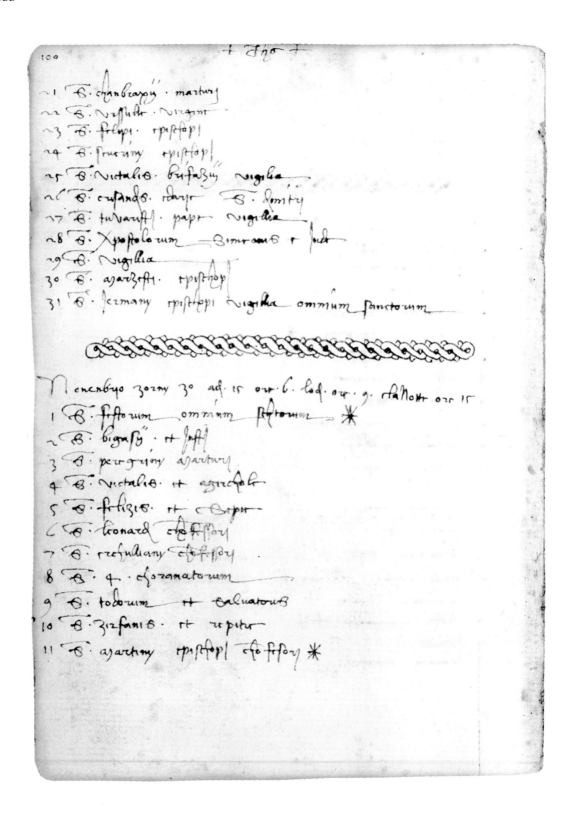

[illegible] 30 ore 6 · ... ore 9 · stallott ore 15
1 S. festorum omnium sanctorum *
2 S. Vignasii · et Justi
3 S. peregrini martiri
4 S. Vitalis · et agricole
5 S. felizis · et ...
6 S. Leonardi confessori
7 S. Prefulliani confessori
8 S. 4 · choronatorum
9 S. Todorum et Saluatoris
10 S. Zirfanis · et ...
11 S. Martini episcopi confessori *

f. 100b

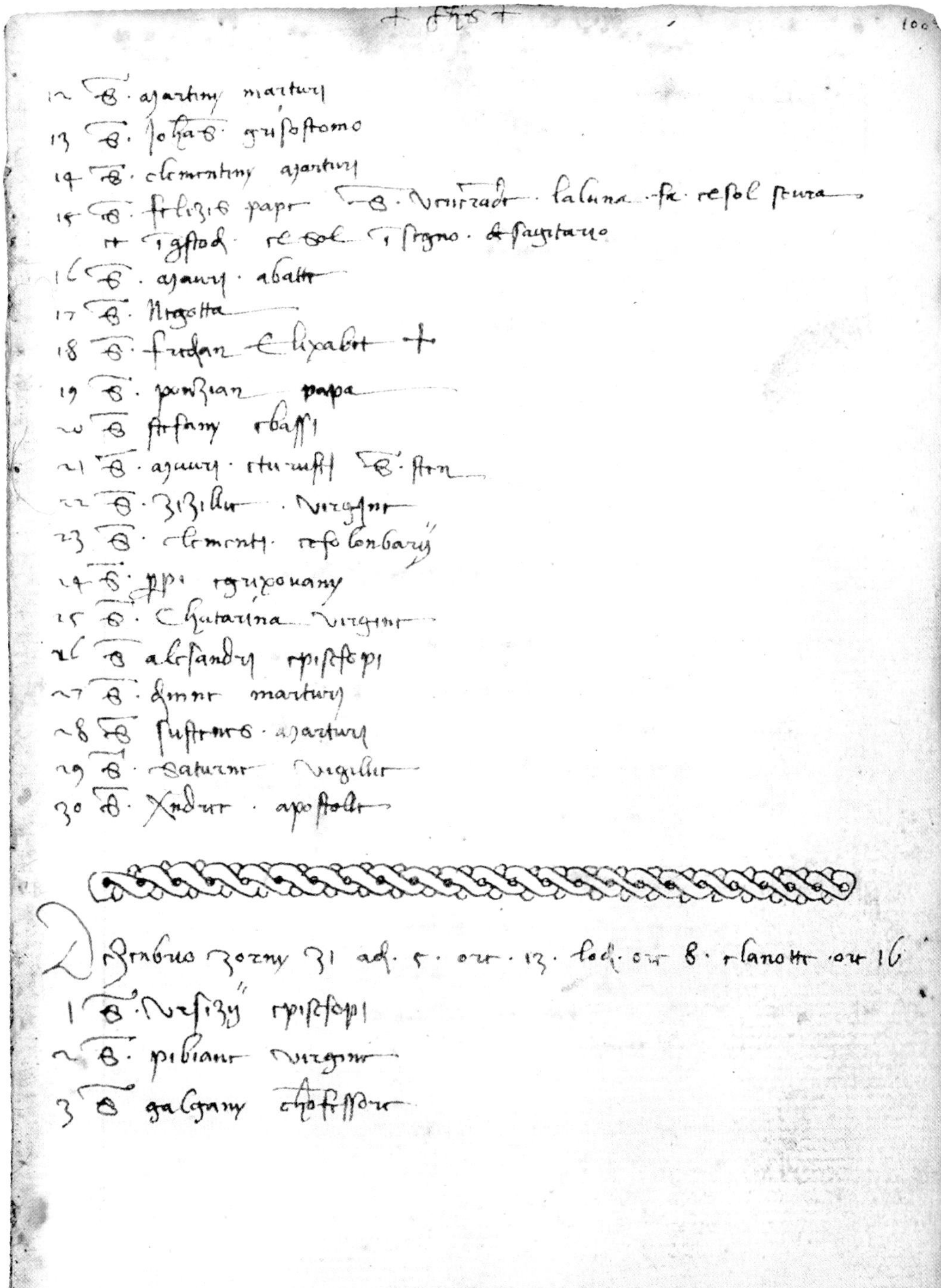

f. 101a

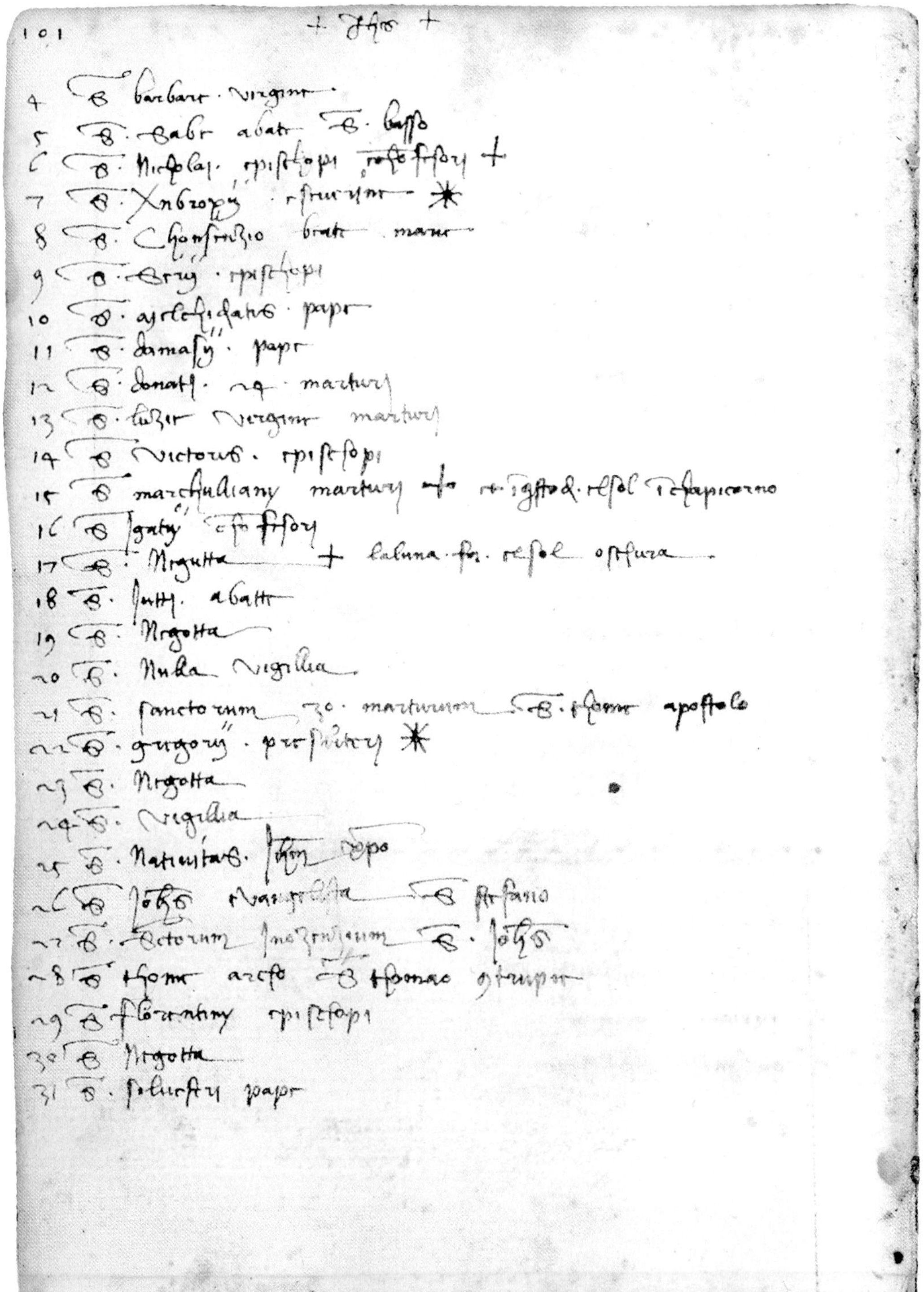

101 + Jhs +

4 S. barbare virgine
5 S. Sabe abate S. basso
6 S. Nicholai episcopi confessori +
7 S. Anbroxii confessor *
8 S. Chonzezio beate marie
9 S. Sirii episcopi
10 S. melchiades pape
11 S. damasii pape
12 S. donati et martiri
13 S. luzie virgine martiri
14 S. victoris episcopi
15 S. marchulliani martiri [illegible] el sol in chapricorno
16 S. Ignatii confessori
17 S. Negotta + la luna [illegible] el sol oschura
18 S. Iusti abate
19 S. Negotta
20 S. Nula vigilia
21 S. sanctorum 30 martirum S. thome apostolo
22 S. gregorii presbiteri *
23 S. Negotta
24 S. vigilia
25 S. Nativitas Ihesu Christo
26 S. Iohannis evangelista S. stefano
27 S. sanctorum innocentium S. Iohannis
28 S. thome archiepiscopi S. thomas [illegible]
29 S. florentini episcopi
30 S. Negotta
31 S. silvestri pape

f. 101b

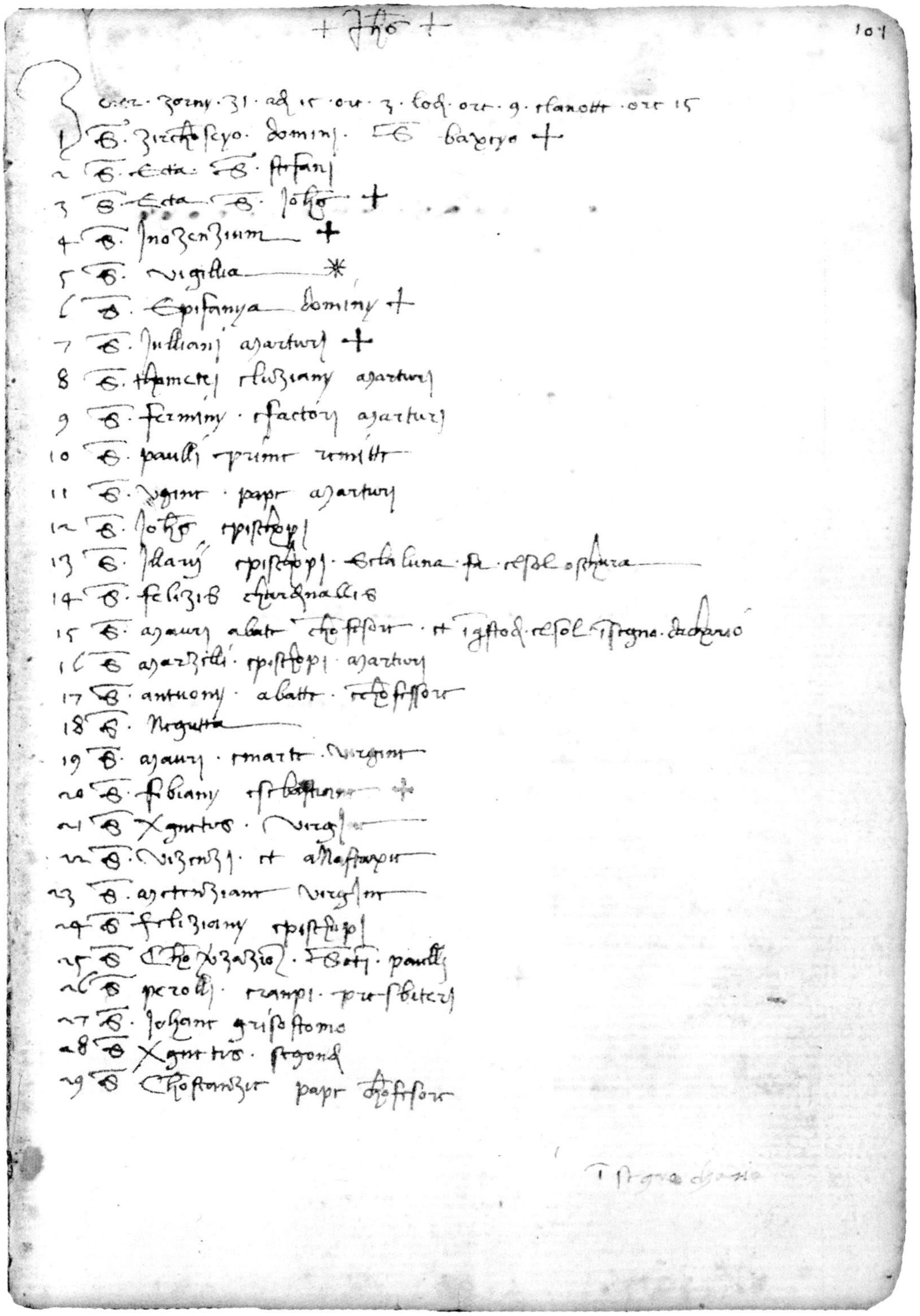
+ Jhs +
101
Zener · zorny · 31 · al dì 11 · ore 3 · lo dì · ore 9 · e la notte · ore 15
1 S. Zirchonsision domini · S. bazorio +
2 S. Octa · S. Stefani
3 S. Octa · S. Johã +
4 S. Inozenzium +
5 S. vigilia *
6 S. Epifania domini +
7 S. Julliani martiri +
8 S. Luziani martiri
9 S. Fermini e Vittori martiri
10 S. Pauli primo eremite
11 S. Igini pape martiri
12 S. Johã episcopi
13 S. Ilarij episcopi · Entra luna ... sol ...
14 S. Felizis chardinallis
15 S. Mauri abate chonfessor · et ... sol ... zechario
16 S. Marzelli episcopi martiri
17 S. Antuonij abate · chonfessor
18 S. Negatta
19 S. Mauri · e marte vergini
20 S. Fabiani e Sebastiani +
21 S. Agnetis · vergine
22 S. Vizenzij · et Anastasij
23 S. Marenziane vergine
24 S. Felizziani episcopi
25 S. Chonversion · S. Pauli
26 S. Peroli · e ... presbiteri
27 S. Johane grisostomo
28 S. Agnetis · segonda
29 S. Chostanzio papa chonfessor

f. 102a

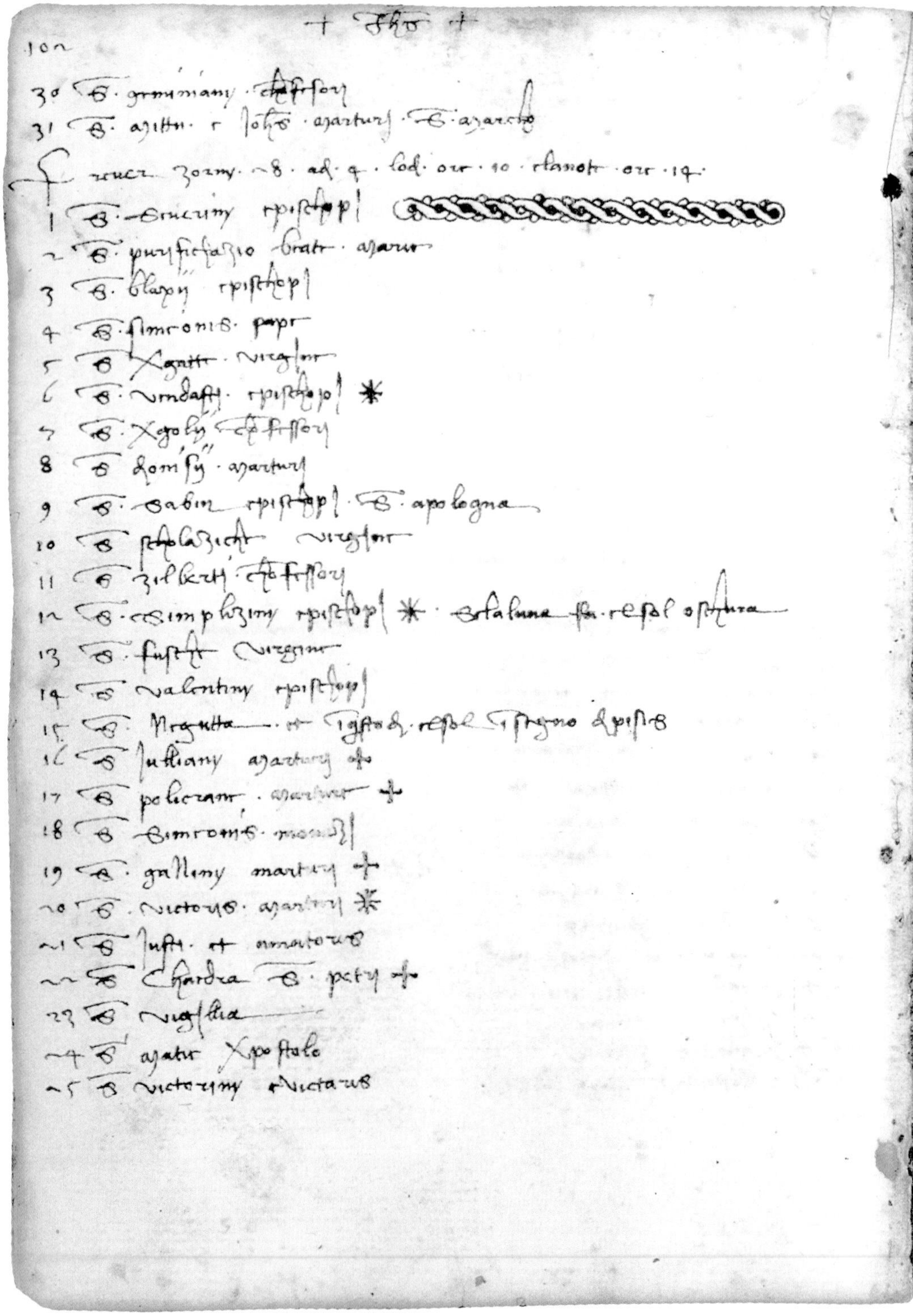
+ Jhs +
102
30 S. gemeniany confessor
31 S. agustin e Jochs martiri S. marcho
Fevrer zorni 28 ad q. lod. ore 10 e la notte ore 14
1 S. brezin episcopi
2 S. purificazio beate marie
3 S. blaxii episcopi
4 S. simeonis pape
5 S. agate virginis
6 S. vedasti episcopi *
7 S. [illegible] confessor
8 S. donisii martiri
9 S. sabin episcopi S. apologna
10 S. scholastice virginis
11 S. zilberti confessor
12 S. simplizini episcopi * Sola luna [illegible]
13 S. fusche virgine
14 S. valentini episcopi
15 S. [illegible] et [illegible]
16 S. juliany martiri
17 S. policarpi martiri +
18 S. simeonis [illegible]
19 S. galliny martiri +
20 S. victoris martiri *
21 S. justi et amatoris
22 S. chatedra S. petri +
23 S. vigilia
24 S. mathie apostolo
25 S. victorini victoris

f. 102b

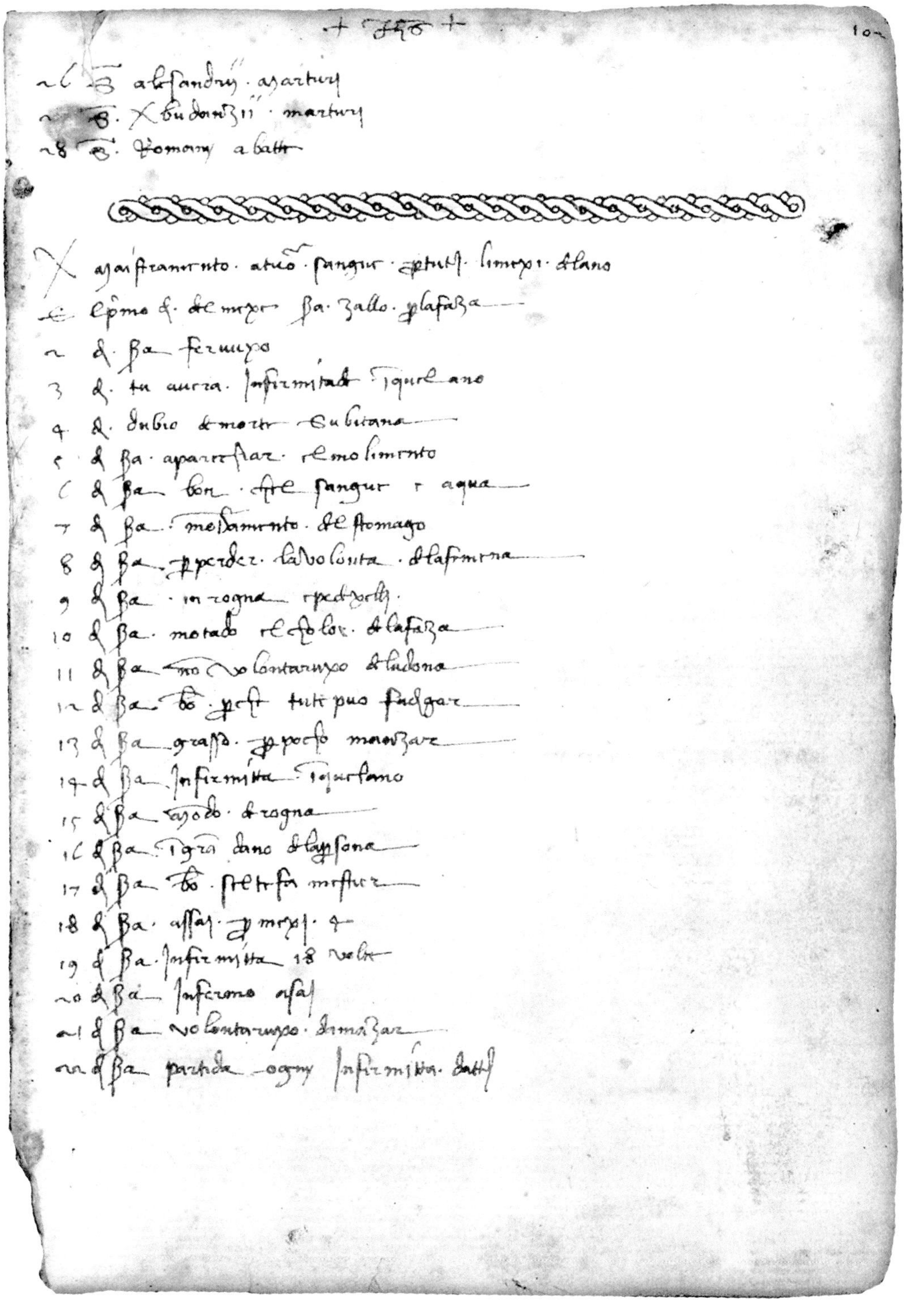

+ Jhs +

102

26 B. alexandrij martirj

27 B. X budonzii martirj

28 B. Romany abatti

Amaistramento a tuor sangue per tutti li mexi de l'ano

El primo dì de mazo fa zallo la faza

2 d. fa fermezo

3 d. tu averà infirmitade tuto l'ano

4 d. dubio de morte subitana

5 d. fa aparecchiar el movimento

6 d. fa bon contra sangue e aqua

7 d. fa mondamento del stomago

8 d. fa perder la volontà de la femena

9 d. fa in rogna e pedocchi

10 d. fa mutado el color de la faza

11 d. fa non volontarioxo de la dona

12 d. fa bo per tutti puo fadigar

13 d. fa grasso per poco manzar

14 d. fa infirmitta tuto l'anno

15 d. fa cazado de rogna

16 d. fa gran dano de la persona

17 d. fa bo per tuto mestier

18 d. fa assai per mexi 4

19 d. fa infirmitta 18 volte

20 d. fa infermo assai

21 d. fa volontarioxo de manzar

22 d. fa partida ogni infirmità dattj

f. 103a

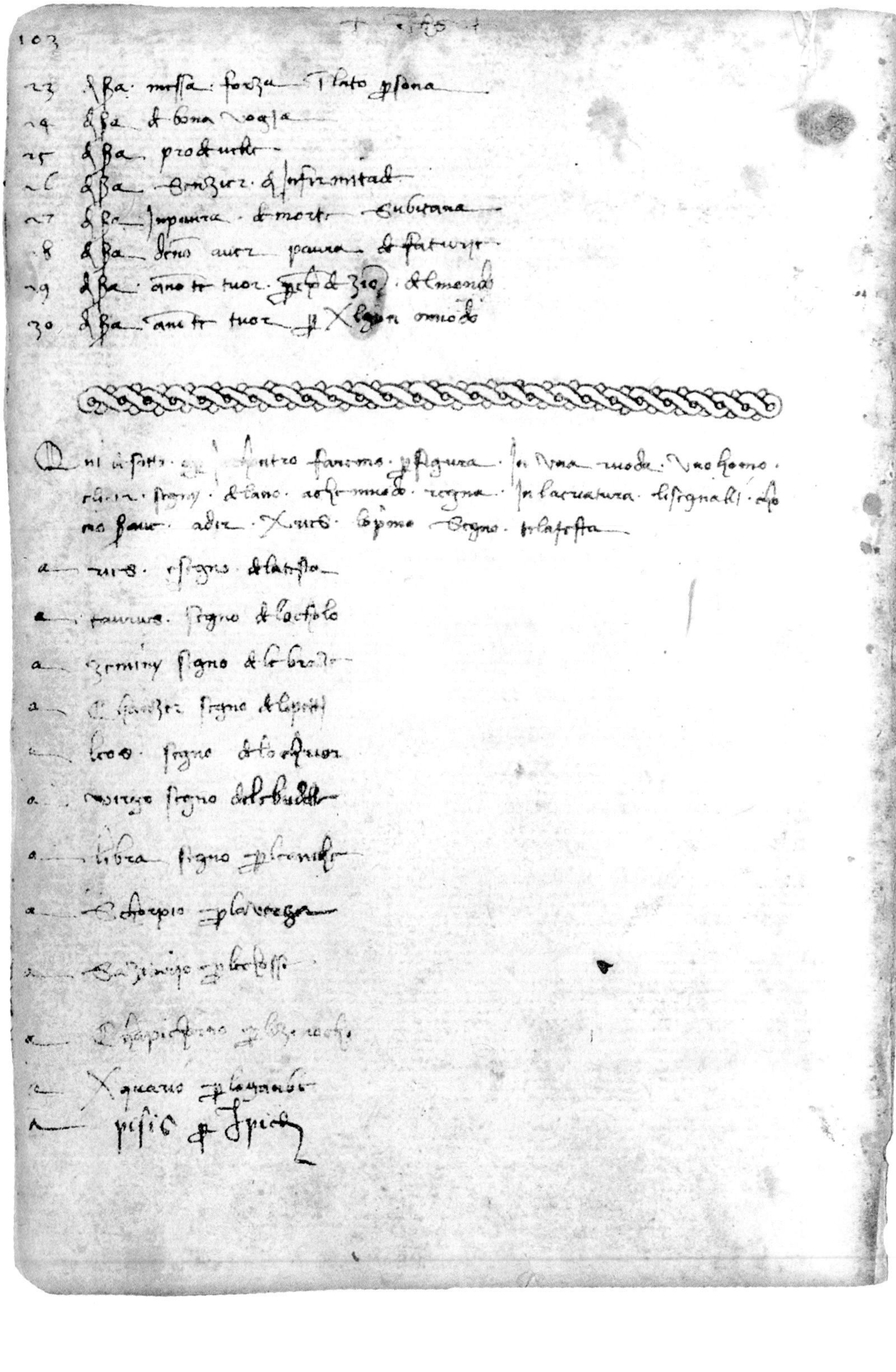

f. 103b

f. 104a

f. 104b

f. 105a

f. 105b

f. 106a

f. 106b

f. 107a

f. 107b

f. 108a

f. 108b

f. 109a

+ Ihs +

109

Aquario · lo · 11 · segno Natura de aere chalido vmido · segno chomunal
lo so pianetto Saturno segno · de lignanbi quel che nasse · i quel se-
gno sia · sauio i prendera quel che vora a vera · segnoria · in
la persona al mondo passara de molte furtune e venture avera
vitta e stado sia · bo de far ogni bona chosa · Saturno sta · con lo
zielo souran signoriza · li gordi del mar Saturno pianetto no
i chomenzar Nula chossa da prima · ora · de sabo e mota · segny · a a-
quario e schorpio signoriza · tuti · li pianetti sta · i zasschun segno any
zercha · li segny i any · 30 ·

f. 109b

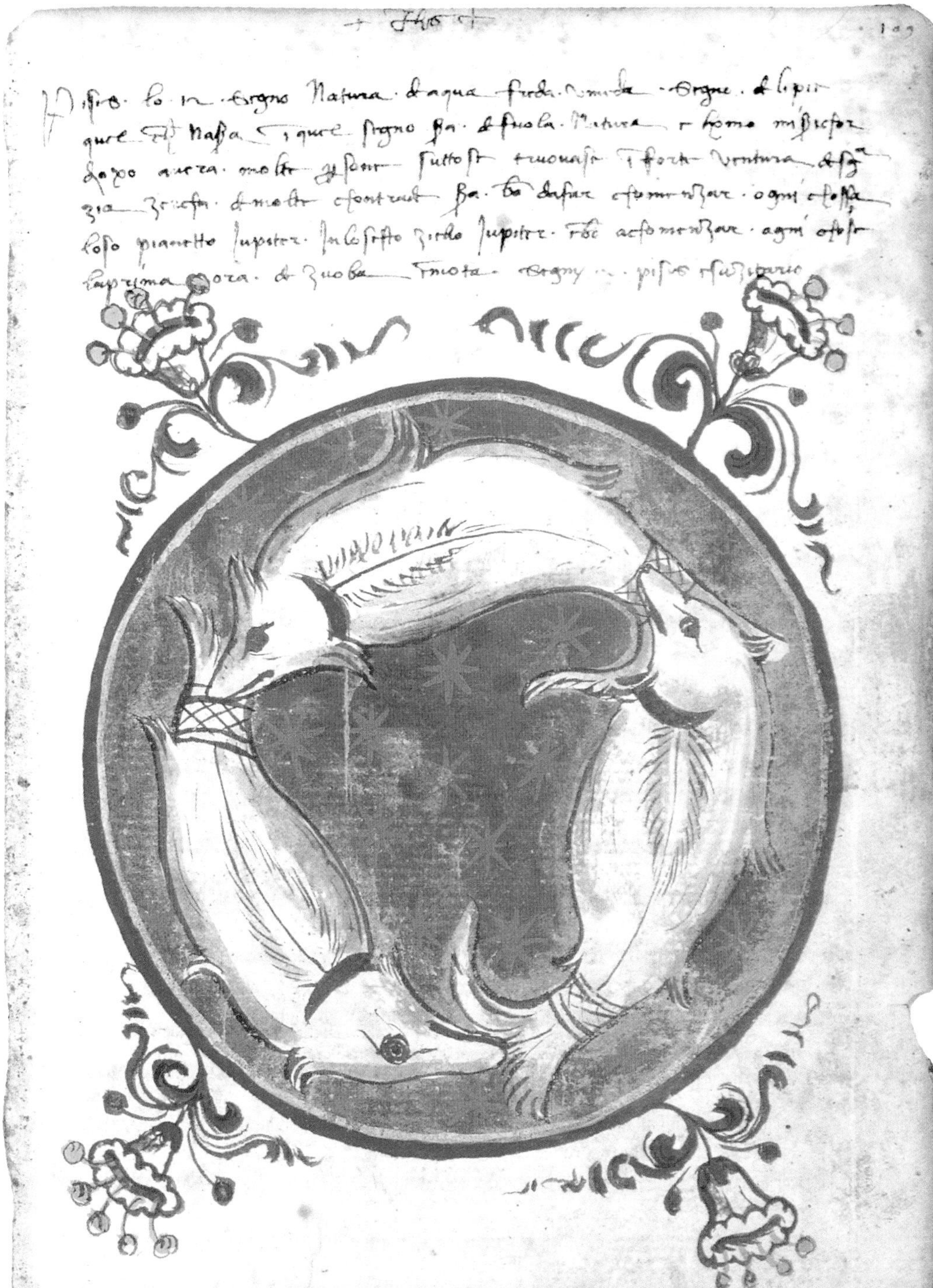

f. 110a

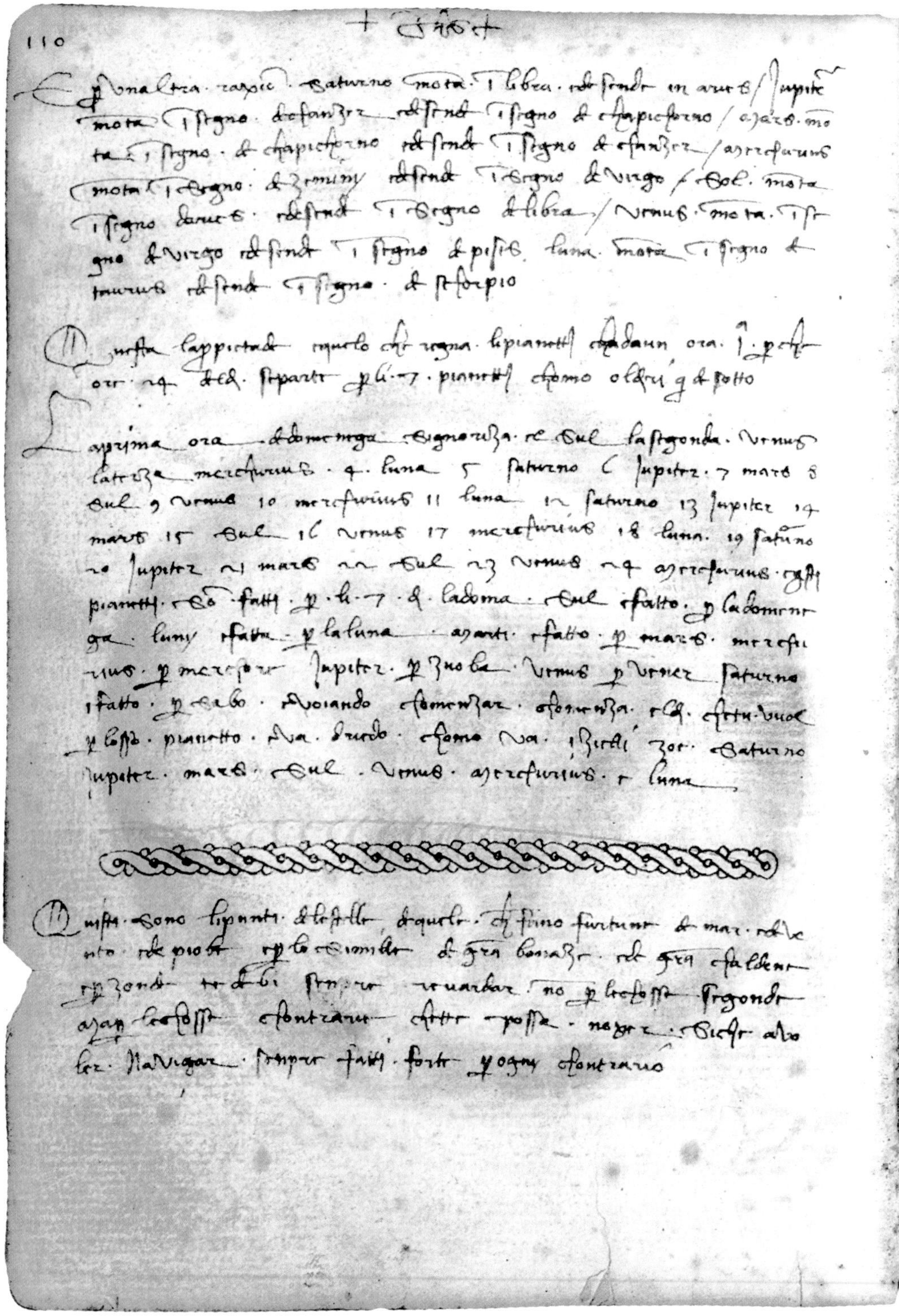

110

+ Jhesus +

E per unaltra raxion. Saturno mora in libra ed respende en aries / Jupiter
mora in signo de chanzer ed respende in signo de chapricorno / Mars mo
ra in signo de chapricorno ed respende in signo de chanzer / Merchurius
mora in segno de zeminy ed respende in segno de virgo / Sol mora
in signo de aries ed respende in segno de libra / Venus mora in si
gno de virgo ed respende in signo de pissis. Luna mora in signo de
taurus ed respende in signo de schorpio

Questa la pprietade de quelo che regna li pianetti chadaun ora in perfe
ore 24 del dì sparte per li 7 pianetti chomo olderi qua de sotto

La prima ora de domenega signoreza el Sol la segonda Venus
la terza merchurius 4 luna 5 saturno 6 Jupiter 7 mars 8
Sol 9 Venus 10 merchurius 11 luna 12 saturno 13 Jupiter 14
mars 15 Sol 16 Venus 17 merchurius 18 luna 19 saturno
20 Jupiter 21 mars 22 Sol 23 Venus 24 merchurius. Questi
pianetti sè fatti per li 7 dì. La domenega Sol è fatto per la domene
ga. Luny è fatto per la luna. Marti è fatto per mars. Merchu
rius per merchore. Jupiter per zuoba. Venus per vener. Saturno
è fatto per sabo. Voiando chomenzar o chomenza el dì chomo vuol
per lo so pianetto va drredo chomo va i zirculi zoe Saturno
Jupiter mars Sol Venus merchurius e luna

Queste sono li ponti de le stelle de quele che fano fortune de mar e de ve
nto e de piove e per lo simille de gran bonaze e de gran chaldeni
e per zo ne de bi sempre reguardar no per le cosse segonde
ma per le cosse contrarie che te posse navegar. Siche a vo
ler navegar sempre fatti forte per ogni chontrario

f. 110b

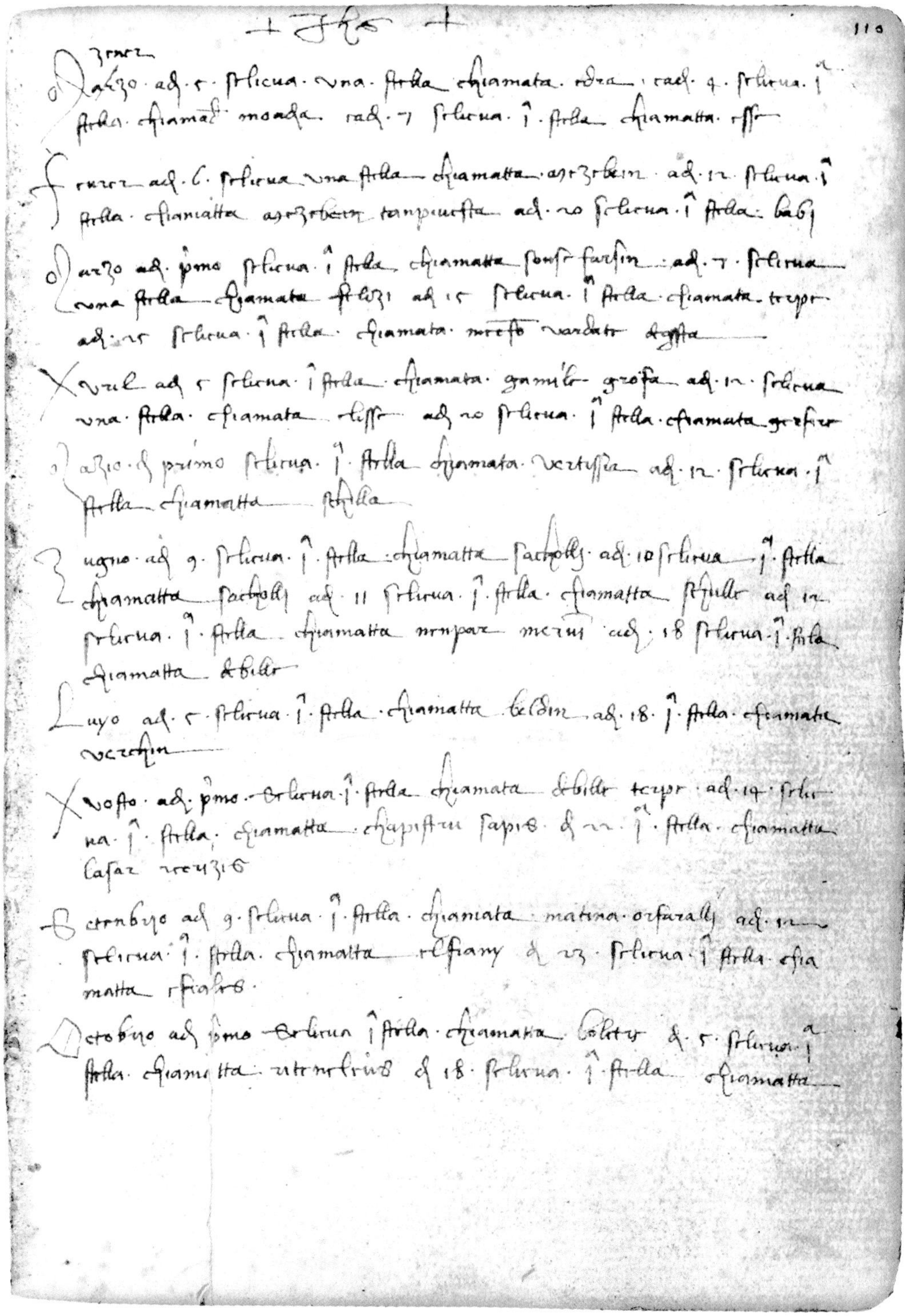

\+ Jhs + 110

Zenar
Marzo ad 5 se lieva una stella chiamata edra e ad 4 se lieva 1a
stella chiamata moada e ad 7 se lieva 1a stella chiamatta esse

Frevar ad 6 se lieva una stella chiamatta asezobein ad 12 se lieva 1a
stella chiamatta asezobein tanpiuesta ad 20 se lieva 1a stella babi

Marzo ad primo se lieva 1a stella chiamatta sons farsin ad 7 se lieva
una stella chiamata stelezi ad 15 se lieva 1a stella chiamata tezpr
ad 25 se lieva 1a stella chiamata morefo vardato degsta

Avril ad 5 se lieva 1a stella chiamata gamilo grosa ad 12 se lieva
una stella chiamata elisse ad 20 se lieva 1a stella chiamata grefier

Mazio ad primo se lieva 1a stella chiamata vertissa ad 12 se lieva 1a
stella chiamatta stella

Zugno ad 9 se lieva 1a stella chiamatta sacholls ad 10 se lieva 1a stella
chiamatta sacholls ad 11 se lieva 1a stella chiamatta stulle ad 12
se lieva 1a stella chiamatta nonpar merus ad 18 se lieva 1a stella
chiamatta debile

Luyo ad 5 se lieva 1a stella chiamatta beldin ad 18 1a stella chiamata
verechin

Avosto ad primo se lieva 1a stella chiamata debile tezpr ad 14 se lie
va 1a stella chiamatta chapistru sapis ad 22 1a stella chiamatta
lasar reuzis

Setenbrio ad 9 se lieva 1a stella chiamata matina orfaralls ad 12
se lieva 1a stella chiamatta elfiany ad 23 se lieva 1a stella chia
matta efialrs

Otobrio ad primo se lieva 1a stella chiamatta boltis ad 5 se lieva 1a
stella chiamatta utenelrius ad 18 se lieva 1a stella chiamatta

f. 111a

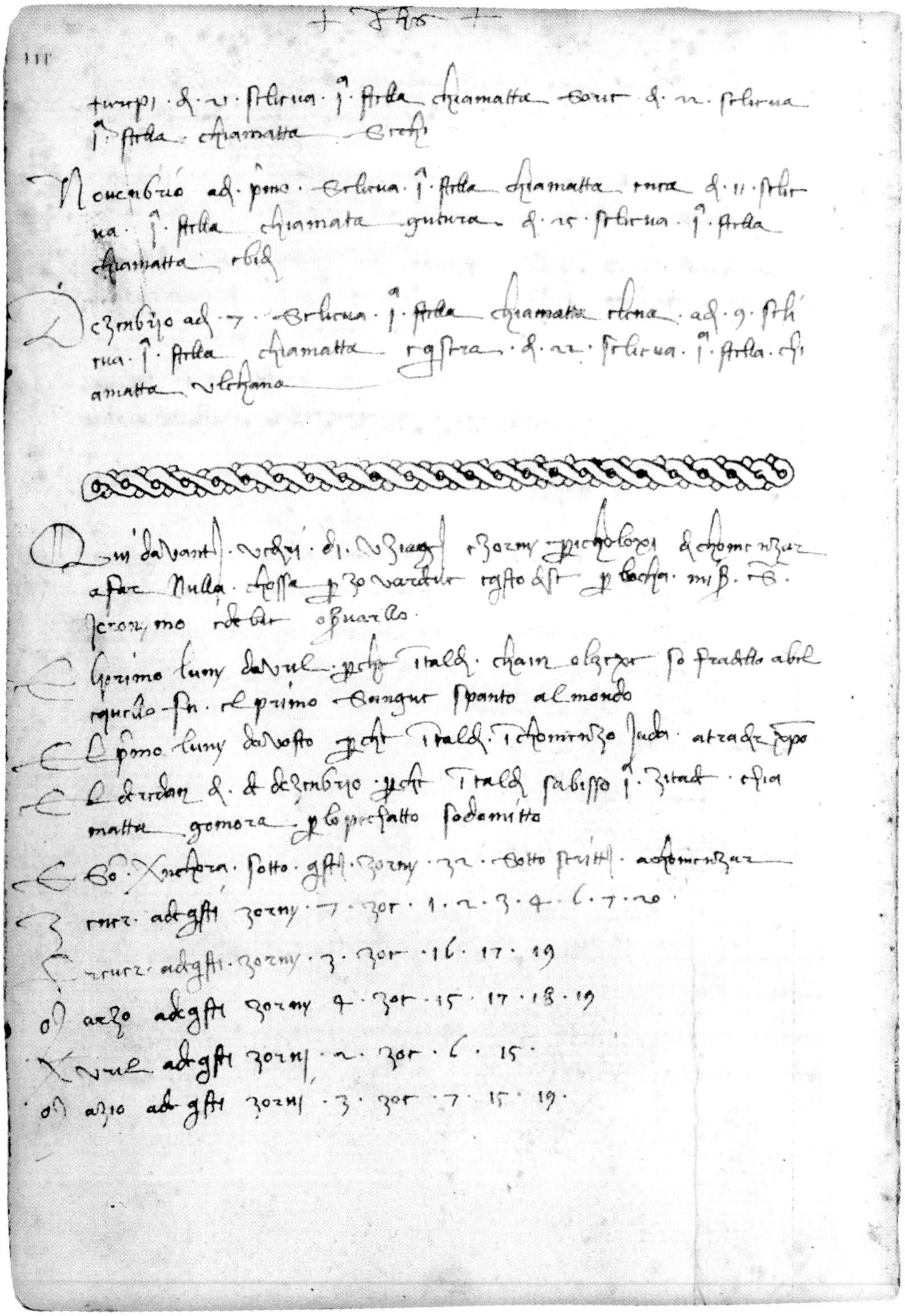

f. 111b

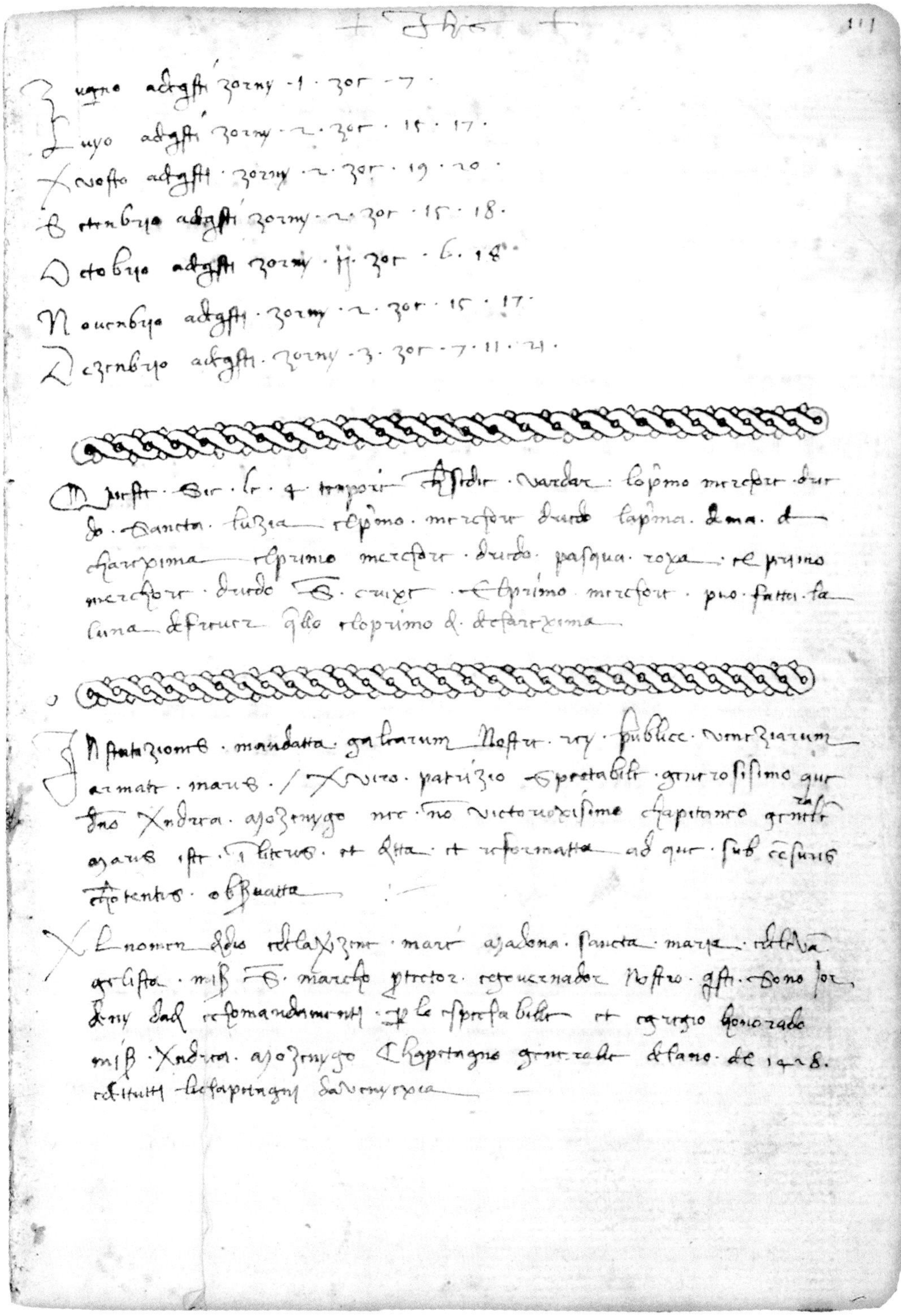

f. 112a

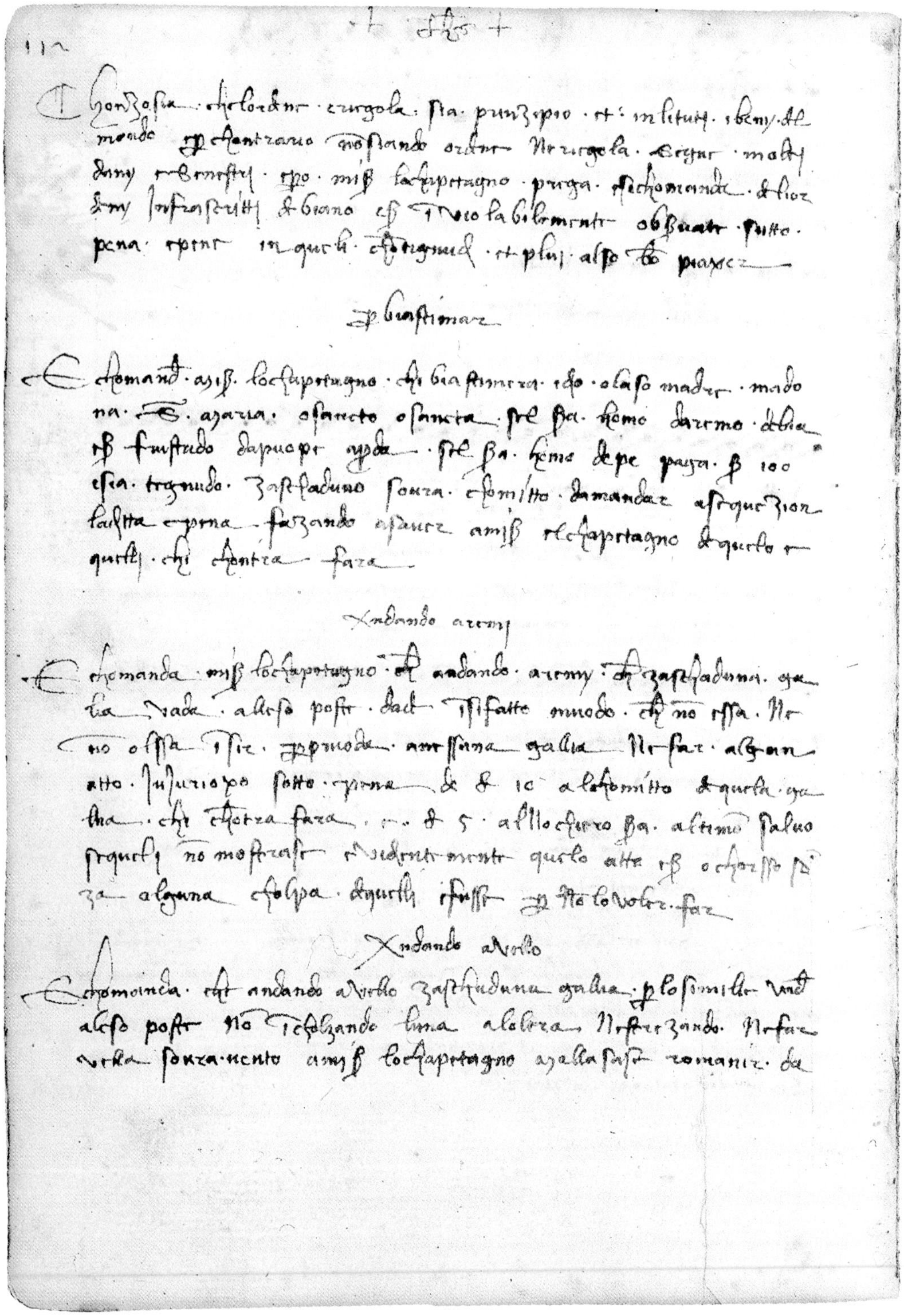

112

+ Jhs +

Chonzosia chelordene e rregola sia prinzipio et inlituit i beni del mondo per chontrario non stando ordene ne regola seguir molti dani e sconzi e pero misser lo chapetagno prega e sì chomanda che li ordeni infrascritti debiano esser invioltabilmente obseruati sotto pena e ponie in quelli chontegnudi et plui a so beneplaxer

Per biastimar

E chomanda a misser lo chapetagno chi biastemera dio o la so mader madonna santa maria o sancto o sancta se el sara homo darmo debia esser frustado da pupa a proda se el sara homo de pe paga soldi 100 e sia tegnudo zaschaduno sovra chomitto da mandar a exequzion la ditta pena fazando a saver a misser lo chapetagno de quelo e quelli chi chontra fara

Andando a remi

E chomanda misser lo chapetagno che andando a remi che zaschaduna galia vada a le so poste dacordo in si fatto modo che no esa ne no ossa in sie per modo a nesuna galia ne far algun atto iniurioxo sotto pena de soldi 10 al sovrachomitto de quela galia che chontra fara e de soldi 5 al nochiero per altimon salvo se quelli no mostrase evidentemente quelo atto esser ochorsso senza alguna cholpa de quelli e fosse per no lo voler far

Andando a vello

E chomanda che andando a vello zaschaduna galia per lo simille vada a le so poste no trapassando luna a laltra ne non sforzando ne far vella sovra vento a misser lo chapetagno a zalla sera romanir da

f. 112b

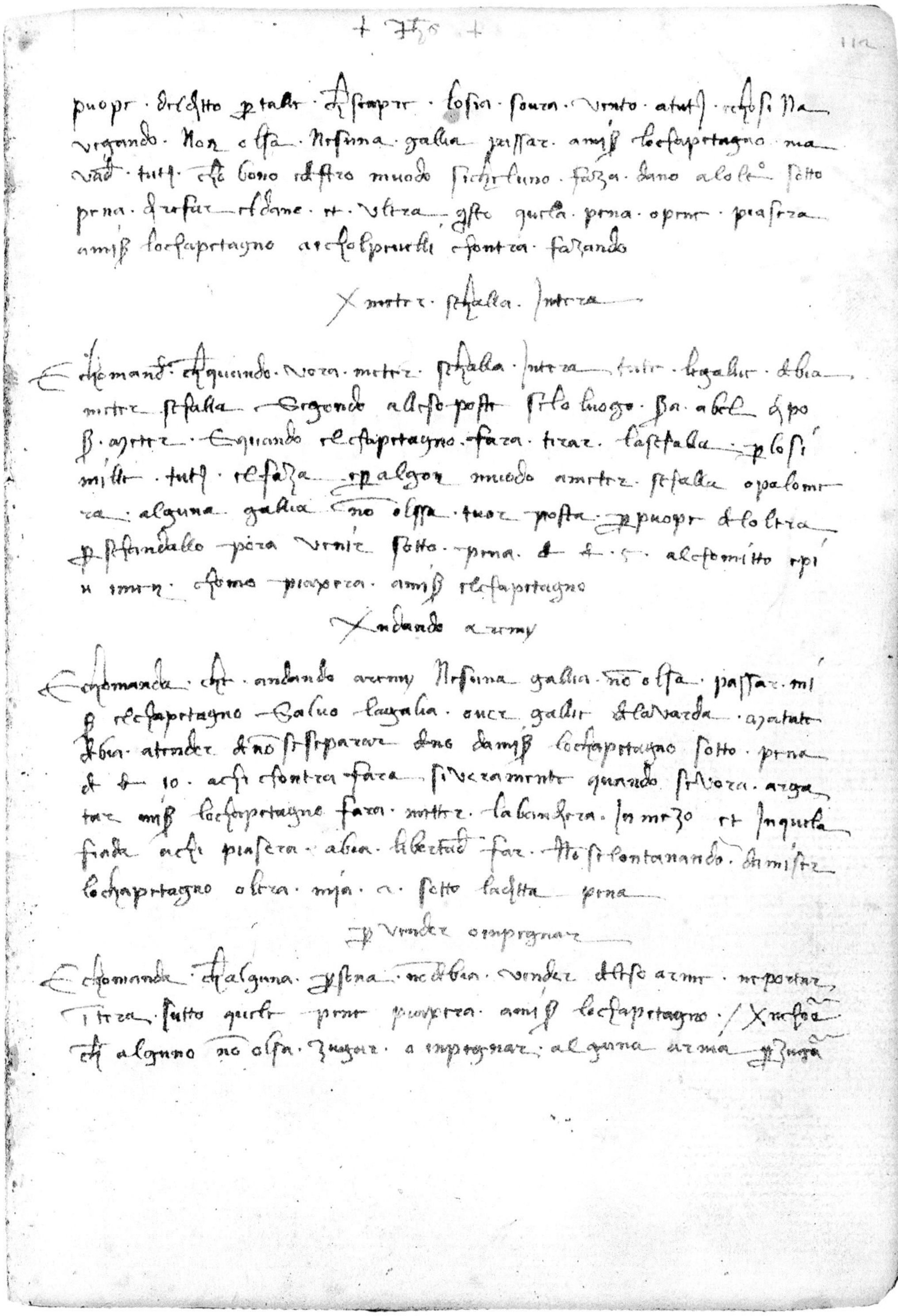
+ Jhs +

puopr · drelto ꝑ talor · che sempre · cosi · soura · vento · a tuti · che fosi na-
vegando · Non olsa · nesuna · galia · passar · amis lo chapitagno · ma
vadi · tuti · che bono ordene mudo si che luno · faza · dano alaltro · sotto
pena · de refar el dano · et · oltra · questo quela · pena · oparera · piasera
amis lo chapitagno a chol pruedi contra · fazando

X meter · stalla · intera

E chomando · che quando · vora · meter · stalla · intera · tute · le galie · debia
meter · stalla · segondo al suo posto · sul so luogo · sia · a bel cho po
si · meter · E quando el chapitagno · fara · tirar · la stalla · per lo si
mile · tuti · el faza · per algun mudo a meter · stalla o palomera · alguna · galia · no olsa · tuor · posta · per puopr de loltra
per stendalo pora venir · sotto · pena · de [illegible] · al chomito e pi
u [illegible] · chomo piasera · amis el chapitagno

X andando a remi

E chomando · che · andando a remi nesuna galia · no olsa · passar · mi
s el chapitagno · Saluo la galia · over galie de la varda · aiutade
debia atender de no se separar dano da mis lo chapitagno sotto · pena
de [illegible] 10 · achi contra fara · Siveramente quando se vora · argatar mis lo chapitagno fara · meter · la bandiera · in mezo et in quela
fiada achi piasera · abia · liberta de far · [illegible] se lontanando · da mis-
ser lo chapitagno oltra · mia · [illegible] sotto la ditta pena

per vender o impegnar

E chomando · che alguna · persona · nedebia · vender · de suo arme · ne portar
in terra · sutto quele pene piasera · amis lo chapitagno · / X che nesun
che alguno no olsa · zugar · a impegnar · alguna arma · per zuga

f. 113-1a

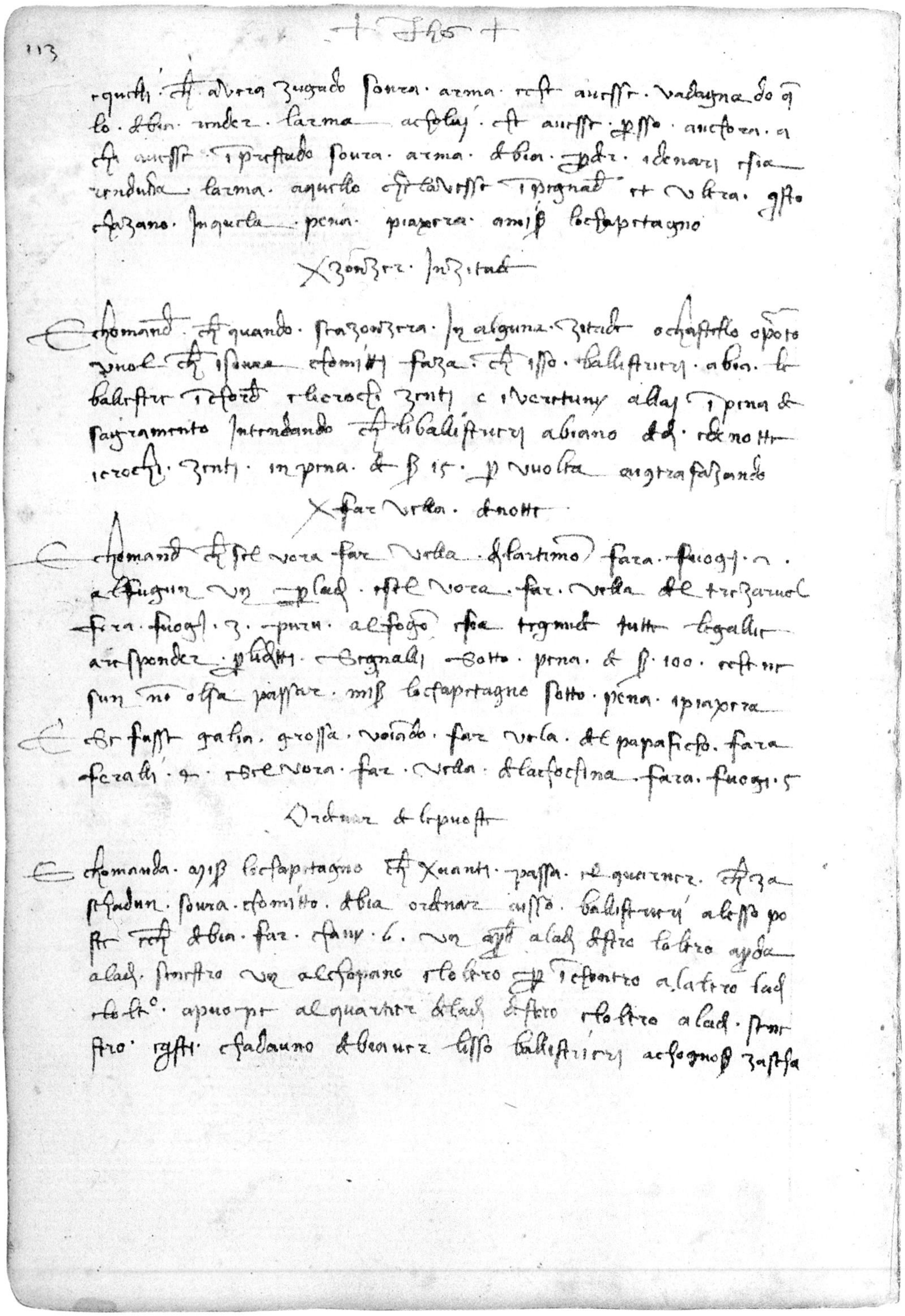

f. 113-1b

+ Yhs +

113

de andar al so posto. Et ochorendo chaxo de bataia che dio no voya e in
chaxo de bataya algono no olsa despartirse de la so posta se
no per loso armador ne li fusse ditto per nome de quello sotto pena de esser
pugnido in la persona segondo el fallo parerà a misser lo chapetagnio e
questo posto de bera ... per li sovra chomitti sotto pena de ß 100

per le varde di balistrieri

E chomanda a misser lo chapetagno e ad altri sopracomiti da Veniexia le galie de
bera ordenar le so varde e quelli per la varda del dì per ß 4
e de notte per ß 8 li quali ß vegnano in man a chi solor de la varda
se li fosse achusadori e se questi de la varda non li achusasse chaza in
questa pena chomo saravè esso la varda e questi dinari vegna
in man del sovra chomitto e de galie a ber per le latte e p...

per andar l'armiraio in terra

E chomando che quando l'armiraio vuol andar in terra per alchun
so bixogno per siguritade de li homeni debia far chomo che de
tute le galie [illegible] li balistrieri che sia chonfesso la dana
de aconpagnar al armiraio tutto e che chi contrafesse chaza in
pena de ß 10 a li quali che sti de bera vegnir al armiraio e che spensa
quelli a li ballestrieri de quella varda

volando far vela ecc.

E chomanda che volendo far vela ecc. chadauna volta per lo simi-
le a volzer e chalar e che vella vuole far chomando misser lo
chapetagno farà levar voga per far vella tute le galie debia
levar voga e aspetar infina che el chapetagno faza vella per andar
sovravento a tatto et in quella ognomo faza no fazando vella
per modo de far sinistro al altro [illegible] andar sovravento a quello

f. 113-2a

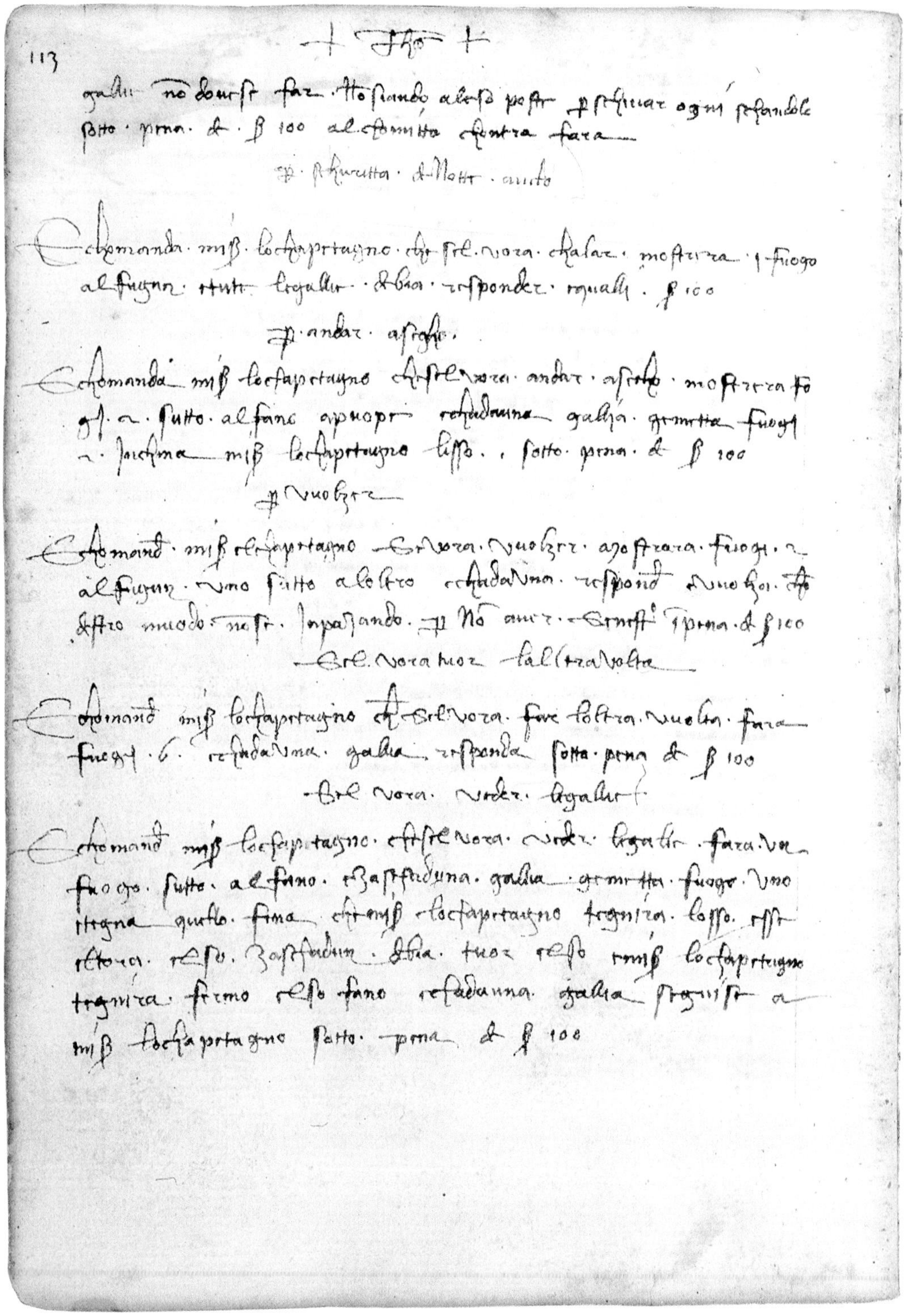

f. 113-2b

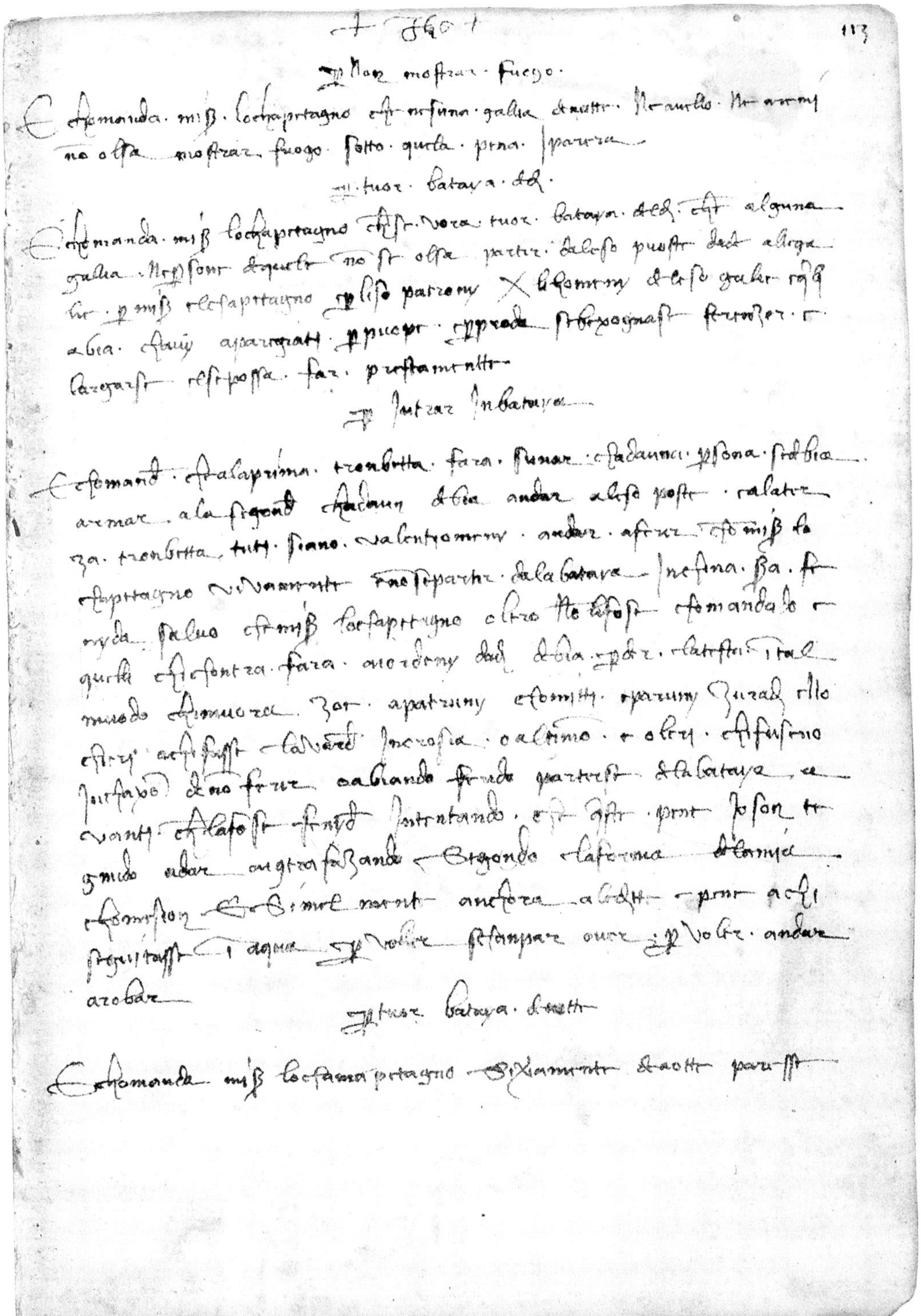
113

Per non mostrar fuogo

Per tuor bataya de dì

Per intrar in bataya

Per tuor bataya de notte

f. 114a

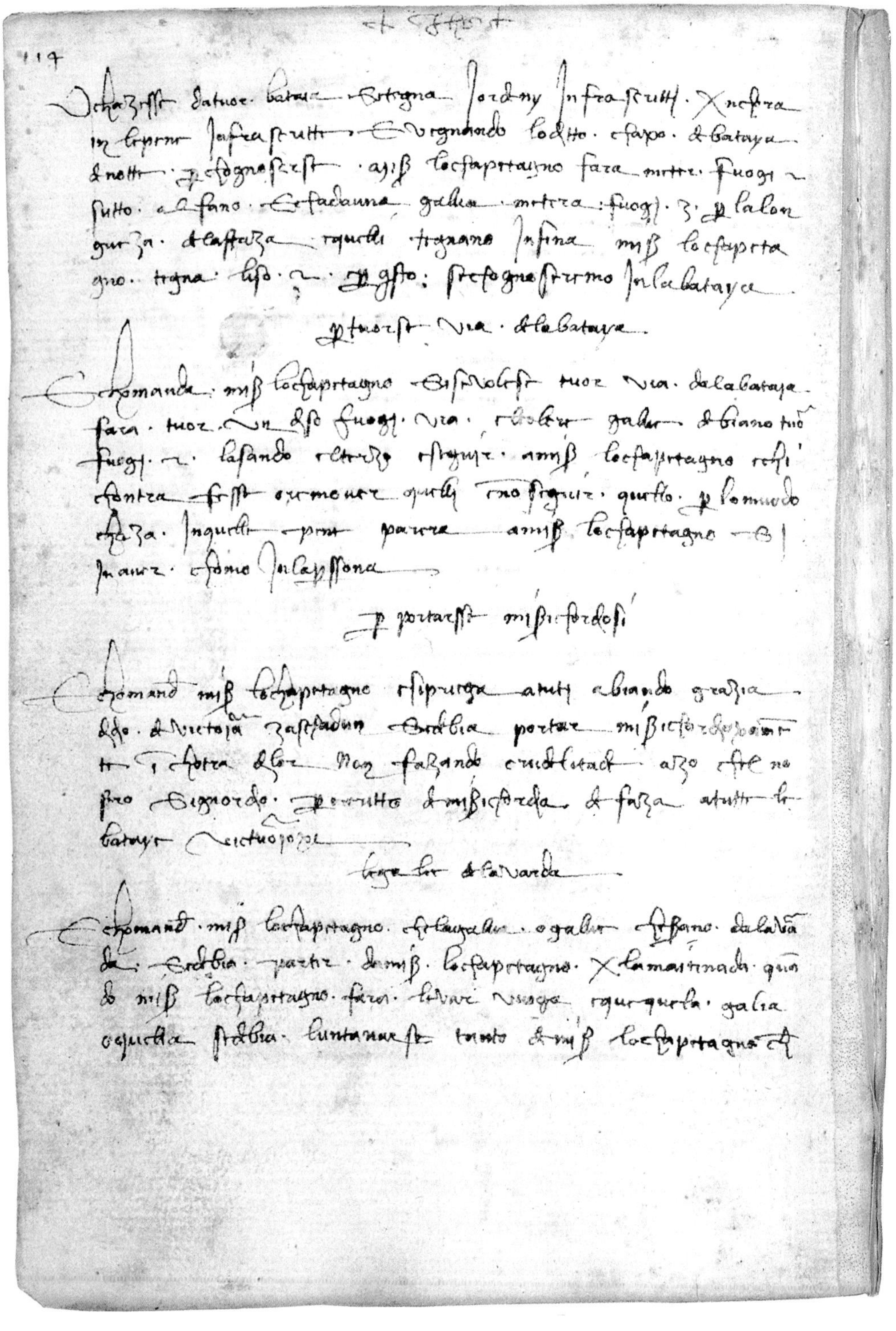

f. 114b

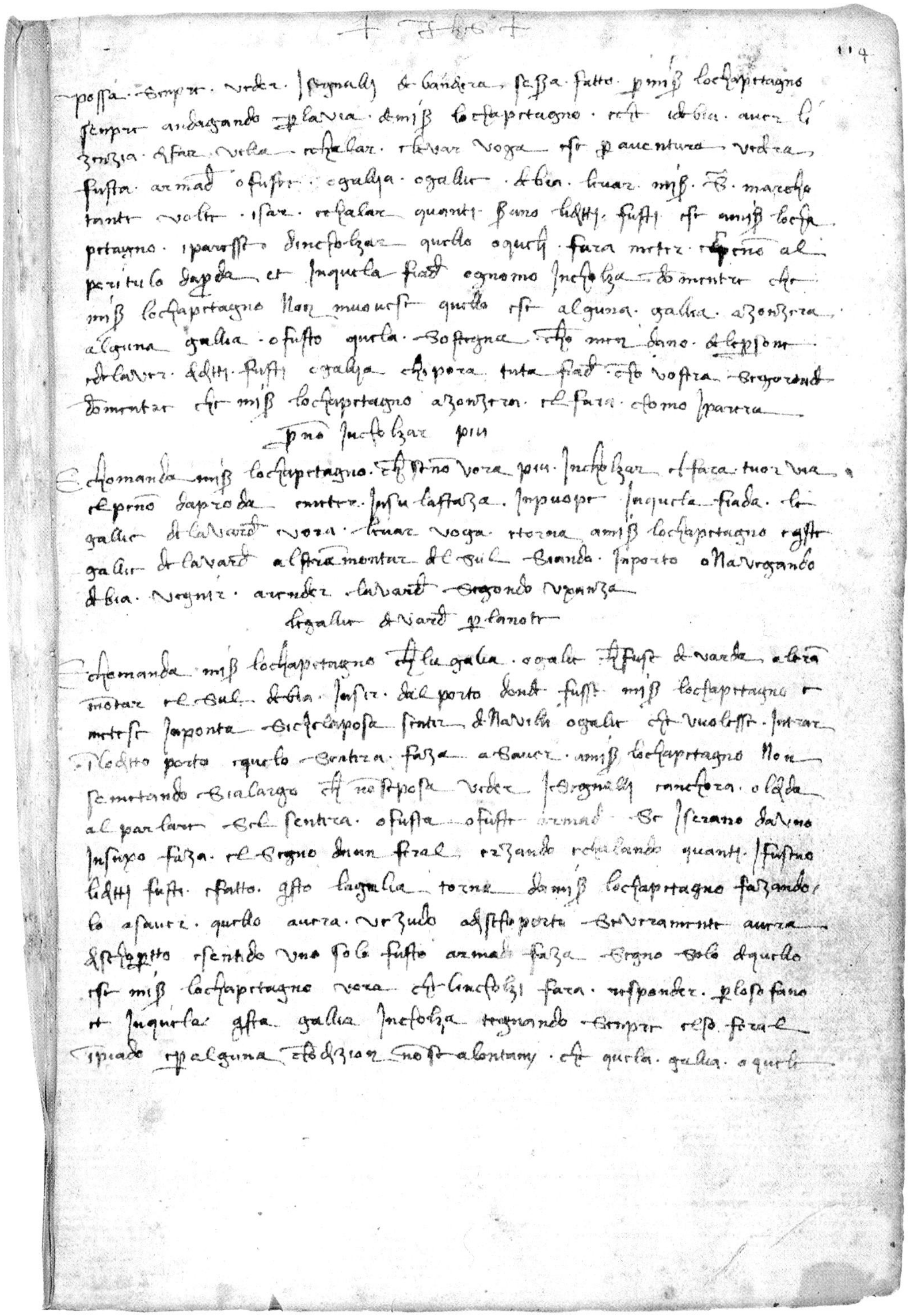

f. 115a

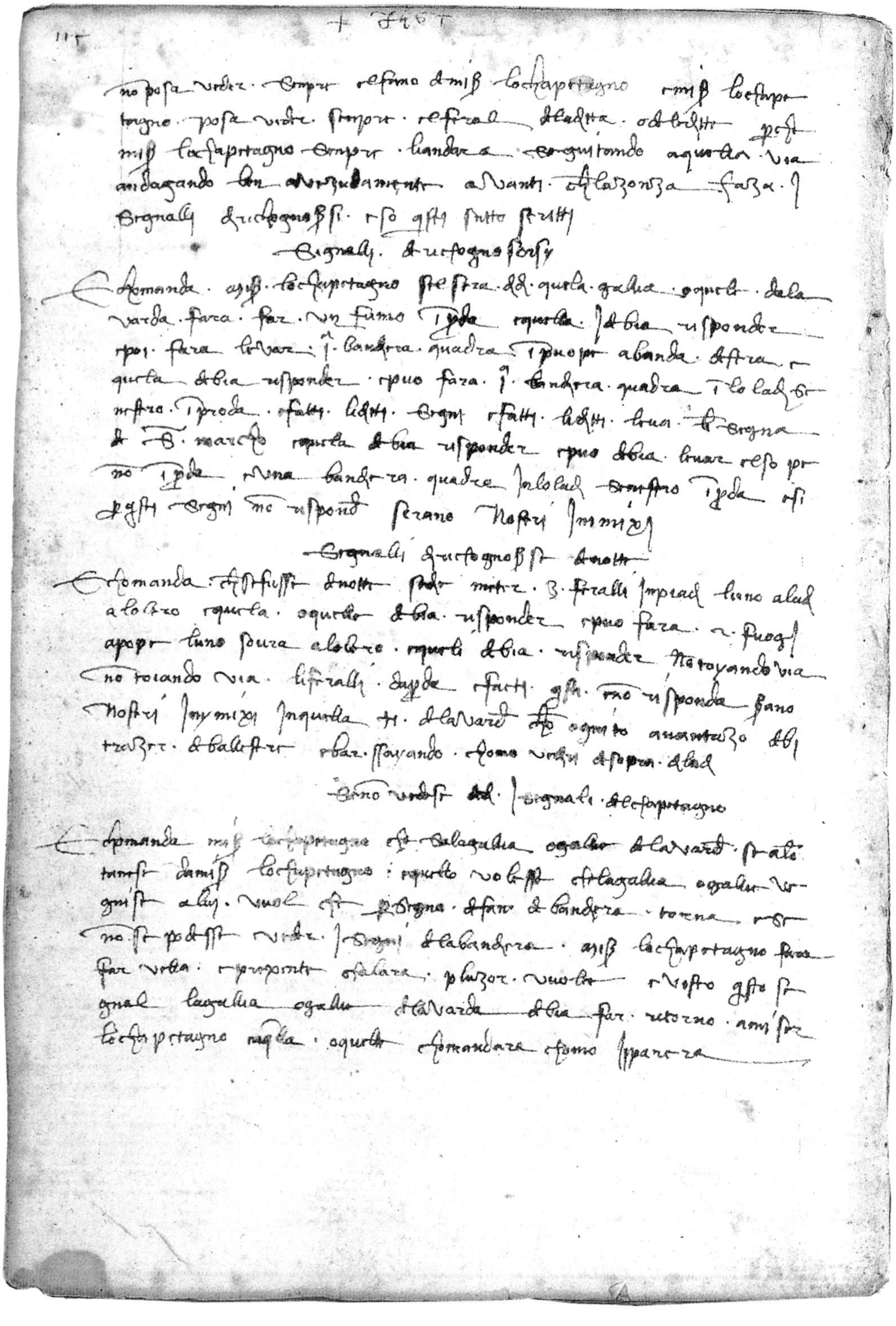

f. 115b

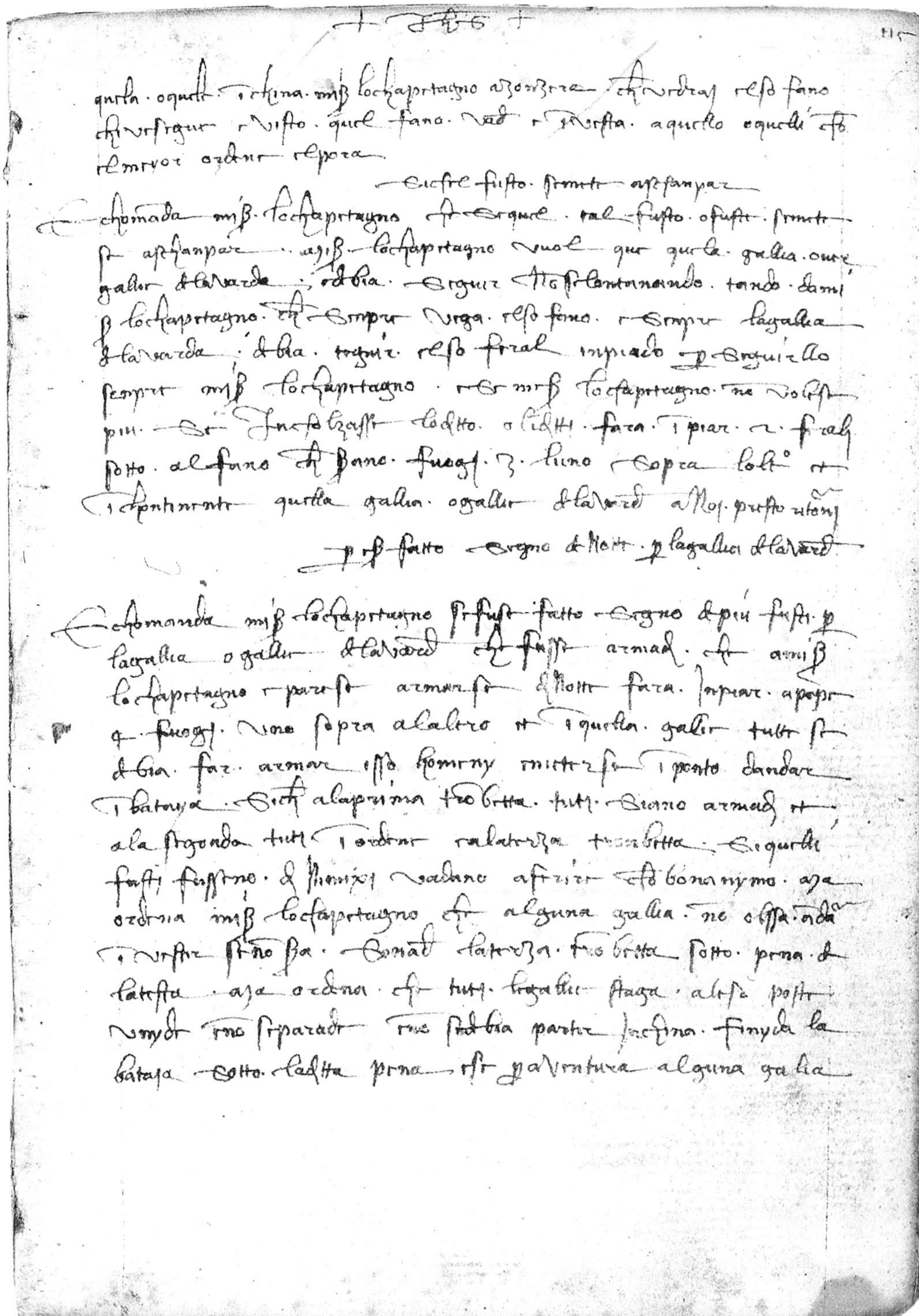

f. 116a

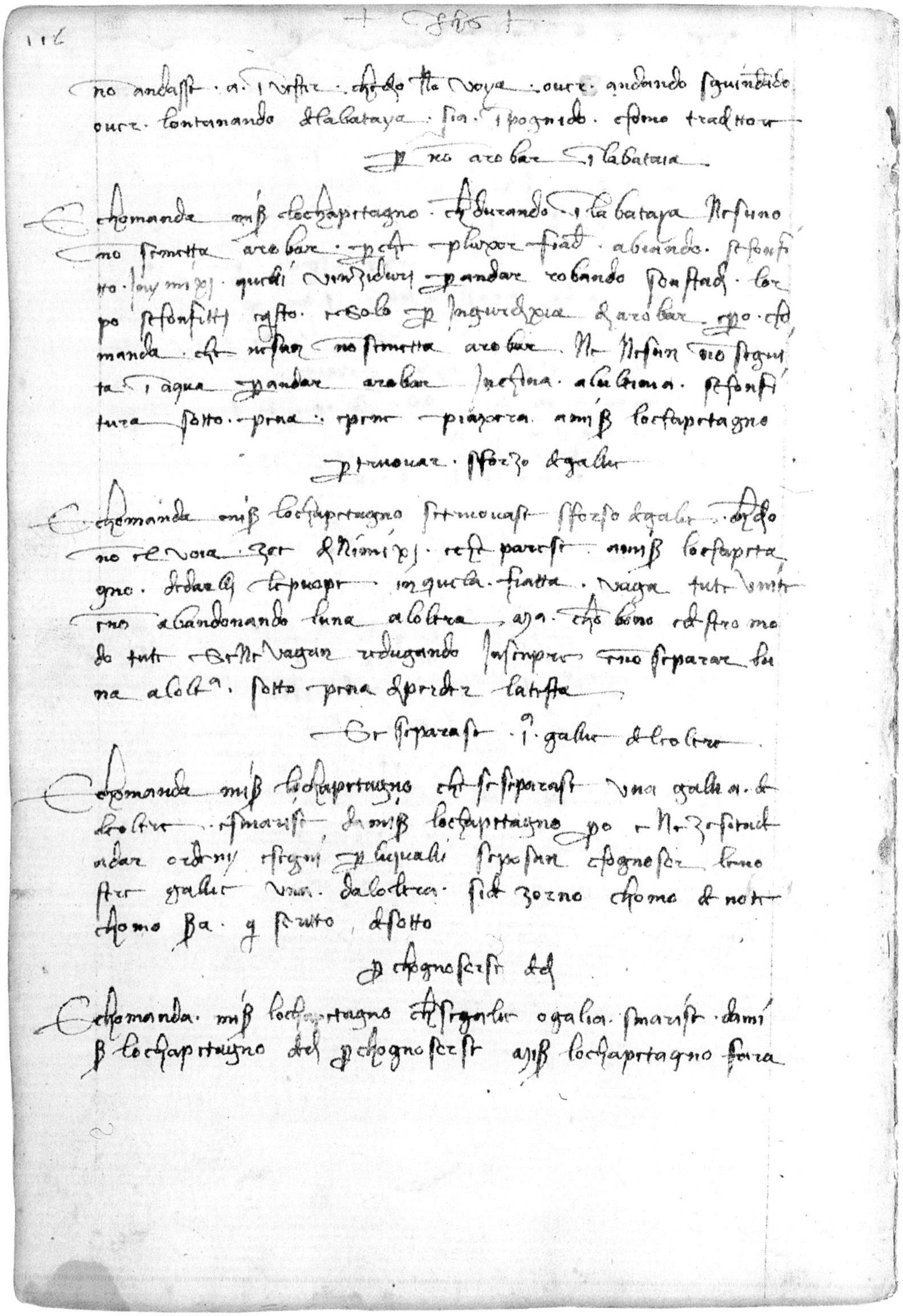

116

no andasse a i vostre che dito tta voya over andando seguitando
over lontanando de la bataya sia i pozonido e como traditor

per no arobar in la bataia

Chomanda miss lo chapitagno che durando i la bataya nesuno
no se metta arobar per che plusor fiade abiando se sconfi
tto i suoi nemixi quelli vincidori per andar robando son stadi cor
po sconfitti i resto per lo solo per la ingurdixia de arobar pero cho
manda che nesun no se metta arobar ne nesun no segui
ta i agua per andar arobar infestina a la bataia se sconfi
tura sotto pena e pena piaxera a miss lo chapitagno

per remouar sforzo de galie

Chomanda miss lo chapitagno se remouasse sforzo de galie che do
no el voia zor de nimixi che parese a miss lo chapita
gno de darli socorso in quella fiatta vaga tute insie
me abandonando luna a laltra aza che bono ordene
de tute quelle vaga redugando insenbre e no separar lu
na a laltra sotto pena de perder la testa

Che se separasse i galie de laltra

Chomanda miss lo chapitagno che se separasse una galia de
laltra i marinari de miss lo chapitagno po e che se debia
dar ordeni e segni per liquali se possa cognoser luno
e laltro galie vna da laltra si de zorno chomo de note
chomo se fa per scritto de sotto

per chognoserse del

Chomanda miss lo chapitagno che se galie o galia smarise dami
ss lo chapitagno del per chognoserse a miss lo chapitagno fara

f. 116b

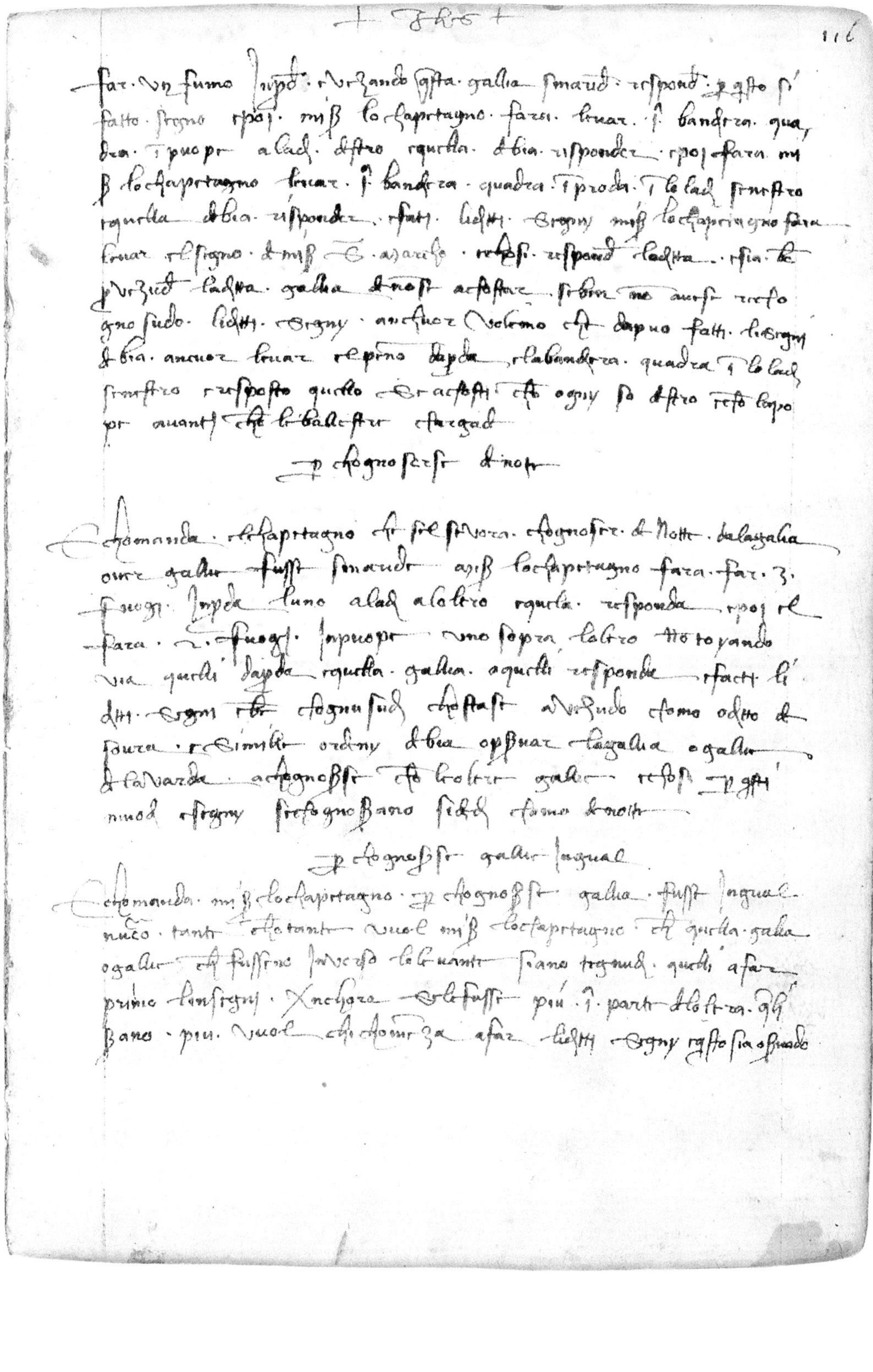

f. 117a

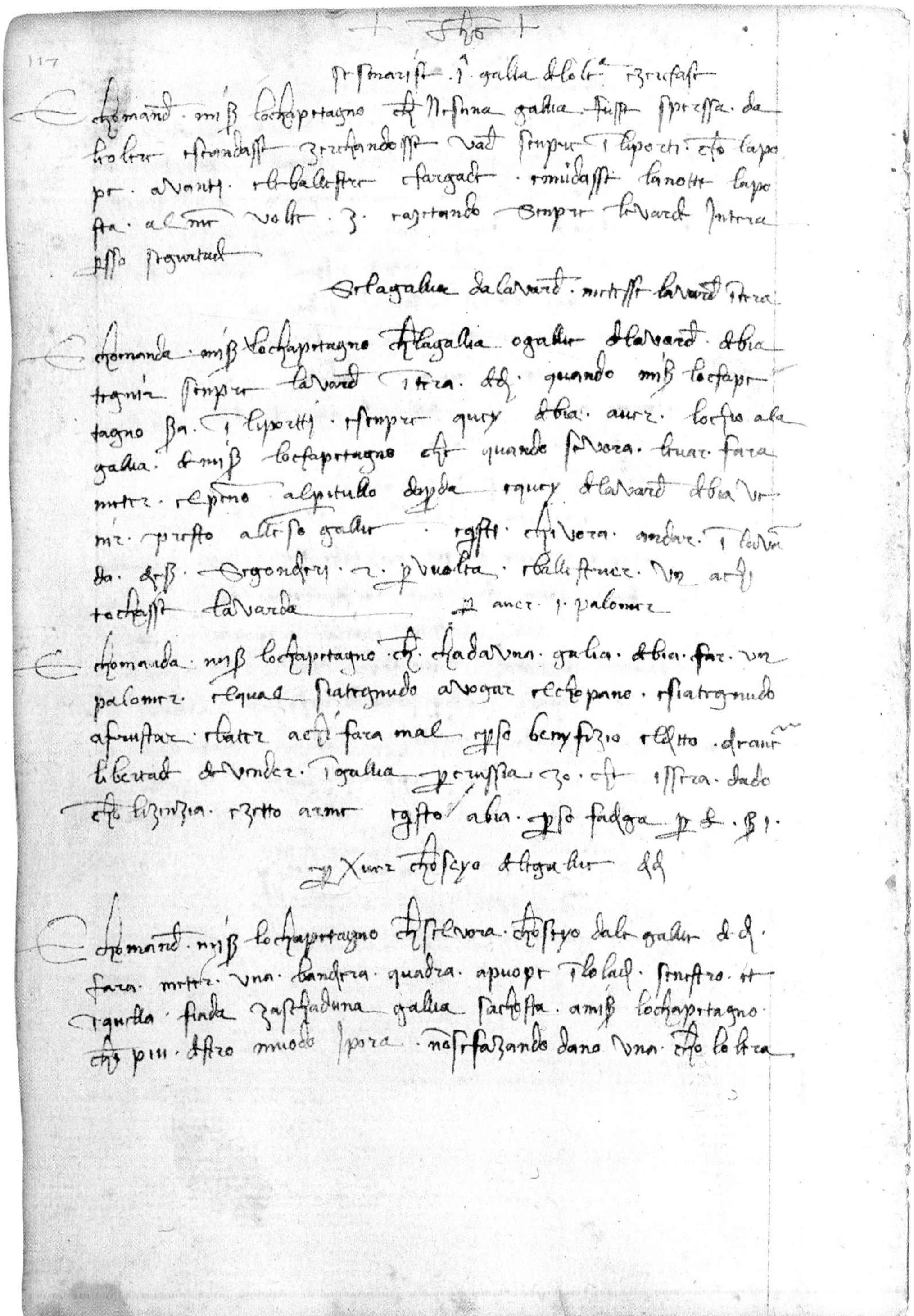

f. 117b

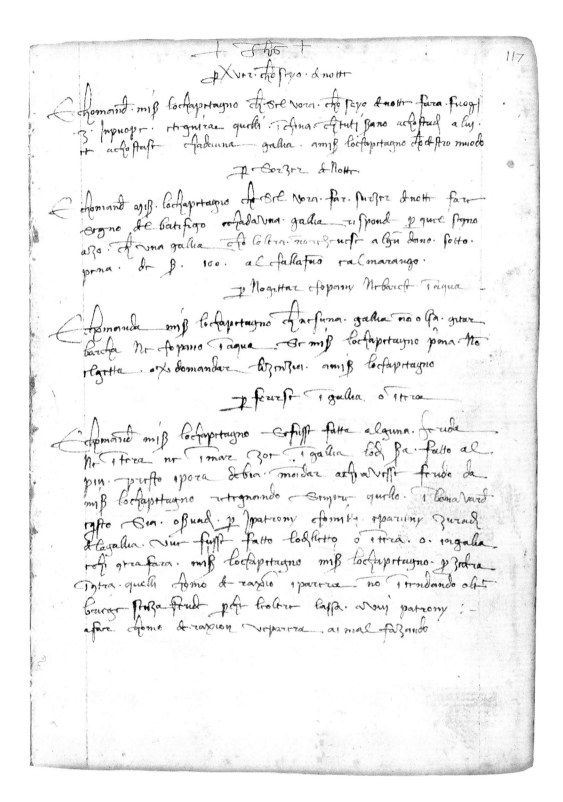

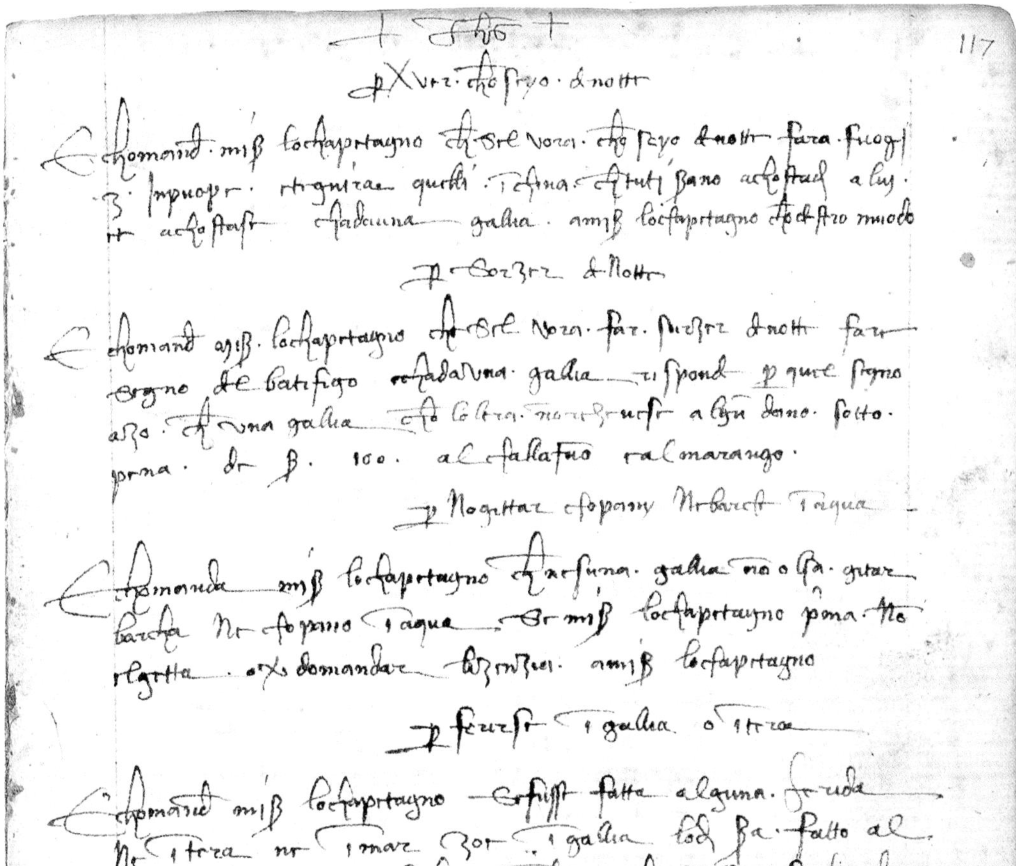

f. 118a

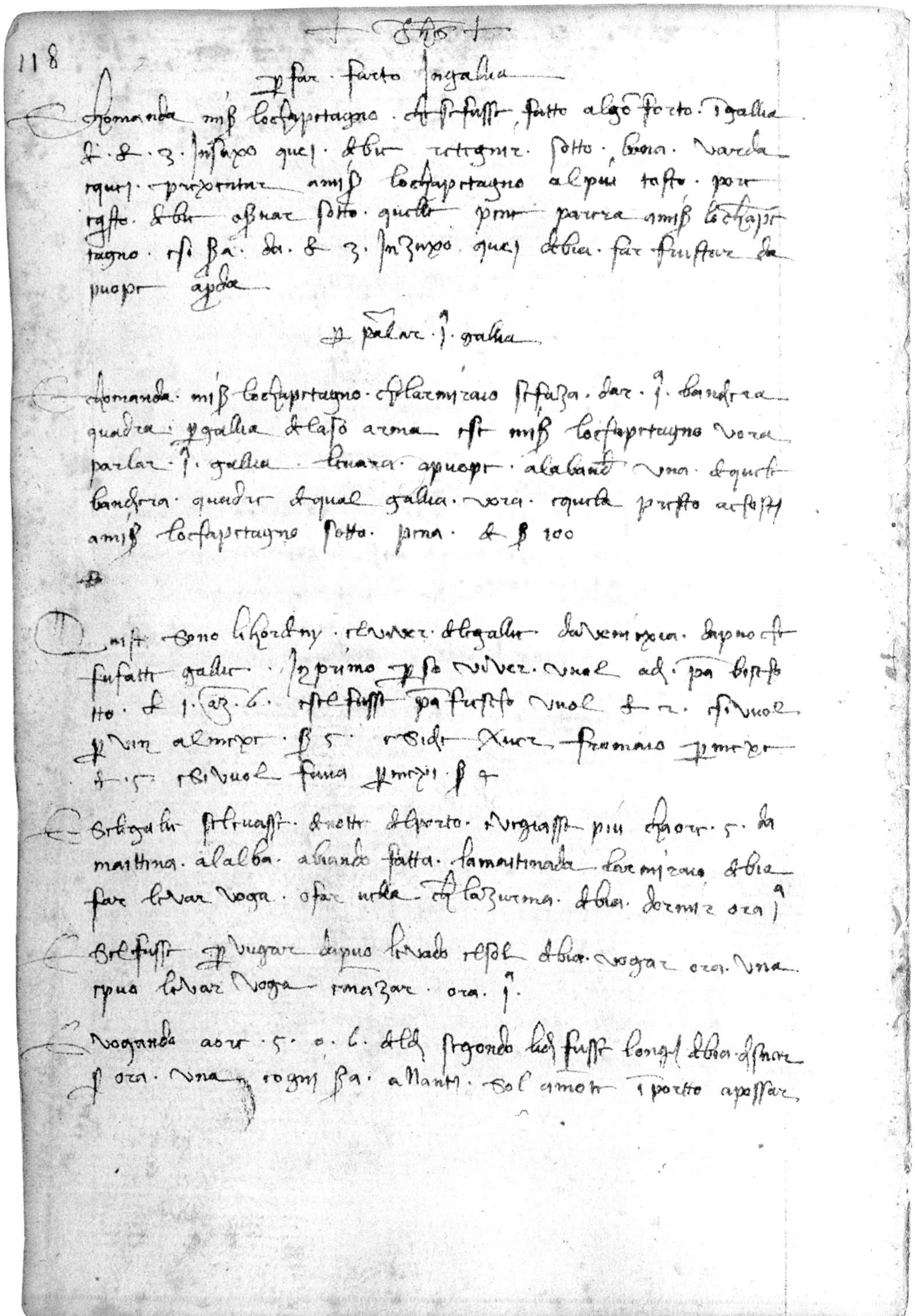

f. 118b

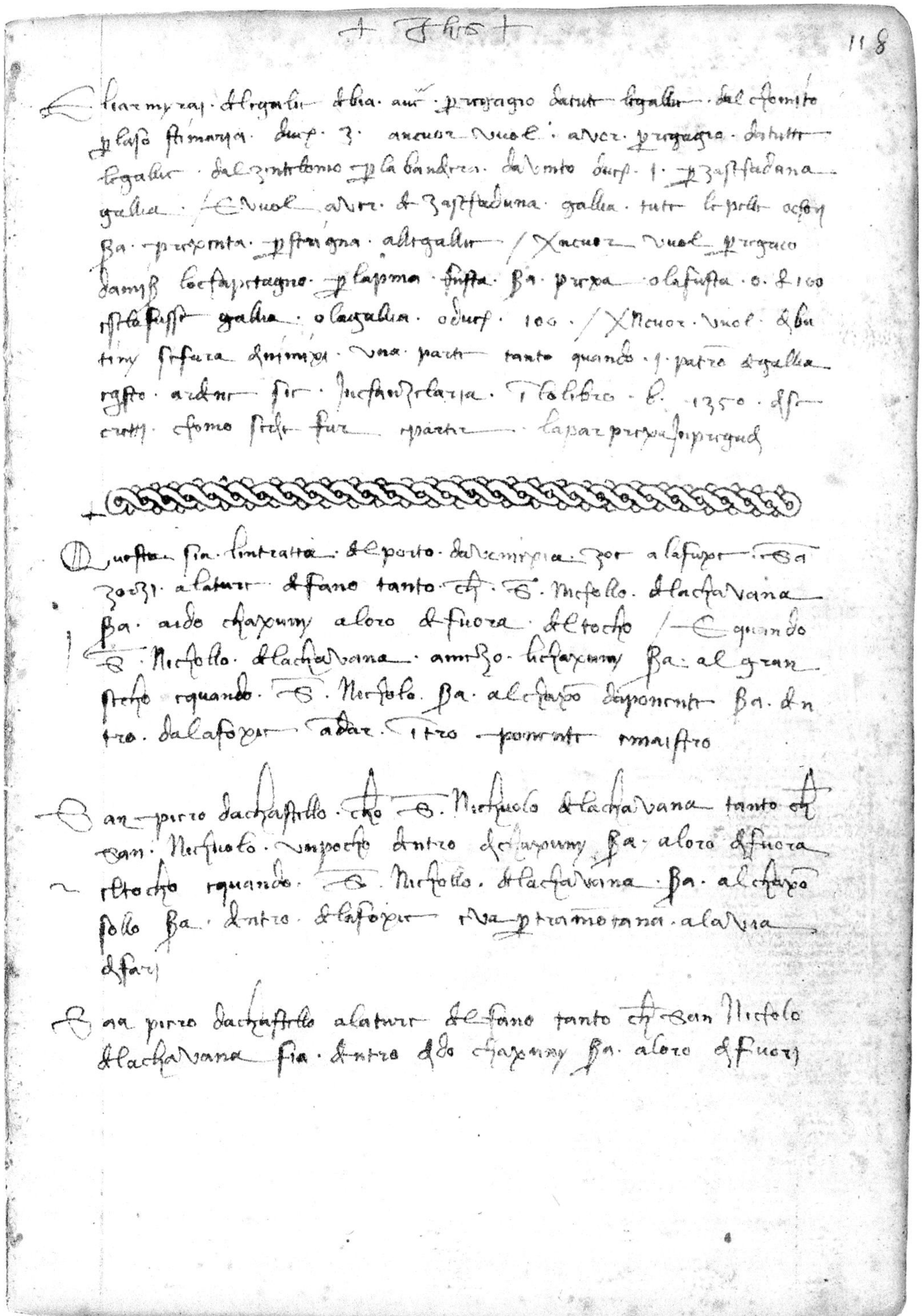

f. 119a

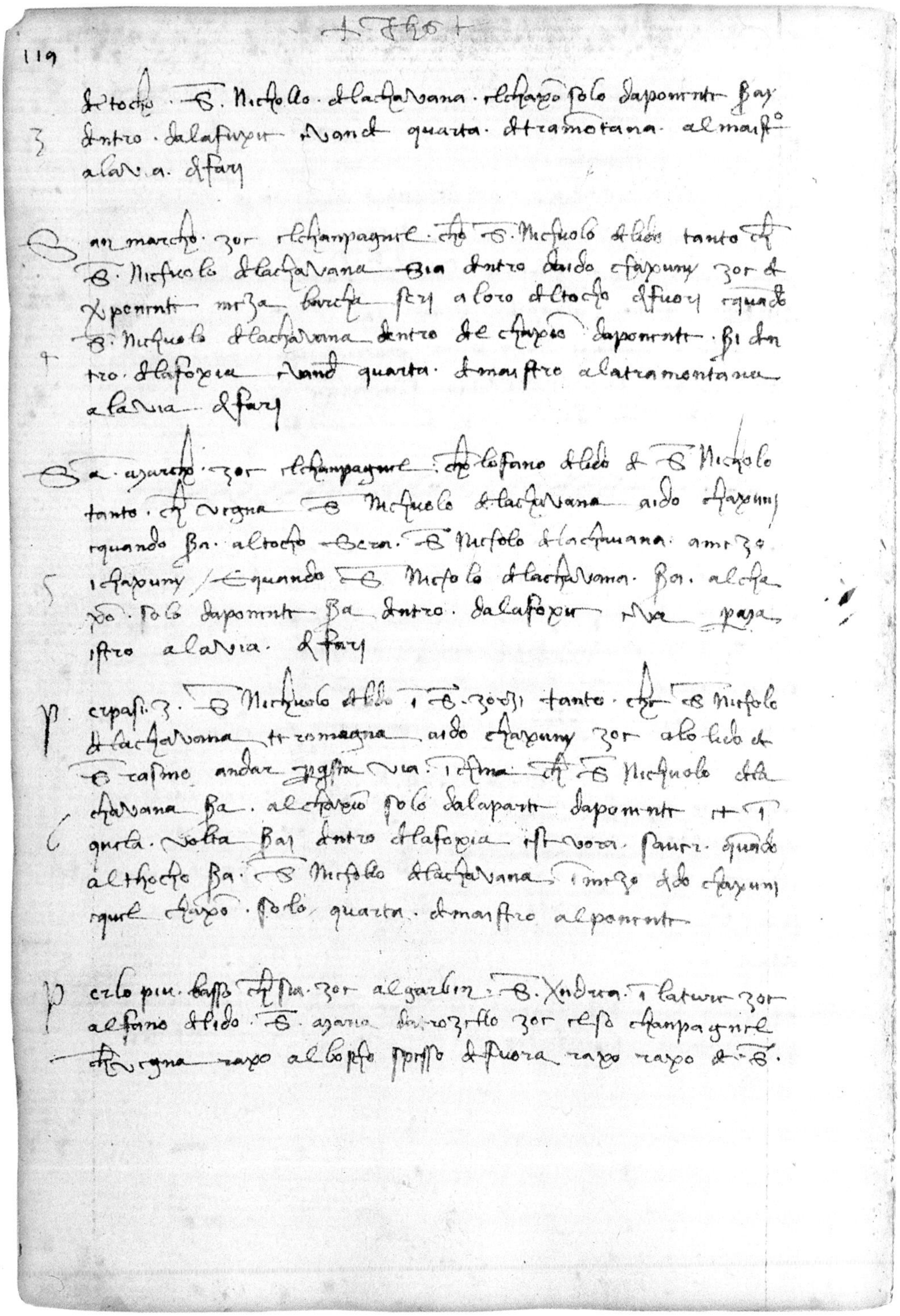

f. 119b

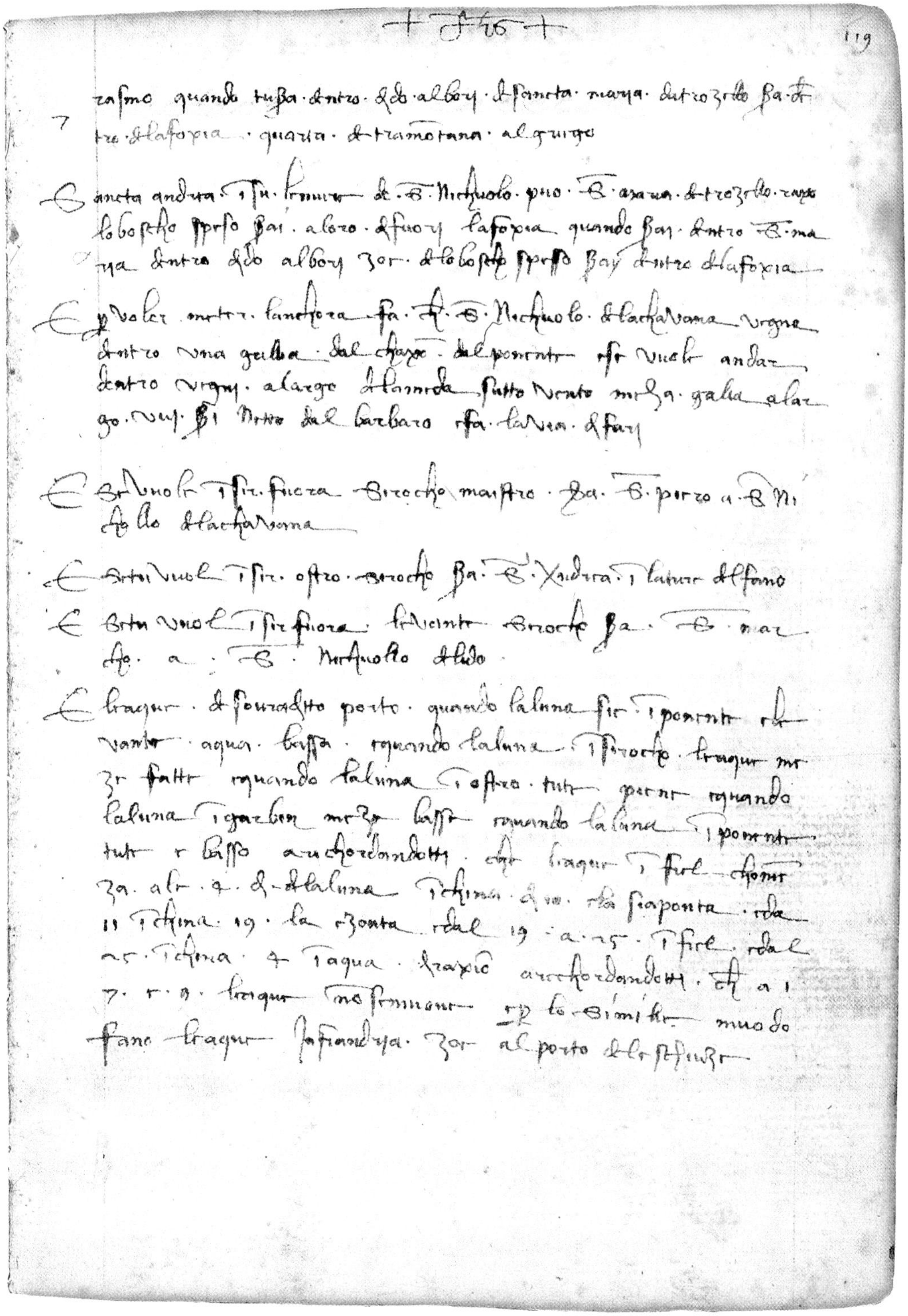

f. 120a

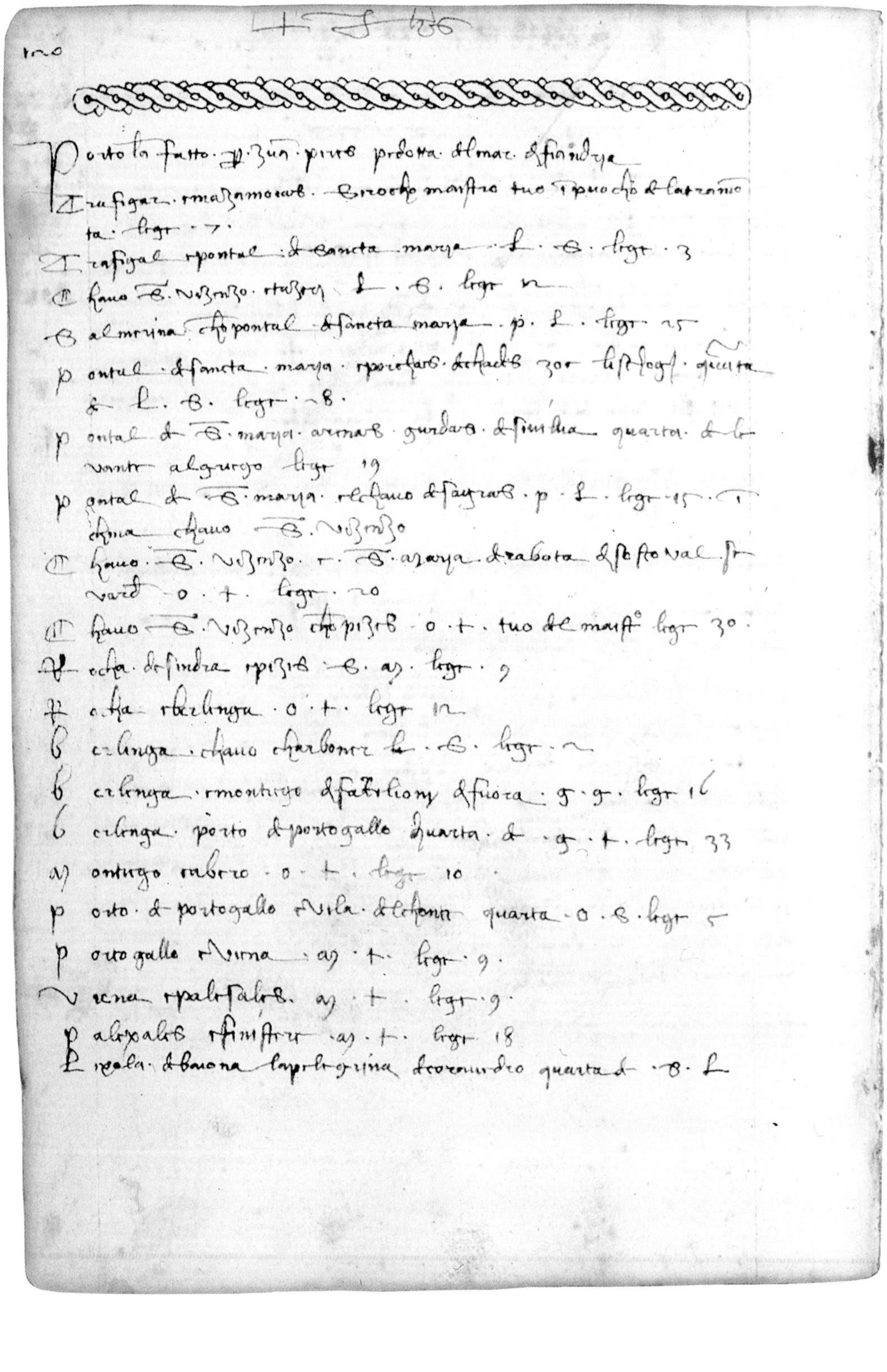

120

Portolan fatto p. Zuan piero predetta del mar de fiandra
Trafigar e mazamorar. sirocho maistro tuo in puocho de la tramontana legue 7.
Trafigal e pontal de sancta marya. l. s. legue 3
Chauo s. vizenzo e tavira. l. s. legue 12
Salmerina cho pontal de sancta marya. p. l. legue 25
Pontal de sancta marya e porcheras de chades zor list [illegible] quarta de l. s. legue 8.
Pontal de s. marya a rio guadiana de sivilia quarta de levante al gurgo legue 19
Pontal de s. marya e chauo de sagres. p. l. legue 15.
chauo s. vizenzo
Chauo s. vizenzo e s. azarya de rabota de [illegible] varedo o. t. legue 20
Chauo s. vizenzo cho pizis o. t. tuo del maistro legue 30.
Rocha de sindra e pizis s. m. legue 9
Rocha e berlinga o. t. legue 12
Berlinga e chauo charbonere l. s. legue [illegible]
Berlinga e montigo de [illegible] de fuora g. g. legue 16
Berlinga porto de portogallo quarta de g. t. legue 33
Montigo e [illegible] o. t. legue 10.
Porto de portogallo e vila de [illegible] quarta o. s. legue 5
Portogallo e viana m. t. legue 9.
Viana e palfalos. m. t. legue 9.
Palfalos e finistre m. t. legue 18
[illegible] de buona [illegible] quarta de s. l.

f. 120b

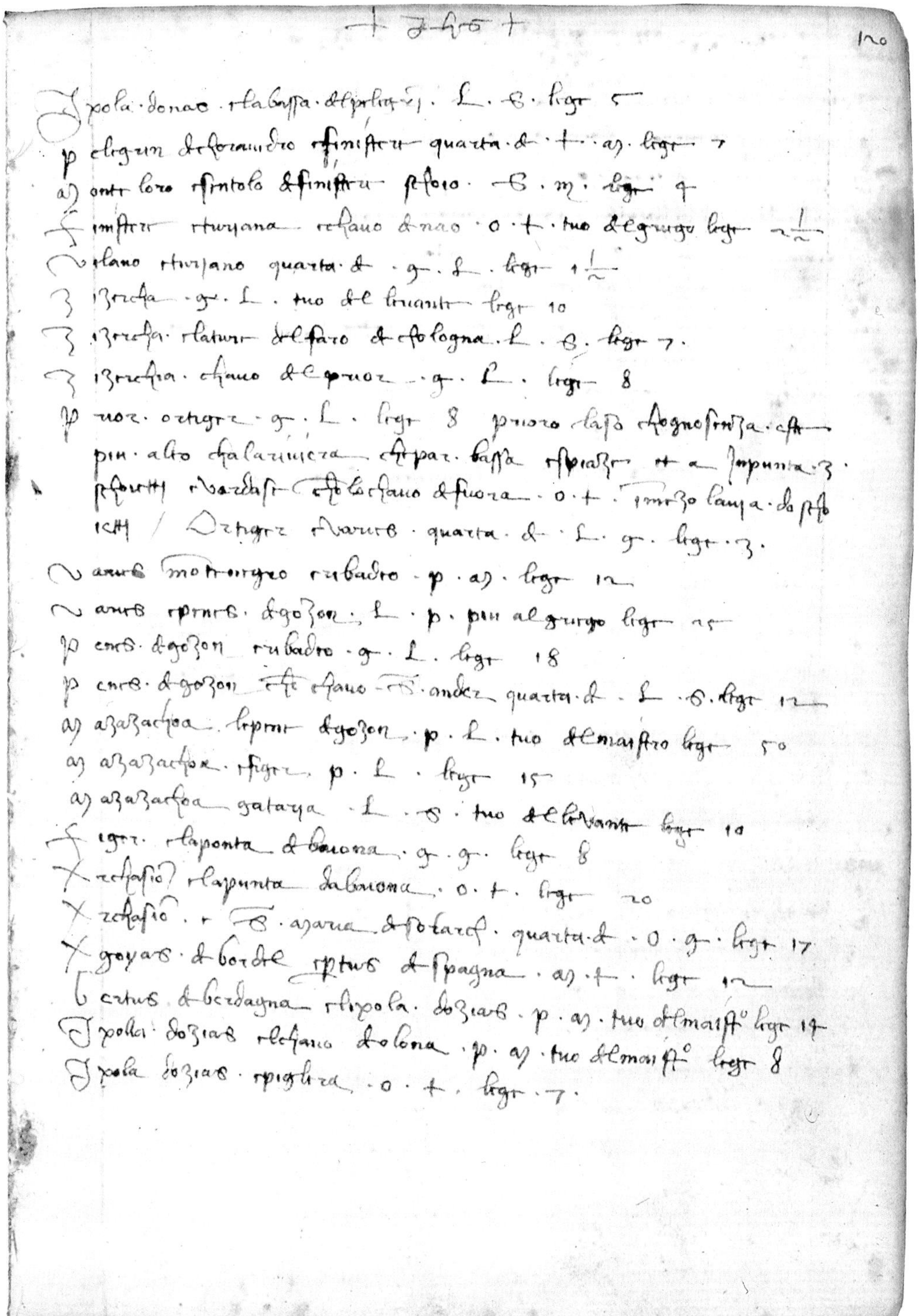

f. 121a

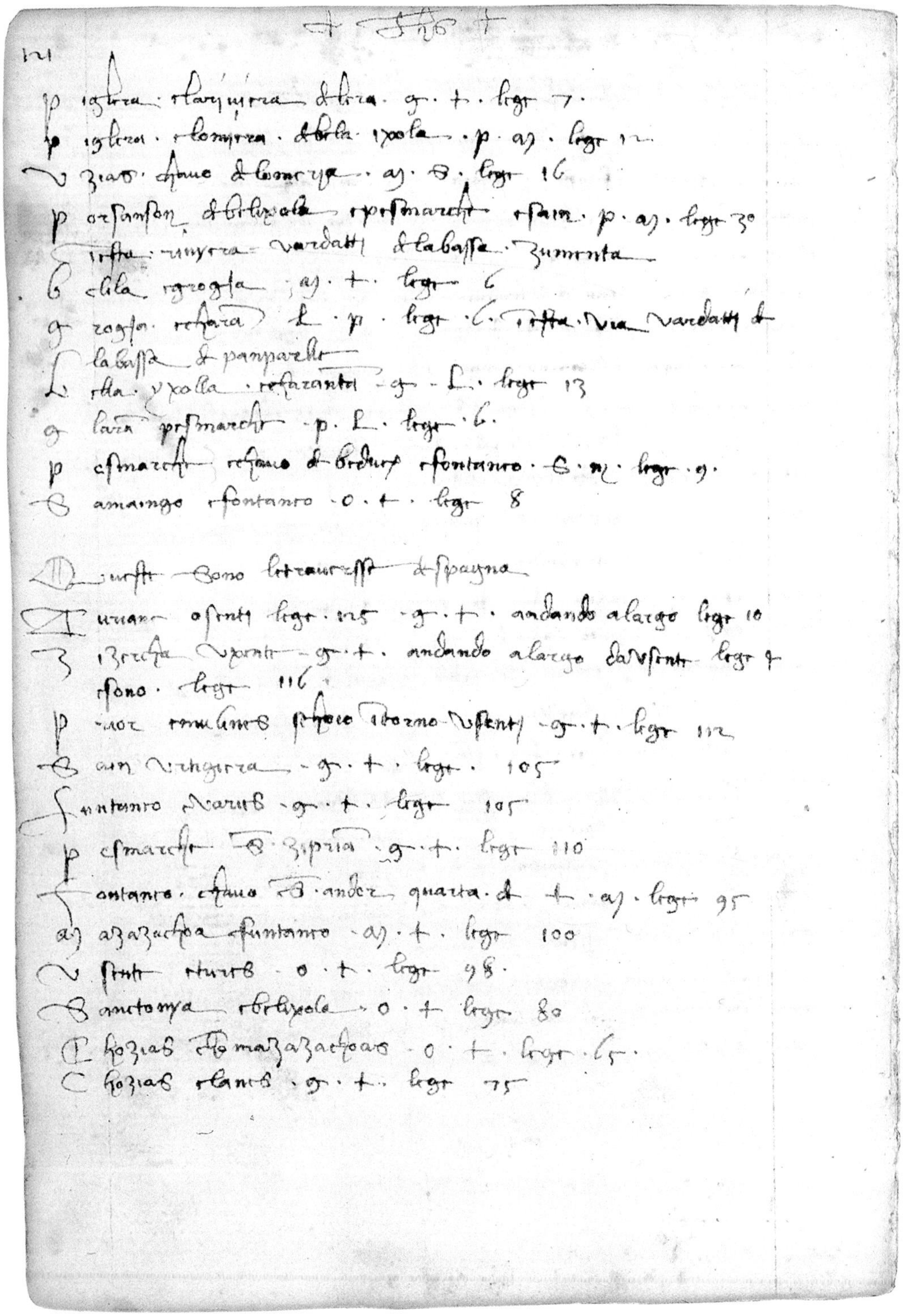

f. 121b

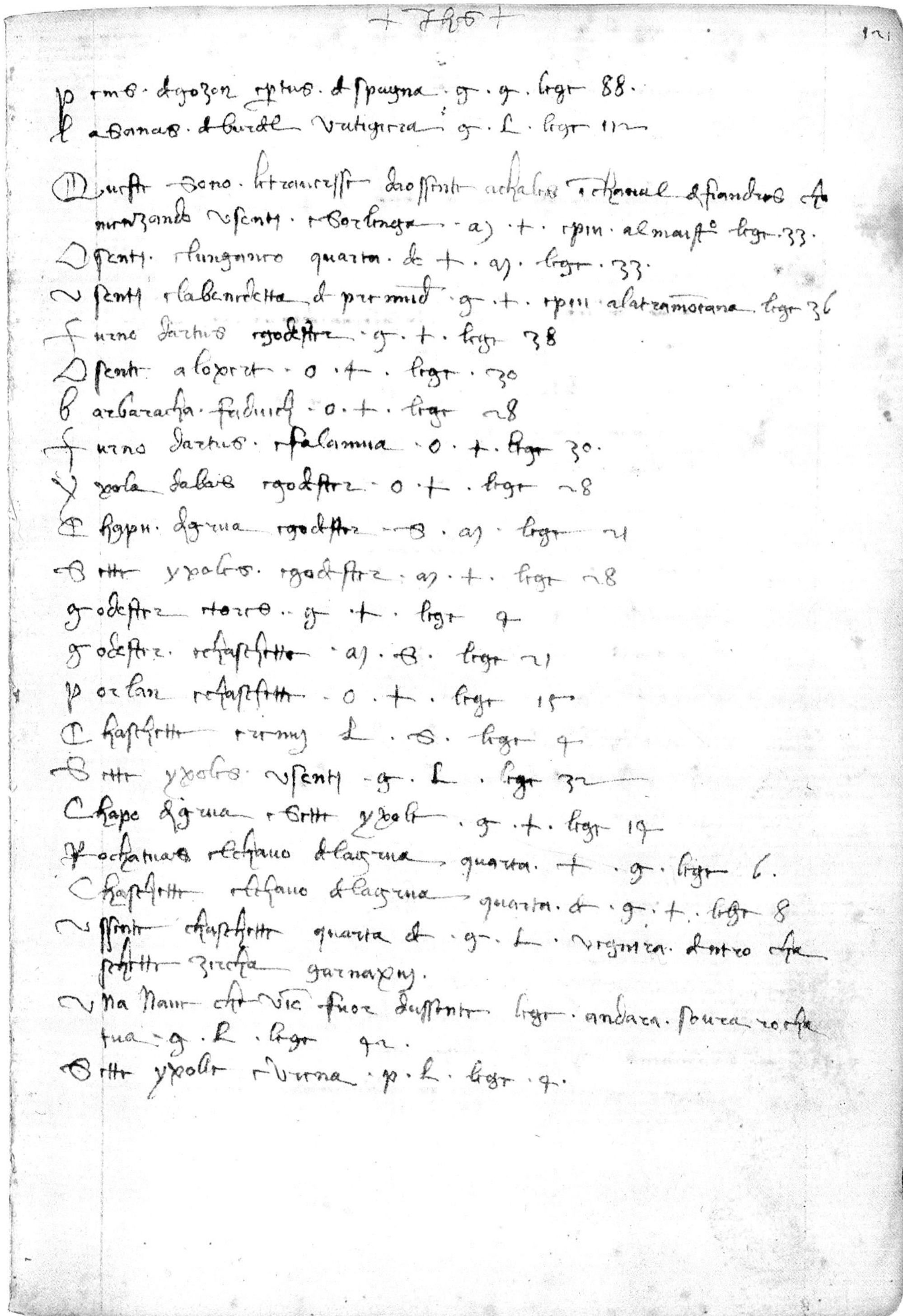
+ Jhesus +

121

Primo de gozen per tuto de spagna . g . g . lege 88.
Labonas de burdel vatigera g . L . lege 112

Queste sono le travesse da ponente achales e chanal de fiandres a-
menzando vsenti e sorlinga . a) + . e pin al maistro lege 33.
Vsenti e lungonero quarta de + . a) . lege 33.
Vsenti e labenedetta de premud . g . + . e pin alatramontana lege 36
Furno dartus e godestre . g . + . lege 38
Vsenti a loxorit . o . + . lege 30
Barbaracha faduref . o . + . lege 28
Furno dartus e falamua . o . + . lege 30.
Ysola dabais e godestre . o + . lege 28
Chapo degrua e godestre . o . a) . lege 21
Sette ysole e godestre . a) . + . lege 28
Godestre e torre . g . + . lege 4
Godestre e chasteleto . a) . o . lege 21
Porlan e chasteleto . o . + . lege 15
Chasteleto e remy L . o . lege 4
Sette ysole vsenti . g . L . lege 32
Chapo degrua e sette ysole . g . + . lege 14
Rochamadu e stefano delagrua quarta . + . g . lege 6.
Chasteleto e stefano delagrua quarta de . g . + . lege 8
Vsenti e chasteleto quarta de . g . L . vegniera dentro de cha-
steleto zucha garnaxeny.
Vna nave che vie fuor dusenti lege . andara sovra rocha-
tua . g . L . lege 42.
Sette ysole e dvirna . p . L . lege 4.

f. 122a

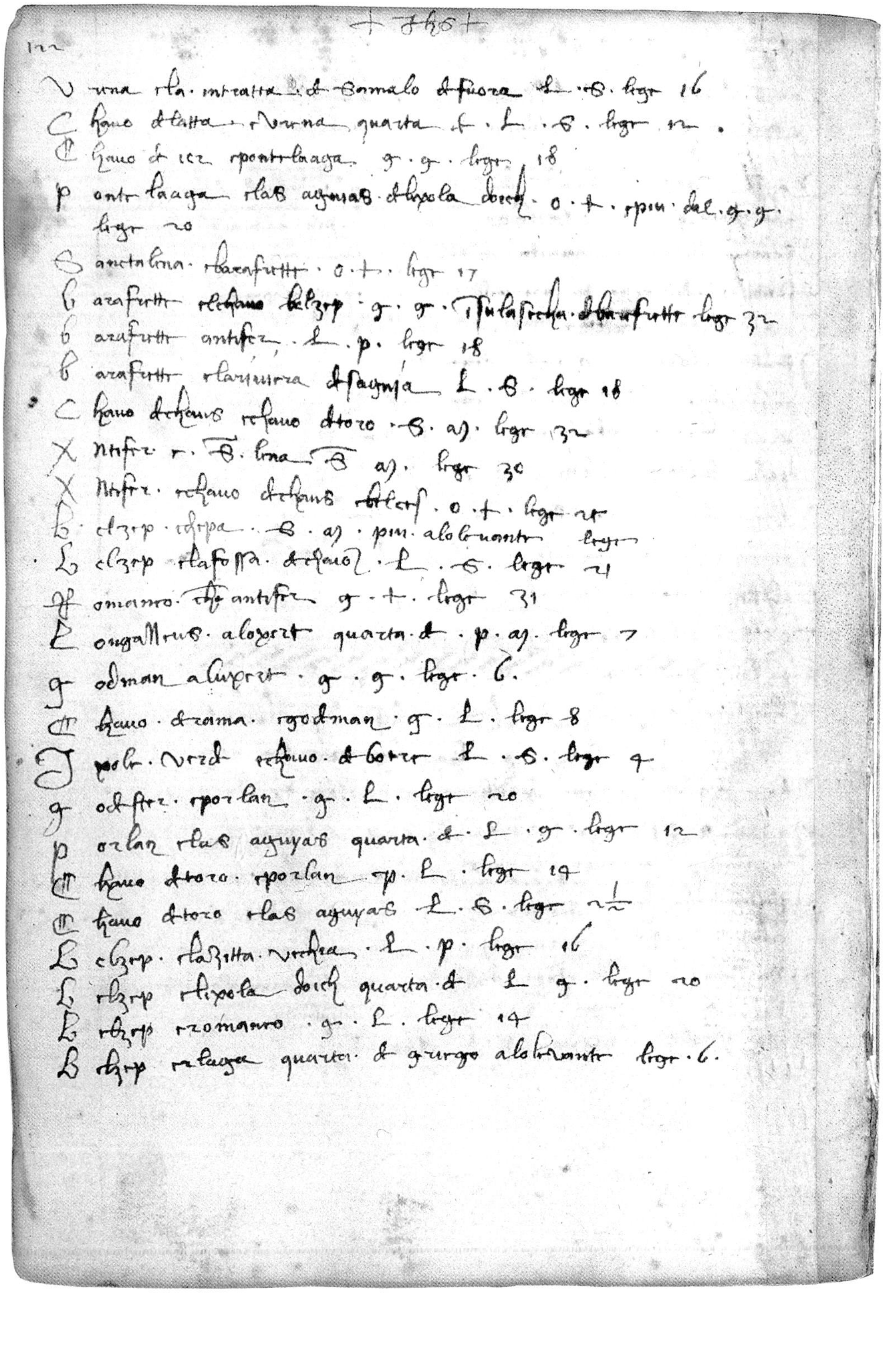
+ Jhs +
122
V vna rla intrata de Somalo de fuora L. S. legr 16
C hauo de latta a Vrna quarta de L. S. legr 12.
C hauo de icr e ponte laaga g. g. legr 18
P onte laaga e las aguias de lixola dorch o. t. pin dal g. g. legr 20
S ancta lina e Sarafuttir o. t. legr 17
S arafuttir e chauo belzop g. g. … legr 32
S arafuttir antifer L. p. legr 18
S arafuttir e lassunora de spagna L. S. legr 18
C hauo de chaus e chauo de toro S. a. legr 32
A ntifer e S. lina S. a. legr 30
A ntifer e chauo de chaus … o. t. legr 25
B elzop e Lrapa S. a. pin alo buanto legr
B elzop e la fossa de chaus L. S. legr 21
R omanro e antifer g. t. legr 31
L ongallrus alozret quarta de p. a. legr 7
G odman aluzret g. g. legr 6.
C hauo de rama e godman g. L. legr 8
T poli … e chauo de borer L. S. legr 4
G od fer e porlan g. L. legr 20
P orlan e las aguyas quarta de L g. legr 12
C hauo de toro e porlan p. L. legr 14
C hauo de toro e las aguyas L. S. legr 2½
B elzop e lazitta vechia L. p. legr 16
B elzop e lixola dorch quarta de L g. legr 20
B elzop e romanro g. L. legr 14
B elzop e laaga quarta de garbin alo buanto legr 6.

f. 122b

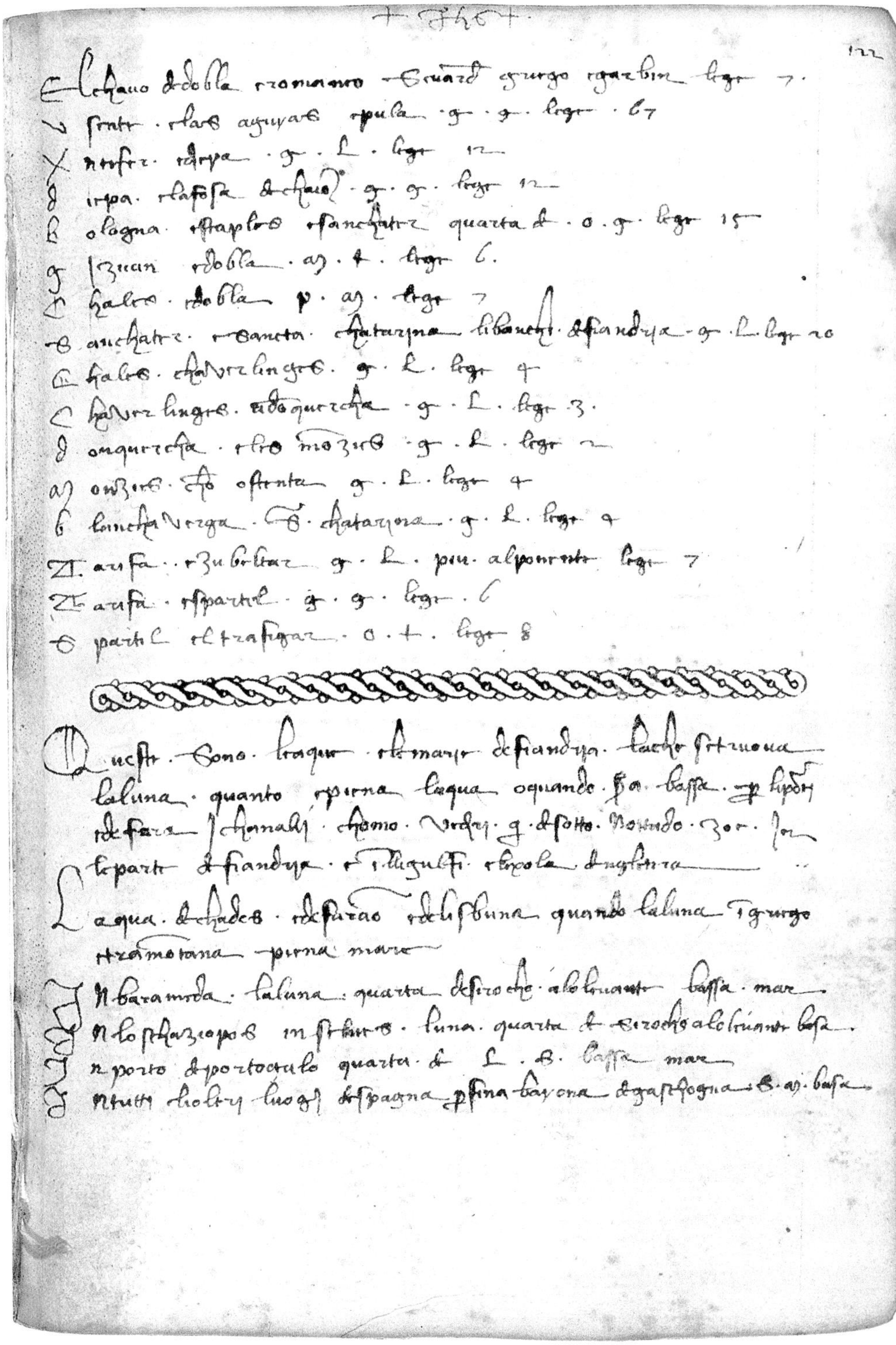

† IHS †

f. 122

E l chauo d dobla romano e guard gurgo e garbin legr 7
f lo fratr e las agugas opula g. g. legr 67
X roffer e darya g. L. legr 12
X d irpa e la fossa d chauo g. g. legr 12
B ologna e flaplo e fanchatre quarta d o. g. legr 15
g s uan e dobla a j. t. legr 6
g halos e dobla p a j. legr 7
s anchatre e sancta chatarjna liban eft d fiandrya g. L. legr 10
C halos e norlingres g. L. legr 4
C havrlingres e do querche g. L. legr 3
D o querche e tro mozis g. L. legr 2
a j ouzis e s ostenta g. L. legr 4
b lanc la verga e S. chatarjna g. L. legr 4
Z auf a e zubiltar g. L. piu alponente legr 7
Z auf a e spartel g. g. legr 6
o partel e trafigar o. t. legr 8

Questi sono li aqui el mare de fiandrya facho fo r nuoua
la luna quanto e p sirona l aqua o quando for bassa p li pdi
del faro sohanali chomo vedes g. d sotto bo uendo bor for
le part de fiandrya e ilgulfi e lo pola d'nghterra

L aqua de chades del faraon de lisbuna quando la luna e gurgo
tramotana piena mare

In baramida la luna quarta d siroche a lo livant bassa mare
In lo sfaziopos in seten o luna quarta d siroche a lo livant bassa
In porto d portogallo quarta d L. B. bassa mare
In tutti li otri luogi d spagna p fina bayona d gasgogna B. aj bassa

f. 123a

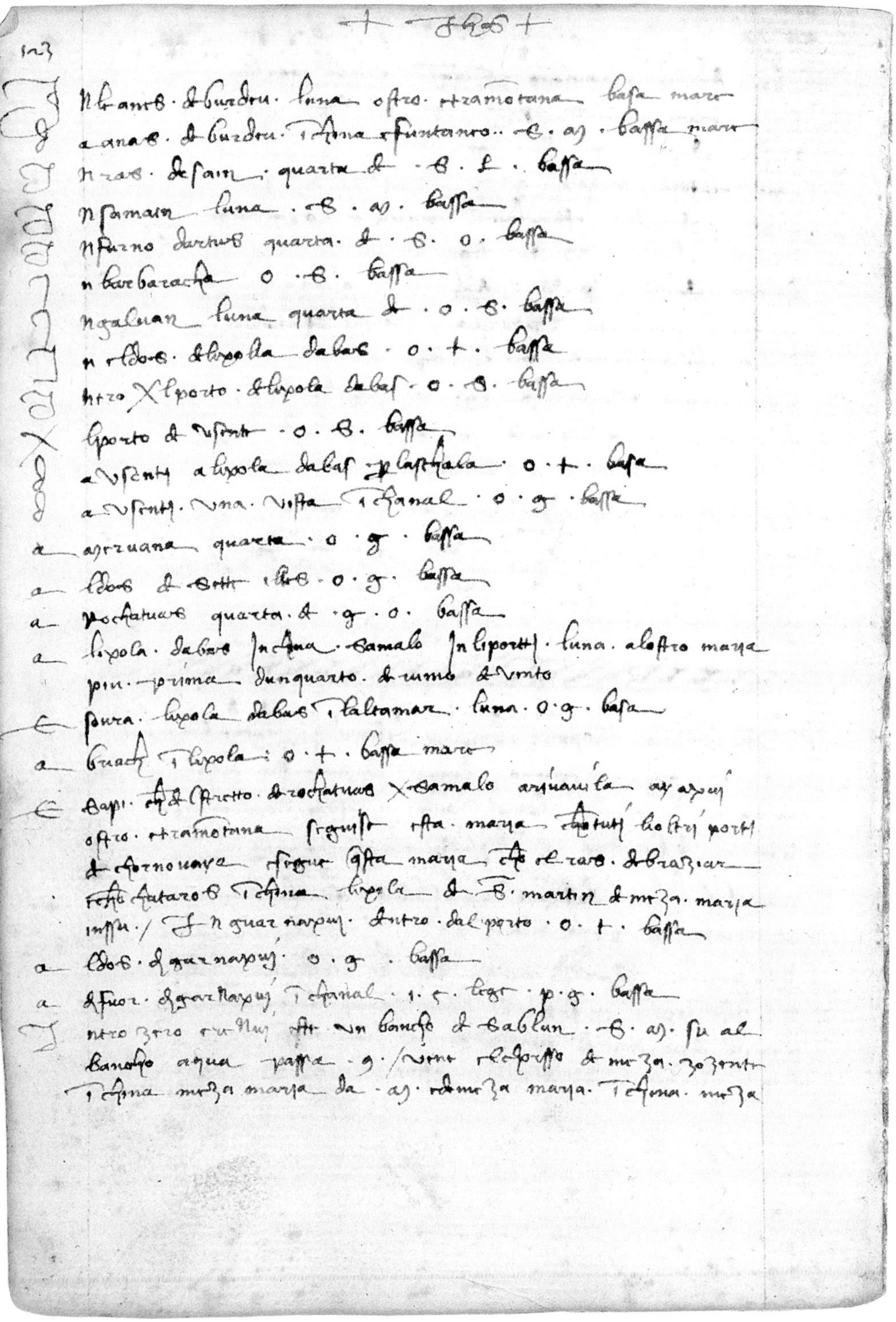

f. 123b

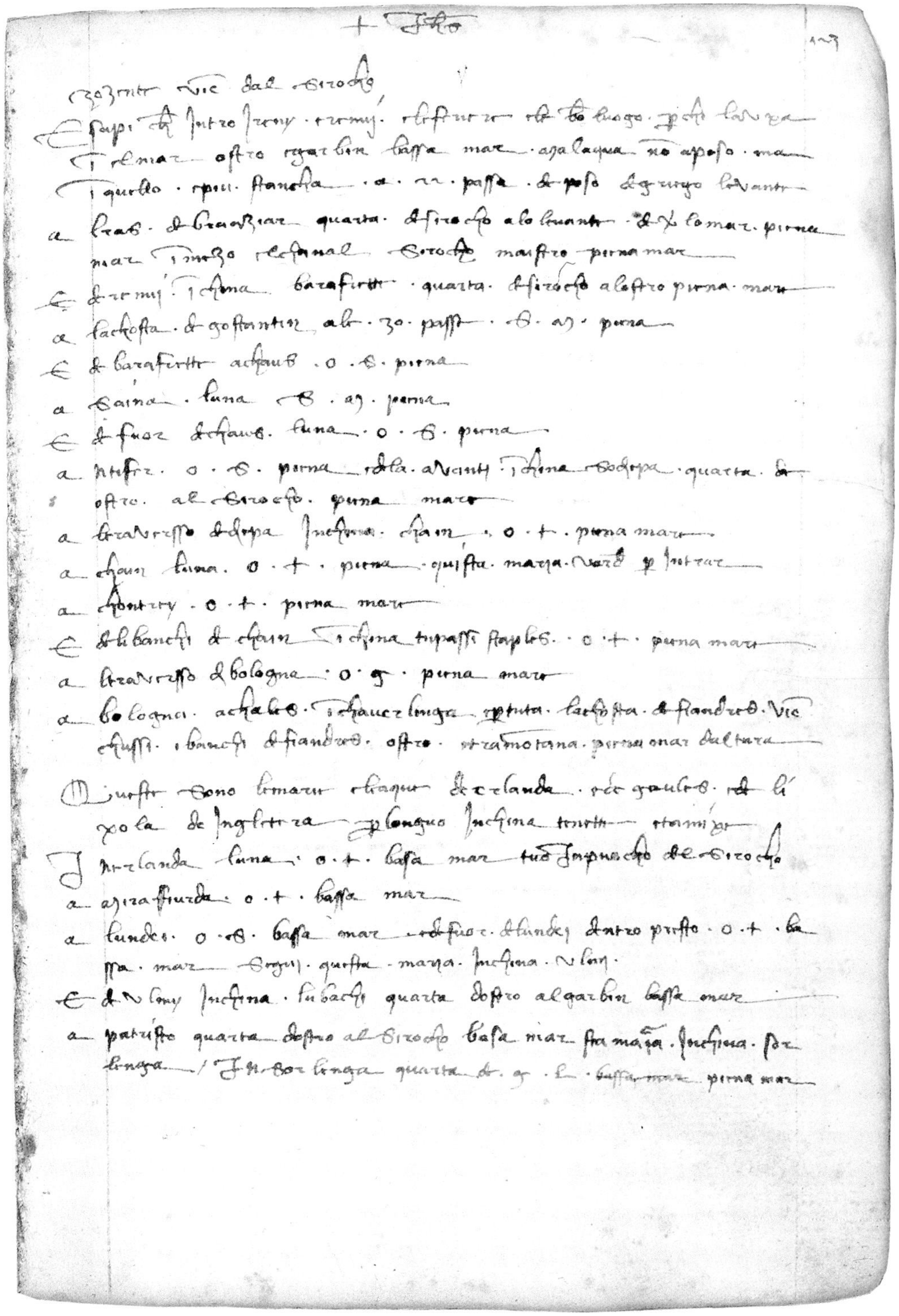
+ Jhesus

Chognossier vie dal siroco,
E sapi che intro sermj · e sermj · e le sentor e le so luogo · perche la veza
i el mar · ostro e garbin bassa mar · e la aqua no aposa · ma
i quello · e pui · stancha · a · xx · passa · de posa de gruogo levante
a lizard · de Guazular · quarta · de siroco alo levante · de xx · lo mar · piena
mar i mezo el chanal · siroco maistro piena mar
E de sermj · i chima · barafiorte · quarta · de siroco alostro piena · mar
a la chosta · de gostantin · ale · xxx · passi · e · az · piena
E de barafiorte a chaus · o · e · piena
a saina · luna · e · az · piena
E de fuor de chaus · luna · o · e · piena
a nefre · o · e · piena · e la · avanti · i chima sodopa · quarta · de
ostro · al siroco · piena mar
a traverso de dopa · inchima · chaun · o · t · piena mar
a chaun · luna · o · t · piena · questa · marea · varda per intrar
a chontery · o · t · piena mar
E de li banchi de chaun · i chima · tu passi staples · o · t · piena mar
a traverso de bologna · o · g · piena mar
a bologna · a chales · i chave longa · ponta · la chosta · de fiandres · vie
chussi · i banchi de fiandres · ostro · e tramontana · piena mar daltura

Questi sono le marie e le aque de irlanda · e de gaules · e de li
xola de ingletera · per longuo inchima tenerle e tamizer
Jn irlanda · luna · o · t · bassa mar · tuo impuncho de siroco
a arzafiurda · o · t · bassa mar
a lundes · o · e · bassa mar · e de fuor · de lundes dentro prescho · o · t · ba
ssa · mar · segni · questa · marea · inchima · vilon ·
E de vilon inchima · li bachi quarta de ostro al garbin bassa mar
a patristo quarta de ostro al siroco bassa mar · fra marea · inchima · sor
lenga / Item sorlenga quarta de · g · l · bassa mar · piena mar

f. 124a

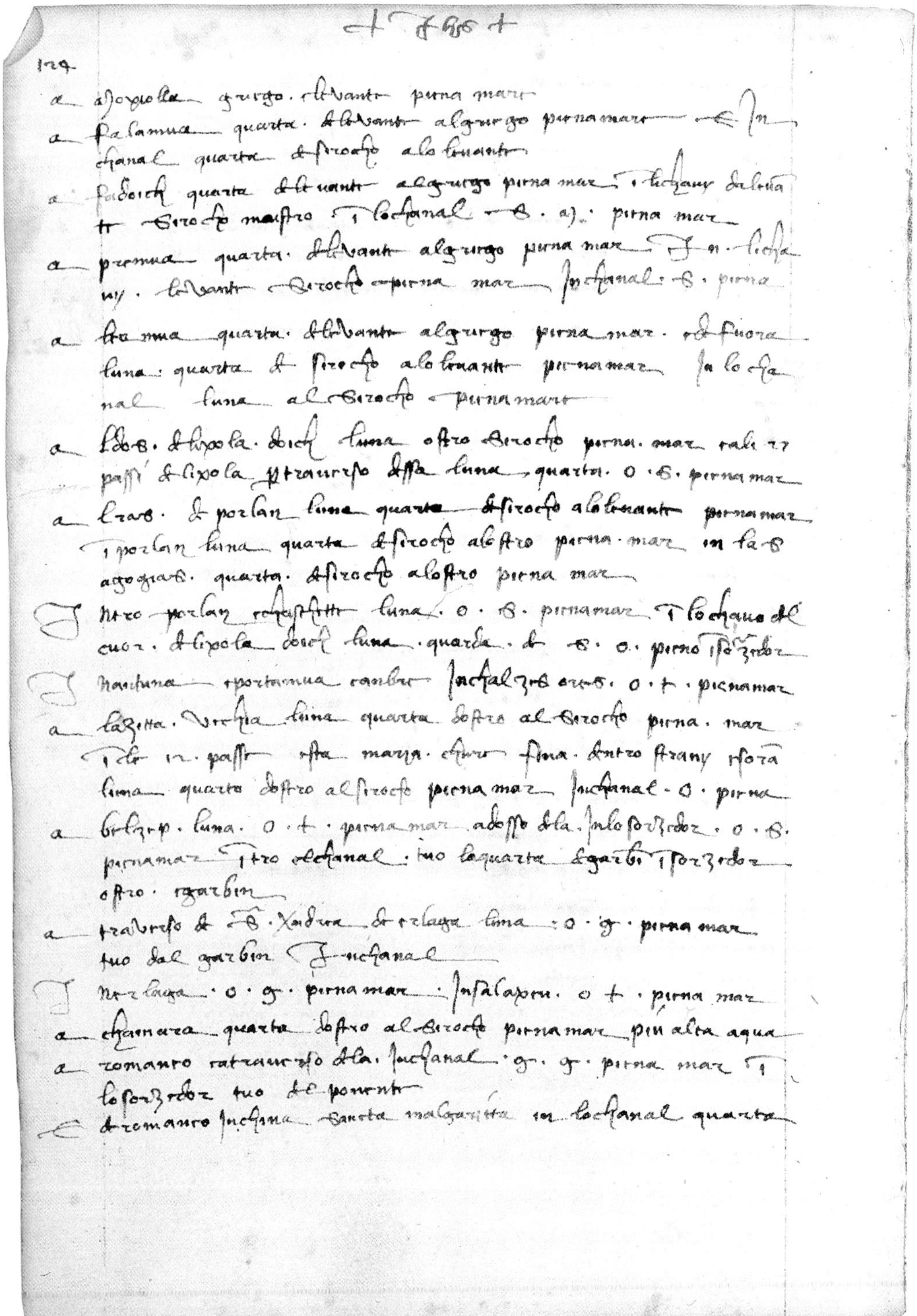

f. 124b

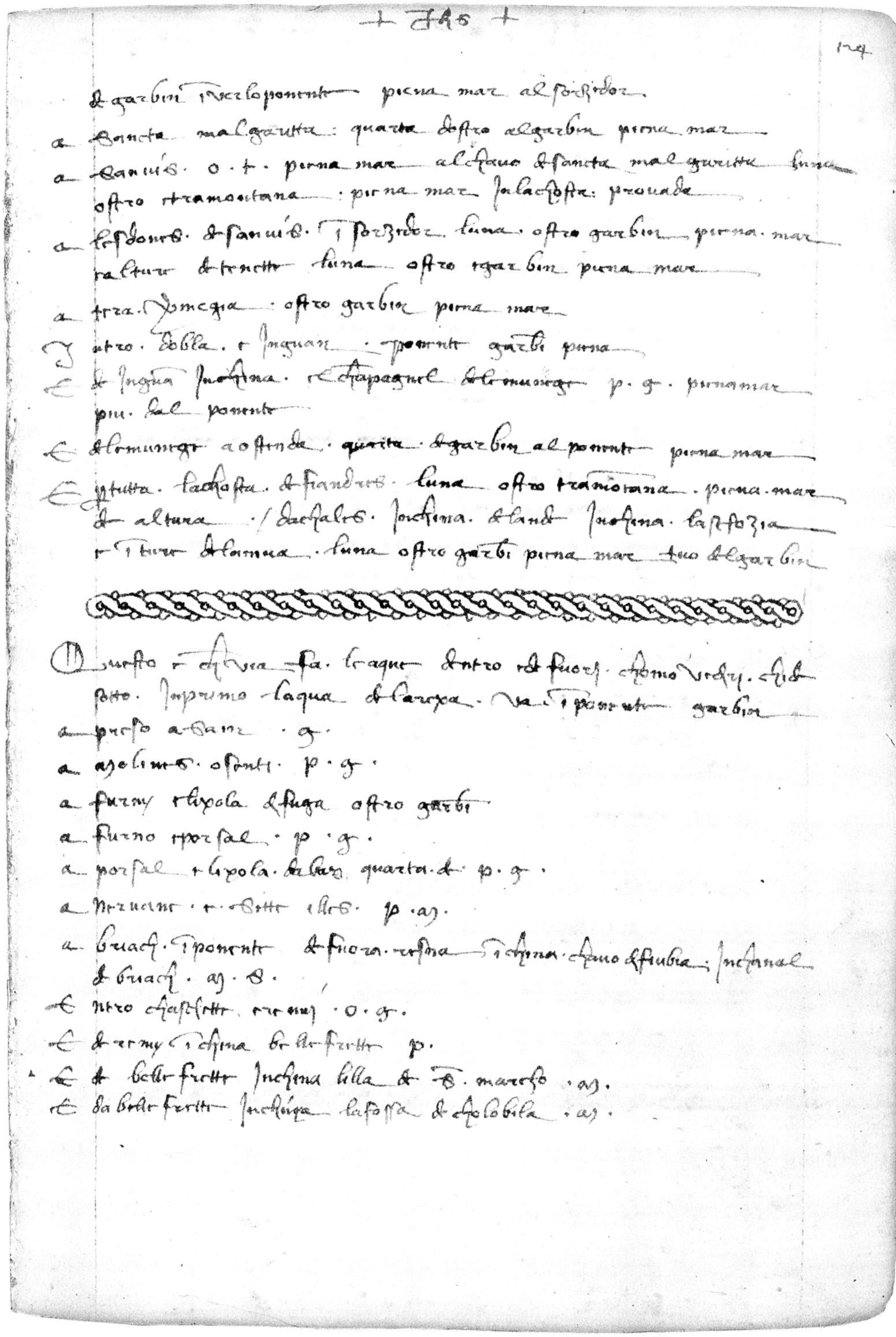

\+ Jhs +

124

de garbin tra el lo ponente piena mar al forzidor
a Sancta malgaritta: quarta de ostro al garbin piena mar
a Sanmis o. t. piena mar al chavo de Sancta malgaritta luna
ostro tramontana: piena mar su la chosta: provade
a [illegible] de Sanmis [illegible] luna ostro garbin piena mar
[illegible] luna ostro e garbin piena mar
a [illegible] ostro garbin piena mar
[illegible] ostro garbi piena
[illegible] piena mar
[illegible] ponente
[illegible] quarta de garbin al ponente piena mar
[illegible] luna ostro tramontana piena mar
de altura [illegible]
[illegible] luna ostro garbi piena mar [illegible] de garbin

Questo [illegible]
[illegible]
a [illegible] g.
a [illegible] p. g.
a [illegible] ostro garbi
a [illegible] p. g.
a [illegible] quarta de p. g.
a [illegible] p. [illegible]
a [illegible]
[illegible]
[illegible] o. g.
[illegible] p.
[illegible]
[illegible]

f. 125a

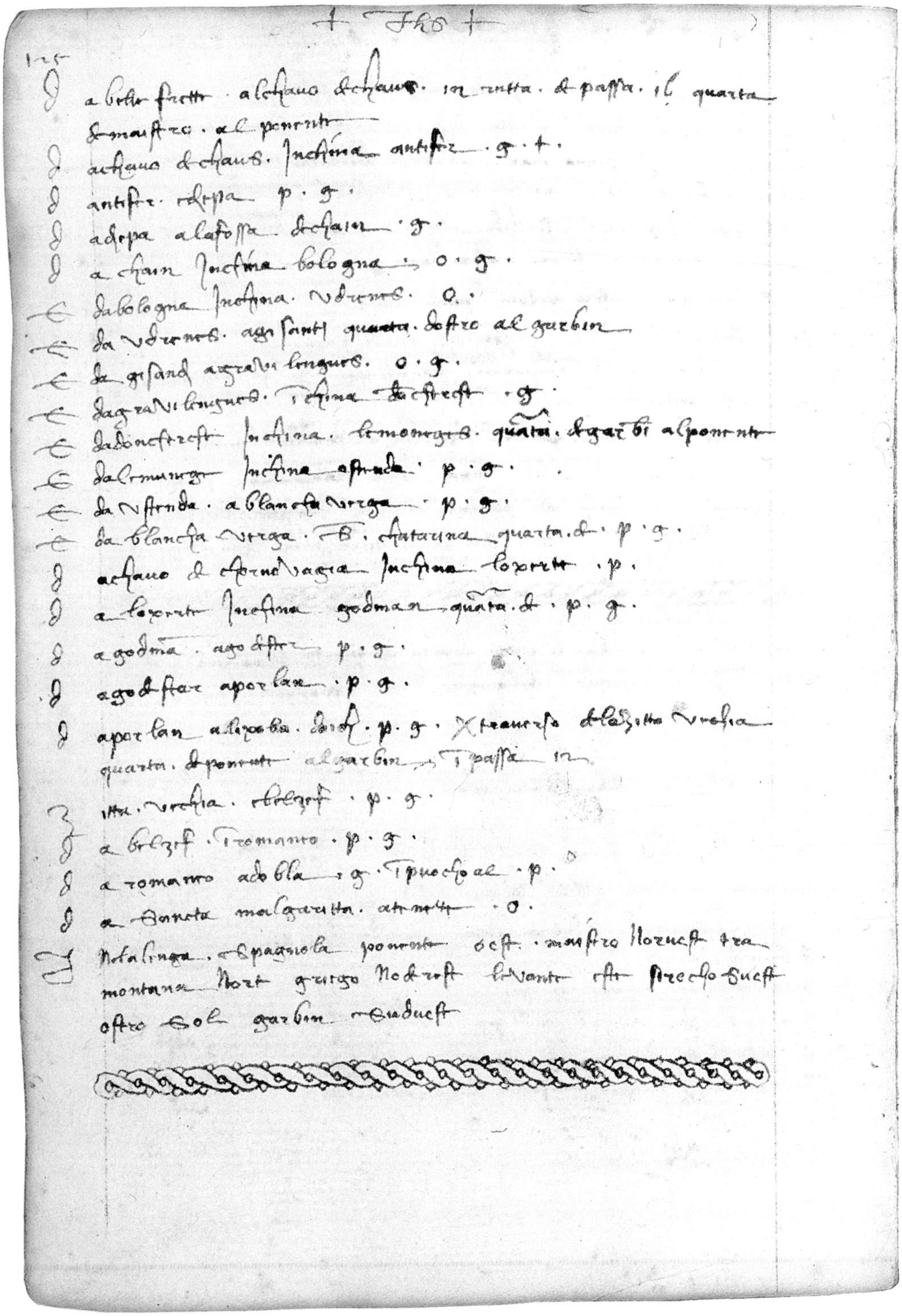
+ Yhs +

125

a bello fretto alchauo dechaus in retta de passa . 16 quarta
de maistro . al ponente

achauo dechaus . inchina antifre . g . 4 .

antifre . elepa p . g .

adepa alafossa dechain . g .

a chain inchina bologna o . g .

da bologna inchina udrenos . o .

da udrenos . agri santi quarta de ostro al garbin

da grisanti agravi longuros . o . g .

da gravi longuros . inchina docastrest . g .

da donestrest inchina lemongers . quarta de garbi al ponente

da lemongers inchina astrada p . g .

da astrada . a blancha vrega p . g .

da blancha vrega . B . chataruna quarta . d . p . g .

a chauo de cornovagia inchina lezorett . p .

a lezorett inchina godman quarta . d . p . g .

a godman . agodestre p . g .

agodstar aporlan . p . g .

aporlan alezola . dentro . p . g . traverso dela zitta vechia
quarta de ponente al garbin i passa 12

itta vechia . tolzef . p . g .

a belzef . romanno . p . g .

a romanno adobla . g . i pucho al . p .

a donata malgaritta . atrnette . o .

nela lingua spagnola ponente oest . maistro norvest tramontana nort greigo nordest levante est siroco suest
ostro sol garbin suduest

f. 125b

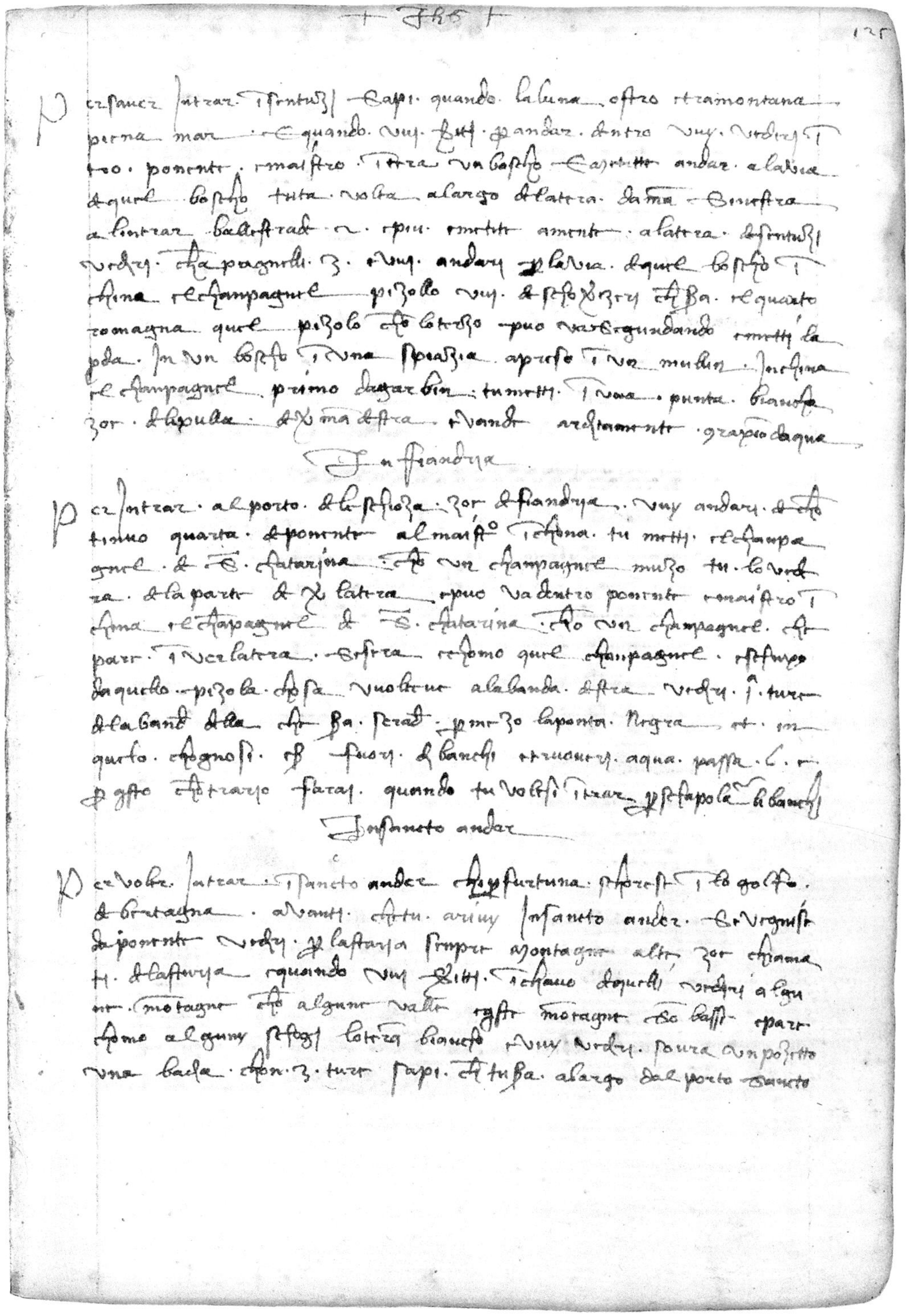
+ Jhs +

125

Per sauer intrar in Santucj capi quando la luna e ostro e tramontana
piena mar. E quando vui sarè per andar dentro vui vederè i
tro ponente e maistro in terra un bosco [illegible] andar a la via
de quel bosco tuta volta alargo de la terra da man sinistra
a l'intrar ballestrade [illegible] e più e metite a mente a la terra de Santucj
vederè champagnelli 3 e vui andarè per la via de quel bosco i
fina el champagnel pizolo vui [illegible] el quarto
romagna quel pizolo che lo [illegible] puo [illegible] guardando e metti la
proda in un bosco in una [illegible] apresso in uno mulin. inclina
el champagnel primo [illegible] tu metti in una punta biancha
zor de la [illegible] de man destra e vanderè [illegible] grasso d'aqua

In fiandra

Per intrar al porto de la [illegible] zor de fiandra vui andarè dentro
timono quarta de ponente al maistro in [illegible] tu metti el champa
gnel de S. Catarina che un champagnel [illegible] tu lo vederà
de la parte de [illegible] la terra e puo va dentro ponente e maistro i
fina el champagnel de S. Catarina [illegible] un champagnel [illegible]
parte in ver la terra [illegible] quel champagnel [illegible]
da quello pizola [illegible] vuoltene a la banda destra vederè i turre
de la banda [illegible] la ponta negra et in
questo [illegible] fuora de banchi e truoverè aqua passa [illegible]
per questo [illegible] faray quando tu voltsi intrar [illegible] li banchi

In sancto ander

Per volte intrar in sancto ander [illegible] fortuna [illegible] in lo golfo
de bretagna avanti [illegible] in sancto ander [illegible]
da ponente vederè [illegible] montagne alte zor chiama
[illegible] e quando vui [illegible] de quelli vederè algu
ne montagne [illegible] algune valle [illegible] montagne [illegible] e parte
[illegible] alguni [illegible] la terra biancha e vui vederè sovra un pozetto
una [illegible] [illegible] turre [illegible] alargo dal porto sancto

f. 126a

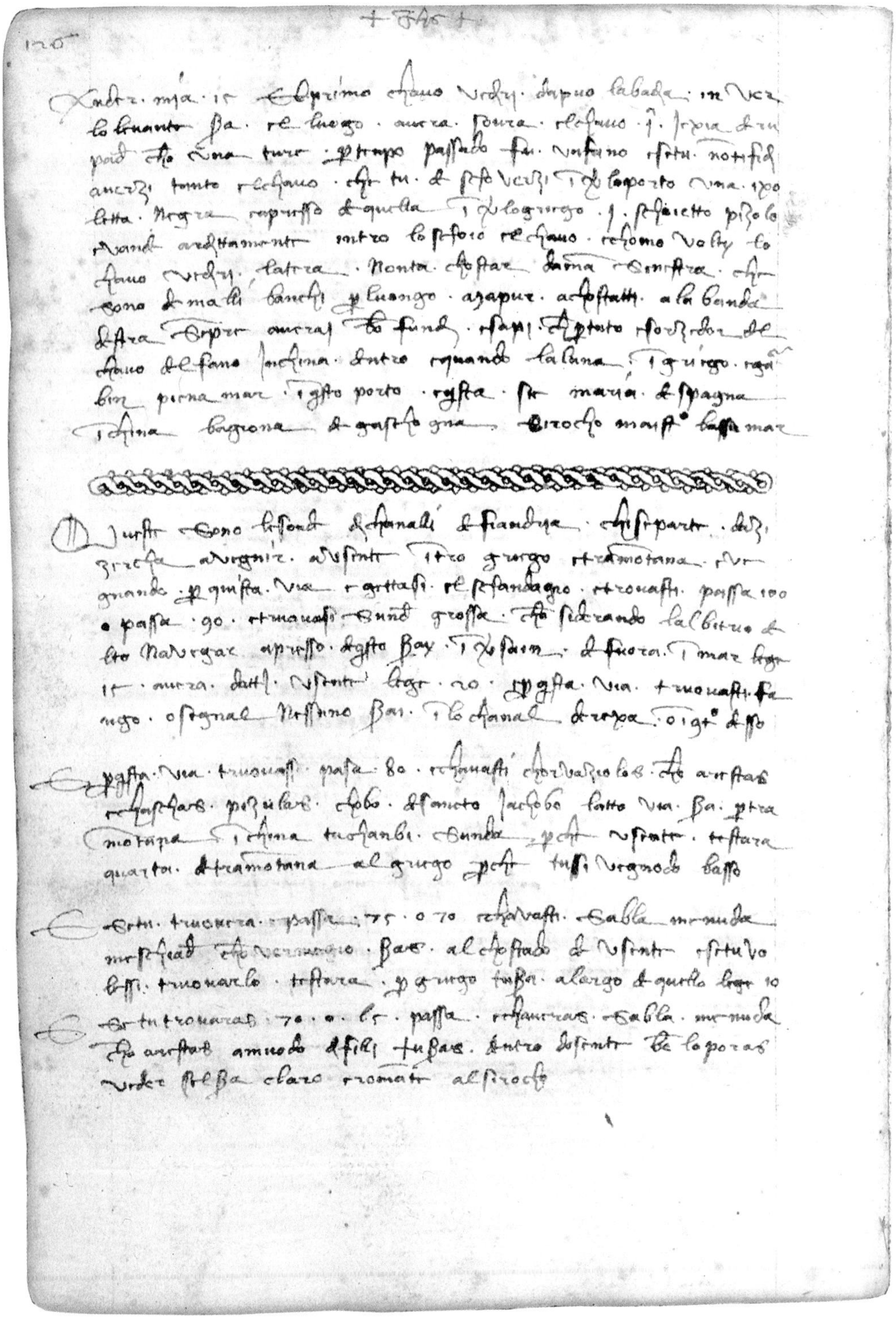

f. 126b

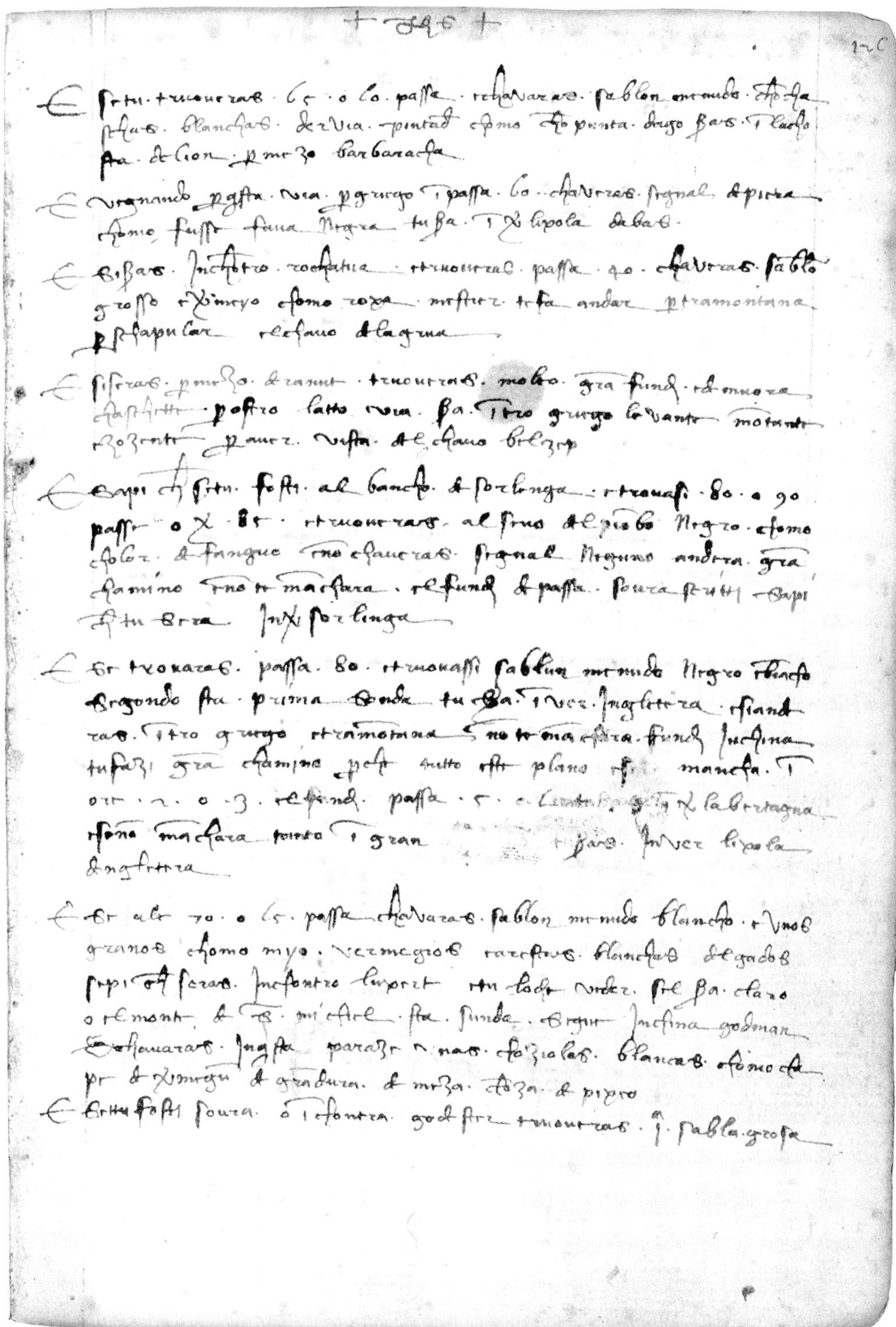

f. 127a

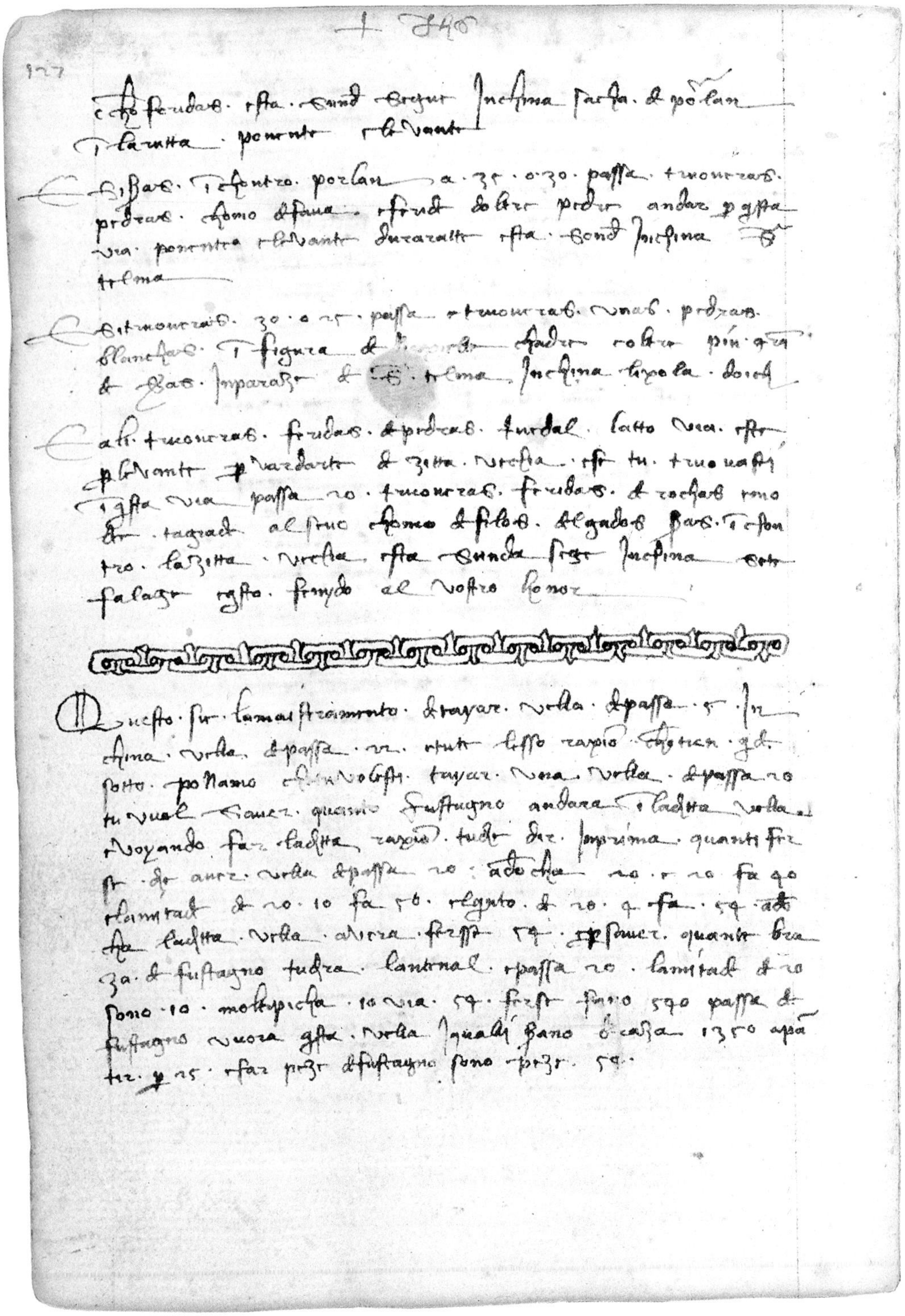

f. 127b

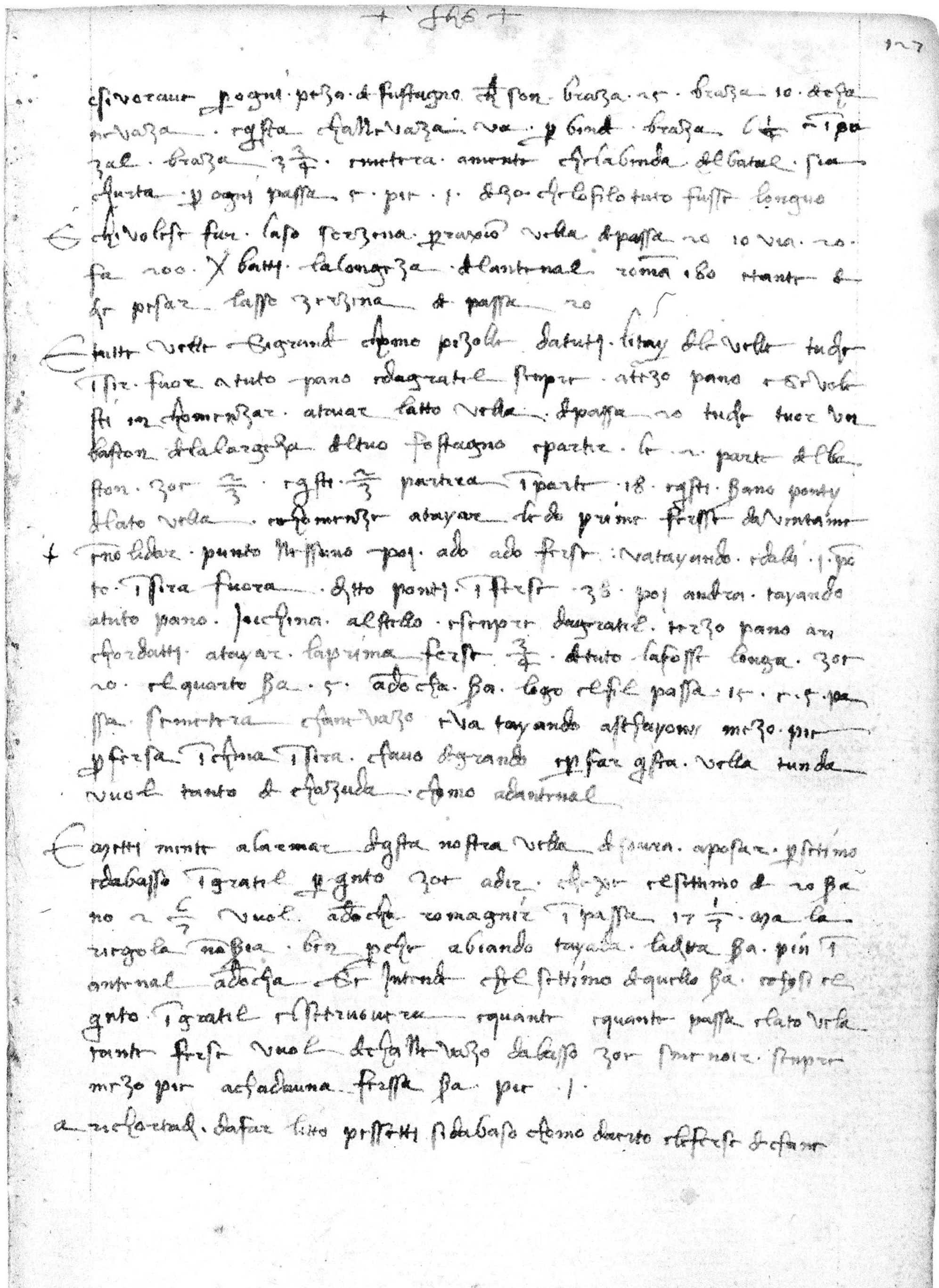

f. 128a

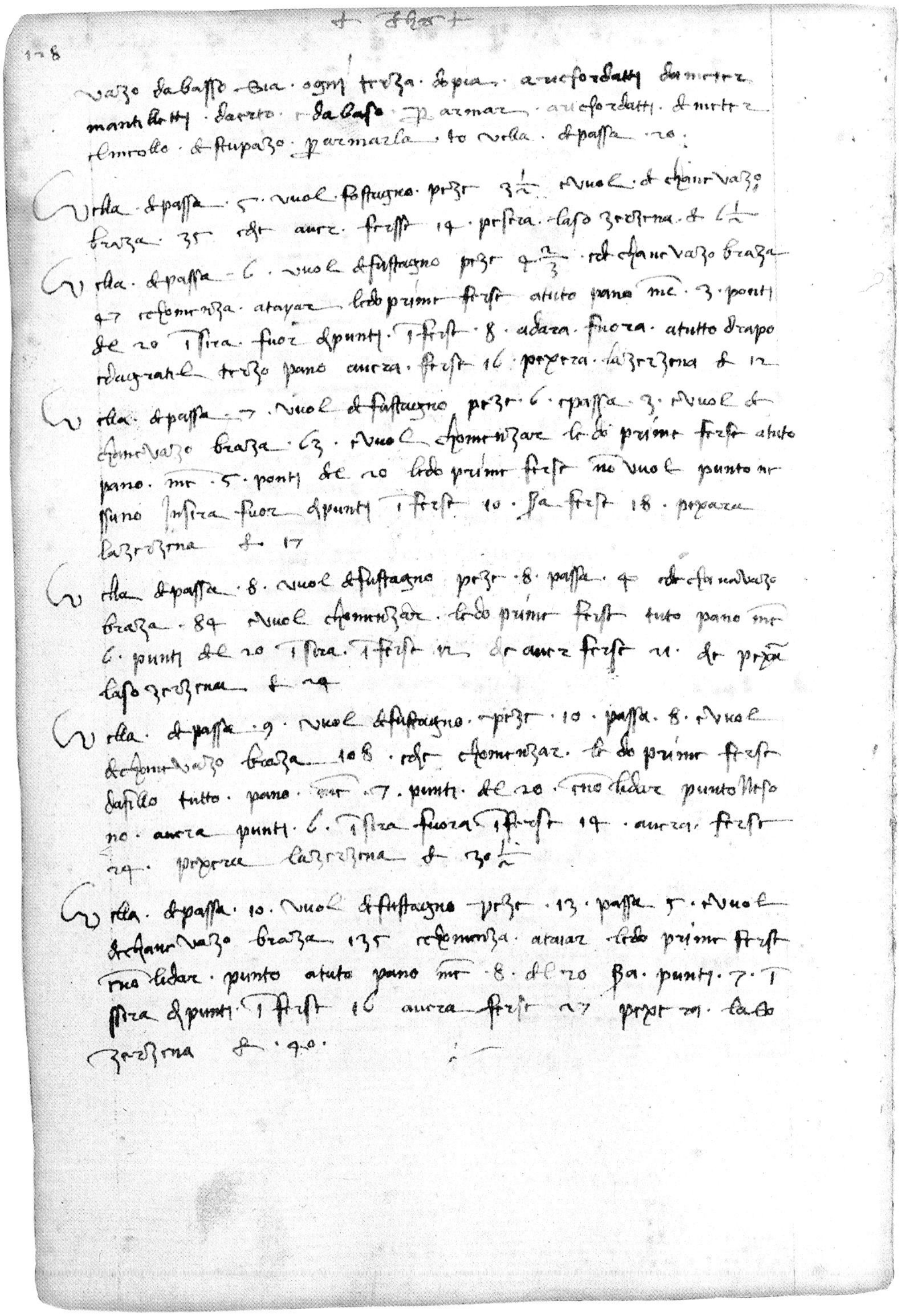
+ Iħs +

128

vazo da basso bia· ogni treza· sopra· a recordatti de meter
mantelletti· dareto· e da basso· p armar· a recordatti· de meter
el morollo· de stupazo· p armarla· to vella· de passa 10·

Vella de passa 5· vuol de fustagno· pezze 3½· e vuol de chaver vazo
braza 35 e de aver· ferssi 14· per sera· la so zerzena de 6½

Vella· de passa· 6· vuol de fustagno pezze 4⅔· e de chaver vazo braza
47 e de comenzar· a tayar· lo do primi ferssi a tutto pano· me· 3· ponti
de 20 e tira· fuor de punti· e ferssi· 8· e dara· fuora· a tutto drapo
e dagrada el terzo pano aurza· ferssi 16· per serra· la zerzena de 12

Vella· de passa 7· vuol de fustagno pezze 6· e passa 3· e vuol de
chaver vazo braza 63· e vuol comenzare lo do primi ferssi a tutto
pano· me 5· ponti de 20 lo do primi ferssi no vuol punto ne
nissuno e sira fuor de punti e ferssi 10· sa ferssi 18· per serra
la zerzena de 17

Vella de passa· 8· vuol de fustagno pezze 8· passa 4 e de chaver vazo
braza· 84 e vuol comenzar· lo do primi ferssi tuto pano me
6· punti de 20 e tira e ferssi 12 de aurze ferssi 11· de pexa
la so zerzena de 24

Vella· de passa· 9· vuol de fustagno· pezze· 10· passa· 8· e vuol
de chaver vazo braza 108· e de comenzar· lo do primi ferssi
da fillo tutto· pano· me 7· punti de 20· e no lidare punto lo resto
no· aurza punti· 6· e tira fuora e ferssi 14· aurza· ferssi
24· per serra la zerzena de 30½

Vella· de passa· 10· vuol de fustagno pezze· 13· passa 5· e vuol
de chaver vazo braza 135 e de comenzar· a tayar· lo do primi ferssi
e no lidar· punto a tuto pano me 8· de 20 sa· punti· 7· e
tira de punti e ferssi 16 aurza ferssi 27 per serra· la so
zerzena de 40·

f. 128b

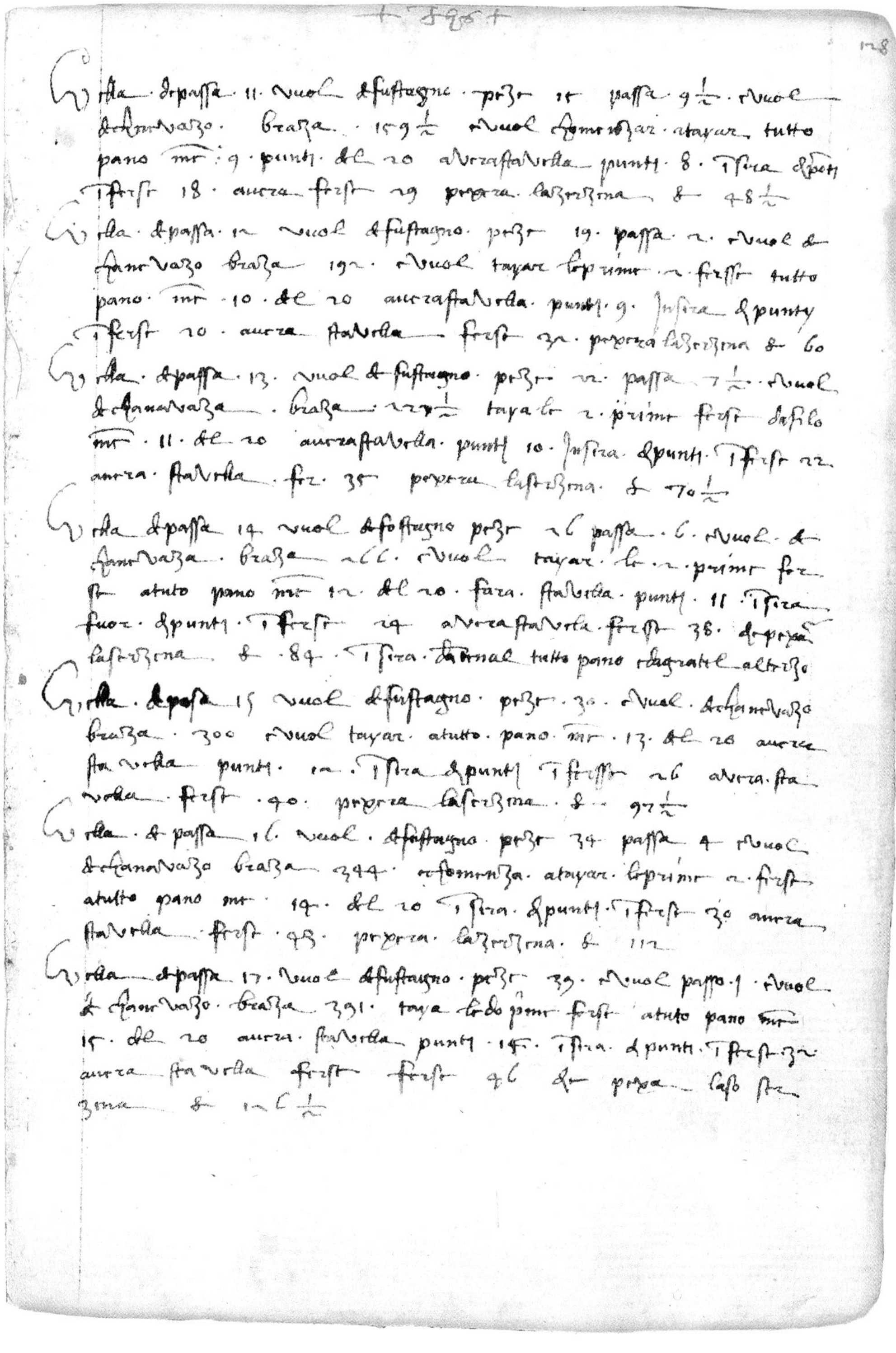
+ 1505 +

128

Galia de passa 11 vuol de fustagno pezze 15 passa 9 1/2 e vuol
de chanevazo braza 159 1/2 e vuol chomenzar a tayar tutto
pano mr 9 punti del 20 averà sta volta punti 8 infra de punti
i fersi 18 averà fersi 29 per proxa la stelzima e 48 1/2
Galia de passa 12 vuol de fustagno pezze 19 passa 2 e vuol de
chanevazo braza 192 e vuol tayar li primi 2 fersi tutto
pano mr 10 del 20 averà sta volta punti 9 infra de punti
i fersi 20 averà sta volta fersi 32 per proxa la stelzima e 60
Galia de passa 13 vuol de fustagno pezze 22 passa 7 1/2 e vuol
de chanevaza braza 229 1/2 taya li 2 primi fersi da filo
mr 11 del 20 averà sta volta punti 10 infra de punti i fersi 22
averà sta volta fersi 35 per proxa la stelzima e 70 1/2
Galia de passa 14 vuol de fustagno pezze 26 passa 6 e vuol de
chanevaza braza 266 e vuol tayar li 2 primi fer-
si a tuto pano mr 12 del 20 farà sta volta punti 11 infra
fuor de punti i fersi 24 averà sta volta fersi 38 de proxa
la stelzima e 84 infra de nal tutto pano e dagrati el altrizo
Galia de passa 15 vuol de fustagno pezze 30 e vuol de chanevazo
braza 300 e vuol tayar a tutto pano mr 13 del 20 averà
sta volta punti 12 infra de punti i fersi 26 averà sta
volta fersi 40 per proxa la stelzima e 97 1/2
Galia de passa 16 vuol de fustagno pezze 34 passa 4 e vuol
de chanevazo braza 344 e chomenza a tayar li primi 2 fersi
a tutto pano mr 14 del 20 infra de punti i fersi 30 averà
sta volta fersi 43 per proxa la stelzima e 112
Galia de passa 17 vuol de fustagno pezze 39 e vuol passo 1 e vuol
de chanevazo braza 391 taya li do primi fersi a tuto pano mr
15 del 20 averà sta volta punti 14 infra de punti i fersi 32
averà sta volta fersi fersi 46 de proxa la stel-
zima e 126 1/2

f. 129a

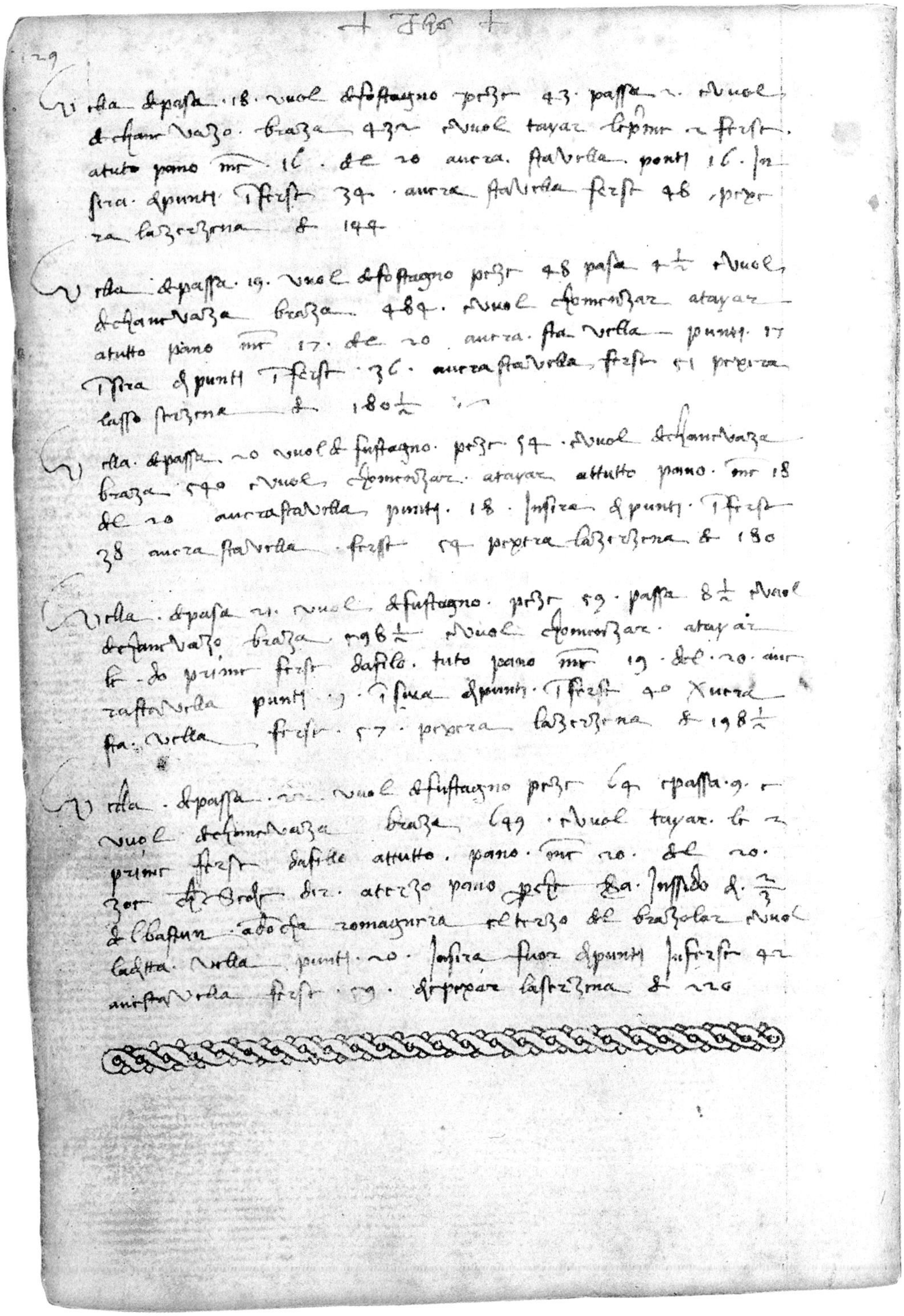

f. 129b

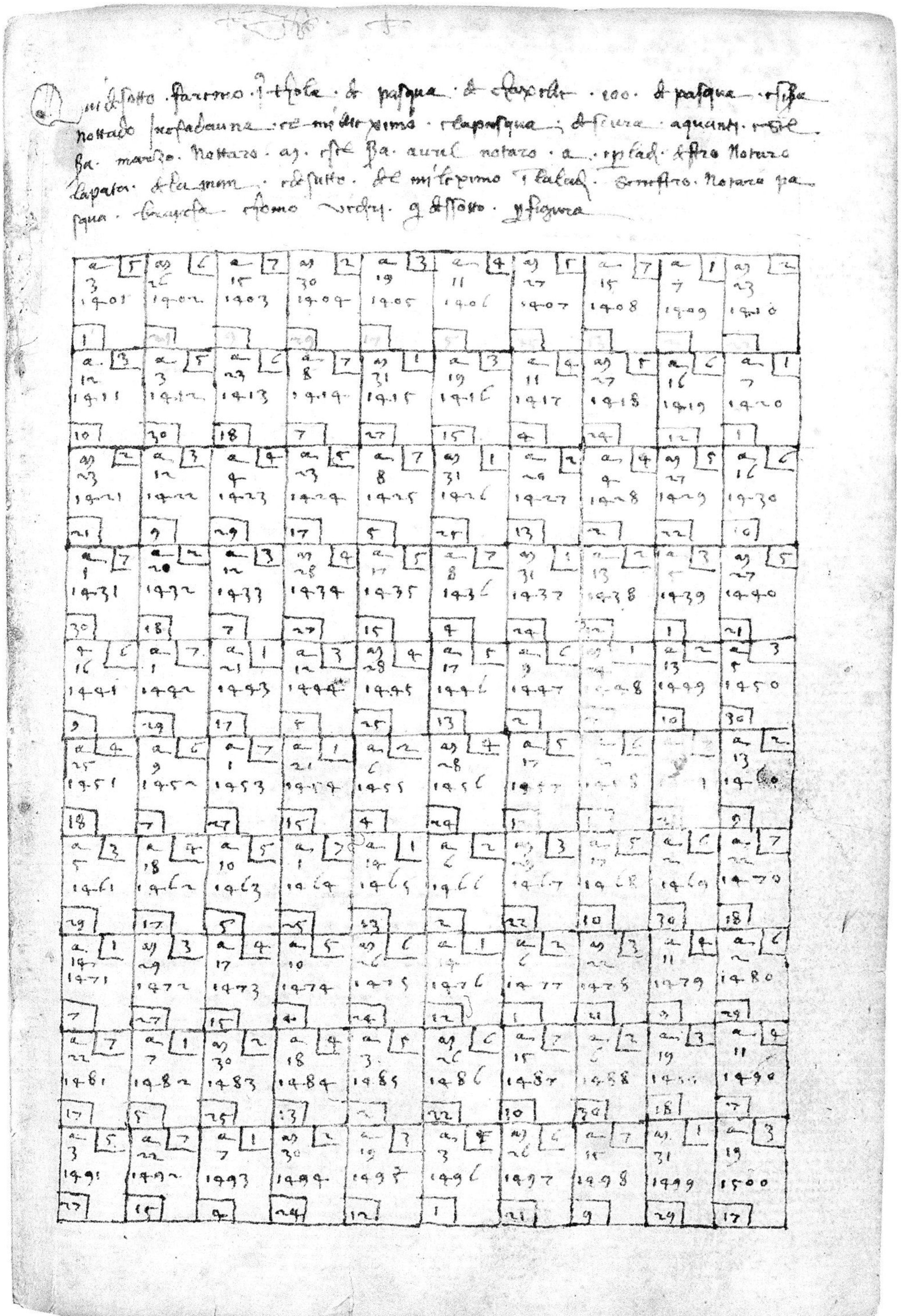

f. 130a

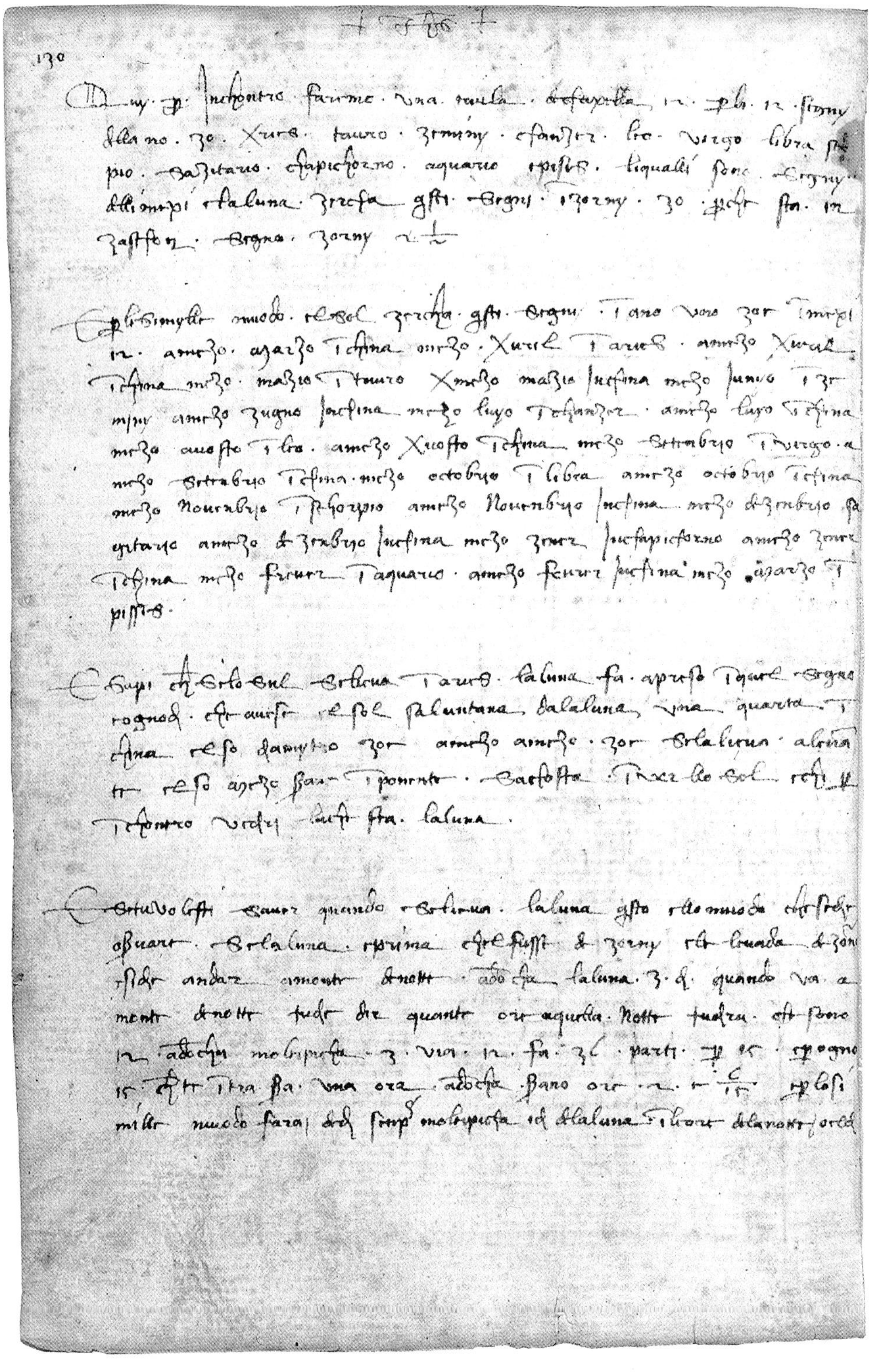

f. 130b

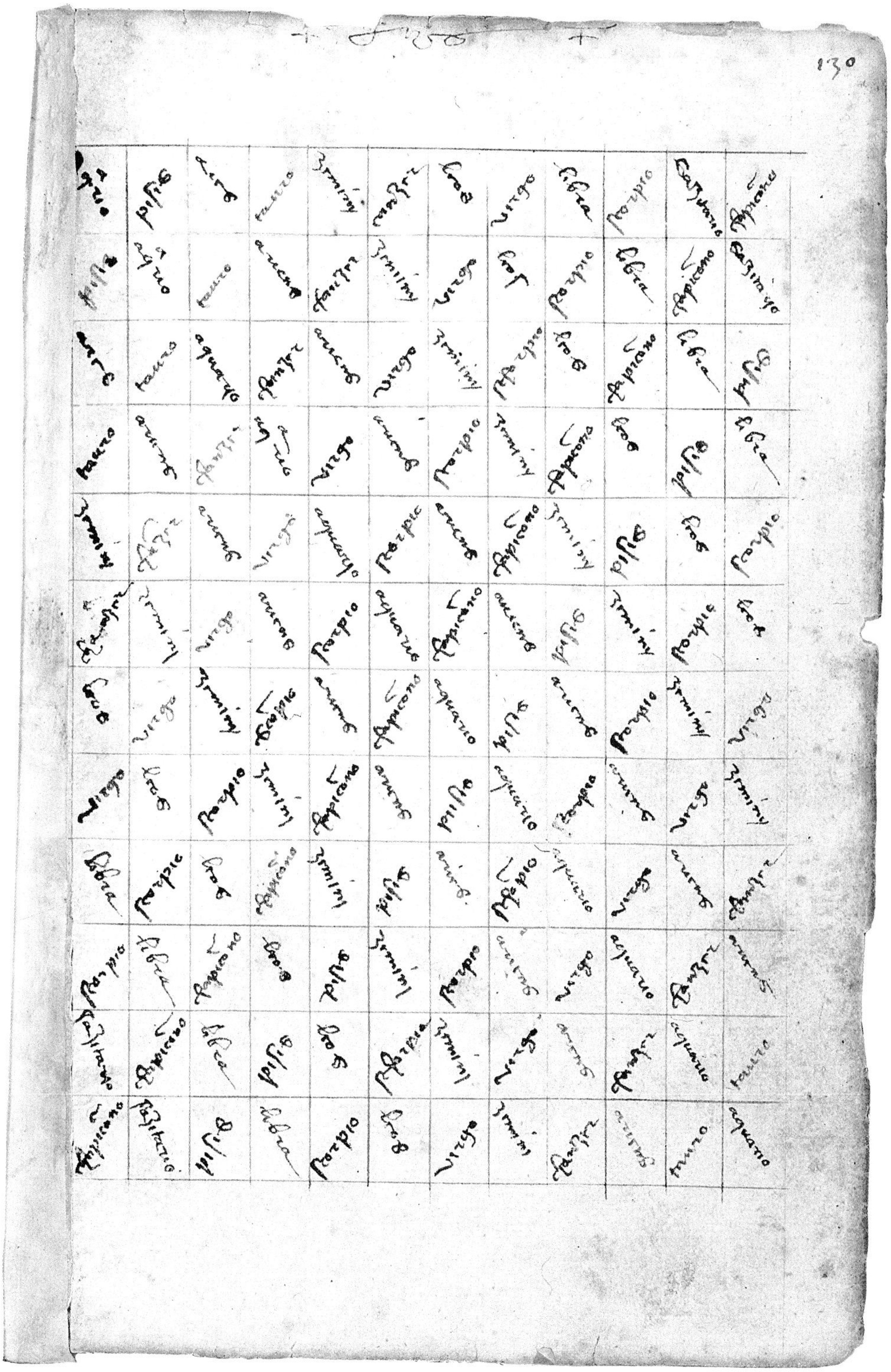

f. 131a

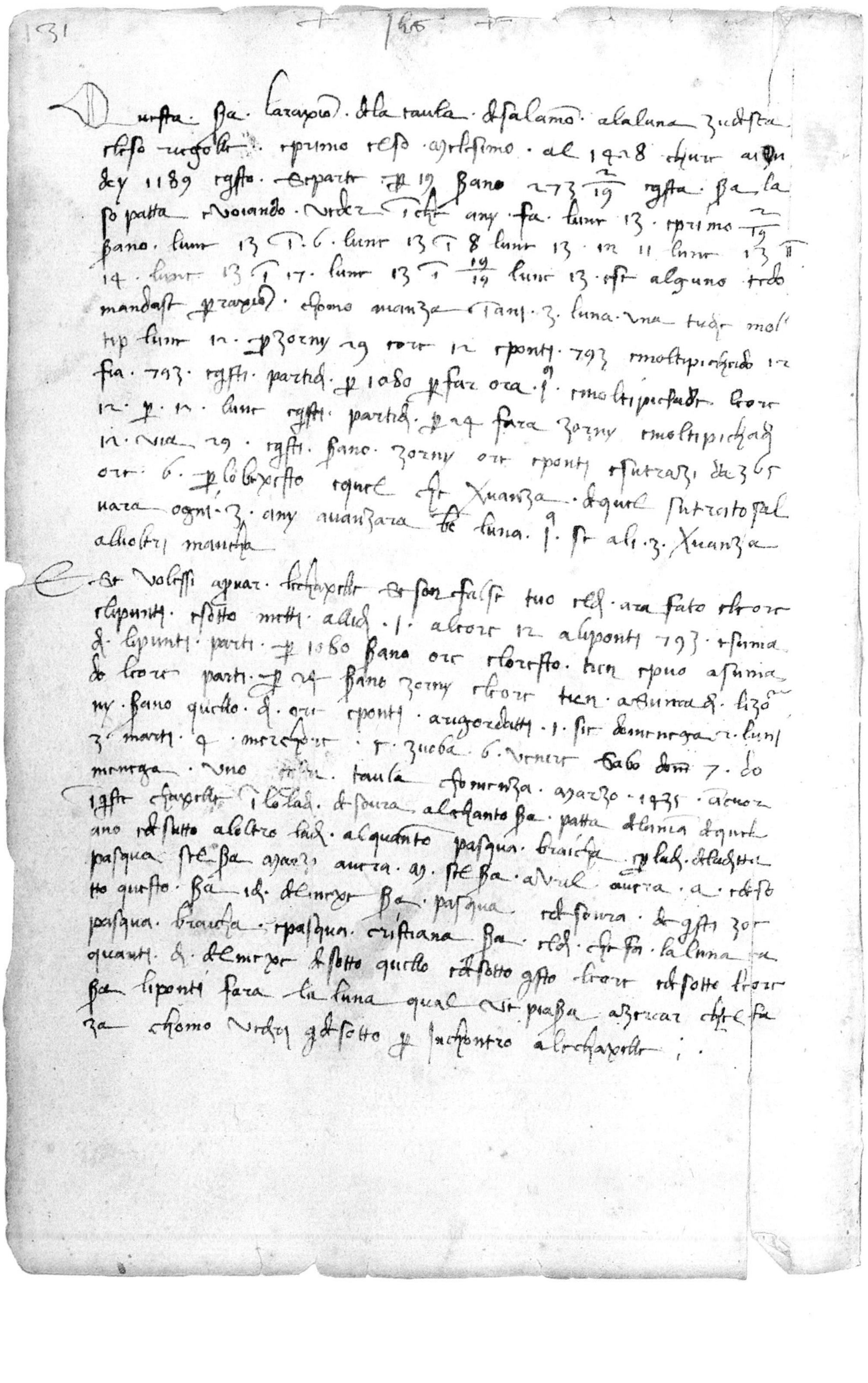

f. 131b

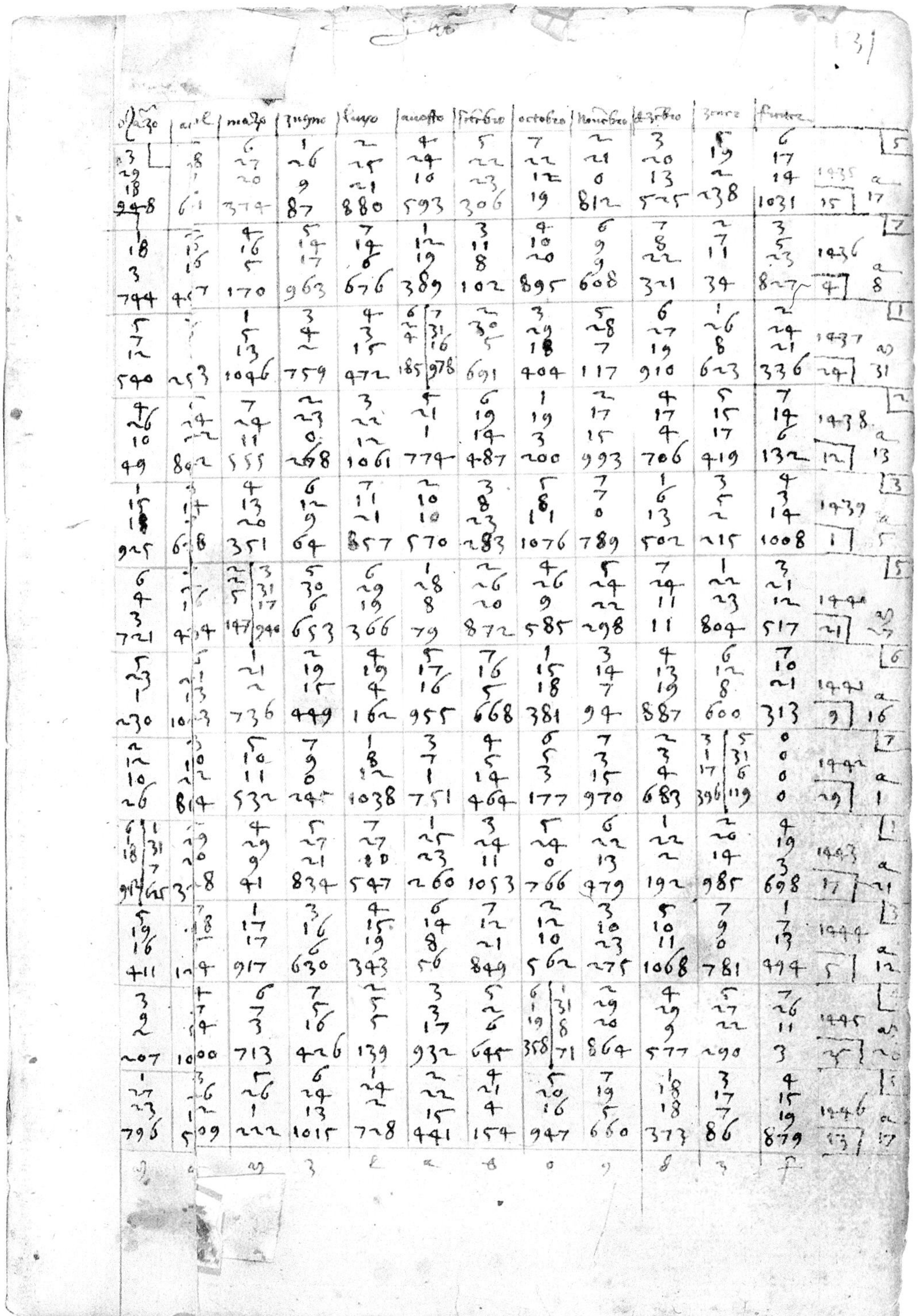

marzo	april	mazo	zugno	luyo	auosto	setembrio	octobrio	novembrio	dezembrio	zenaro	febraro	
3 29 18 948	18 661	6 27 20 374	1 26 9 87	2 25 21 880	4 24 16 593	5 22 23 306	7 22 12 19	2 21 6 812	3 20 13 525	5 19 2 238	6 17 14 1031	5 1435 a 15 17
18 3 744	15 15 407	4 16 5 170	5 14 17 963	7 14 6 676	1 12 19 389	3 11 8 102	4 10 20 895	6 9 9 608	7 8 22 321	2 7 11 34	3 5 23 827	7 1436 a 4 8
5 7 12 540	253	1 5 13 1046	3 4 2 759	4 3 15 472	6 | 7 2 | 31 4 | 16 185 | 978	2 30 5 691	3 29 18 404	5 28 7 117	6 27 19 910	1 26 8 623	2 24 21 336	1 1437 a 24 31
4 26 10 49	24 22 842	7 24 11 555	2 23 0 268	3 22 12 1061	5 21 1 774	6 19 14 487	1 19 3 200	2 17 15 993	4 17 4 706	5 15 17 419	7 14 6 132	2 1438 a 12 13
1 15 18 925	14 618	4 13 20 351	6 12 9 64	7 11 21 857	2 10 10 570	3 8 23 283	5 8 11 1076	7 7 0 789	1 6 13 502	3 5 2 215	4 3 14 1008	3 1439 a 1 5
6 4 3 721	1 404	2 | 3 2 | 31 5 | 17 147 | 940	5 30 6 653	6 29 19 366	1 28 8 79	2 26 20 872	4 26 9 585	5 24 22 298	7 24 11 11	1 22 23 804	3 21 12 517	5 1440 a 21 27
5 23 1 230	21 13 1043	1 21 2 736	2 19 15 449	4 19 4 162	5 17 16 955	7 16 5 668	1 15 18 381	3 14 7 94	4 13 19 887	6 12 8 600	7 10 21 313	6 1441 a 9 16
2 12 10 26	10 22 814	5 10 11 532	7 9 0 245	1 8 12 1038	3 7 1 751	4 5 14 464	6 5 3 177	7 3 15 970	2 3 4 683	3 | 5 1 | 31 17 | 6 396 | 119	0 0 0 0	7 1442 a 29 1
6 | 1 18 | 31 7 917 | 65	29 20 318	4 29 9 41	5 27 21 834	7 27 10 547	1 25 23 260	3 24 11 1053	5 24 0 766	6 22 13 479	1 22 2 192	2 20 14 985	4 19 3 698	1 1443 a 17 21
5 19 16 411	18 124	1 17 17 917	3 16 6 630	4 15 19 343	6 14 8 56	7 12 21 849	2 12 10 562	3 10 23 275	5 10 11 1068	7 9 0 781	1 7 13 494	3 1444 a 5 12
3 9 2 207	7 14 1000	6 7 3 713	7 5 16 426	2 5 5 139	3 3 17 932	5 2 6 644	6 | 1 1 | 31 19 | 8 358 | 71	2 29 20 864	4 29 9 577	5 27 22 290	7 26 11 3	1445 a 25 26
1 27 23 796	3 26 12 509	5 26 1 222	6 24 13 1015	1 24 2 728	2 22 15 441	4 21 4 154	5 20 16 947	7 19 5 660	1 18 18 373	3 17 7 86	4 15 19 879	1446 a 13 17

f. 132a

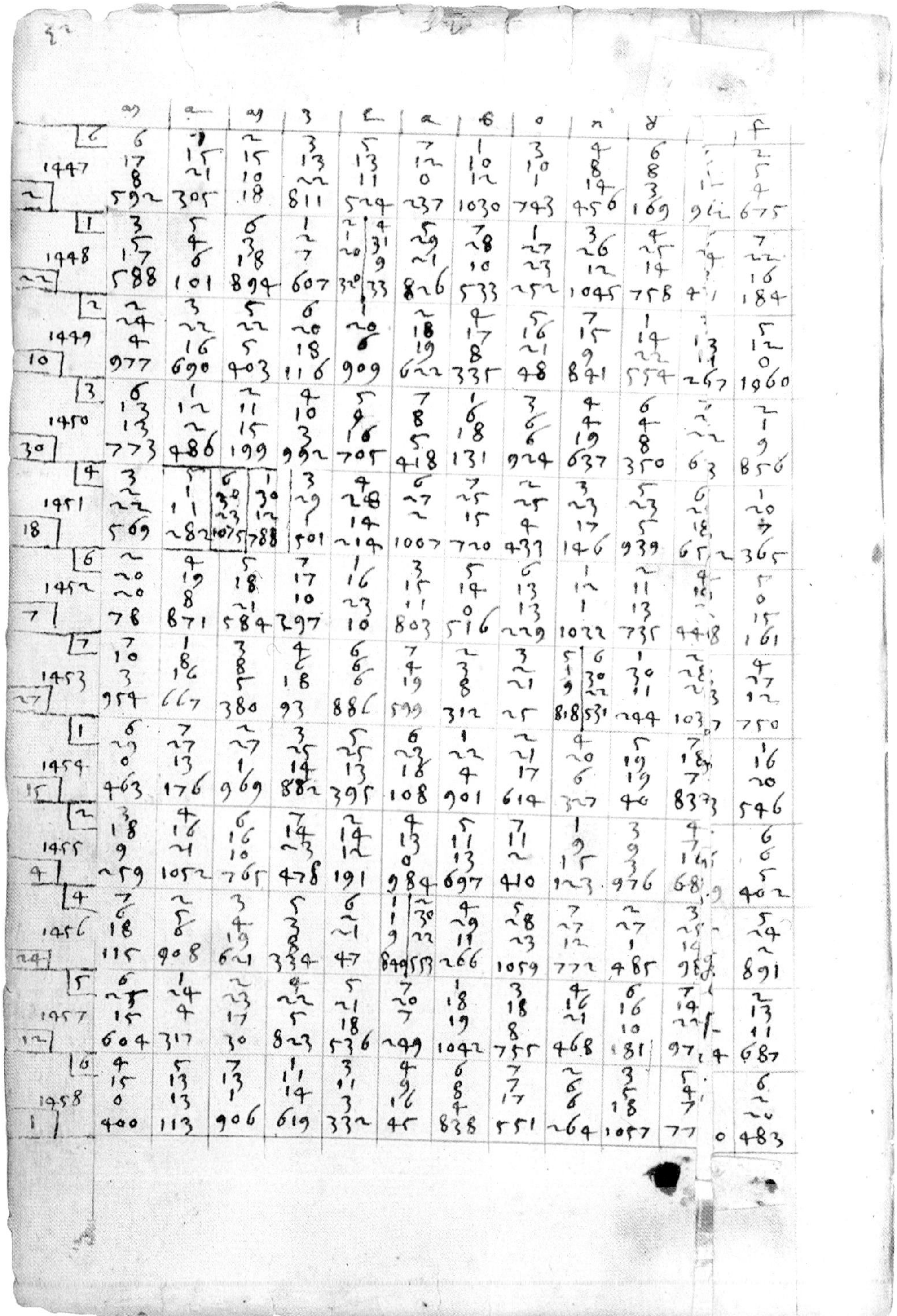

Year														
1447	2	2	6 / 17 / 8 / 592	[illegible] / 15 / 21 / 305	2 / 15 / 10 / 18	3 / 13 / 22 / 811	5 / 13 / 11 / 524	7 / 12 / 0 / 237	1 / 10 / 12 / 1030	3 / 10 / 1 / 743	4 / 8 / 14 / 456	6 / 8 / 3 / 169	[illegible] / 961	2 / 2 / 5 / 4 / 675
1448	1	22	3 / 15 / 17 / 588	5 / 4 / 6 / 101	6 / 3 / 18 / 894	1 / 2 / 7 / 607	2 | 4 / 1 | 31 / 20 | 9 / 320 | 33	5 / 29 / 21 / 826	7 / 28 / 10 / 533	1 / 27 / 23 / 252	3 / 26 / 12 / 1045	4 / 25 / 14 / 758	[illegible] / 24 / [illegible]	7 / 22 / 16 / 184
1449	2	10	2 / 24 / 4 / 977	3 / 22 / 16 / 690	5 / 22 / 5 / 403	6 / 20 / 18 / 116	1 / 20 / 6 / 909	2 / 18 / 19 / 622	4 / 17 / 8 / 335	5 / 16 / 21 / 48	7 / 15 / 9 / 841	1 / 14 / 22 / 554	[illegible] / 13 / 11 / 267	5 / 12 / 0 / 1060
1450	3	30	6 / 13 / 13 / 773	1 / 12 / 2 / 486	2 / 11 / 15 / 199	4 / 10 / 3 / 992	5 / 9 / 16 / 705	7 / 8 / 5 / 418	1 / 6 / 18 / 131	3 / 6 / 6 / 924	4 / 4 / 19 / 637	6 / 4 / 8 / 350	2 / [illegible] / 22 / 63	2 / 1 / 9 / 856
1451	4	18	3 / 2 / 22 / 569	5 / 1 / 11 / 282	6 | 1 / 30 | 30 / 23 | 12 / 1075 | 788	3 / 29 / 1 / 501	4 / 28 / 14 / 214	6 / 27 / 2 / 1007	7 / 25 / 15 / 720	2 / 25 / 4 / 433	3 / 23 / 17 / 146	5 / 23 / 5 / 939	6 / [illegible] / 18 / 652	1 / 20 / 7 / 365
1452	6	7	2 / 20 / 20 / 78	4 / 19 / 8 / 871	5 / 18 / 21 / 584	7 / 17 / 10 / 297	1 / 16 / 23 / 10	3 / 15 / 11 / 803	5 / 14 / 0 / 516	6 / 13 / 13 / 229	1 / 12 / 1 / 1022	2 / 11 / 13 / 735	4 / [illegible] / 448	5 / 0 / 15 / 161
1453	7	27	7 / 10 / 3 / 954	1 / 8 / 16 / 667	3 / 8 / 5 / 380	4 / 6 / 18 / 93	6 / 6 / 6 / 886	7 / 4 / 19 / 599	2 / 3 / 8 / 312	3 / 2 / 21 / 25	5 | 6 / 1 | 30 / 9 | 22 / 818 | 531	1 / 30 / 11 / 244	2 / 28 / 23 / 1037	4 / 27 / 12 / 750
1454	1	15	6 / 29 / 0 / 463	7 / 27 / 13 / 176	2 / 27 / 1 / 969	3 / 25 / 14 / 882	5 / 25 / 13 / 395	6 / 23 / 18 / 108	1 / 22 / 4 / 901	2 / 21 / 17 / 614	4 / 20 / 6 / 327	5 / 19 / 19 / 40	7 / 18 / 7 / 833	1 / 16 / 20 / 546
1455	2	4	3 / 18 / 9 / 259	4 / 16 / 21 / 1052	6 / 16 / 10 / 765	7 / 14 / 23 / 478	2 / 14 / 12 / 191	4 / 13 / 0 / 984	5 / 11 / 13 / 697	7 / 11 / 2 / 410	1 / 9 / 15 / 123	3 / 9 / 3 / 976	4 / 7 / [illegible] / 689	6 / 6 / 5 / 402
1456	4	24	7 / 6 / 18 / 115	2 / 5 / 8 / 908	3 / 4 / 19 / 621	5 / 3 / 3 / 334	6 / 2 / 21 / 47	1 | 1 / 1 | 30 / 9 | 22 / 849 | 553	4 / 29 / 11 / 266	5 / 28 / 23 / 1059	7 / 27 / 12 / 772	2 / 27 / 1 / 485	3 / 25 / 14 / 98[illegible]	5 / 24 / 2 / 891
1457	5	12	6 / 25 / 15 / 604	1 / 24 / 4 / 317	2 / 23 / 17 / 30	4 / 22 / 5 / 823	5 / 21 / 18 / 536	7 / 20 / 7 / 249	1 / 18 / 19 / 1042	3 / 18 / 8 / 755	4 / 16 / 21 / 468	6 / 16 / 10 / 181	7 / 14 / 22 / 974	2 / 13 / 11 / 687
1458	6	1	4 / 15 / 0 / 400	5 / 13 / 13 / 113	7 / 13 / 1 / 906	1 / 11 / 14 / 619	3 / 11 / 3 / 332	4 / 9 / 16 / 45	6 / 8 / 4 / 838	7 / 7 / 17 / 551	2 / 6 / 6 / 264	3 / 5 / 18 / 1057	5 / 4 / 7 / 770	6 / 2 / 20 / 483

f. 132b

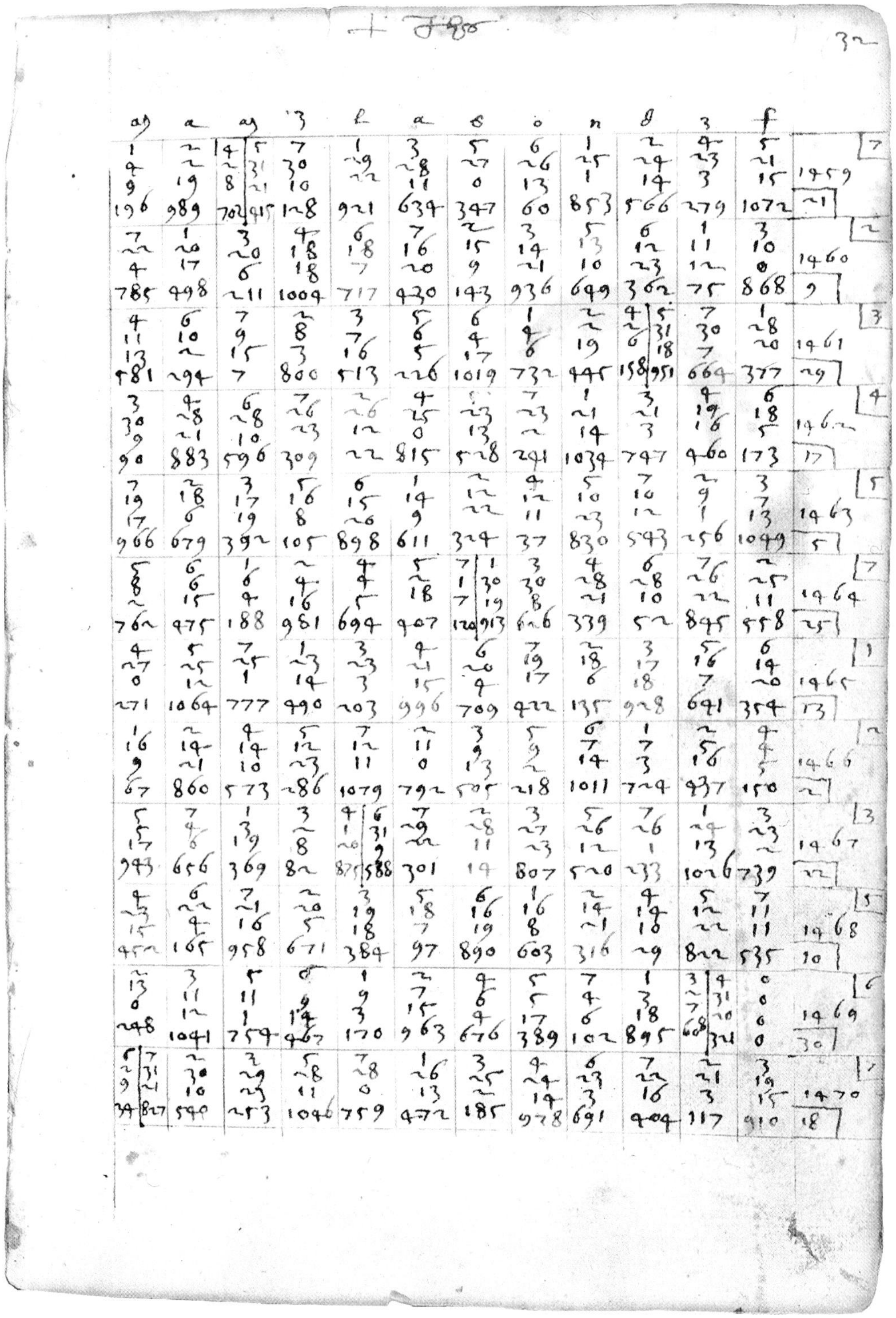

+ [?] 1450

32

a	a	a	3	l	a	6	o	n	g	3	f	
1 / 4 / 9 / 196	2 / 2 / 19 / 989	4 / 2 / 8 / 702 ‖ 5 / 31 / 21 / 915	7 / 30 / 10 / 128	1 / 29 / 22 / 921	3 / 28 / 11 / 634	5 / 27 / 0 / 347	6 / 26 / 13 / 60	1 / 25 / 1 / 853	2 / 24 / 14 / 566	4 / 23 / 3 / 279	5 / 21 / 15 / 1072	7 / 1459 / 21
7 / 22 / 4 / 785	1 / 20 / 17 / 498	3 / 20 / 6 / 211	4 / 18 / 18 / 1004	6 / 18 / 7 / 717	7 / 16 / 20 / 430	2 / 15 / 9 / 143	3 / 14 / 21 / 936	5 / 13 / 10 / 649	6 / 12 / 23 / 362	1 / 11 / 12 / 75	3 / 10 / 0 / 868	2 / 1460 / 9
4 / 11 / 13 / 581	6 / 10 / 2 / 294	7 / 9 / 15 / 7	2 / 8 / 3 / 800	3 / 7 / 16 / 513	5 / 6 / 5 / 226	6 / 4 / 17 / 1019	1 / 4 / 6 / 732	2 / 2 / 19 / 445	4 / 2 / 6 / 158 ‖ 5 / 31 / 18 / 951	7 / 30 / 7 / 664	1 / 28 / 20 / 377	3 / 1461 / 29
3 / 30 / 9 / 90	4 / 28 / 21 / 883	6 / 28 / 10 / 596	7 / 26 / 23 / 309	2 / 26 / 12 / 22	4 / 25 / 0 / 815	[illegible] / 23 / 13 / 528	7 / 23 / 2 / 241	1 / 21 / 14 / 1034	3 / 21 / 3 / 747	4 / 19 / 16 / 460	6 / 18 / 5 / 173	4 / 1462 / 17
7 / 19 / 17 / 966	2 / 18 / 6 / 679	3 / 17 / 19 / 392	5 / 16 / 8 / 105	6 / 15 / 26 / 898	1 / 14 / 9 / 611	2 / 12 / 22 / 324	4 / 12 / 11 / 37	5 / 10 / 23 / 830	7 / 10 / 12 / 543	2 / 9 / 1 / 256	3 / 7 / 13 / 1049	5 / 1463 / 5
5 / 8 / 2 / 762	6 / 6 / 15 / 475	1 / 6 / 4 / 188	2 / 4 / 16 / 981	4 / 4 / 5 / 694	5 / 2 / 18 / 407	7 / 1 / 7 / 120 ‖ 1 / 30 / 19 / 913	3 / 30 / 8 / 626	4 / 28 / 21 / 339	6 / 28 / 10 / 52	7 / 26 / 22 / 845	2 / 25 / 11 / 558	7 / 1464 / 25
4 / 27 / 0 / 271	5 / 25 / 12 / 1064	7 / 25 / 1 / 777	1 / 23 / 14 / 490	3 / 23 / 3 / 203	4 / 21 / 15 / 996	6 / 20 / 4 / 709	7 / 19 / 17 / 422	2 / 18 / 6 / 135	3 / 17 / 18 / 928	5 / 16 / 7 / 641	6 / 14 / 20 / 354	1 / 1465 / 13
1 / 16 / 9 / 67	2 / 14 / 21 / 860	4 / 14 / 10 / 573	5 / 12 / 23 / 286	7 / 12 / 11 / 1079	2 / 11 / 0 / 792	3 / 9 / 13 / 505	5 / 9 / 2 / 218	6 / 7 / 14 / 1011	1 / 7 / 3 / 724	2 / 5 / 16 / 437	4 / 4 / 5 / 150	2 / 1466 / 2
5 / 5 / 17 / 943	7 / 4 / 6 / 656	1 / 3 / 19 / 369	3 / 2 / 8 / 82	4 / 1 / 20 / 875 ‖ 6 / 31 / 9 / 588	7 / 29 / 22 / 301	2 / 28 / 11 / 14	3 / 27 / 23 / 807	5 / 26 / 12 / 520	7 / 26 / 1 / 233	1 / 24 / 13 / 1026	3 / 23 / 2 / 739	3 / 1467 / 22
4 / 23 / 15 / 452	6 / 22 / 4 / 165	7 / 21 / 16 / 958	2 / 20 / 5 / 671	3 / 19 / 18 / 384	5 / 18 / 7 / 97	6 / 16 / 19 / 890	1 / 16 / 8 / 603	2 / 14 / 21 / 316	4 / 14 / 10 / 29	5 / 12 / 22 / 822	7 / 11 / 11 / 535	5 / 1468 / 10
2 / 13 / 0 / 248	3 / 11 / 12 / 1041	5 / 11 / 1 / 754	6 / 9 / 14 / 467	1 / 9 / 3 / 170	2 / 7 / 15 / 963	4 / 6 / 4 / 676	5 / 5 / 17 / 389	7 / 4 / 6 / 102	1 / 3 / 18 / 895	3 / 2 / 7 / 608 ‖ 4 / 31 / 20 / 321	0 / 0 / 0 / 0	6 / 1469 / 30
5 / 2 / 9 / 34 ‖ 7 / 31 / 21 / 827	2 / 30 / 10 / 540	3 / 29 / 23 / 253	5 / 28 / 11 / 1046	7 / 28 / 0 / 759	1 / 26 / 13 / 472	3 / 25 / 2 / 185	4 / 24 / 14 / 978	6 / 23 / 3 / 691	7 / 22 / 16 / 404	2 / 21 / 3 / 117	3 / 19 / 15 / 910	7 / 1470 / 18

f. 133a

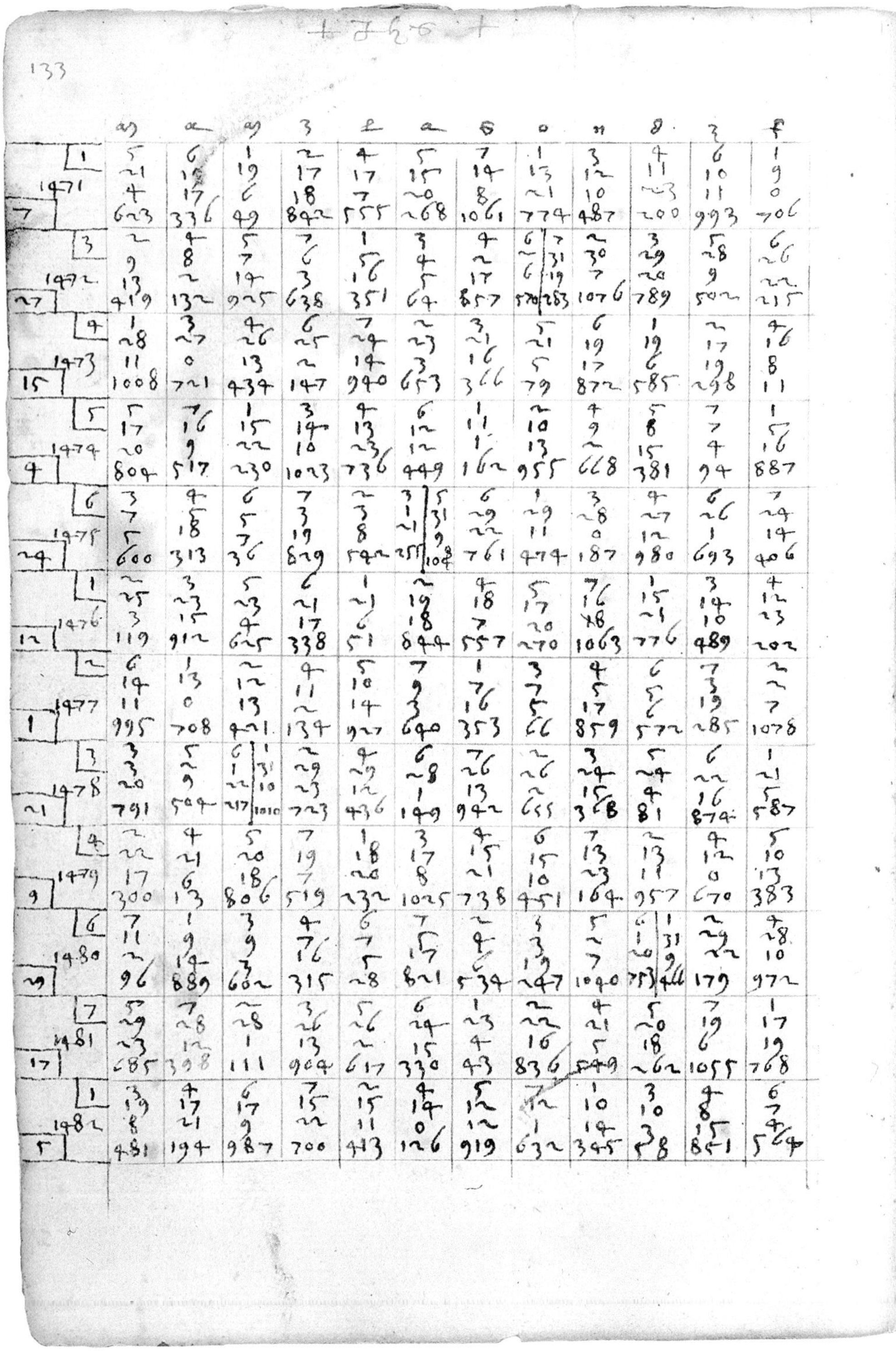

133

1 1471 7	5 21 4 623	6 19 17 336	1 19 6 49	2 17 18 842	4 17 7 555	5 15 20 268	7 14 8 1061	1 13 21 774	3 12 10 487	4 11 23 200	6 10 11 993	1 9 0 706
3 1472 27	2 9 13 419	4 8 2 132	5 7 14 925	7 6 3 638	1 5 16 351	3 4 5 64	4 2 17 857	6 | 7 2 | 31 6 | 19 570 | 283	2 30 7 1076	3 29 20 789	5 28 9 502	6 26 22 215
4 1473 15	1 28 11 1008	3 27 0 721	4 26 13 434	6 25 2 147	7 24 14 940	2 23 3 653	3 21 16 366	5 21 5 79	6 19 17 872	1 19 6 585	2 17 19 298	4 16 8 11
5 1474 4	5 17 20 804	7 16 9 517	1 15 22 230	3 14 10 1023	4 13 23 736	6 12 12 449	1 11 1 162	2 10 13 955	4 9 2 668	5 8 15 381	7 7 4 94	1 5 16 887
6 1475 24	3 7 5 600	4 5 18 313	6 5 7 36	7 3 19 829	2 3 8 542	3 | 5 1 | 31 21 | 9 255 | 108	6 29 22 761	1 29 11 474	3 28 0 187	4 27 12 980	6 26 1 693	7 24 14 406
1 1476 12	2 25 3 119	3 23 15 912	5 23 4 625	6 21 17 338	1 21 6 51	2 19 18 844	4 18 7 557	5 17 20 270	7 16 8 1063	1 15 21 776	3 14 10 489	4 12 23 202
2 1477 1	6 14 11 995	1 13 0 708	2 12 13 421	4 11 2 134	5 10 14 927	7 9 3 640	1 7 16 353	3 7 5 66	4 5 17 859	6 5 6 572	7 3 19 285	2 2 7 1078
3 1478 21	3 3 20 791	5 2 9 504	6 | 1 1 | 31 22 | 10 217 | 1010	2 29 23 723	4 29 12 436	6 28 1 149	7 26 13 942	2 26 2 655	3 24 15 368	5 24 4 81	6 22 16 874	1 21 5 587
4 1479 9	2 22 17 300	4 21 6 13	5 20 18 806	7 19 7 519	1 18 20 232	3 17 8 1025	4 15 21 738	6 15 10 451	7 13 23 164	2 13 11 957	4 12 0 670	5 10 13 383
6 1480 29	7 11 2 96	1 9 14 889	3 9 3 602	4 7 16 315	6 7 5 28	7 5 17 821	2 4 6 534	3 3 19 247	5 2 7 1040	6 | 1 1 | 31 20 | 9 753 | 466	2 29 22 179	4 28 10 972
7 1481 17	5 29 23 685	7 28 12 398	2 28 1 111	3 26 13 904	5 26 2 617	6 24 15 330	1 23 4 43	2 22 16 836	4 21 5 549	5 20 18 262	7 19 6 1055	1 17 19 768
1 1482 5	3 19 8 481	4 17 21 194	6 17 9 987	7 15 22 700	2 15 11 413	4 14 0 126	5 12 12 919	7 12 1 632	1 10 14 345	3 10 3 58	4 8 15 851	6 7 4 564

f. 133b

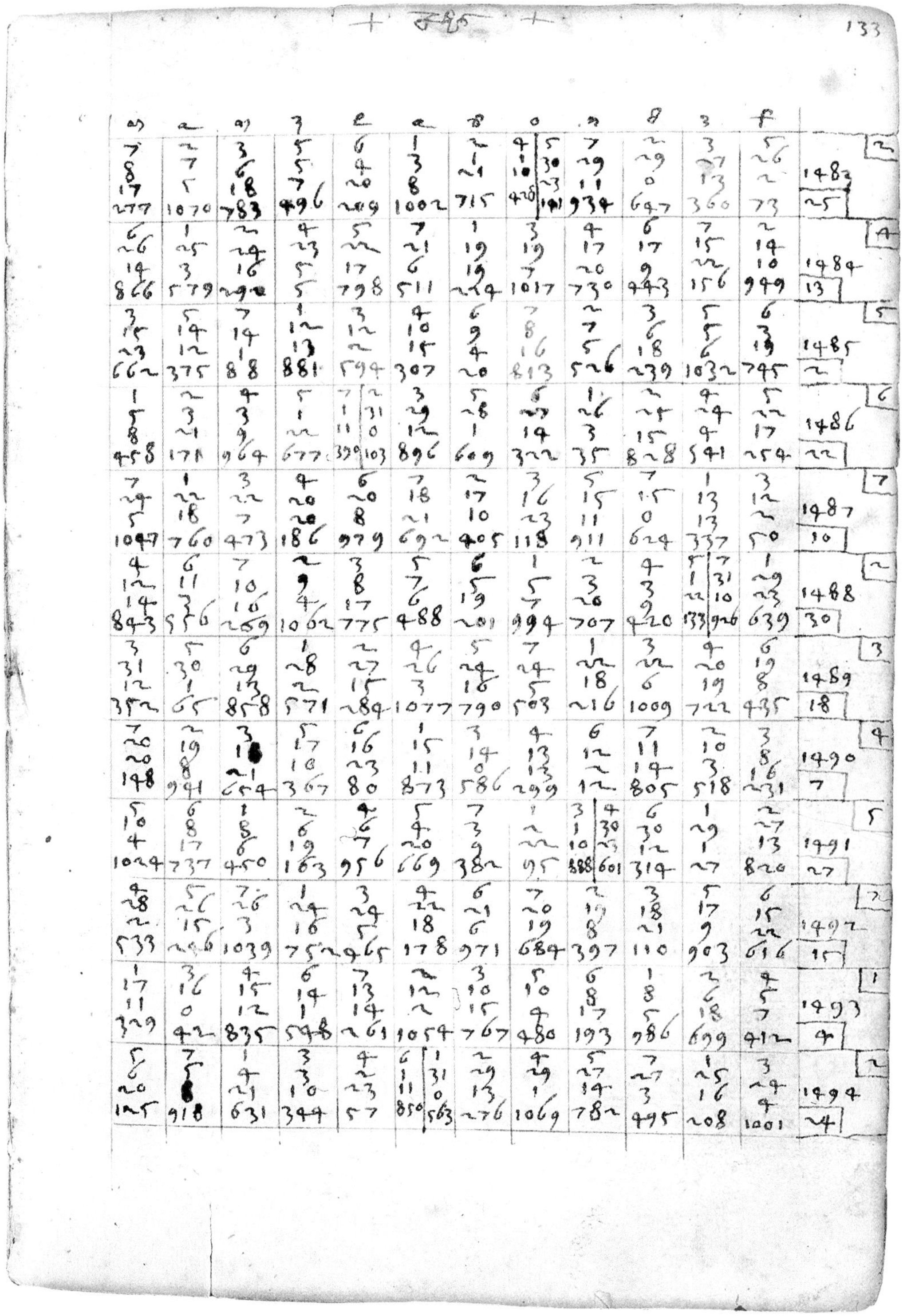

f. 134a

+ [illegible] +

134

	m	a	m	z	l	a	s	o	n	d	z	f
3 1495 12	4 25 17 714	6 24 6 427	7 23 19 140	2 22 7 933	3 21 20 646	5 20 9 359	6 18 22 72	1 18 10 865	2 16 23 578	4 16 12 291	6 15 1 4	7 13 13 797
5 1496 1	2 14 2 510	3 12 15 223	5 12 3 1016	6 10 16 729	1 10 5 442	2 8 18 155	4 7 6 948	5 6 19 661	7 5 8 374	1 4 21 87	3 3 9 880	4 1 22 593
6 1497 21	6 3 11 306	1 2 0 19	2 | 4 1 | 31 12 | 1 812 | 525	5 29 14 238	7 29 2 1031	1 27 15 744	3 26 4 457	4 25 17 170	6 24 8 963	7 23 21 676	2 22 10 389	3 20 23 102
7 1498 9	5 22 11 895	7 21 0 608	1 20 13 321	3 19 2 74	4 18 14 827	6 17 3 540	7 15 16 253	2 15 4 1046	3 13 17 759	5 13 6 472	6 11 19 185	1 10 7 978
1 1499 29	2 11 20 691	4 10 9 404	5 9 22 117	7 8 10 910	1 7 23 623	3 6 12 336	5 5 1 49	6 4 13 842	1 3 2 555	2 2 15 268	4 | 5 1 | 30 3 | 16 1061 | 774	7 29 5 487
3 1500 17	1 29 18 200	3 28 6 993	4 27 19 706	6 26 8 419	7 25 21 132	2 24 9 925	3 22 22 638	5 22 11 351	7 21 0 64	1 20 12 867	3 19 1 580	4 17 14 293
4 1501 5	6 19 3 6	7 17 15 799	2 17 4 512	3 15 17 225	5 15 5 1018	6 13 18 731	1 12 7 444	2 11 20 157	4 10 8 940	5 9 21 653	7 8 10 366	1 6 23 79
5 1502 25	3 8 11 872	5 7 0 585	6 6 13 298	1 5 1 591	2 4 14 304	4 3 3 17	5 1 15 810	7 | 1 1 | 30 4 | 17 523 | 236	3 29 5 1029	4 28 18 742	6 27 7 455	7 25 20 168
6 1503 13	2 27 8 961	3 25 21 674	5 25 10 387	6 23 22 100	1 23 11 893	3 22 0 606	4 20 13 319	6 20 2 32	7 18 14 825	2 18 3 538	3 16 16 251	5 15 4 1044
1 1504 2	6 15 17 757	1 14 6 470	2 13 19 183	4 12 7 976	5 11 20 689	7 10 9 402	1 8 22 115	3 8 10 908	4 6 23 621	6 6 12 334	1 5 1 47	2 3 13 840
2 1505 22	4 5 2 553	5 3 15 266	7 3 3 1059	1 1 16 772	3 | 4 1 | 30 5 | 18 485 | 198	6 29 6 991	7 27 19 704	2 27 8 417	3 25 21 130	5 25 9 923	6 23 22 636	1 22 11 349
3 1506 10	3 24 0 62	4 22 12 855	6 22 1 568	7 20 14 281	2 20 2 1074	3 18 15 787	5 17 4 500	6 16 17 213	1 15 5 1006	2 14 18 719	4 13 7 432	5 11 20 145

f. 134b

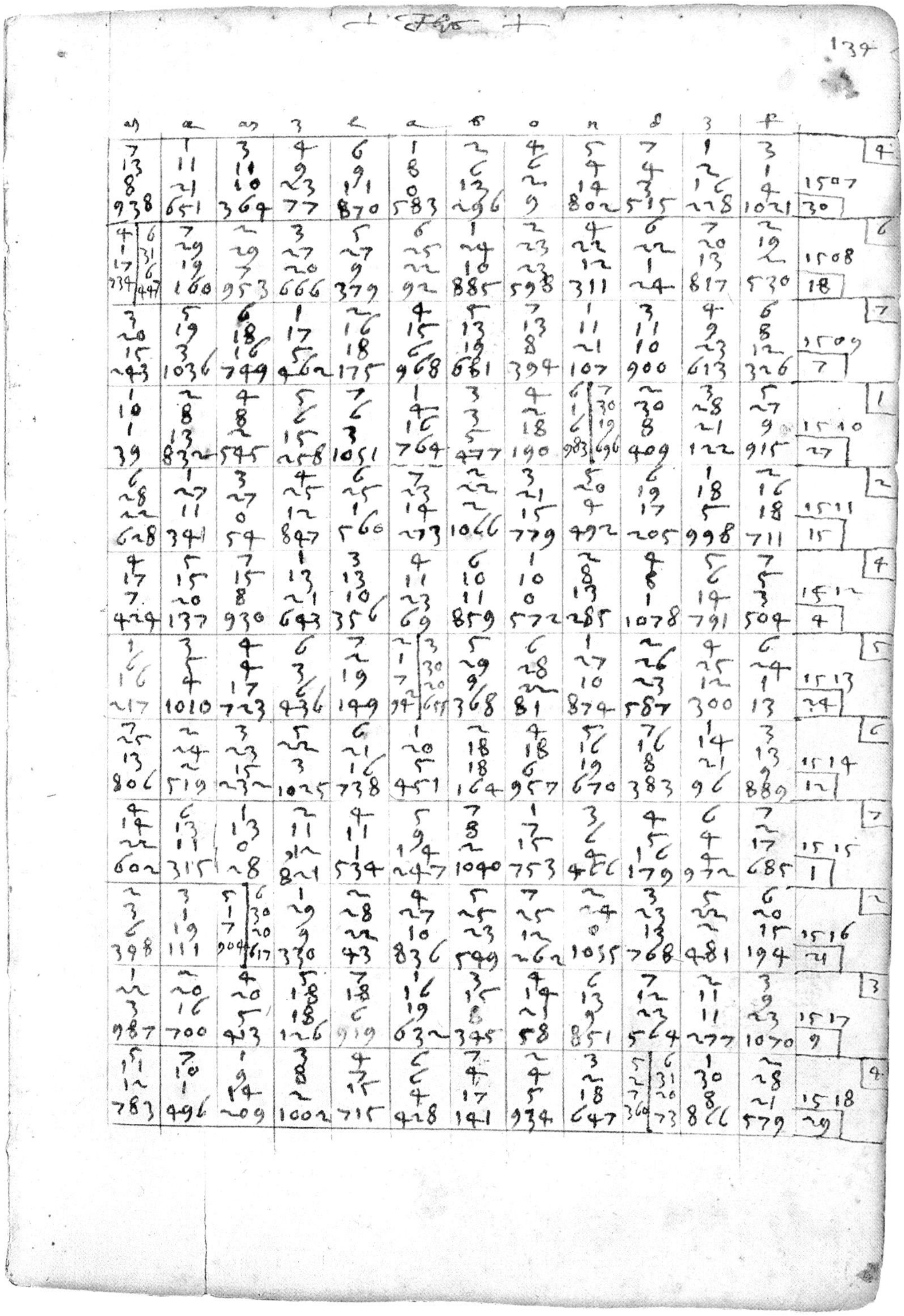

134

m	a	m	j	l	a	s	o	n	d	j	f	
7 13 8 938	1 11 21 651	3 11 10 364	4 9 23 77	6 9 11 870	1 8 0 583	2 6 13 296	4 6 2 9	5 4 14 802	7 4 3 515	1 2 16 228	3 1 4 1021	4 1507 30
4 1 17 934 / 6 31 6 447	7 29 19 160	2 29 7 953	3 27 20 666	5 27 9 379	6 25 22 92	1 24 10 885	2 23 23 598	4 22 12 311	6 22 1 24	7 20 13 817	2 19 2 530	6 1508 18
3 20 15 243	5 19 3 1036	6 18 16 749	1 17 5 462	2 16 18 175	4 15 6 968	5 13 19 681	7 13 8 394	1 11 21 107	3 11 10 900	4 9 23 613	6 8 12 326	7 1509 7
1 10 1 39	2 8 13 832	4 8 2 545	5 6 15 258	7 6 3 1051	1 4 16 764	3 3 5 477	4 2 18 190	6 1 6 983 / 7 30 19 696	2 30 8 409	3 28 21 122	5 27 9 915	1 1510 27
6 28 22 628	1 27 11 341	3 27 0 54	4 25 12 847	6 25 1 560	7 23 14 273	2 22 2 1066	3 21 15 779	5 20 4 492	6 19 17 205	1 18 5 998	2 16 18 711	2 1511 15
4 17 7 424	5 15 20 137	7 15 8 930	1 13 21 643	3 13 10 356	4 11 23 69	6 10 11 859	1 10 0 572	2 8 13 285	4 8 1 1078	5 6 14 791	7 5 3 504	4 1512 4
1 6 16 217	3 4 4 1010	4 4 17 723	6 3 6 436	7 2 19 149	2 1 7 942 / 3 30 20 655	5 29 9 368	6 28 22 81	1 27 10 874	2 26 23 587	4 25 12 300	6 24 1 13	5 1513 24
7 25 13 806	2 24 2 519	3 23 15 232	5 22 3 1025	6 21 16 738	1 20 5 451	2 18 18 164	4 18 6 957	5 16 19 670	7 16 8 383	1 14 21 96	3 13 9 889	6 1514 12
4 14 22 602	6 13 11 315	1 13 0 28	2 11 12 821	4 11 1 534	5 9 14 247	7 8 2 1040	1 7 15 753	3 6 4 466	4 5 16 179	6 4 4 972	7 2 17 685	7 1515 1
2 3 6 398	3 1 19 111	5 1 7 904 / 6 30 20 617	1 29 9 330	2 28 22 43	4 27 10 836	5 25 23 549	7 25 12 262	2 24 0 1055	3 23 13 768	5 22 2 481	6 20 15 194	2 1516 21
1 22 3 987	2 20 16 700	4 20 5 413	5 18 18 126	7 18 6 919	1 16 19 632	3 15 8 345	4 14 21 58	6 13 9 851	7 12 23 564	2 11 11 277	3 9 23 1070	3 1517 9
5 1 12 783	7 10 1 496	1 9 14 209	3 8 2 1002	4 7 15 715	6 6 4 428	7 4 17 141	2 4 5 934	3 2 18 647	5 2 7 360 / 6 31 20 73	1 30 8 866	2 28 21 579	4 1518 29

f. 135a

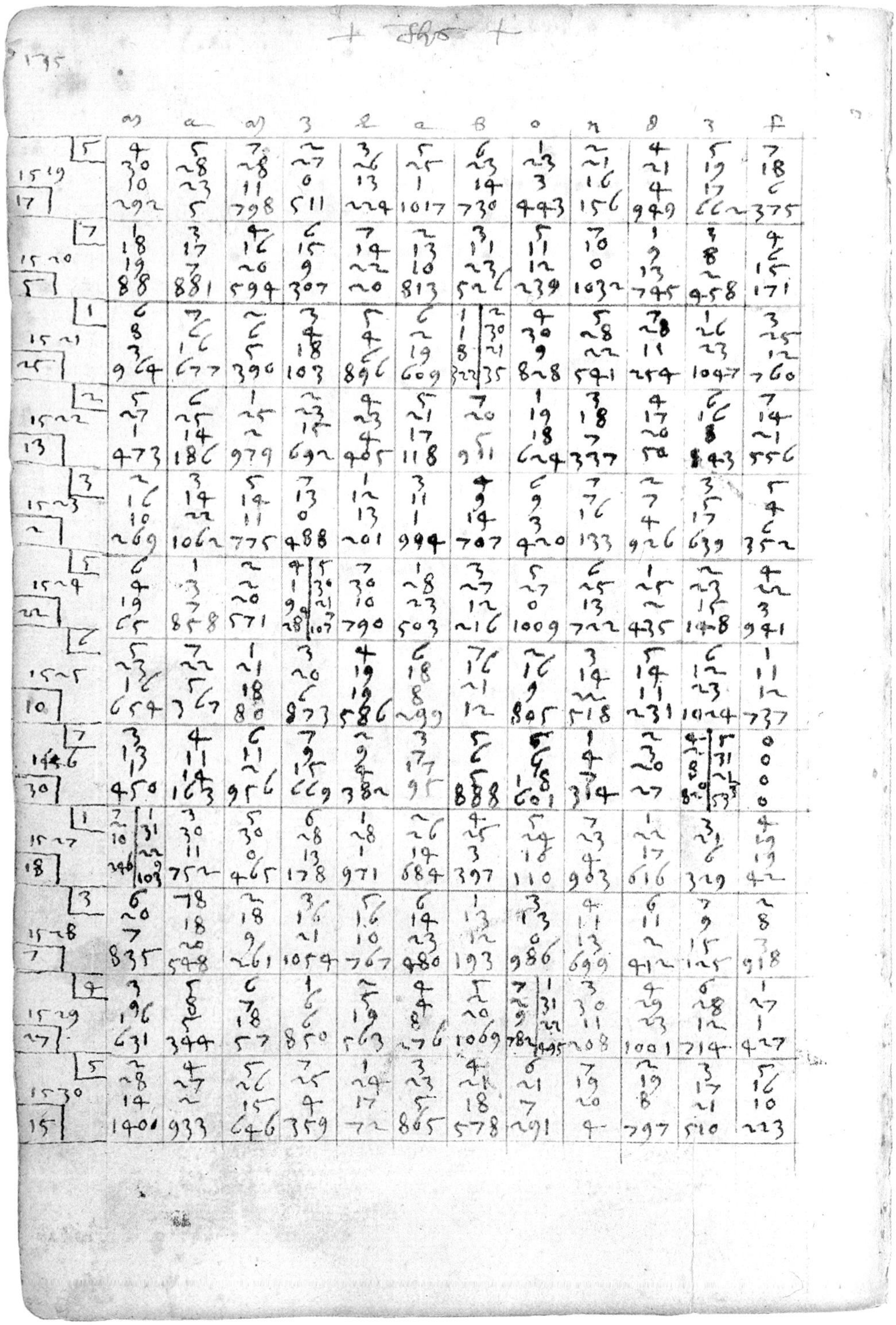

135

+ ihs +

	m	a	m	ʒ	l	a	s	o	n	d	ʒ	f
5 1519 17	4 30 10 292	5 28 23 5	7 28 11 798	2 27 0 511	3 26 13 224	5 25 1 1017	6 23 14 730	1 23 3 443	2 21 16 156	4 21 4 949	5 19 17 662	7 18 6 375
7 1520 5	1 18 19 88	3 17 7 881	4 16 26 594	6 15 9 307	7 14 22 20	2 13 10 813	3 11 23 526	5 11 12 239	7 10 0 1032	1 9 13 745	3 8 2 958	4 6 15 171
1 1521 25	6 8 3 964	7 6 16 677	2 6 5 390	3 4 18 103	5 4 6 896	6 2 19 609	1 | 2 1 | 30 8 | 21 322 | 35	4 30 9 828	5 28 22 541	7 28 11 254	1 26 23 1047	3 25 12 760
2 1522 13	5 27 1 473	6 25 14 186	1 25 2 979	2 23 15 692	4 23 4 405	5 21 17 118	7 20 951	1 19 18 624	3 18 7 337	4 17 20 50	6 16 8 843	7 14 21 556
3 1523 2	2 16 10 269	3 14 22 1062	5 14 11 775	7 13 0 488	1 12 13 201	3 11 1 994	4 9 14 707	6 9 3 420	7 7 16 133	2 7 4 926	3 5 17 639	5 4 6 352
5 1524 22	6 4 19 65	1 3 7 858	2 2 20 571	4 | 5 1 | 30 9 | 21 28 | 107	7 30 10 790	1 28 23 503	3 27 12 216	5 27 0 1009	6 25 13 722	1 25 2 435	2 23 15 148	4 22 3 941
6 1525 10	5 23 16 654	7 22 5 367	1 21 18 80	3 20 6 873	4 19 19 586	6 18 8 299	7 16 21 12	2 16 9 805	3 14 22 518	5 14 11 231	6 12 23 1024	1 11 12 737
7 1526 30	3 13 1 450	4 11 14 163	6 11 2 956	7 9 15 669	2 9 4 382	3 7 17 95	5 6 5 888	6 4 18 601	1 4 7 314	2 3 20 27	4 | 5 2 | 31 8 | 21 840 | 553	0 0 0 0
1 1527 18	7 | 1 2 | 31 10 | 22 346 | 109	3 30 11 752	5 30 0 465	6 28 13 178	1 28 1 971	2 26 14 684	4 25 3 397	5 24 16 110	7 23 4 903	1 22 17 616	3 21 6 329	4 19 19 42
3 1528 7	6 20 7 835	7 18 20 548	2 18 9 261	3 16 21 1054	5 16 10 767	6 14 23 480	1 13 12 193	3 13 0 986	4 11 13 699	6 11 2 412	7 9 15 125	2 8 3 918
4 1529 27	3 9 16 631	5 8 5 344	6 7 18 57	1 6 6 850	2 5 19 563	4 4 8 276	5 2 20 1069	7 | 1 2 | 31 9 | 22 782 | 495	3 30 11 208	4 29 23 1001	6 28 12 714	1 27 1 427
5 1530 15	2 28 14 1401	4 27 2 933	5 26 15 646	7 25 4 359	1 24 17 72	3 23 5 865	4 2[illegible] 18 578	6 21 7 291	7 19 20 4	2 19 8 797	3 17 21 510	5 16 10 223

f. 135b

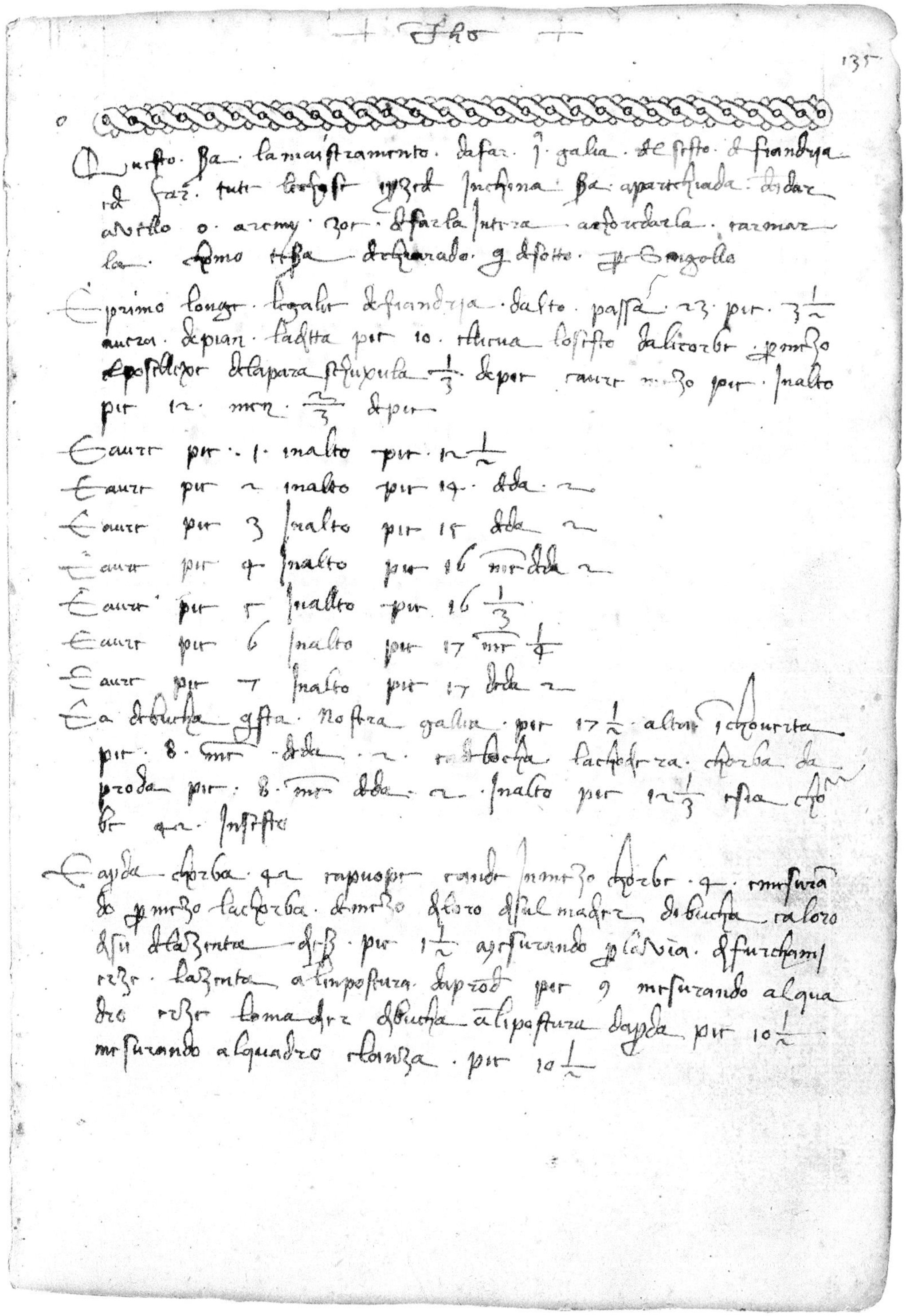

f. 136a

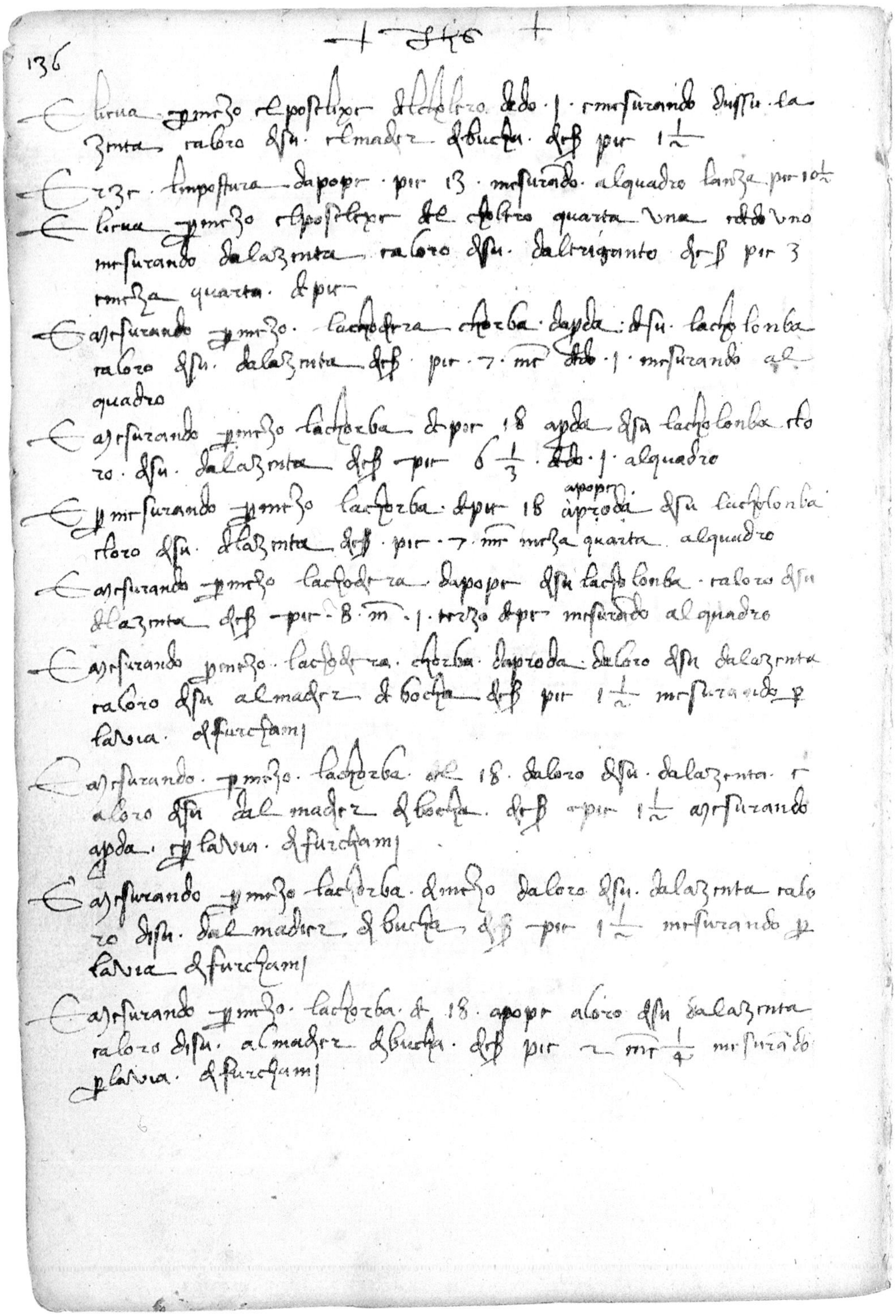

f. 136b

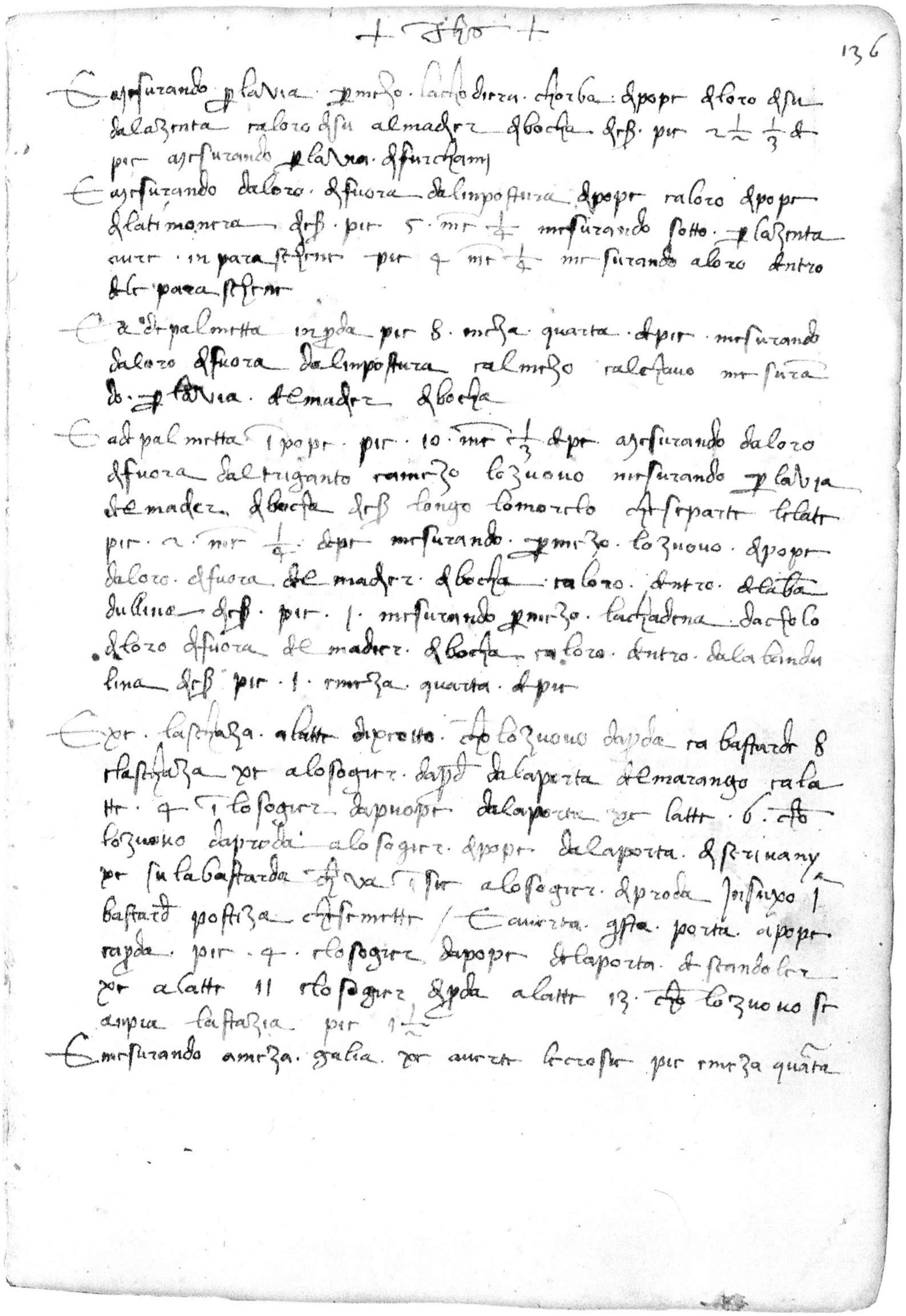

f. 137a

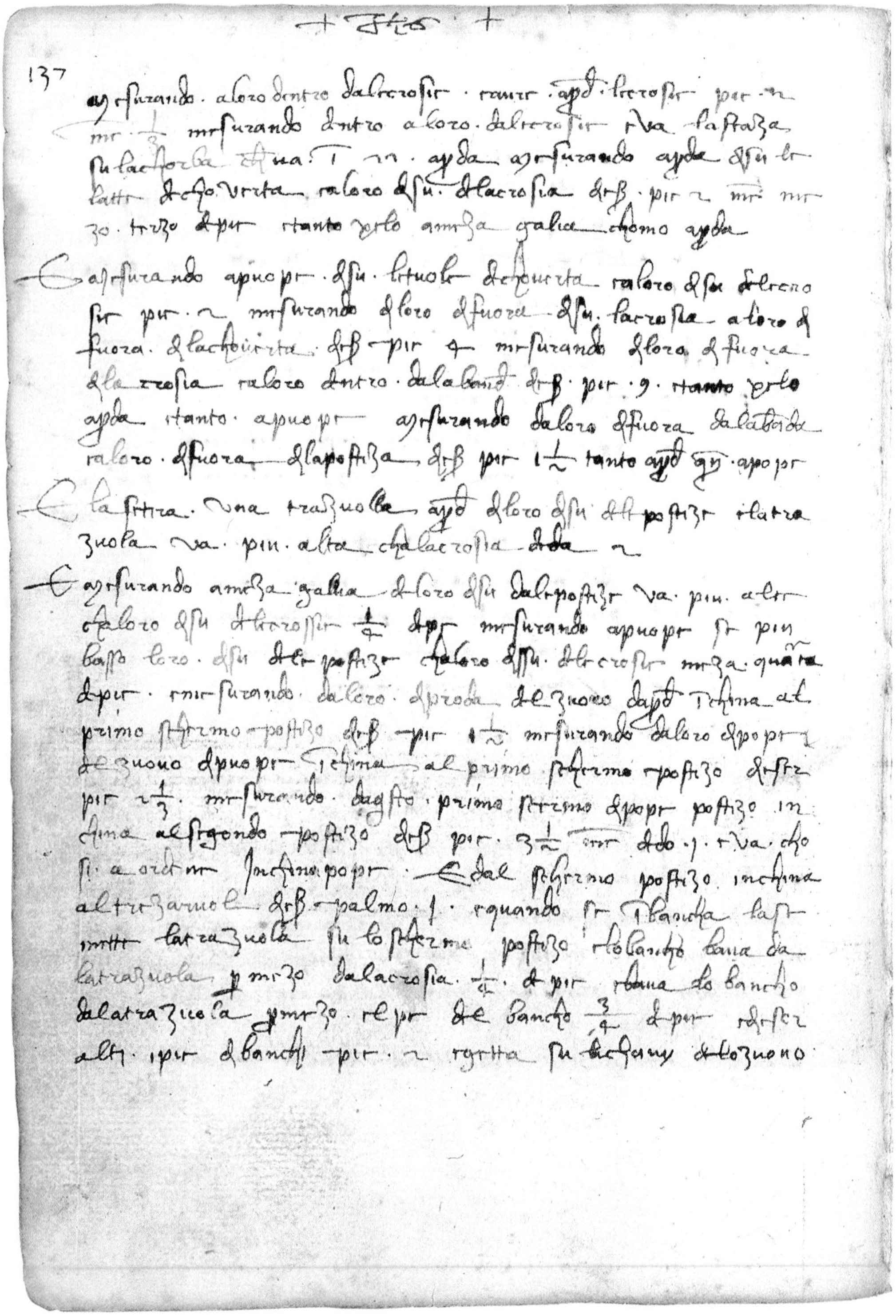

f. 137b

f. 138a

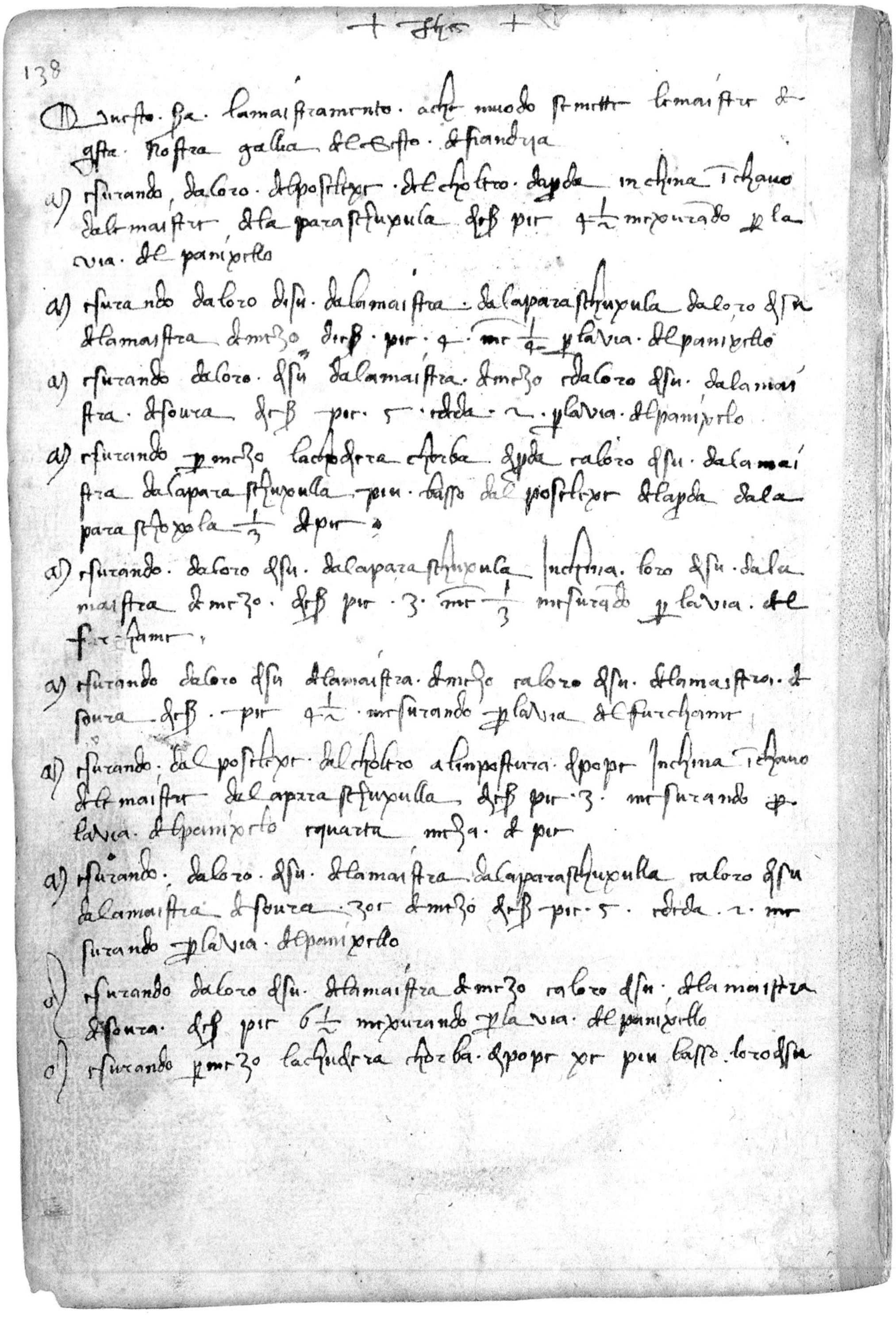
† Jhs †

138

Questo sie la maistramento a che modo se mette le maistre de
questa nostra galia del sesto de fiandra

a) mesurando da loro del postiçço del cholfo da pope in chima i chavo
de le maistre de la parascuxula dè esser pie 4 1/2 mexurando per la
via del panixello

a) mesurando da loro de su de la maistra de la parascuxula da loro de su
de la maistra de mezo dè esser pie 4 men 1/4 per la via del panixello

a) mesurando da loro de su de la maistra de mezo e da loro de su de la mai
stra de soura dè esser pie 5 e 1/2 per la via del panixello

a) mesurando per mezo la chodera e forba de pope da loro de su de la mai
stra de la parascuxulla per più basso del postiçço de la pope de la
parascuxola 1/3 de pie

a) mesurando da loro de su de la parascuxula in chima loro de su de la
maistra de mezo dè esser pie 3 men 1/3 mesurando per la via del
forchame

a) mesurando da loro de su de la maistra de mezo e da loro de su de la maistra de
soura dè esser pie 4 1/2 mesurando per la via del forchame

a) mesurando del postiçço del cholfo a l'impostura de pope in chima i chavo
de le maistre de la parascuxulla dè esser pie 3 mesurando per
la via del panixello e quarta meça de pie

a) mesurando da loro de su de la maistra de la parascuxulla e da loro de su
de la maistra de soura e de mezo dè esser pie 5 e 1/2 me
surando per la via del panixello

a) mesurando da loro de su de la maistra de mezo e da loro de su de la maistra
de soura dè esser pie 6 1/2 mexurando per la via del panixello

a) mesurando per mezo la chodera e forba de pope per più basso loro de su

f. 138b

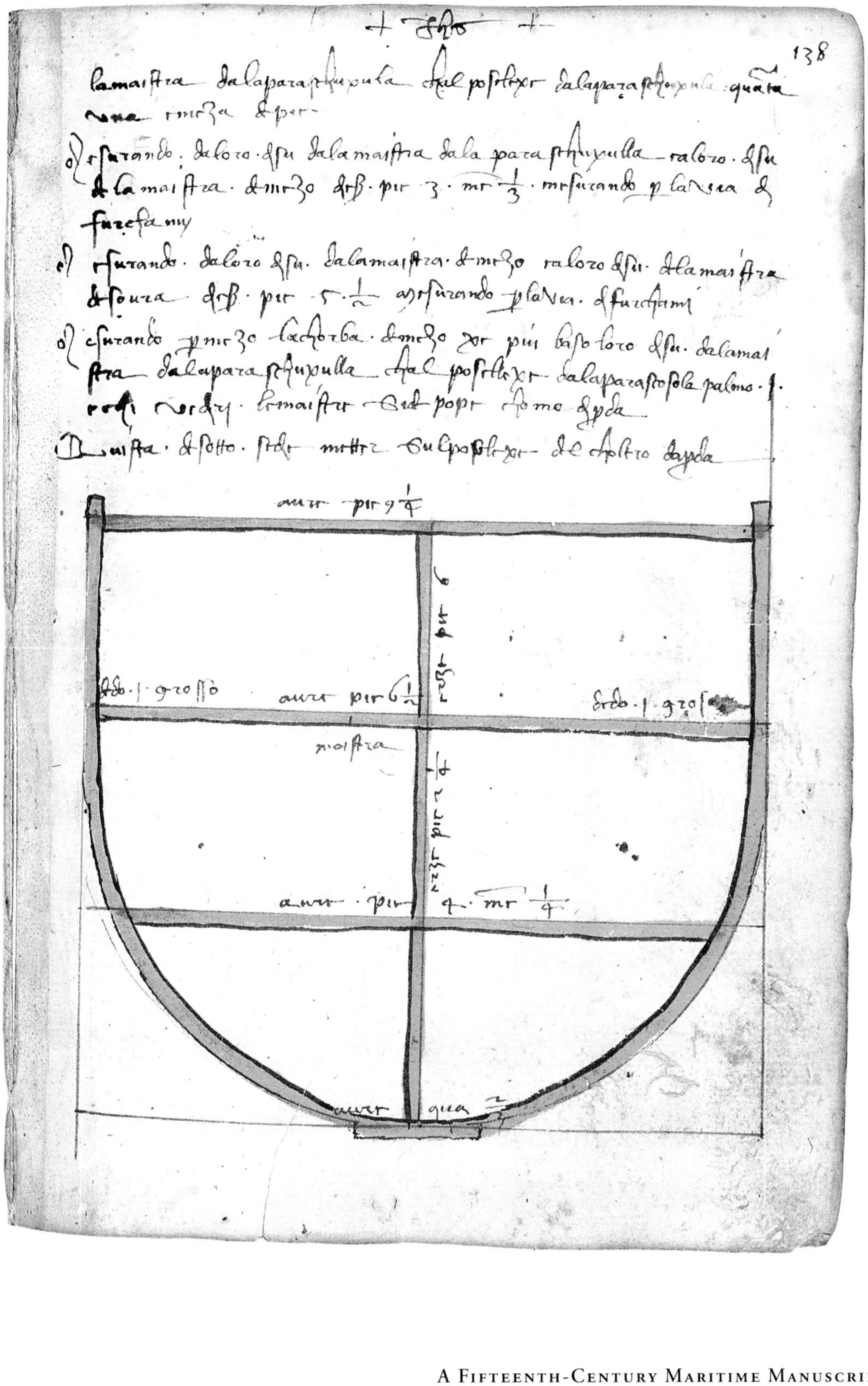

† ihs †

la maistra da la para p[er]pula chal post[r]ex[er] da la para p[er]pula quata
ne [e] m[e]za d p[er]

o] m[e]surando da loro dsu da la maistra da la para p[er]pula ra loro dsu
d la maistra d m[e]zo dsi p[er] 3 m[e]r ⅓ m[e]surando p la nea d
fur[e]samy

o] m[e]surando da loro dsu da la maistra d m[e]zo ra loro dsu da la maistra
d soura dsi p[er] 5 ½ m[e]surando p la nea d fur[e]samy

o] m[e]surando p m[e]zo la chorba d m[e]zo x[er] pui baso loro dsu da la mai
stra da la para p[er]pula chal post[r]ex[er] da la para stofola palmo 1.
roli nodri lo maistra ed popr chomo dyda

D maistra d sotto st[o]l m[e]tter sul post[r]ex[er] de astro dyda

f. 139a

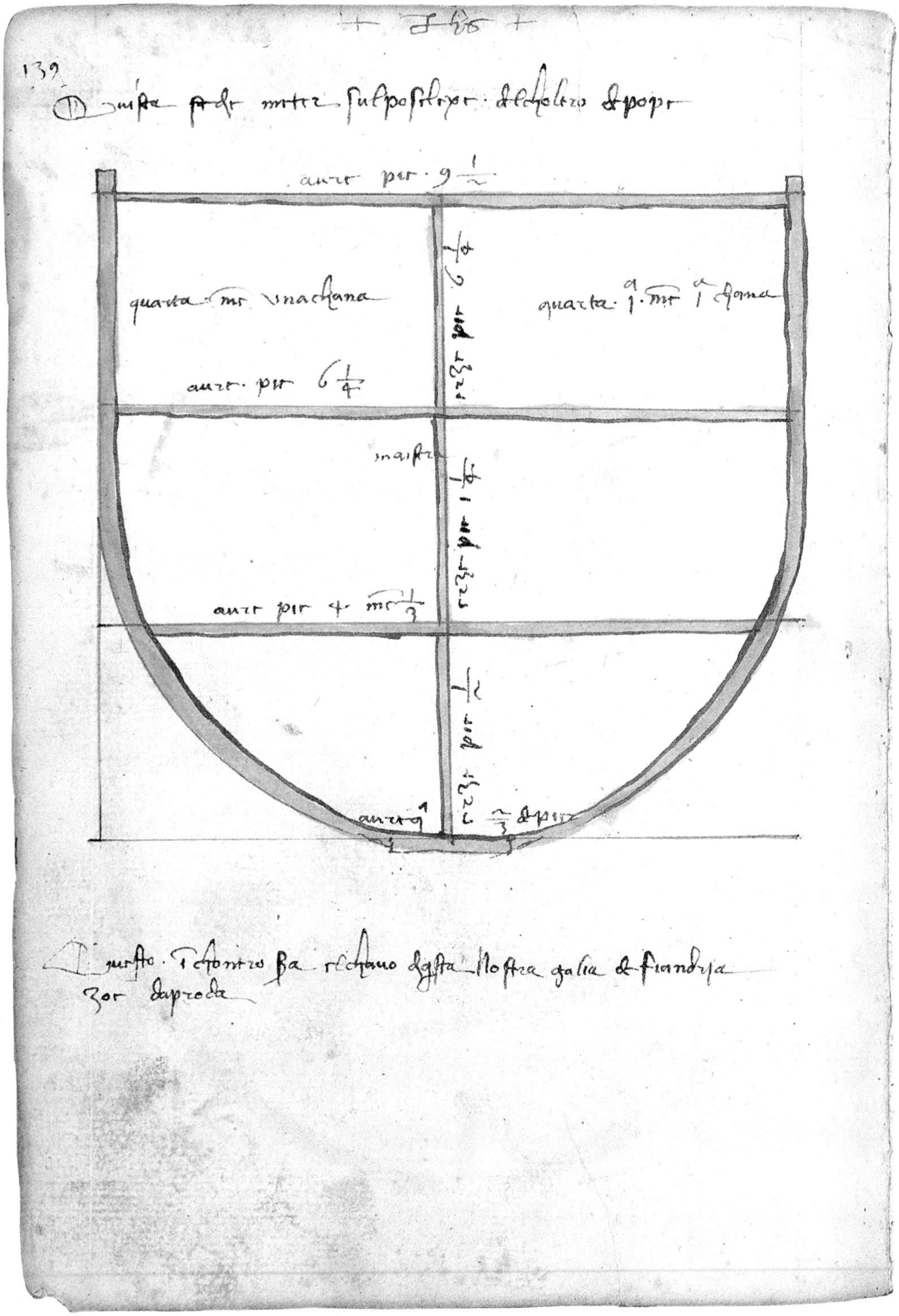

f. 139b

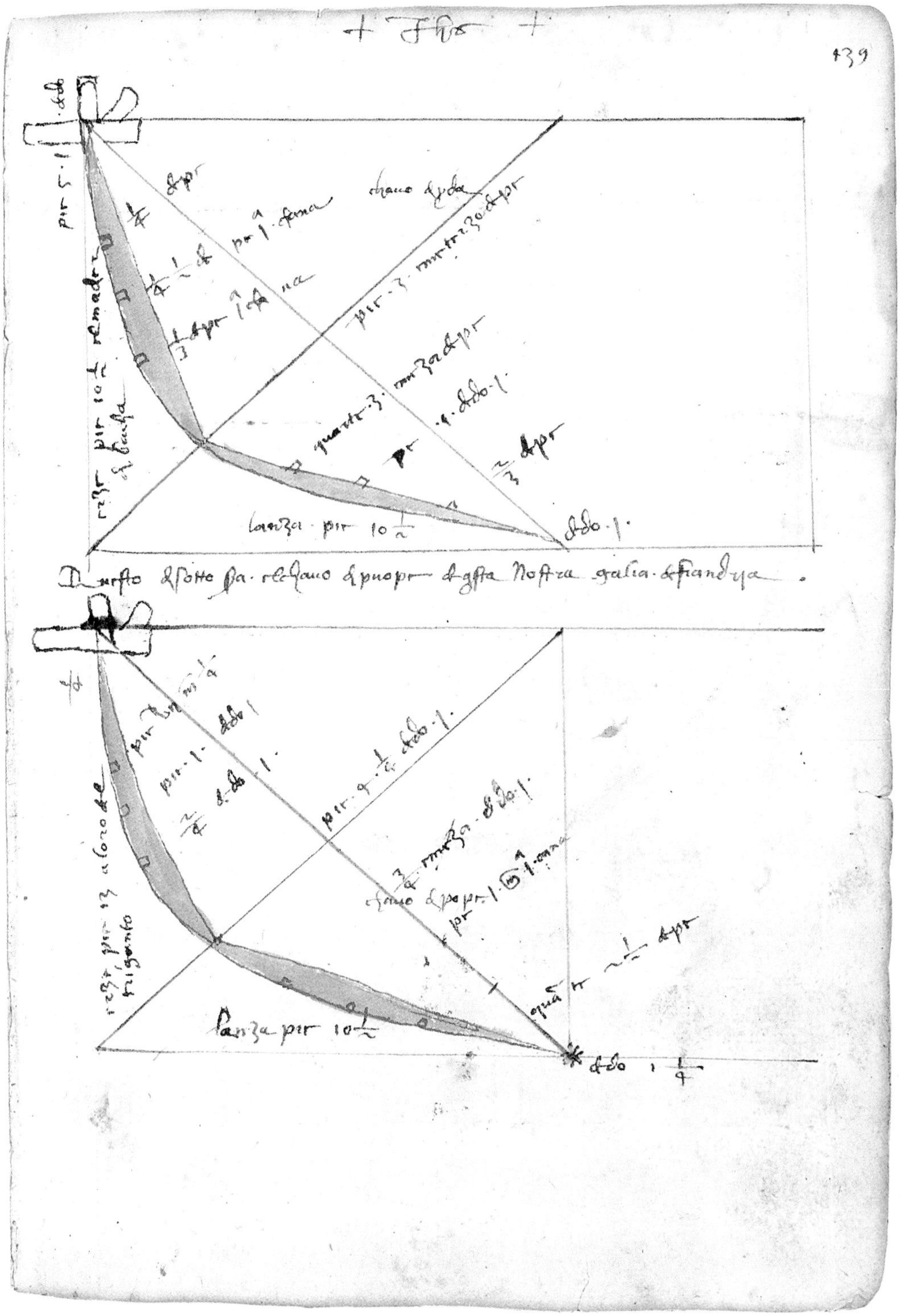

f. 140a

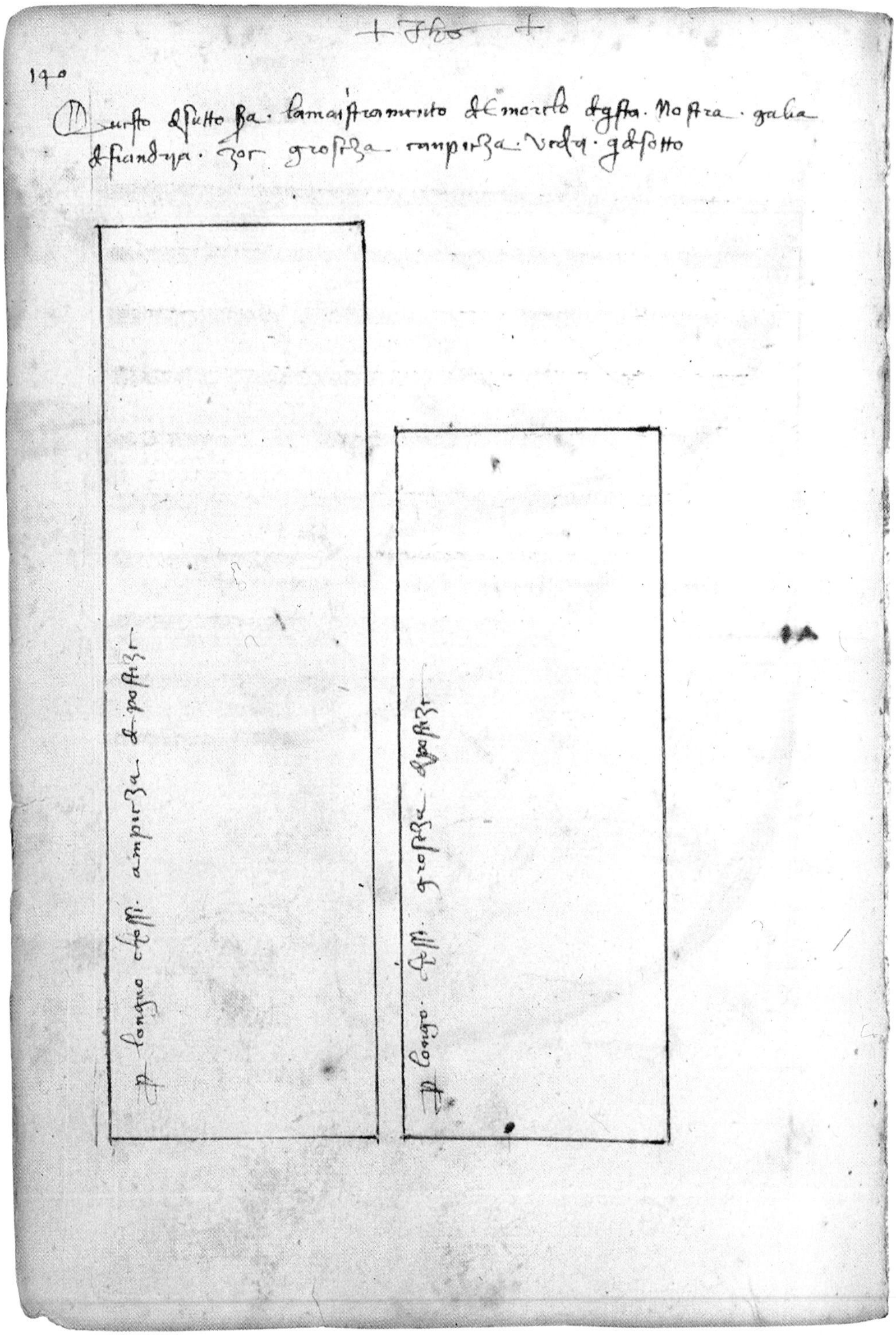

f. 140b

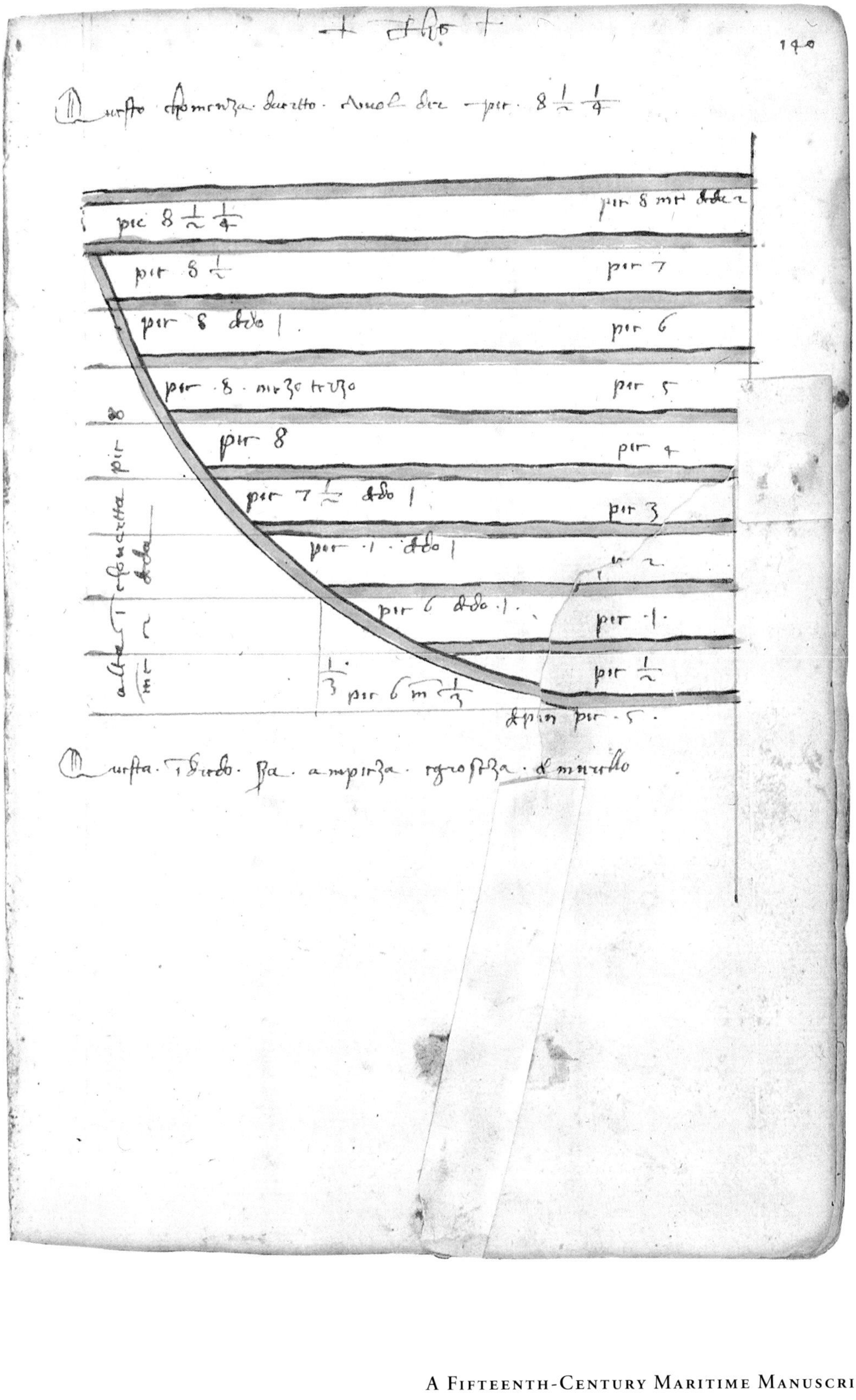

f. 141a

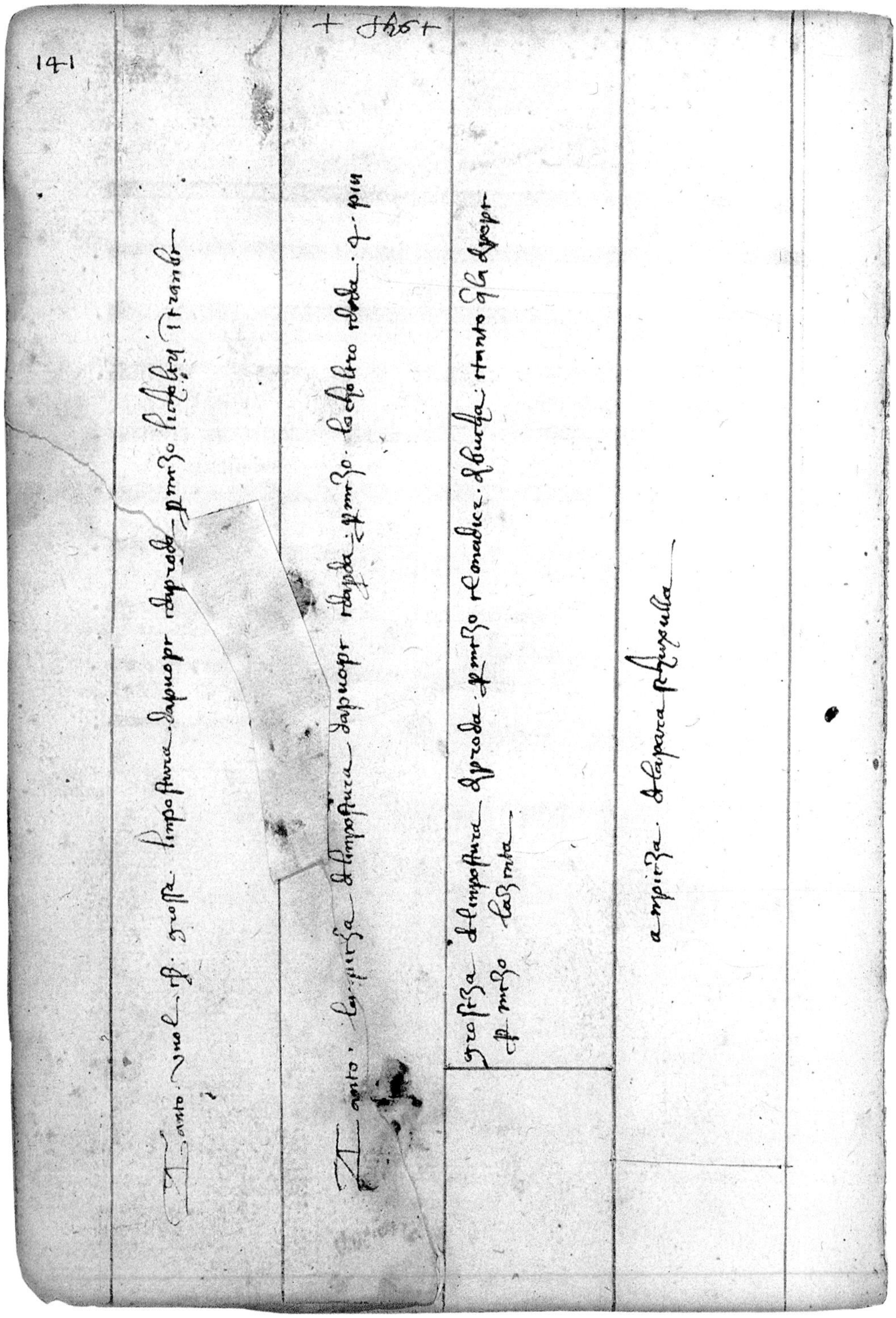

f. 141b

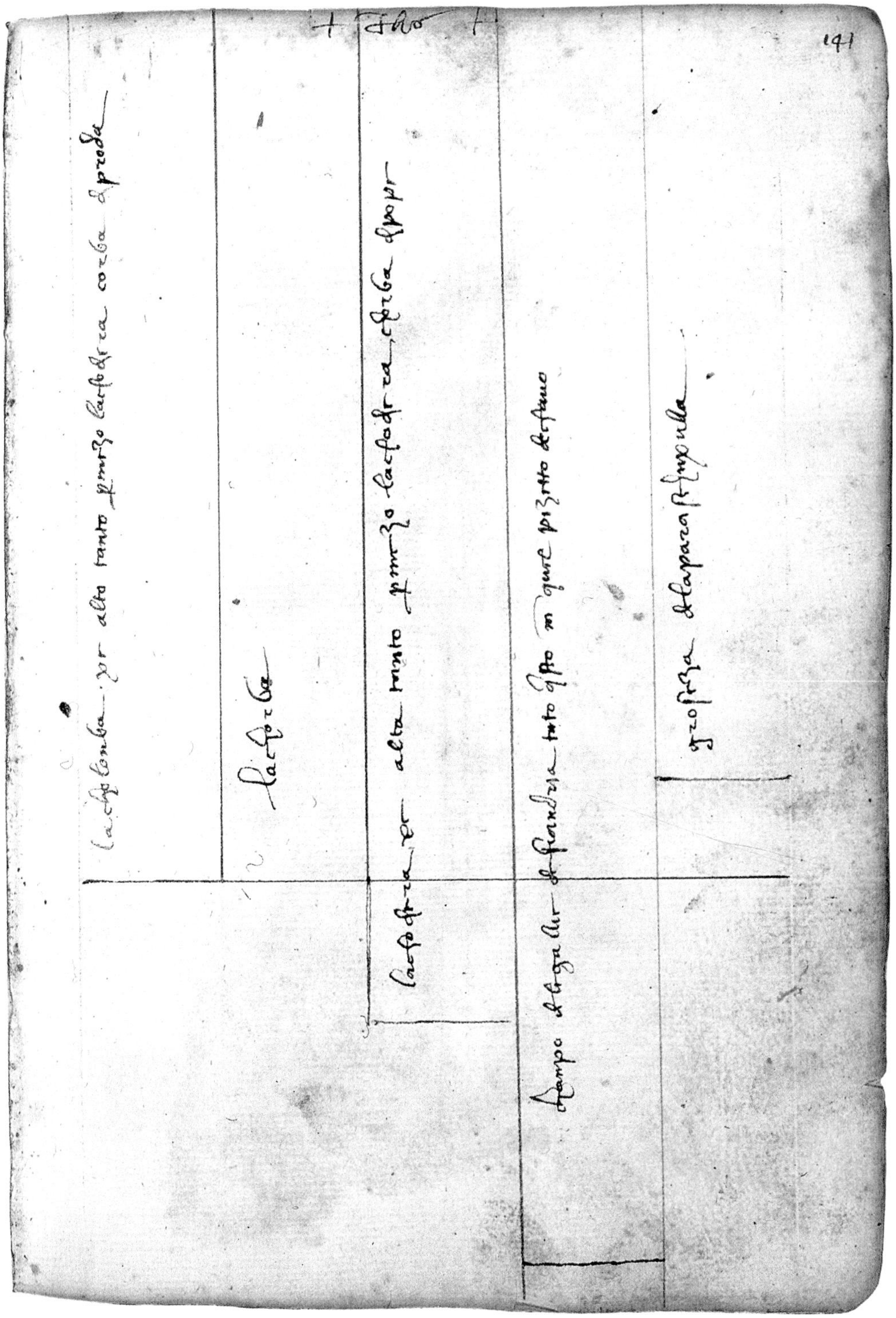

f. 142a

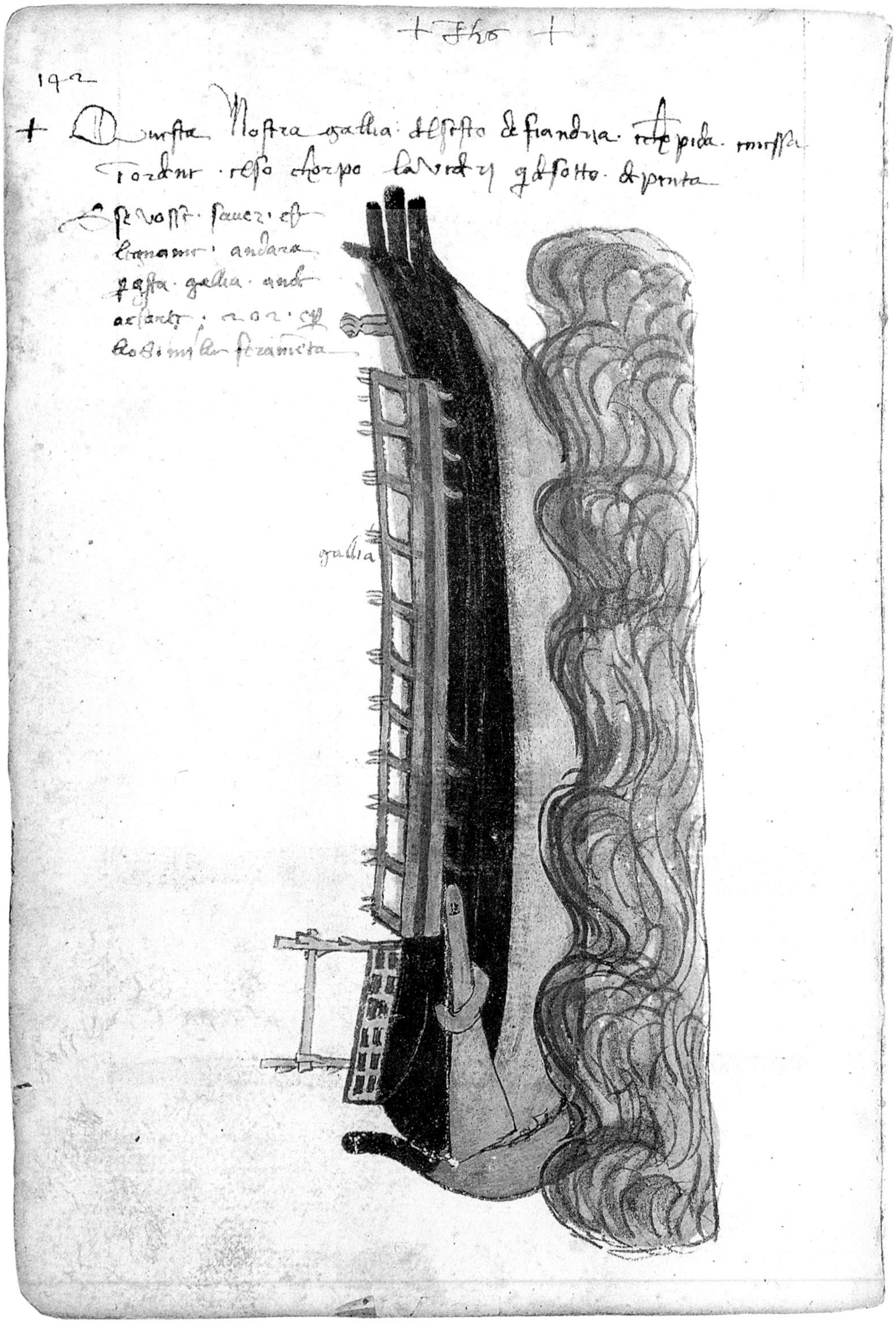

f. 142b

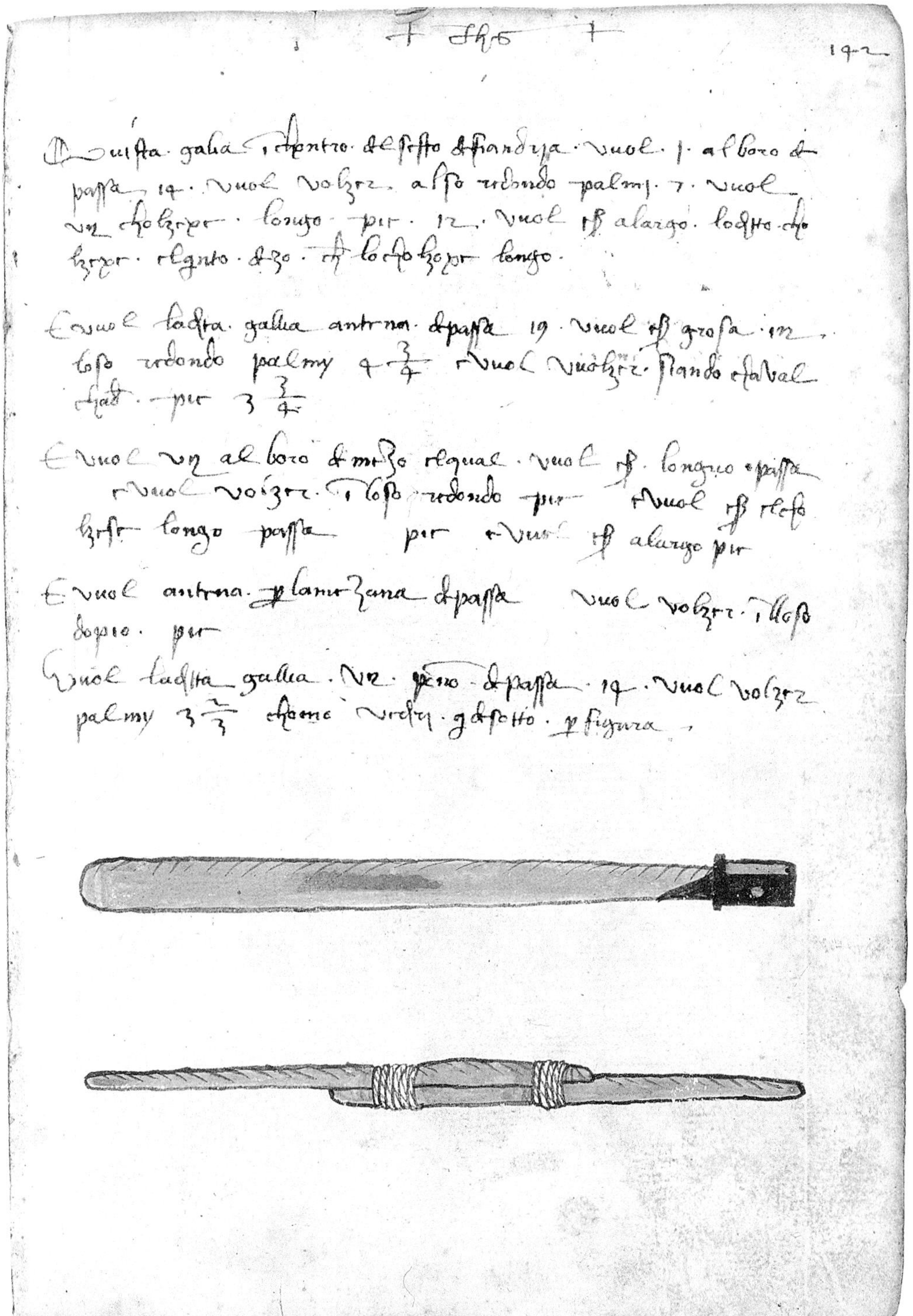

† ihs †

Questa galia, dentro de sesto de fiandria, vuol j. alboro d[e]
passa 14. vuol volzer al so redondo palmy 7. vuol
vn cholzier longo pir 12. vuol ß alargo lo cho cho
lizier e largo d 30 ch lo cho ho pir longo.

E vuol la sta galia antena d passa 19 vuol ß grosa in
lo so redondo palmy 4 3/4. vuol volzer stando chaval
cha[do]. pir 3 3/4

E vuol vn alboro de mezo e qual vuol ß longo e passa
. vuol volzer i lo so redondo pir . vuol ß cho
lizier longo passa   pir . vuol ß alargo pir

E vuol antena p la mizana d passa   vuol volzer i lo so
dopio. pir

Vuol la sta galia vn peno d passa 14 . vuol volzer
palmy 3 2/3 chome vedery, qua sotto p figura.

f. 143a

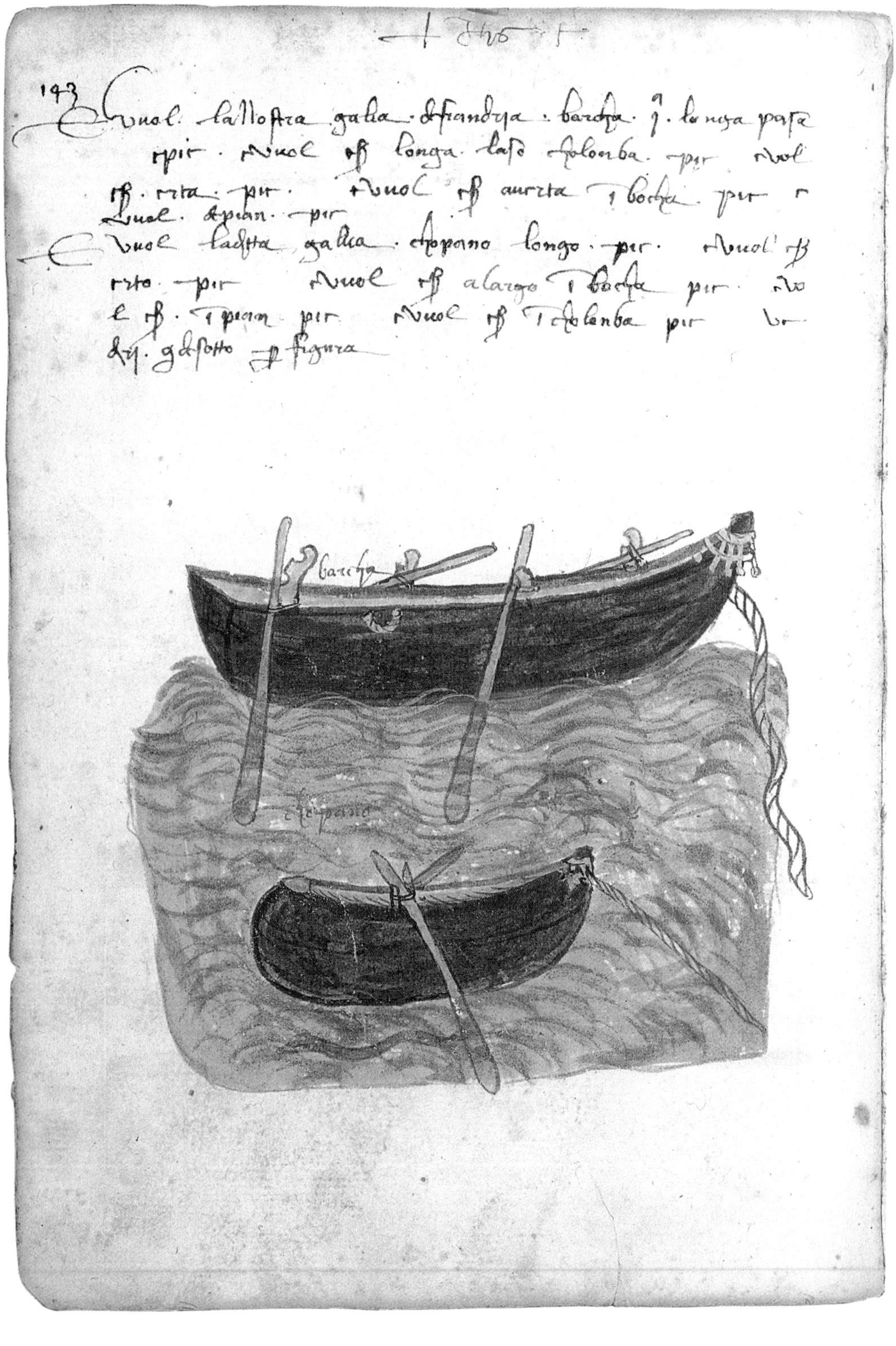

f. 143b

† Jhs †

143

Questo sia lo fornimento da sartia che vuol la nostra galia de
fiandria per achorredar l'alboro grando e l pizollo e sartia per
terzo e fornimento davanti na vechi gandesotto

vuol chanavi 5 · longhi de passa · 70 · l'uno de pexar per passo lire 10.
de pexar tutti 5 lire 3500

vuol la chatta gripie 5 · longa l'una · passa · 70 de pexar · el
passo lire 4 · de pexar tutti · 5 · lire 1400

vuol perpe · un vuol esser · longo · passa · 80 · de pexar · el passo lire
5 pexara tutto · lire 400

vuol poza una · de passa · 18 · de pexar el passo lire 10

vuol manti · 2 · longi · passa · 14 l'un de pexar · el passo lire 10

vuol susti · de passa · 45 · luna e vuol pexar · el passo lire 4

vuol gomene · 2 · de passa · 70 · luna de pexar el passo lire 4

vuol agmador de prodani · 2 · longi de passa · 70 l'un de pexar el passo lire 4

vuol xinzi · 2 · de passa · 5 · luna · ancuor anzi · 2 · de passa · 4 1/2
luna · de pexar el passo · de zaschaduna lire 6.

vuol amo un de passa · 50 de pexar el passo lire 4

vuol fundi · 2 · de passa 36 · luna de pexar el passo lire 2

vuol orza · davanti una · longa de passa · de pexar el passo lire 2

vuol orza · poza · de passa · 36 · de pexar · el passo lire 2

vuol orze popier · 2 · longa luna passa 20 per passo lire 4

vuol agatta una · de passa 20 · al peso de l'orza popier

vuol braza · una · per susti de passa · 13 · de pexar per passo lire 6

vuol braza una · per orza · de passa · 3 · de pexar per passo lire 4

vuol una poza, de passa 20 · de pexar per passo lire 7

vuol chusiduro · 4 · de passa 3 · luna per passo lire 1 1/2

vuol xinzollo longo de passa · 40 · de pexar per passo lire 2 1/2

f. 144a

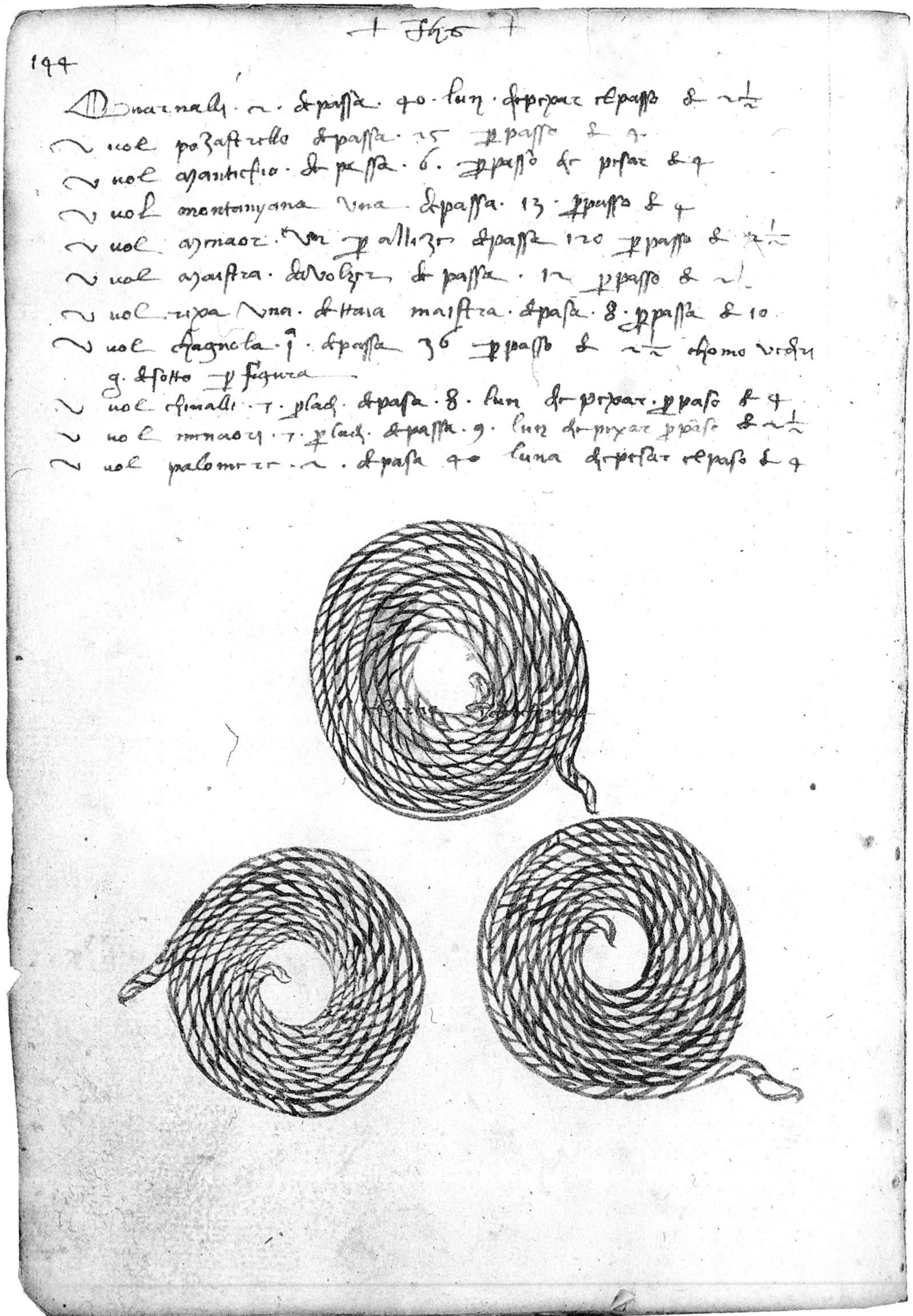
+ Jhs +
144
Marnali .2. de passa 40 l'un de pexar el passo lb 2 1/2
vol pozastrello de passa 25 per passo lb 4
vol mantichio de passa 6 per passo de pexar lb 4
vol montanyana una de passa 13 per passo lb 4
vol amaor una per palliza de passa 120 per passo lb 2 1/2
vol maistra da volzer de passa 12 per passo lb 2
vol uxa una de ttaia maistra de passa 8 per passa lb 10
vol chagnola .1. de passa 36 per passo lb 2 1/2 chomo vedu qui de sotto per figura
vol chimalli 7 per plach de passa 8 l'un de pexar per passo lb 4
vol amaori 7 per plach de passa 9 l'un de pexar per passo lb 2 1/2
vol palomere .2. de passa 40 l'una de pexar el passo lb 4

f. 144[stub]r

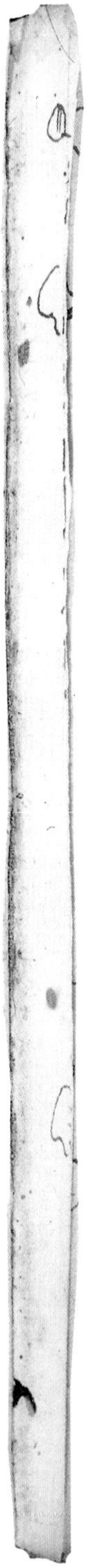

f. 144[stub]v

f. 144b

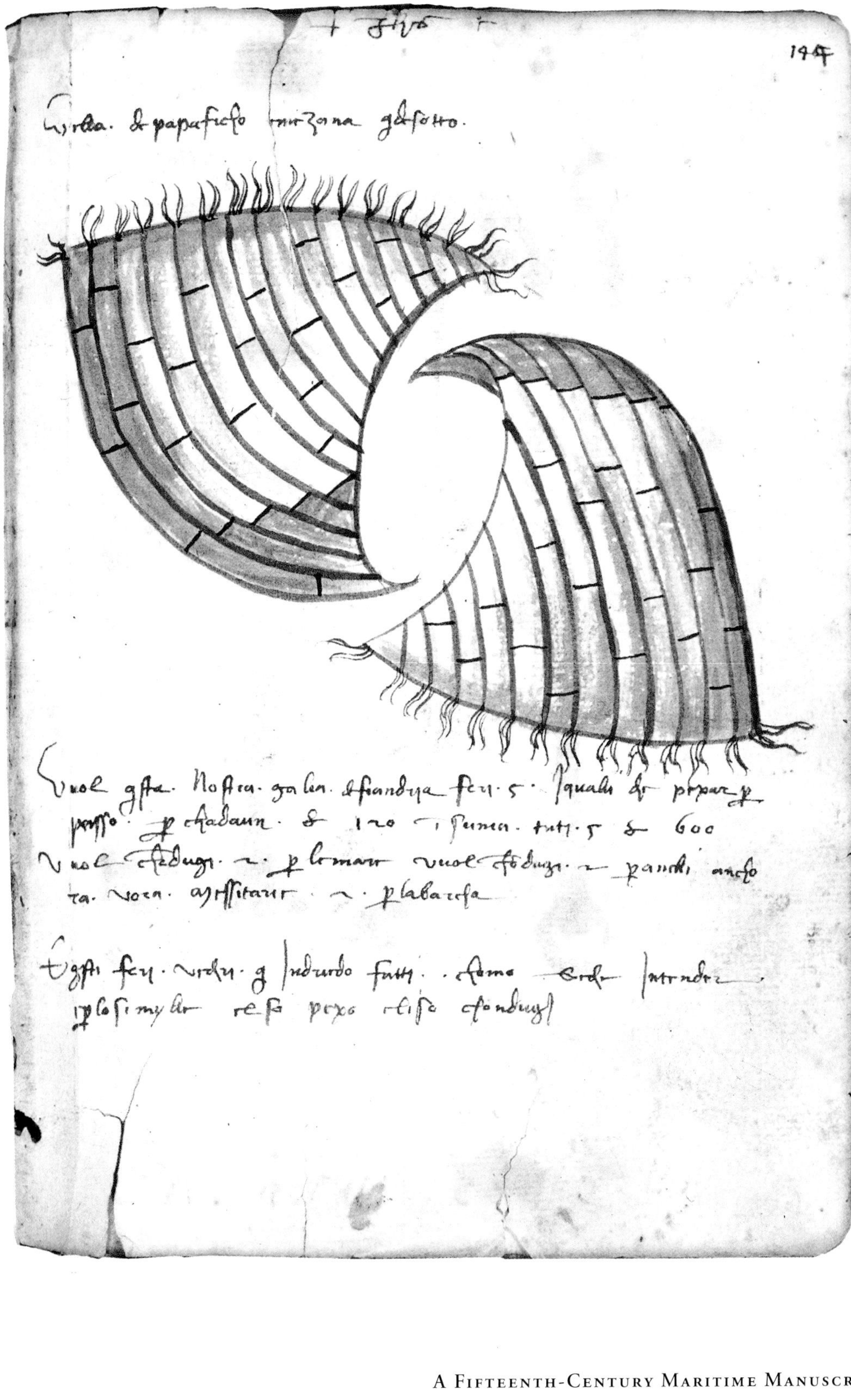

f. 145a

f. 145b

f. 146a

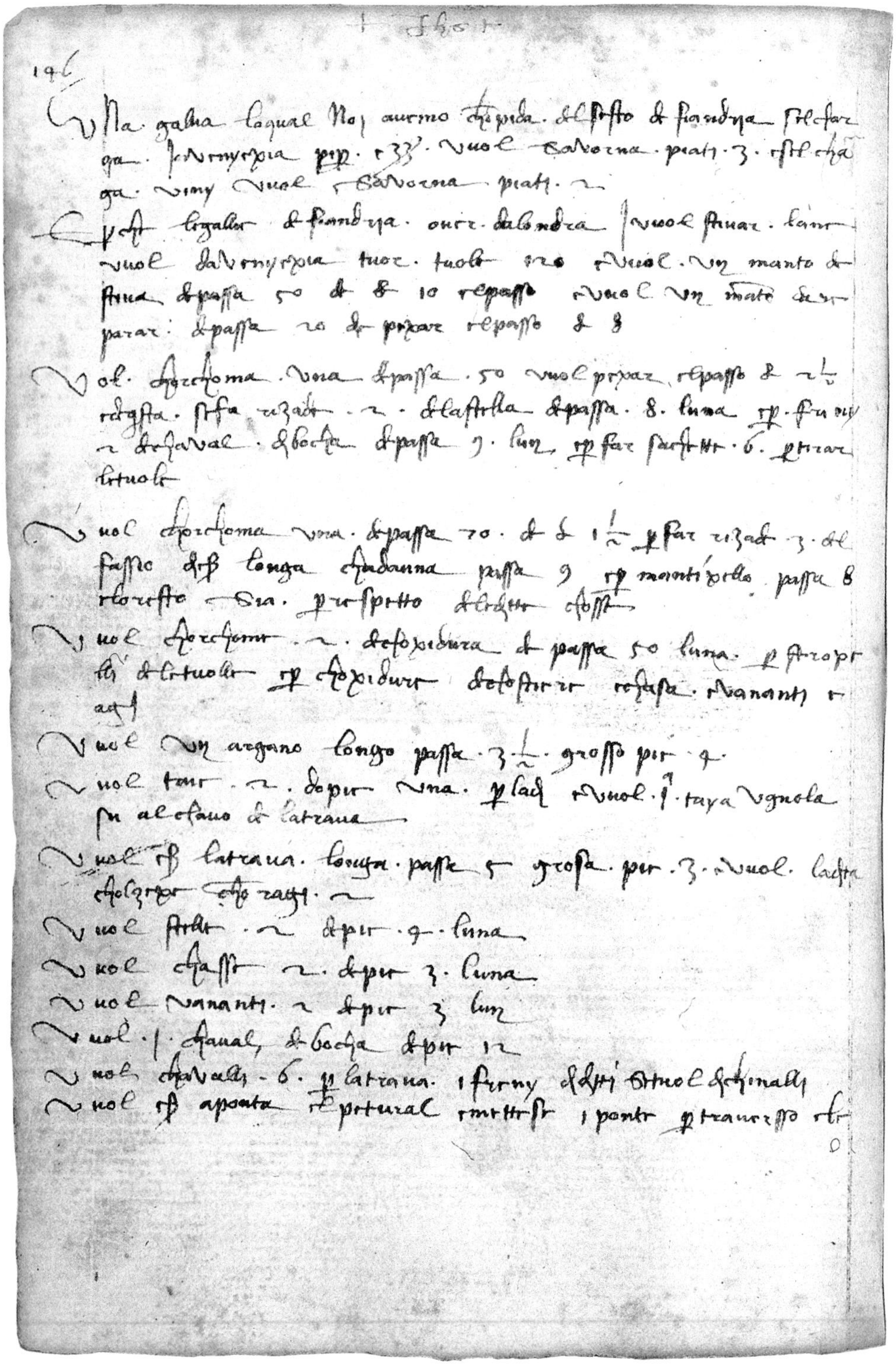

f. 146b

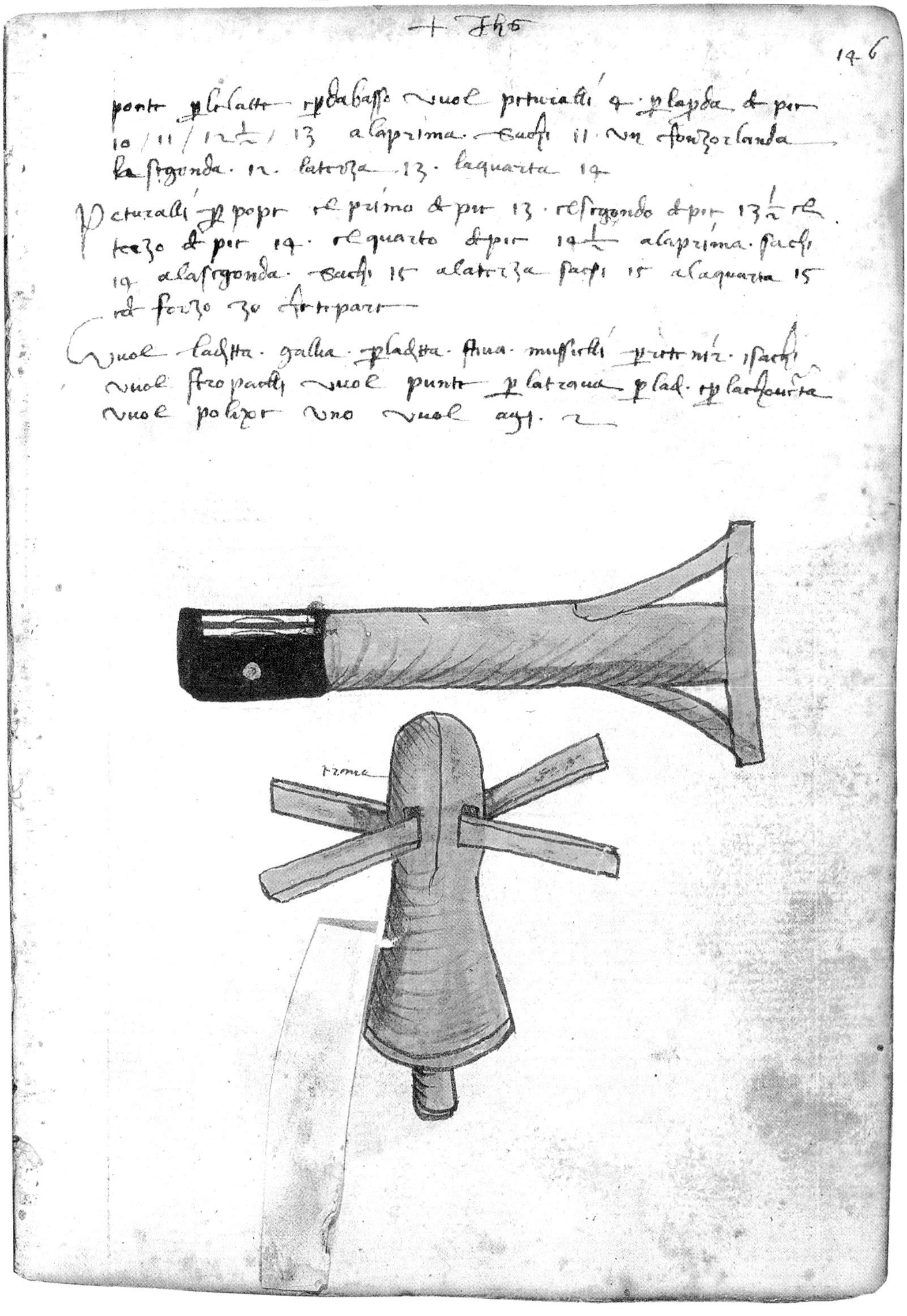

f. 147a

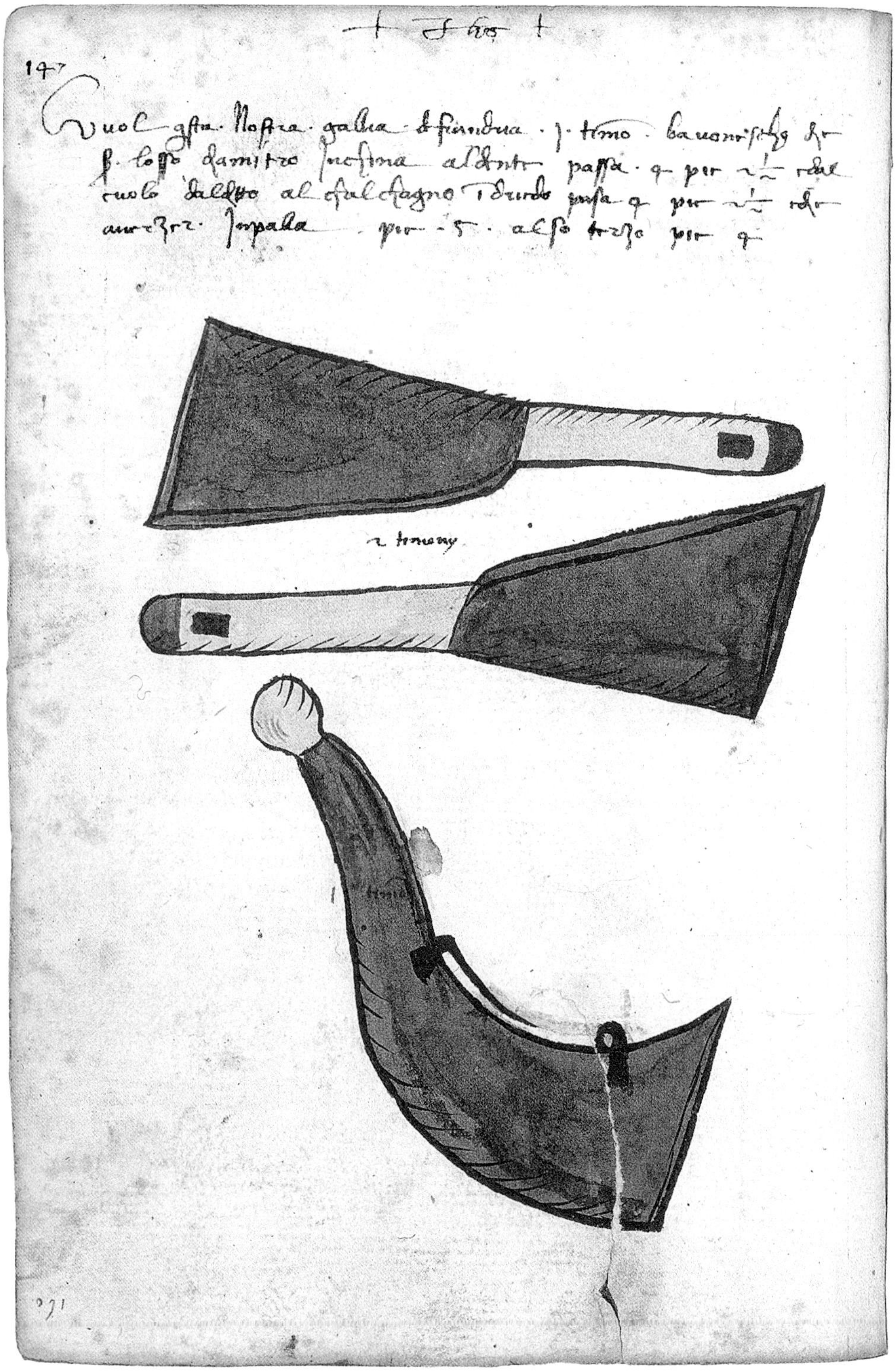

f. 147b

f. 148a

+ Iħo +

148 ✝

Questo . sia . lamaistramento . de far . una . galia del sesto de
romania zor . dalatana . . . tutte . le chose . per zorde ala
dita . galia . inchima . che va da . che le volle

Una galia . delditto sesto . vuol esser longa . dalto passa 23 e
per 3 . ruorra . de pia . per 10 men deda 2 et tiena lo
sesto dal chorbe permezo el postizo de la pala sechondo la mezo
per . undeda raure . per . 9 . inalto per 11 deda . 2 grosse
auer . per 2 . inalto . per 13 men deda . 2 rauer in alto
per 3 . per 14 men deda 2 . rauer per 4 . in altro
per 15 e undeda men $\frac{1}{3}$ rauer . per 5 . in alto per 15 $\frac{1}{2}$
terzo . de pe rauer per 6 . in alto . per 16 . me $\frac{1}{4}$ de pe
alta in chouerta . per 7 $\frac{1}{3}$ inalto . per 11 me $\frac{1}{4}$ de pe
spartisse . chorbe . 41 in sesto . e . 41 in poper rand chor
be . 5 . in mezo

Longa questa nostra galia da un postizo alaltro de postizi pa
ssa 19 e per $\frac{1}{3}$ e fierro che la choda ra chorba de proda
lonzi dal postizo del coltro per 7 $\frac{1}{2}$

Fierro che la choda ra chorba de puope lonzi dal postizo dal
choltro per 8 $\frac{1}{2}$ rezer lo mazer de bocha a proda per
9 a misurando dal quadro a de lanzo per 10 $\frac{1}{3}$ e misu
rando dalo ro de su de la zonta ra loro de su dal mazer de bo
cha de esser per 1 $\frac{1}{2}$ rezer limpostura de poper per 12
men misurando alo quadro e lanza . per 10 $\frac{1}{3}$ rezer per mezo el
postizo del choltro $\frac{1}{4}$ de pe men misurando da loro de su

631.

f. 148b

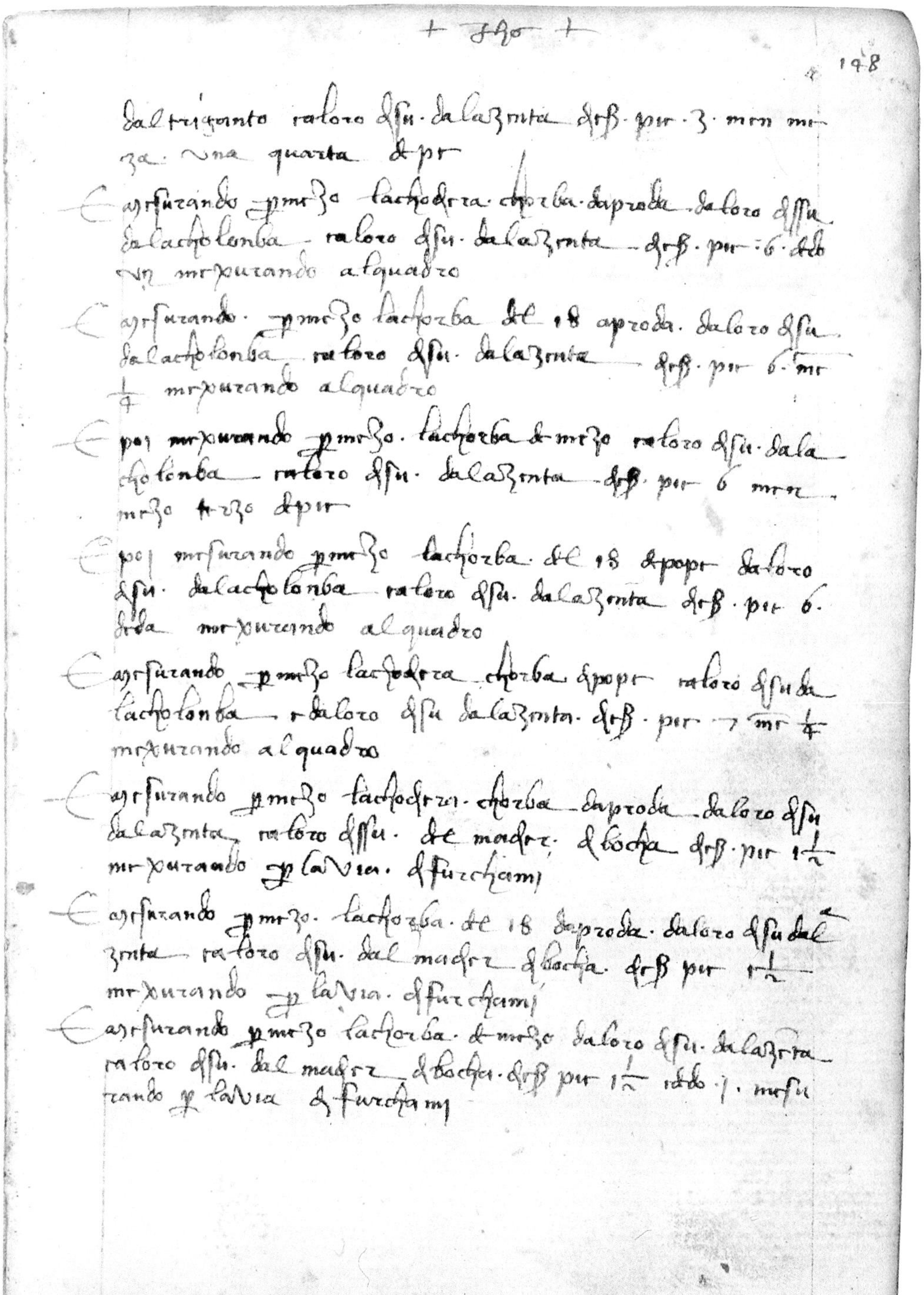
+ Jhs +

148

dal triganto va loro dsu dala zonta dess per 3 men me-
za una quarta dpe

E mesurando p mezo lachodra chorba da proda da loro dsu
dalacholonba va loro dsu dala zonta dess per 6 dedo
un mesurando alquadro

E mesurando p mezo lachorba del 18 aproda da loro dsu
dalacholonba va loro dsu dala zonta dess per 6 men
1/4 mesurando alquadro

E poi mesurando p mezo lachorba de mezo va loro dsu dala
cholonba va loro dsu dala zonta dess per 6 men
mezo terzo dpe

E poi mesurando p mezo lachorba del 18 da pope da loro
dsu dalacholonba va loro dsu dala zonta dess per 6
deda mesurando alquadro

E mesurando p mezo lachodra chorba da pope va loro dsu da
lacholonba va loro dsu dala zonta dess per 7 men 1/4
mesurando alquadro

E mesurando p mezo lachodra chorba da proda da loro dsu
dala zonta va loro dsu del madier dbocha dess per 1 1/2
mesurando p la via dfurchami

E mesurando p mezo lachorba del 18 da proda da loro dsu dal
zonta va loro dsu dal madier dbocha dess per 1 1/2
mesurando p la via dfurchami

E mesurando p mezo lachorba de mezo da loro dsu dala zonta
va loro dsu dal madier dbocha dess per 1 1/2 deda 1 mesu
rando p la via dfurchami

f. 149a

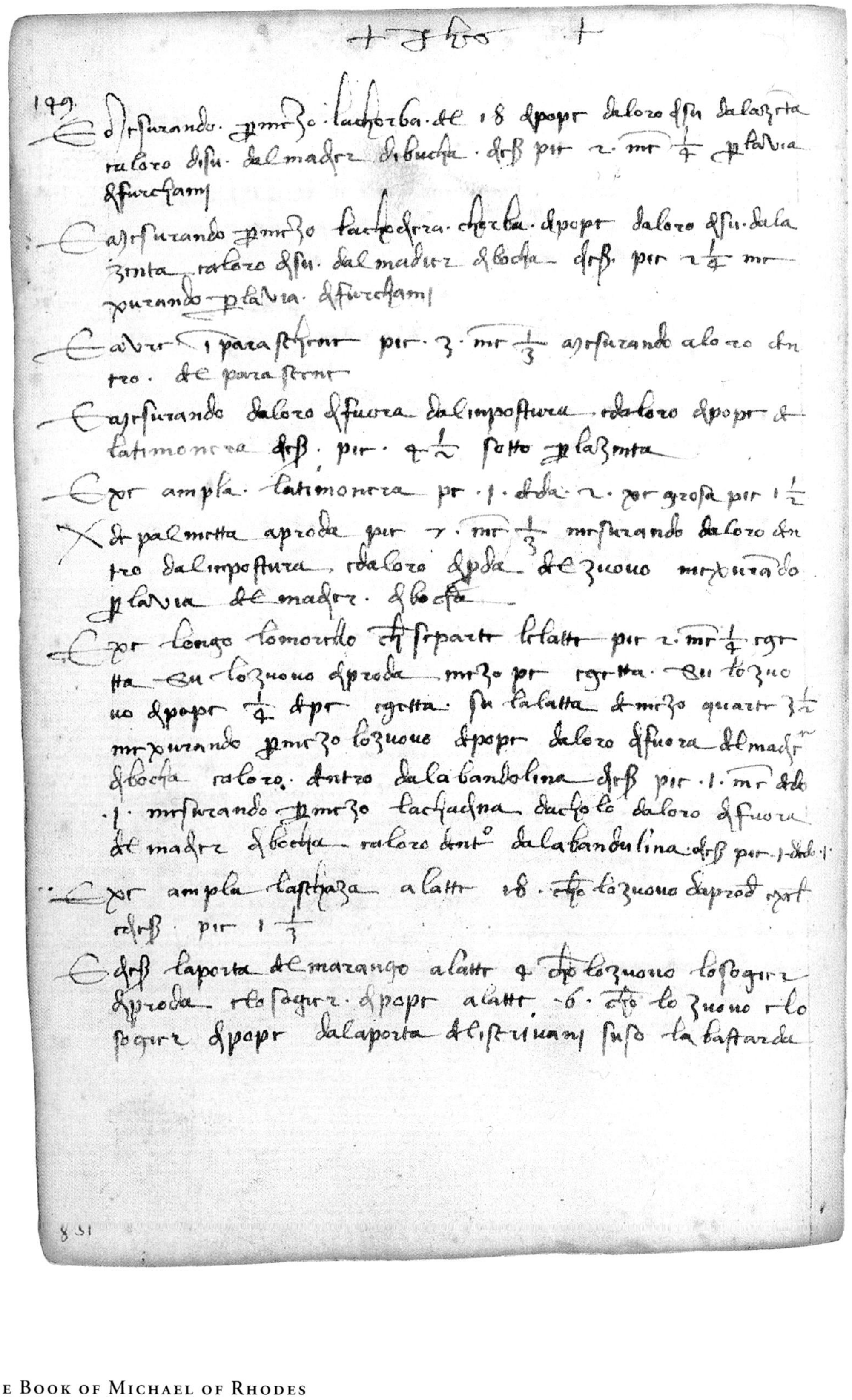
+ Jhs +

149 E misurando per mezo la chorba de 18 de popr dal oro de su de la zenta
ral oro de su dal madier di bucha de esser per 2 mr 1/4 per la via
de furchami

Anchora misurando per mezo la chodera cherba de popr dal oro de su de la
zenta ral oro de su dal madier de bocha dè esser per 2 1/4 mr
misurando per la via de furchami

E dè esser i parastexer per 3 mr 1/3 misurando al oro de in
tro de le parastexer

E misurando dal oro de fuora dal impostura ral oro de popr de
la timonera dè esser per 4 1/2 sotto per la zenta

E per ampla la timonera per 1 deda 2 per grosa per 1 1/2

X de palmetta a proda per 7 mr 1/3 misurando dal oro de in
tro dal impostura ral oro de proda de zuono misurando
per la via de madier de bocha

E per longo lo morello che sparte le latte per 2 mr 1/4 reg
ta en lo zuono de proda mezo per regetta en lo zuo
no de popr 1/4 de pe regetta su la latta de mezo quarter 3 1/2
misurando per mezo lo zuono de popr dal oro de fuora del madier
de bocha ral oro de intro da la bandolina dè esser per 1 mr deda
1 misurando per mezo la chadena dachasolo dal oro de fuora
del madier de bocha ral oro de int° da la bandolina dè esser per 1 deda 1

E per ampla la staza a latte 18 che lo zuono de proda ogni
dè esser per 1 1/3

E dè esser la porta del marango a latte 4 che lo zuono lo sogier
de proda e lo sogier de popr a latte 6 che lo zuono e lo
sogier de popr da la porta de li stivami suso la bastarda

8 31

f. 149b

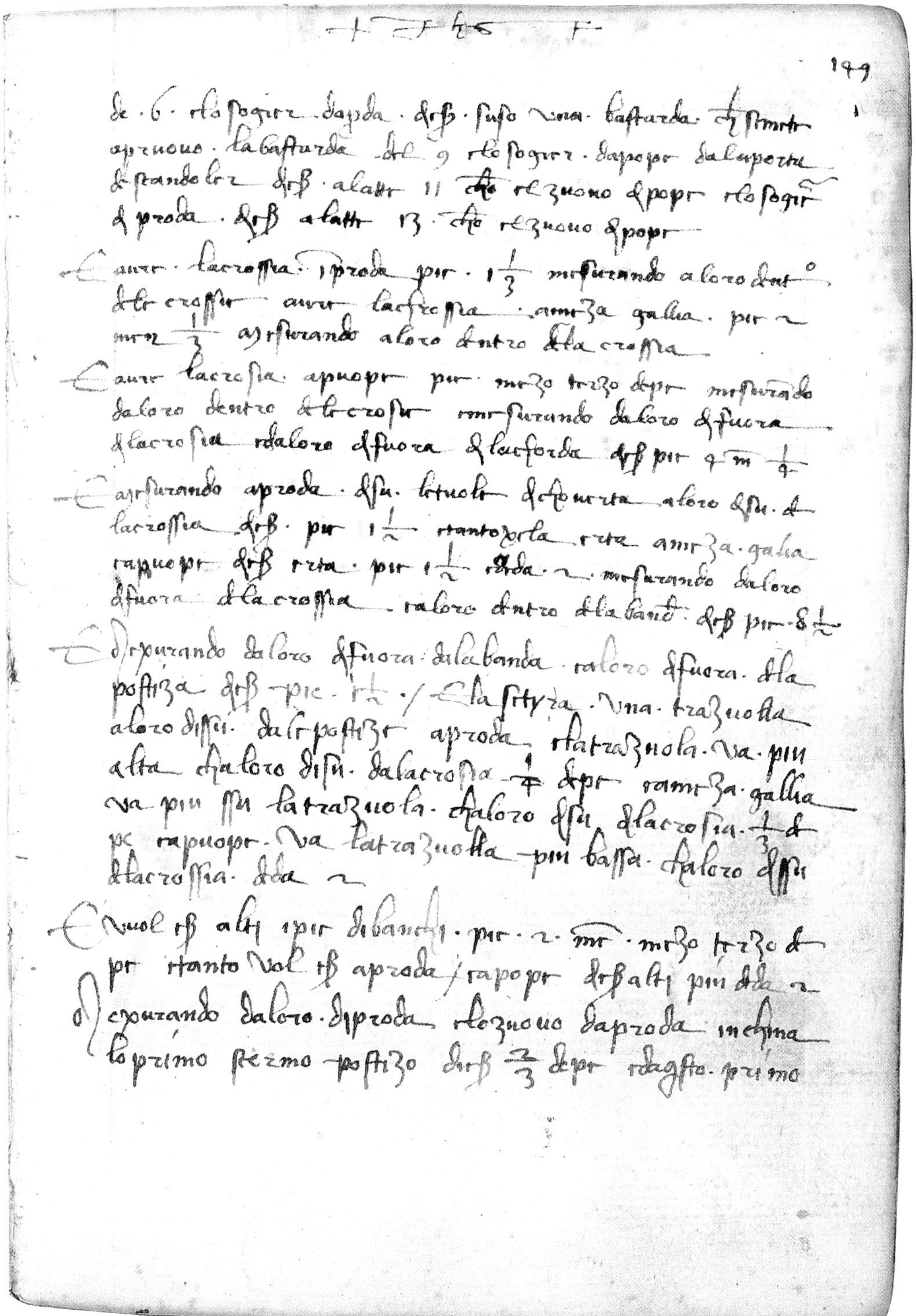

f. 150a

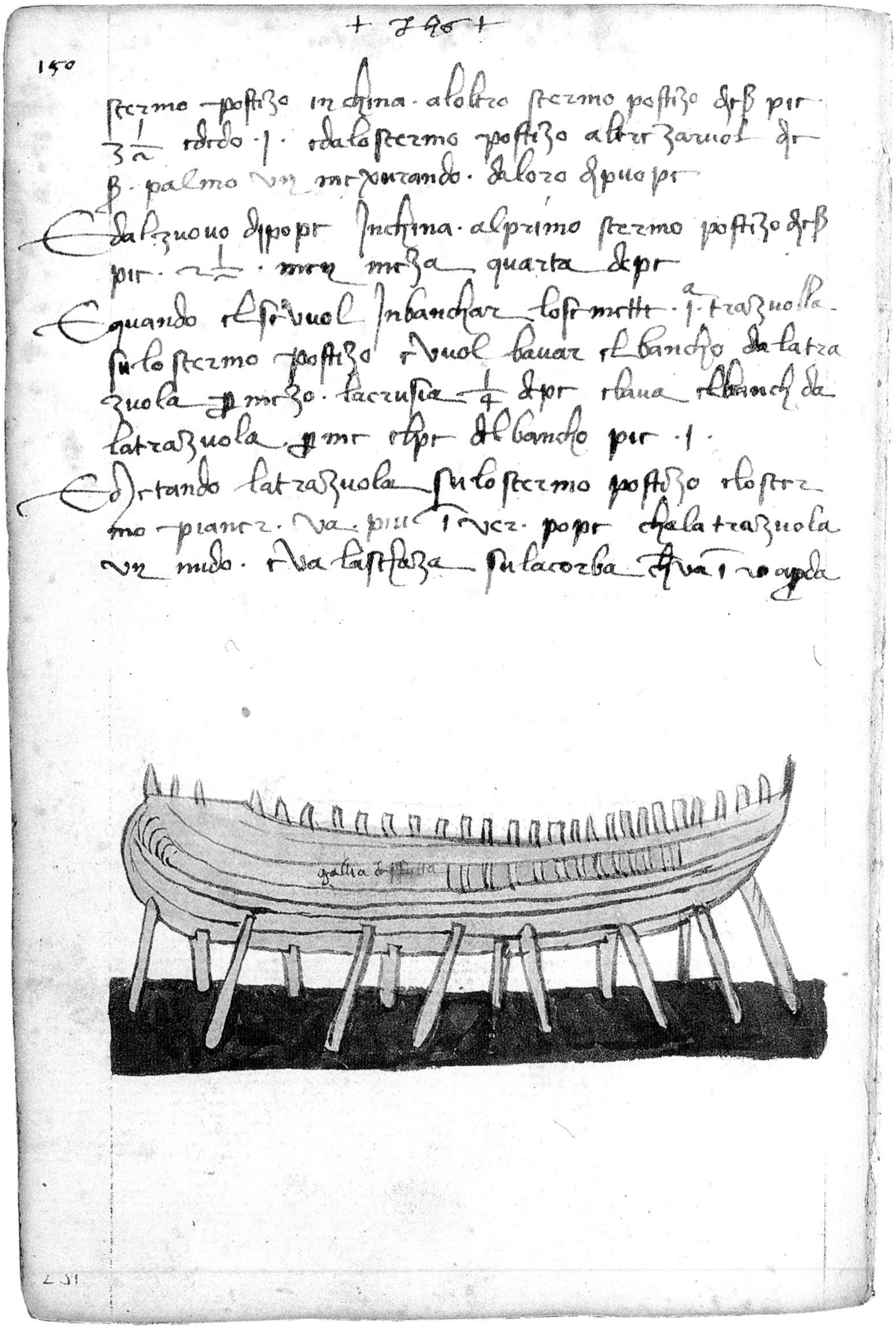

f. 150b

+ yhs +

150

Questo . tal amaistrara . chomo se de meter . le maistre
del sesto del'ingalia dito per . zor de romanya

Mesurando dal postelotor dal choltro da proda . i schina
schano de le maistre . dala parascuxula dis per 4
mesurando per la via del pan i sorlo

E mesurando de su la maistra . dala parascuxula va lo
ro . de su . dala maistra de mezo dis per 3 1/4 mesu
rando per la via . del pan i sorlo

E mesurando da loro de su da la maistra de mezo va loro de su
de la maistra de sovra dis . per . 5 1/2 mesurando per
la via . del pany sorlo

E mesurando per mezo la chodera . ... da proda . le sa ficha
loro de su . da la maistra . de la parascuxula . plu basso dal
postelotor dala parascuxula 1/4 de pe

E mesurando da loro de su . da la maistra da la parascuxula
va loro de su . da la maistra de mezo dis per 2 1/2 mesu
rando per la via . de furchami

E mesurando da loro de su . da la maistra . dis . per . 3 3/4 me
surando per la via . de furchami

E mesurando dal postelotor de l'choltro de pupo per in schina scha
no dal le maistre de la parascuxula dis per 3 1/3 me
surando per la via . del pan i sorlo

E mesurando da loro . de su . de la maistra . de mezo da la parascu
xula va loro de su de la maistra . de mezo dis per 6 me

f. 151a

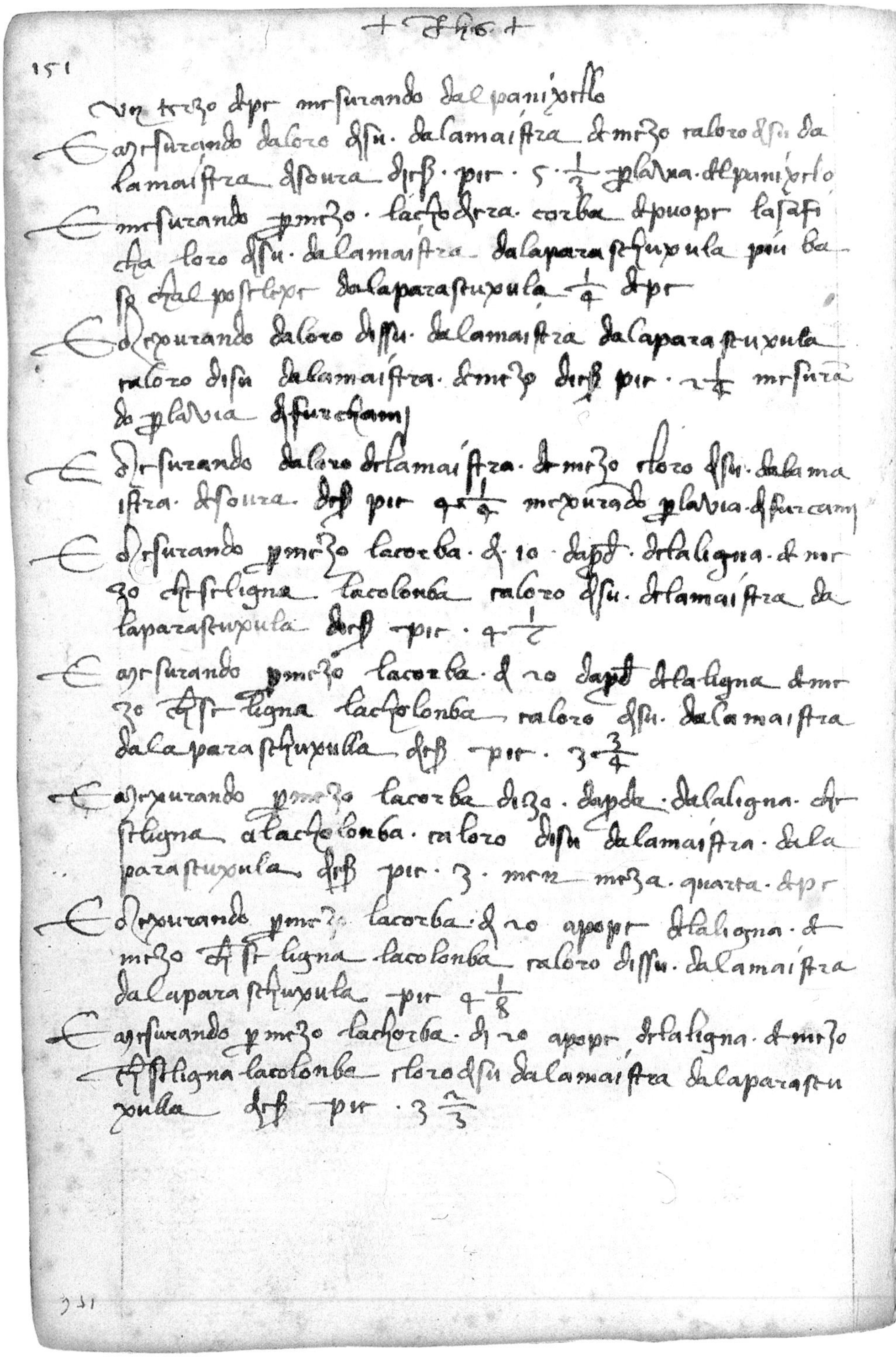

f. 151b

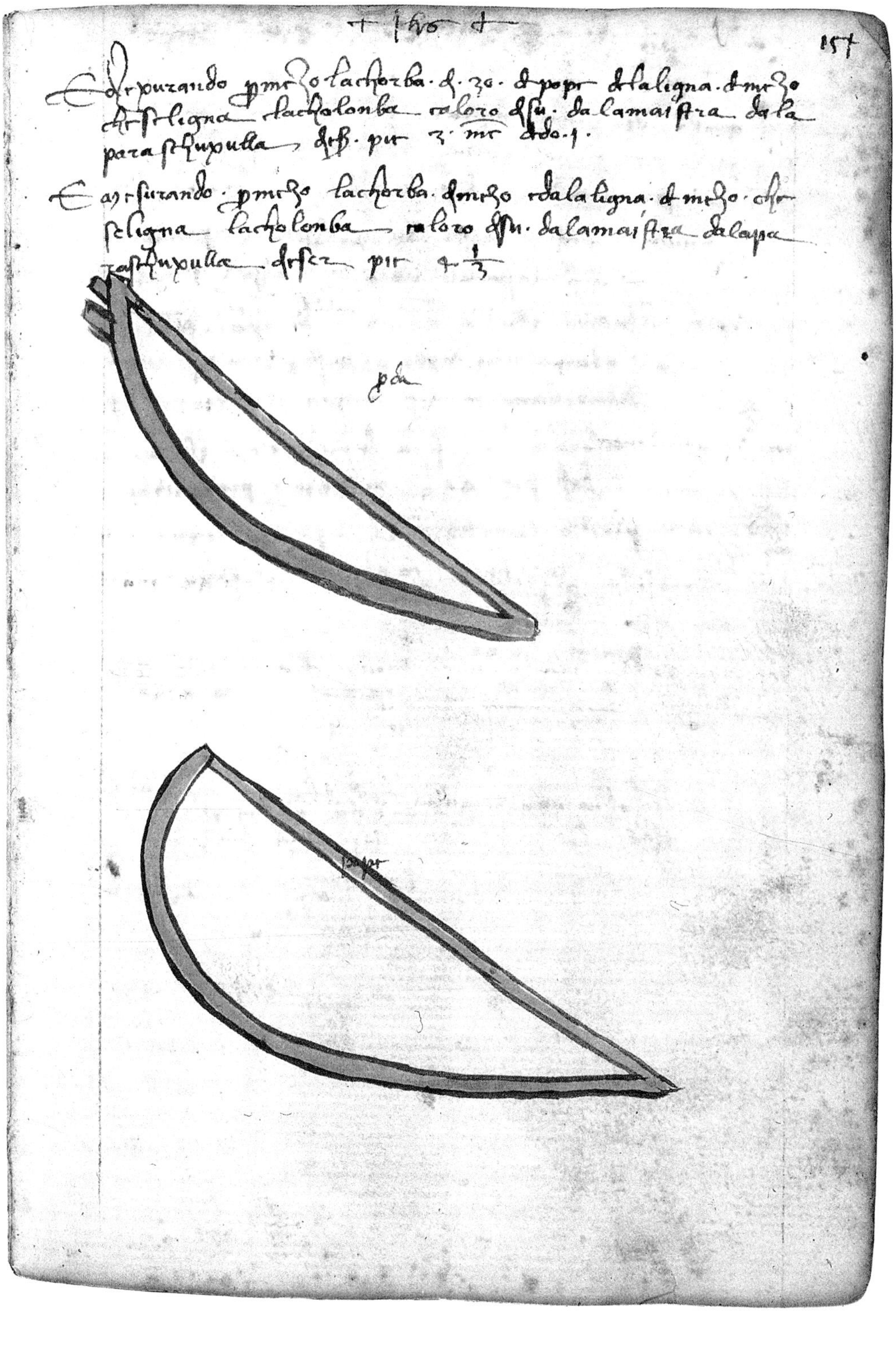

† jhs †

Mesurando primo lachorba d. 30. d popr d la ligna d mezo
d p ligna lacholonba ro loro d su. da la maistra da la
para p luxulla dess. pir 3. mr ado. 1.

E ay surando primo lachorba d mezo rda la ligna d mezo d p
p ligna lacholonba ro loro d su. da la maistra da la ppa
p luxulla des er pir 4 1/3

pa

po pr

f. 152a

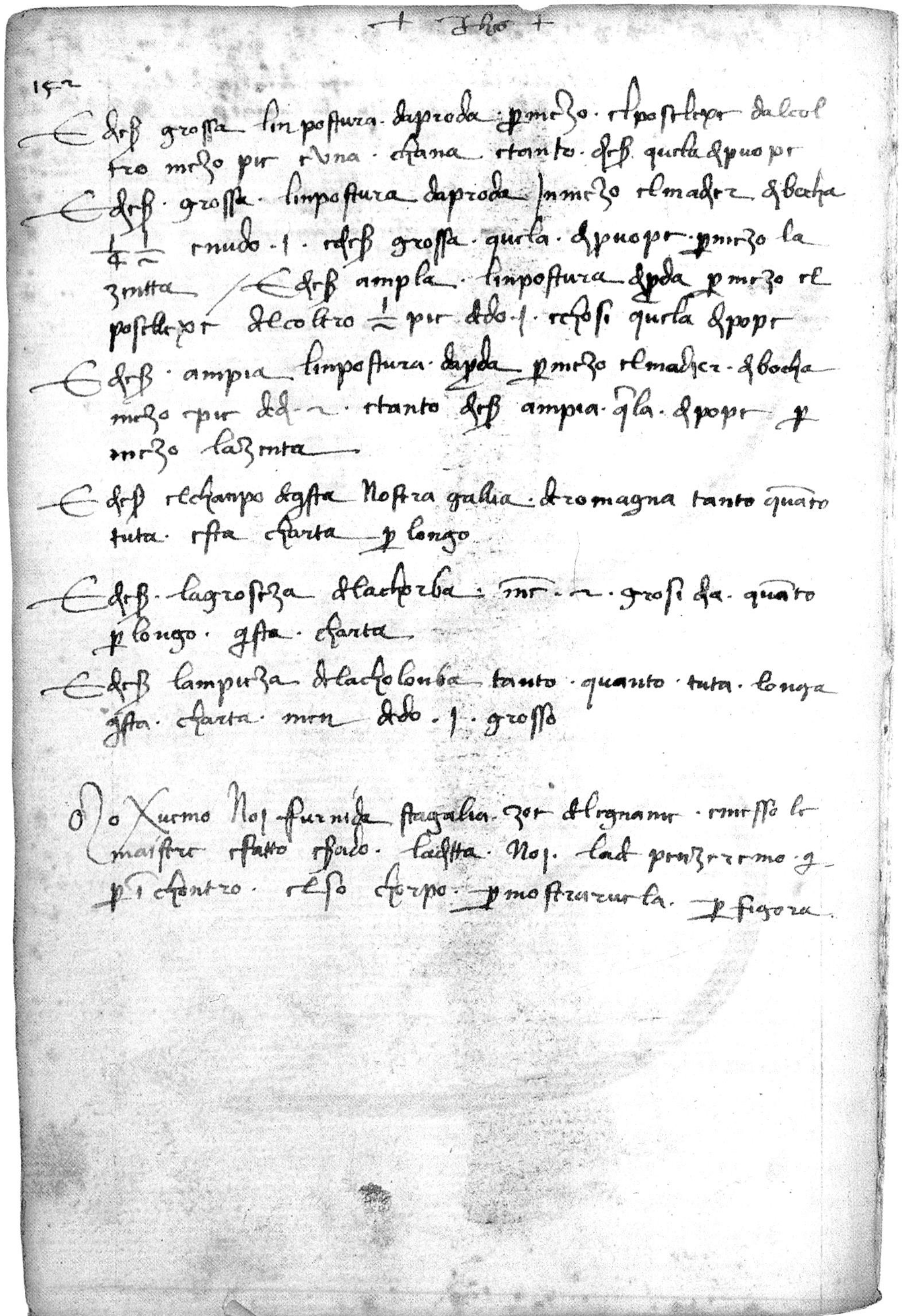
+ Jhs +

152

E de' ess grossa limpostura da proda p mezo e l postizo dal col
tro mezo pie e vna charana e tanto de' ess quella de puope
E de' ess grossa limpostura da proda p mezo el madier de bocha
1/4 e nudo 1 e de' ess grossa quella de puope p mezo la
zenta / E de' ess ampla limpostura de proda p mezo el
postizo dal coltro 1/2 pie deda 1 e de' ess quella de pope
E de' ess ampia limpostura de proda p mezo el madier de bocha
mezo pie deda 2 e tanto de' ess ampia quella de pope p
mezo la zenta
E de' ess el champo de questa nostra galia de romagna tanto quanto
tuta questa charta p longo
E de' ess la grosseza dela chorba mezo 2 grossi da quanto
p longo questa charta
E de' ess lampieza dela cholonba tanto quanto tuta longa
questa charta mezo deda 1 grosso

Ora xurmo noi fornida sta galia zor de legname e messo le
maistre e fatto e fodo la dita noi la de prezeremo q
p i chontro e leso chorpo p mostrarui la p figora

f. 152b

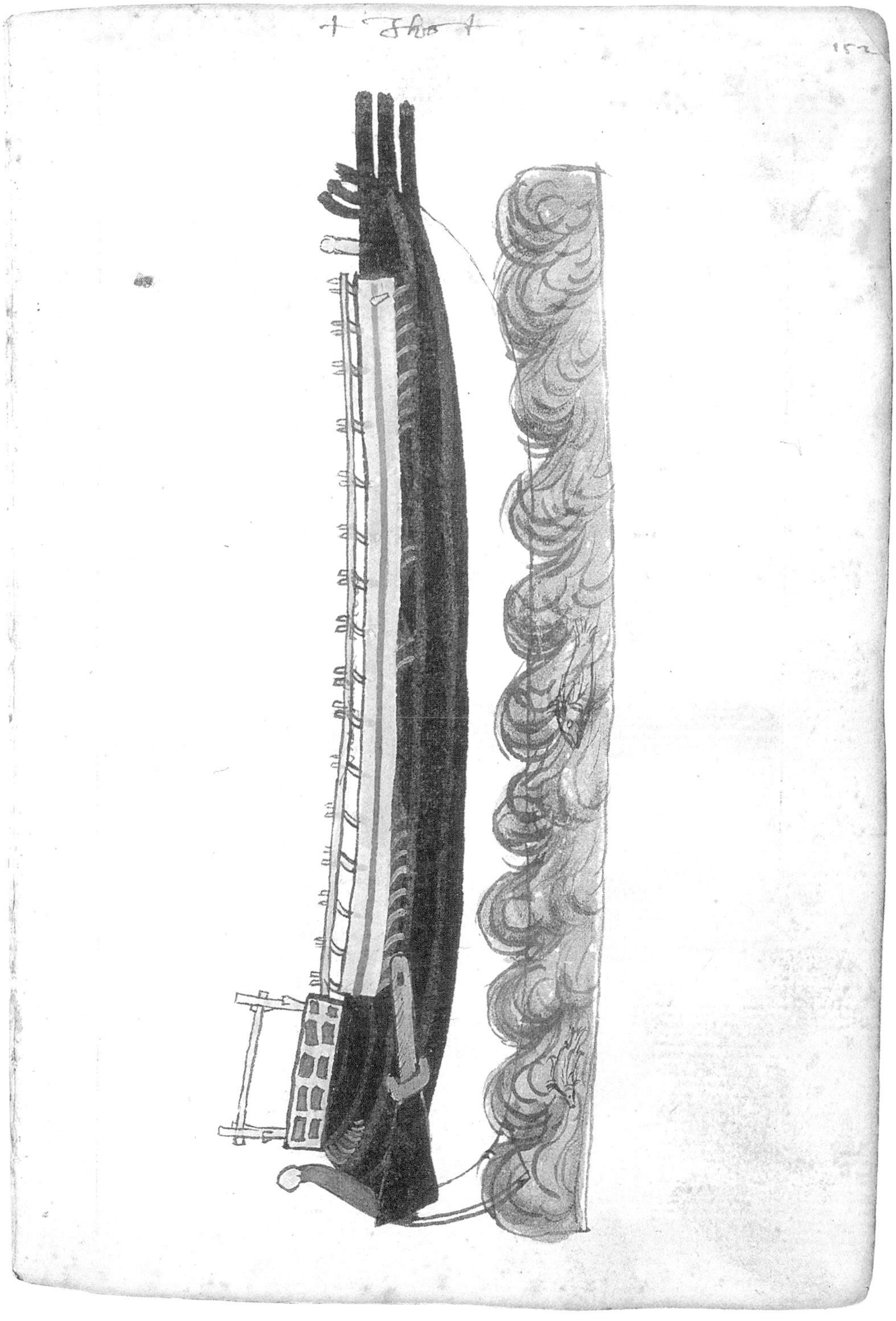

f. 153a

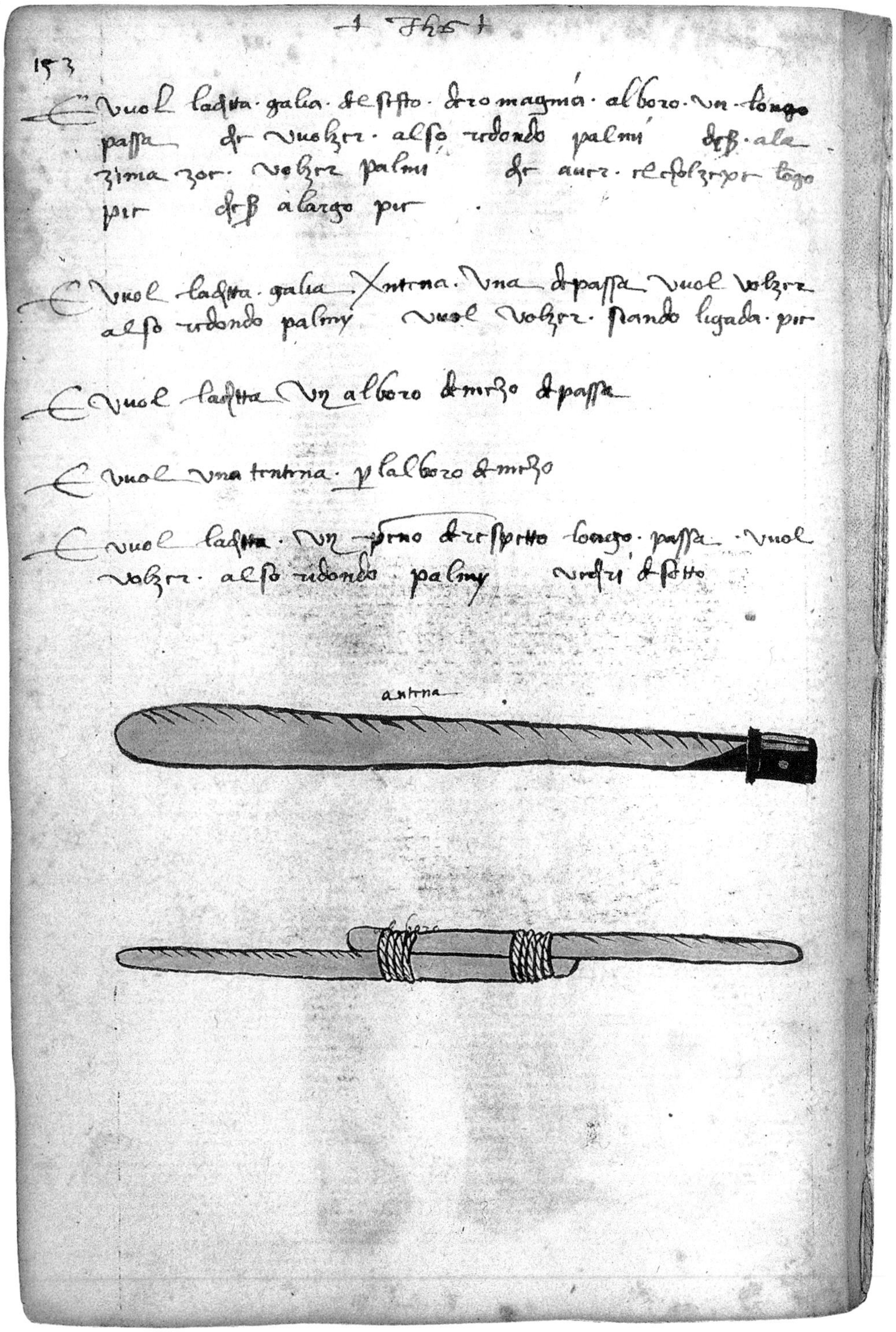

+ Jhs +

153

Vuol la ditta galia de sotil de ro magnia alboro un longo
passa dr vuol volzer al so redondo palmi dr al a
zima zor volzer palmi dr aver re scholzer per longo
per dr al largo per .

Vuol la ditta galia antena una de passa vuol volzer
al so redondo palmi vuol volzer siando ligada per

Vuol la ditta un alboro de mezo de passa

Vuol una antena per l'alboro de mezo

Vuol la ditta un peno de respetto longo passa vuol
volzer al so redondo palmi versi de setto

f. 153b

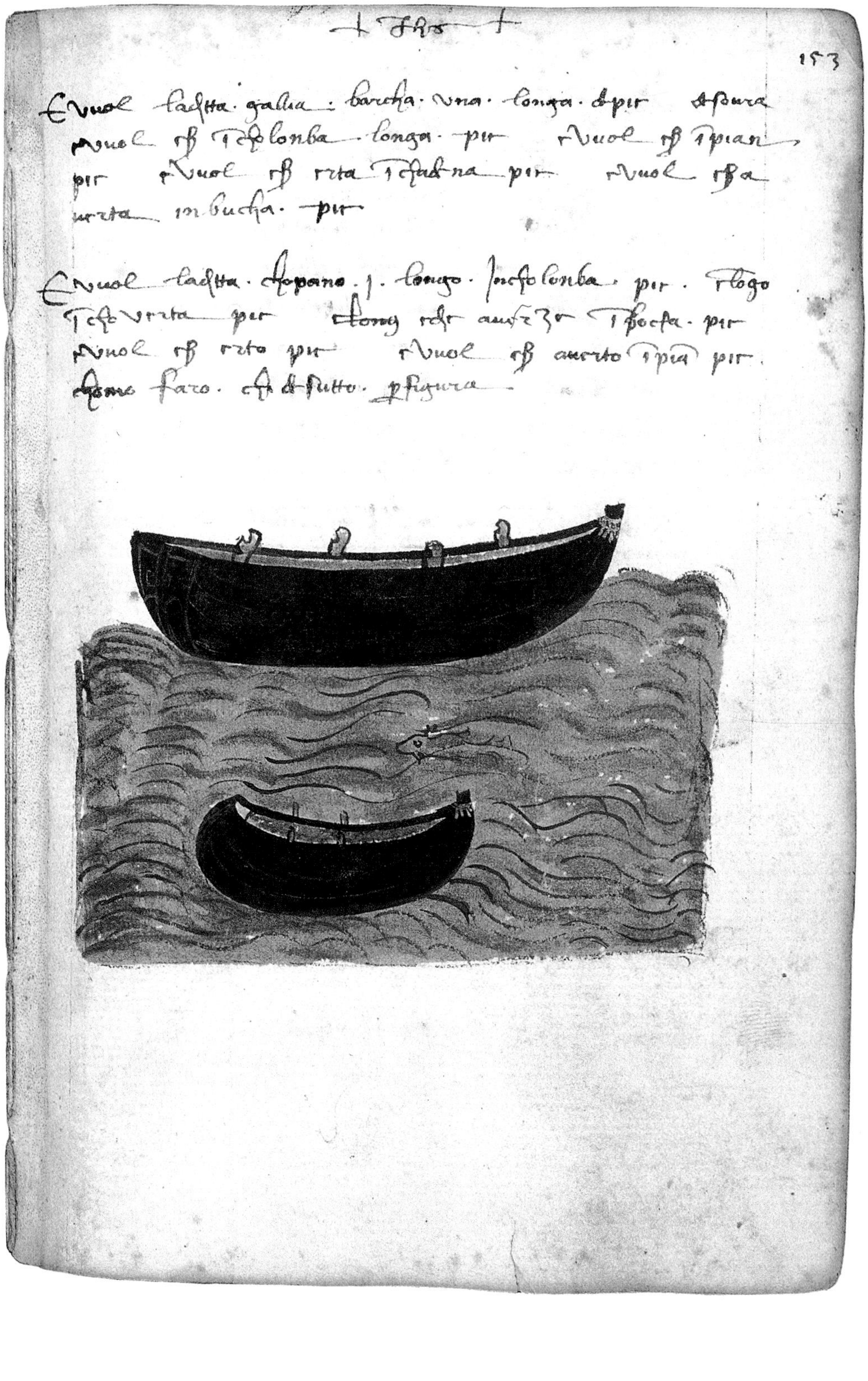

f. 154a

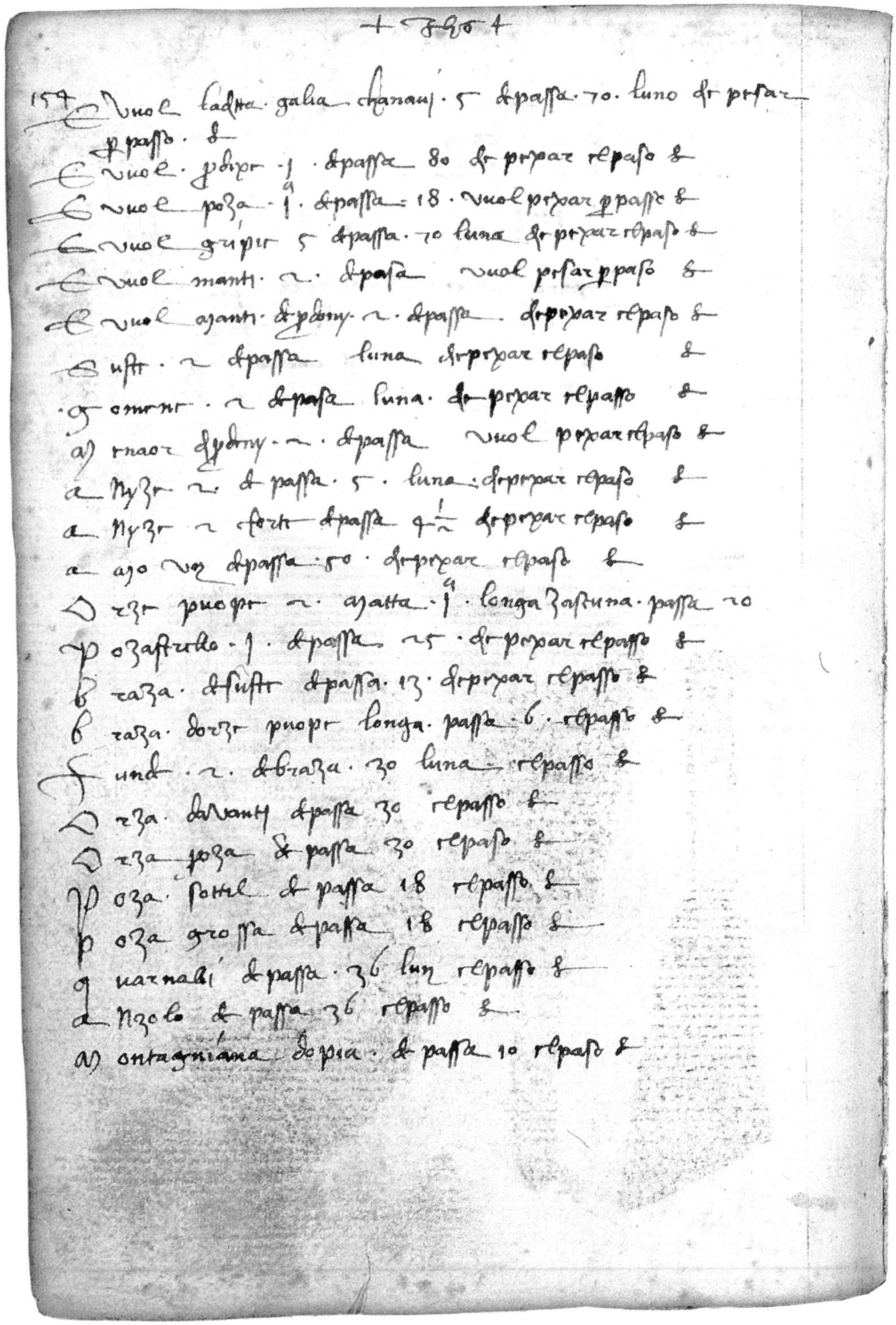

f. 154b

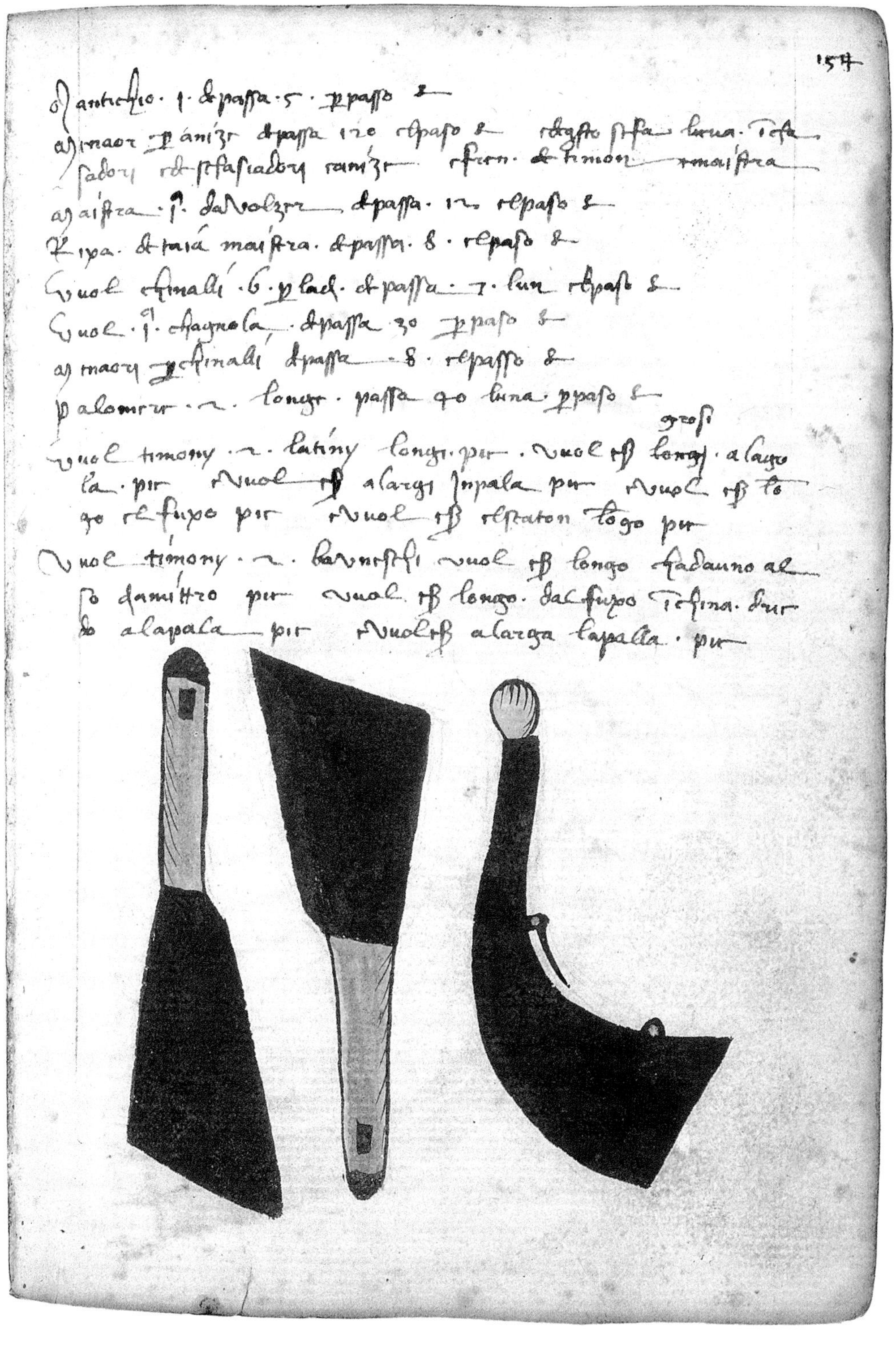

154

Mantichio · 1 · de passa · 5 · p passo 2
Arbor maor p anizi de passa 120 el passo 2 el qual sia una vela
sadori el schasiadori ramizi el fieri de timon maistra
Maistra · p · da volzer de passa · 12 el passo 2
Ripa de taia maistra de passa · 8 · el passo 2
Vuol chinali · 6 · p lad de passa · 7 · lun el passo 2
Vuol · 1 · chagnola de passa 30 p passo 2
Arbor maor p chinali de passa 8 · el passo 2
Palomera · 2 · longe · passa 40 luna · p passo 2
grossi
Vuol timony · 2 · latiny longi per · vuol esser longo · a largo
la · per vuol esser alargo in pala per vuol esser lo
go el fuxo per vuol esser el staton logo per
Vuol timony · 2 · bavonescha vuol esser longo chadauno al
so dametro per vuol esser longo · dal fuxo fina dur
do a la pala per vuol esser alarga la palla · per

f. 155a

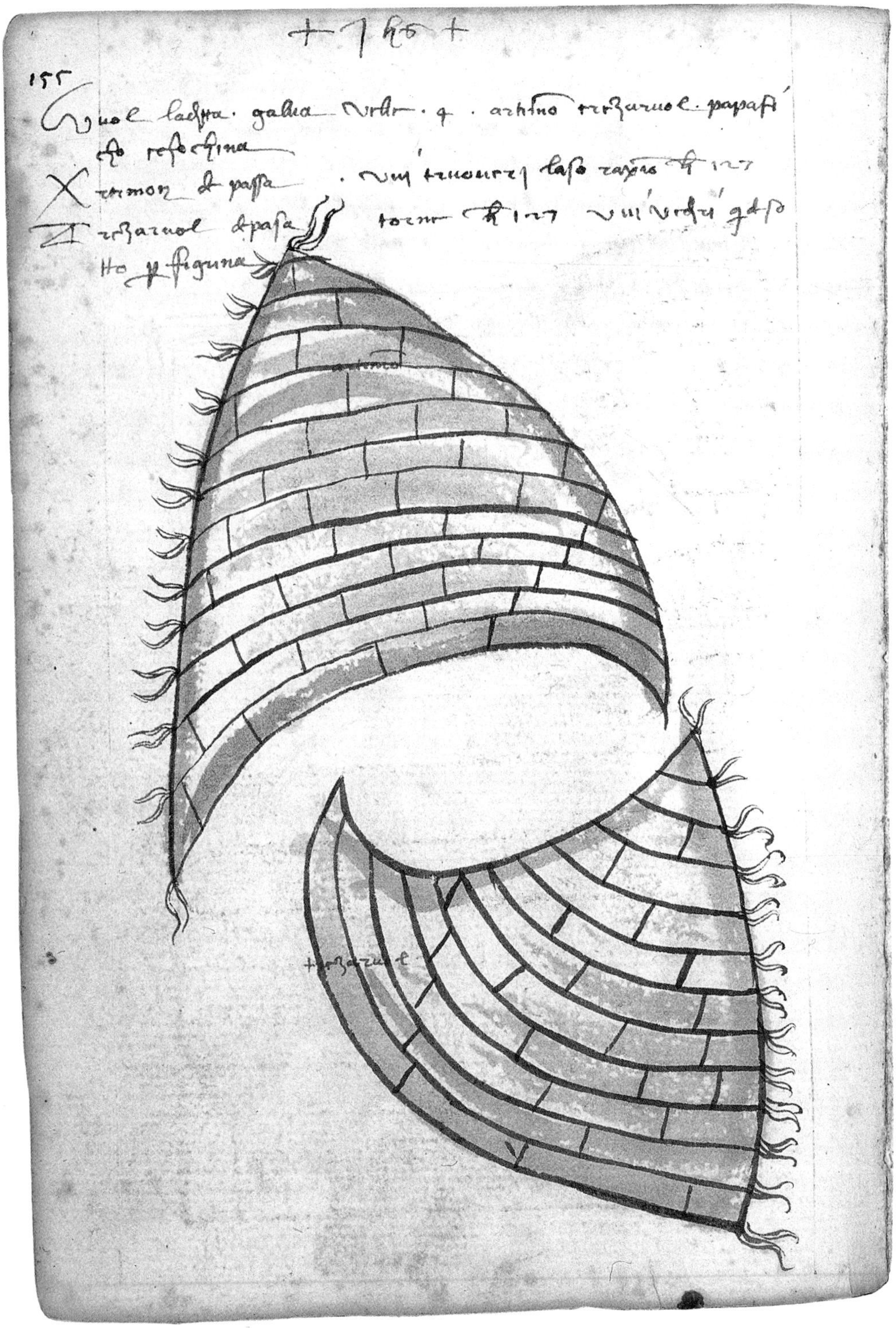

f. 155b

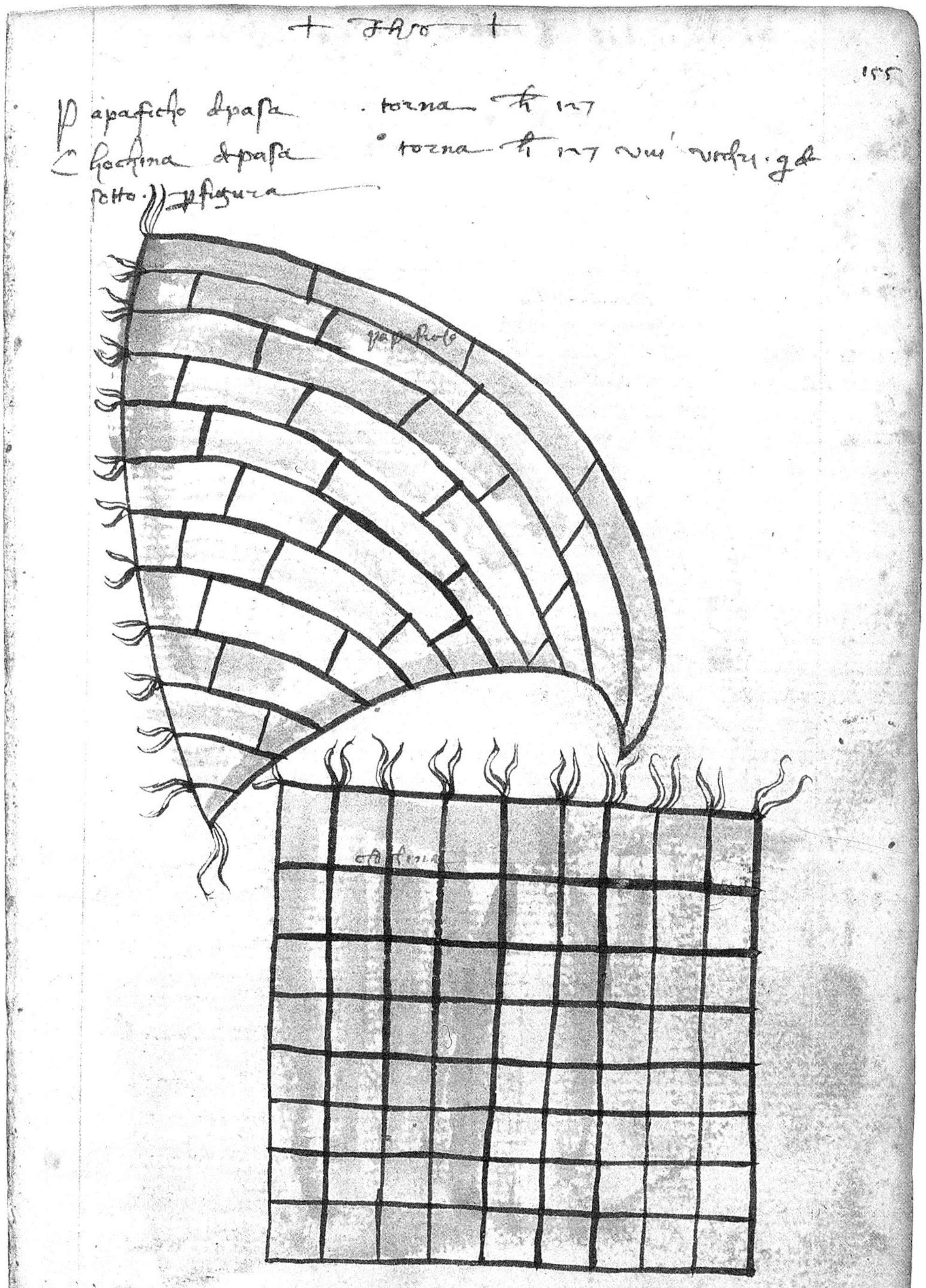

f. 156a

f. 157b

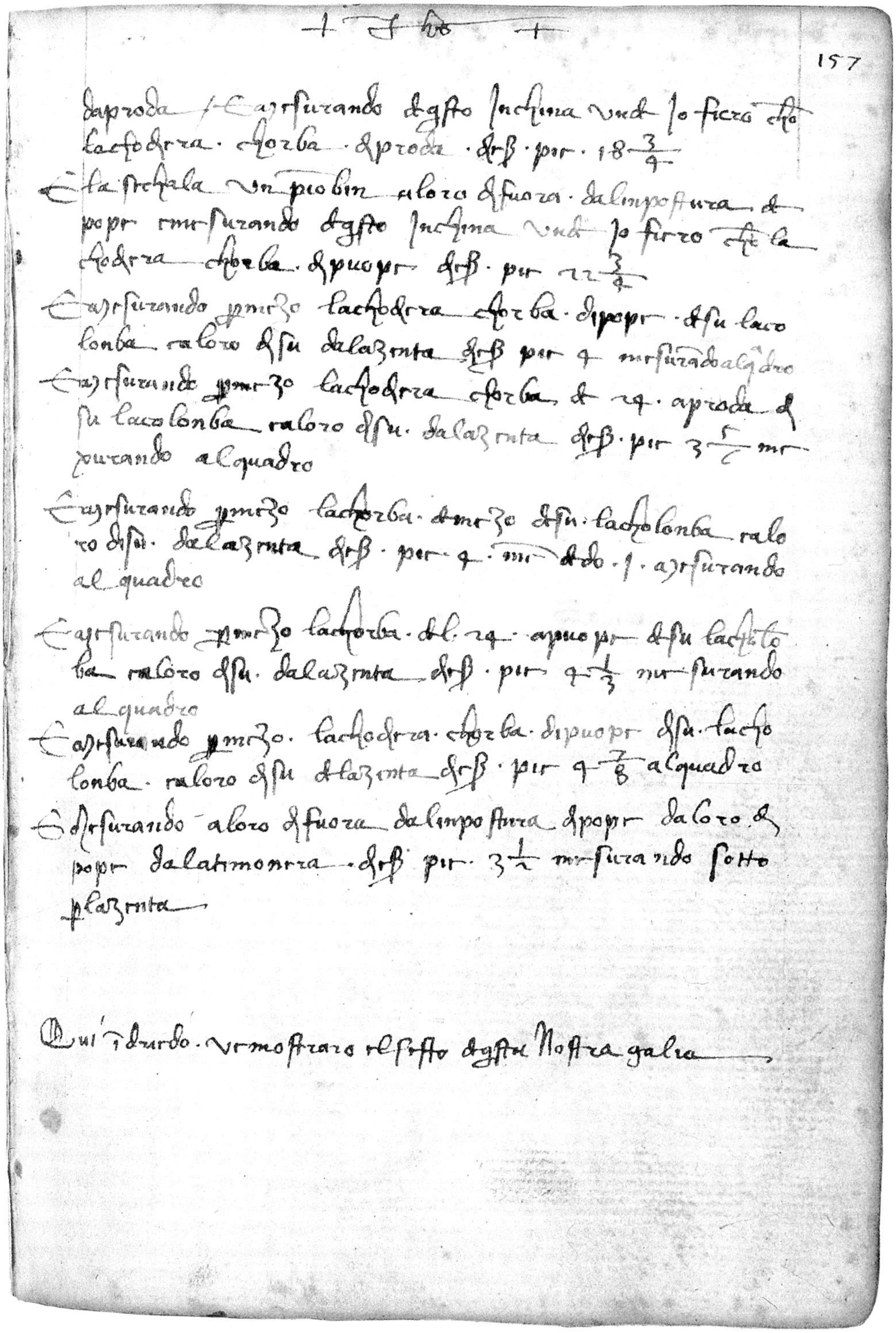

+ Jhs +

157

da proda / E a mesurando de questo inchina vuol eser fiero cho
la chodera chorba de proda dese per 18 3/4
E la schala vn piobin al oro de fuora dalimpostura de
pope mesurando de questo inchina vuol eser fierro che la
chodera chorba de puope dese per 22 3/4
E a mesurando per mezo la chodera chorba de pope de su lacho
lonba ralloro de su dalazenta dese per 4 mesurando al quadro
E a mesurando per mezo la chodera chorba de 24 a proda de
su lacholonba ralloro de su dalazenta dese per 3 5/6 me
surando al quadro
E a mesurando per mezo la chorba de mezo de su lacholonba ralo
ro de su dalazenta dese per 4 mezo de do 1 a mesurando
al quadro
E a mesurando per mezo la chorba de le 24 a puope de su lacholo
ba ralloro de su dalazenta dese per 4 1/3 mesurando
al quadro
E a mesurando per mezo la chodera chorba de puope de su lacho
lonba ralloro de su dalazenta dese per 4 7/8 al quadro
E mesurando al oro de fuora dalimpostura de pope dal oro de
pope dalatimonera dese per 3 1/2 mesurando sotto
plazenta

Qui i dirado vi mostraro el sesto de questa nostra galia

f. 158a

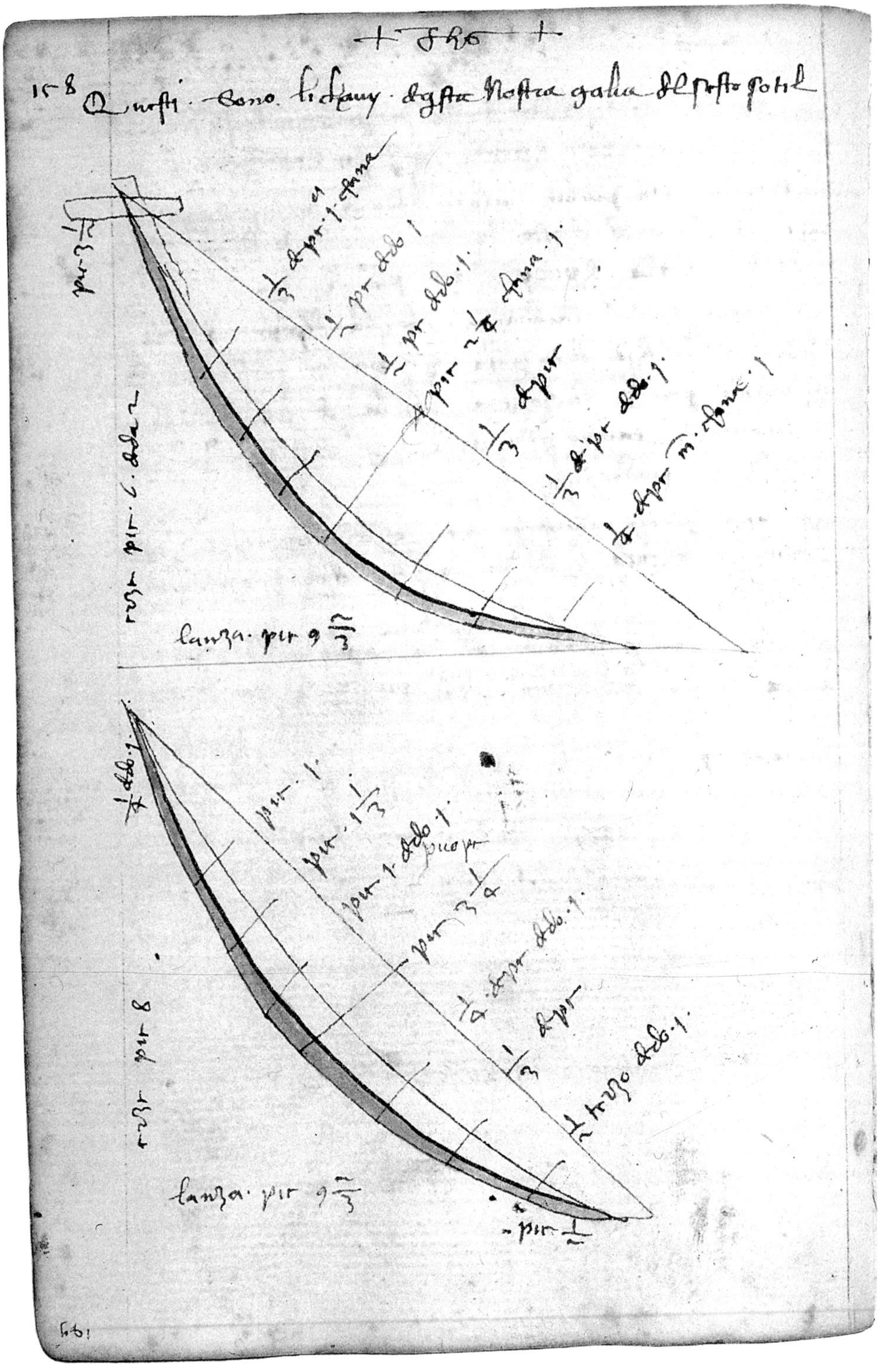

f. 158b

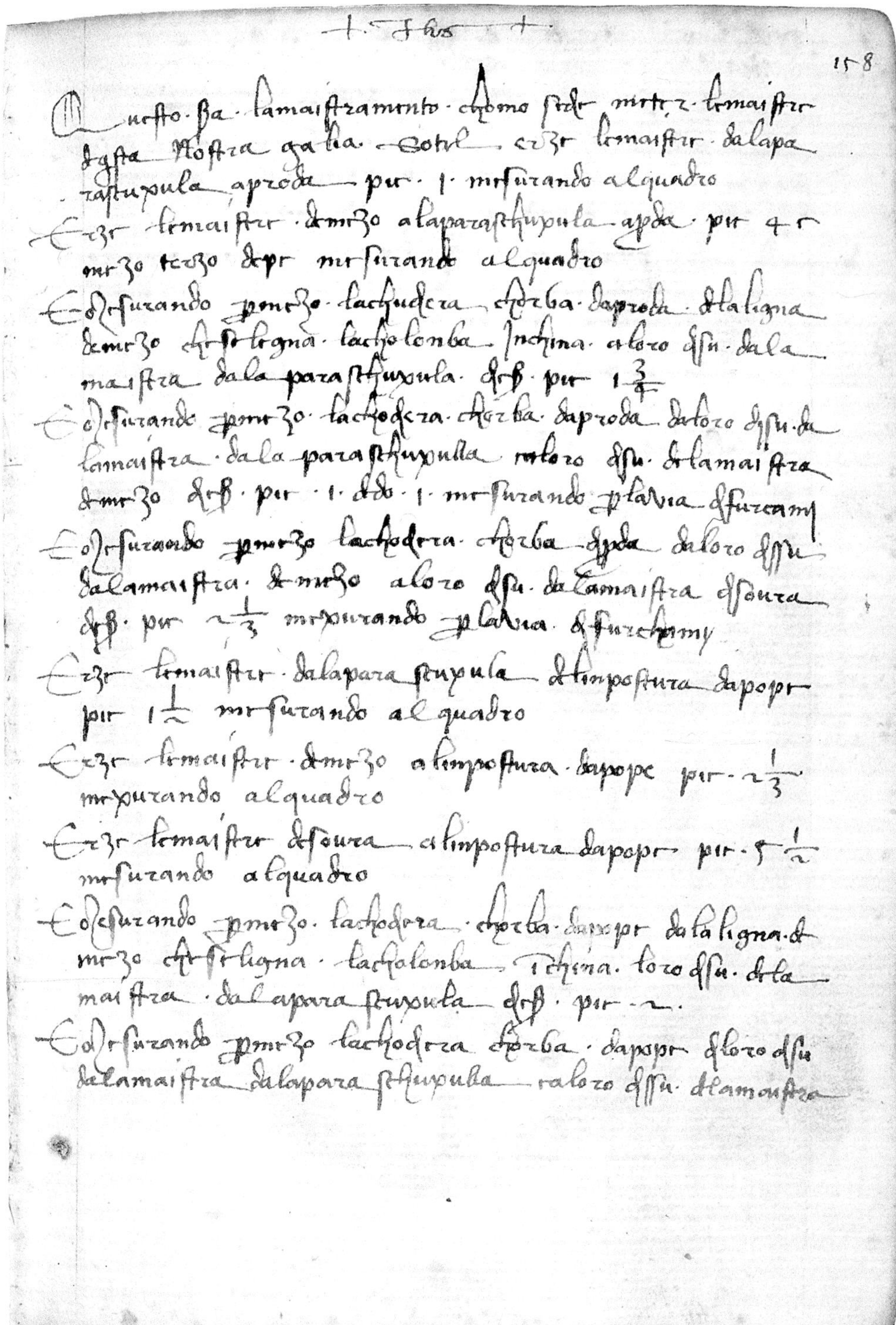

† Jhs †

Questo ssia lamaistramento chomo se de metr e le maistre
dasta nostra galia. — [cotal] Ezr lemaistr dalapa-
rastuxula aproda — per 1 mesurando alquadro
Ezr lemaistr demezo alaparastuxula aproda per 4
mezo terzo depr mesurando alquadro
E mesurando pmezo lachudera cherba daproda dlaligna
demezo cpsr ligna lachollonba inchina aloro dssu dala
maistra dalaparastuxula dess per 1 3/4
E mesurando pmezo lachodera cherba daproda daloro dssu da
lamaistra dalaparastuxula raloro dssu dlamaistra
demezo dess per 1 d d 1 mesurando plavia dfurchamy
E mesurando pmezo lachodera cherba dpda daloro dssu
dalamaistra demezo aloro dssu dalamaistra dssoura
dess per 1/3 mesurando plavia dfurchamy
Ezr lemaistr dalaparastuxula dlimpostura dapopr
per 1 1/2 mesurando alquadro
Ezr lemaistr demezo alimpostura dapope per 2 1/3
mesurando alquadro
Ezr lemaistr dssoura alimpostura dapopr per 5 1/2
mesurando alquadro
E mesurando pmezo lachodera cherba dapopr dalaligna d
mezo cpsr ligna lachollonba inchina loro dssu dala
maistra dalaparastuxula dess per 2
E mesurando pmezo lachodera cherba dapopr floro dssu
dalamaistra dalaparastuxula raloro dssu dlamaistra

f. 159a

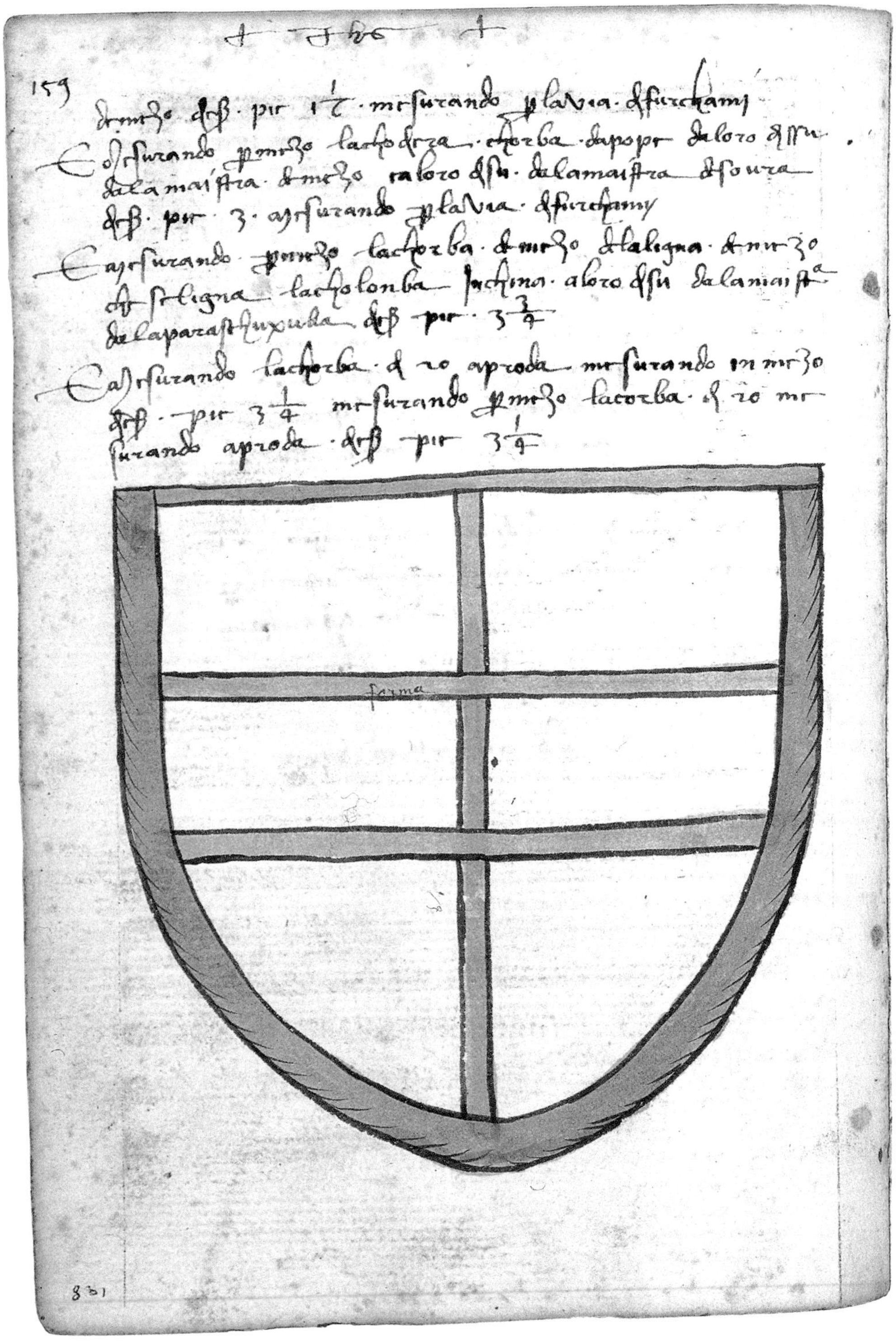

f. 159b

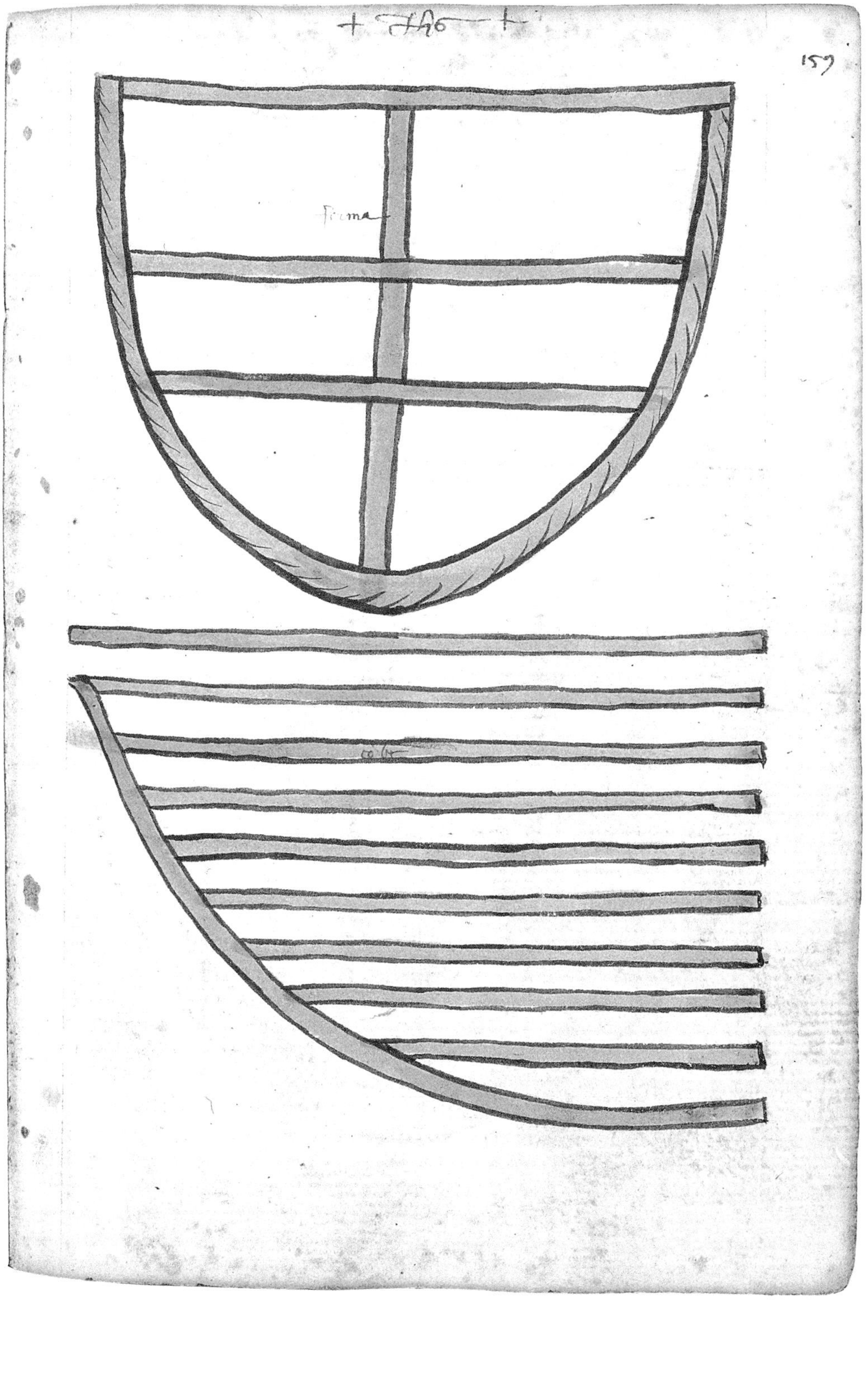

f. 160a

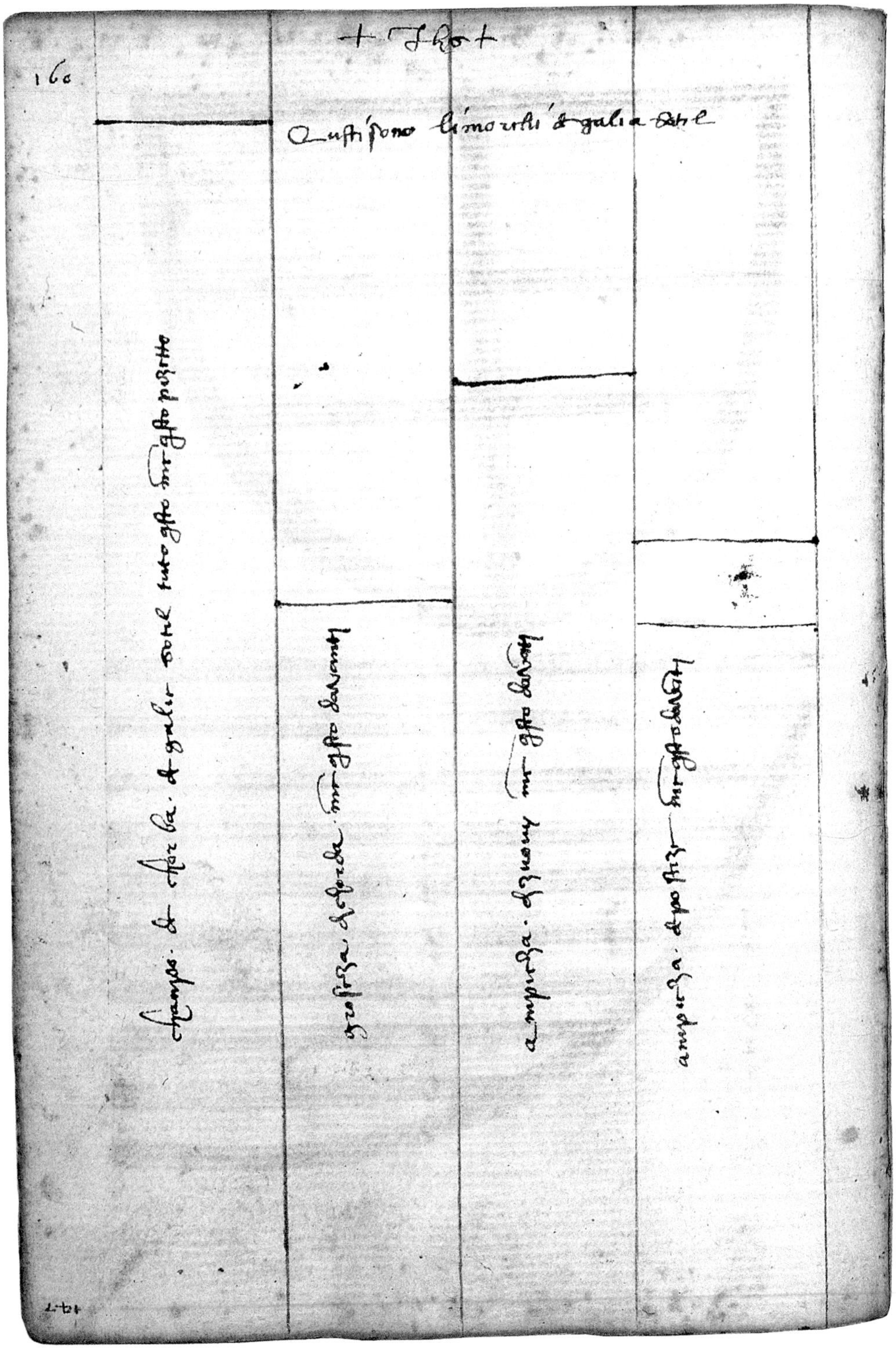

f. 160b

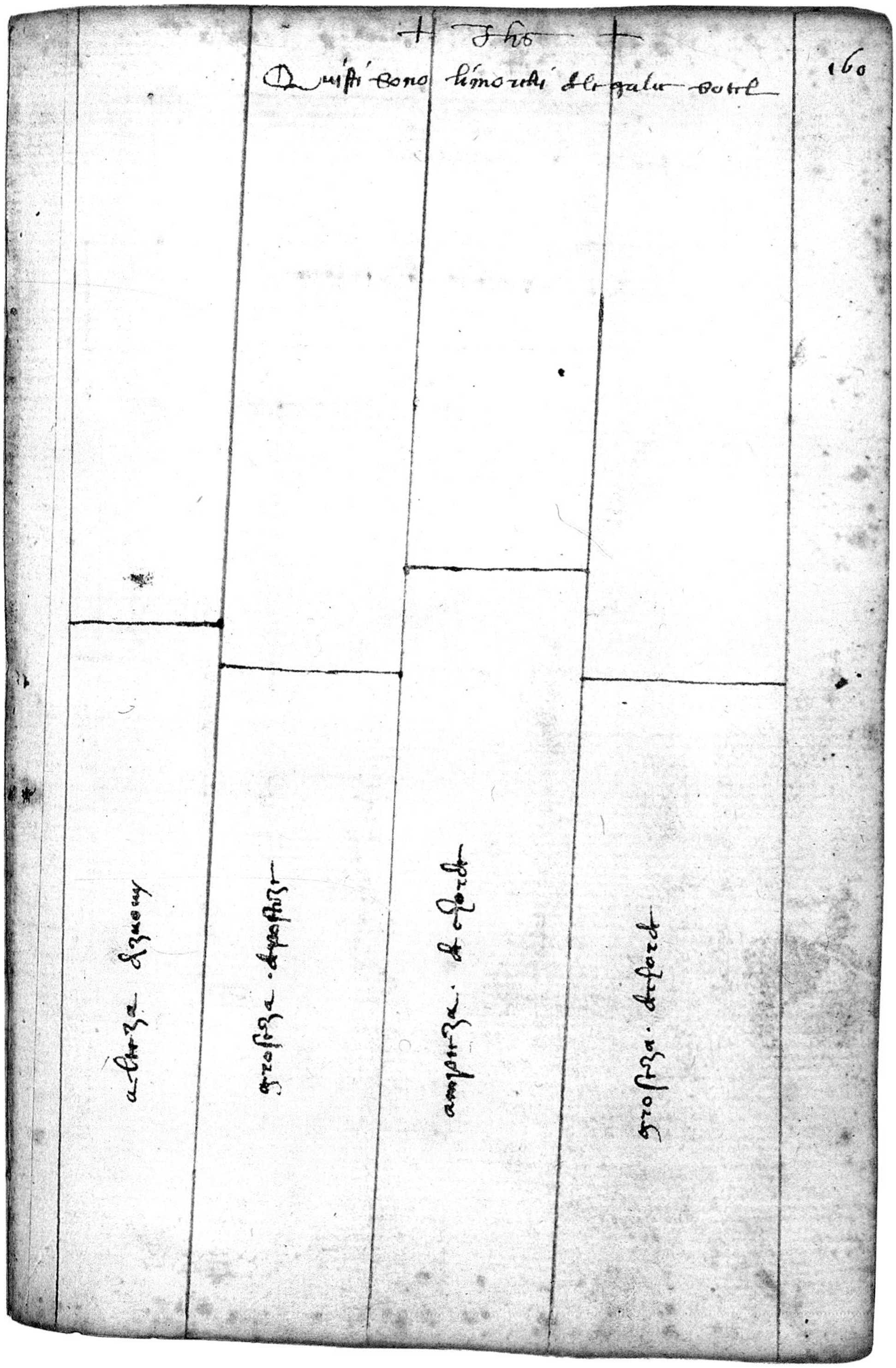

f. 161a

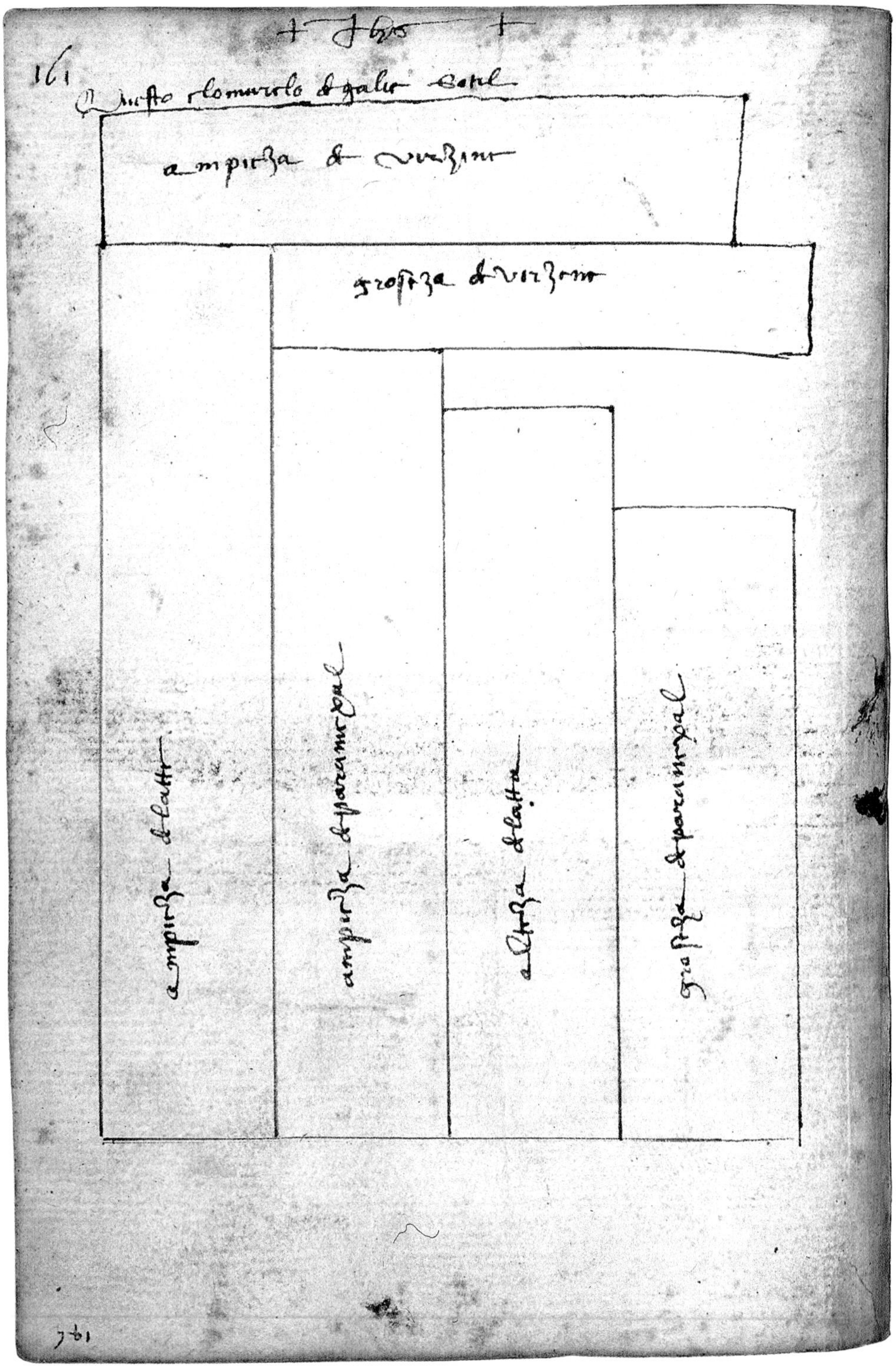

f. 161b

f. 162a

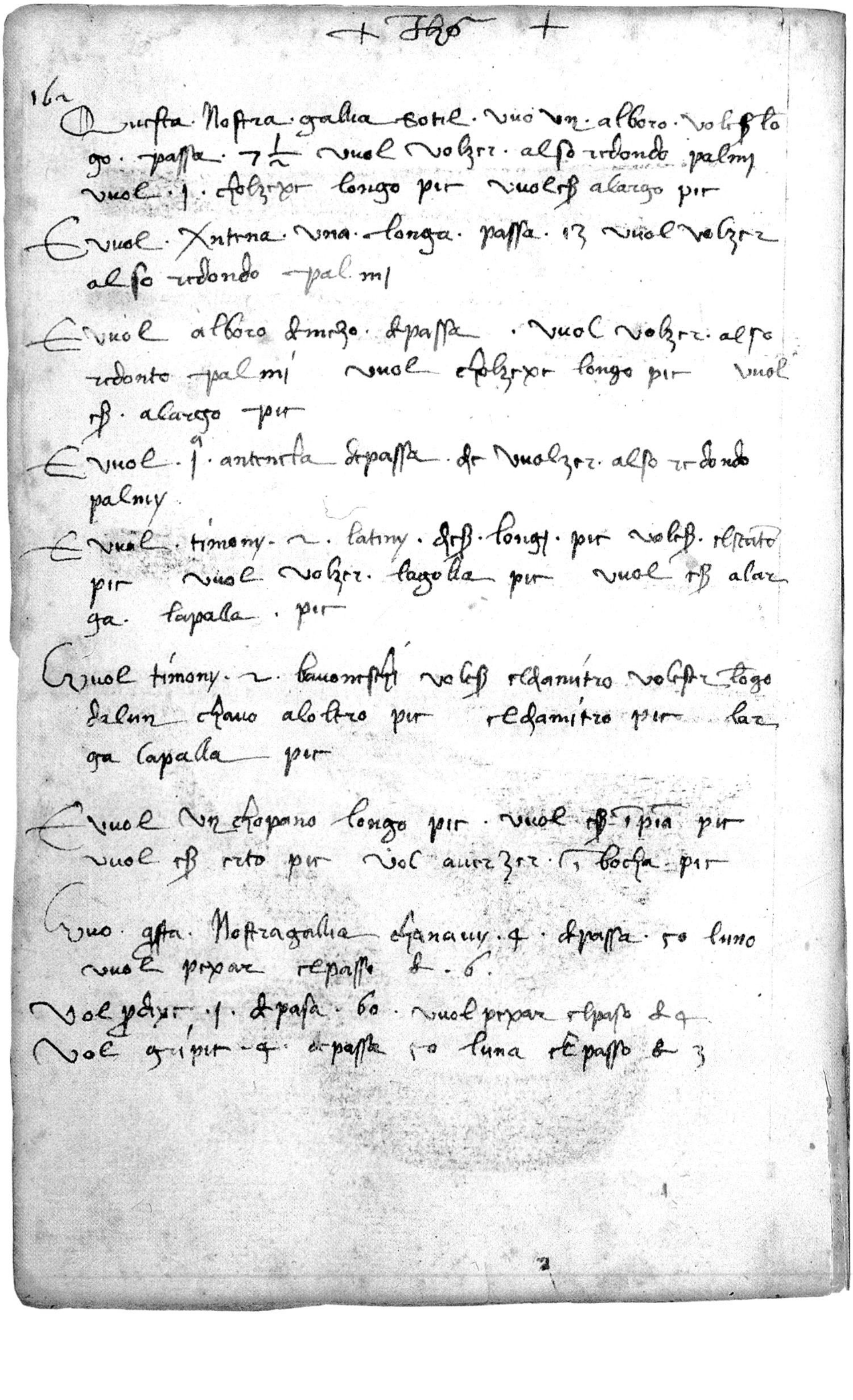

+ Ihs +

162 Questa nostra galia sotil vuol un alboro volesse longo passa 7 1/2 vuol volzer al so redondo palmi
vuol j chalzexe longo pie vuolesse alargo pie

E vuol antena una longa passa 13 vuol volzer al so redondo palmi

E vuol alboro de mezo de passa vuol volzer al so redonto palmi vuol chalzexe longo pie vuol esse alargo pie

E vuol j antenela de passa de vuolzer al so redondo palmi

E vuol timoni 2 latini chesse longi pie volesse el stato pie vuol volzer lagolla pie vuol esse alarga la spala pie

E vuol timoni 2 bavonesqui volesse el chamitro volesse longo delun chavo alaltro pie el chamitro pie large la spalla pie

E vuol un chopano longo pie vuol esse piana pie vuol esse alto pie vol aurezer la bocha pie

E vuo questa nostra galia chanavi 4 de passa 50 luno vuol pexar el passo lb. 6

Vol pelexir j de passa 60 vuol pexar el passo lb. 4

Vol gripie 4 de passa 50 luna el passo lb. 3

f. 162b

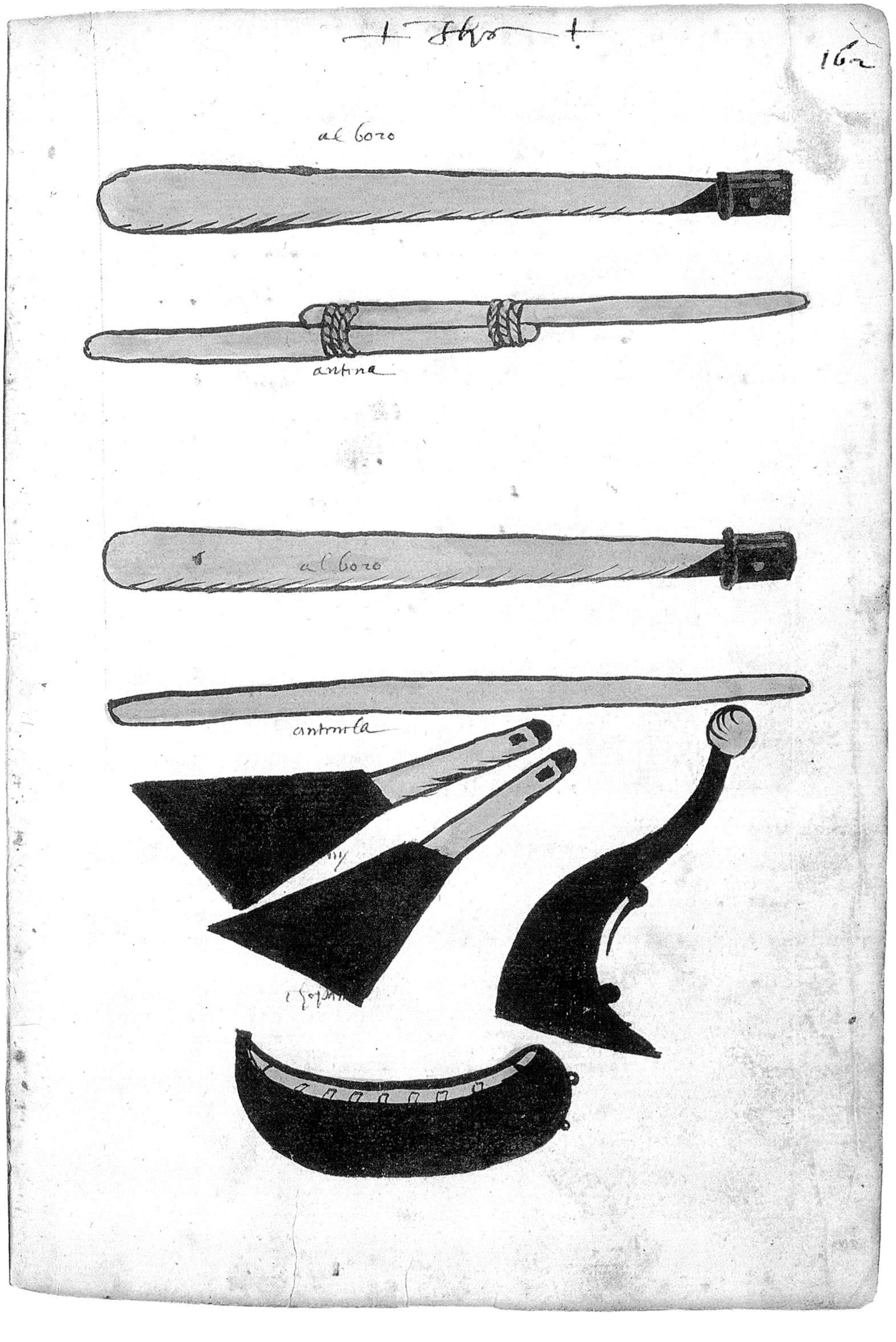

f. 163a

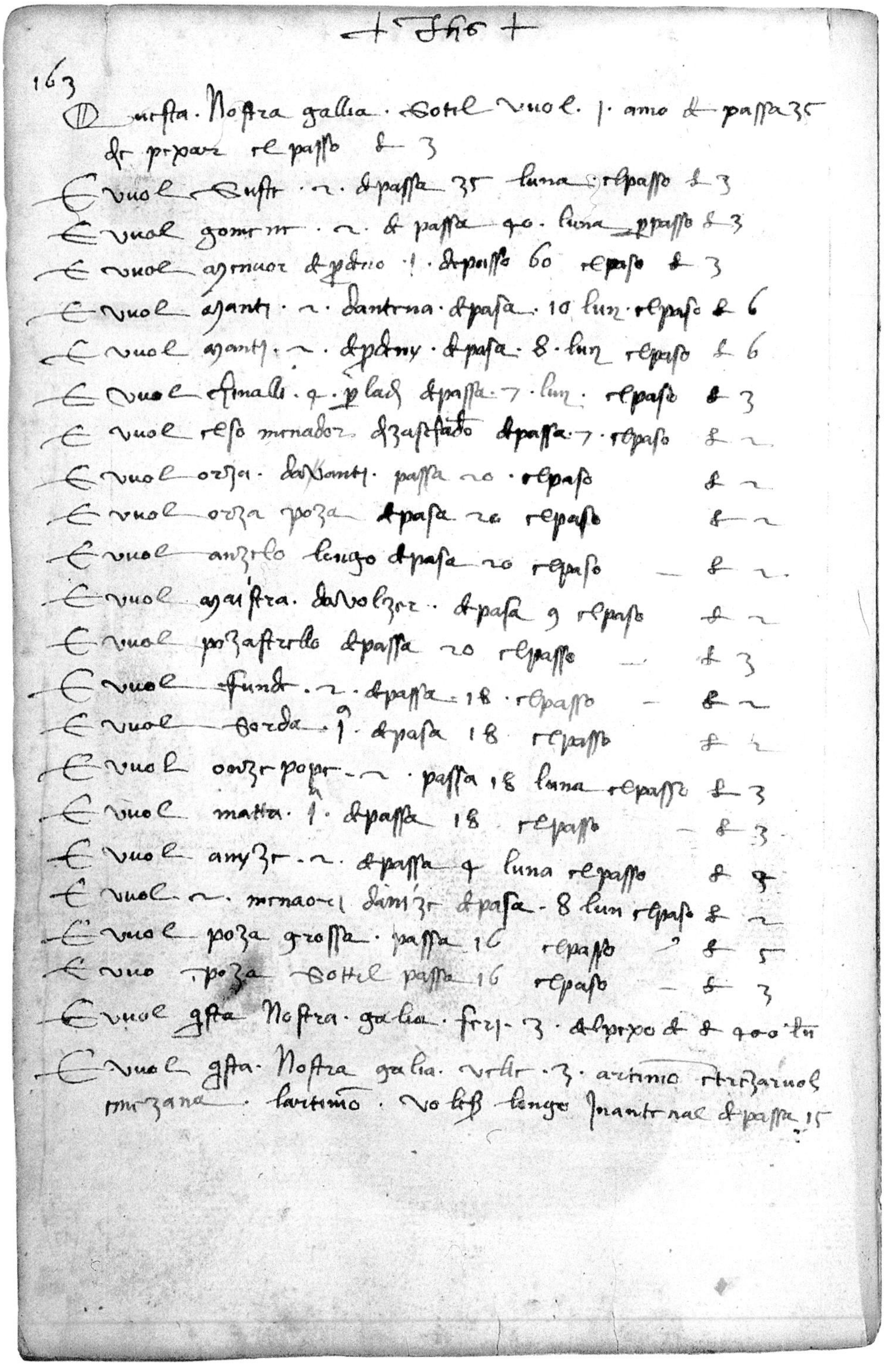

f. 163b

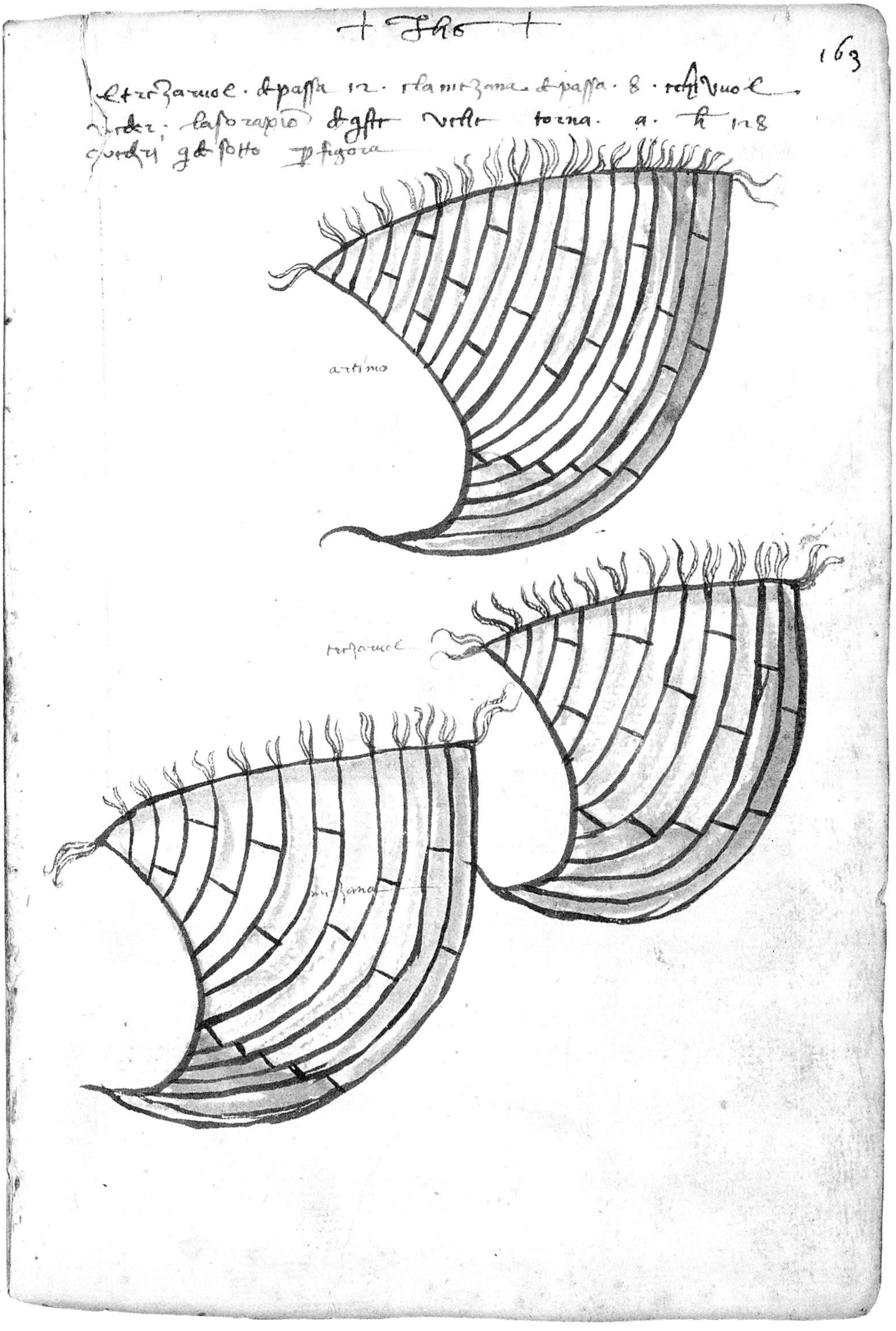

f. 164a

f. 164b

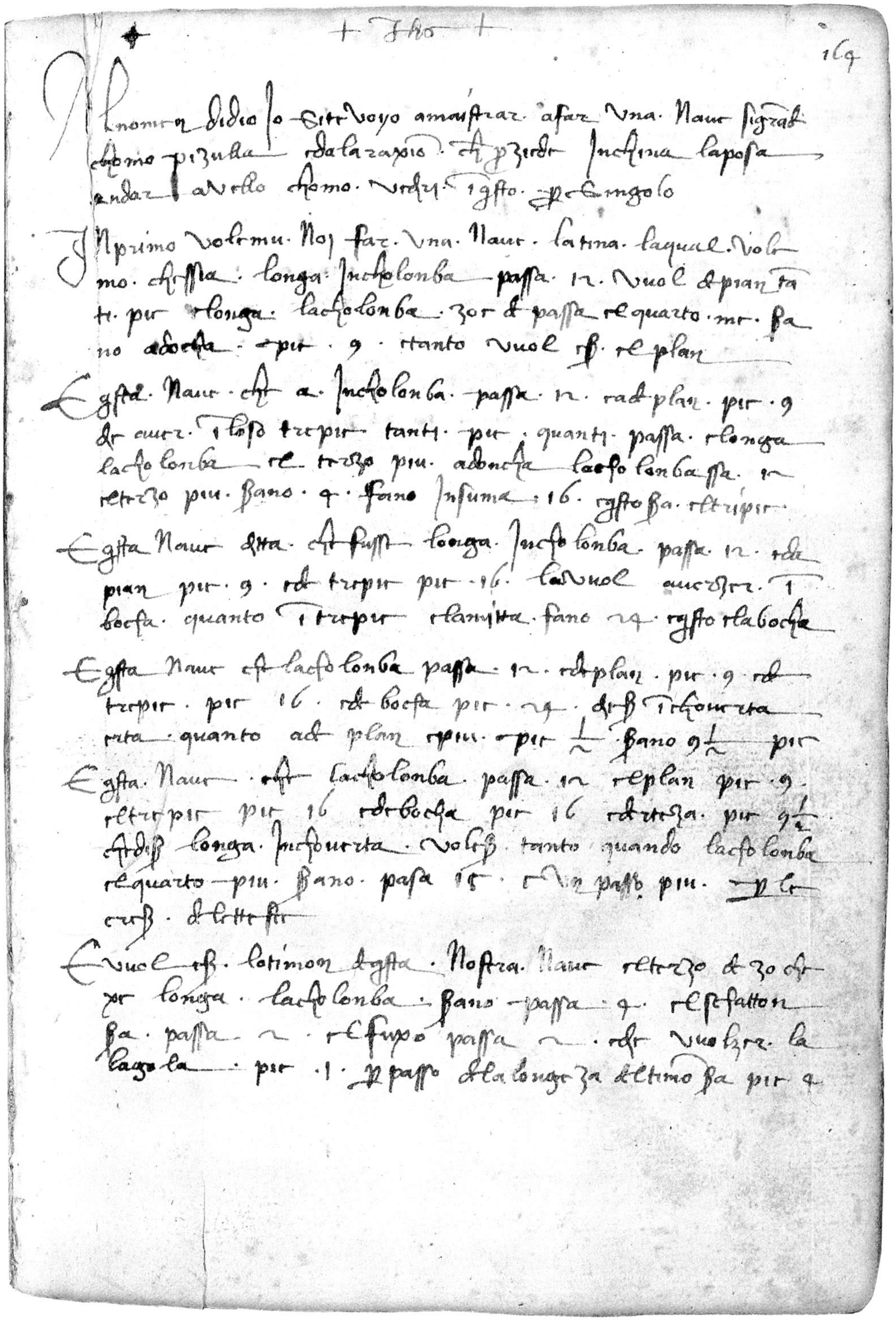

+ Iħs +

164

In nome de dio io te voio amaistrar a far una nave segondo
chomo pizolla e de la raxion che per zerto insina la possa
andar a quello chomo vederai in questo per el sangolo

In primo volemo noi far una nave latina la qual vole
mo che sia longa in cholonba passa 12 vuol de pianta
ti per e longa la cholonba zoe de passa el quarto men fa
no adoncha per 9 e tanto vuol esser el plan

E questa nave che a in cholonba passa 12 e a de plan per 9
de aver i so trepie tanti per quanti passa e longa
la cholonba el terzo piu adoncha la cholonba passa 12
e el terzo piu fano 4 fano in suma 16 e questo sia el trepie

E questa nave ditta che fusse longa in cholonba passa 12 e de
plan per 9 e de trepie per 16 la vuol aver de i
bocha quanto i trepie e la mitta fano 24 e questo e la bocha

E questa nave che la cholonba passa 12 e de plan per 9 e de
trepie per 16 e de bocha per 24 de esser i chouverta
... quanto e de plan e piu e per 1/2 fano 9 1/2 per

E questa nave che la cholonba passa 12 e plan per 9
e trepie per 16 e de bocha per 16 e de terza per 9 1/2
e de esser longa in sovverta vol esser tanto quando la cholonba
el quarto piu fano passa 15 e 1/2 passo piu per le
curve de le teste

E vuol esser lo timon de questa nostra nave el terzo de zo che
per longa la cholonba fano passa 4 el so fatton
sia passa 2 e el fuso passa 2 e de vuolzer la
lagola per 1 passo de la longeza del timo sia per 4

f. 165a

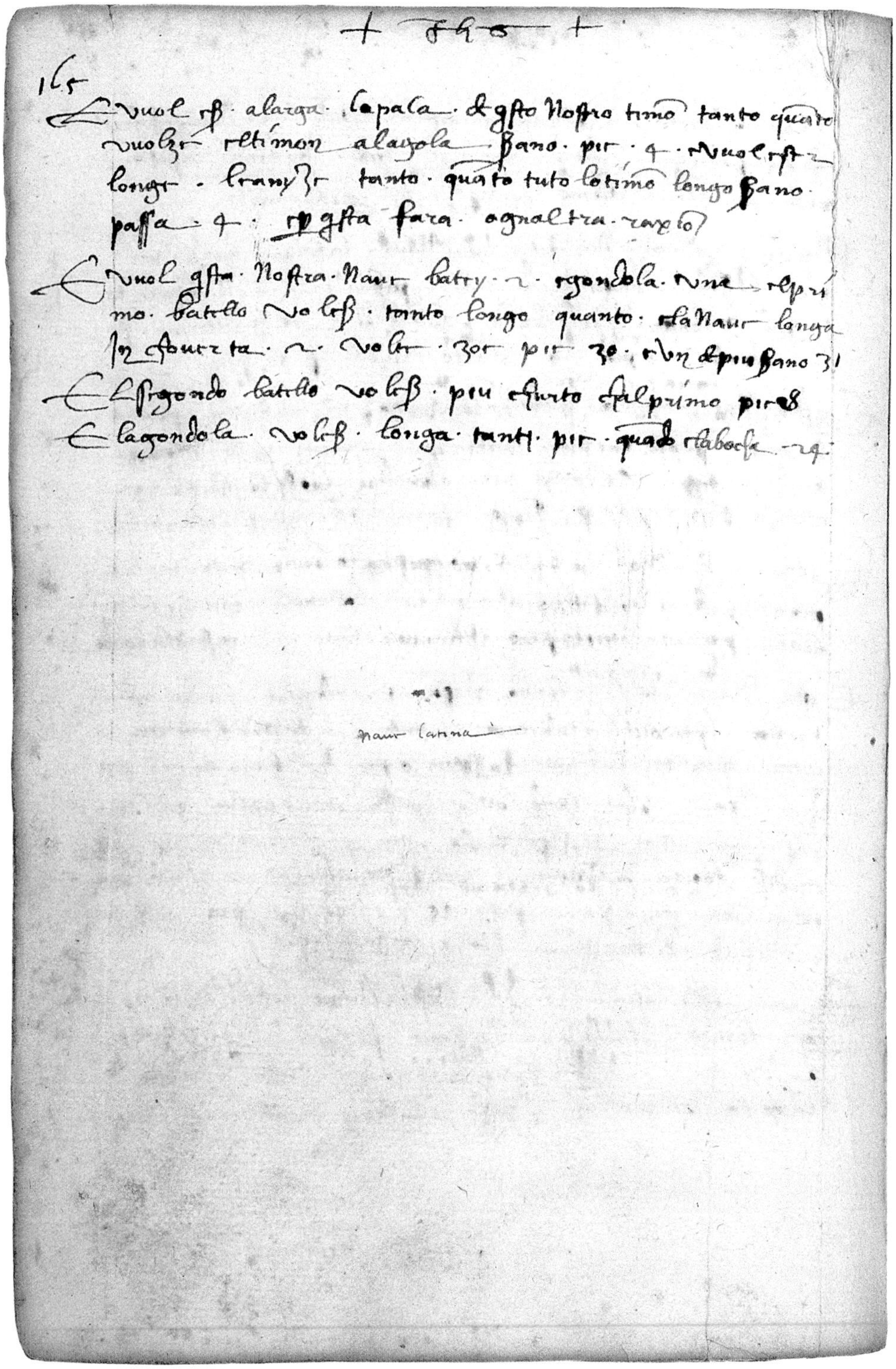
+ JHS +

165

E vuol esser alarga la pala de questo nostro timo tanto quanto vuolzer el timon alazola piano per 4 e vuol esser longa le ranze tanto quanto tuto lo timo longo piano passa 4 e per questa fara ogni altra raxion

E vuol questa nostra nave batelli 2 e gondola una el primo batello vol esser tanto longo quanto e la nave longa in coverta e volzer per 30 e un de piu piano 31

E l segondo batello vol esser piu curto del primo per 8

E la gondola vol esser longa tanti per quanto e la bocha 24

naue latina

f. 165b

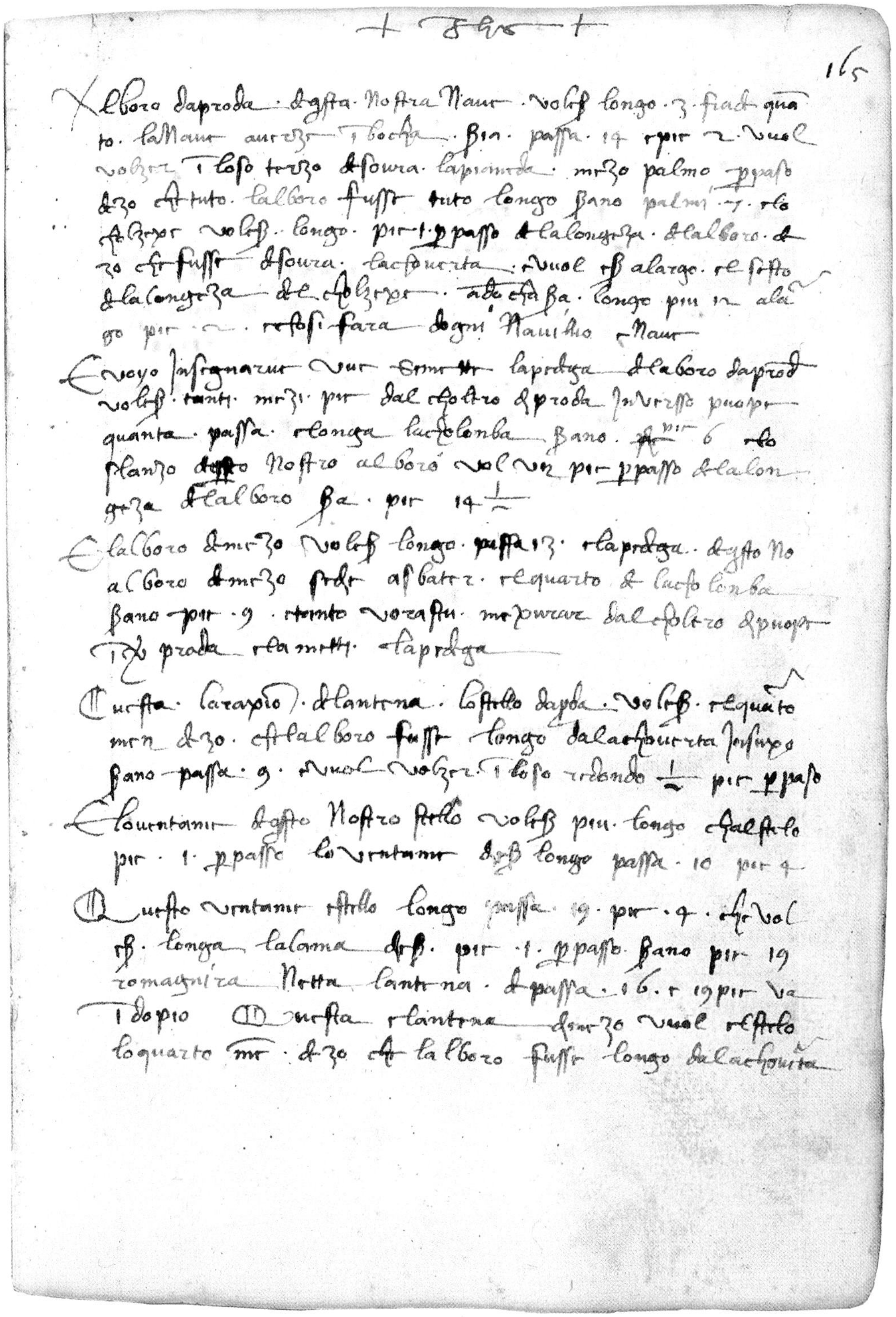

f. 166a

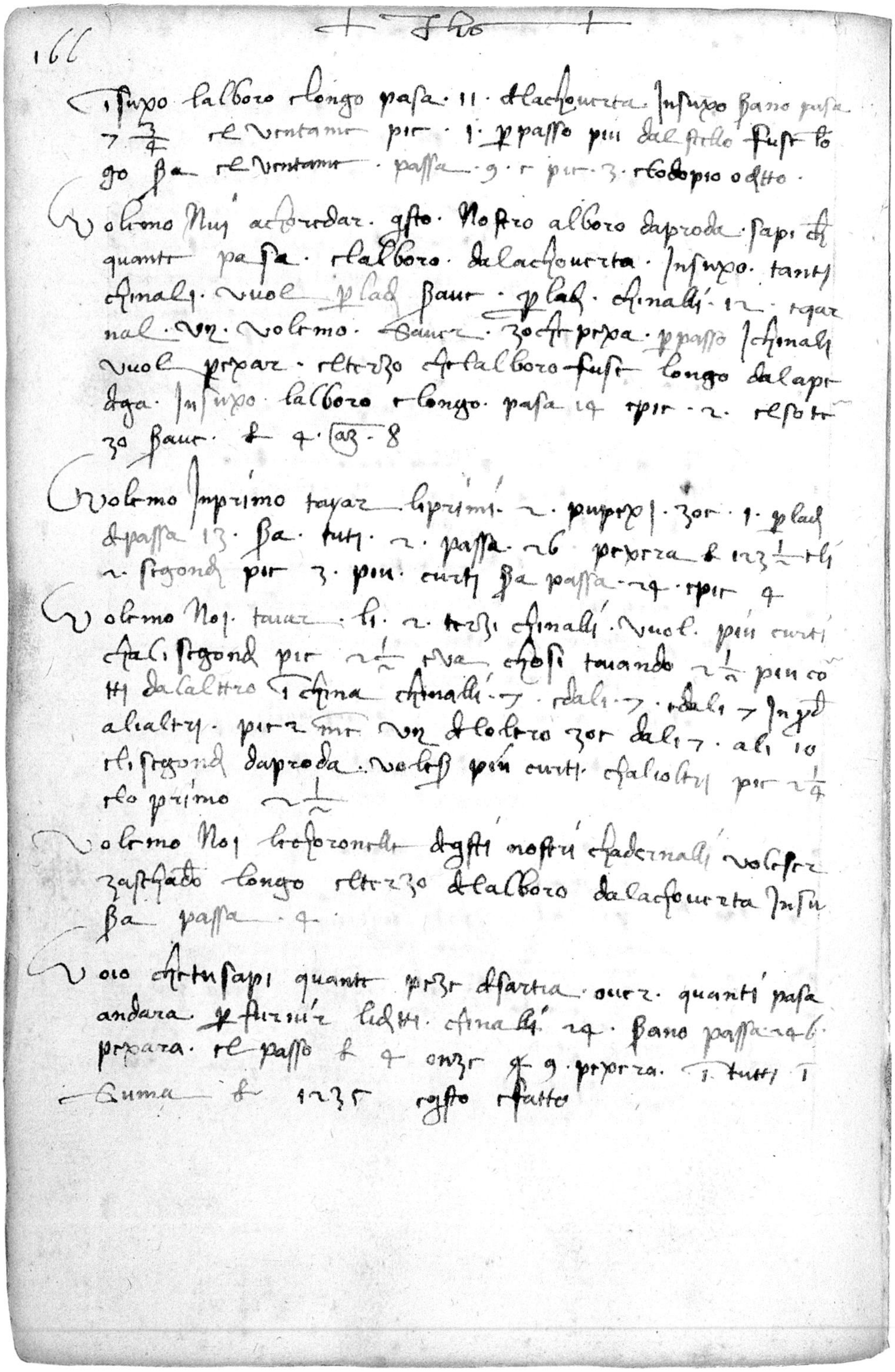

f. 166b

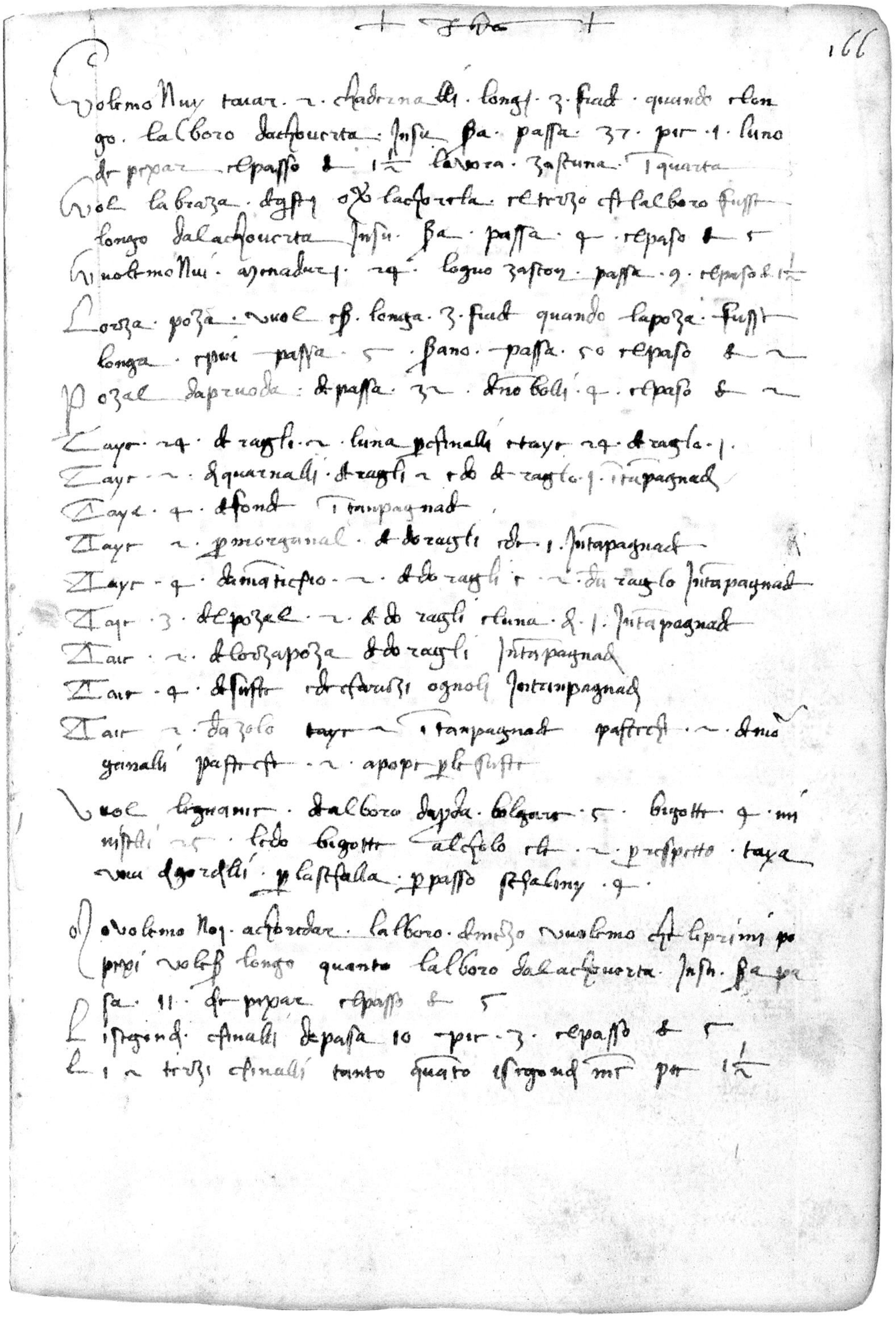

f. 167a

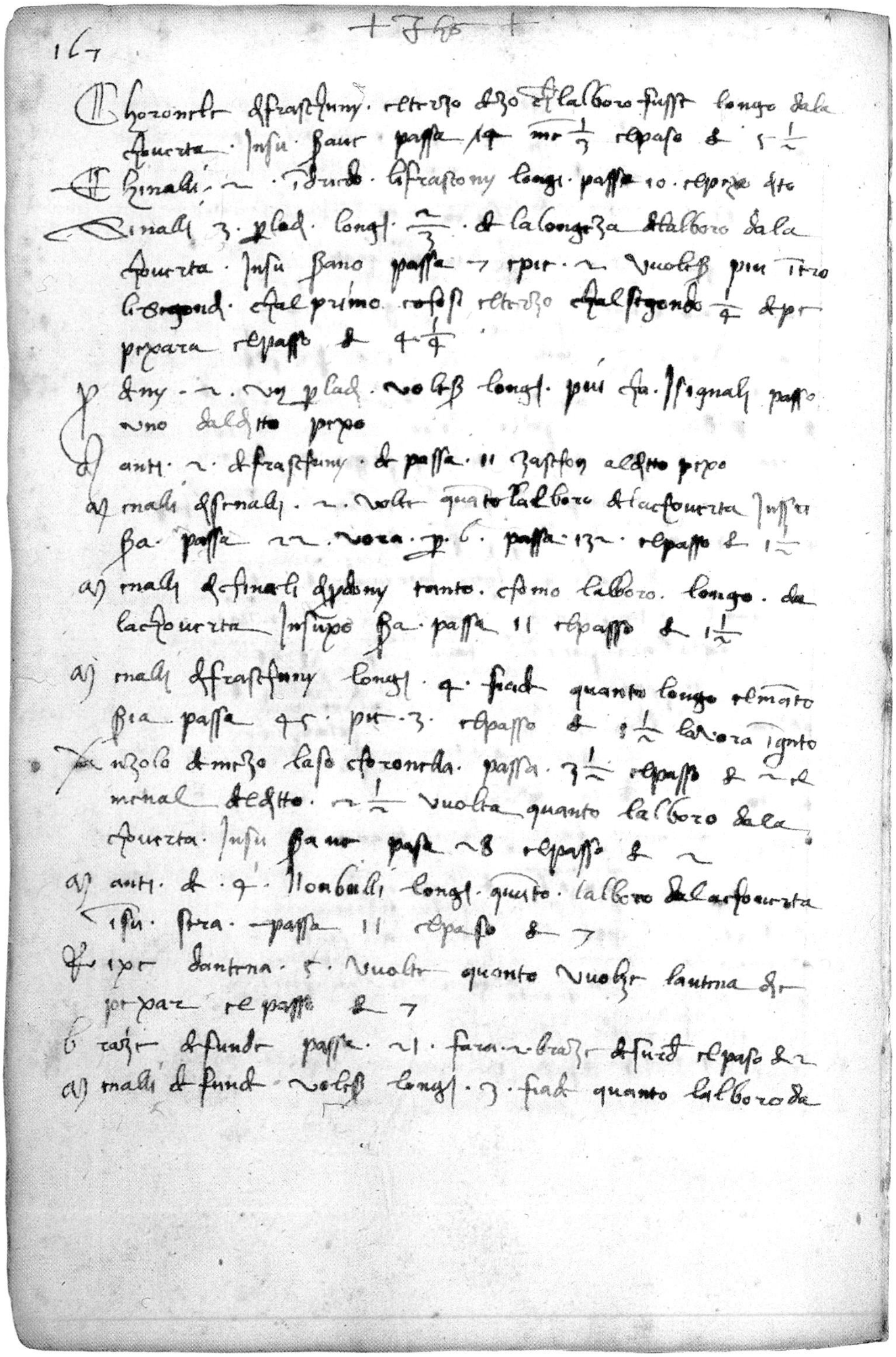

f. 167b

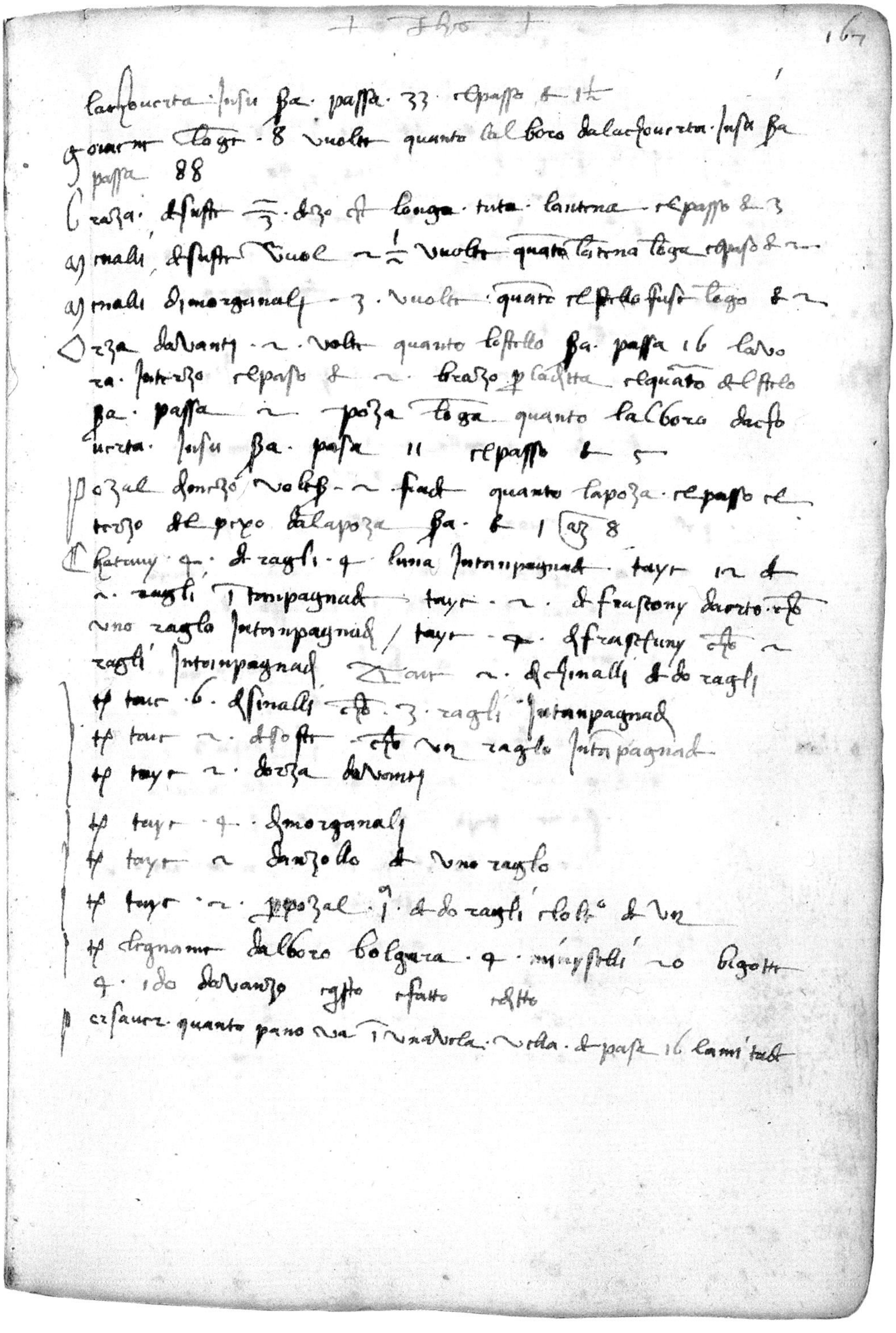

f. 168a

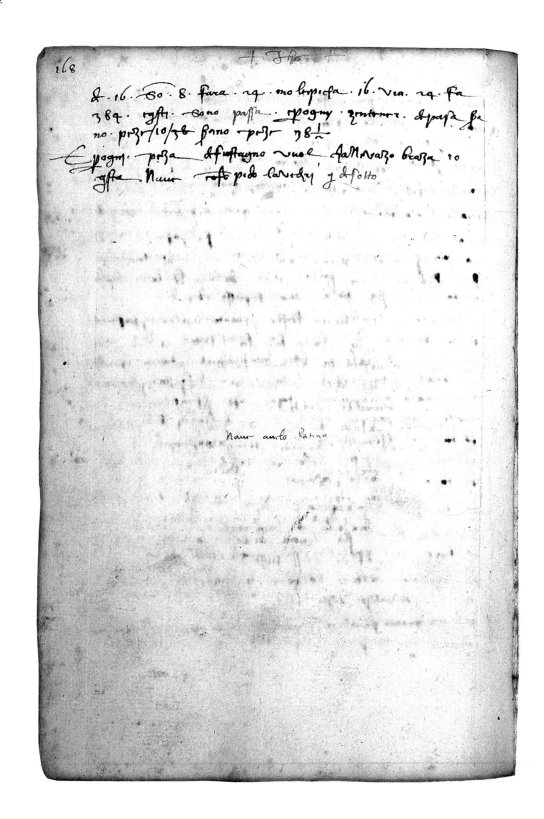

f. 168b

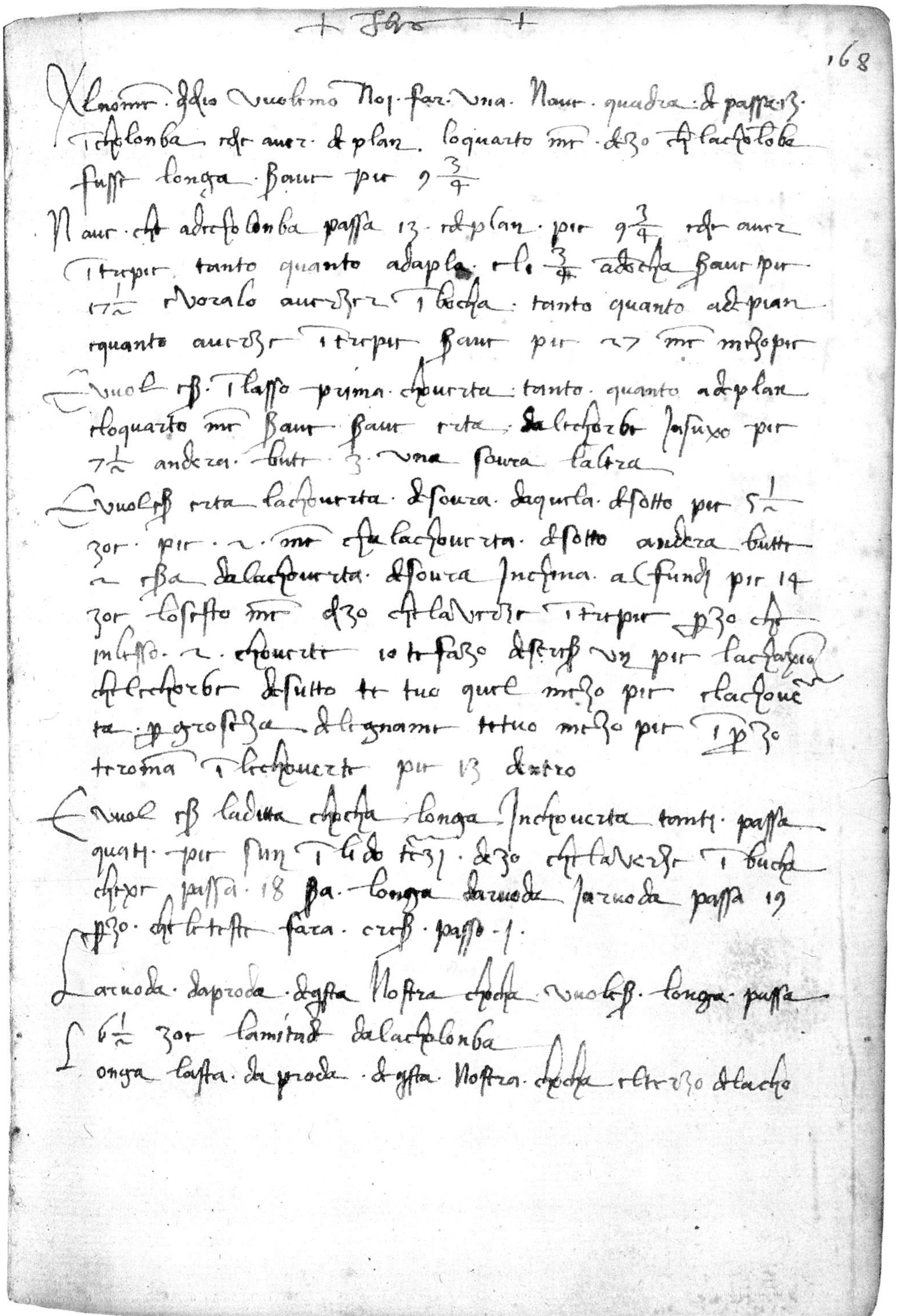
+ Jhs +

168

Xl nome de dio volemo noi far una nave quadra de passa 23
in cholonba e che averà de plan lo quarto men de zo che la cholonba
fusse longa. haverà per 9 3/4
Nave che à de cholonba passa 23 e de plan per 9 3/4 e che averà
in trepie tanto quanto à de plan e li 3/4 a descha haverà per
17 1/2 e vorà lo averzer in bocha tanto quanto à de plan
e quanto averzer in trepie haverà per 27 men meso per
E vuol esser in passo prima chouerta tanto quanto à de plan
e lo quarto men haverà haverà reta dalle chorbe in suxo per
7 1/2 andera butte 3 una sovra l'altra
E vuol esser reta la chouerta de sovra da quella de sotto per 5 1/2
zor per 2 men che la chouerta de sotto andera butte
2 essa da la chouerta de sovra in fina al fundi per 14
zor lo sotto men de zo che la verzer in trepie perzo che
[illegible] 2 chouerte [illegible] per la chasa
che le chorbe de sotto [illegible] mezo per e la chouerta
[illegible] grossezza de legname [illegible] mezo per in perzo
[illegible] le chouerte per 13 dentro
E vuol esser la ditta chocha longa in chouerta tanti passa
quanti per [illegible] de zo che la verzer in bocha
[illegible] passa 18 la longa darnoda [illegible] darnoda passa 19
perzo che le teste sara cresse passo 1.
Larnoda da proda de questa nostra chocha vuol esser longa passa
6 1/2 zor la mitade de la cholonba
Longa l'asta da proda de questa nostra chocha e lo terzo de la cho

f. 169a

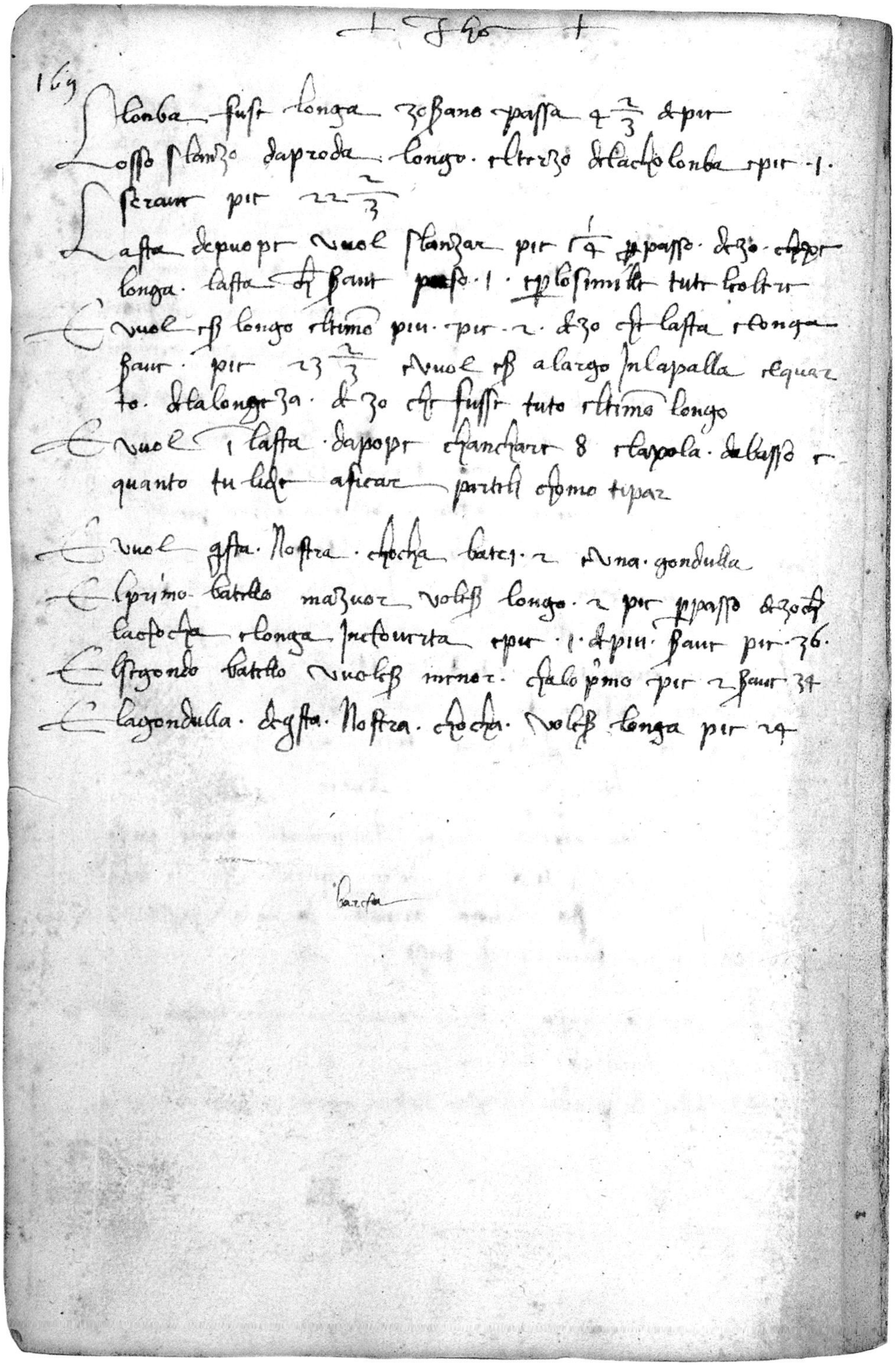

f. 169b

f. 170a

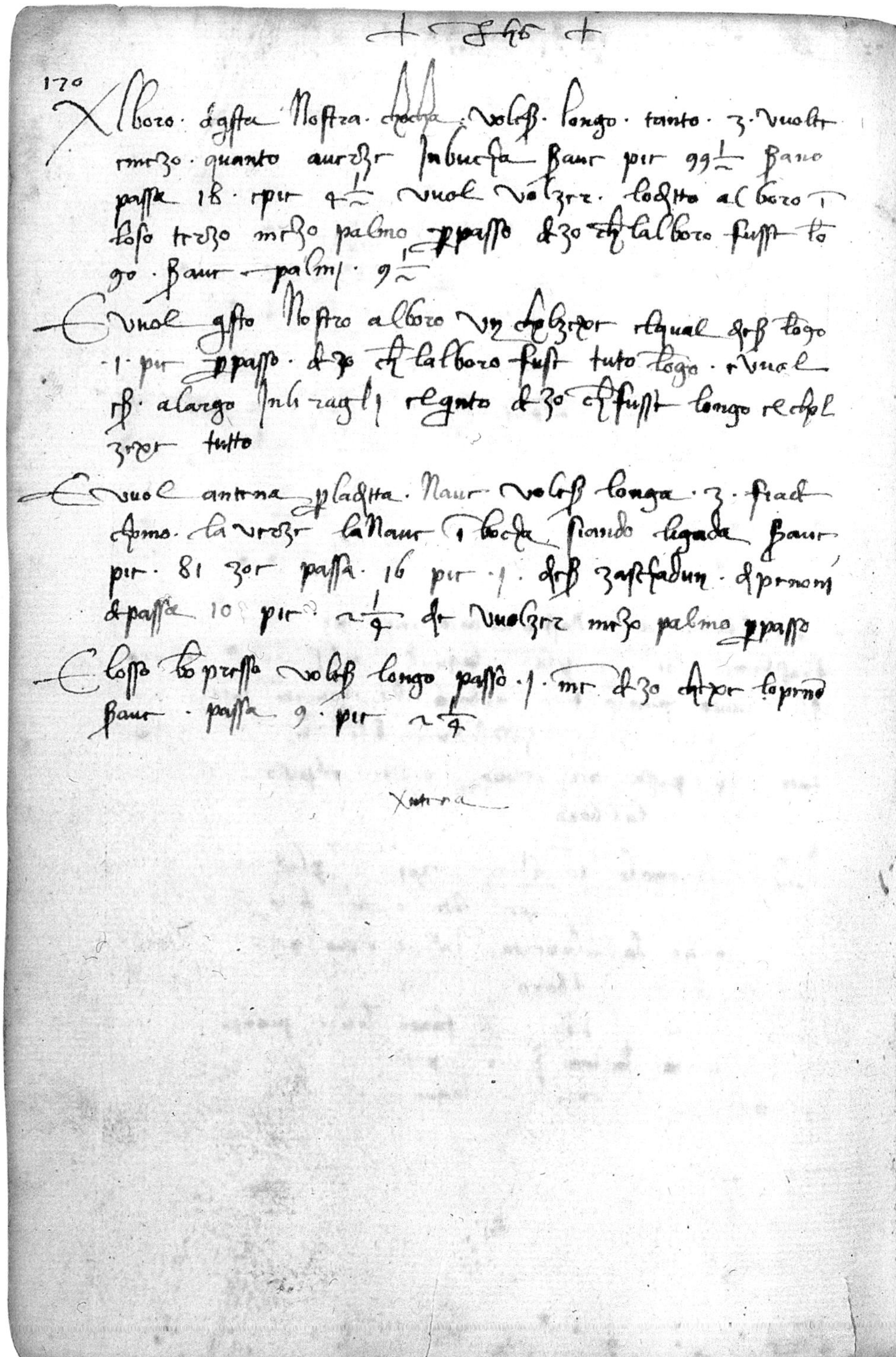
+ Jhesus +

170 Albero de questa nostra chocha vol esser longo tanto e vuol esser el mezo quanto averzer in bucha saver per 99 1/2 sono passa 18 e pie 4 1/2 e vuol volzer lo ditto albero in lo so terzo mezo palmo per passo de zo che l'albero fusse longo saver palmi 9 1/2

E vuol questo nostro albero un chalzexe el qual de esser longo 1 pie per passo de zo che l'albero fusse tuto longo e vuol esser alargo in li ragli el quanto de zo che fusse longo el chalzexe tutto

E vuol antena per la ditta nave vol esser longa e fiade chomo la vuolzer la nave in bocha siando ligada saver pie 81 zoe passa 16 pie 1 de esser zascaduna de prenom de passa 10 pie 2 1/4 e vuol zer mezo palmo per passo

E lo so teropresso vol esser longo passo 1 meno de zo che zoe lo prono saver passa 9 pie 2 1/4

Xetera

f. 170b

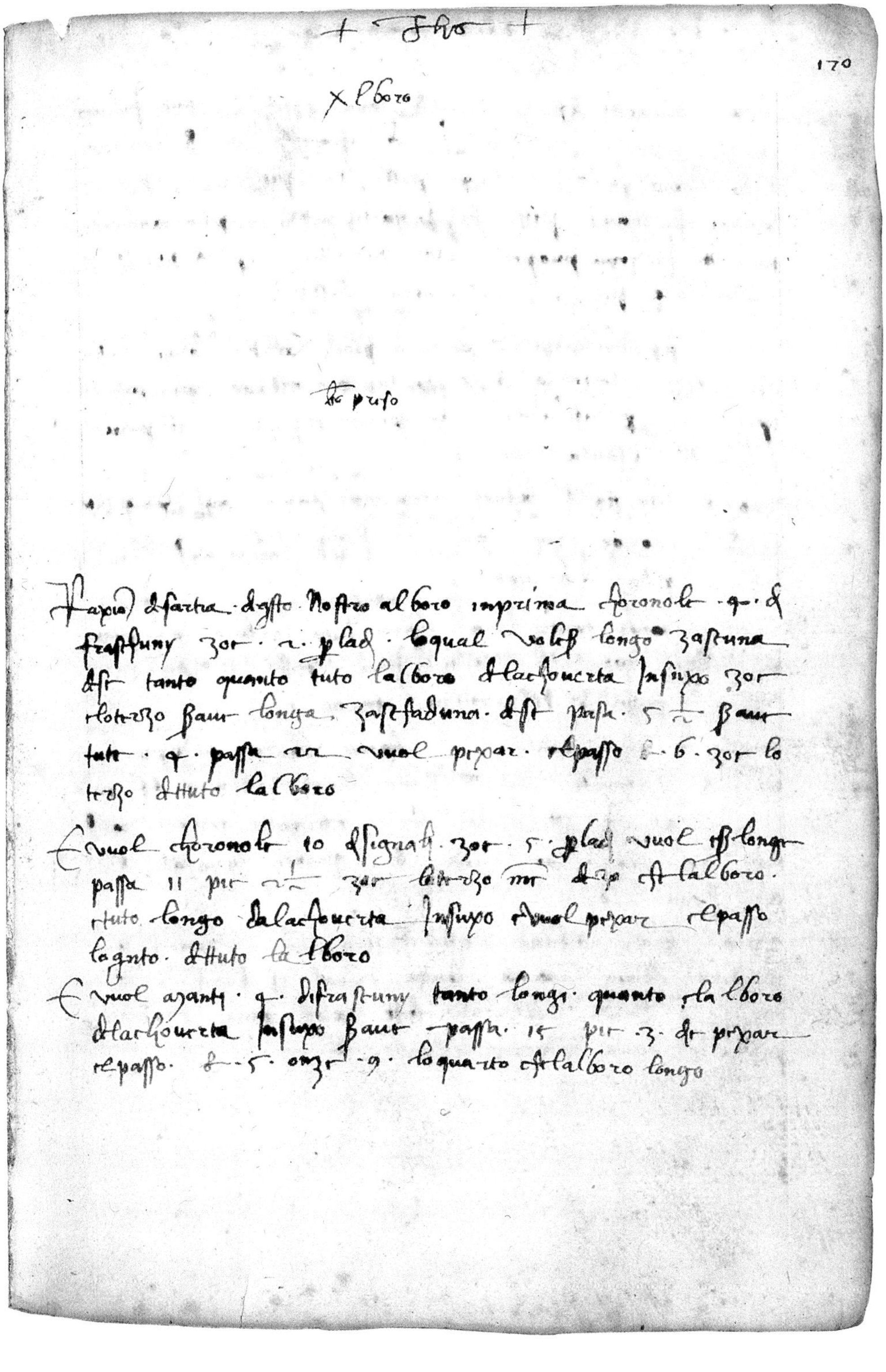
+ Yhs +

170

X l'alboro

de pruso

Sarzia de sartia de questo nostro alboro imprima choronele 4 de
frasfuny zoe 2 plache lequal vol esser longo zascuna
de esser tanto quanto tuto lalboro dela choverta in suxo zoe
elo terzo schaun longa zaschaduna de esser passa 5 1/2 schaun
tute 4 passa 22 vuol pexar el passo lb 6 zoe lo
terzo de tuto lalboro

E vuol choronele 10 designati zoe 5 plache vuol esser longe
passa 11 per 1/2 zoe lo terzo men de quel che lalboro
e tuto longo dala choverta in suxo e vuol pexar el passo
la quinto de tuto lalboro

E vuol ayanti 4 di frasfuny tanto longi quanto e lalboro
dela choverta in suxo schaun passa 15 per 3 de pexar
el passo lb 5 onze 9 lo quarto che lalboro longo

f. 171a

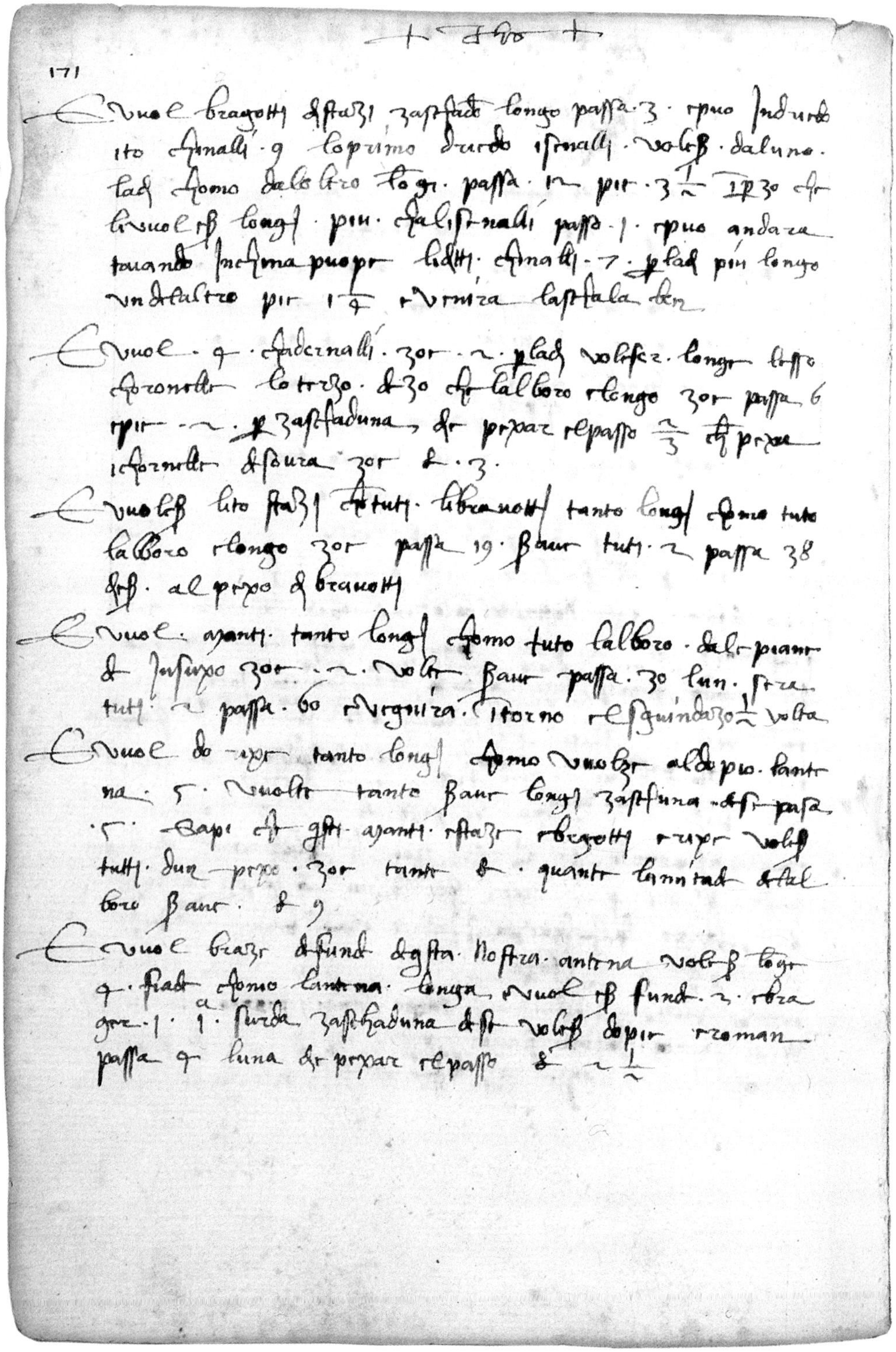

f. 171b

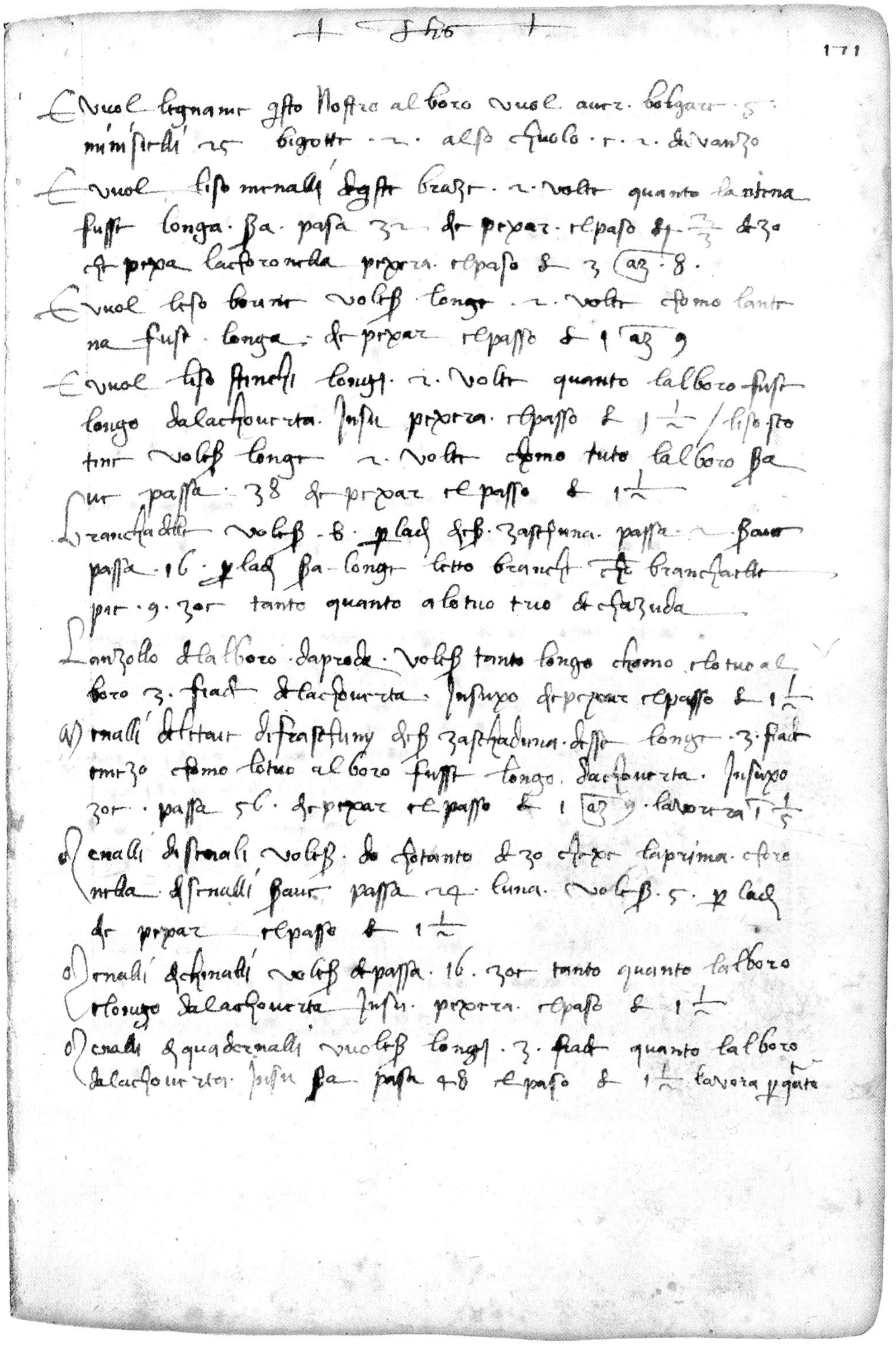
+ Ihs +
171
E vuol legname qsto nostro al boro vuol. aure. bolgare 5
mimstrelli 25 bigotte 2. also chuolo 2 2 de vanzo
E vuol lisso menalli de qste brazi 2 volte quanto la antena
fusse longa. fa. passa 32 de pexar el passo lb 2/3 de zo
che pexa lachoronella pexera el passo lb 3 a 8.
E vuol lisso bourir volesse longe 2 volte chomo lante
na fusse longa de pexar el passo lb 1 a 9
E vuol lisso finelli longhe 2 volte quanto lalboro fusse
longo dala choureta in su pexera el passo lb 1 1/2 / lisso sto
tine volesse longe 2 volte chomo tuto lalboro fa
ur passa 38 de pexar el passo lb 1 1/2
Branchadelle volesse 8 per lado de zaschaduna passa 2 fano
passa 16 per lado fa longe tutto brancha de brancharelle
per 9 zor tanto quanto al tuo tuo de chazuda
Lanzollo de lalboro daprode volesse tanto longo chomo el tuo al
boro 3 fiade dela choureta in suxo de pexar el passo lb 1 1/2
Menalli dettaur de scaschuny de zaschaduna desse longe 3 fiade
e mezo chomo el tuo alboro fusse longo dachoureta in suxo
zor passa 56 de pexar el passo lb 1 a 9 la voura 1 1/5
Menalli de menali volesse de tanto de zo che la prima chore
nella de menalli fanno passa 24 luna volesse 5 per lado
de pexar el passo lb 1 1/2
Menalli de chinalli volesse de passa 16 zor tanto quanto lalboro
e longo dala choureta in su pexera el passo lb 1 1/2
Menalli de quadernalli volesse longe 3 fiade quanto lalboro
dala choureta in su fa passa 48 el passo lb 1 1/2 lavora per gata

f. 172a

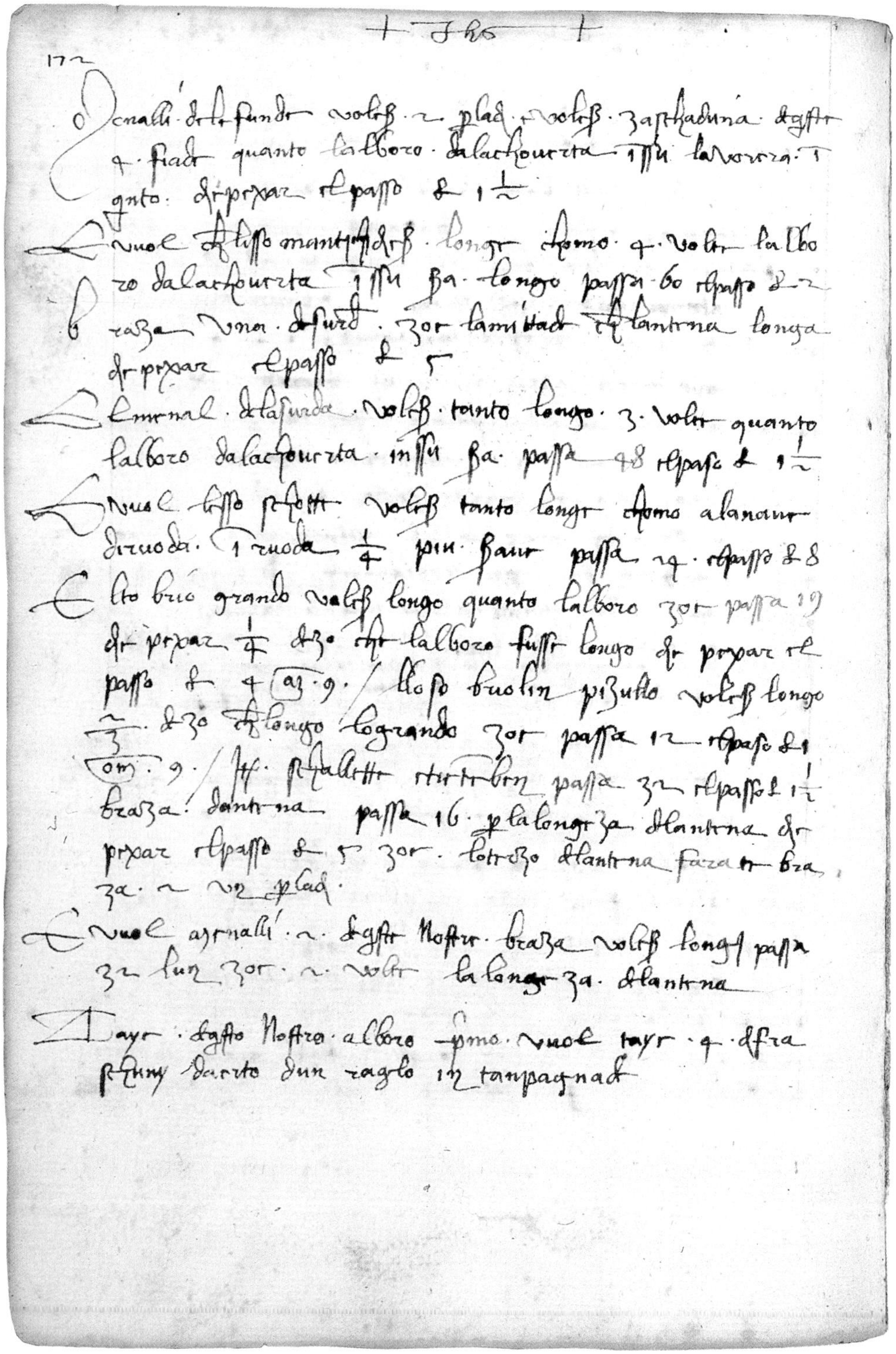
+ Jhs +

172

Oenalli de le fender volse 2 plad e volse zaschaduna de gsto
e fiade quanto lalboro dalachourcta issu lavorera i
gnto de prexar el passo d 1 1/2

Vuol el [illegible] longe chomo e volte lalbo
ro dalachourcta issu sia longo passa 60 el passo d 2
raza una de [illegible] zoe lamitade de lantena longa
de prexar el passo d 5

Lomenal de la [illegible] volse tanto longo 3 volte quanto
lalboro dalachourcta issu sia passa 48 el passo d 1 1/2

Vuol [illegible] volse tanto longe chomo alanaure
de ruoda 1 ruoda 1/4 piu sauer passa 19 el passo d 8

Lo bozo grando volse longo quanto lalboro zoe passa 19
de prexar 1/4 de zo che lalboro fusse longo de prexar el
passo d 4 az 9 / lo so buolin pizullo volse longo
1/3 de zo che longo lo grando zoe passa 12 el passo d 1
om 9 / [illegible] passa 32 el passo d 1 1/2
braza de lantena passa 16 per la longeza de lantena de
prexar el passo d 5 zoe lo terzo de lantena fazza braza 2 [illegible]

Vuol [illegible] 2 de gsto nostro braza volse longi passa
32 luni zoe 2 volte la longeza de lantena

Dayr de gsto nostro albero [illegible] vuol tayr 4 de fra
[illegible] darito dun raglo in tanpagnade

f. 172b

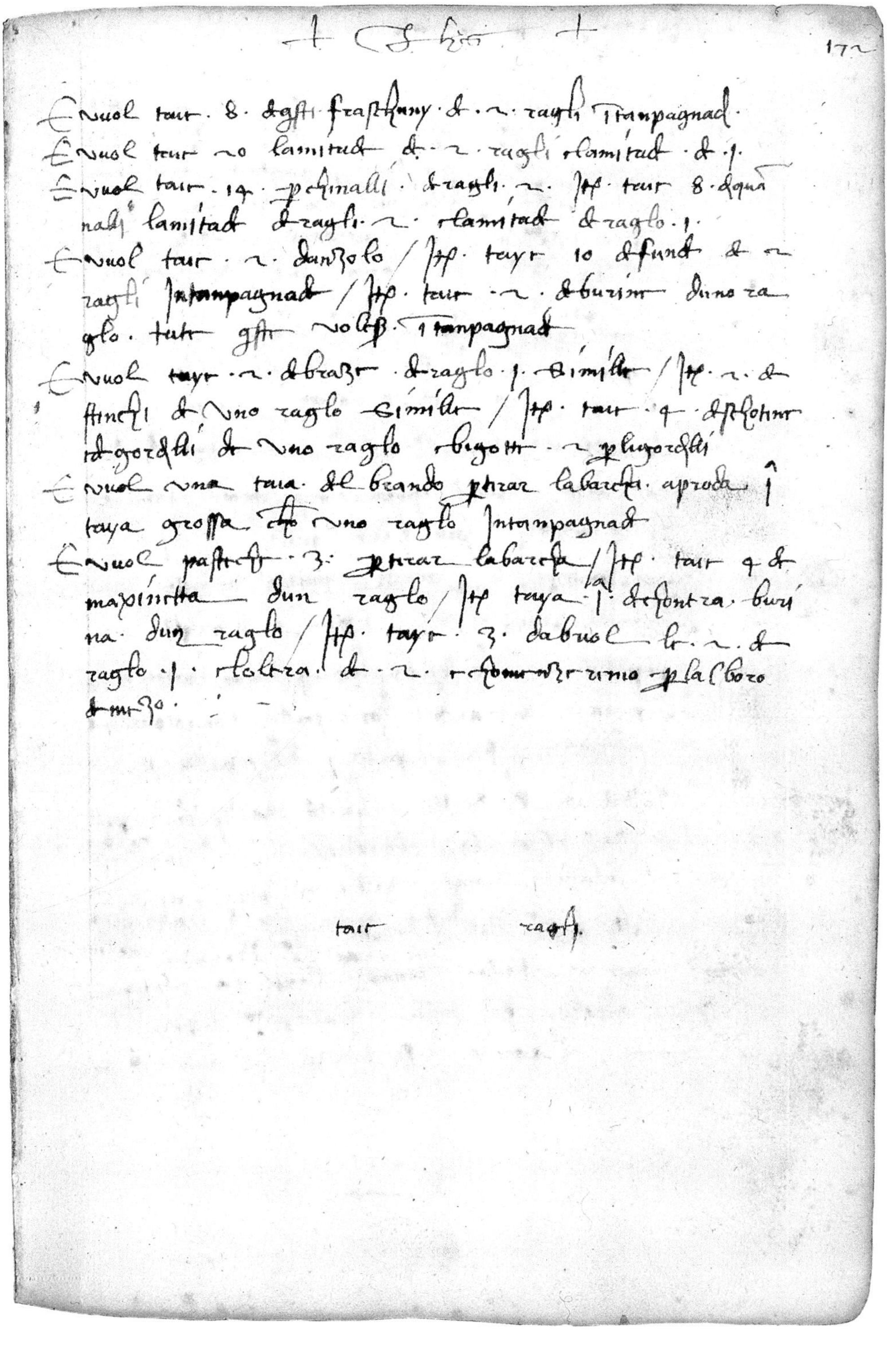
+ Jhs + 172
E vuol taie . 8 . de questi frasconi . de . 2 . ragli intanpagnadi .
E vuol taie 20 lamitade de . 2 . ragli e lamitade de . 1 .
E vuol taie . 14 . pechinalli de ragli . 2 . ittem taie 8 de quadernali lamitade de ragli . 2 . e lamitade de raglo . 1 .
E vuol taie . 2 . da nzolo / ittem taie 10 de funde de 2 ragli intanpagnadi / ittem taie . 2 . de burini de uno raglo . tute queste voleno intanpagnade
E vuol taie . 2 . de brazi de raglo . 1 . simille / ittem . 2 . de stinchi de uno raglo simille / ittem taie 4 de scotine de gordeli de uno raglo e bigotte 2 per li gordelli
E vuol una taia del brando per trar la barcha a proda in taya grossa cho uno raglo intanpagnada
E vuol pastecche 3 per trar la barcha / ittem taie 4 de mezaninella dun raglo / ittem taya 1 de sontra burina dun raglo / ittem taie 3 da bolin . 2 . de raglo . 1 . e l'oltra de 2 e [illegible] per lo boro de mezo
taie ragli

f. 173a

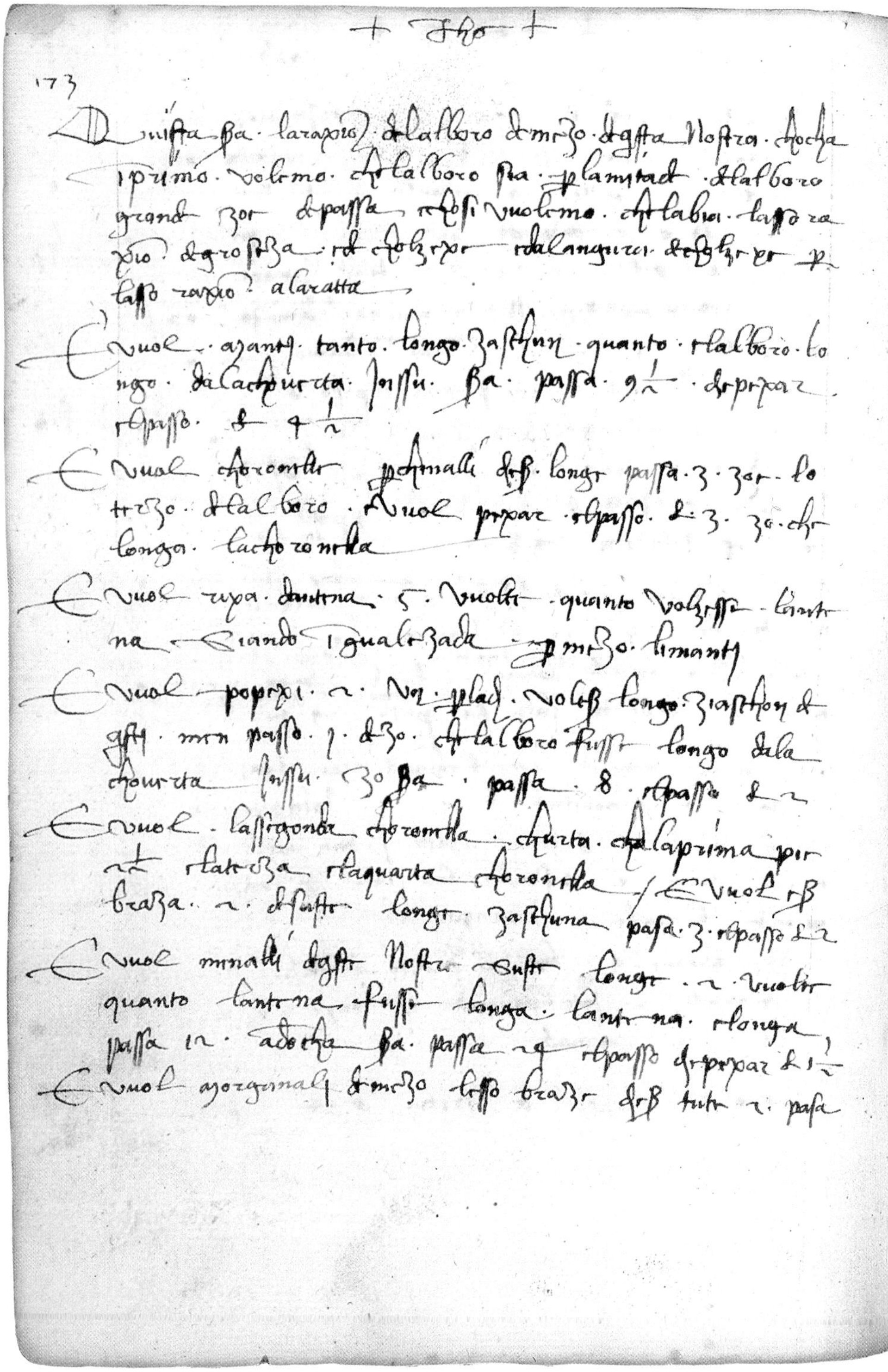

f. 173b

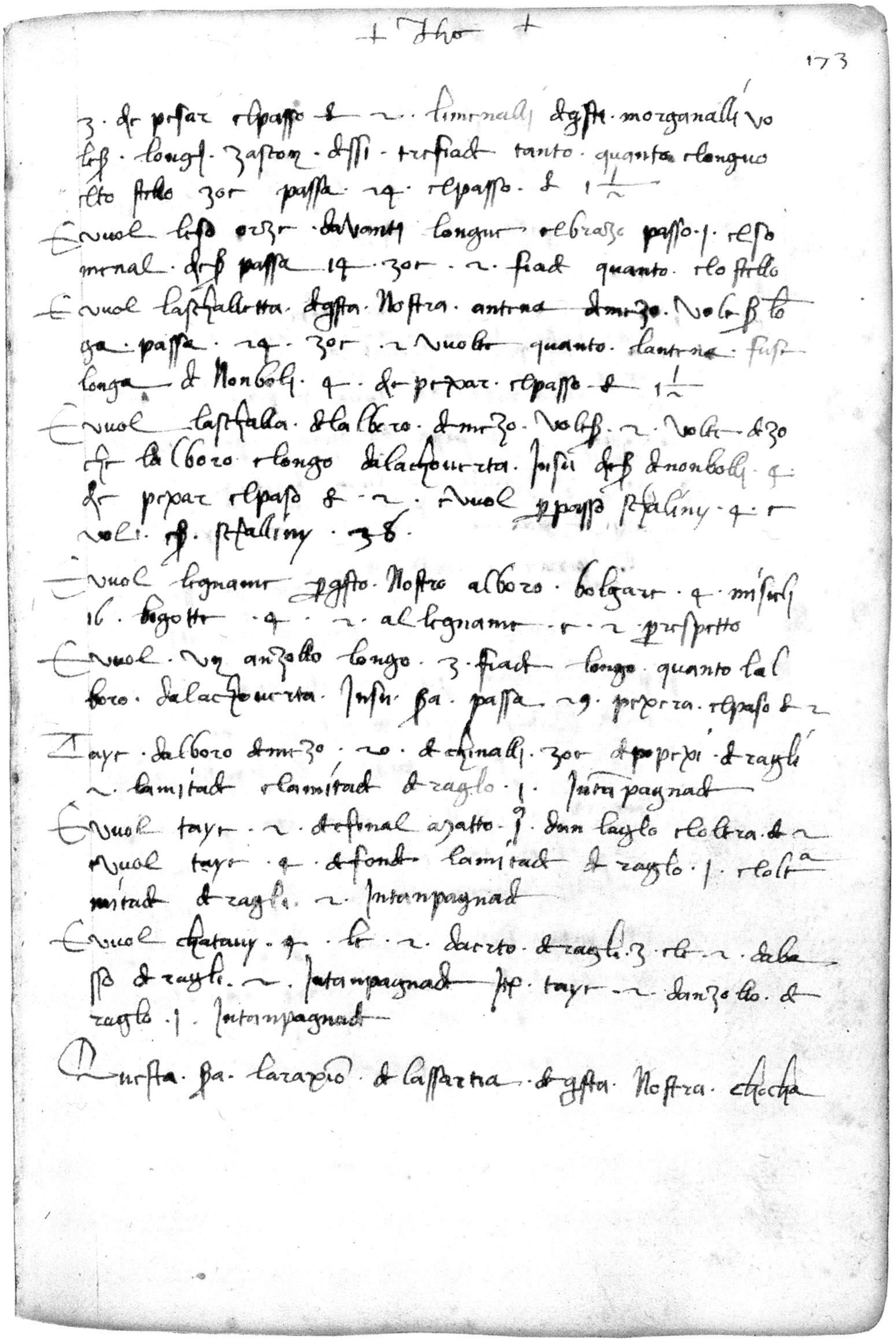

+ Iho +

173

3 de pesar el passo & 2 . timonalli de questa morganalli vo
lesse longi zaston desi tresiad tanto quanto e longuo
el to stelo zor passa 14 el passo & 1 1/2
E vuol lesse orzi davanti longui e le brazo passo 1 el so
mernal dese passa 14 zor 2 fiad quanto el so stello
E vuol la spalletta de questa nostra antena de mezo vol esser lo
ga passa 14 zor 2 vuolte quanto la antena fusse
longa de nonbolli 4 de pesar el passo & 1 1/2
E vuol la spalla del albero de mezo volesse 2 volte de zo
che l'albero e longo dala choverta insu dese de nonbolli 4
de pesar el passo & 2 . E vuol [illegible] stalini 4 e
volte [illegible] stalini 38.
E vuol legname de questa nostra albero bolzari 4 [illegible]
16 bigotte 4 2 al legname e 2 pre spetto
E vuol un anzolo longo 3 fiad longo quanto lal
boro dala choverta insu sia passa 9 preporra el passo & 2
Tayr dalboro de mezo 10 de chinalli zor de propexi de ragli
2 lamitad e la mitad de raglo 1 in tra pagnad
E vuol tayr 2 de fenal azatto 1 dun raglo e lo ltra de 2
E vuol tayr 4 de fonde la mitad de raglo 1 e lo lta
mitad de ragli 2 intanpagnad
E vuol chatany 4 [illegible] 2 darto de ragli 3 e le 2 da ba
sso de ragli 2 intanpagnad [illegible] tayr 2 danzollo de
raglo 1 intanpagnad
Questa sia la razion de la sartia de questa nostra chocha

f. 174a

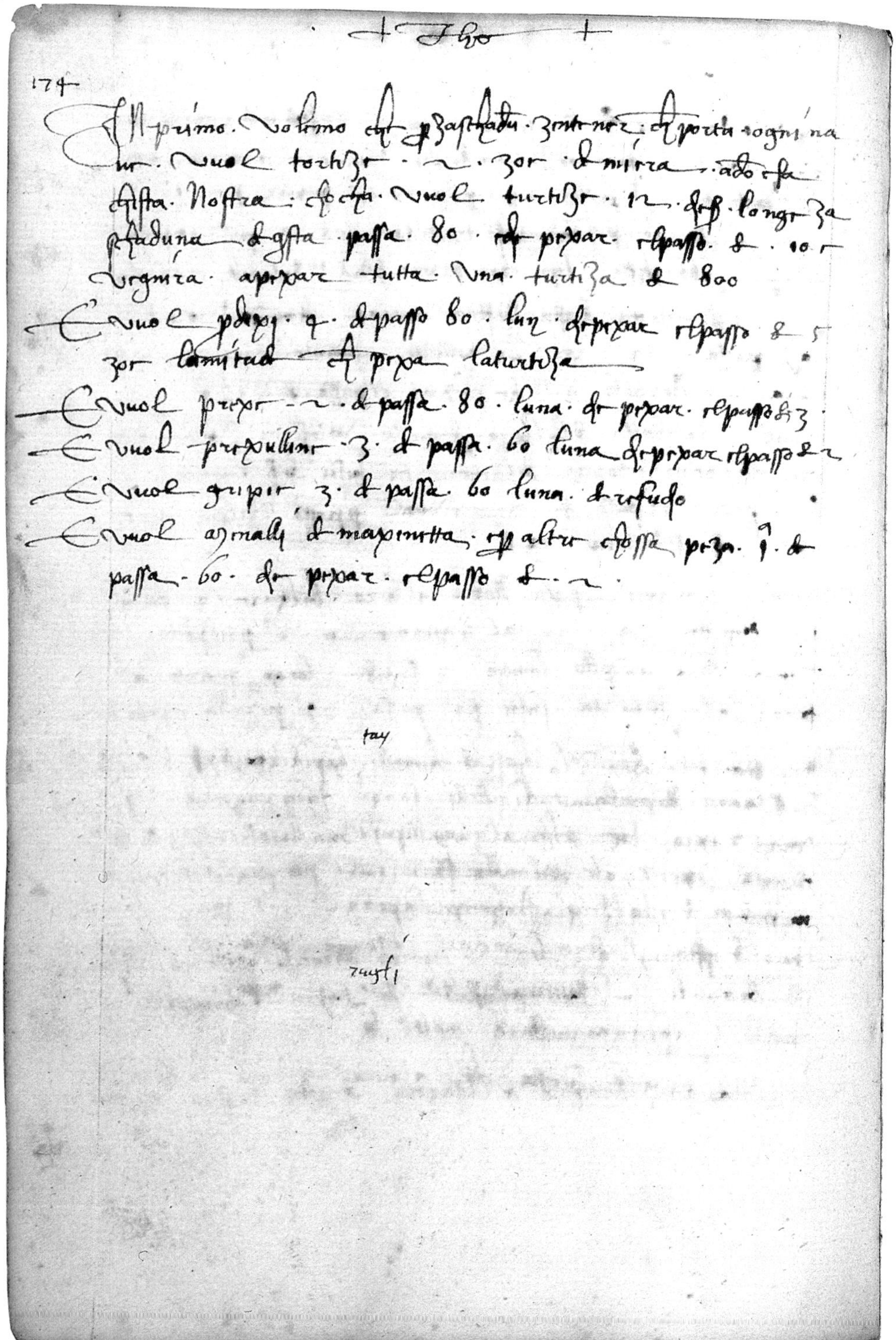
+ Jhs +
174
Al primo volemo che per zaschadun zentener che porta ogni na-
uir vuol tortizi 2 zor de mirra adonche
chesta nostra chocha vuol tortizi 12 de passa longeza
per chaduna de questa passa 80 che preparar el passo de 10
vrgnira a preparar tutta una tortiza de 800
E vuol prodexi 4 de passo 80 lun de preparar el passo de 5
zor la mitade che prepara la tortiza
E vuol prexer 2 de passa 80 luna de preparar el passo de 3
E vuol prexoliner 3 de passa 60 luna de preparar el passo de 2
E vuol gripir 3 de passa 60 luna de refuxo
E vuol aganali de mazenetta e altre chosse preza 1 de
passa 60 de preparar el passo de 2

f. 174b

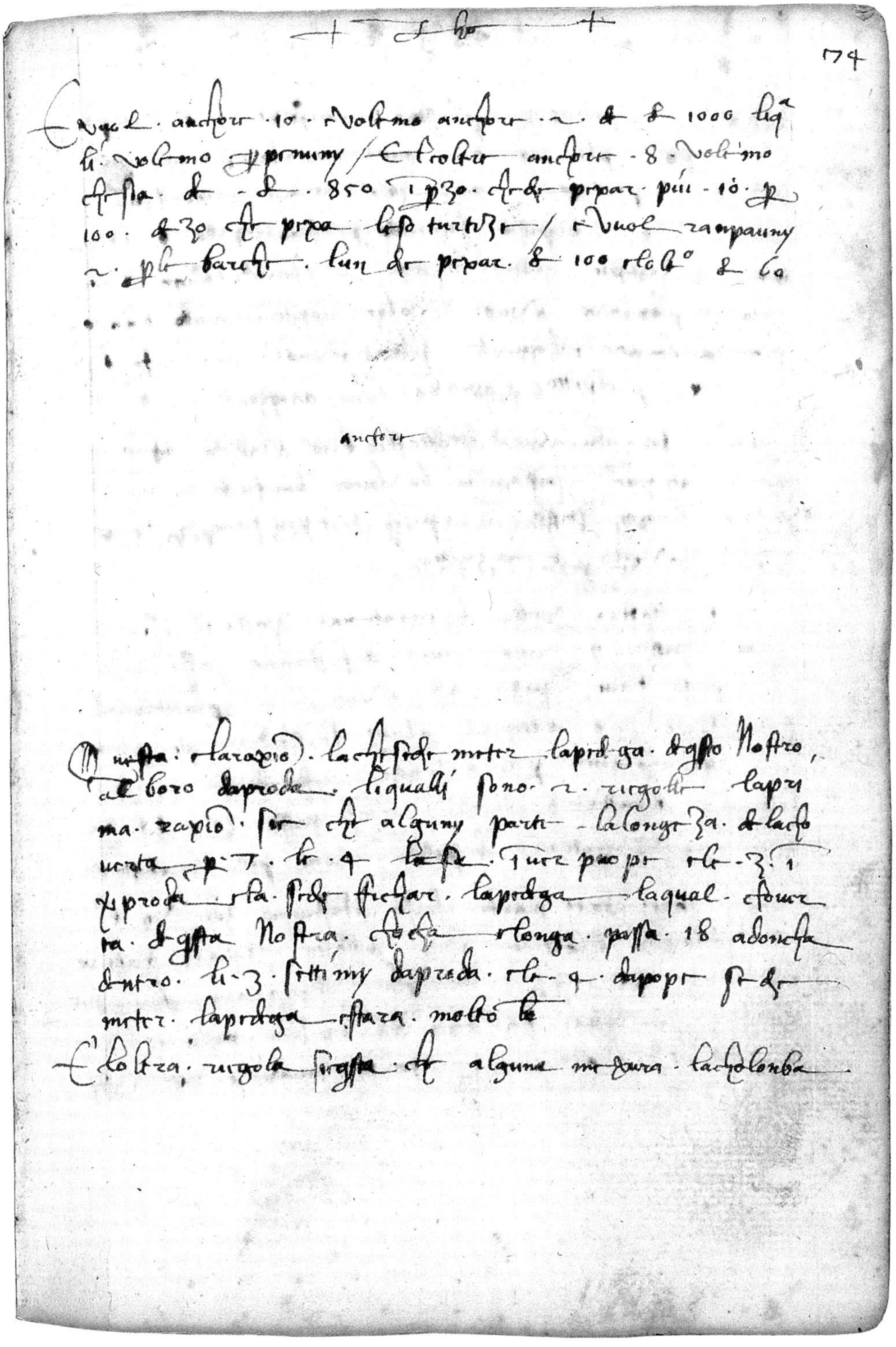
174
E qual ancore 10 volemo ancore 2 de lb 1000 ligà
li volemo per primeri / E l'oltre ancore 8 volemo
che sia de lb 850 i pezo che de prepar più 10 per
100 e 30 che prepa le so turtize / E vuol zanpauny
2 per le barche l'un de prepar lb 100 e l'altro lb 60
ancore
Questa e la raxon de la chesse de meter la prodega de questo nostro,
albero da proda li quali sono 2 virgolle la pri
ma raxon sie che alguny parte la longeza de la cassa
ma raxon sie che alguny parte la longeza de la cassa
E l'oltra virgola sie questa che alguna mexura la cholonba

f. 175a

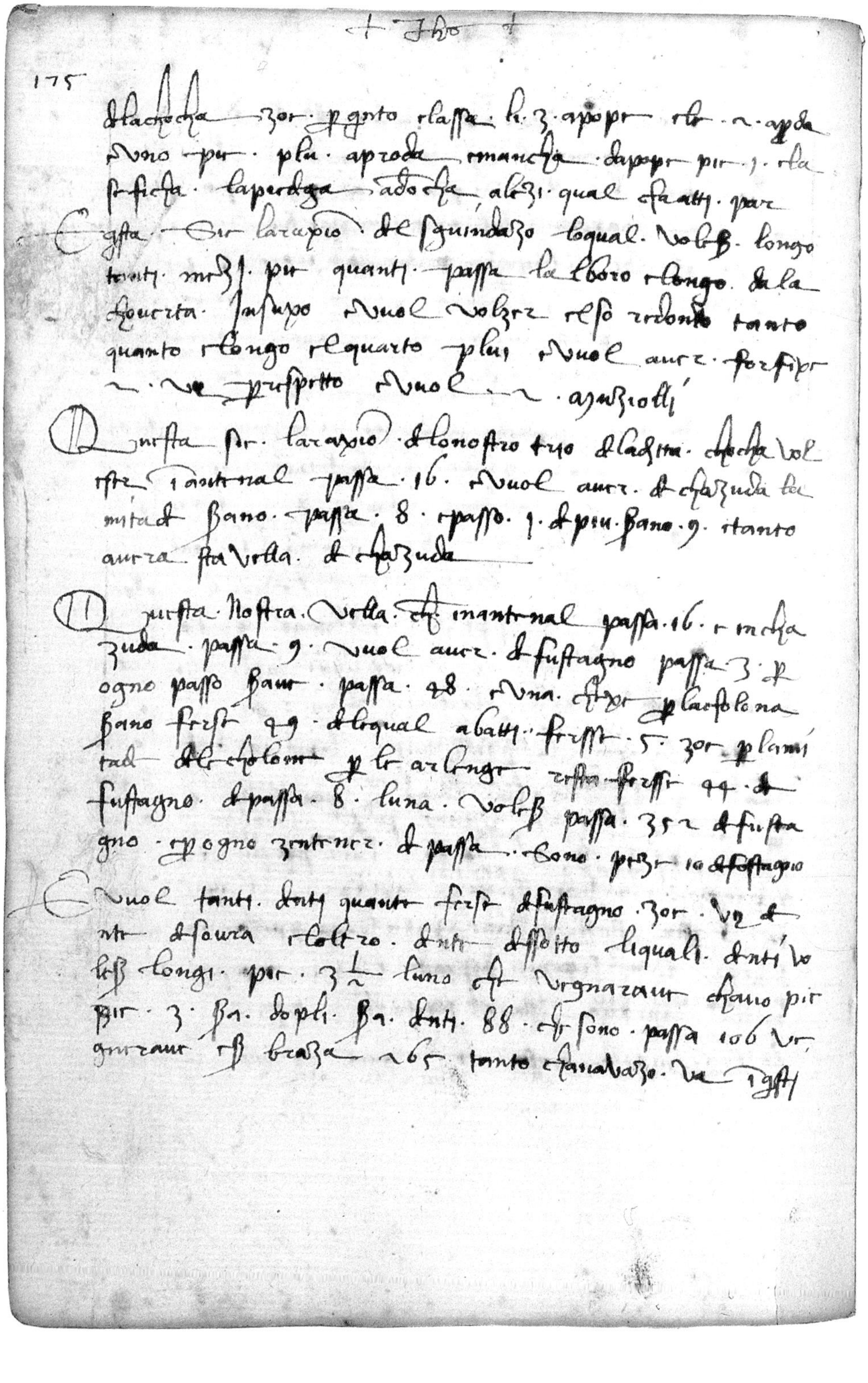

f. 175b

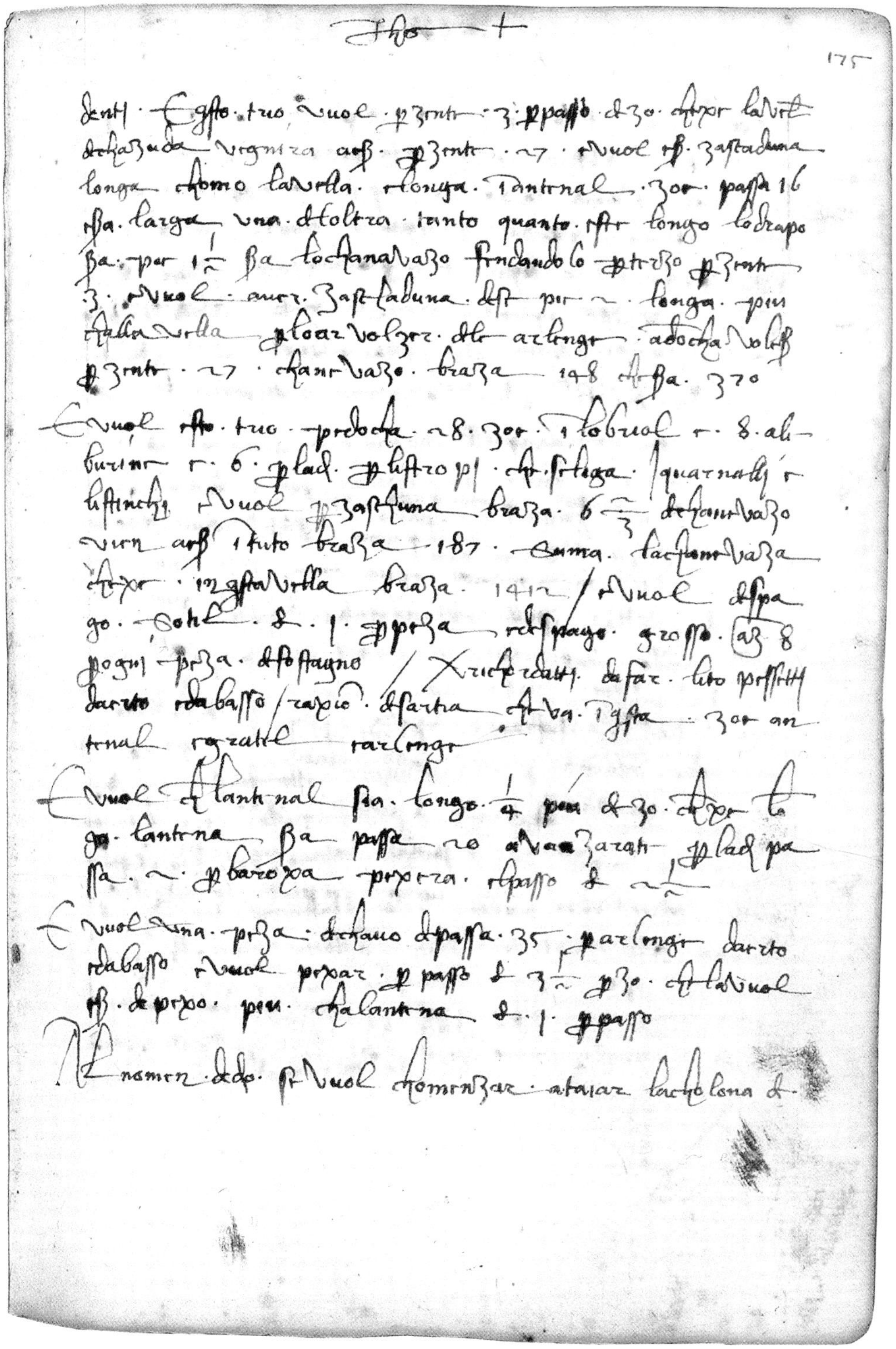
Jhesus +

175

dentj · E questo tuo vuol p(er)zonte · 3 · p(er) passo · de 30 · et per la vela
de chazuda vegnira adesso · p(er)zonte · 27 · e vuol esser zascaduna
longa chomo la vella · e longa · l'antenal · zoe · passa 16
e sia · larga · una e l'oltra · tanto quanto esser longo lo drapo
sia · per 1 1/2 sia lo chanavazo fendandolo per terzo p(er)zonte
3 · e vuol · ancor · zascaduna · desser pie 2 · longa · pien
de la vella per loar volzer · de le arlonge · adocha volesse
p(er)zonte · 27 · chanavazo · braza 148 · et sia · 370

E vuol esser tuo predecta · 28 · zoe · 1 lobruol e · 8 · alburiner · e · 6 · pla(r)d · per listropi · et per sfilega · squarnali e listinelli · e vuol per zascuna braza · 6 1/3 de chanavazo
vien adesso i tuto braza · 187 · summa · lo chanavaza
et per · in questa vella · braza · 1412 / e vuol de spago · sottil · lb · 1 · p(er) peza · e de spago · grosso · adesso 8
per ogni peza · de sostagno / Xrichieradatti · da far · lito p(er)ssitti
da rito · e da basso / rasio · de sartia · et va · in questa · zoe an
tenal · e gratil · e arlonge

E vuol esser l'antenal sia · longo · 1/4 · pien de 30 · et per lo
go · l'antena · sia passa · 20 · e va · zarati · p(er) lad pa
ssa · 2 · p(er) barozza · p(er) poza · e passo · lb · 2 1/2

E vuol una · peza · de chavo de passa · 35 · p(er) arlonge · da rito
e da basso · e vuol pexar · p(er) passo · lb · 3 1/2 · p(er) 30 · et la vuol
esser · de pexo · pien · cha l'antena · lb · 1 · p(er) passo

Al nomen dei · et vuol chomenzar · a taiar la cholona de

f. 176a

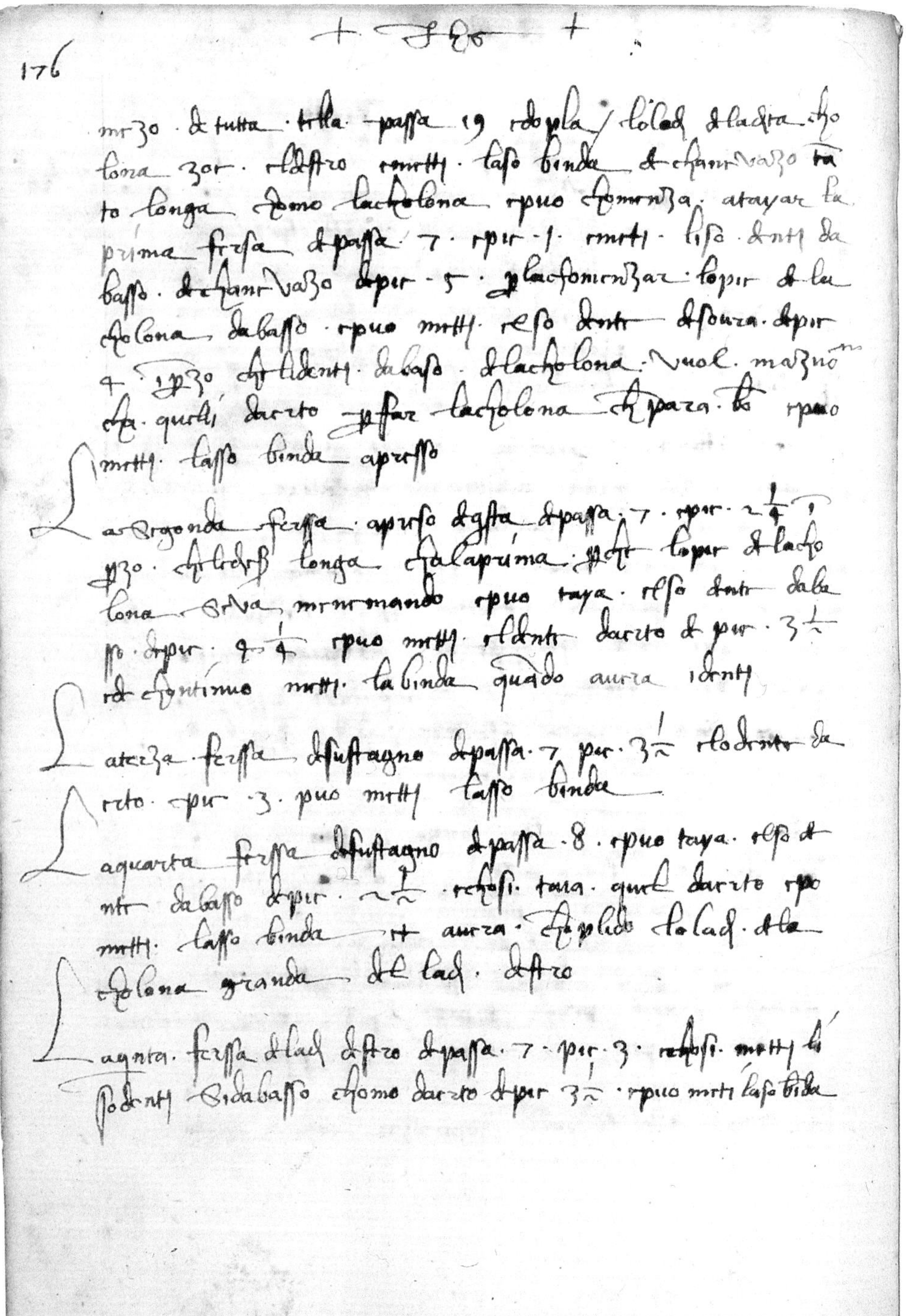
176

+ Jhs +

mezo de tutta tella passa 19 e doppla/ e lo lado de la destra cho
lonna zor e el destro remetti lasso binda de chanevazo fa
to longa chomo la cholona e puo chomenza a tayar la
prima fersa de passa 7 e per 1 e metti lisa dentti da
basso de chanevazo de per 5 per la chomenzar lo pir de la
cholona da basso e puo metti el so dentti de souro de pir
4 e pezo che li dentti da basso de la cholona vuol mazzon
che quelli da reto per far la cholona che para ben e puo
metti lasso binda apresso

La segonda fersa apreso de questa de passa 7 e per 2 1/4 e
pezo che li dentti longa cholla la prima per lo pir de la cho
lona e via menimando e puo taya el so dentti da la
pe de per 4 1/4 e puo metti el dentti da reto de per 3 1/2
e chontinuo metti la binda quando aura i dentti

La terza fersa de fustagno de passa 7 per 3 1/2 e lo dentto da
reto per 3 puo metti lasso binda

La quarta fersa de fustagno de passa 8 e puo taya el so de
ntti da basso de per 2 1/2 e chosi taya quel da reto e puo
metti lasso binda et aura chonplido lo lado de la
cholona granda del lado destro

La quinta fersa de lado destro de passa 7 per 3 e chosi metti li
so dentti e da basso chomo da reto de per 3 1/2 e puo metti lasso binda

f. 176b

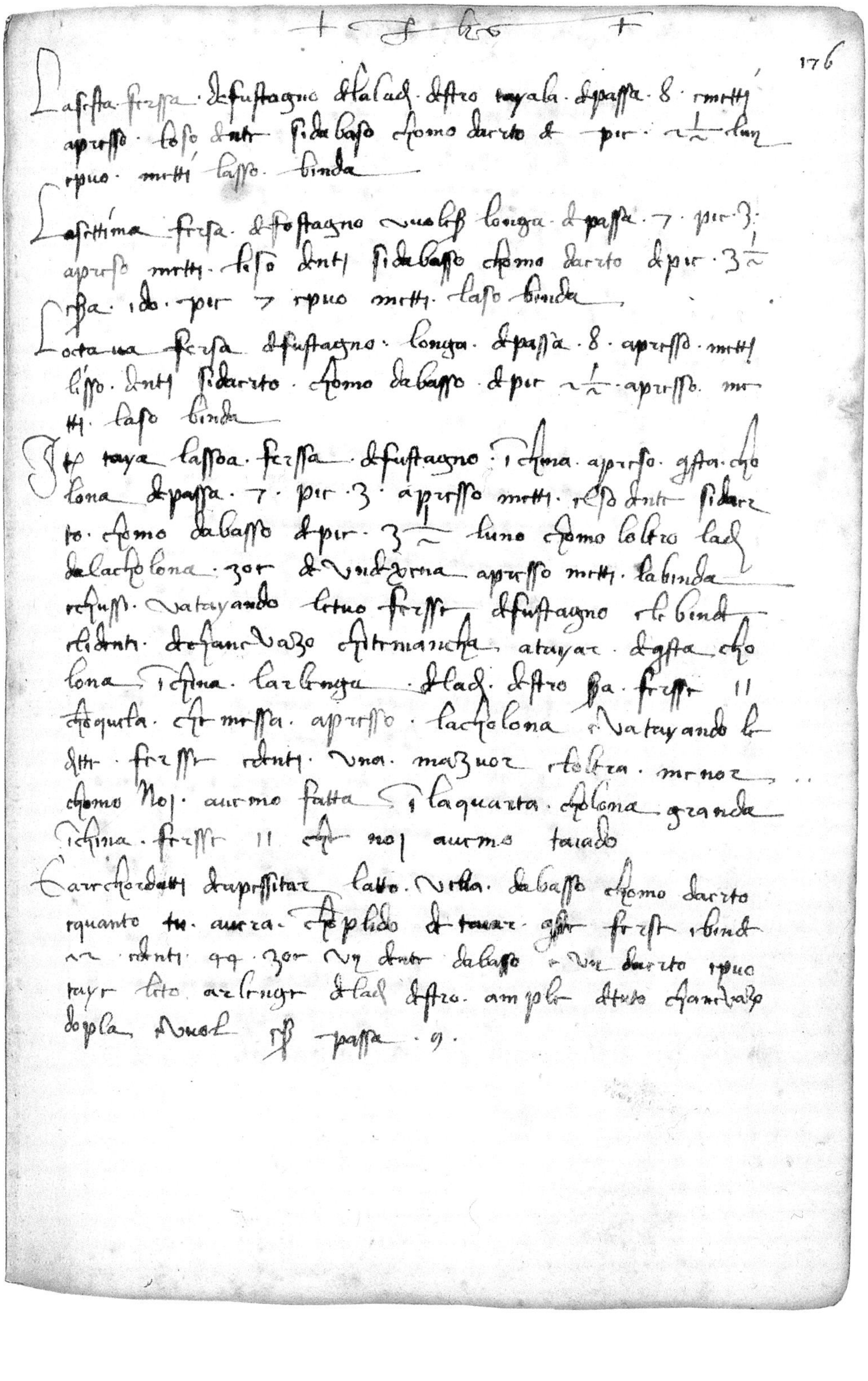

f. 177a

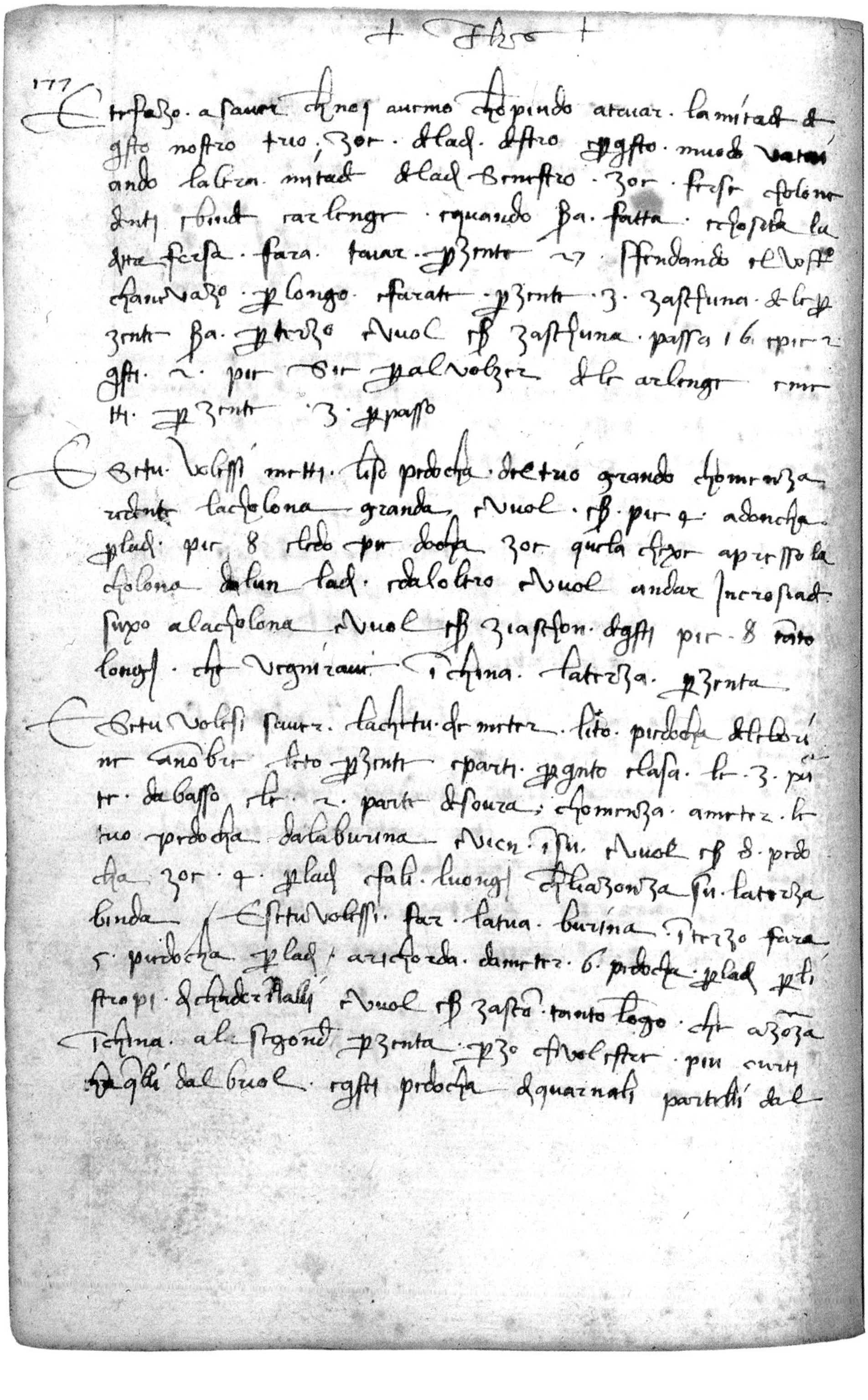

f. 177b

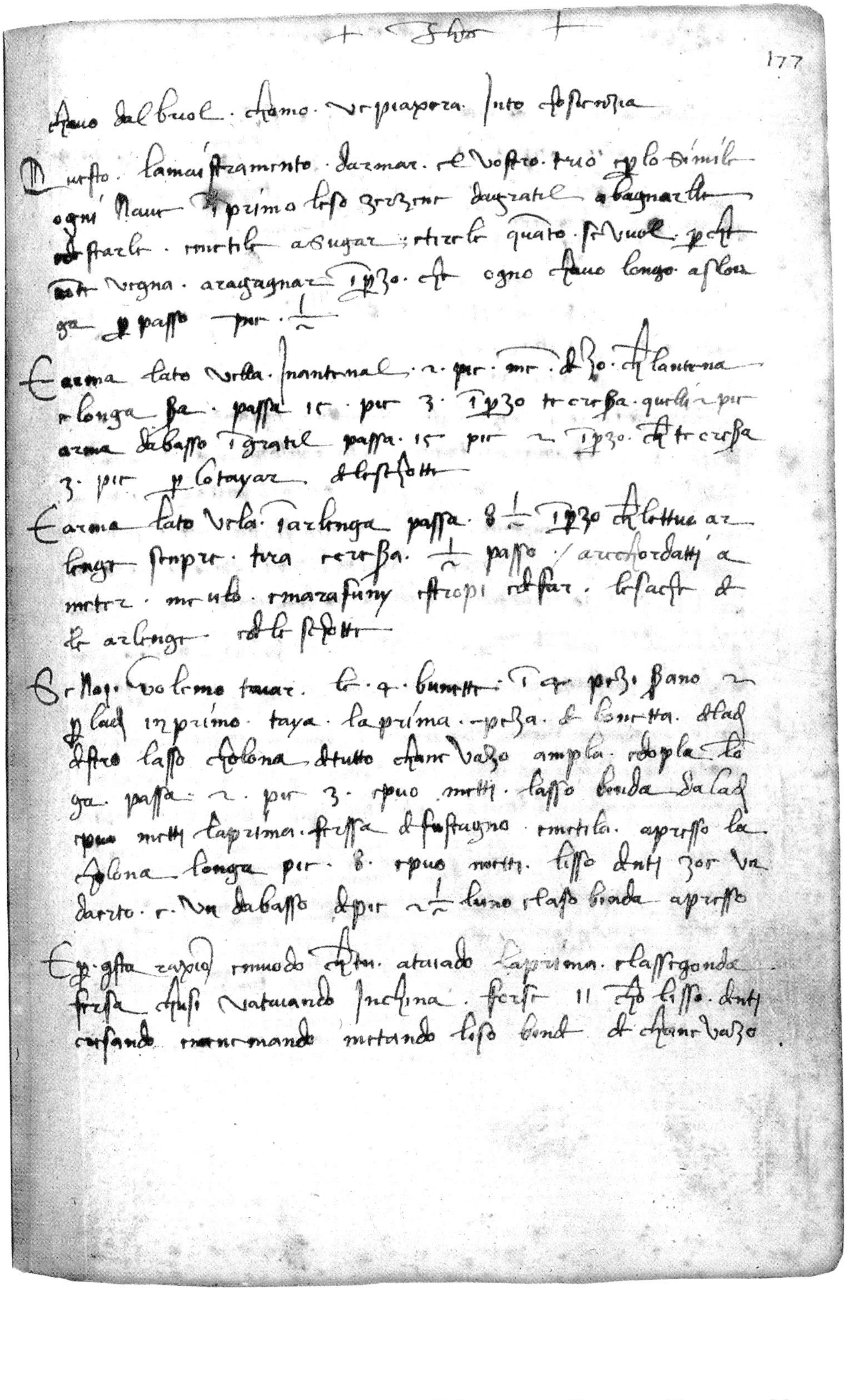
+ Yhs +
177
chano dal buol. chamo. ve piaxera. Jnto chosì volta
Questo. la maistramento. darmar. el vostro. navio per lo simile
ogni nave in primo lesso grezene de gratil a bagnarle
e destrarle. e metile asugar; e tirarle quanto se vuol. perche
non vegna a ragagnar in pezo. che ogni chano longo a sloca
ga el passo per 1/2
Carma lato vella. Jnantenal. 2. per. men. de ço. che la antena
e longa sia. passa 15. per 3. in pezo te cressa. quella per
arma da basso i gratil passa. 15 per 2 in pezo. che te cressa
3. per per lo tayar de le sesolte
Carma lato vela. sarlonga passa. 8 1/2 in pezo che lo ttue ar
longe senpre. tera. e cressa. 1/2 passo. Arechordati a
metere. mezalo. e marafuny e stropi e de far. le sachete de
le arlonge e de le sesolte
Se nui volemo taiar. le 4. bunette in 4 pezi sono 2
per lado in primo. taya. la prima. pezza. de bonetta. de lado
destro la sso cholona de tutto chanevazo ampla e dopla la
ga. passa 2. per 3. e puo metti. la sso benda da lado
e puo metti la prima. fressa de fustagno e metila. apresso la
cholona longa per. 8. e puo metti. lisso denti zor va
darito. e va da basso de per 2 1/2 luno e la sso binda apresso
E per questa raxion e muodo che tu atalado la prima. e la seconda.
fressa chusi vatarando Inchina. senper 11 chosì lisso. denti
cresando meno mando metando le sso bende de chanevazo.

f. 178a

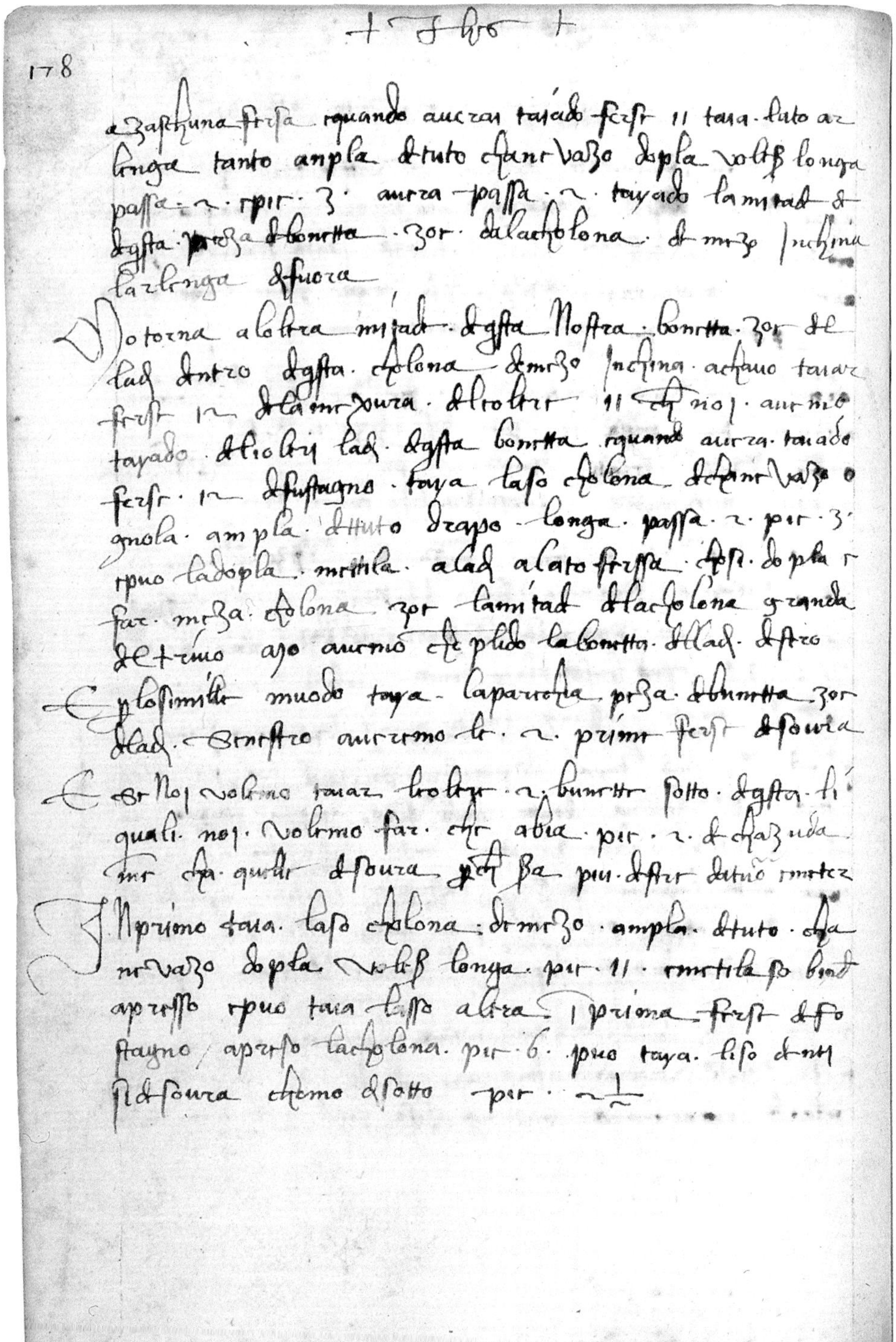
+ Jhs +

178

a zaschuna frisa e quando auerai taiado fersi 11 taia lato a z
longa tanto ampla de tuto chaun vazo de pla volti longa
passa 2 e per 3 aurai passa 2 tayado la mitad de
questa prexa de bonetta zoe dala cholona de mezo infina
la zelonga de fuora

Ritorna a laltra mitad de questa nostra bonetta zoe de
ladi dentro de questa cholona de mezo infina a chauo taiar
fersi 12 de la man zoura de li oltri 11 che noi auemo
tayado de li oltri ladi de questa bonetta e quando aurai taiado
fersi 12 de fustagno taya la so cholona de chaun vazo o
gnola ampla de tuto drapo longa passa 2 e per 3
e puo la dopla metila a ladi a lato frissa che sia dopla e
far meza cholona zoe la mitad de la cholona granda
de trimo asi auemo complido la bonetta de ladi dentro

E per lo simille muodo taya la parochia prexa de bonetta zoe
de ladi senestro auemo li 2 primi fersi de soura

E se noi volemo taiar le oltre 2 bonette sotto questa li
quali noi volemo far che abia per 2 de chazuda
in che quelle de soura perche sia piu de fuor de tuto

Il primo taia la so cholona de mezo ampla de tuto cha
un vazo de pla volti longa per 11 e metila so
apresso e puo taia la so altra i prima fersi de fo
stagno apresso la cholona per 6 e puo taya lo so de mezo
fil de soura che mo de sotto per 2½

f. 178b

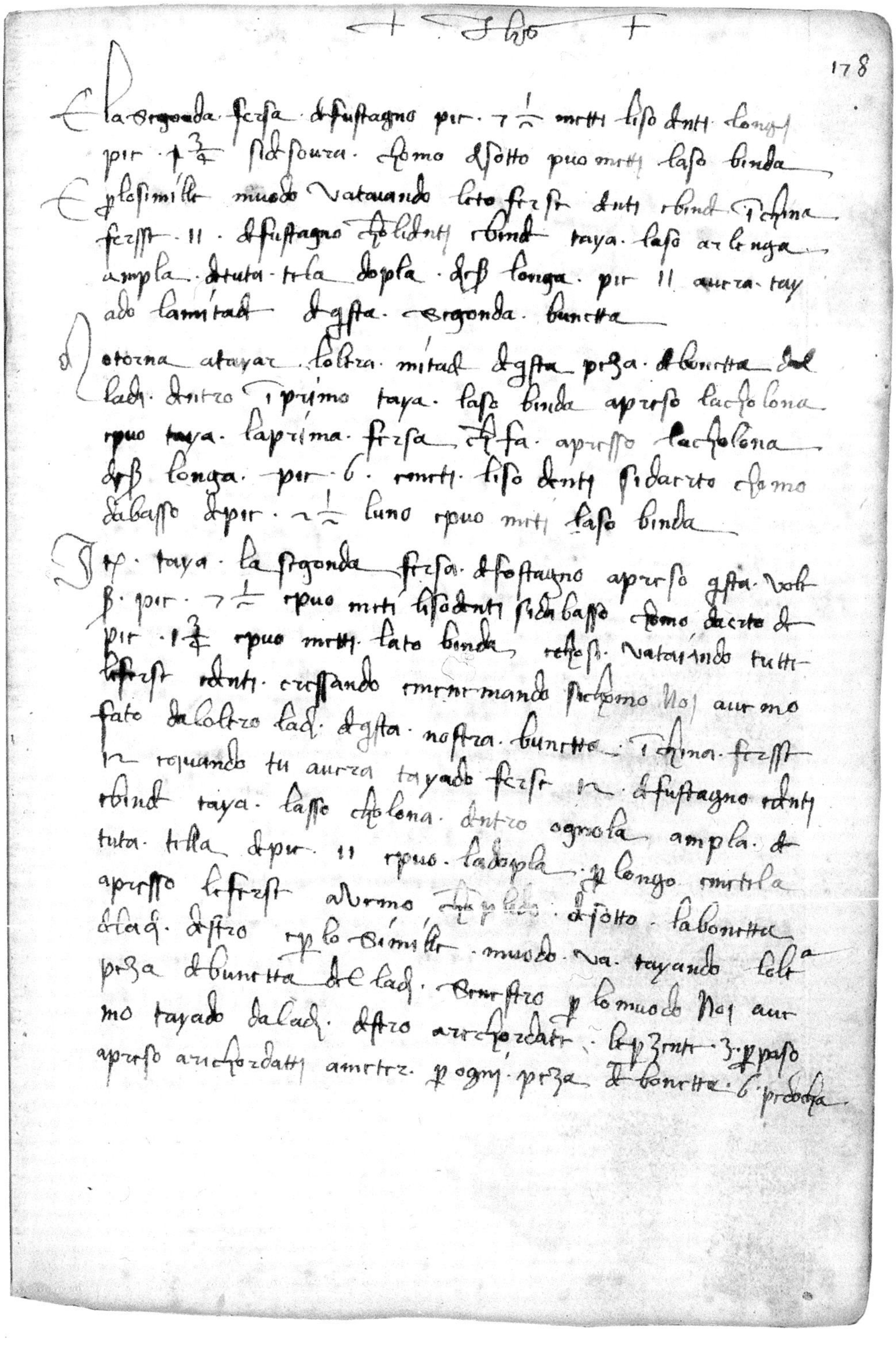
+ Jhs +
178
E la segonda fersa de fustagno per 7 1/2 metti liso denti longo
per 1 3/4 sie de soura chomo de sotto puo metti lasso binda
E per lo simille muodo va tavando lo to ferse denti e bind e chima
ferse 11 de fustagno cholidenti e bind taya laso ar longa
ampla de tuta tela dopla de sso longa per 11 averai tay
ado la mitad de questa segonda bunetta
Retorna a tayar laltra mitad de questa peza de bunetta dal
lado dentro i primo taya laso binda apresso la cholona
e puo taya la prima fersa che fa apresso la cholona
de sso longa per 6 e metti liso denti sie da rito chomo
da basso de per 2 1/2 luno e puo metti laso binda
Item taya la segonda fersa de fostagno apresso questa volt
e per 7 1/2 e puo metti liso denti sie da basso chomo de certo de
per 1 3/4 e puo metti lato binda e chosi vatavando tutte
le ferse e denti cressando e menomando sichomo noi avemo
fato da laltro lado de questa nostra bunetta e chima ferse
12 e quando tu averai tayado ferse 12 de fustagno e denti
e bind taya lasso cholona dentro e segnola ampla de
tuta tella de per 11 e puo la dopla per longo e metti la
apresso le ferse averemo ... de sotto la bonetta
e lado destro e per lo simille muodo va tayando laltra
peza de bunetta de lado senestro per lo muodo noi aver
mo tayado dal lado destro arechordate le peze ... per paso
apresso arechordatti a metter per ogni peza de bonetta 6 predosa

f. 179a

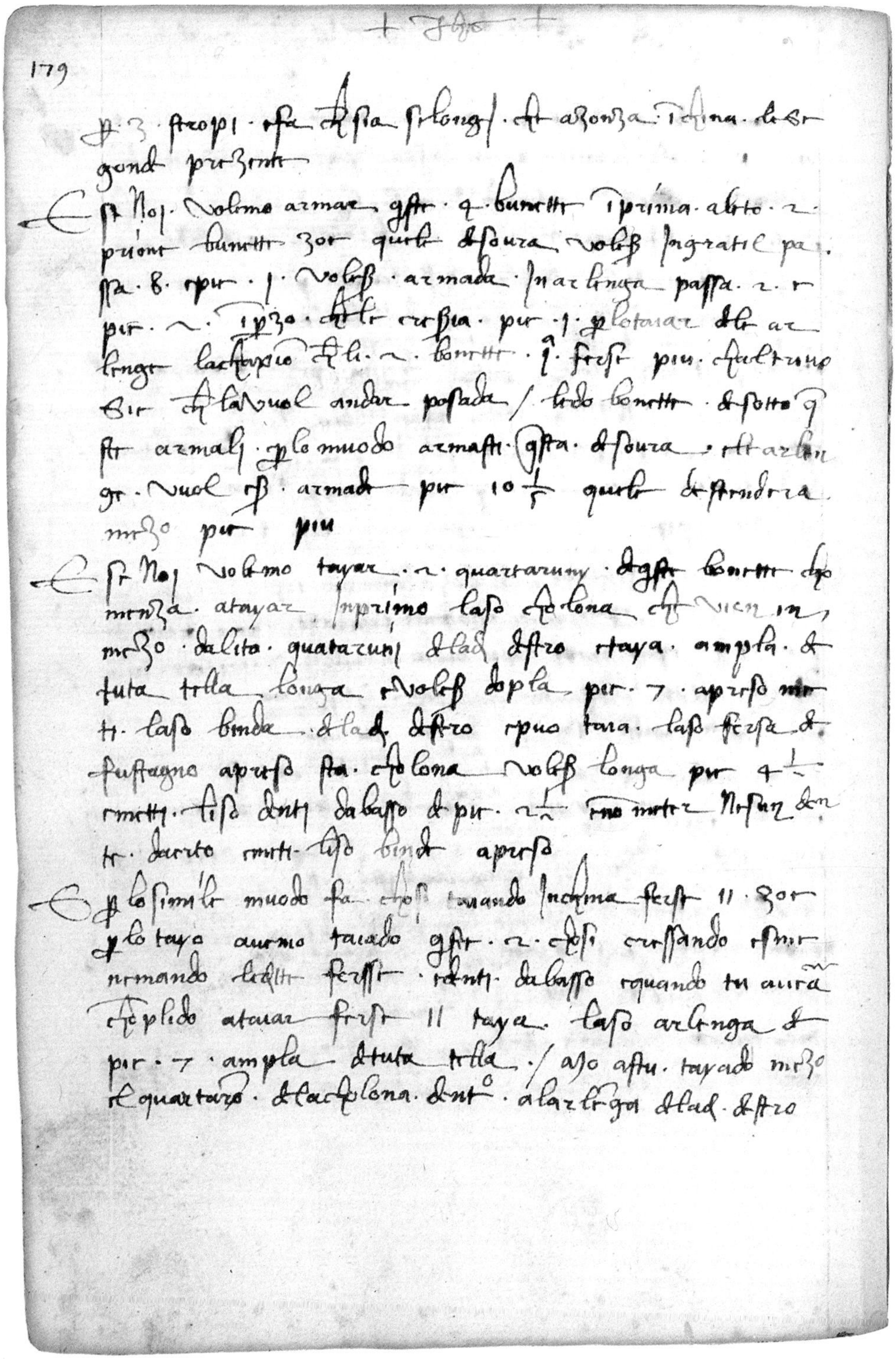

f. 179b

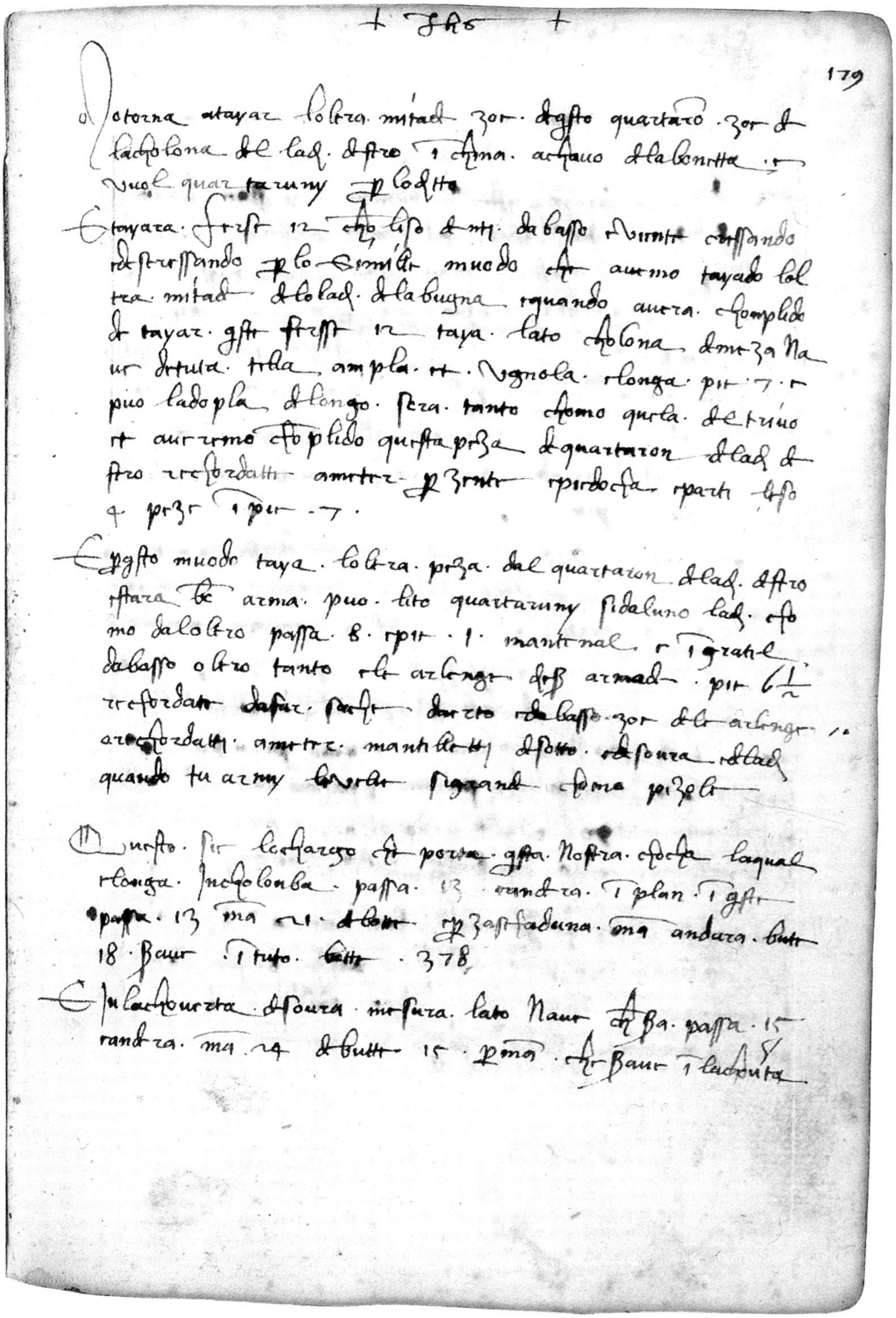

+ Jħs +

179

Retorna a tayar laltra mitad zor de questo quartaro zor de la cholona del lado destro i chima [illegible] dela bonetta e vuol quartaruny per lo detto

E tayara ferssi 12 cho li so de [illegible] dabasso e vuinti cressando e destressando per lo simile muodo che aueremo tayado laltra mitad de lo lado de la bugna e quando aueray chomplido de tayar questi ferssi 12 taya lato cholona de meza naue de tella tella ampla et vignola e longa pie 7 e piu lado pla de longo sera tanto chomo quela de trino et aueremo chomplido questa peza de quartaron de lado destro e recordatti a meter [illegible] e parti li so 4 peze i pie 7.

E per questo muodo taya laltra peza dal quartaron de lado destro e sara ben arma. puo lito quartaruny si dal uno lado chomo dalaltro passa 8 e pie 1 mantinal e i [illegible] dabasso oltro tanto e le arlonge [illegible] armade pie 6 1/2 recordatte de far [illegible] dabasso zor de le arlonge e arecordatti a meter mantelletti de sotto e de soura e de lado quando tu army [illegible] chomo pizoli

Questo sie lo charego che porta questa Nostra chocha laqual e longa in cholonba passa 13 e [illegible] i plan i questi passa 13 ma [illegible] ma andara butti 18 [illegible] i tuto butti 378

E in la chouerta de soura [illegible] lato Naue [illegible] passa 15 [illegible] ma 24 de butti 15 [illegible] i la chouerta

f. 180a

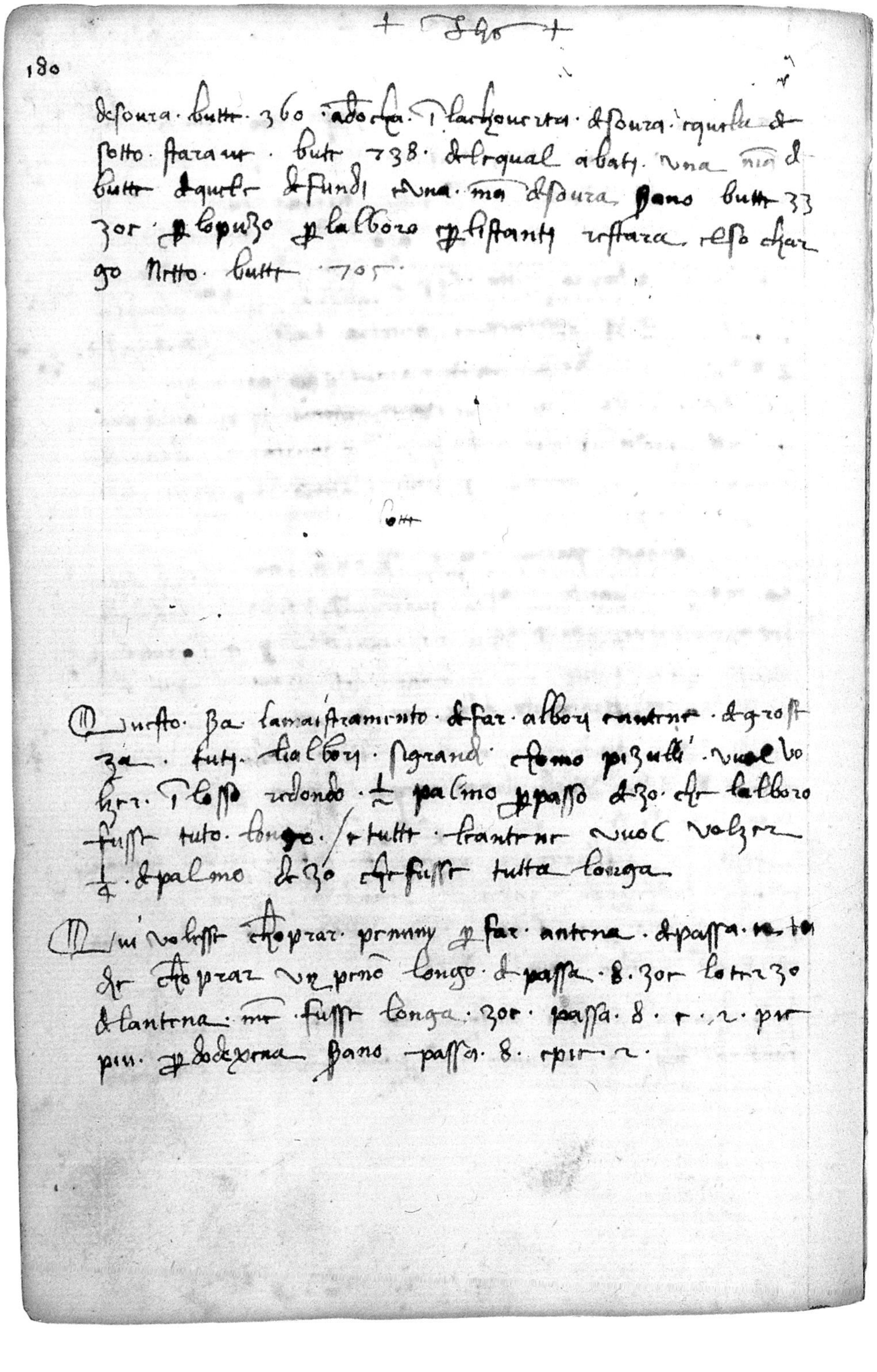
+ Jhs +

180

desoura butt 360 adoncha i la chouerta desoura e quelle de
sotto staranno butt 738 de le qual abati una mità de
butt de quelle de fundi e una mità de soura, sono butt 33
zoe per lo spazo per l'alboro per li stanti restarà el so char
go netto butt 705

butt

Questo sè la maistramento de far albori e antene de gross
za. tuti li albori sì grandi chomo pizulli vuol vo
lzer i lo sso redondo 1/2 palmo per passo de zo che l'alboro
fusse tuto longo. / e tutte le antene vuol volzer
1/4 de palmo de zo che fusse tutta longa.

Chi volesse chomprar penoni per far antena de passa ...
che chomprar un penon longo de passa 8. zoe lo terzo
de l'antena me fusse longa. zoe passa 8 e 1/2 per
più per do dezena sono passa 8. e più 1/2.

f. 180b

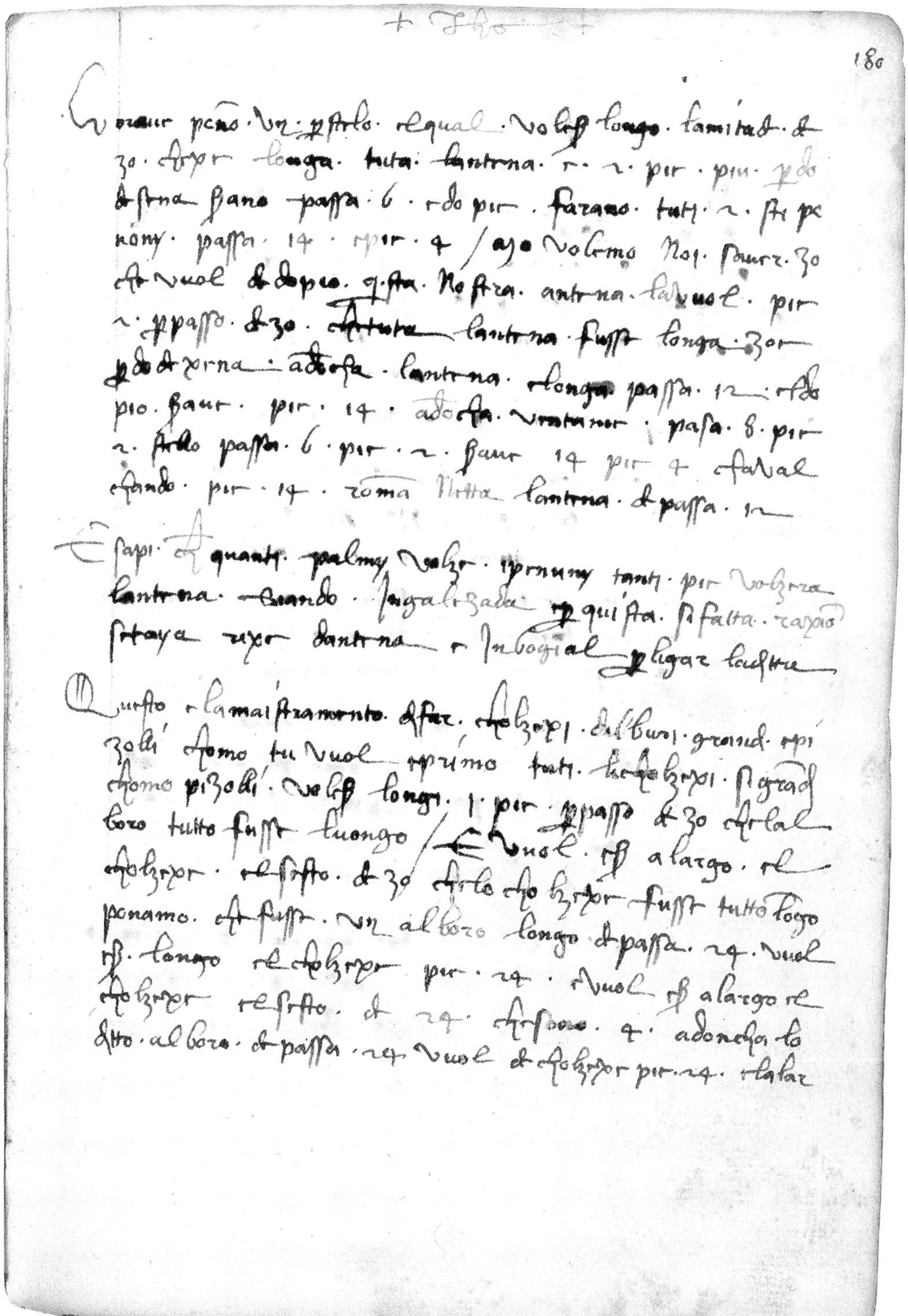

f. 181a

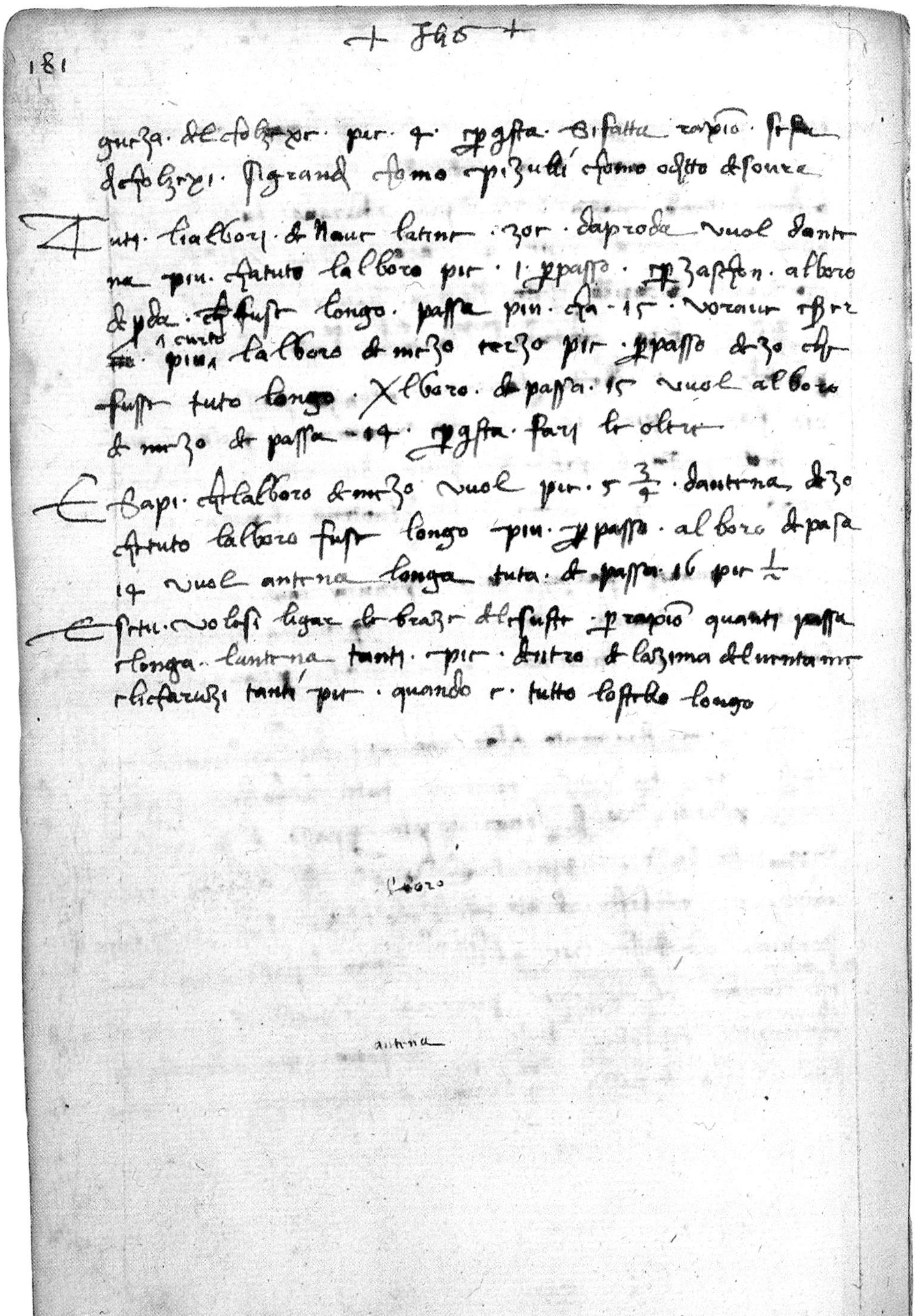
+ Jhs +

181

f. 181b

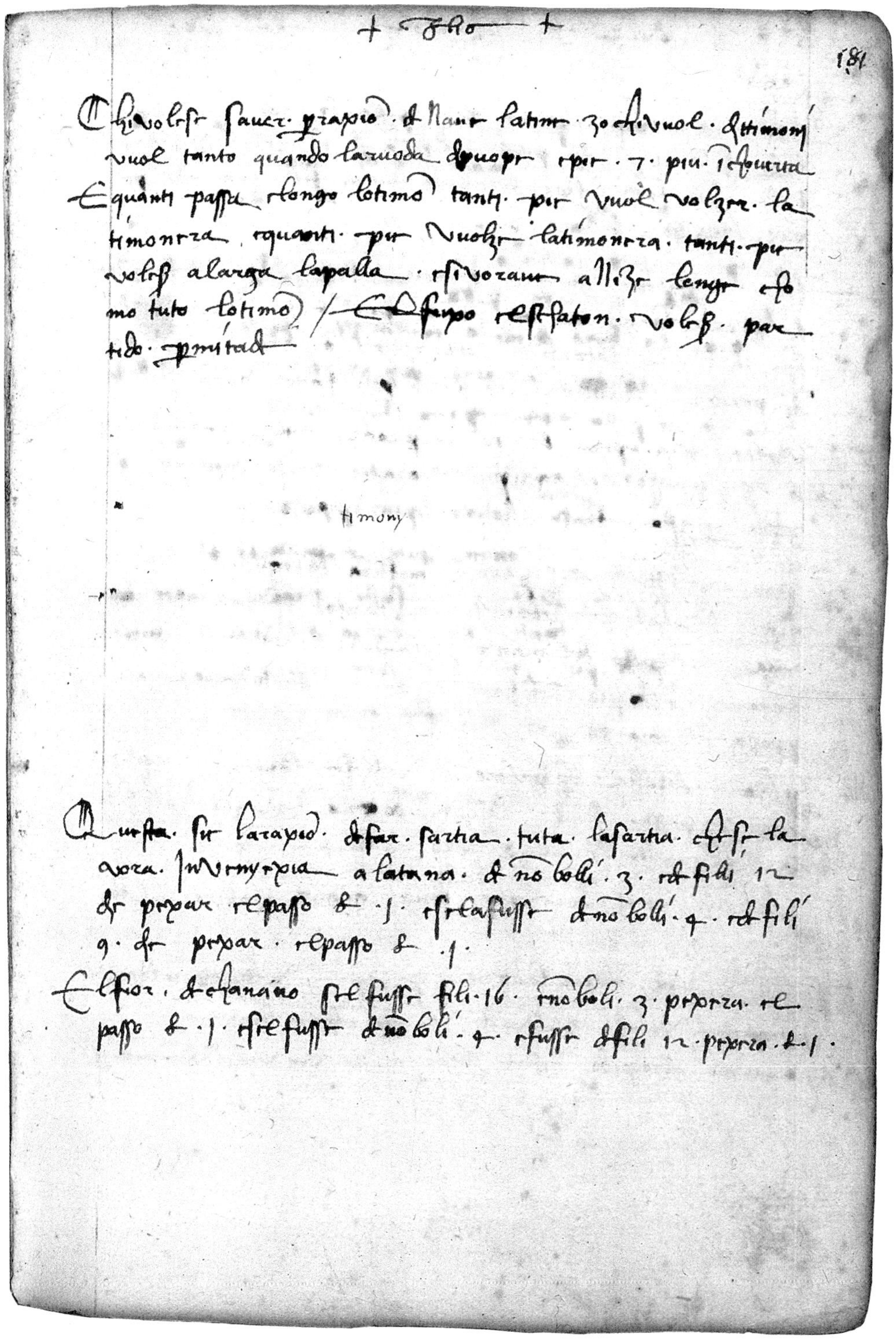

f. 182a

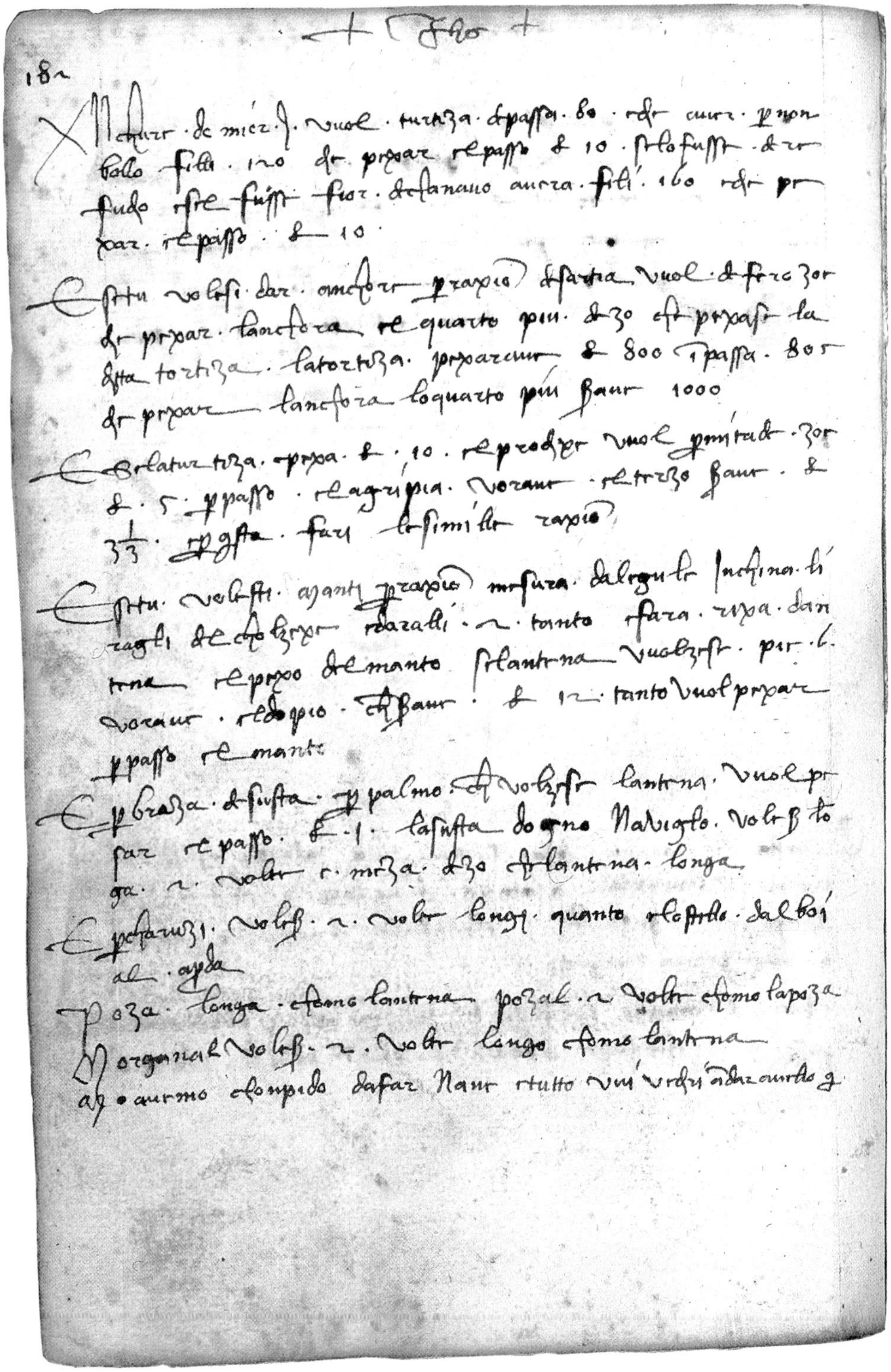

f. 182b

f. 183a

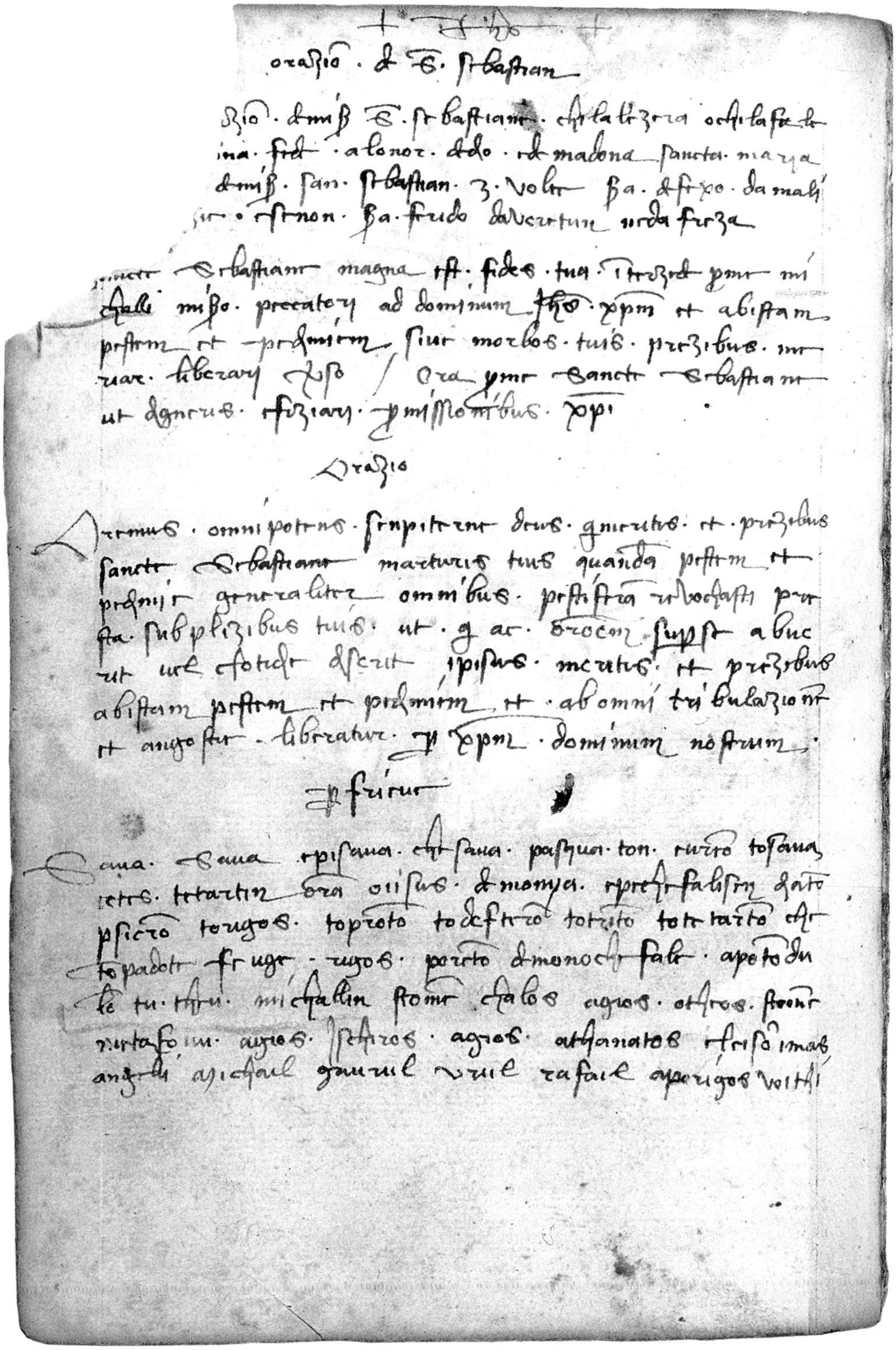

f. 183b

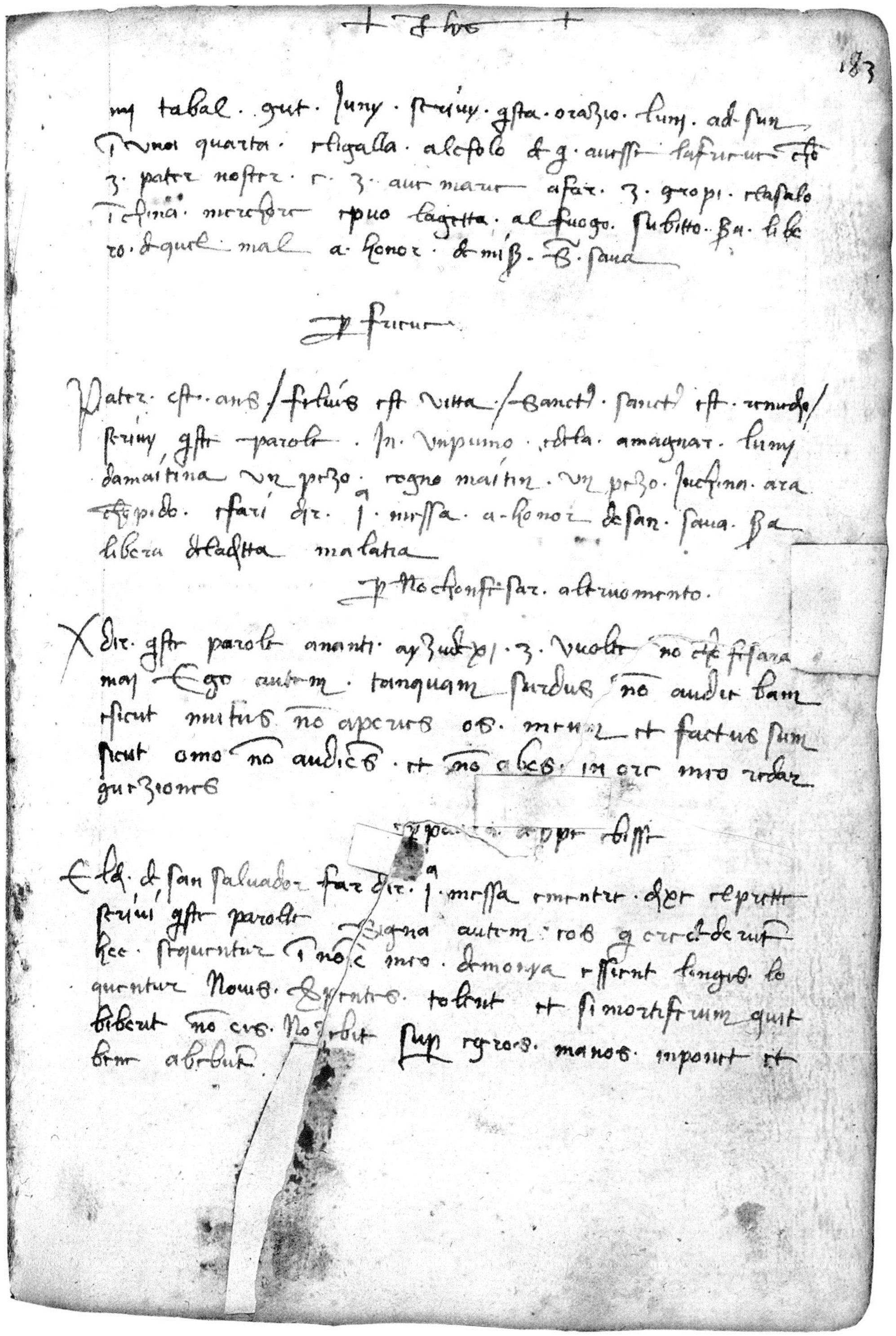

+ Jhs +

183

my tabal . gut . luny . striny . gsta . orazio . luny . ad . sun
Tenna quarta . rligalla . alcolo de g . aursi lafurura esto
3 . patre nostre . e . 3 . aue marie . a far . 3 . gropi . elasalo
Tesina . mereolori . rpuo lagetta . al fuogo . subitto . sa . libe
ro . dequel . mal . a honor . de miss . S . sana

P furur .

Pater est amor / filius est vitta / sanctus spiritus est remedio /
striny gste parolle . in . un pumo . della . amagnar . luny
damattina un pezo . rogne mattin . un pezo . sechina . ara
[illegible] . efari dir . j . messa . a honor de san . sana . sa
libera dela sta malatia

p No chonsi far . altramomento .

X Dir . gste parolle avanti [illegible] . 3 . volte no [illegible]
mai Ego autem tanquam surdus non audiebam
et sicut mutus non aperiens os meum et factus sum
sicut omo non audiens et non habens in ore meo redar
gutiones

[illegible] appr [illegible]

El dj . de san saluador far dir . j . messa [illegible]
striui gste parolle Signa autem eos qui crediderint
hec . sequentur in nomine meo . demonia eicient linguis lo
quentur novis . serpentes tollent et si mortiferum quid
biberint non eos nocebit super egros . manus . imponent et
bene abebunt

f. 184a

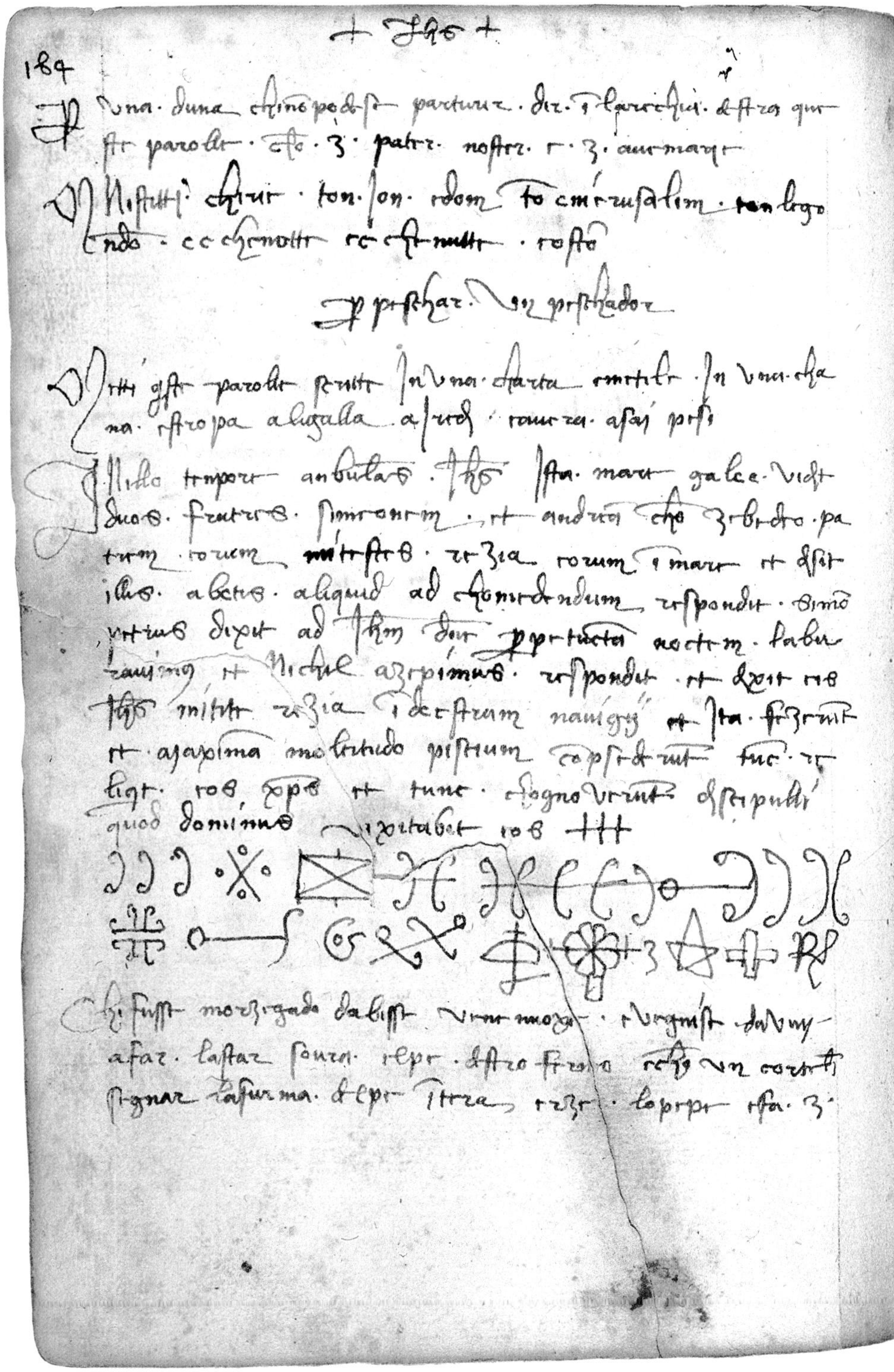

f. 184b

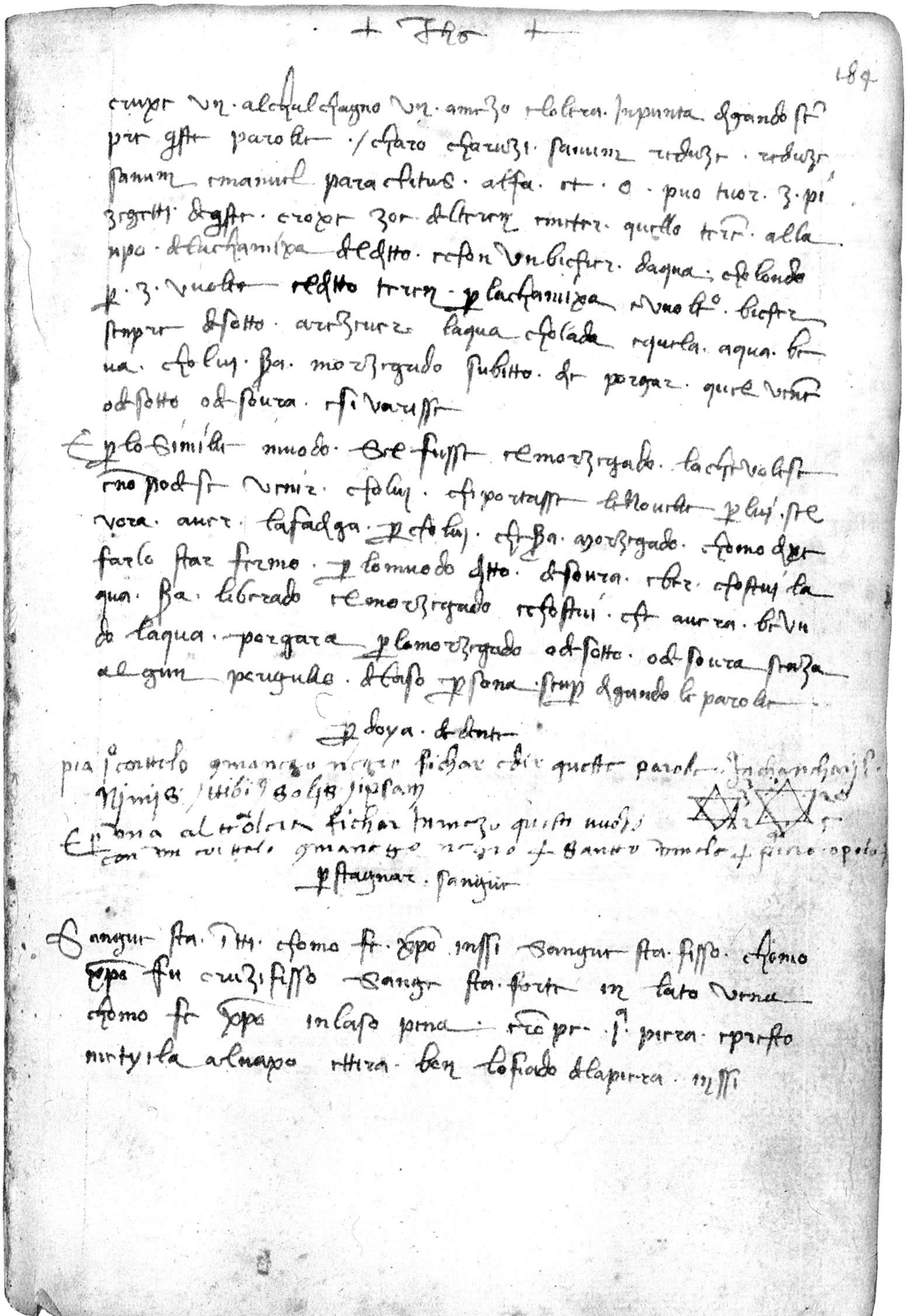

f. 185a

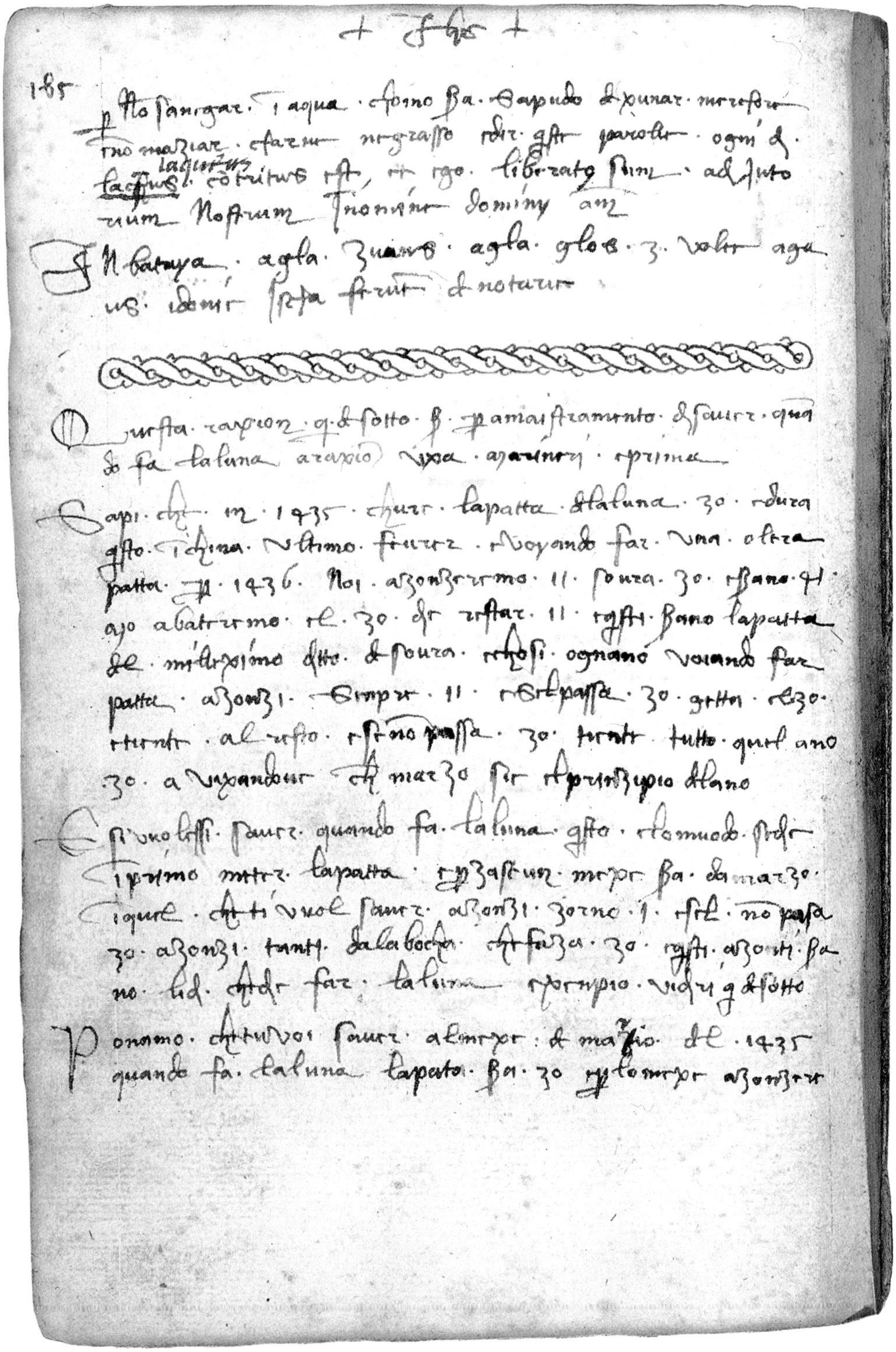

f. 185b

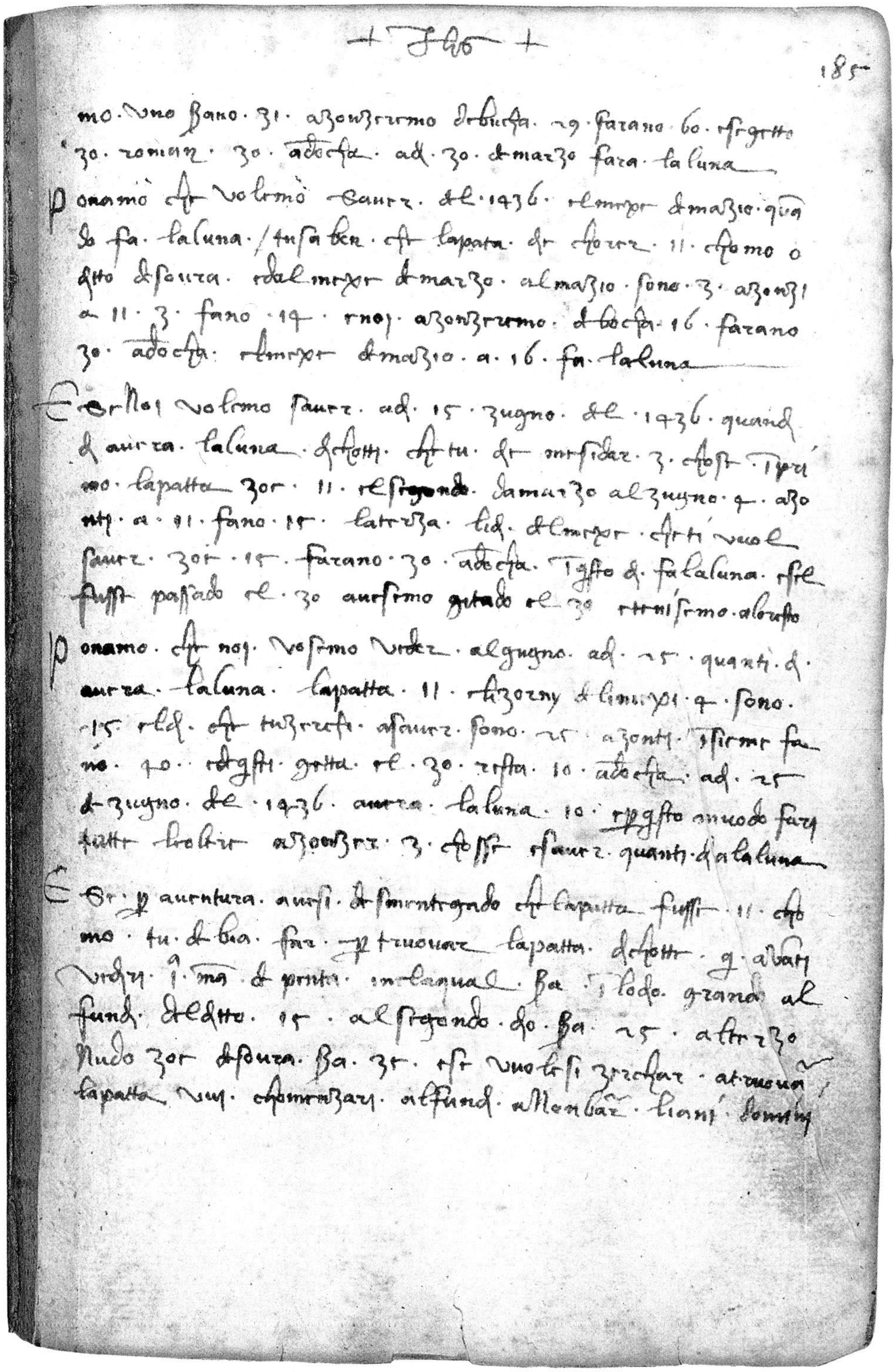

f. 186a

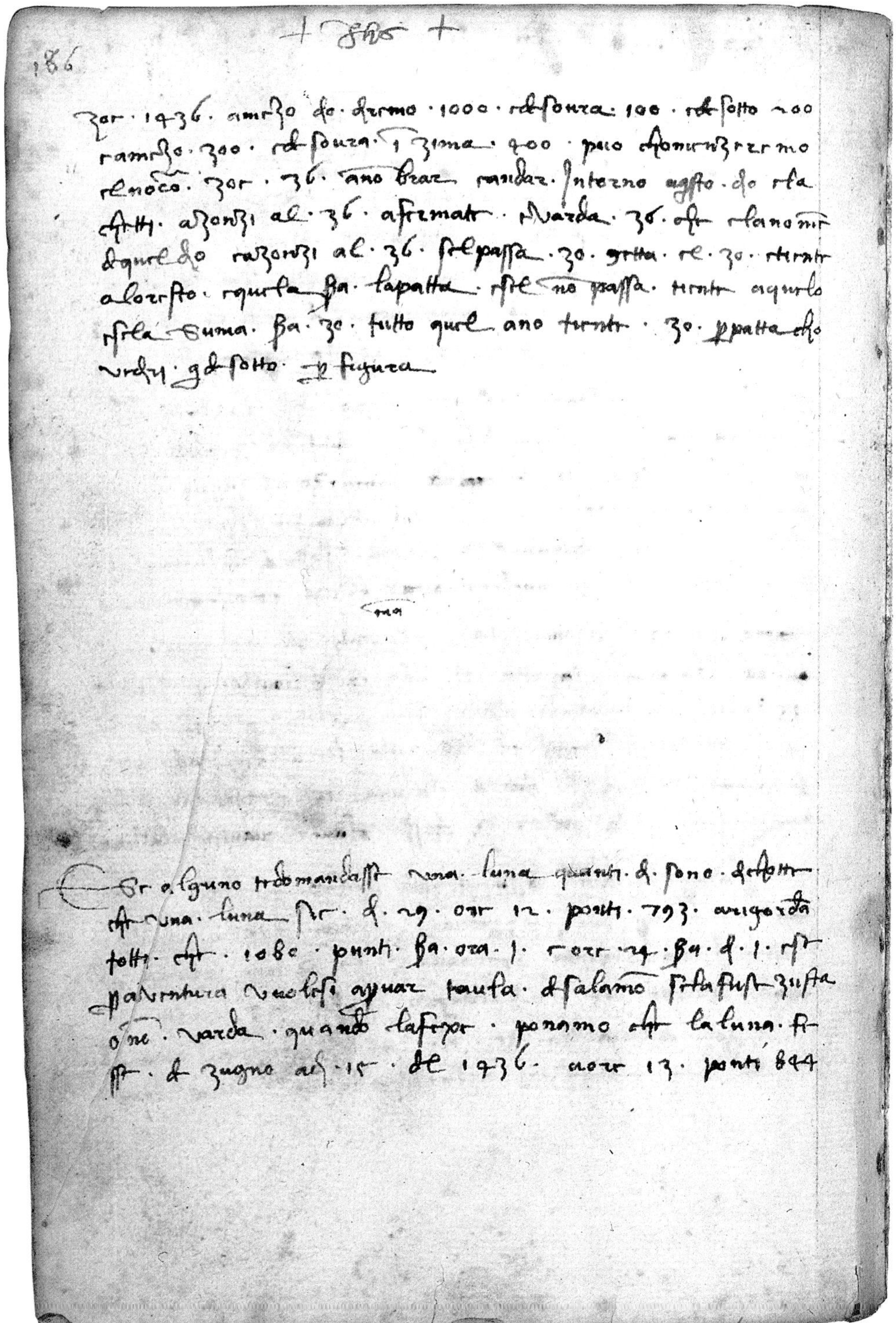

f. 186b

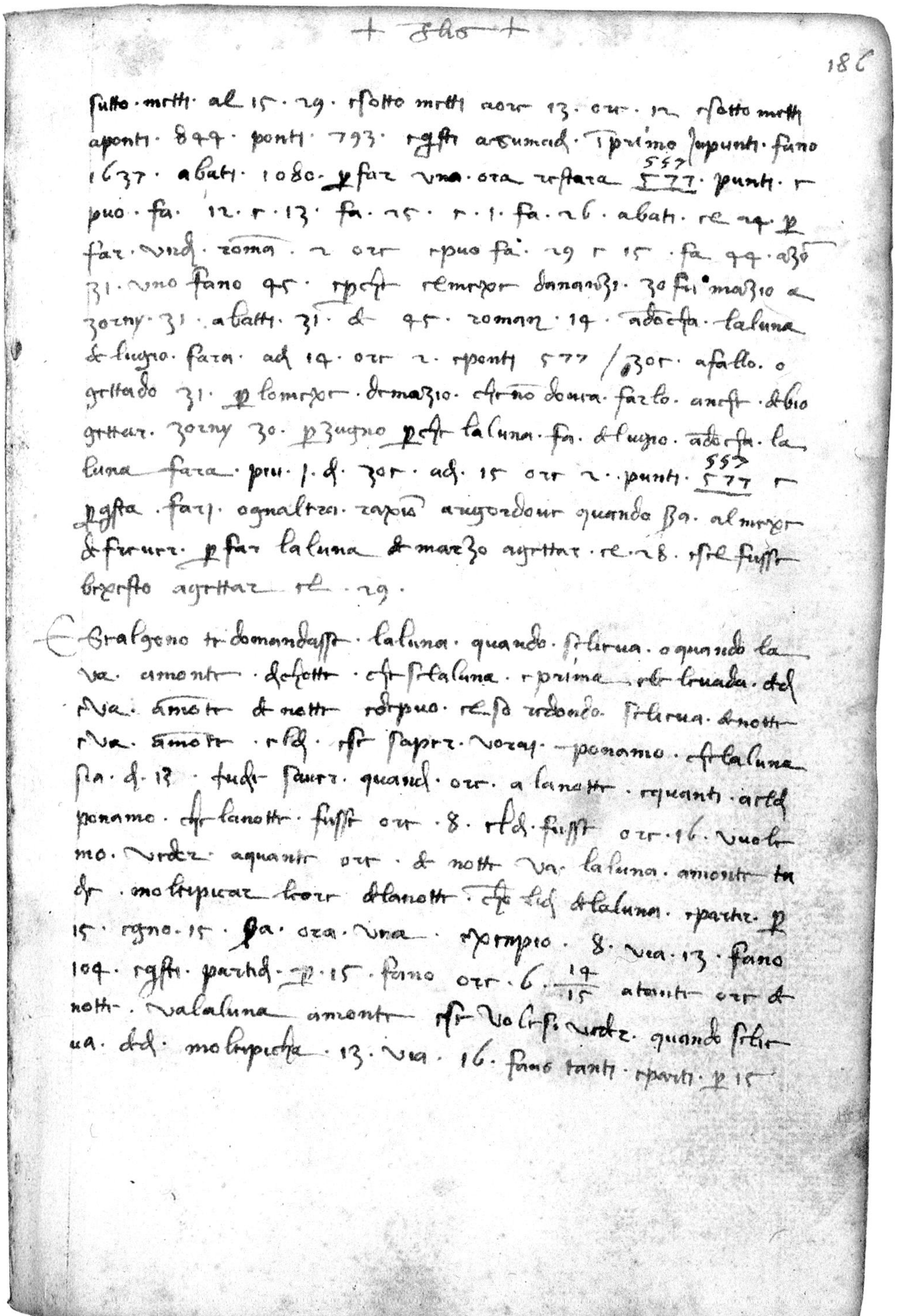

f. 187a

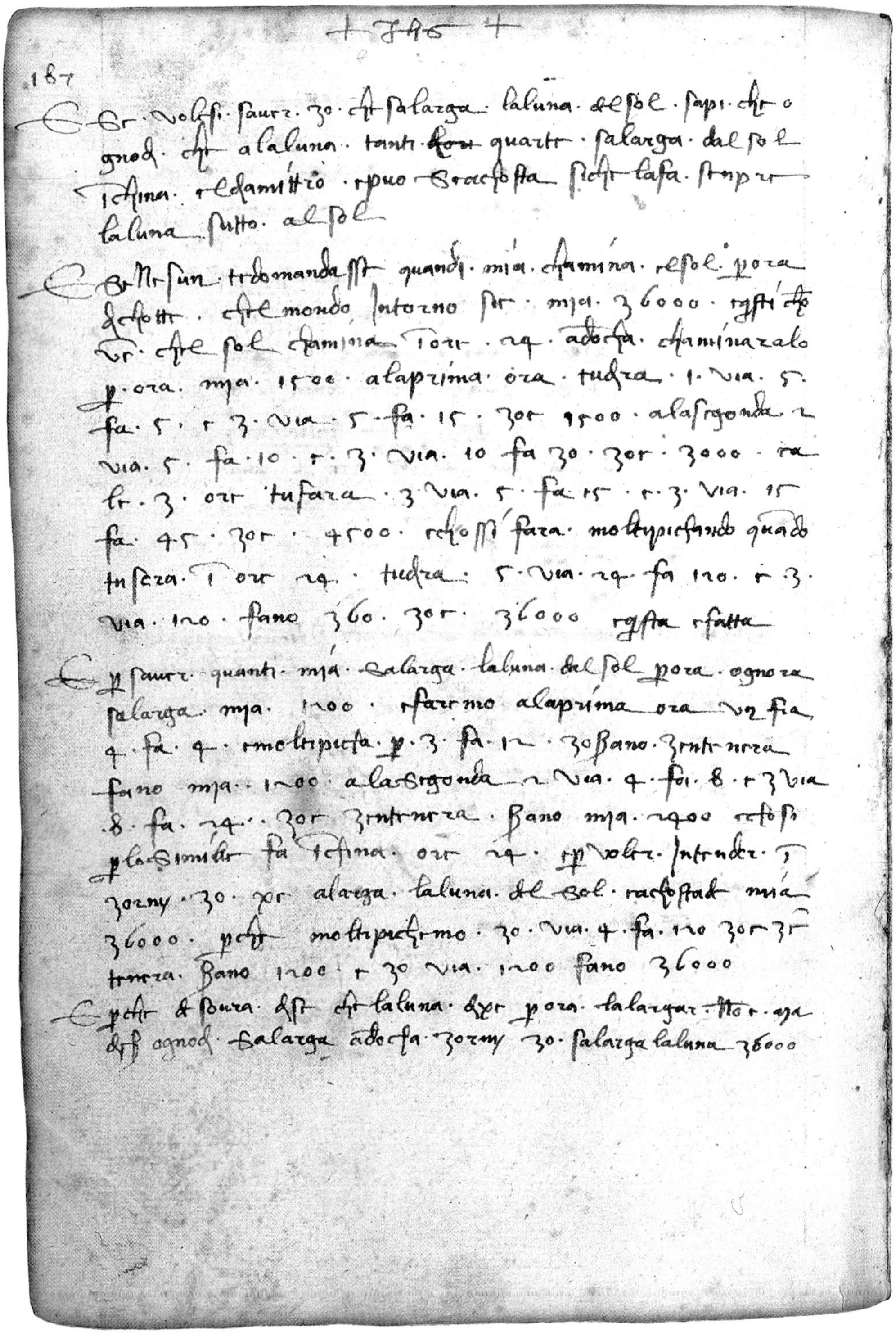

f. 187b

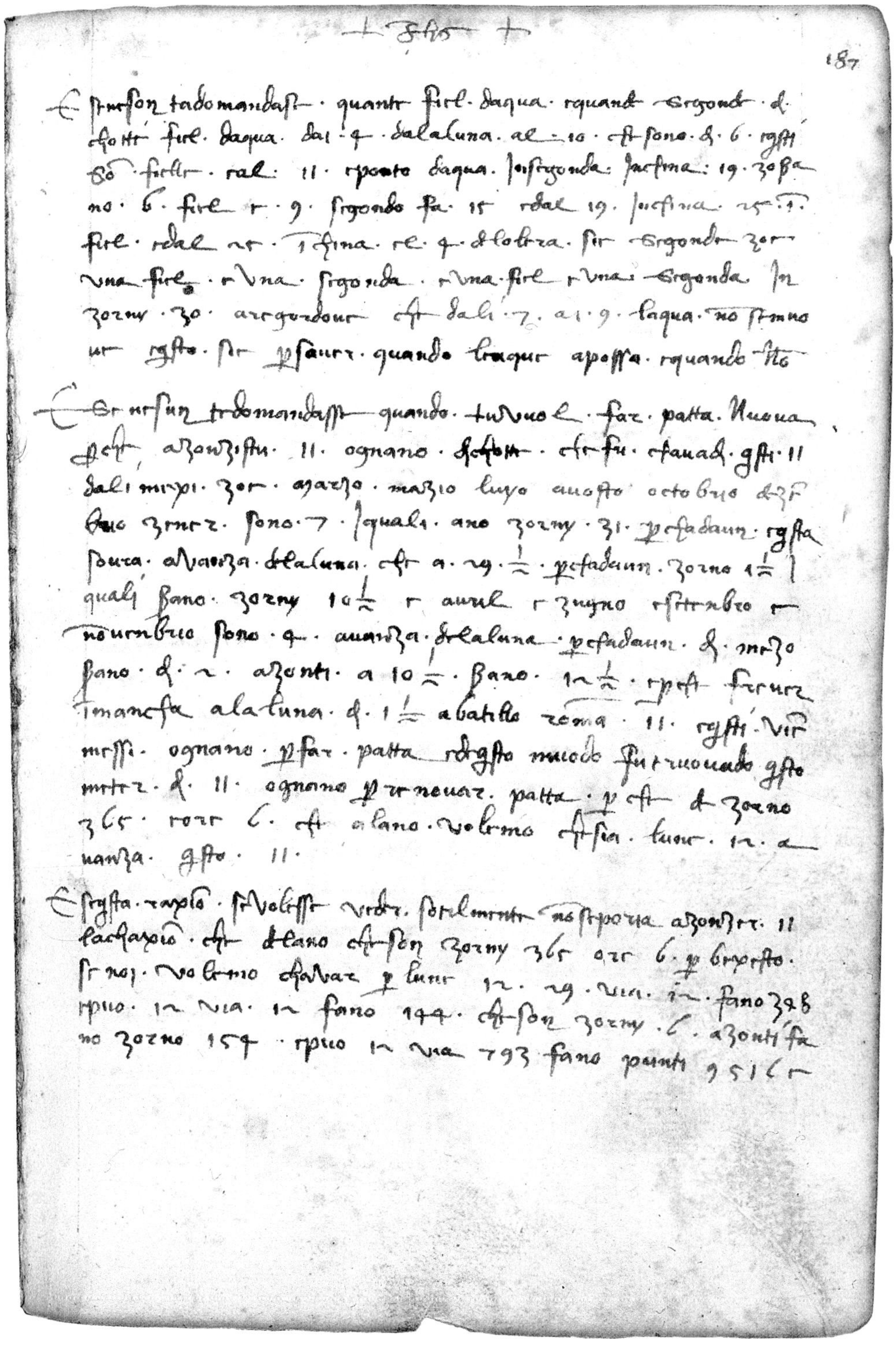

f. 188a

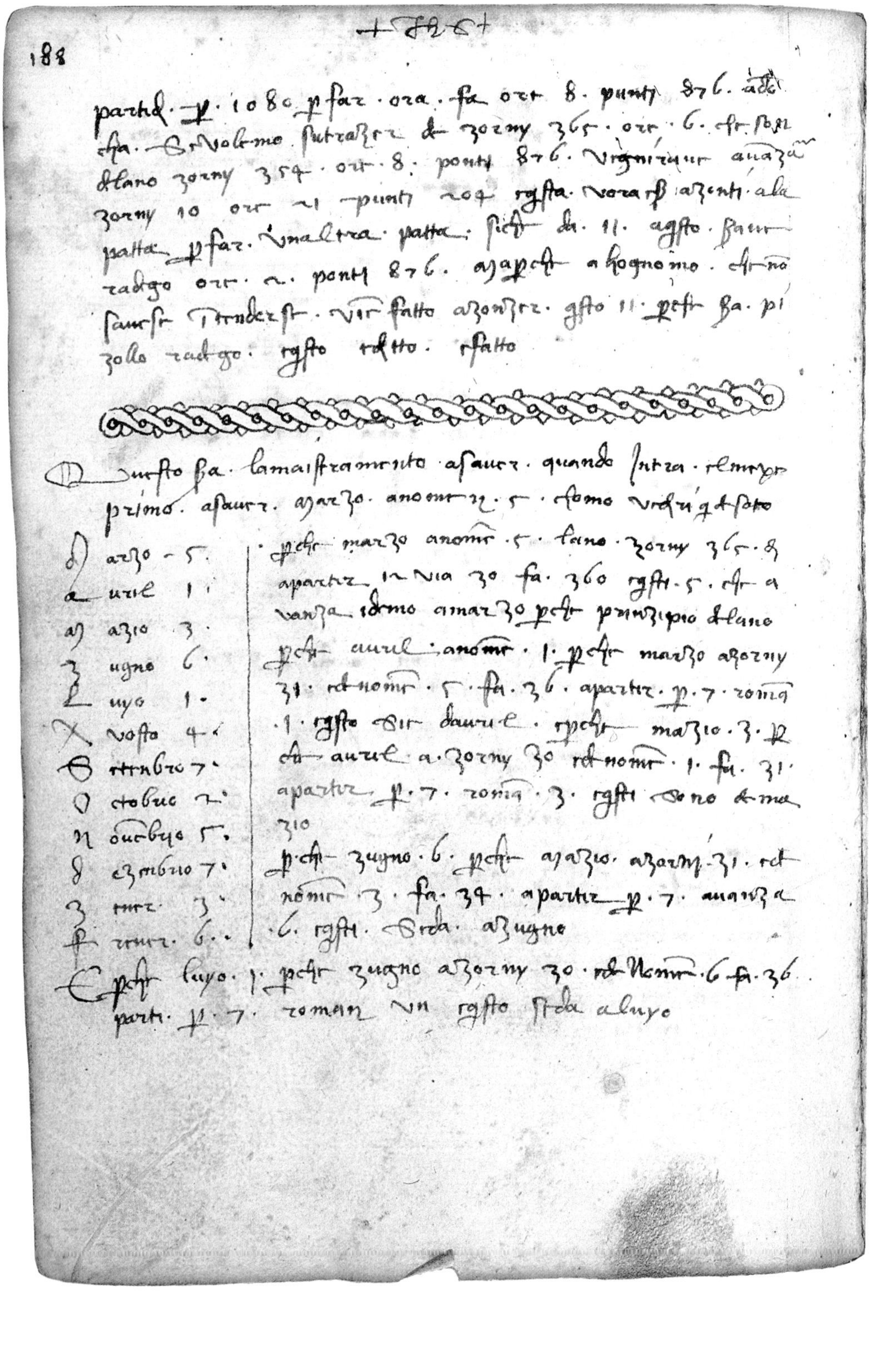

f. 188b

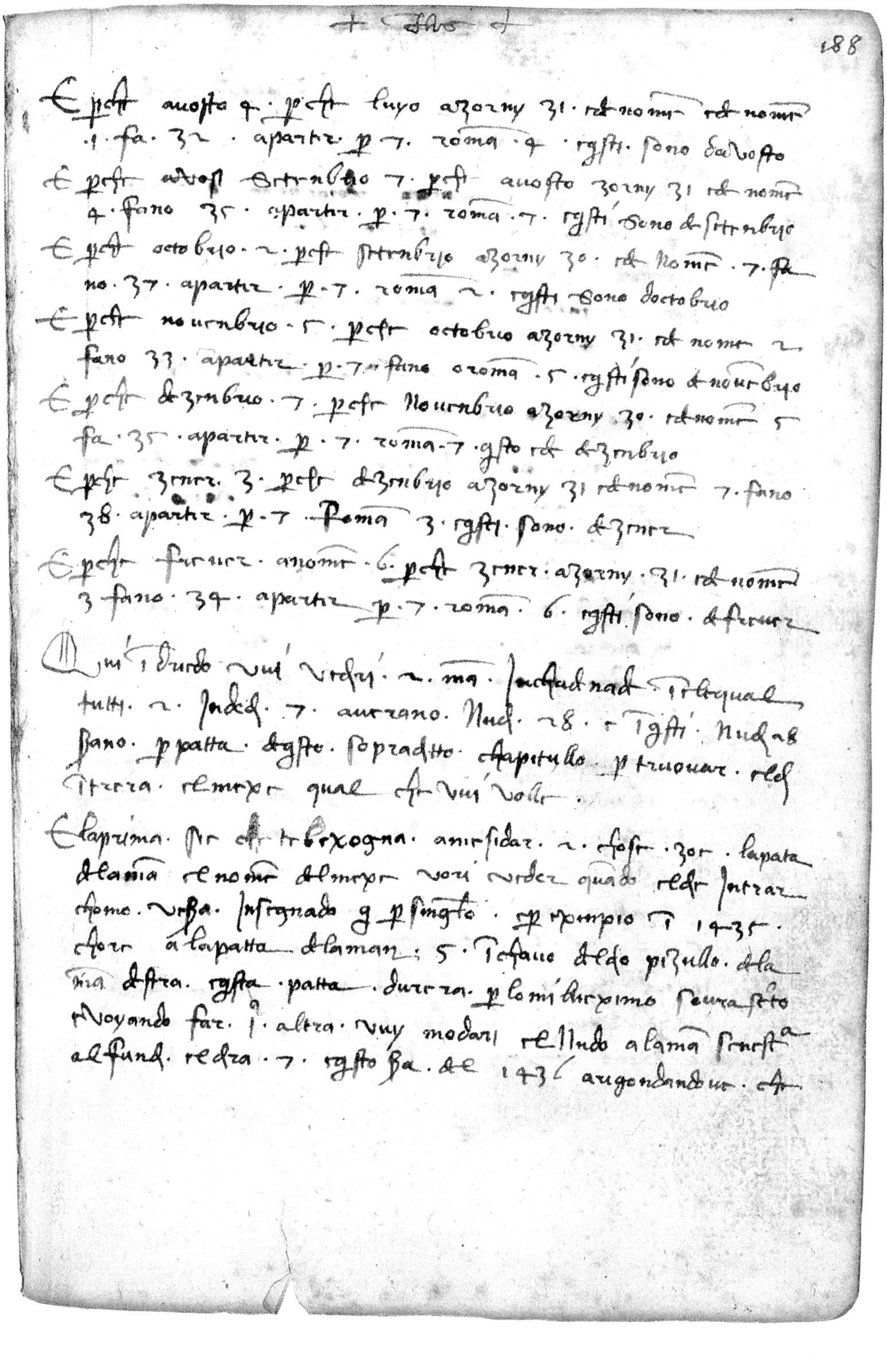

f. 189a

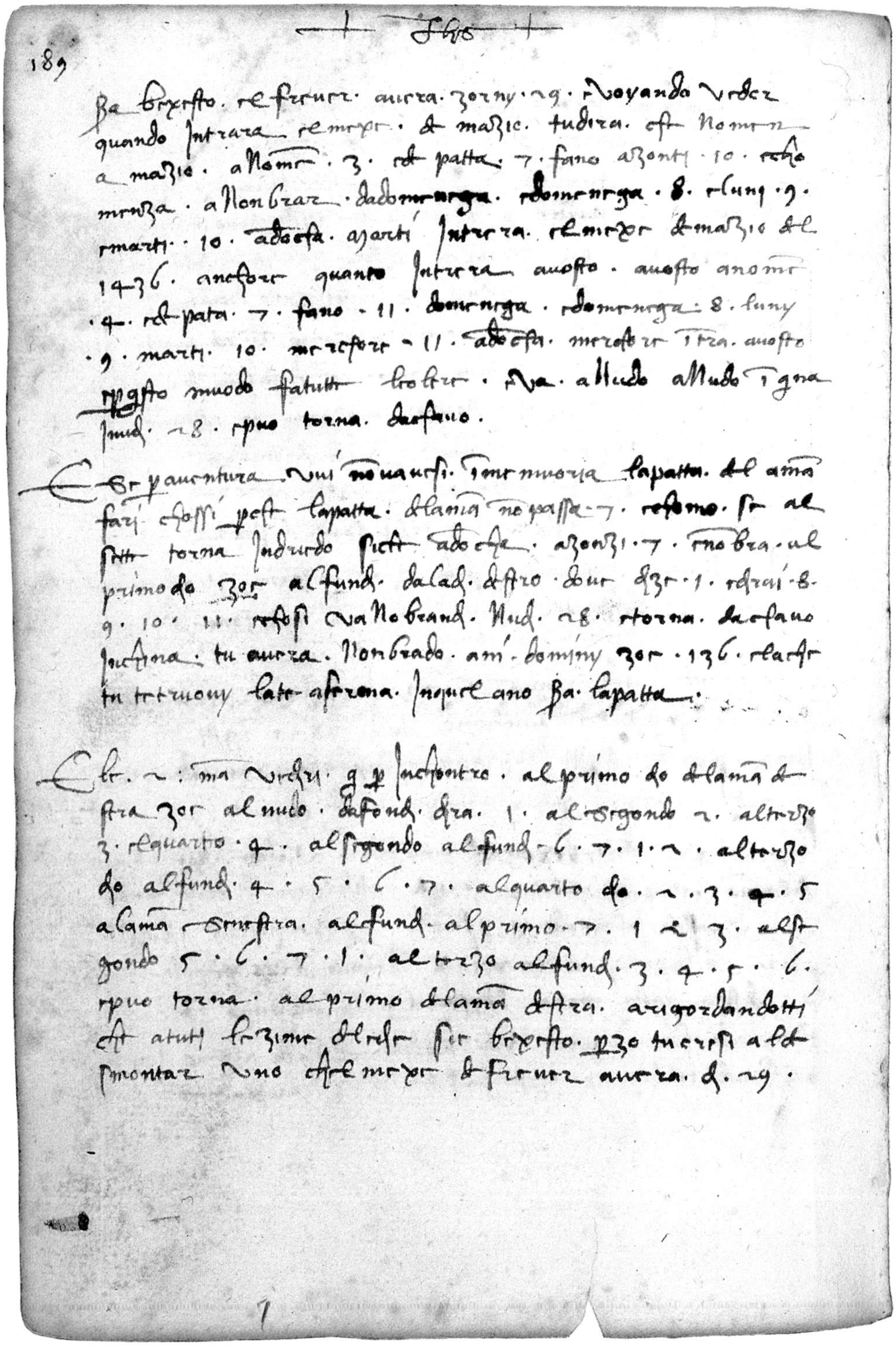

f. 189b

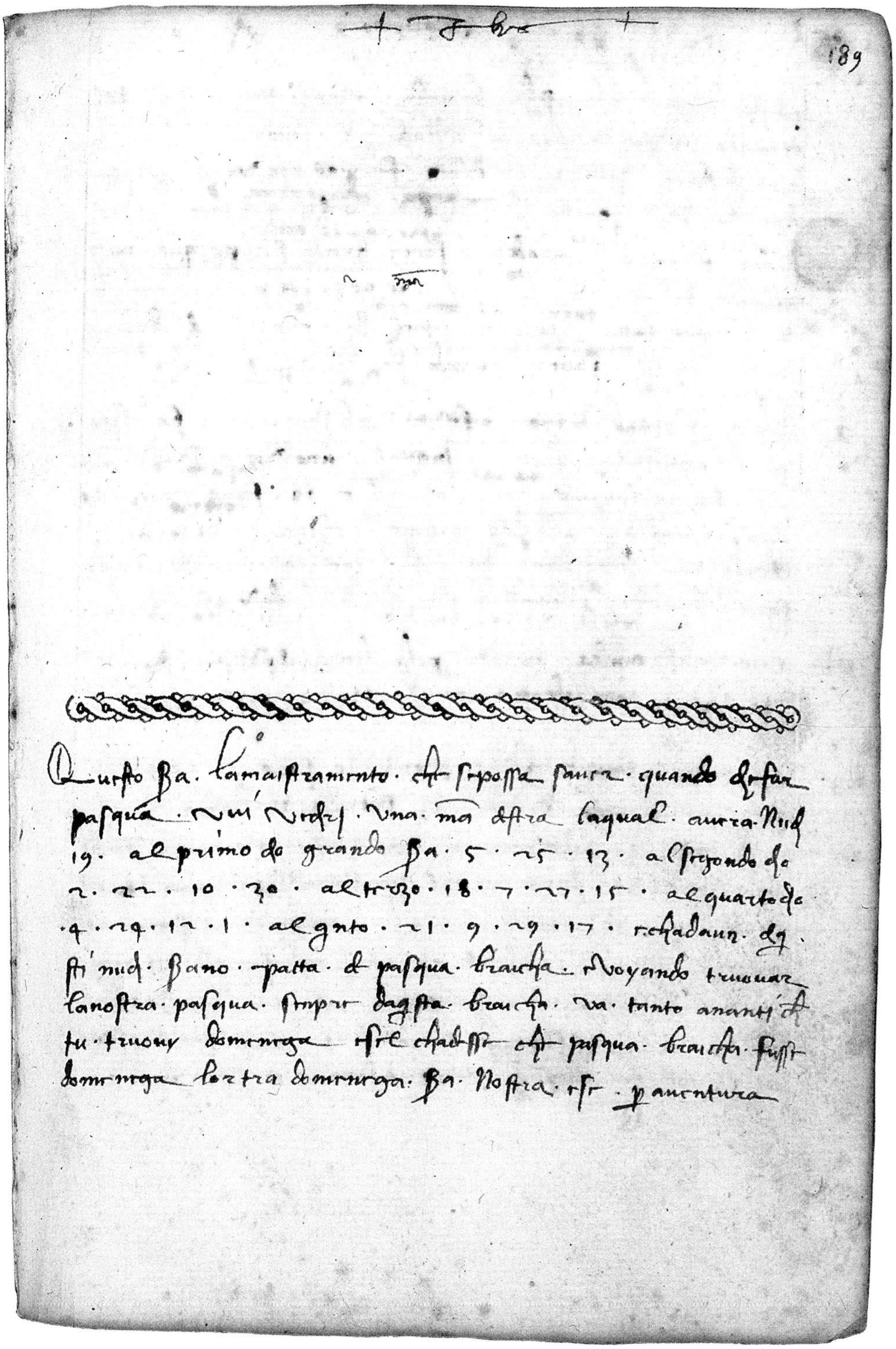
189
Questo sia la maistramento che se possa saver quando de far
pasqua. vui vederì. una man destra laqual averà numeri
19. al primo dedo grando sia · 5 · 25 · 13 · al segondo de
2 · 22 · 10 · 30 · al terzo · 18 · 7 · 27 · 15 · al quarto de
· 4 · 24 · 12 · 1 · al quinto · 21 · 9 · 29 · 17 · e chadauno de
questi numeri sono · patta · de pasqua · biancha · e voyando truovar
la nostra · pasqua · sempre da questa · biancha · va · tanto avanti che
tu · truovi domenega e se el chadesse che pasqua · biancha · fusse
domenega l'oltra domenega · sia · nostra · e se · per aventura

f. 190a

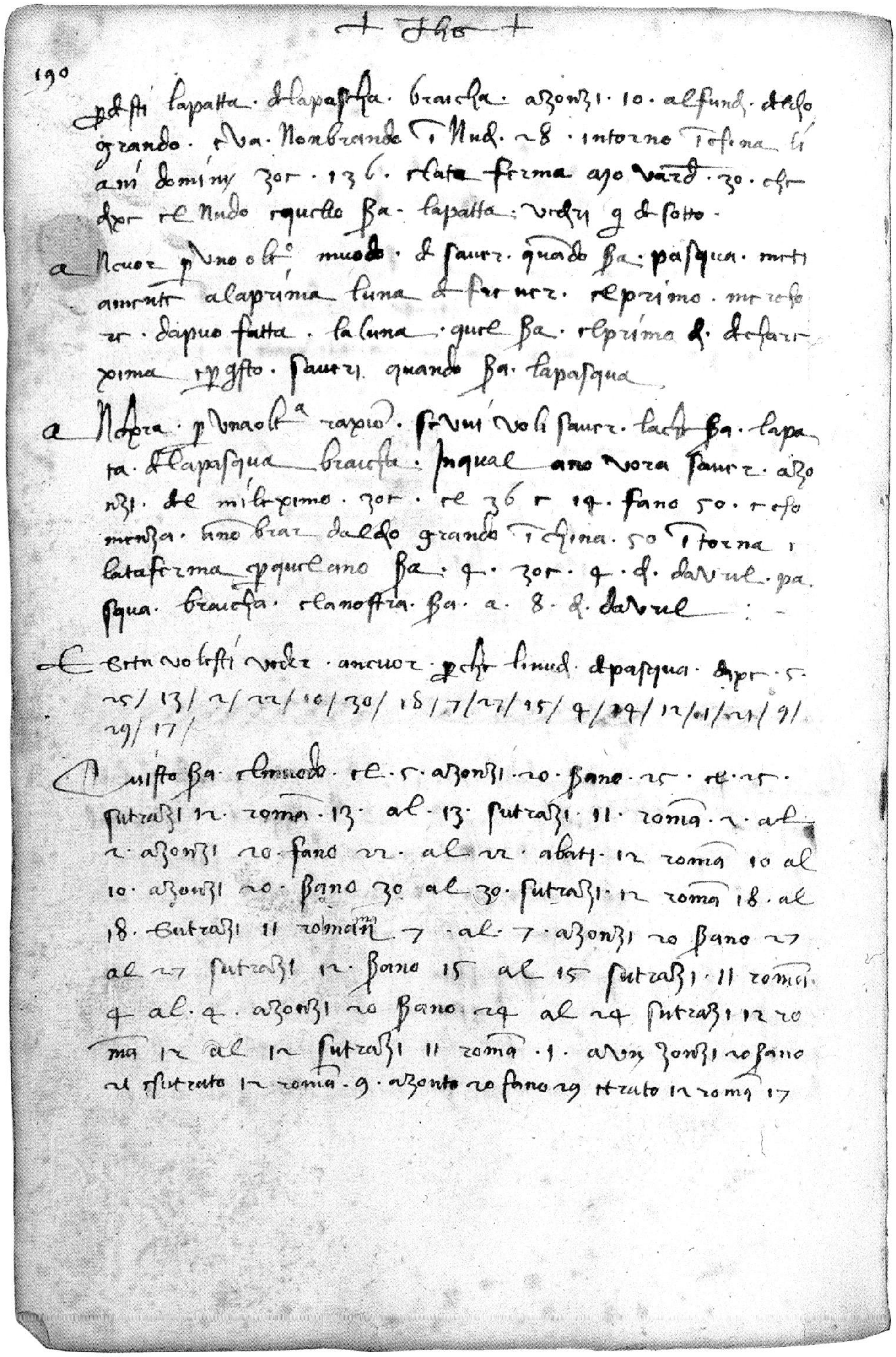

f. 190b

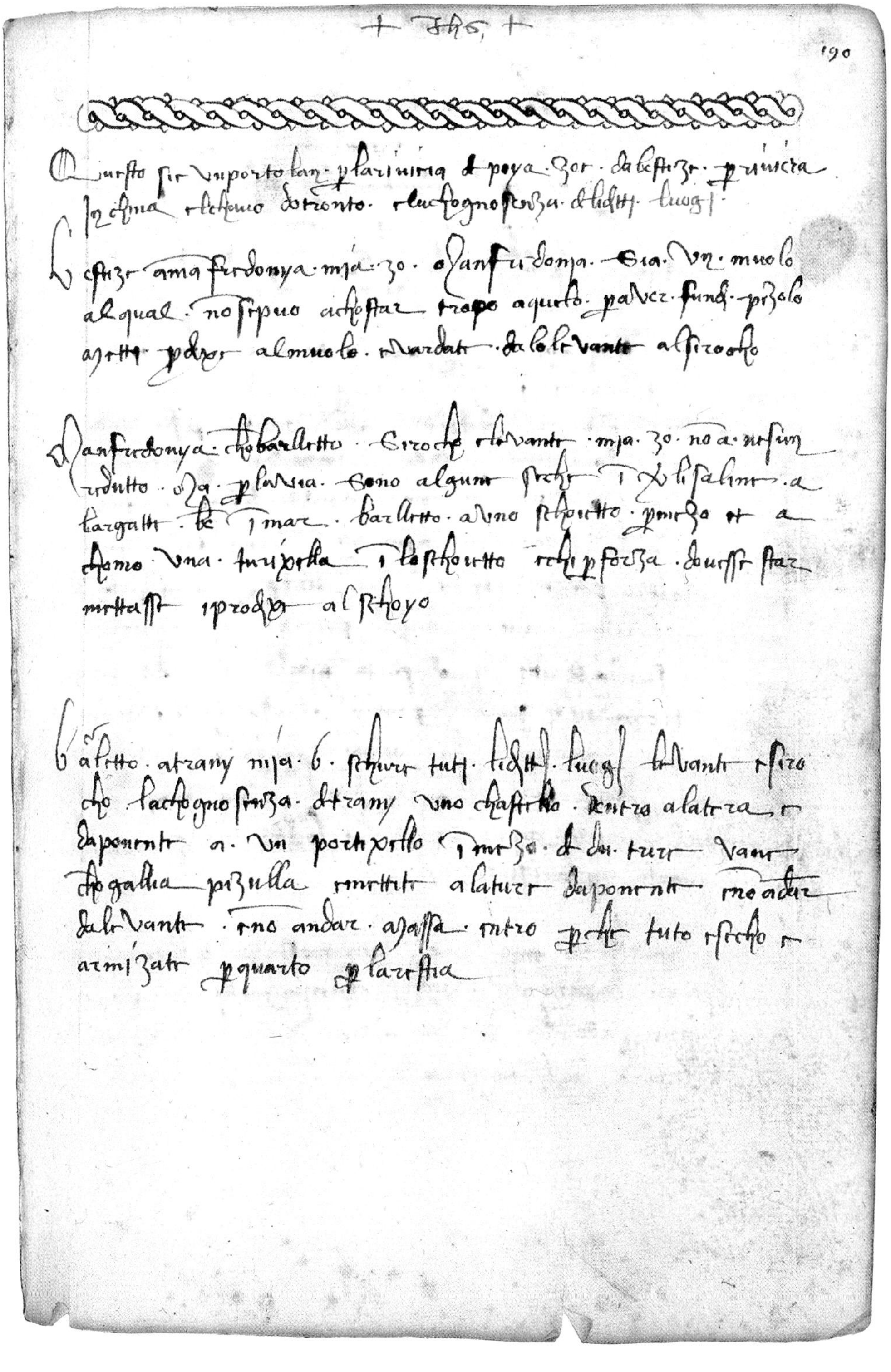

f. 191a

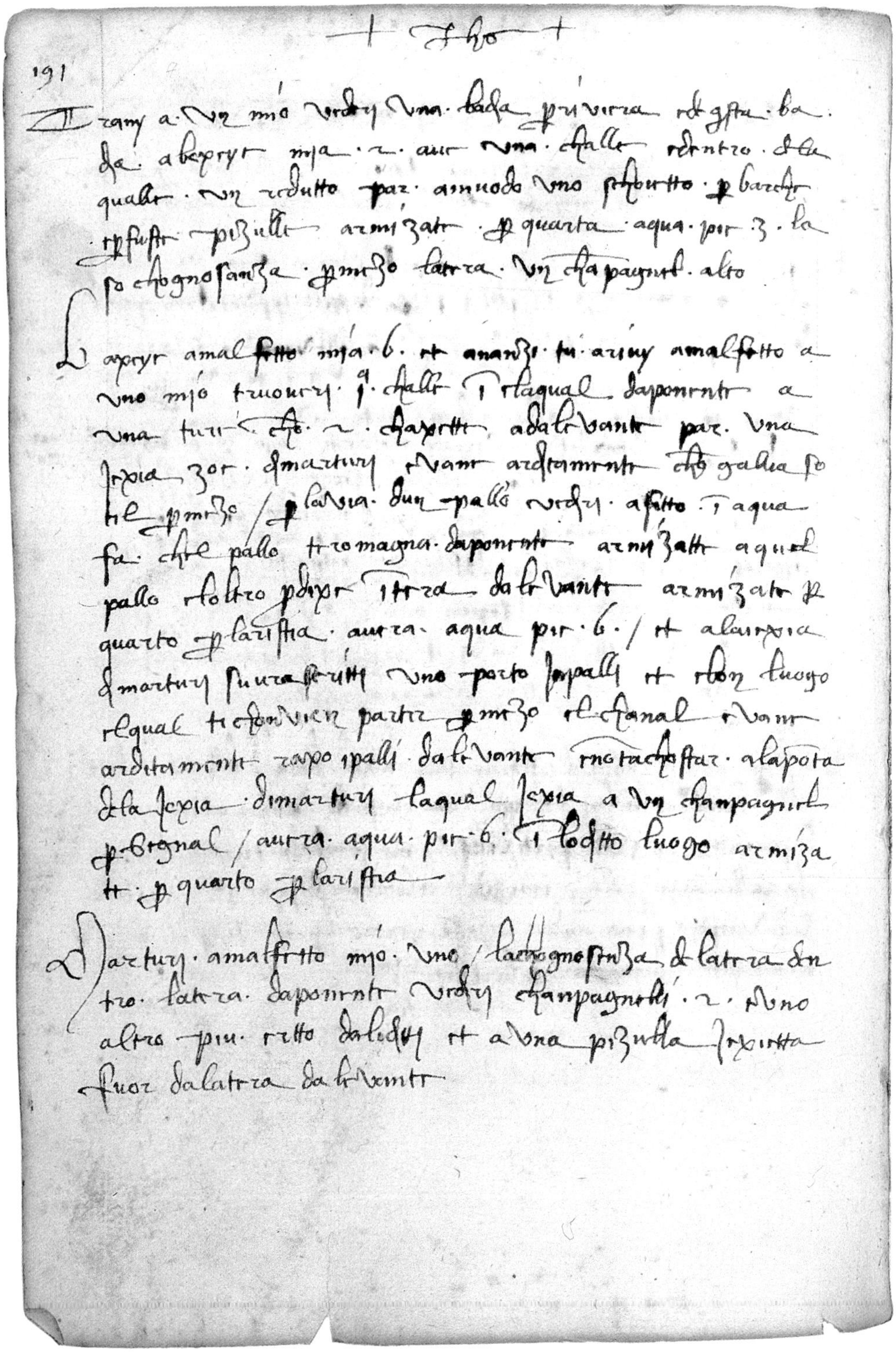
+ Iħs +

191

Trany a vn mio vedirj vna bada pri vierra et g(ue)sta ba
da a becrjrj mja . 2 . auer vna challe et entro dela
quale vn reduto par a modo vno schoietto p(er) barche
et fuste pizulle armizate p(er) quarta aqua pie 3 . la
so chognosanza p(er) mezo latera vn chapagnol alto

Laprjr amalfetto mja 6 . et avanti tu arivj amalfetto a
vno mjo trouerj j challe i la qual da ponente a
vna turre che 2 . chasette ada levante par vna
sepia zor . de martury et vane arditamente che galea so
tile p(er) mezo / p(er) latera dun pallo vedirj afitto i aqua
fa che le pallo tro magna da ponente armizate a quel
pallo e lo altro p(er) dijr i terra da levante armizate per
quarto p(er) la risstra aurra aqua pie 6 . / et ala sepia
de martury su ura scritta vno porto se palli et e lon luogo
el qual ti se fon vien parte p(er) mezo el chanal et vane
arditamente zapo i palli da levante e no tachostar a la ponta
dela sepia di martury la qual sepia a vn champagnol
p(er) segnal / aurra aqua pie 6 . i lo ditto luogo armiza
te p(er) quarto p(er) la rissta

Martury amalfetto mjo vno / la chognossanza de la terra den
tro la terra da ponente vedirj champagnolj 2 . vno
altro piu retto da li dui et a vna pizulla sepietta
fuor da la terra da levante

f. 191b

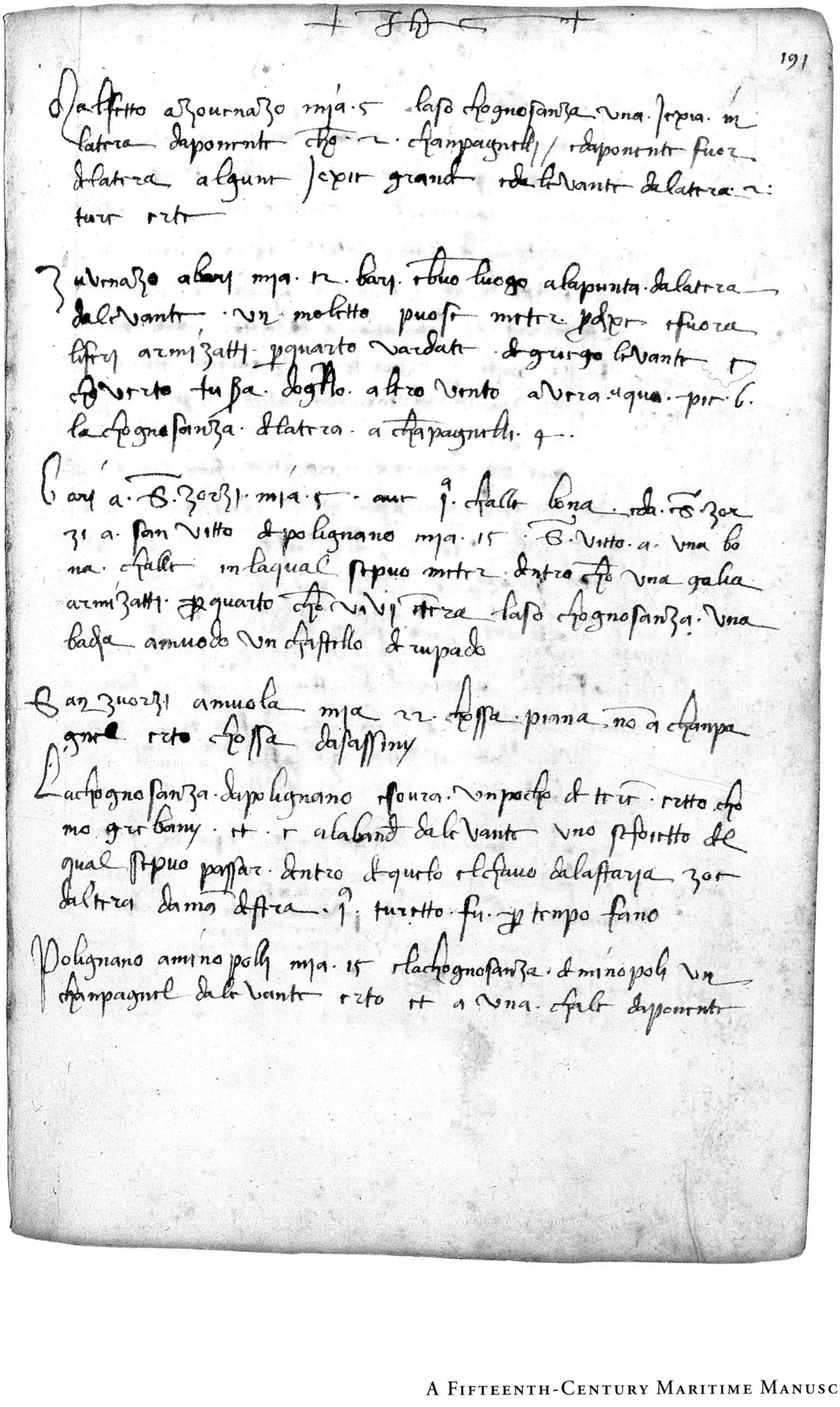

191

Malfetto a Zournazo mia 5 laso chognosanza una sepia in latera da ponente cho 2 champagnoli / e da ponente fuor de latera alguni sechi grandi e de levante de latera 2 tute rete

Zuvenazo a bari mia 12 bari e bon luogo a la punta de la tera dal levante un moletto puose meter per per e fuora li ferj armizatti per quarto vardati de gurgo levante e de vento tuta doglo altro vento avera aqua per 6 la chognosanza de latera a champagnoli 4

Bari a S. Zorzi mia 5 aue una chalalo bona da S. Zorzi a San Vitto de polignano mia 15 S. Vitto a una bona chala in laqual se puo meter dentro cho una galia armizatti per quarto cho vi sj terra laso chognosanza una basa a muodo un chastello de rupado

San zuorzi a muola mia 22 chosta pianna no a champagnol e roto chosta da sassinj

La chognosanza da polignano e sovra un pocho de terra rotto cho mo gr ... bany e 2 a laband dal levante uno sgolfetto del qual se puo passar dentro de quelo e el fano da la staria zor daltra da mo destra una turetto fu per tempo fano

Polignano a munopoli mia 15 e la chognosanza de minopoli un champagnol dal levante roto et a una chala da ponente

f. 192a

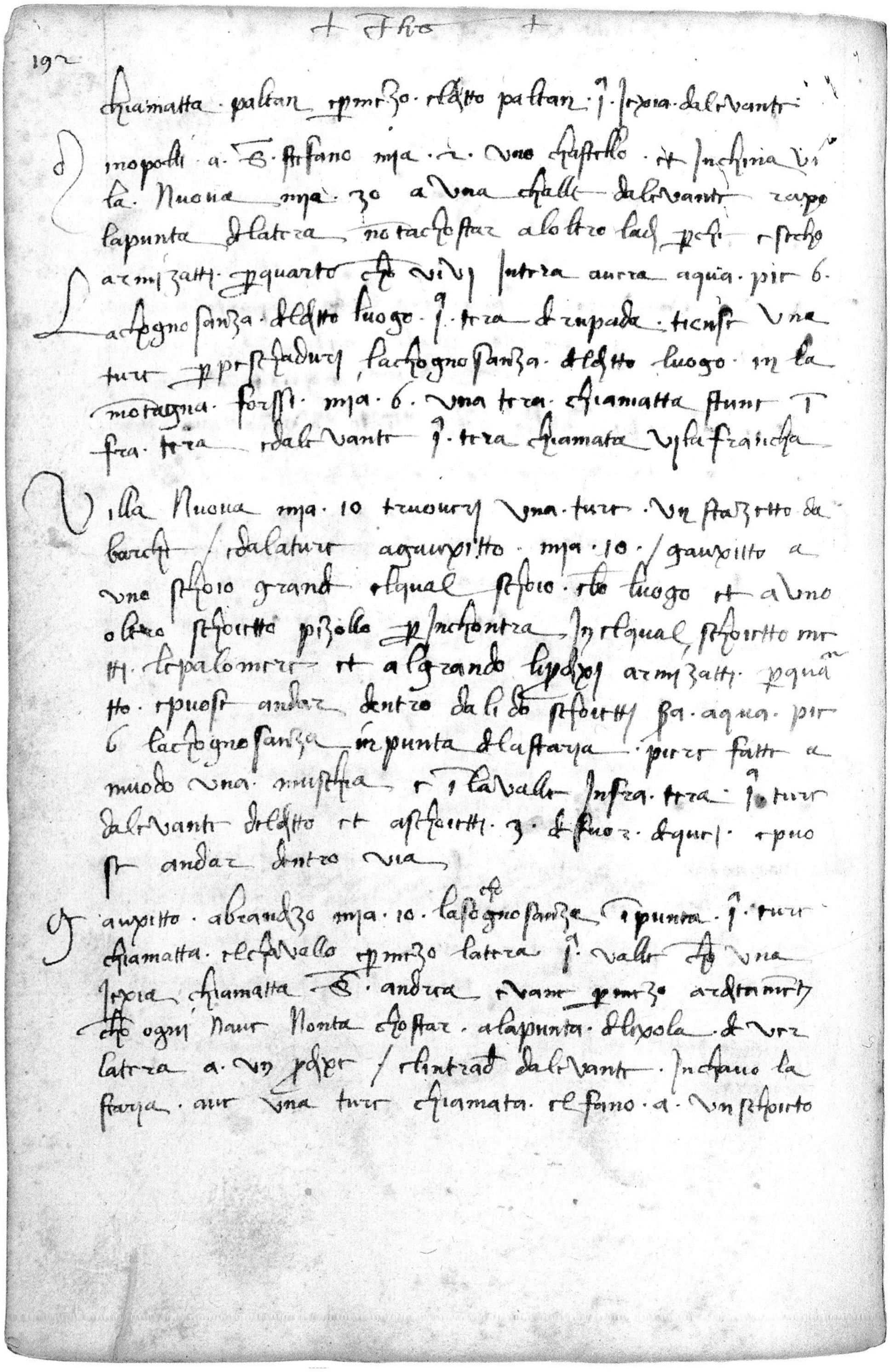
+ Jhs +

192

chiamatta · paltan e per mezo el ditto paltan · i · Jsola dal levante

in mopoli a · S · Stefano mia · 2 · uno chastello · et in chima vi-

la · Nuova mia · 30 a una challe dal levante rapo

la punta de la terra no tacho star alo oltro lado per li reschi

armizatti per quarto che vidi entra aurra aqua · pie 6.

Lachognosanza del ditto luogo · i · terra de rupada · tiensi una

turre per prestadori / lachognosanza del ditto luogo in la

motagna · forssi · mia · 6 · una terra chiamatta sturri in

fra · terra e dal levante i · terra chiamata vila franchia

Villa Nuova mia · 10 trouerai una turre · un stazetto da

barche / e da la turre aguarpitto · mia · 10 · / garuspitto a

uno schoio grande el qual schoio · el luogo et a uno

oltro schoietto pizollo per inchontra in el qual schoietto me-

tti le palomere et al grando li poi armizatti per qua-

tto · e puosse andar dentro da li do schoietti fra aqua · pie

6 lachognosanza in punta de la staria · pare fatto a

muodo una ... e 1 chavallo infra · terra · a la turre

dal levante del ditto et aschortti · 3 · de fuor · de quei · e puo

se andar dentro via

Garuspitto · abrandizo mia · 10 · lachognosanze in punta · i · turre

chiamatta · el chavallo e per mezo la terra i valle che una

Jsola chiamatta S · andrea e da man per mezo ...

che ogni nave monta chostar · ala punta · de l'isola · de ver

la terra a · un ... / e l'intrada dal levante · in chauo la

staria · aue una turre chiamata · el fano · a · un schoietto

f. 192b

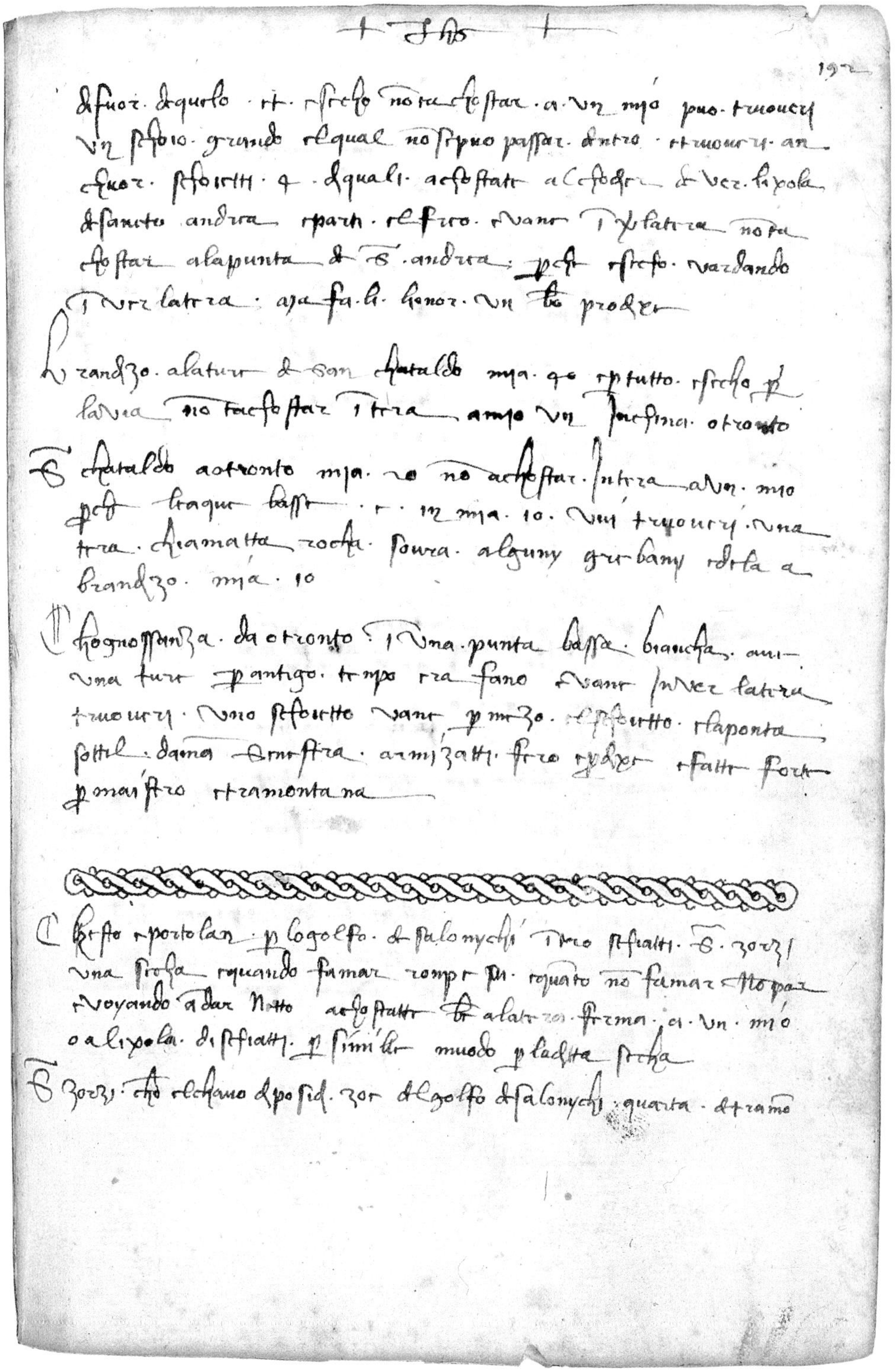
+ Jhs +

192

de fuor de quello et esscho no te achostar a un mio per che trouerai
un schoio grando el qual no se puo passar dentro et trouerai an
chuor scoietti 4 de quali achostate al chodo de ver lixola
de sancto andrea e parti el [illegible] [illegible] in ver la terra no te
achostar ala punta de s. andrea per che esscho vardando
in ver la terra [illegible] [illegible] honor un [illegible] [illegible]

Brandizo ala turre de san chataldo mia 40 e per tutto esscho per
lavia no te achostar in terra [illegible] un [illegible] otronto

S chataldo a otronto mia [illegible] no achostar in terra a un mio
per che le aque basse e in mia 10 [illegible] trouerai una
terra chiamatta rocha sovra alguny gerbany e de la a
brandizo mia 10

Chognossanza da otronto in una punta bassa biancha [illegible]
una turre [illegible] [illegible] [illegible] fano e vane in ver la terra
trouerai uno schoietto [illegible] [illegible] [illegible] el [illegible] e la ponta
[illegible] [illegible] [illegible] [illegible] [illegible] [illegible] [illegible]
per maistro e tramontana

Questo e portolan per lo golfo de salonychi [illegible] [illegible] s. zorzi
una [illegible] [illegible] [illegible] [illegible] [illegible] [illegible] [illegible] [illegible]
[illegible] [illegible] [illegible] [illegible] [illegible] [illegible] [illegible] a un mio
o alixola di [illegible] per simile modo per la ditta [illegible]
S zorzi che el [illegible] de [illegible] zor del golfo de salonychi quarta de tramo

f. 193a

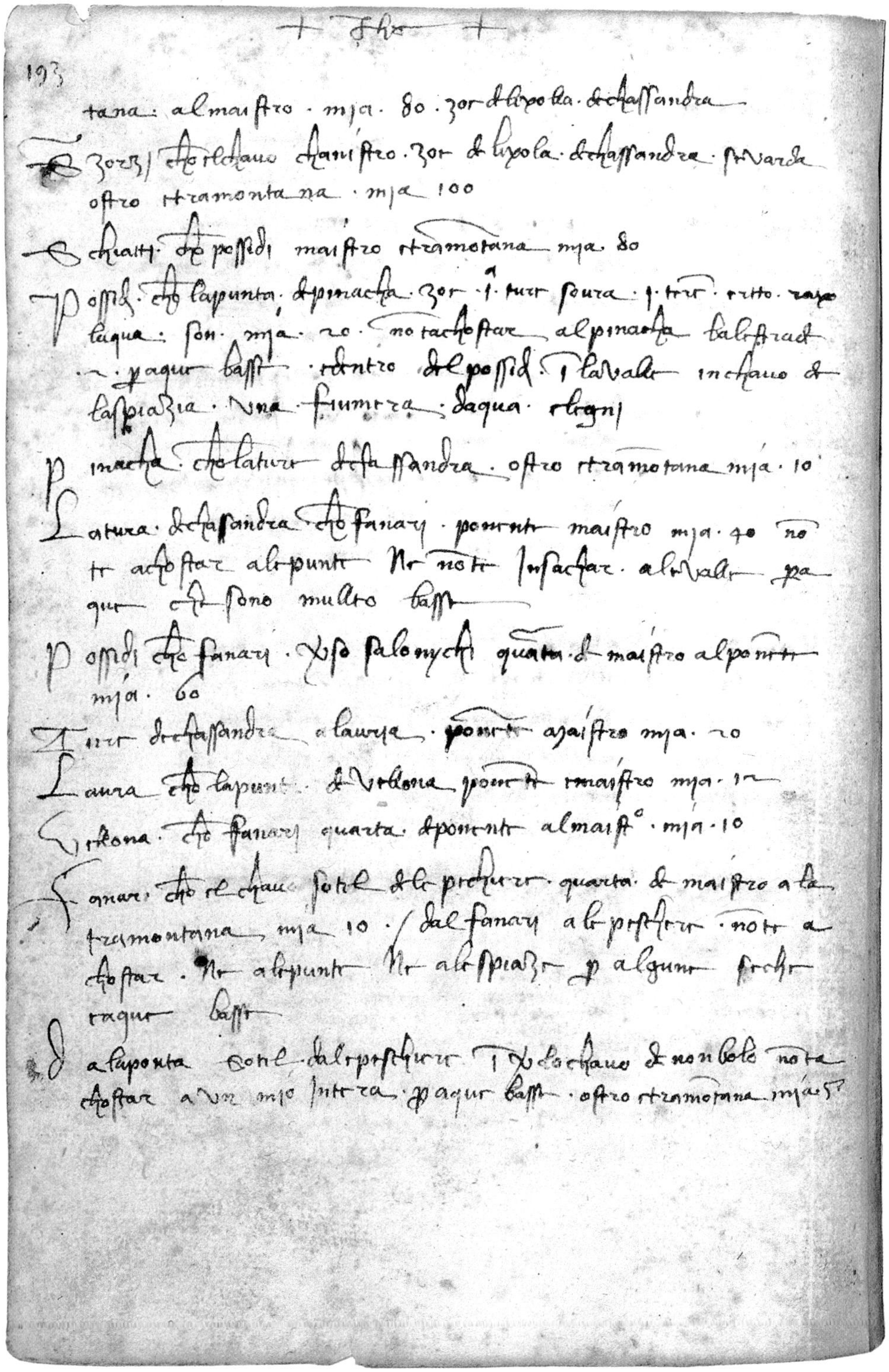
+ Jhs +

193

tana. al maistro. mja. 80. zor de l'ixola de chassandra

Zorzi che Stefano chamistro zor de l'ixola de chassandra per varda ostro e tramontana. mja 100

Schiatti che possidi maistro e tramontana mja. 80

Possidi che la punta de pinacha zor in turre soura in terra retto rasso l'aqua son mja. 20. no tachostar al pinacha ba le strade . per aque basse e dentro del possidi in la valle in chavo de la spiazia. una fiumera d'aqua e legni

Pinacha che la turre de chassandra ostro e tramontana mja. 10

Latura de chassandra che fanari ponente maistro mja. 40 no te achostar al ponente ne note in sachar al le valle per aque che sono multo basse

Possidi che fanari verso salonychi quarta de maistro al ponente mja. 60

Turre de chassandra a lavrya. ponente maistro mja. 20

Laura che la punta de vellona ponente e maistro mja. 12

Vellona che fanari quarta de ponente al maistro mja. 10

Fanari che el chavo sotil de le pescherie quarta de maistro a la tramontana mja 10. / dal fanari a le pescherie note achostar. ne al ponente ne a le spiaze per algune secche e aque basse

Da la ponta sotil da le pescherie in chadochavo de nonbole nota chostar a un mio in terra per aque basse. ostro e tramontana mja. 5

f. 193b

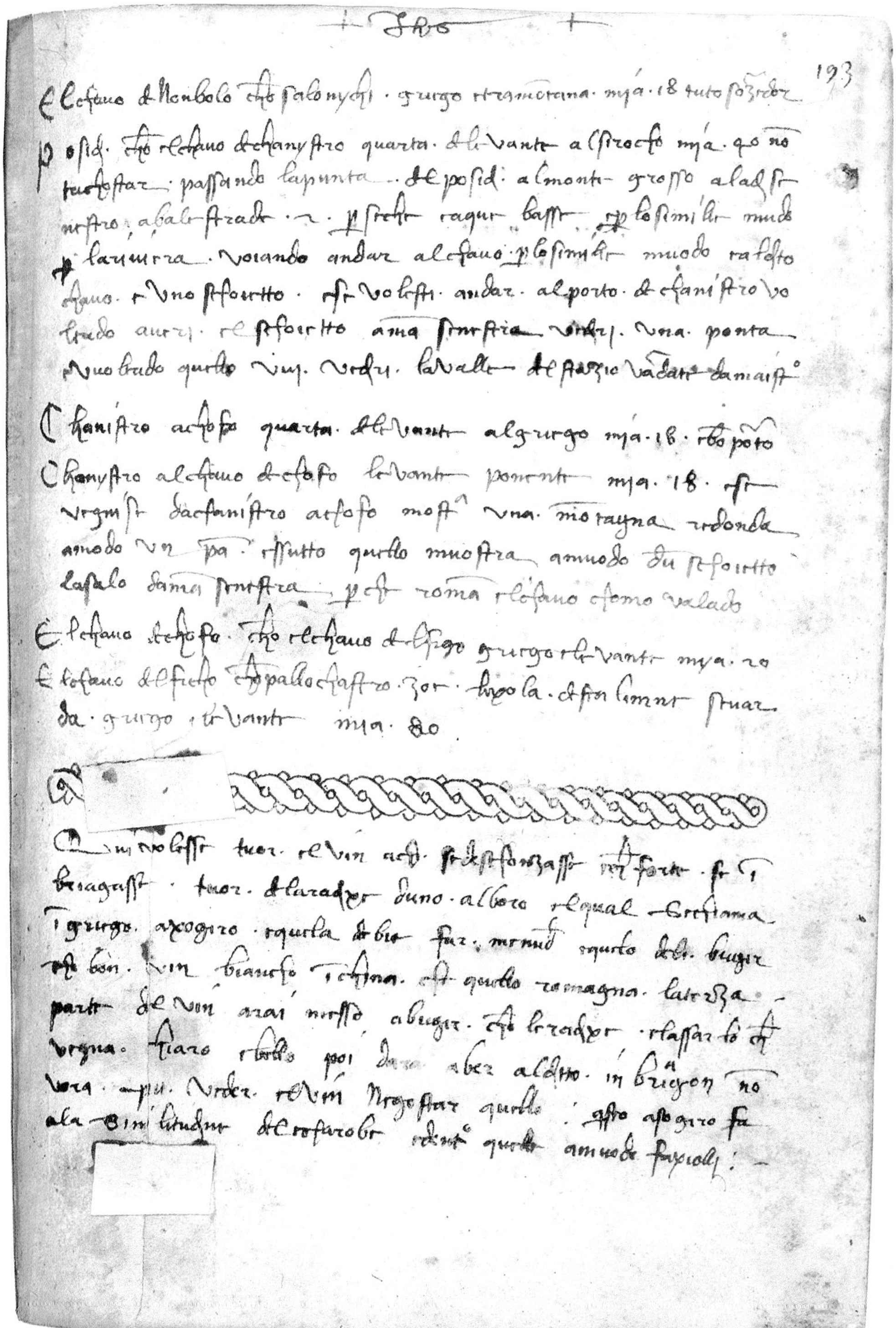

f. 194a

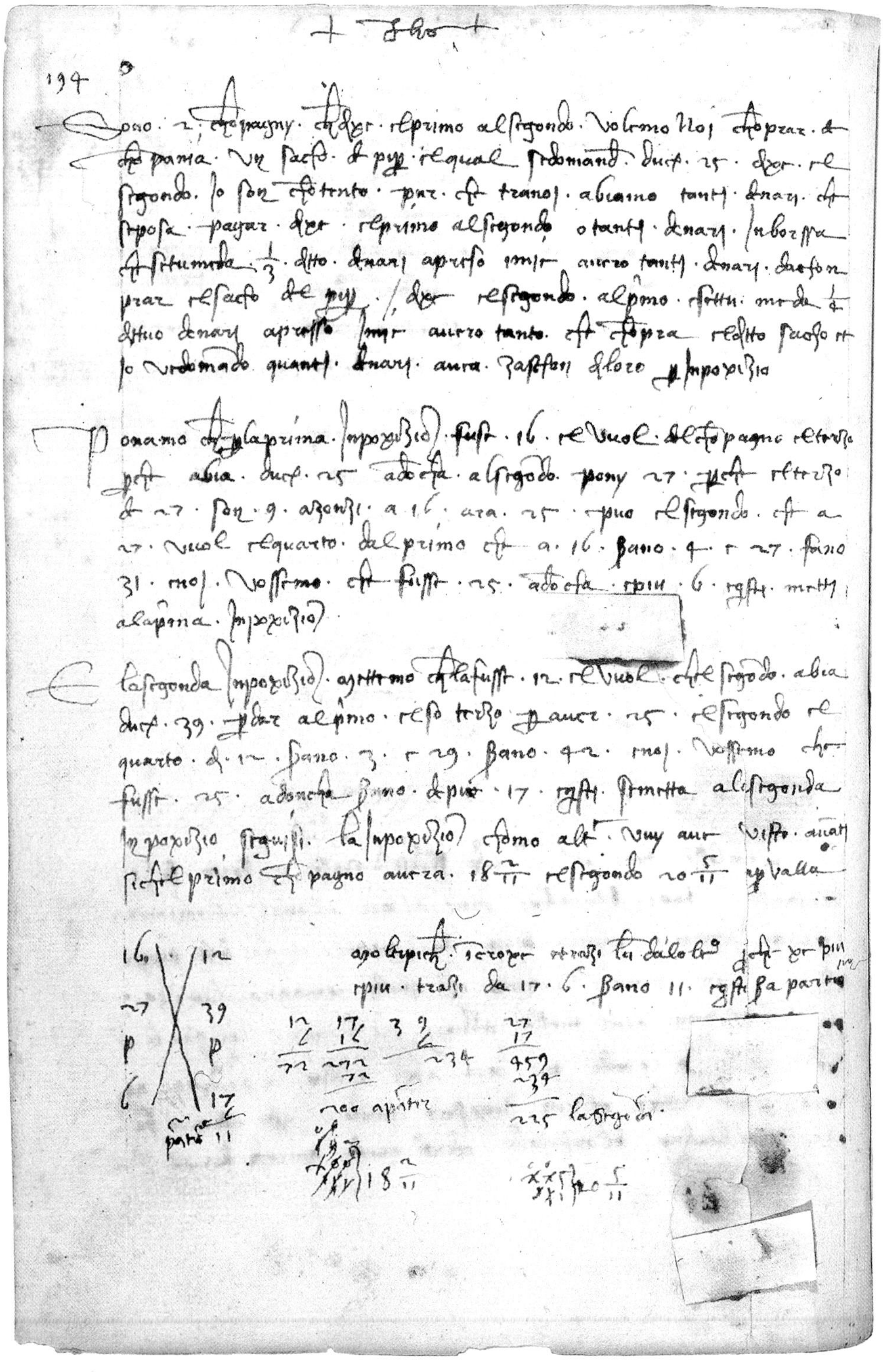

f. 194b

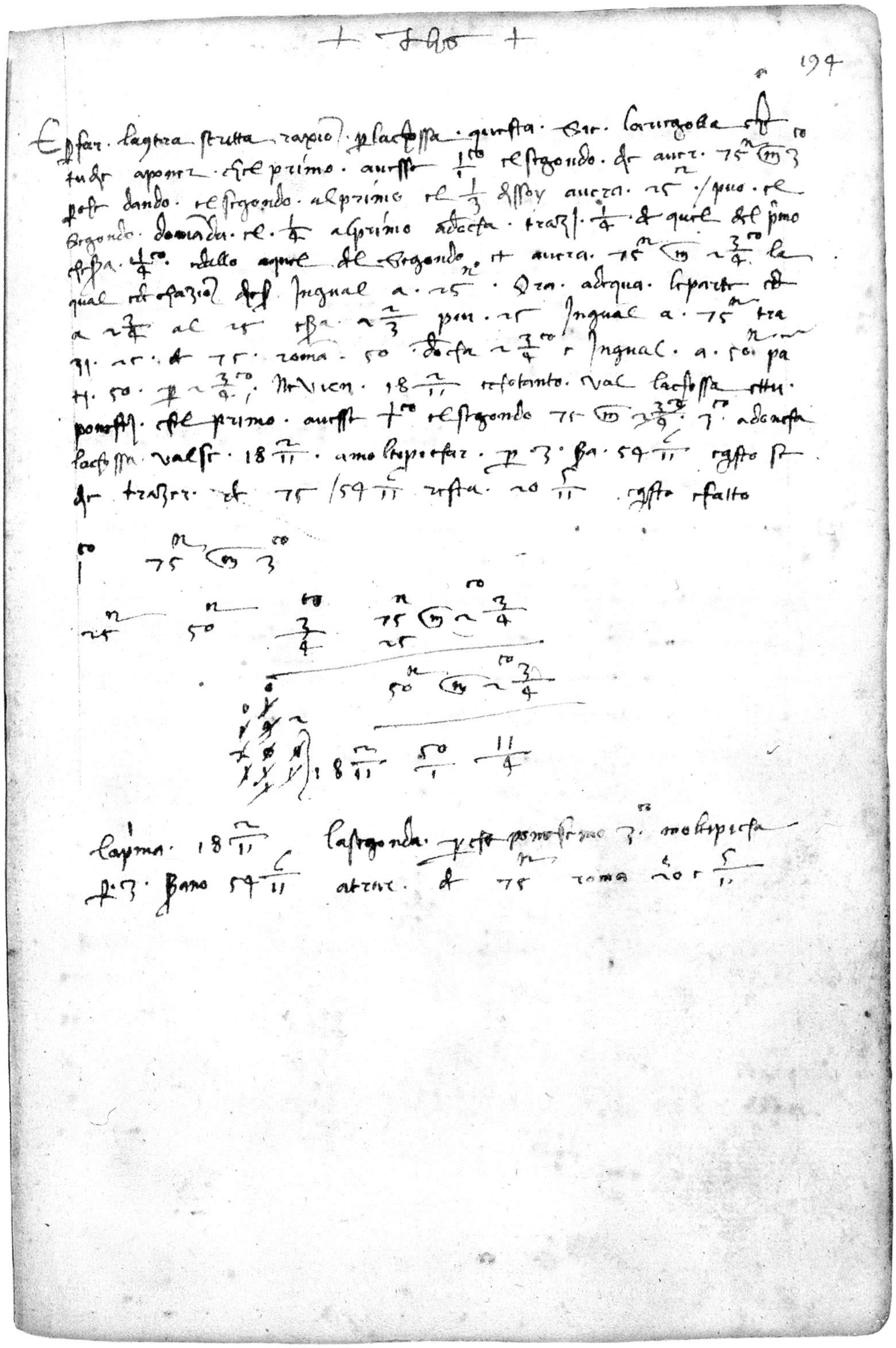

f. 195a

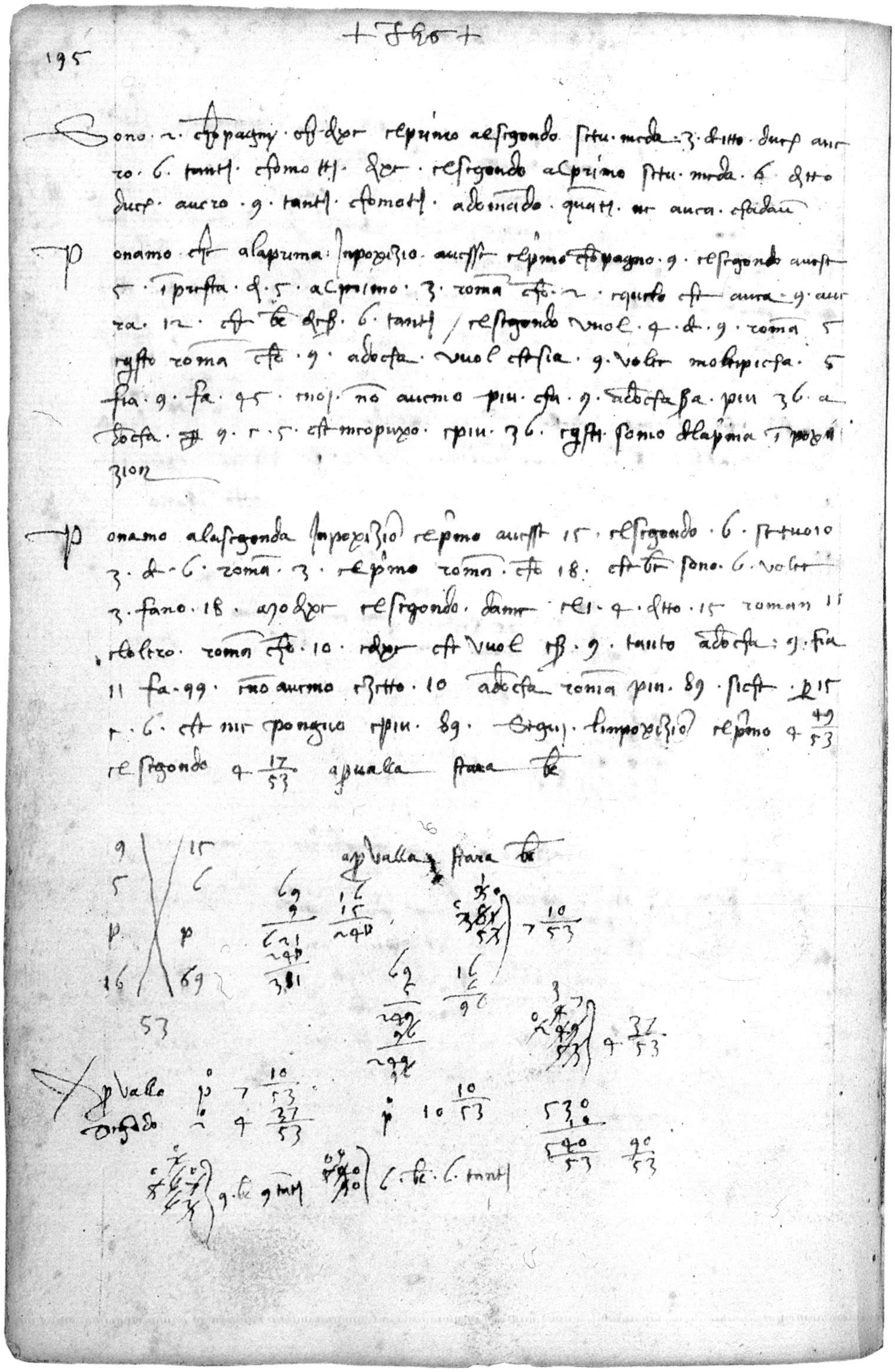

f. 195b

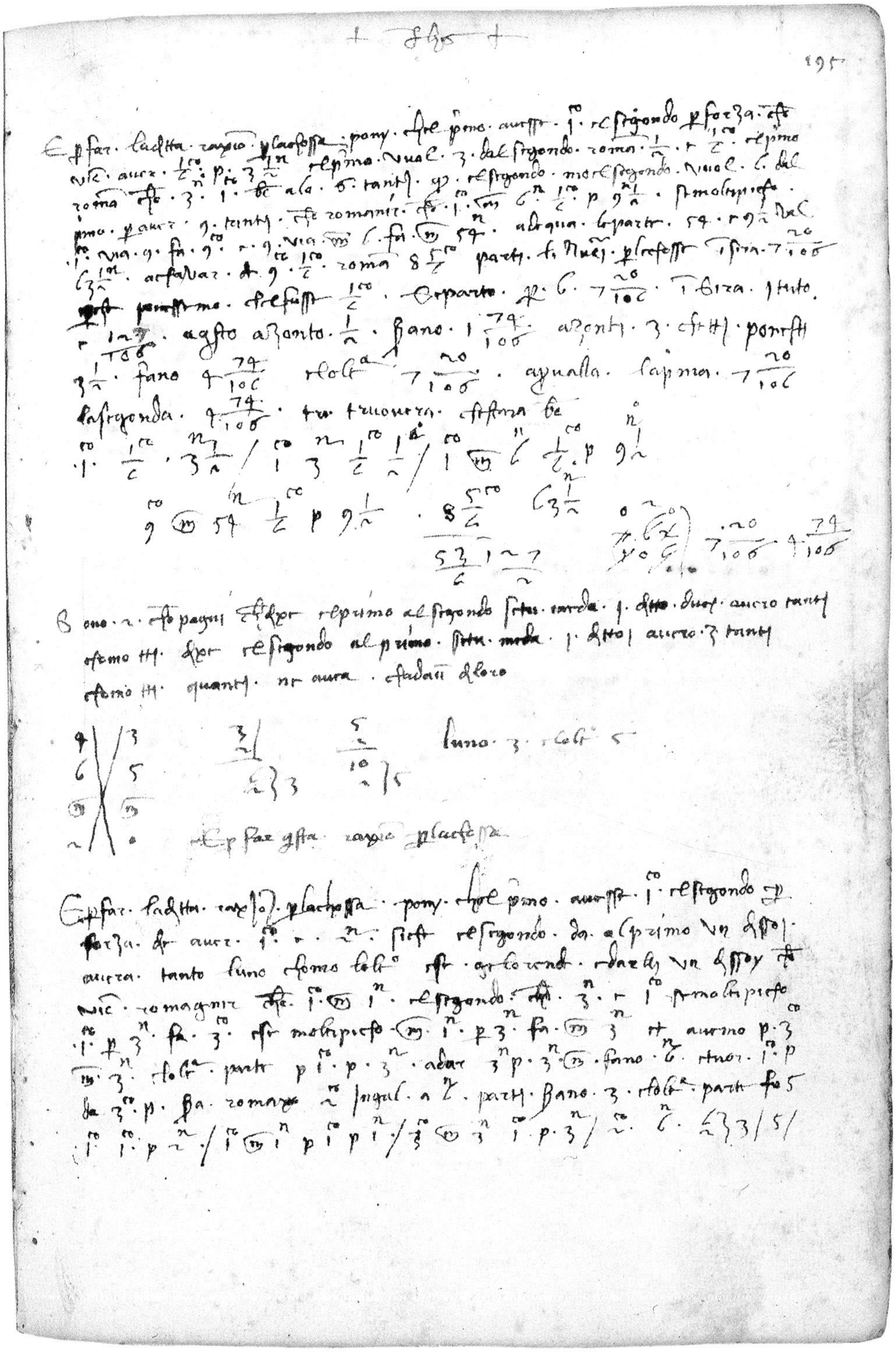

f. 196a

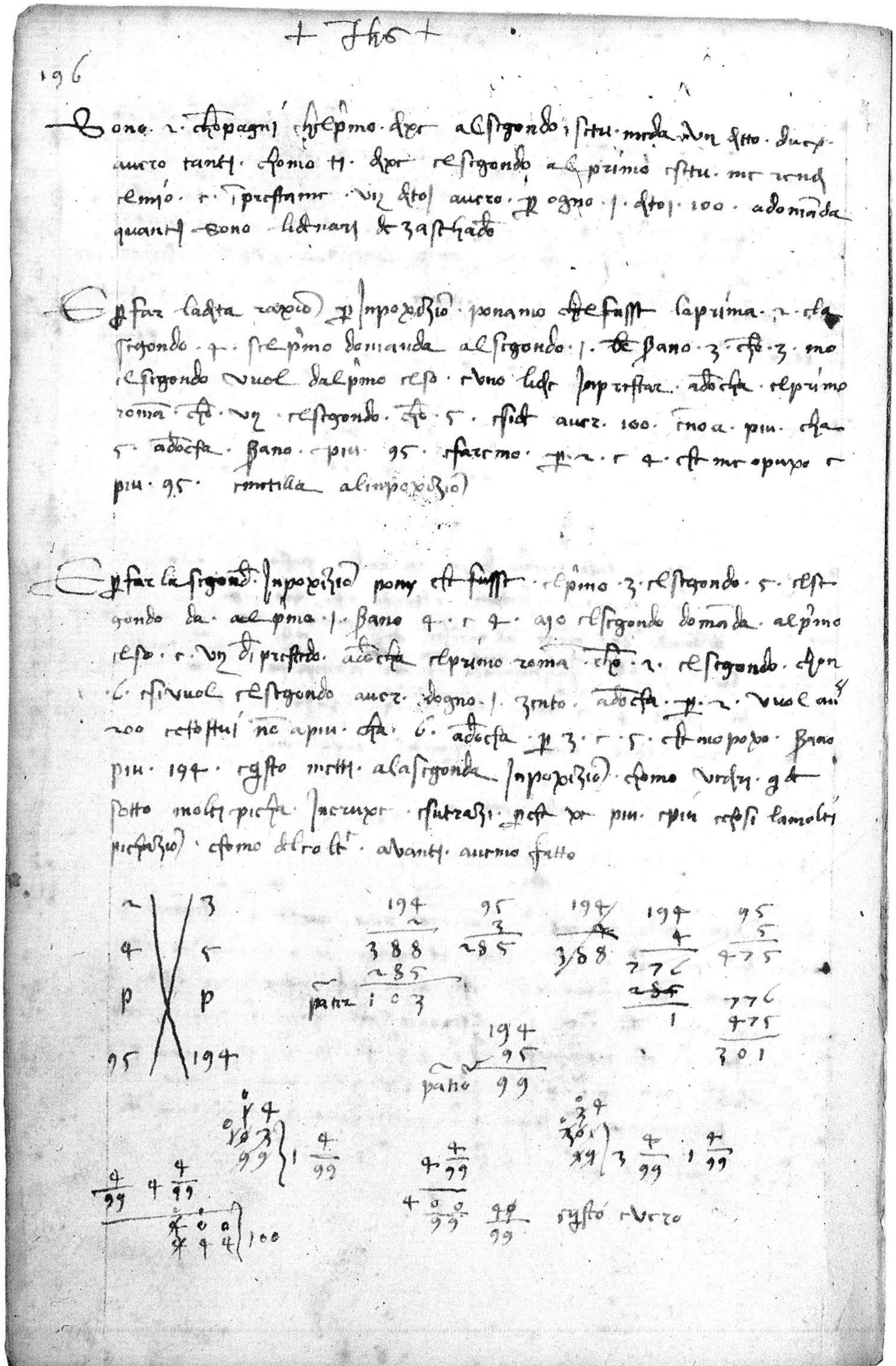

f. 196b

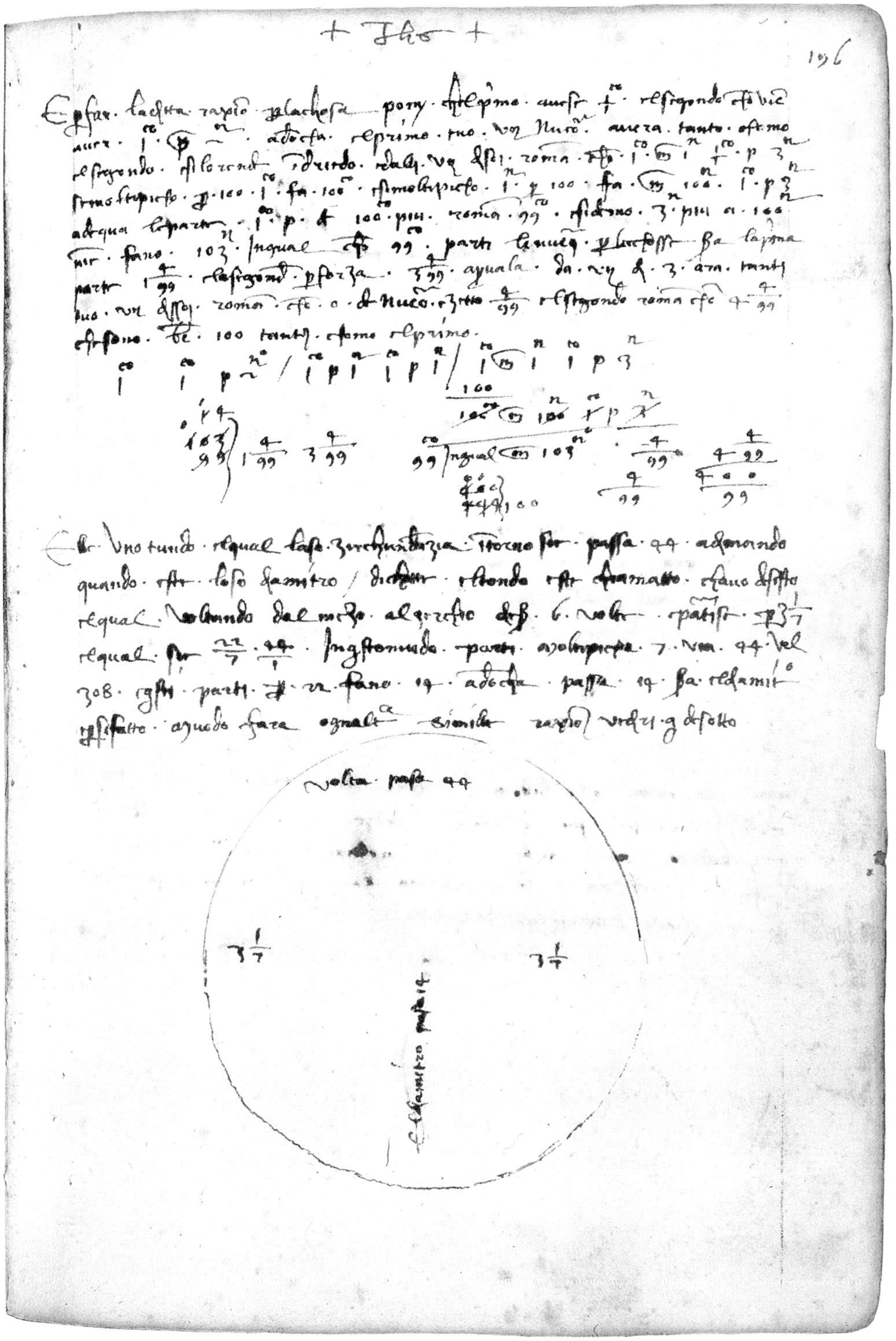

f. 197a

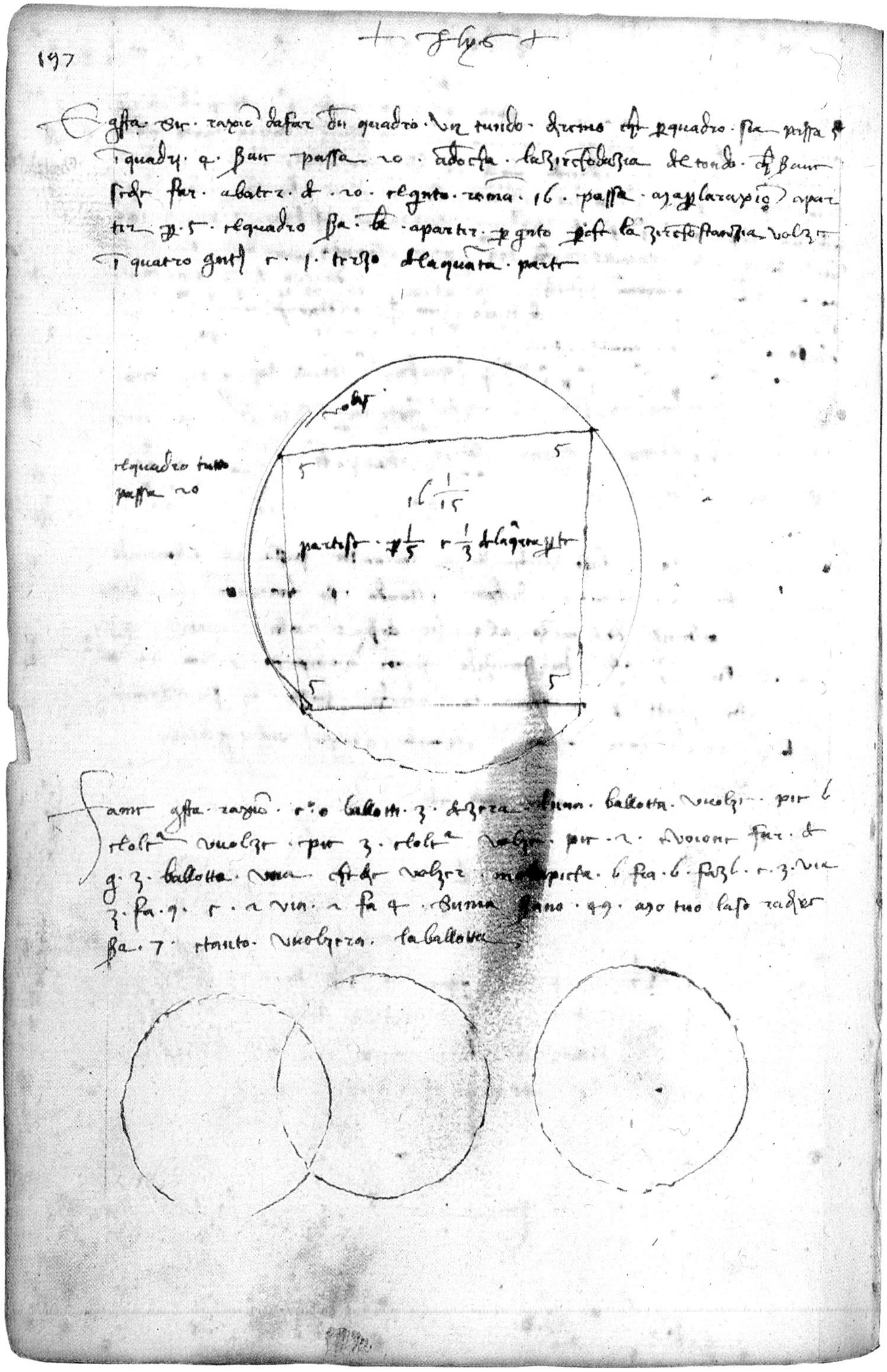

f. 197b

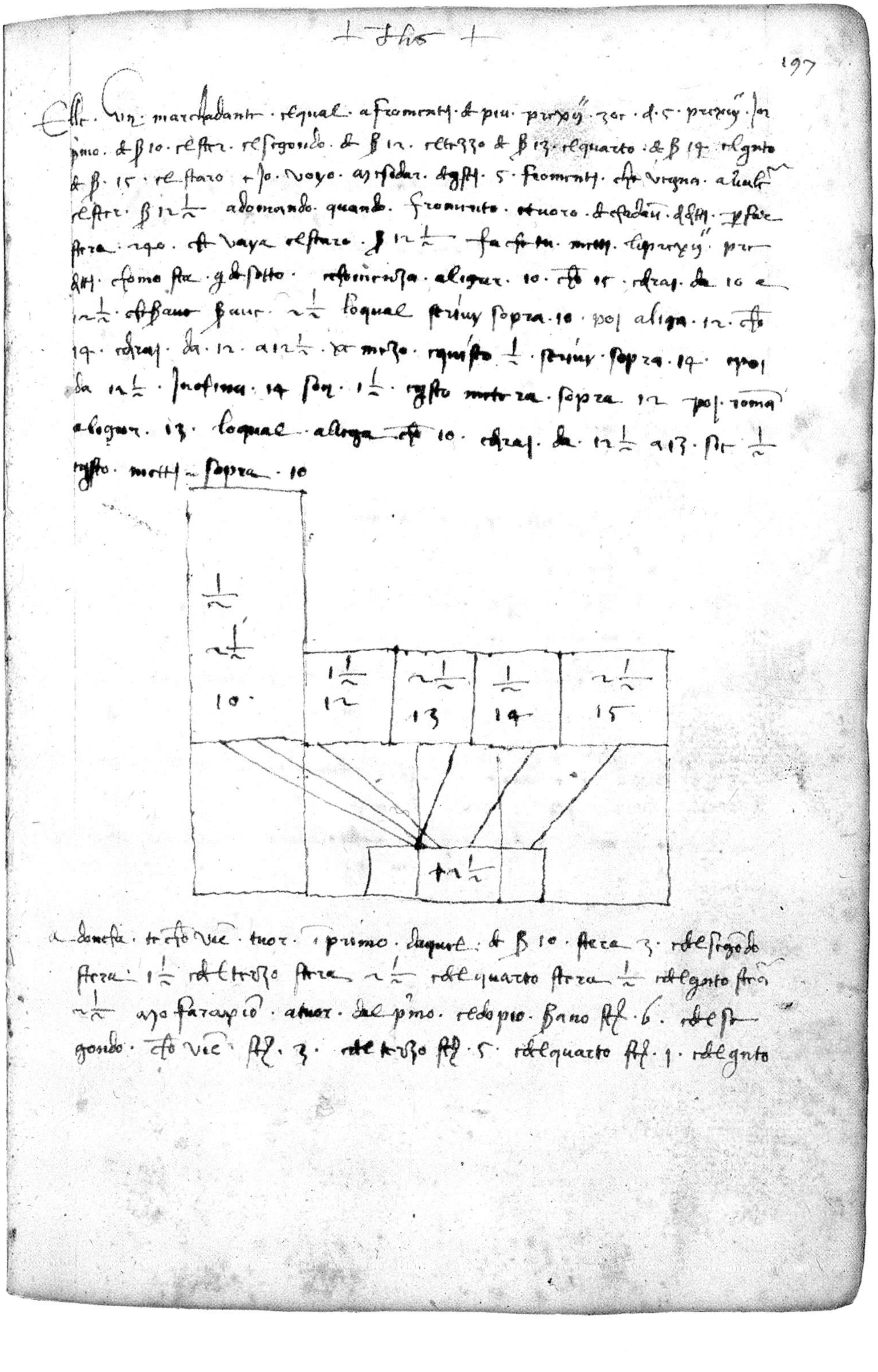

f. 198a

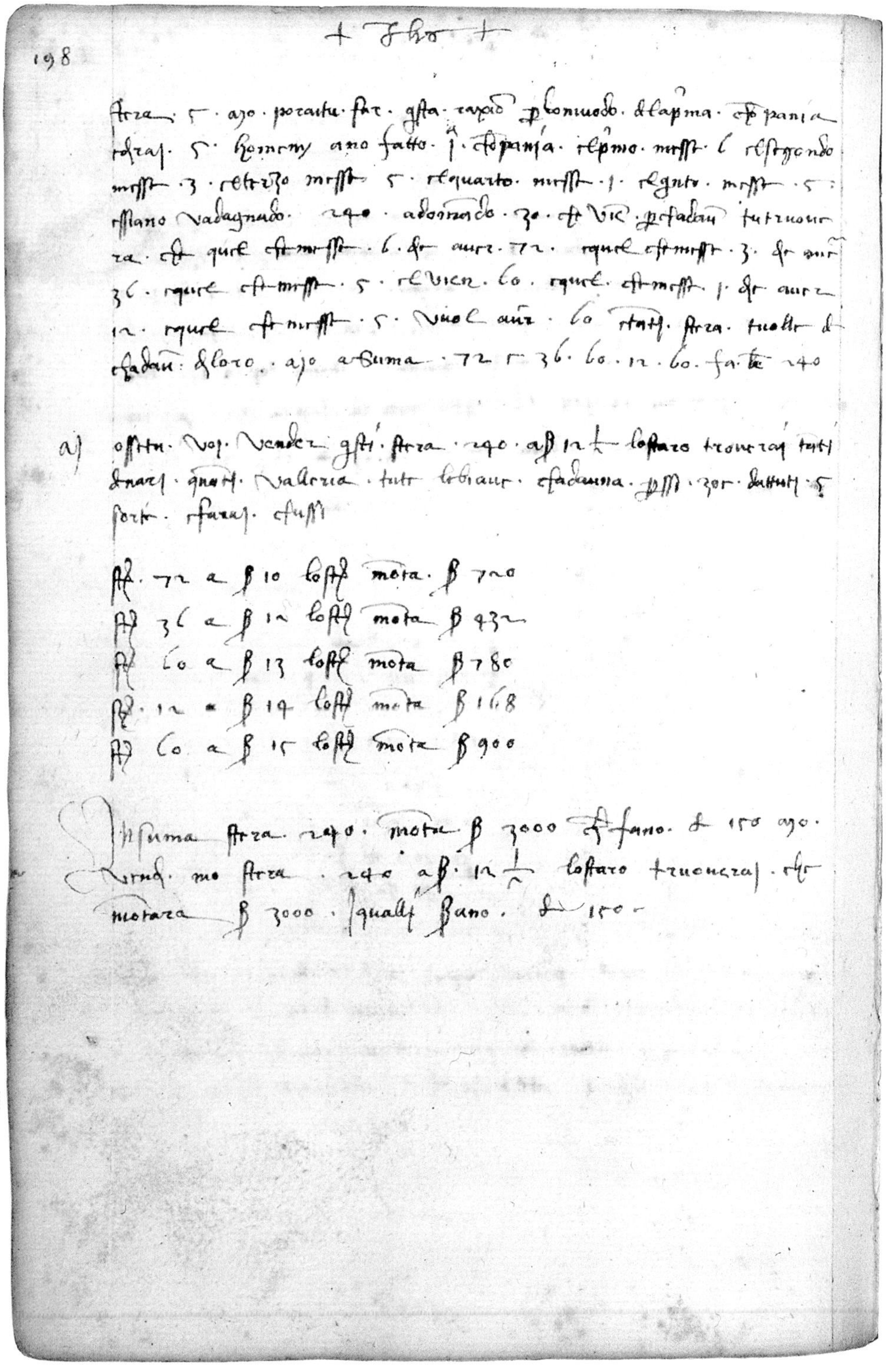

f. 198b

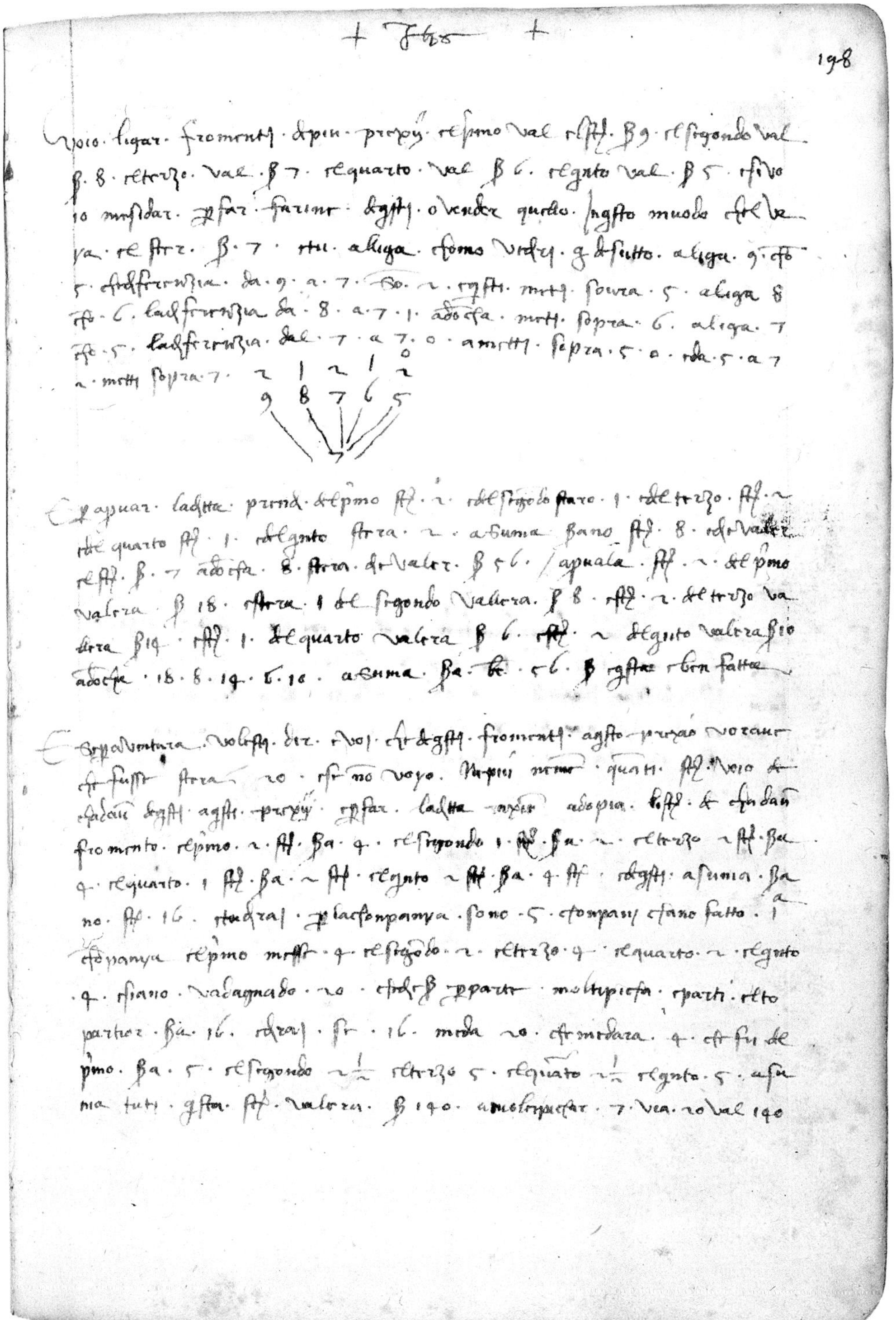

f. 199a

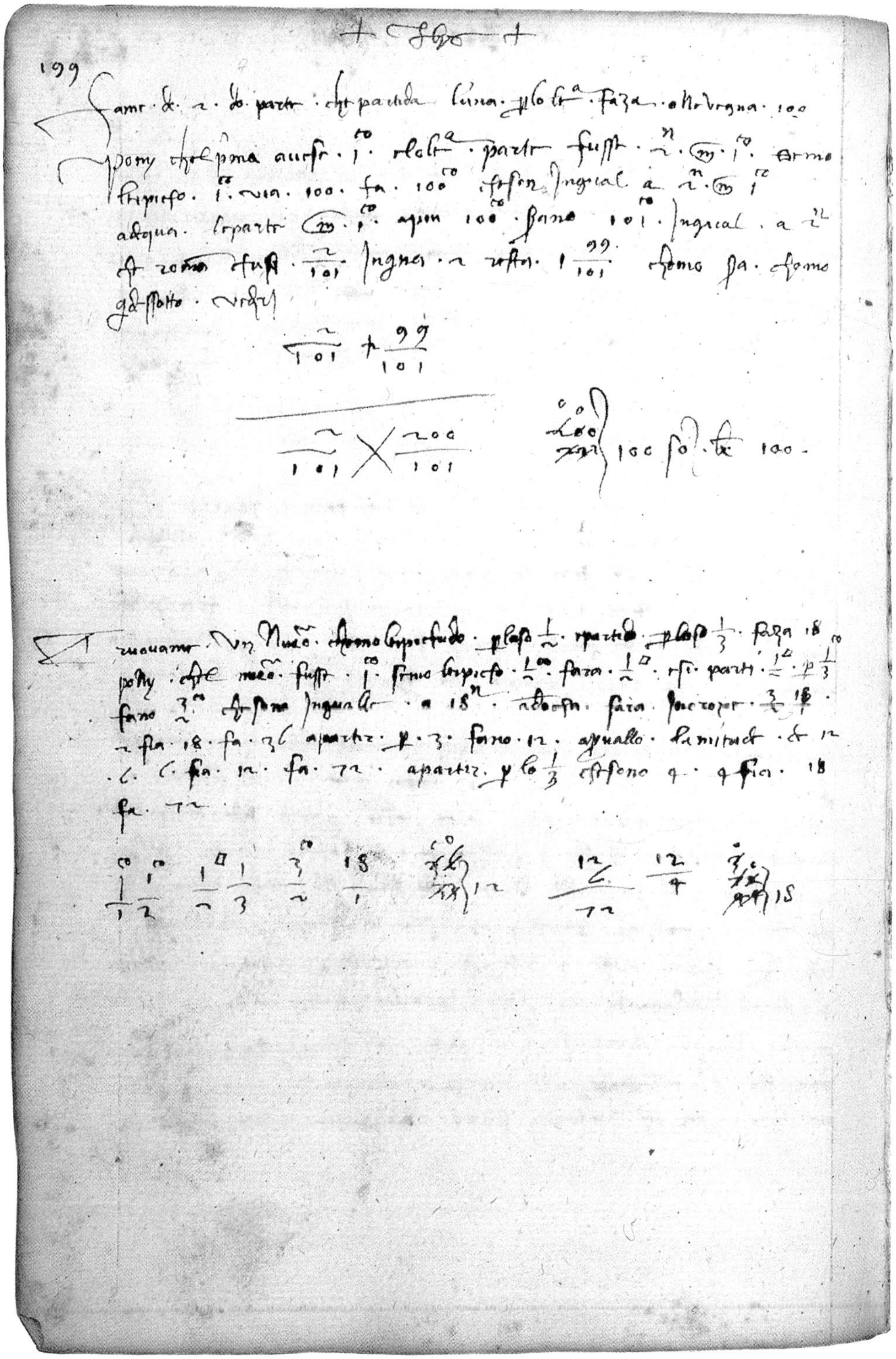

f. 199b

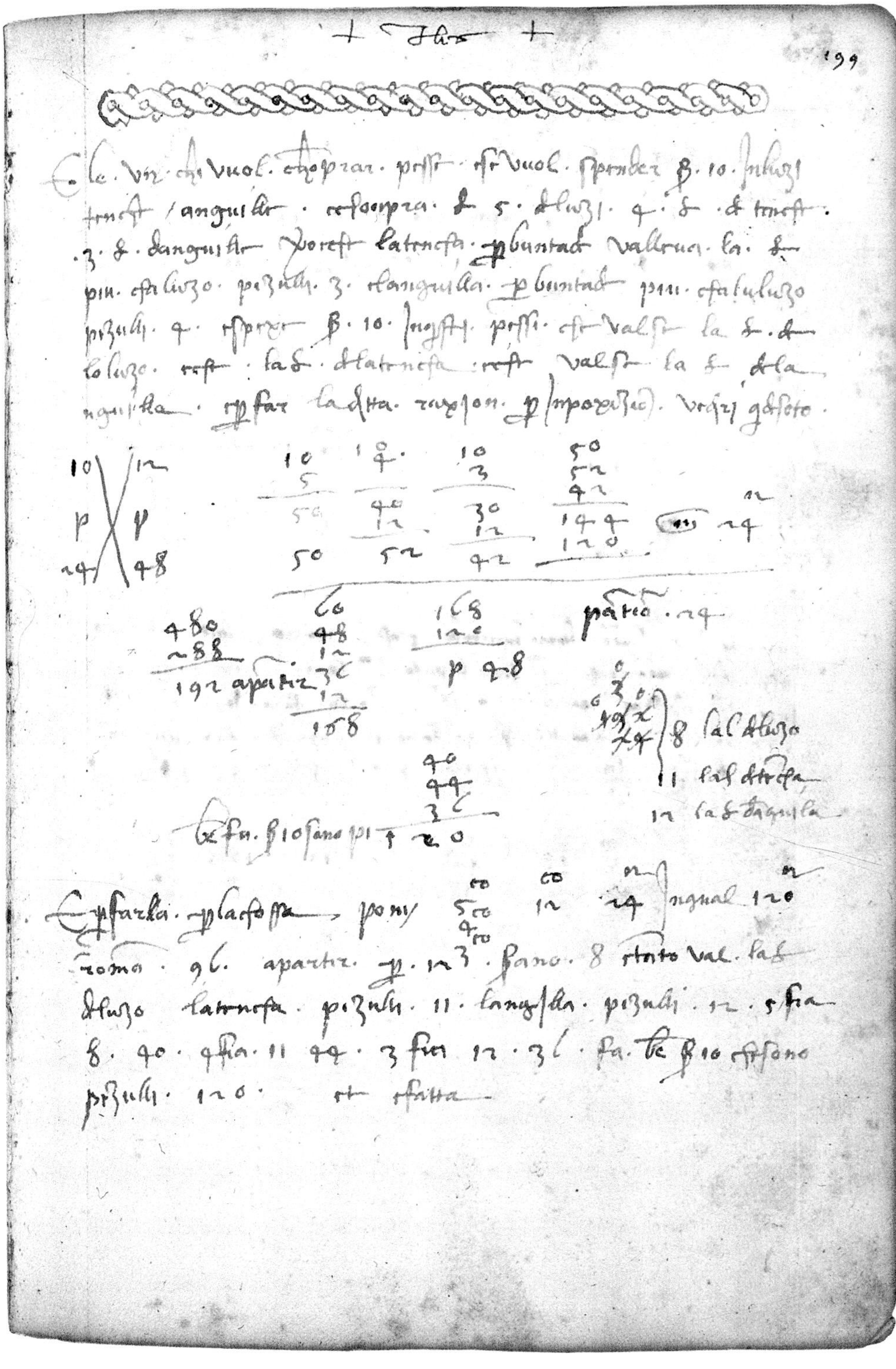

f. 200a

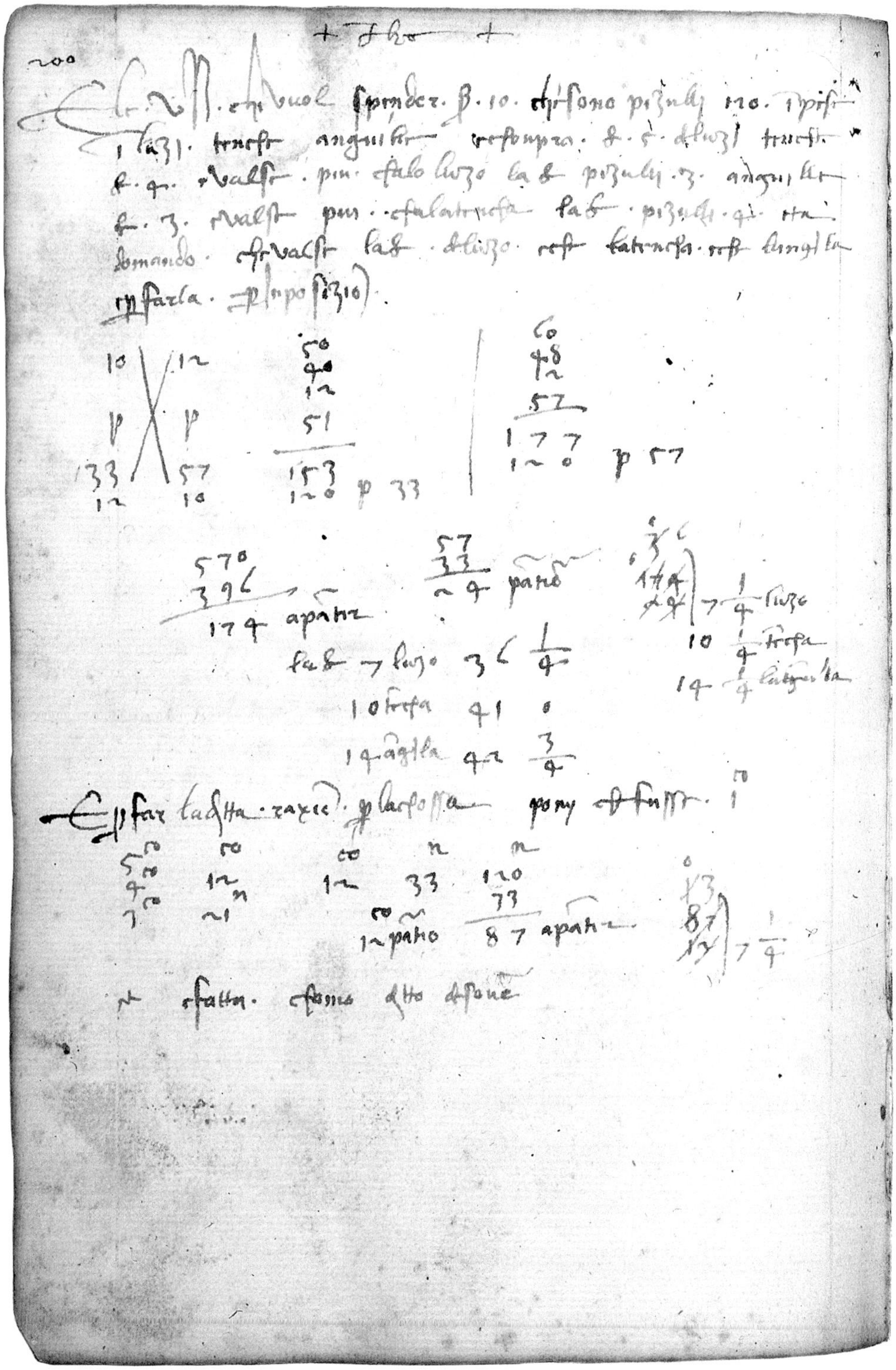
200

+ Jhs +

10 12 p p 133 57 12 10

50 48 12 51 153 120 p 33

60 48 12 57 177 120 p 57

570 396 174 apartir

57 33 24 parti

lasa 7 lazo 36 $\frac{1}{4}$

10 tersa 41 0

14 anglla 42 $\frac{3}{4}$

7 $\frac{1}{4}$ lazo

10 $\frac{1}{4}$ tersa

14 $\frac{1}{4}$ langistla

120 33 87 apartir

12 parti

87 12 7 $\frac{1}{4}$

f. 200b

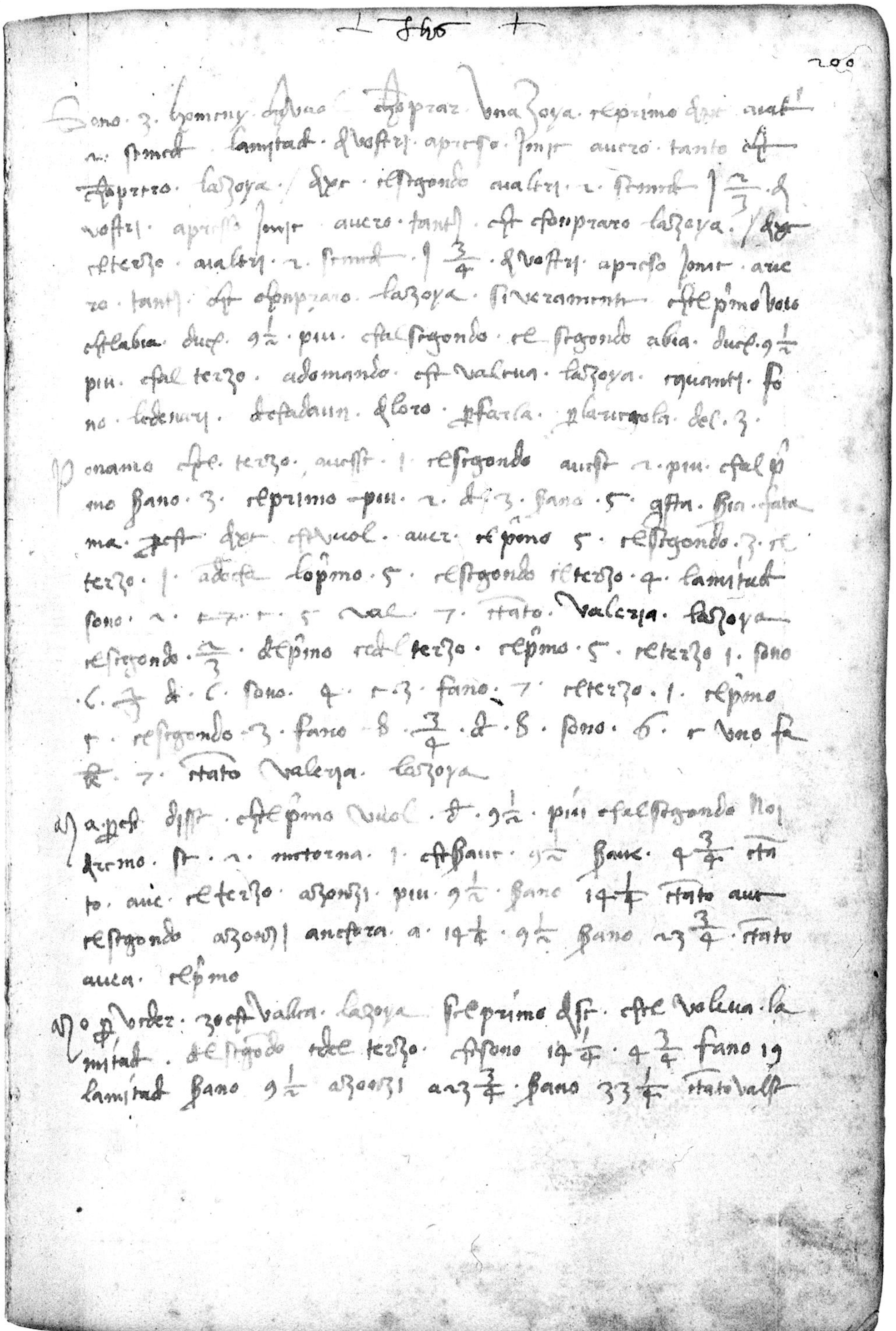
Ihs +

200

Sono 3 homeny che hano a conprar una zoya. el primo dise a li al-
tri 2 se me dè la mitade de li vostri apreso i mie avero tanto che
conprero la zoya. Dise el segondo a li altri 2 se me dè li 2/3 de
vostri apreso i mie avero tanti che conprarò la zoya. Dise
el terzo a li altri 2 se me dè li 3/4 de li vostri apreso i mie ave-
rò tanti che conprarò la zoya. Si veramente che el primo volse
che l'abia duc. 9 1/2 piu che al segondo e'l segondo abia duc. 9 1/2
piu che al terzo. Adomando che valeva la zoya e quanti fo-
no li denari de ciascun de loro per farla per la rigola del 3.

Ponamo che el terzo avesse 1, el segondo avesse 2 piu che al pri-
mo fano 3, el primo piu 2 de 3 fano 5, questa si è la fal-
sa. Mo dise che vol aver el primo 5, el segondo 3, el
terzo 1. A dé che lo primo 5, el segondo el terzo 4 la mitade
sono 2, e 2 e 5 val 7, staria valeva la zoya.
El segondo 2/3 de primo e del terzo, el primo 5, el terzo 1 sono
6, 2/3 de 6 sono 4, e 3 fano 7. El terzo 1, el primo
5, el segondo 3 fano 8, 3/4 de 8 sono 6, e uno fa
7, staria valeva la zoya.

Adonca dise che el primo vol d. 9 1/2 piu che al segondo noi
dicemo sì 2 mi torna 1 che fano 9 1/2 fano 4 3/4 sta-
to ave el terzo azonzi piu 9 1/2 fano 14 1/4 staria ave
el segondo azonzi ancora a 14 1/4 9 1/2 fano 23 3/4 staria
avea el primo.

Mo per veder zo che valeva la zoya, si el primo dise che el valeva la
mitade de el segondo e del terzo che sono 14 1/4 4 3/4 fano 19,
la mitade fano 9 1/2, azonzi a 23 3/4 fano 33 1/4 staria valse.

f. 201a

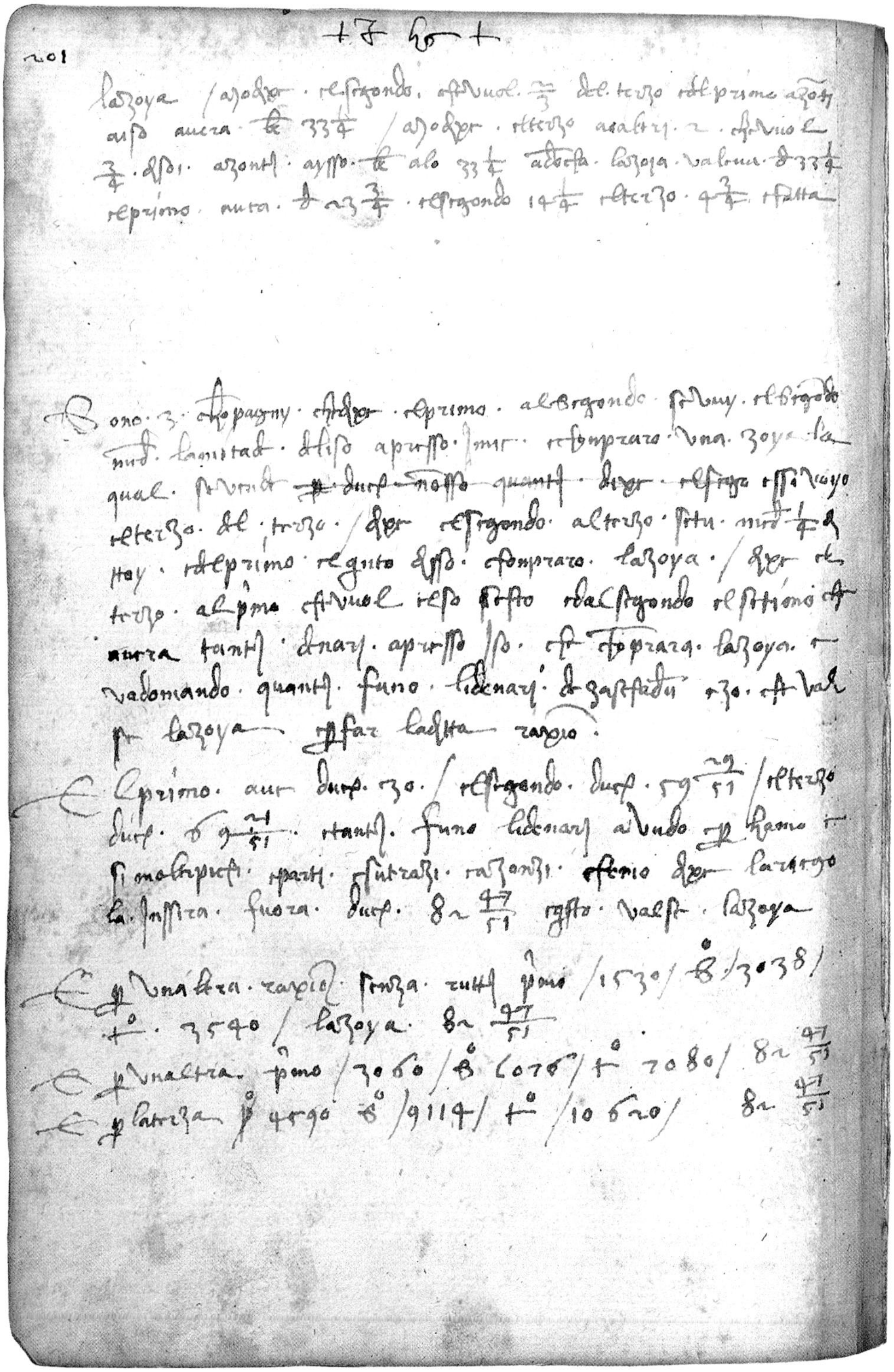

+ J hs +

201

la zoya / a choler · el segondo · che vol · 1/3 del terzo del primo a choli
ello aueria · lb 33 1/4 / a choler · el terzo · a chaltri · 2 · che vol
3/4 · de so · a zonti · a ysso · lb alo 33 1/4 · adoncha · la zoya · valeua · d 33 1/4
el primo · auea · d 23 3/4 · el segondo 14 1/4 · el terzo · 4 3/4 · e fatta

Sono 3 chompagny · chadaun · el primo · al segondo [illegible]
[illegible] la zoya [illegible]
[illegible]
el terzo · del · terzo · / dixe · el segondo · al terzo [illegible]
[illegible] el primo [illegible] la zoya · / dixe el
terzo · al primo [illegible]
[illegible] la zoya [illegible]
[illegible]
[illegible] la zoya [illegible]

El primo · auea durati · 30 · / el segondo · durati · 59 29/51 / el terzo
durati · 8 9 21/51 · [illegible]
[illegible]
la [illegible] durati · 82 47/51 [illegible] la zoya

E per un altra · raxion · [illegible] primo / 1530 / segondo / 3038 /
terzo · 3540 / la zoya · 82 47/51

E per un altra · primo / 3060 / segondo 6076 / terzo 7080 / 82 47/51

E per la terza primo 4590 segondo / 9114 / terzo / 10620 / 82 47/51

f. 201b

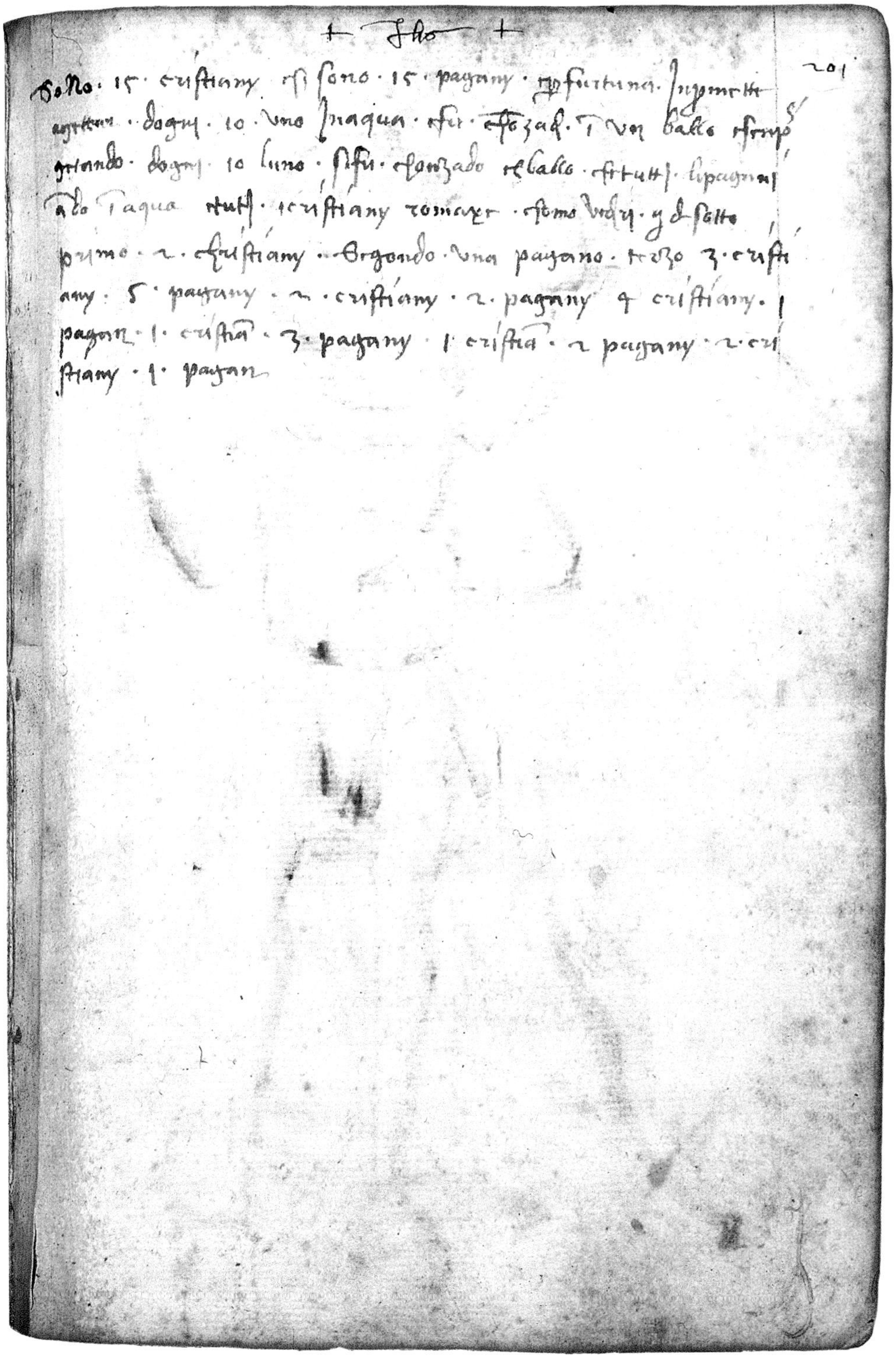

+ Jhs +

201

Sono · 15 · cristiany e si sono · 15 · pagany · per fortuna · insiememente
agiunti · dogni · 10 · uno in aqua · e fu · e forzado · 1 · un ballo e sempre
girando · dogni · 10 luno · si fu · e forzado el ballo · e tutti li pagani
ado l'aqua e tutti · i cristiany romaxe · e sono vivi · y el salto
primo · 2 · cristiany · secondo · una pagano · terzo 3 · cristi
any · 5 · pagany · 2 · cristiany · 2 · pagany 4 cristiany · 1
pagan · 1 · cristian · 3 · pagany · 1 cristian · 2 pagany · 2 · cri
stiany · 1 · pagan

f. 202a

f. 202b

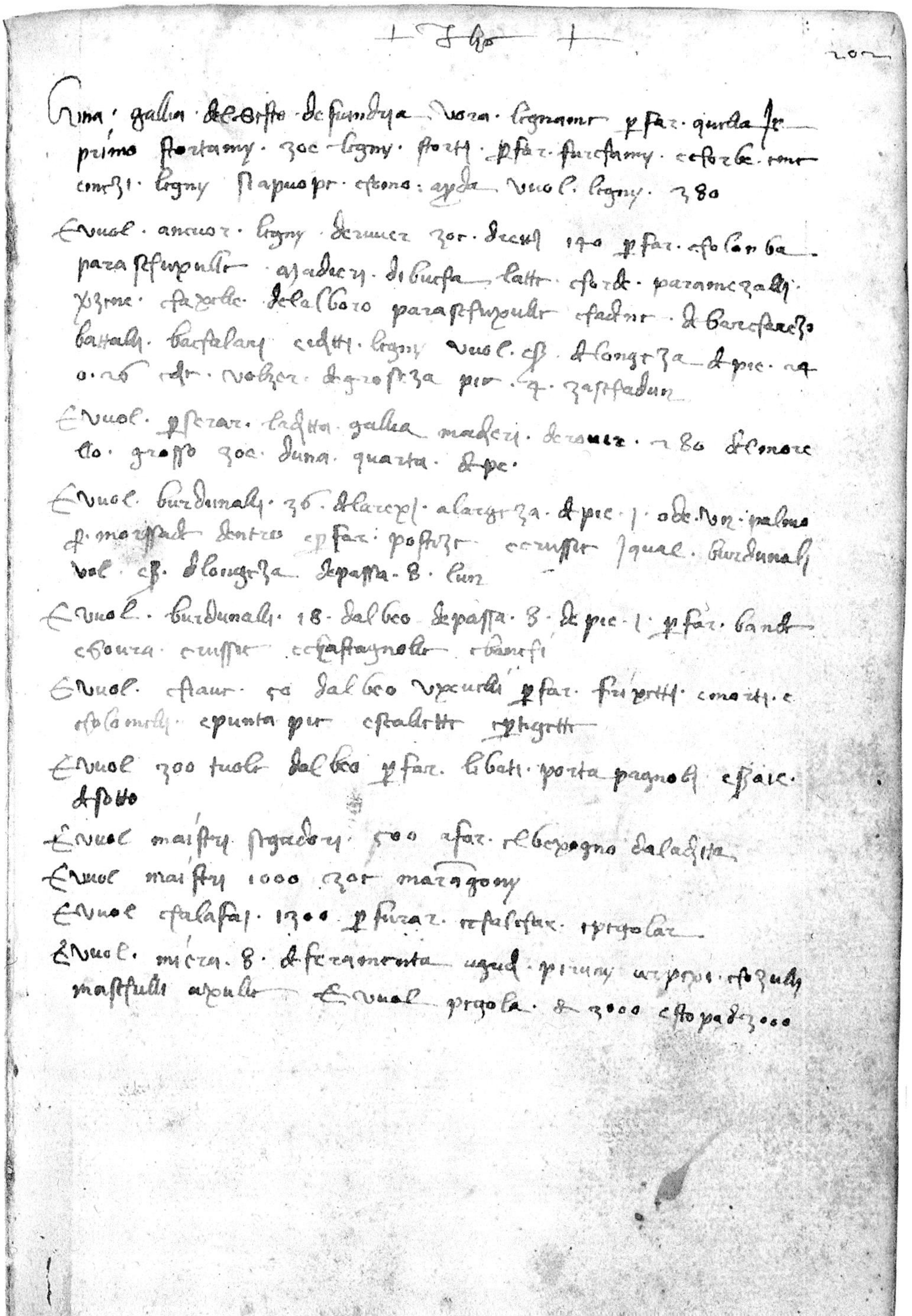

f. 203a

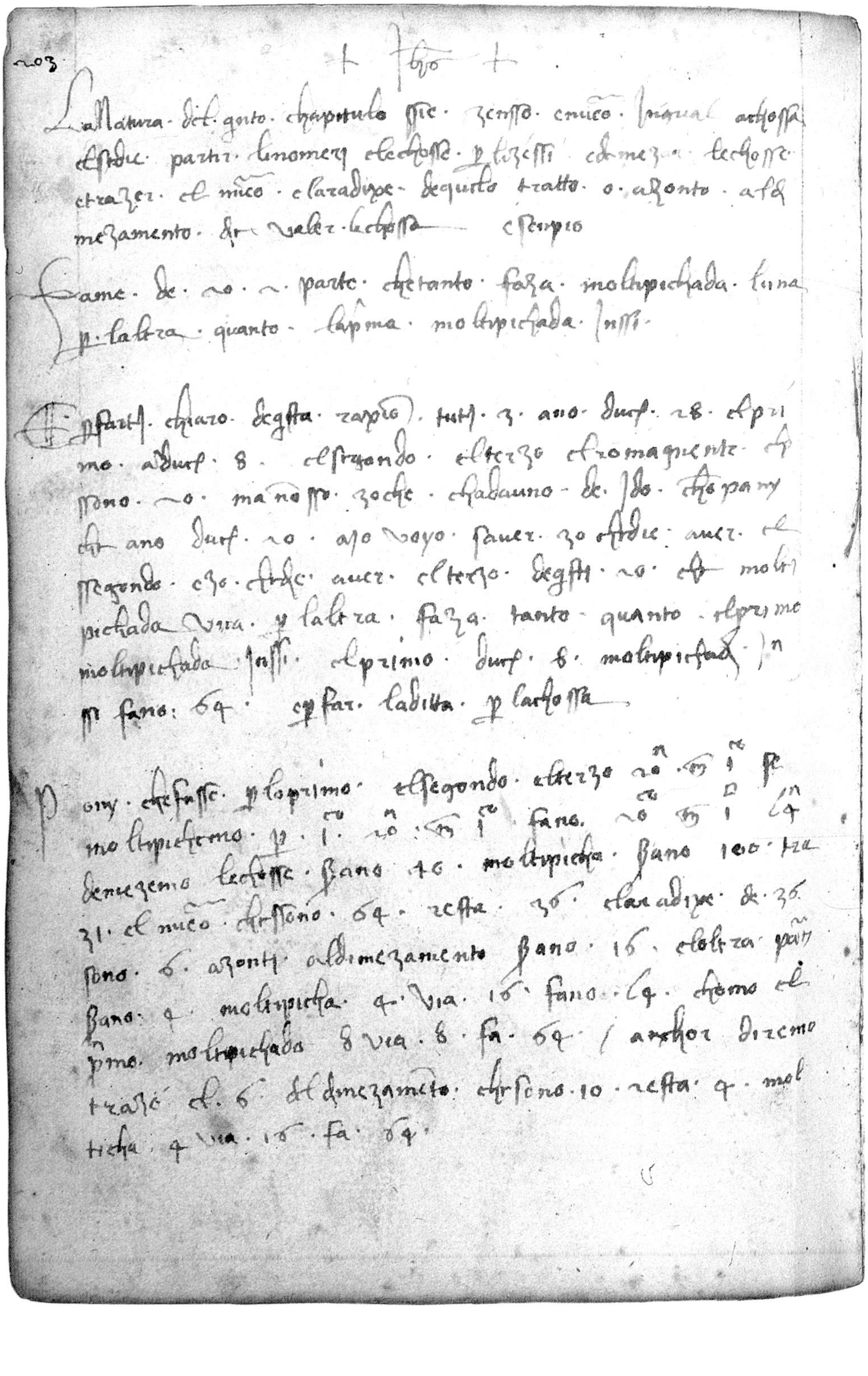

f. 203b

f. 204a

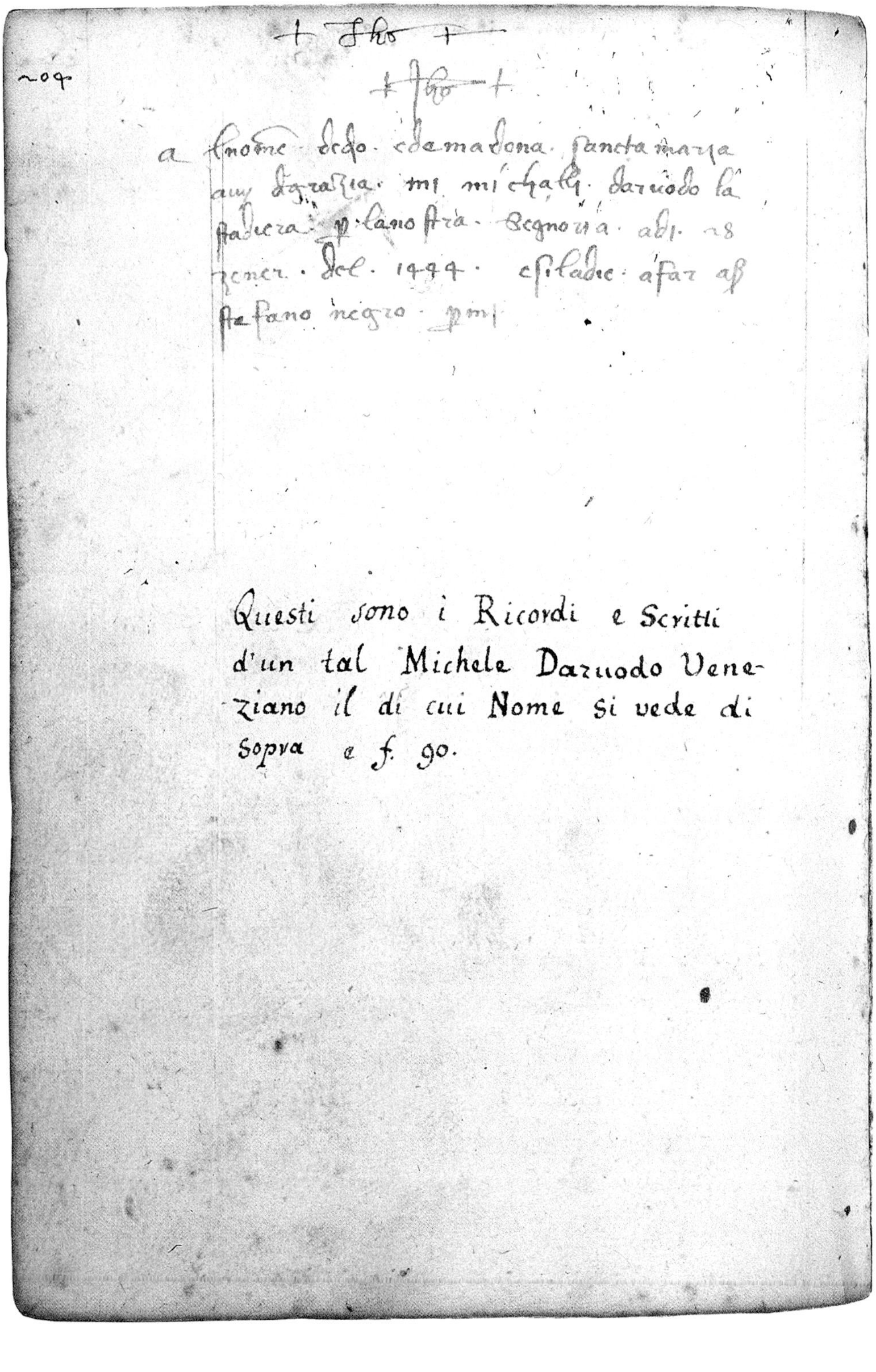
204

\+ Jhs +

\+ Jhs +

a l nome de dio e de madona santa maria
a mi de grazia mi michali daruodo la
fadiera p(er) la nostra segnoria adi 28
zener del 1444 e si ladie a far a s
stefano negro

Questi sono i Ricordi e Scritti
d'un tal Michele Daruodo Vene-
ziano il di cui Nome si vede di
sopra e f. 90.

f. 204b

f. 205a

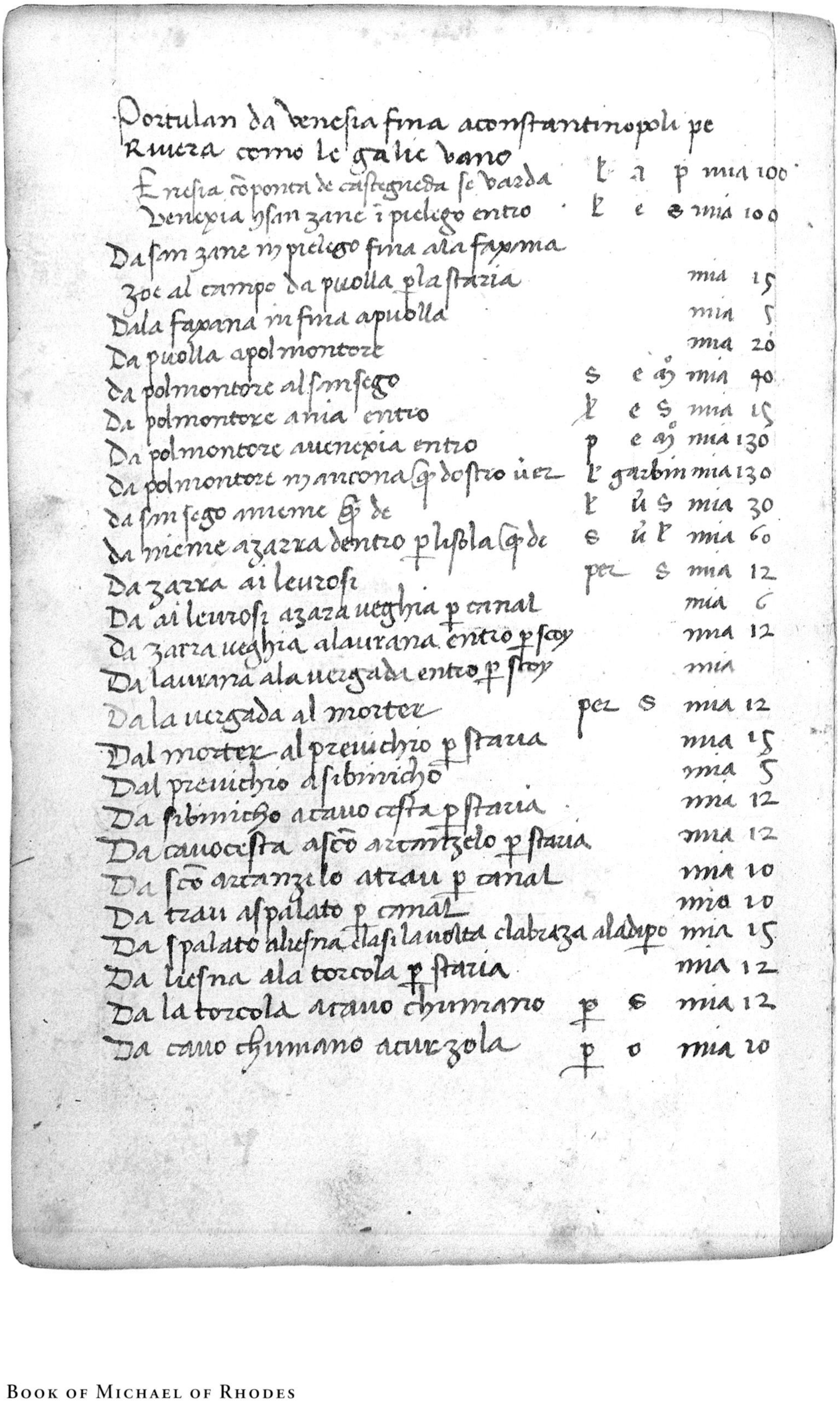
Portulan da venesia fina a constantinopoli pe
Riviera como le galie vano
E nesia co ponta de castegneda se varda l a p mia 100
Venexia san zane i pielego entro l e [illegible] mia 100
Da san zane in pielego fina ala fasana
zoe al campo da puolla p la staria mia 15
Dala fasana in fina a puolla mia 5
Da puolla a pol montore mia 20
da polmontore al san sego s e [illegible] mia 40
Da polmontore a nia entro l e s mia 15
Da polmontore a venexia entro p e [illegible] mia 130
da polmontore in ancona [illegible] dostro [illegible] l garbin mia 130
da san sego in meme [illegible] de l [illegible] s mia 30
da meme a zarra dentro p l isola [illegible] de s [illegible] l mia 60
Da zarra ai leurosi per s mia 12
Da ai leurosi a zara veghia p canal mia 6
da zarra veghia a laurana entro p stoy mia 12
Da laurana ala vergada entro p stoy mia
Dala vergada al morter per s mia 12
Dal morter al premuchio p staria mia 15
Dal premuchio a sibinicho mia 5
Da sibinicho a cavo cesta p staria mia 12
Da cavo cesta a san arcanzelo p staria mia 12
Da san arcanzelo a trau p canal mia 10
Da trau a spalato p canal mia 20
Da spalato a liesna [illegible] la nolta [illegible] a la [illegible] mia 15
Da liesna ala torcola p staria mia 12
Da la torcola a cavo chumano p s mia 12
Da cavo chumano a curzola p o mia 20

f. 205b

Da curzola ala zuliana p staria			mia 25
Da zuliana a stagno p staria			mia 25
Da stagno a ombla p cmal			mia 25
Da ombla a raguxi			mia 8
Da raguxi vechio a raguxi p staria			mia 8
Da raguxi vechio a malonto pizolo ent°	l	e s	mia 12
Da malonto pizolo a malonto grando p staria			mia 6
Da malonto grando a sca maria i zuoxa p staria			mia 6
Da sca maria i zuoxa a buda p staria			mia 30
Da buda in triuari p staria			mia 10
Da i triuari a dolcegno p staria			mia 10
Da dolcegno a medona p staria			mia 18
Da medona ai palli entro	o	e s	mia 50
Da i palli a durazo p staria			mia 20
da durazo al cauo delle mellie p staria			mia 18
Da le mellie ale cauali p staria			mia 25
Dali cauali a caucomi p staria			mia 18
Da le cauali a sasno	o	e t	mia 80
da durazo a sasno	o	e t	mia 80
Da sasno al fanu quarta de	o	u s	mia 60
Da sasno al cauo de otranto de	a	u p	mia 90
Da sasno ala gramata p staria			mia 15
da la gramata a palormo		p s	mia 25
Da palormo al fanu		p a	mia 40
Da palormo al castelo de ripeto entro	l	e s	mia 15
Da ripeto a smeti quaranta	p	l	mia 6
Da smeti quaranta al butintro	p	o	mia 6
dal butintro al cauo de l'isola de corfu			mia 30
dal cauo de l'isola a chassoppo	p	l	mia 15

f. 206a

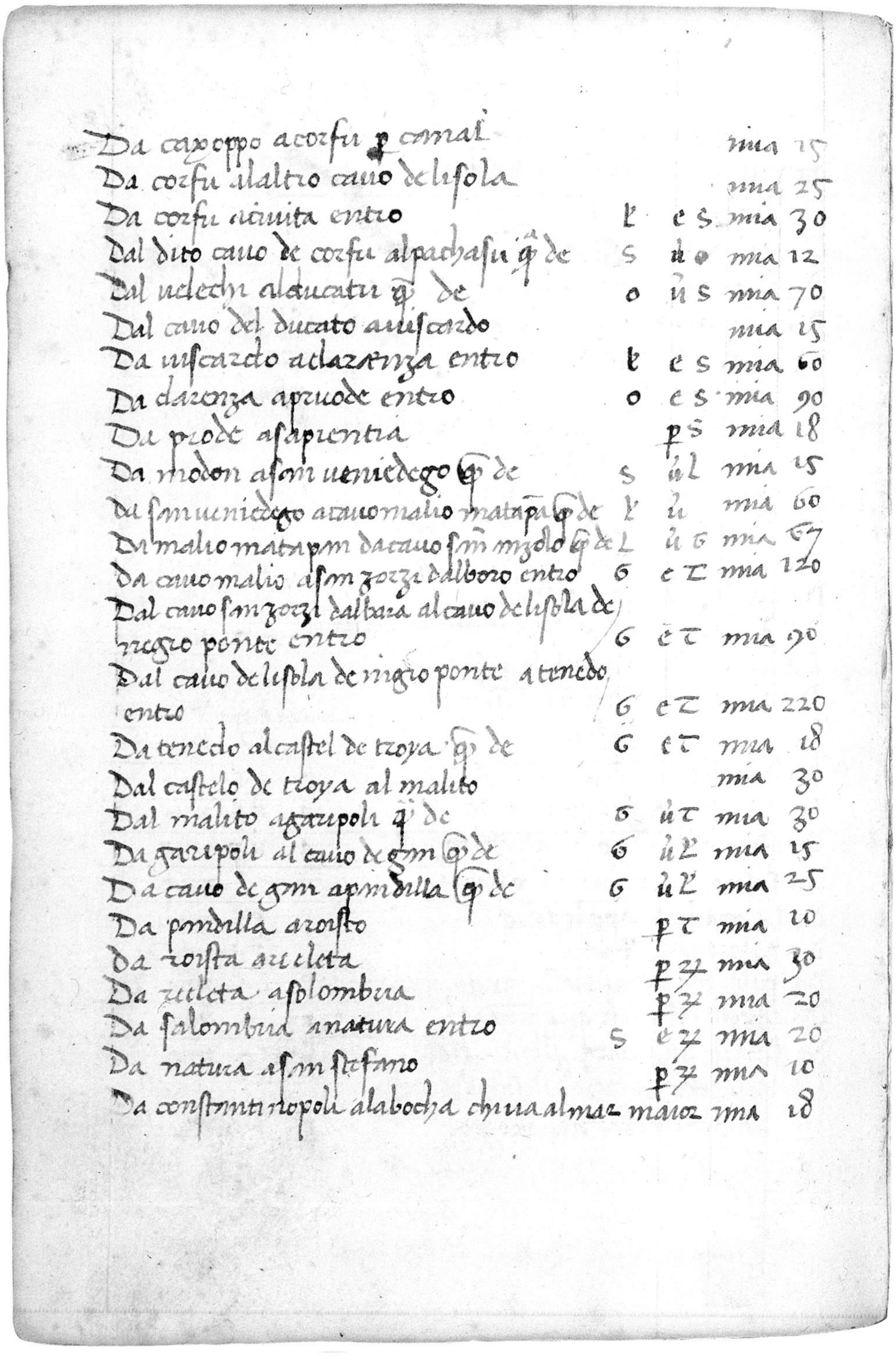

Da caxoppo a corfu p canal		mia	15
Da corfu al altro cauo de lisola		mia	25
Da corfu a ciuita entro	L e S	mia	30
Dal dito cauo de corfu al pachasu q̃ de	S ù	mia	12
Dal uelechi al ducato q̃ de	O ù S	mia	70
Dal cauo del ducato a uiscardo		mia	15
Da uiscardo a clarenza entro	L e S	mia	60
Da clarenza a prode entro	O e S	mia	90
Da prode a sapientia	p S	mia	18
Da modon a san uenedego q̃ de	S ù L	mia	15
Da san uenedego a cauo malio matapan q̃ de	L ù	mia	60
Da malio matapan da cauo san anzolo q̃ de	L ù G	mia	67
Da cauo malio a san zorzi dalboro entro	G e T	mia	120
Dal cauo san zorzi dalbora al cauo de lisola de negro ponte entro	G e T	mia	90
Dal cauo de lisola de negro ponte a tenedo entro	G e T	mia	220
Da tenedo al castel de troya q̃ de	G e T	mia	18
Dal castelo de troya al malito		mia	30
Dal malito a garipoli q̃ de	G ù T	mia	30
Da garipoli al cauo de gan q̃ de	G ù L	mia	15
Da cauo de gan a pandilla q̃ de	G ù L	mia	25
Da pandilla a rosto	p T	mia	20
Da rosto a rucleta	p Z	mia	30
Da rucleta a salombria	p Z	mia	20
Da salombria a natura entro	S e Z	mia	20
Da natura a san stefano	p Z	mia	10
Da constantinopoli a la bocha chiusa al mar maior		mia	18

f. 206b

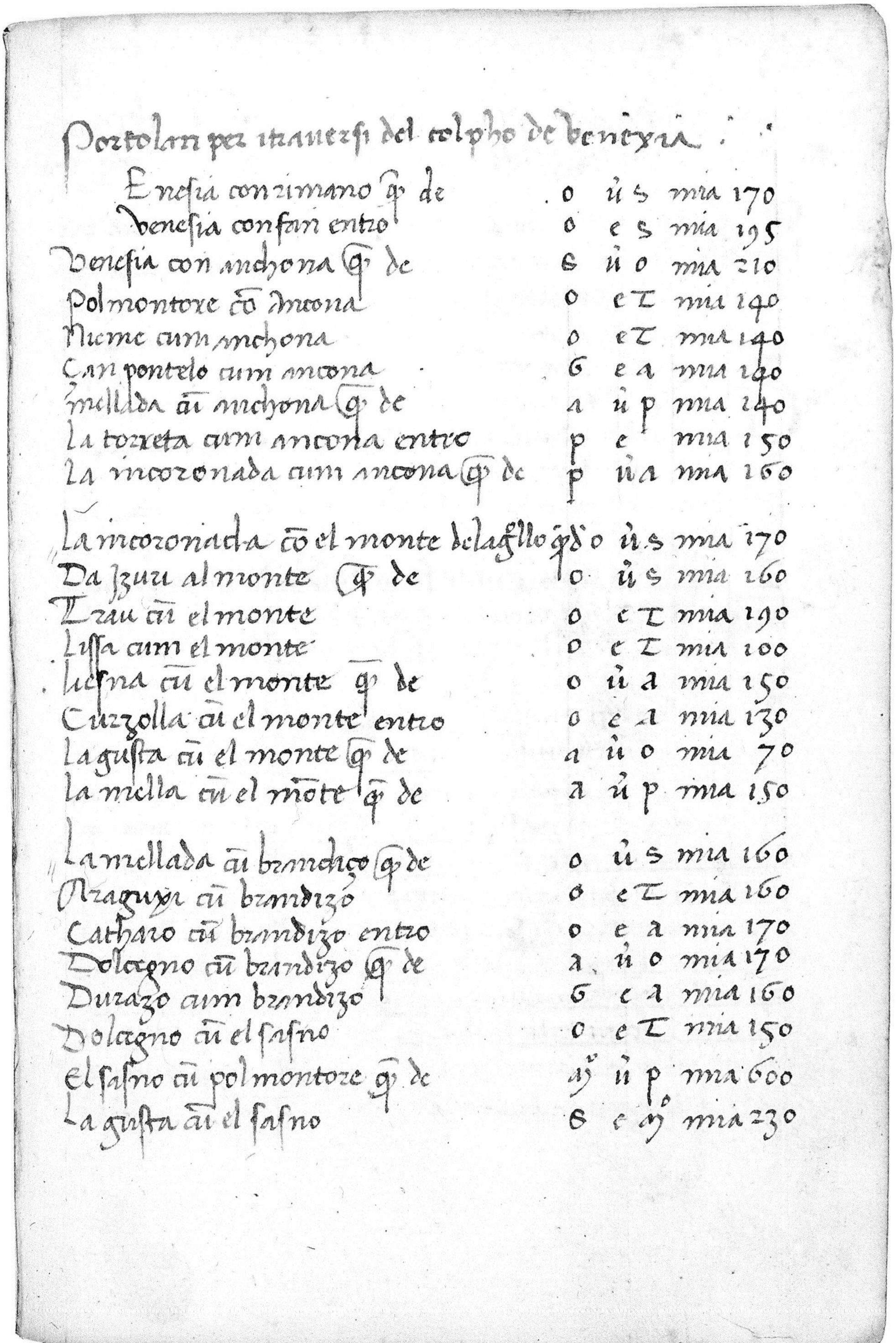
Portolan per itanersi del colpho de venexia

Venesia con zimano q de	o	ū s	mia 170
Venesia con san entro	o	e s	mia 195
Venesia con anchona q de	6	ū o	mia 210
Pol montore cō ancona	o	e T	mia 190
Nieme cum anchona	o	e T	mia 140
San pontelo cum ancona	6	e a	mia 190
mellada cū anchona q de	a	ū p	mia 240
la torreta cum ancona entro	p	e	mia 150
la incoronada cum ancona q de	p	ū a	mia 160
la incoronada cō el monte delagsllo q de	o	ū s	mia 170
Da Izuri al monte q de	o	ū s	mia 260
Trau cū el monte	o	e T	mia 190
Lissa cum el monte	o	e T	mia 100
liesna cū el monte q de	o	ū a	mia 150
Curzolla cū el monte entro	o	e a	mia 130
la gusta cū el monte q de	a	ū o	mia 70
la mella cū el mōte q de	a	ū p	mia 150
la mellada cū brandizo q de	o	ū s	mia 160
Raguxi cū brandizo	o	e T	mia 160
Catharo cū brandizo entro	o	e a	mia 170
Dolcegno cū brandizo q de	a	ū o	mia 170
Durazo cum brandizo	6	e a	mia 160
Dolcegno cū el sasno	o	e T	mia 150
El sasno cū pol montore q de	a	ū p	mia 600
La gusta cū el sasno	6	e a	mia 230

f. 207a

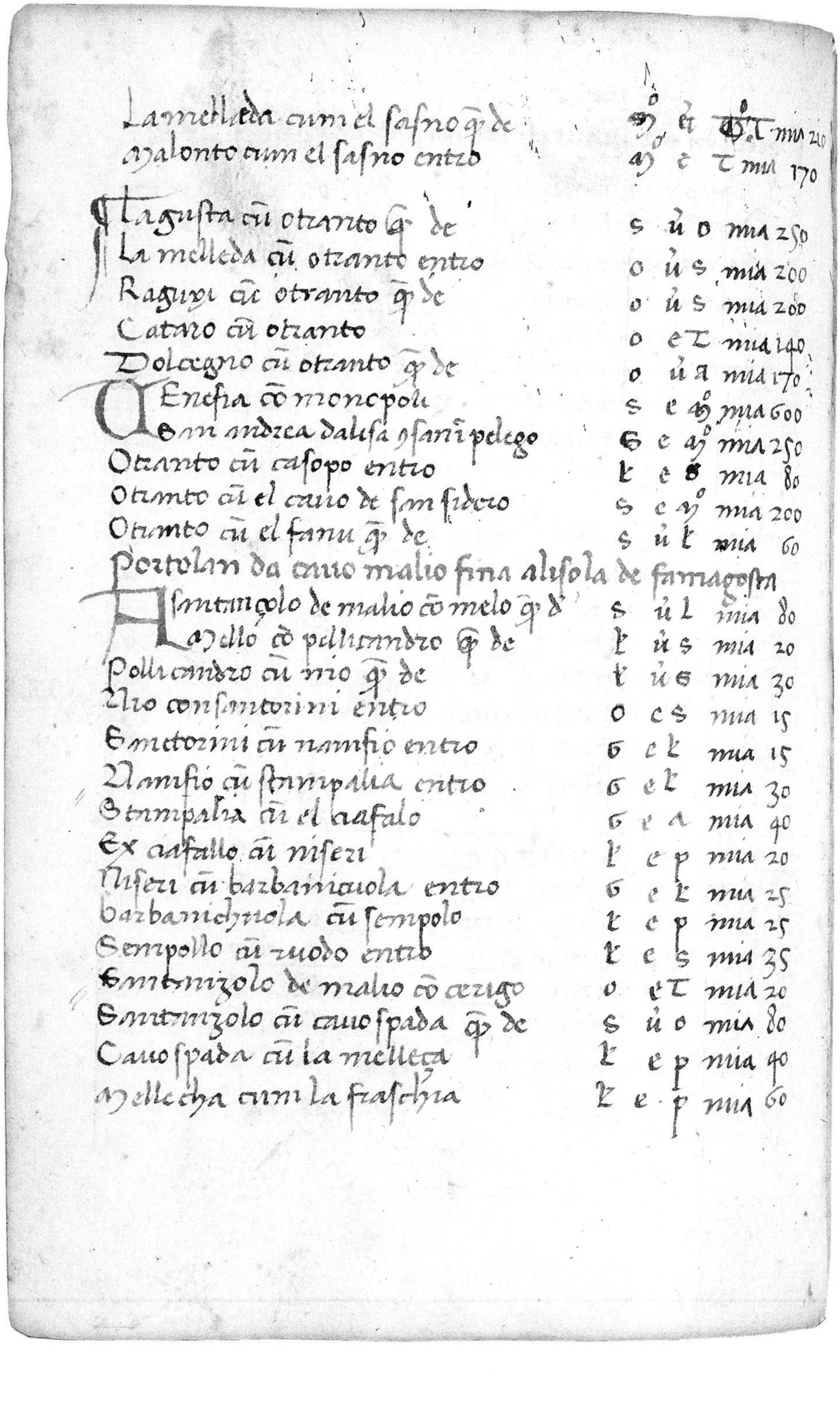

La melleda cum el sasno q de — ꝗ e t mia 210
Malonto cum el sasno entro — ꝗ e t mia 170

Ragusta cū otranto q de — s u o mia 250
La melleda cū otranto entro — o u s mia 200
Ragusi cū otranto q de — o u s mia 200
Cataro cū otranto — o e t mia 140
Dolcegno cū otranto q de — o u a mia 170
Venesia cō monepoli — s e ꝗ mia 600
San andrea dalisa cō sani pelego — s e ꝗ mia 250
Otranto cū casopo entro — l e s mia 80
Otranto cū el cauo de san sidero — s e ꝗ mia 200
Otranto cū el fanu q de — s u l mia 60
Portolan da cauo malio fina alisola de famagosta
Asantangolo de malio cō melo q d — s u l mia 80
Mello cō pollicandro q de — l u s mia 20
Pollicandro cū nio q de — l u s mia 30
Nio con santorini entro — o e s mia 15
Santorini cū namfio entro — s e l mia 15
Namfio cū stampalia entro — s e l mia 30
Stampalia cū el cafalo — s e a mia 40
Ex cafallo cū niseri — l e p mia 20
Niseri cū barbaniaola entro — s e l mia 25
barbanichola cū sempolo — l e p mia 25
Sempollo cū rodo entro — l e s mia 35
Santangolo de malio cō cerigo — o e t mia 20
Santangolo cū cauo spada q de — s u o mia 80
Cauo spada cū la melleta — l e p mia 40
Melleta cum la fraschia — l e p mia 60

f. 207b

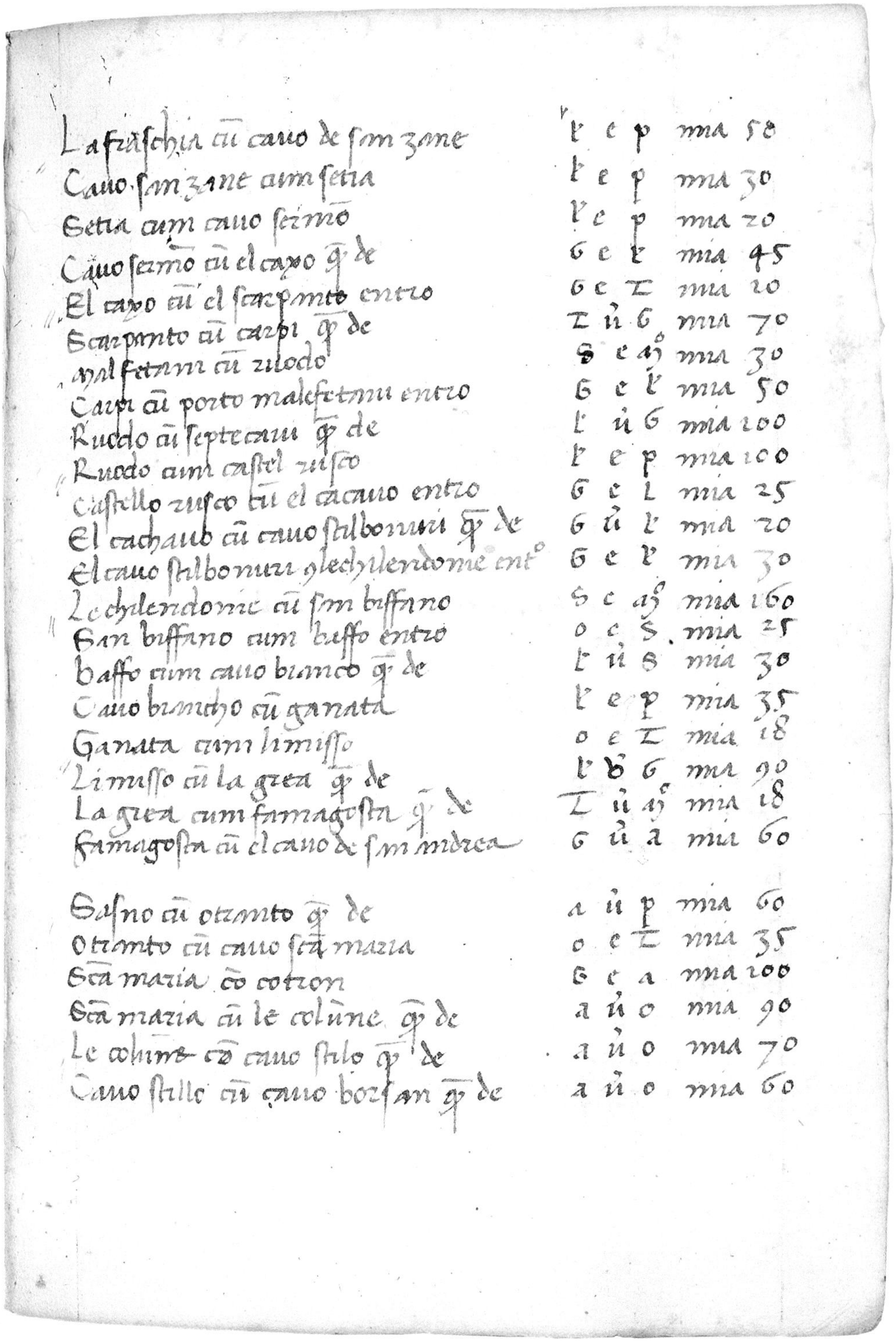

La fraschia cũ cauo de sam zane	l e p	mia	50
Cauo sam zane cum setia	l e p	mia	30
Setia cum cauo sermo	l e p	mia	20
Cauo sermo cũ el caxo q̄ de	g e l	mia	45
El caxo cũ el scarpanto entro	g e t	mia	20
Scarpanto cũ carpi q̄ de	t ũ g	mia	70
Malfetani cũ zilodo	g e a	mia	30
Carpi cũ porto malefetani entro	g e l	mia	50
Ruodo cũ septecaui q̄ de	l ũ g	mia	100
Ruodo cum castel ruso	l e p	mia	100
Castello ruso cũ el cacauo entro	g e l	mia	25
El cachauo cũ cauo stilbonini q̄ de	g ũ l	mia	20
El cauo stilbonini gle chylendome entº	g e l	mia	30
Le chylendome cũ sam bissano	s e a	mia	160
San bissano cum basso entro	o e s	mia	25
Basso cum cauo bianco q̄ de	l ũ s	mia	30
Cauo bianchyo cũ ganata	l e p	mia	35
Ganata cum limisso	o e t	mia	18
Limisso cũ la grea q̄ de	l e g	mia	90
La grea cum famagosta q̄ de	t ũ a	mia	18
Famagosta cũ el cauo de sam andrea	g ũ a	mia	60
Sasno cũ otranto q̄ de	a ũ p	mia	60
Otranto cũ cauo sãta maria	o e t	mia	35
Sãta maria cõ cotron	g e a	mia	100
Sãta maria cũ le colune q̄ de	a ũ o	mia	90
Le colune cõ cauo stilo q̄ de	a ũ o	mia	70
Cauo stillo cũ cauo borsan q̄ de	a ũ o	mia	60

f. 208a

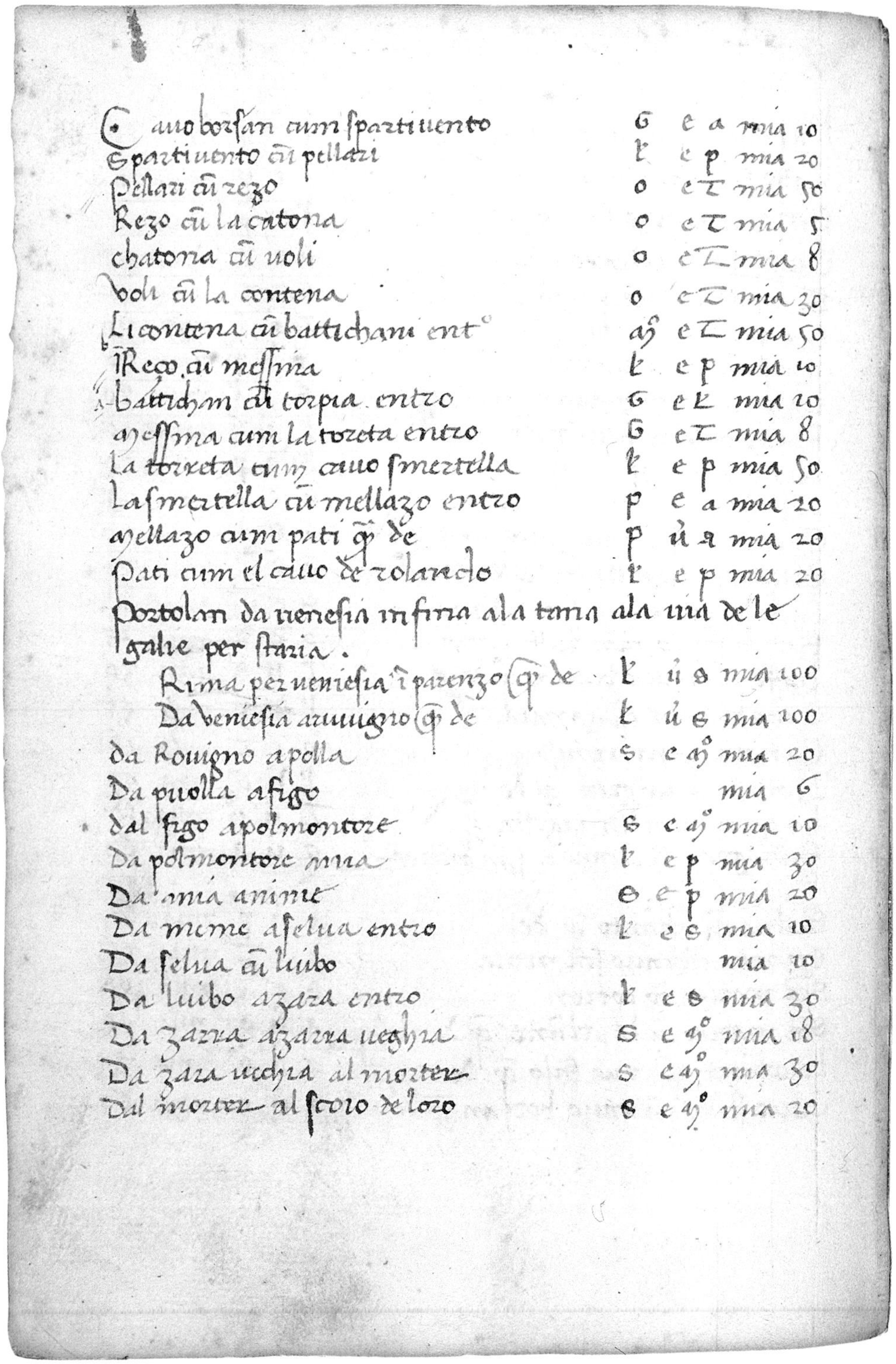

C auo borsan cum spartiuento G e a mia 10
Spartiuento cũ pellari L e p mia 20
Pellari cũ rezo o e T mia 50
Rezo cũ la catona o e T mia 5
chatona cũ uoli o e T mia 8
Voli cũ la contena o e T mia 30
Li contena cũ battichani ent° ag e T mia 50
Rego cũ messina L e p mia 10
battichani cũ torpia entro G e L mia 10
Messina cum la toreta entro G e T mia 8
La toreta cum cauo smertella L e p mia 50
La smertella cũ mellazo entro p e a mia 20
Mellazo cum pati q̃ de p ũ a mia 20
Pati cum el cauo de rolando L e p mia 20
Portolan da venesia in fina ala terra ala uia de le galie per staria.
Rima per uenesia ĩ parenzo q̃ de L ũ s mia 100
Da veniesia aruuigno q̃ de L ũ s mia 100
da Rouigno a polla S e ag mia 20
Da puolla a figo mia 6
dal figo a polmontore S e ag mia 10
Da polmontore mia L e p mia 30
Da mia anime O e p mia 20
Da meme a selua entro L e S mia 10
Da selua cũ liubo mia 10
Da liubo a zara entro L e S mia 30
Da zarra a zarra ueghia S e ag° mia 18
Da zara uechia al morter S e ag° mia 30
Dal morter al scoio de loro S e ag° mia 20

f. 208b

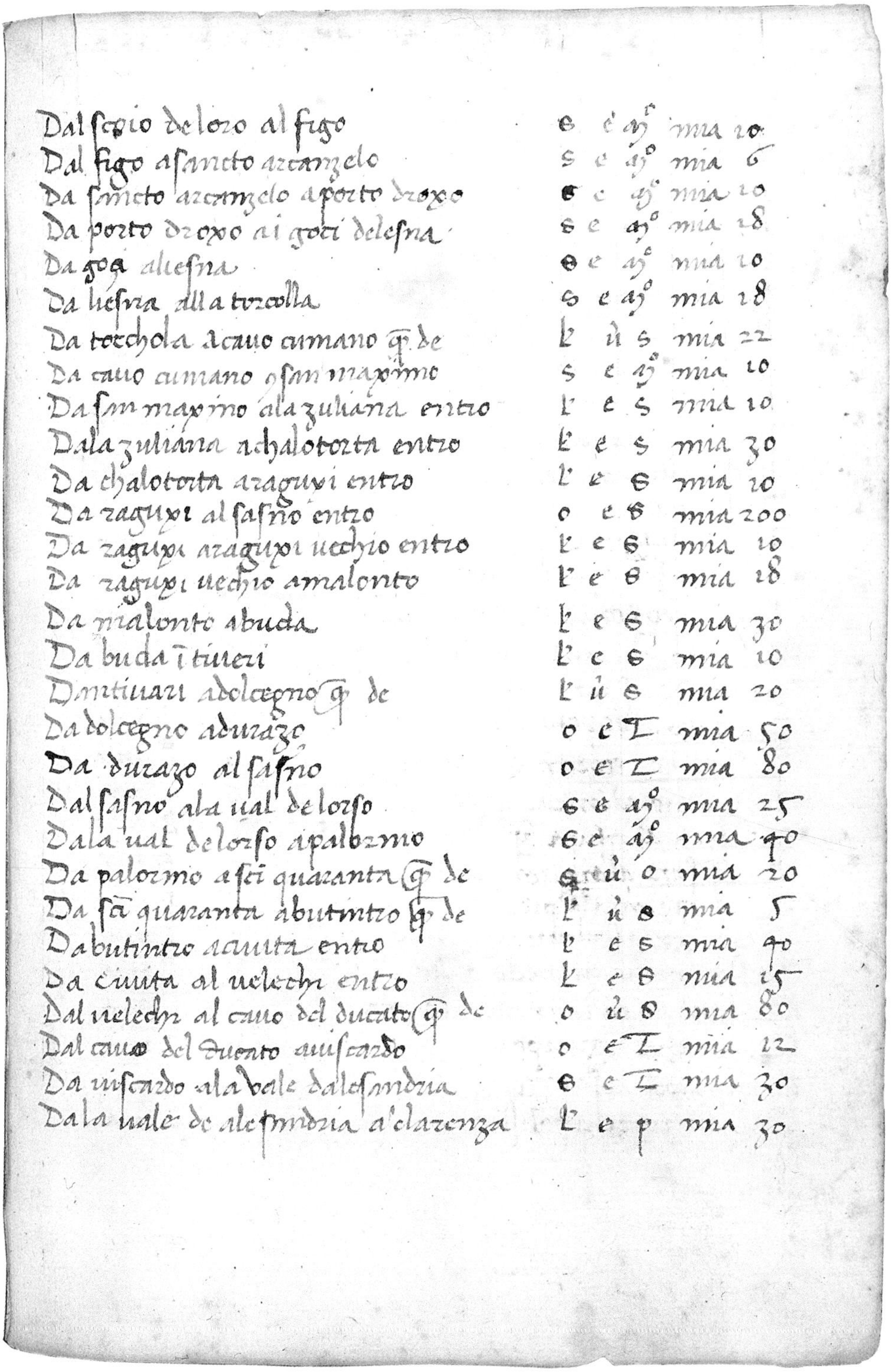

Dal scoio de loro al figo	s	e	a°	mia	10
Dal figo a sancto arcanzelo	s	e	a°	mia	6
Da sancto arcanzelo a porto droxo	s	e	a°	mia	10
Da porto droxo ai goti delesna	s	e	a°	mia	18
Da goça aliesna	s	e	a°	mia	10
Da liesna alla torcolla	s	e	a°	mia	18
Da torchola a cauo cumano q. de	l	ù	s	mia	22
Da cauo cumano a san maximo	s	e	a°	mia	10
Da san maxino ala zuliana entro	l	e	s	mia	10
Dala zuliana achalotorta entro	l	e	s	mia	30
Da chalotorta araguxi entro	l	e	s	mia	10
Da raguxi al sasno entro	o	e	s	mia	200
Da raguxi araguxi uechio entro	l	e	s	mia	10
Da raguxi uechio amalonto	l	e	s	mia	18
Da malonto abuda	l	e	s	mia	30
Da buda ī tiuari	l	e	s	mia	10
Da tiuari adolcegno q. de	l	ù	s	mia	20
Da dolcegno adurazo	o	e	t	mia	50
Da durazo al sasno	o	e	t	mia	80
Dal sasno ala ual de lorso	s	e	a°	mia	25
Dala ual de lorso apalormo	s	e	a°	mia	40
Da palormo a sā quaranta q. de	g	ù	o	mia	20
Da sā quaranta abutintro q. de	l	ù	s	mia	5
Da butintro aciuita entro	l	e	s	mia	40
Da ciuita al uelechi entro	l	e	s	mia	15
Dal uelechi al cauo del ducato q. de	o	ù	s	mia	80
Dal cauo del duento auiscardo	o	e	t	mia	12
Da uiscardo ala uale dalesandria	s	e	t	mia	30
Dala uale de alesandria a clarenza	l	e	p	mia	30

f. 209a

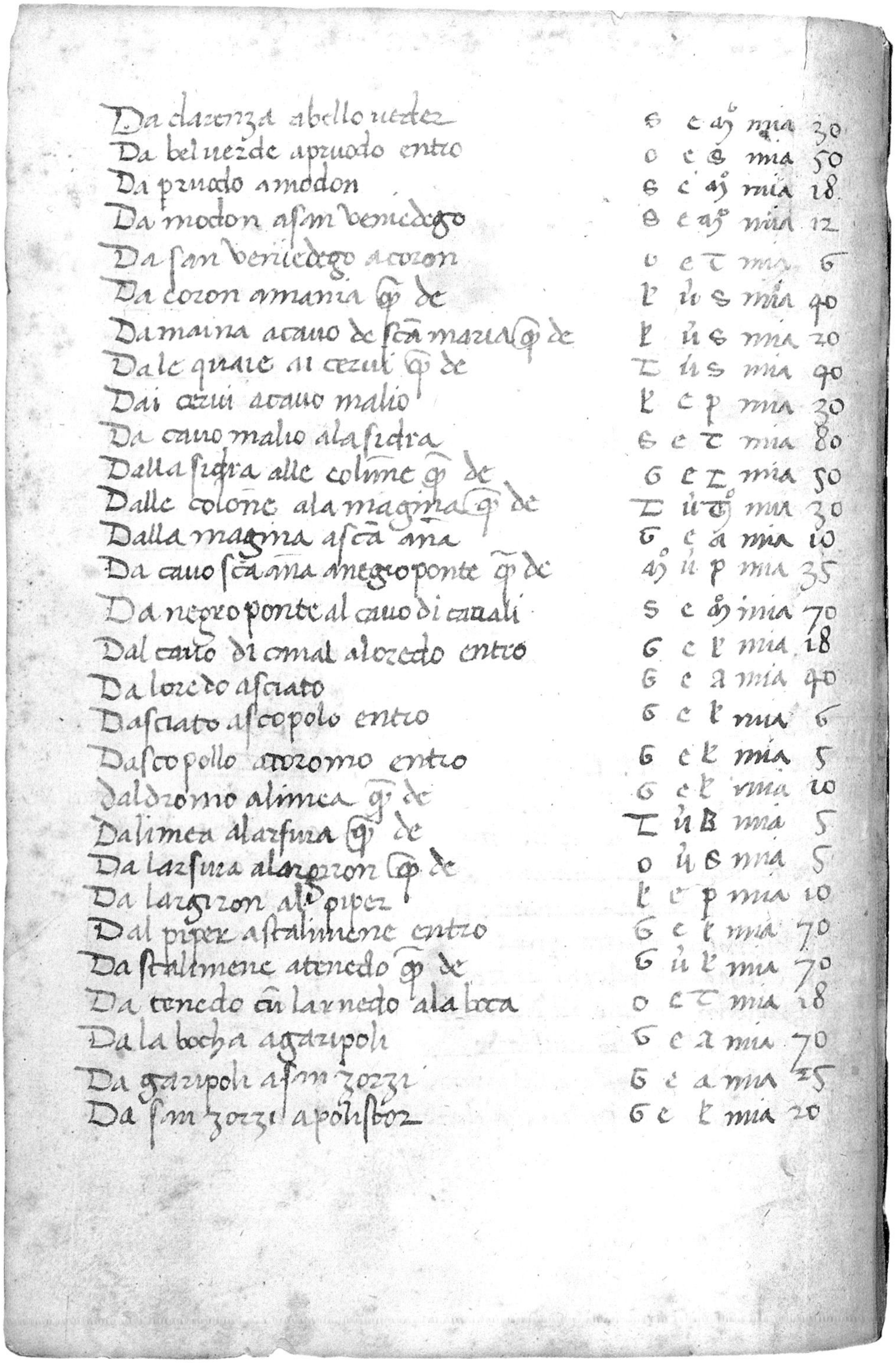

Da clarenza a bello vedere	s	e	a	mia 30
Da bel vedere a pruodo entro	o	e	s	mia 50
Da pruodo a modon	s	e	a	mia 18
Da modon a san benedego	s	e	a	mia 12
Da san benedego a coron	o	e	t	mia 6
Da coron a mania q. de	l	u	s	mia 40
Da maina a cavo de scta maria q. de	l	u	s	mia 20
Da le quaie ai cerui q. de	t	u	s	mia 40
Dai cerui a cavo malio	l	e	p	mia 30
Da cavo malio a la sidra	s	e	t	mia 80
Dalla sidra alle colone q. de	s	e	t	mia 50
Dalle colone a la magna q. de	t	u	s	mia 30
Dalla magna a scta ana	s	e	a	mia 10
Da cavo scta ana a negroponte q. de	a	u	p	mia 35
Da negroponte al cavo di cavali	s	e	a	mia 70
Dal cavo di caval a lorecdo entro	s	e	l	mia 18
Da lorecdo a sciato	s	e	a	mia 40
Da sciato a scopolo entro	s	e	l	mia 6
Da scopollo a dromo entro	s	e	l	mia 5
Da ldromo a limea q. de	s	e	l	mia 10
Da limea a la zsura q. de	t	u	s	mia 5
Da la zsura a larg[?]ron q. de	o	u	s	mia 5
Da largiron al piper	l	e	p	mia 10
Dal piper a stalimene entro	s	e	l	mia 70
Da stalimene a tenedo q. de	s	u	l	mia 70
Da tenedo cu larnedo a la bocha	o	e	t	mia 18
Da la bocha a garipoli	s	e	a	mia 70
Da garipoli a san zorzi	s	e	a	mia 25
Da san zorzi a polisbor	s	e	l	mia 20

f. 209b

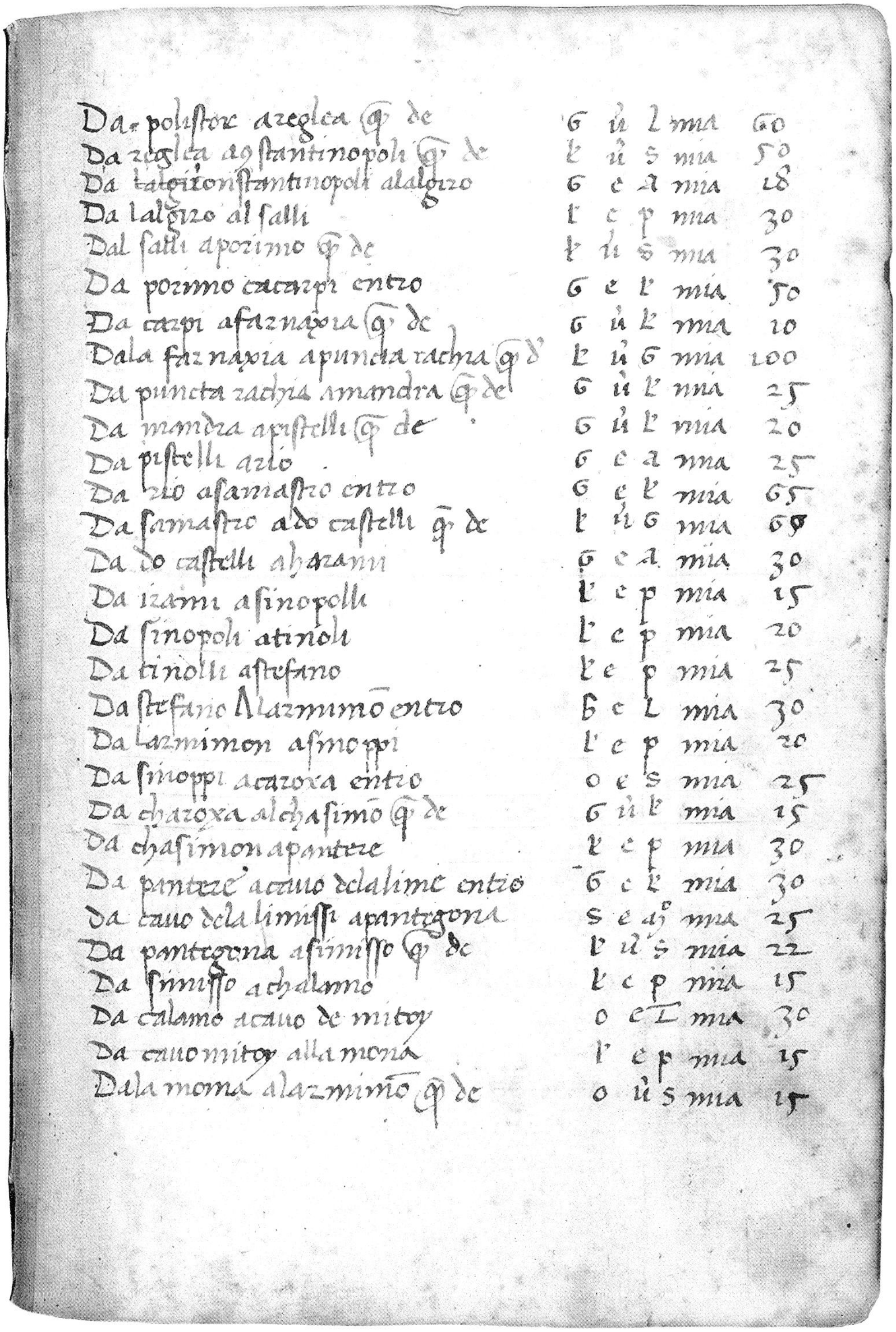

Da polistor a reglea q de	G ù L	mia	60
Da reglea a gostantinopoli q de	L ù S	mia	50
Da ~~talgiro~~ constantinopoli al algiro	G e A	mia	18
Da lalgiro al salli	L e P	mia	30
Dal salli a porimo q de	L ù S	mia	30
Da porimo a carpi entro	G e L	mia	50
Da carpi a farnaxia q de	G ù L	mia	10
Dala farnaxia a puncta rachia q de	L ù G	mia	100
Da puncta rachia a mandra q de	G ù L	mia	25
Da mandra a pistelli q de	G ù L	mia	20
Da pistelli a rio	G e A	mia	25
Da rio a samastro entro	G e L	mia	65
Da samastro a do castelli q de	L ù G	mia	60
Da do castelli a hazami	G e A	mia	30
Da izami a sinopolli	L e P	mia	15
Da sinopoli a tinoli	L e P	mia	20
Da tinolli a stefano	L e P	mia	25
Da stefano a lazmimo entro	G e L	mia	30
Da lazmimon a sinoppi	L e P	mia	20
Da sinoppi a carzoxa entro	O e S	mia	25
Da charzoxa al chasimo q de	G ù L	mia	15
Da chasimon a pantere	L e P	mia	30
Da pantere a cauo dela lime entro	G e L	mia	30
Da cauo dela limissi a pantegona	S e A°	mia	25
Da pantegona a simisso q de	L ù S	mia	22
Da simisso a chalamo	L e P	mia	15
Da calamo a cauo de mitoy	O e T	mia	30
Da cauo mitoy alla mona	L e P	mia	15
Dala mona a lazmimo q de	O ù S	mia	15

f. 210a

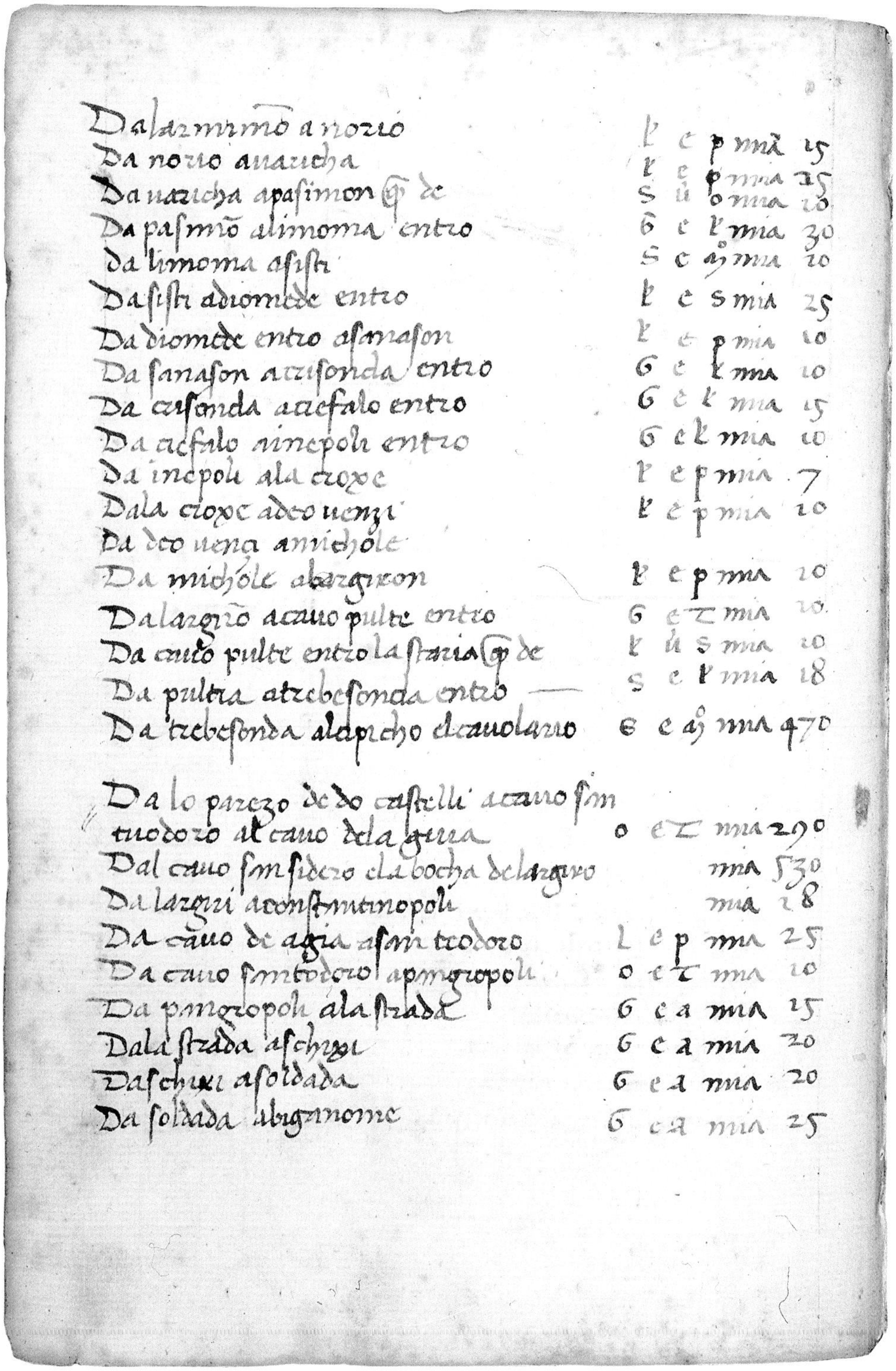

Dalarmirmo a norzo	l	e	p	mia 15
Da norzo anarecha	l	e	p	mia 25
Da narecha apasimon (...) de	S	ū	o	mia 20
Da pasmiō alimonia entro	G	e	l	mia 30
da limonia asisti	S	e	a	mia 10
Da sisti adiomede entro	l	e	s	mia 25
Da diomede entro asanason	l	e	p	mia 10
Da sanason acresonda entro	G	e	l	mia 10
Da cresonda acefalo entro	G	e	l	mia 15
Da cefalo aincepoli entro	G	e	l	mia 10
da incepoli ala croxe	l	e	p	mia 7
Dala croxe adeo uenzi	l	e	p	mia 10
Da deo uenci amichole				
Da michole alargiron	l	e	p	mia 10
Dalargiro acauo pulte entro	G	e	T	mia 10
Da cauo pulte entro la stania (...) de	l	ū	s	mia 10
Da pultra atrebesonda entro	S	e	l	mia 18
Da trebesonda alapicho elcauolario	G	e	a	mia 470
Da lo parezo dedo castelli acauo san				
teodoro al cauo dela gerra	o	e	T	mia 290
Dal cauo san sidero ela bocha delargiro				mia 530
Da largiri aconstantinopoli				mia 28
Da cauo de agia asan teodoro	l	e	p	mia 25
Da cauo santodoro apanegiropoli	o	e	T	mia 10
Da panegiropoli ala strada	G	e	a	mia 25
Dala strada aschiri	G	e	a	mia 20
Daschiri asoldada	G	e	a	mia 20
Da soldada abigrinome	G	e	a	mia 25

f. 210b

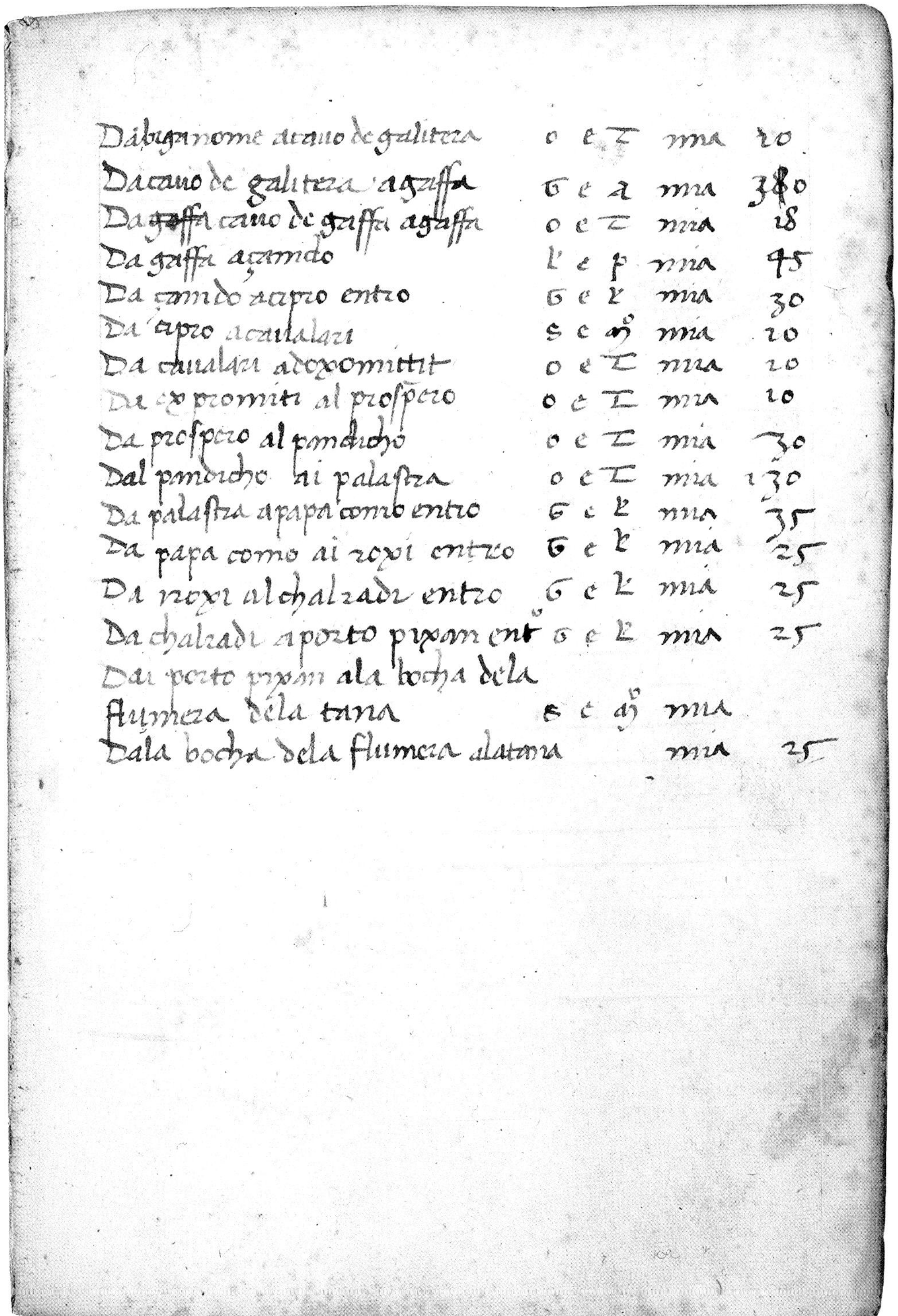

Da biganome a cavo de galitera	o e T	mia	20
Da cavo de galitera a gaffa	G e a	mia	380
Da gaffa cavo de gaffa a gaffa	o e T	mia	18
Da gaffa a zamdo	l' e p	mia	45
Da zamdo a capo entro	G e L	mia	30
Da capo a caulalari	s e a	mia	10
Da caulalari a coxomitti	o e T	mia	20
Da coxpromiti al prospero	o e T	mia	10
Da prospero al pandicho	o e T	mia	30
Dal pandicho ai palastra	o e T	mia	130
Da palastra a papa como entro	G e L	mia	35
Da papa como ai roxi entro	G e L	mia	25
Da roxi al chalzadi entro	G e L	mia	25
Da chalzadi a porto pixam ent	o e L	mia	25
Dai porto pixam ala bocha dela flumera dela tana	s e a	mia	
Dala bocha dela flumera ala tana		mia	25

f. 211a

f. 211b

f. 212a

f. 212b

f. 213a

f. 213b

f. 214a

f. 214b

f. 215a

f. 216b

f. 217a

f. 217b

f. 218a

f. 218b

f. 219a

f. 219b

f. 220a

f. 220b

f. 221a

f. 221b

f. 222a

f. 222b

f. 223a

f. 223b

f. 224a

f. 224b

f. 225a

f. 225b

f. 226a

f. 226b

f. 227a

f. 227b

f. 228a

f. 228b

f. 229a

f. 229b

f. 230a

f. 230b

f. 231a

f. 231b

f. 232a

f. 232b

f. 233a

f. 234b

f. 235a

f. 235b

f. 236a

f. 236b

f. 237a

f. 237b

f. 238a

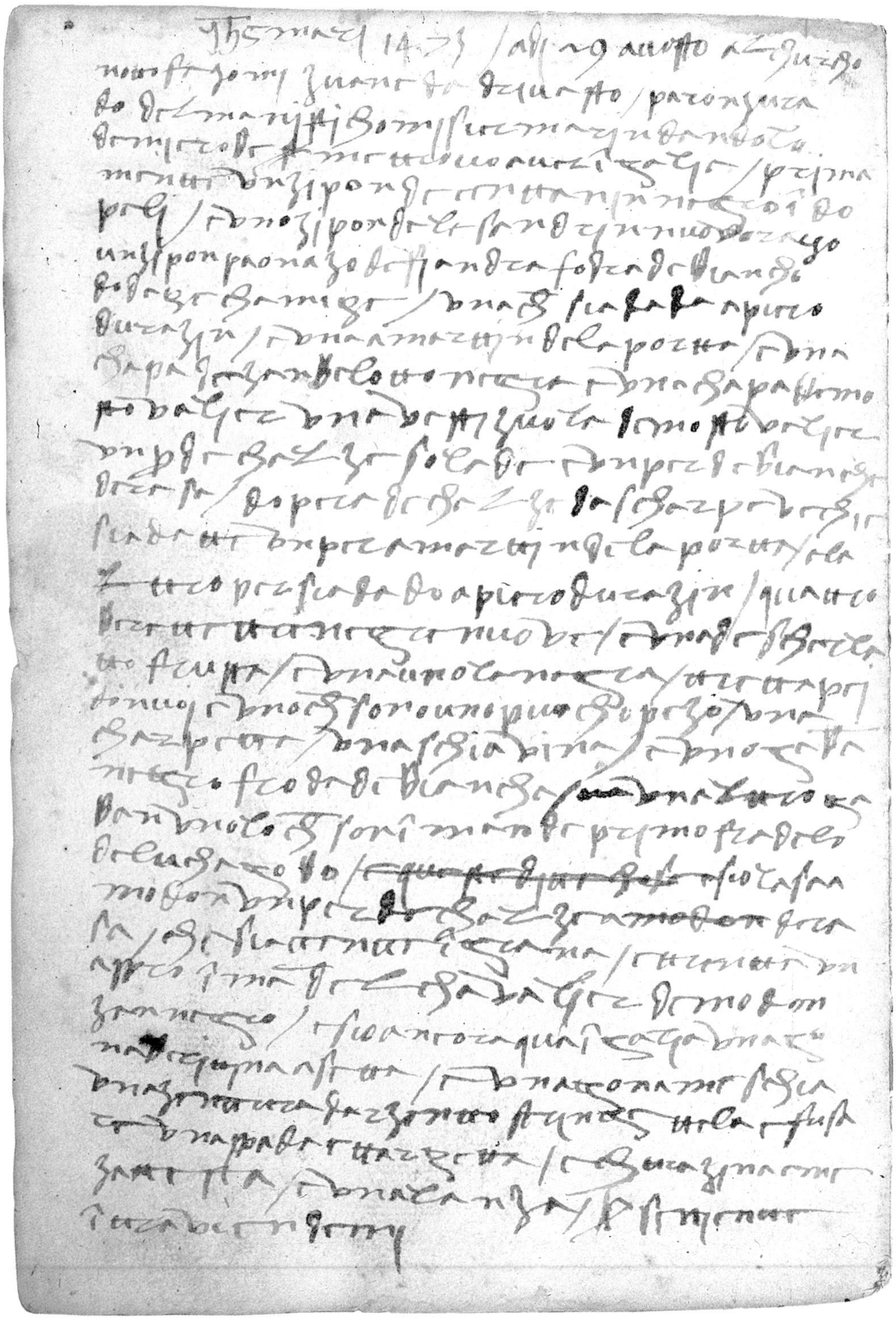

f. 238b

f. 239a

f. 239b

f. 240a

f. 240b

f. 241a

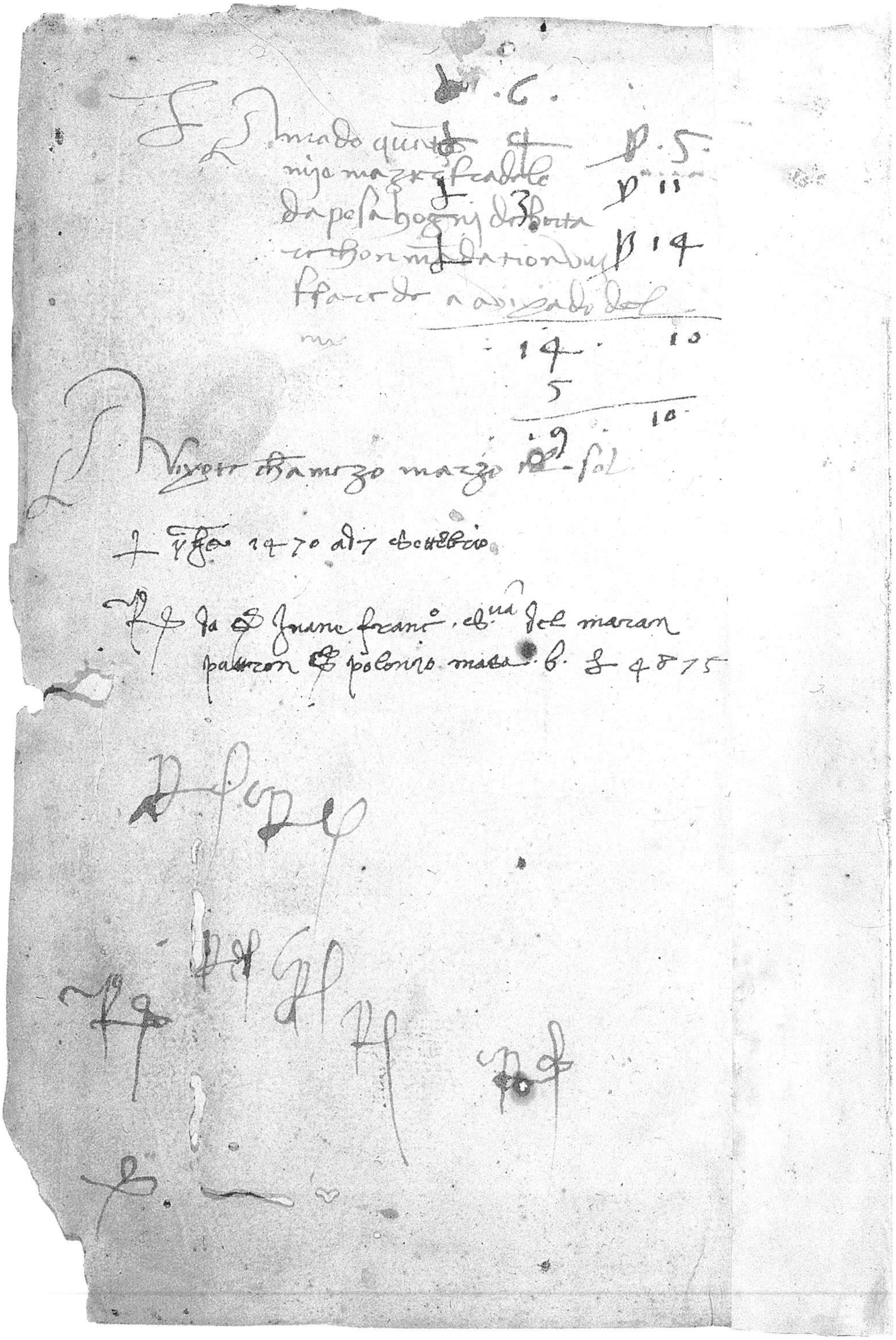

f. 241b

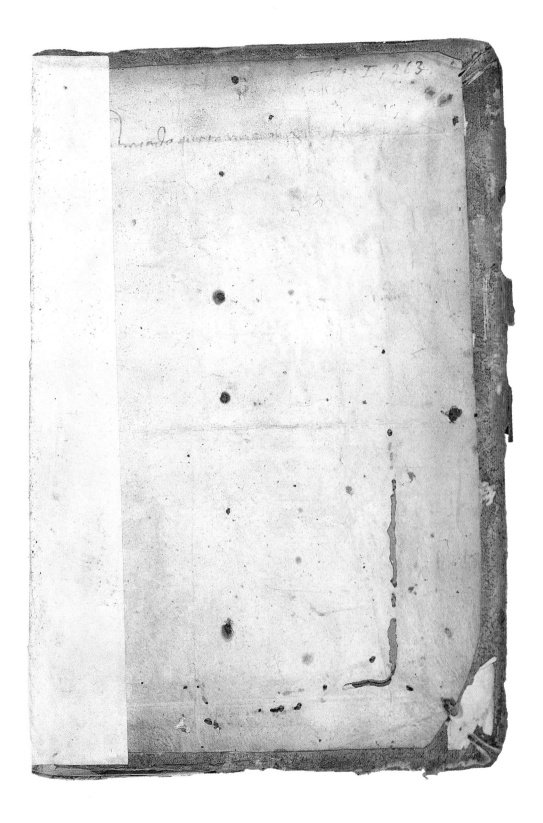

Additional Documents

1. Will of Cataruccia of February 5, 1432. Archivio di Stato di Venezia, Notai di Venezia, Testamenti, B. 576 (Nicolò Gruato), #121.

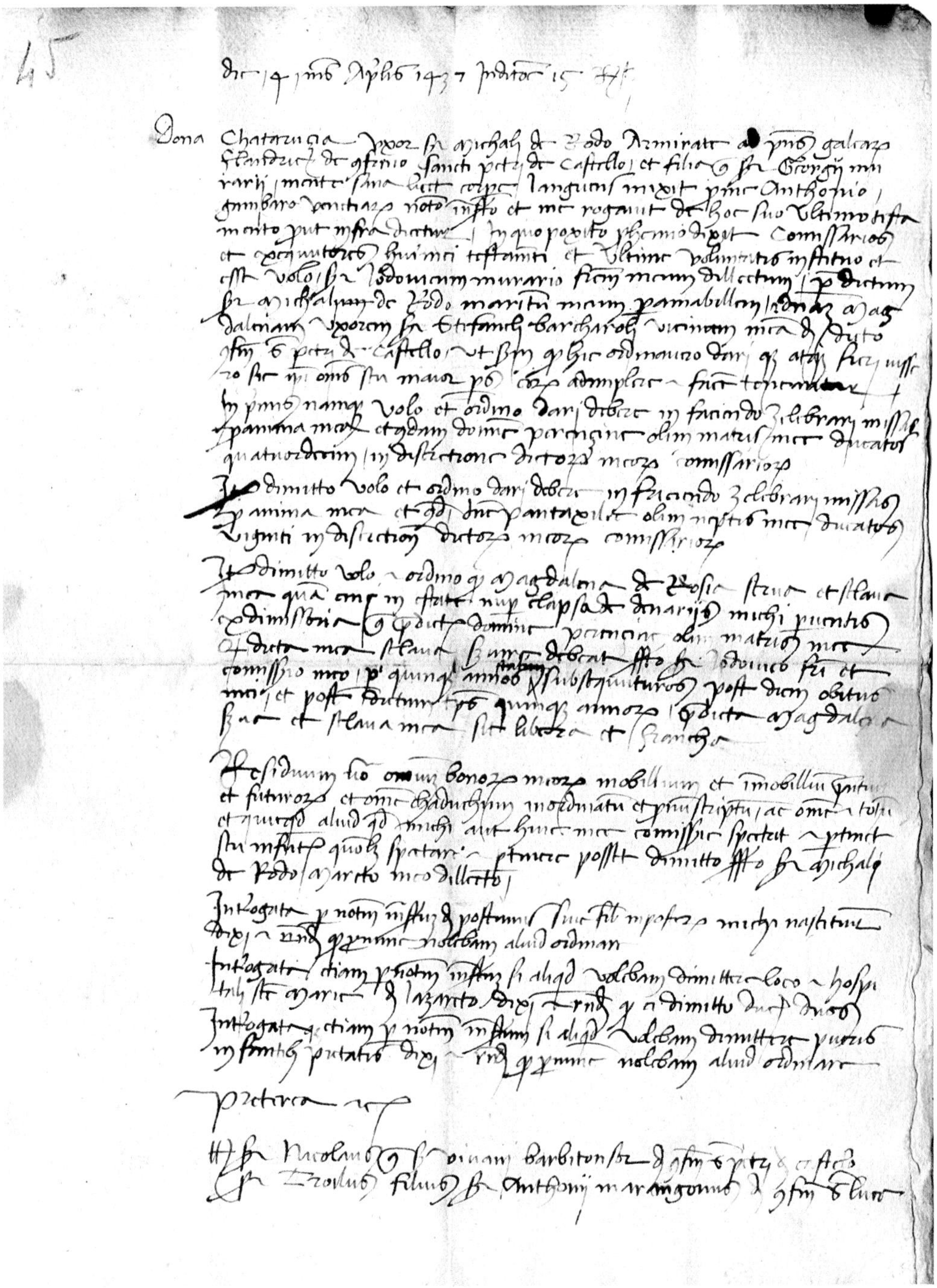

2. Will of Cataruccia of April 4, 1437. Archivio di Stato di Venezia, Notai di Venezia, Testamenti, B. 558a (Antonio Gambaro), #45.

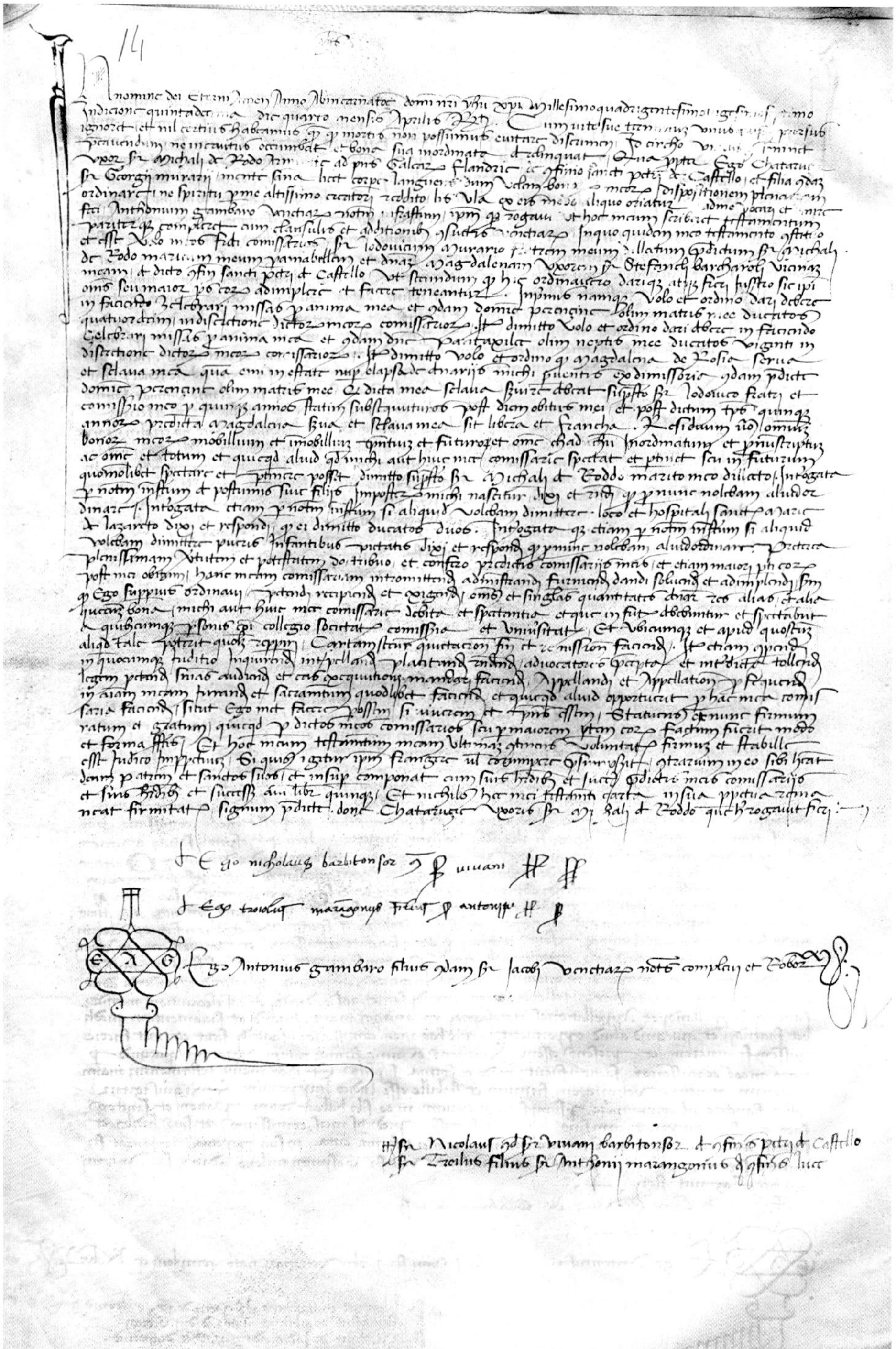

3. Will of Cataruccia of April 4, 1437. Archivio di Stato di Venezia, Notai di Venezia, Testamenti, B. 559 (Antonio Gambaro), prot. 1, fol. 8v, #14.

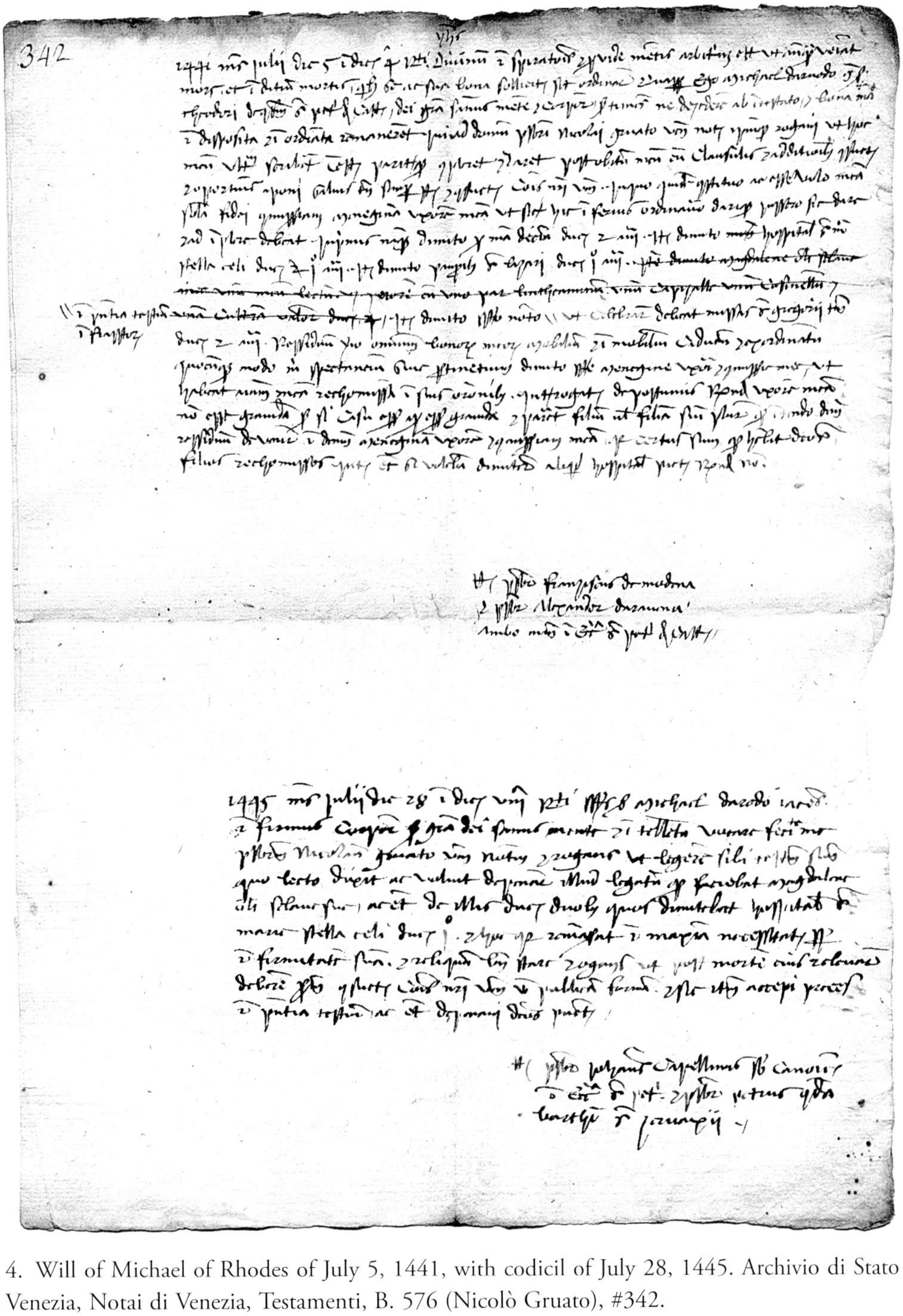

4. Will of Michael of Rhodes of July 5, 1441, with codicil of July 28, 1445. Archivio di Stato di Venezia, Notai di Venezia, Testamenti, B. 576 (Nicolò Gruato), #342.

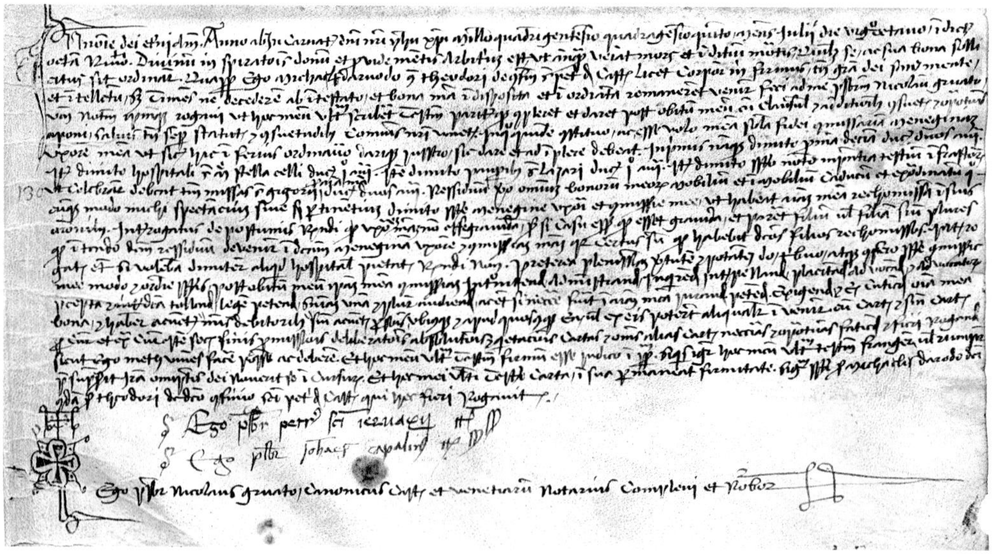

5. Will of Michael of Rhodes of July 28, 1445. Archivio di Stato di Venezia, Notai di Venezia, Testamenti, B. 576 (Nicolò Gruato), parchment notebook, fol. 65, #130.

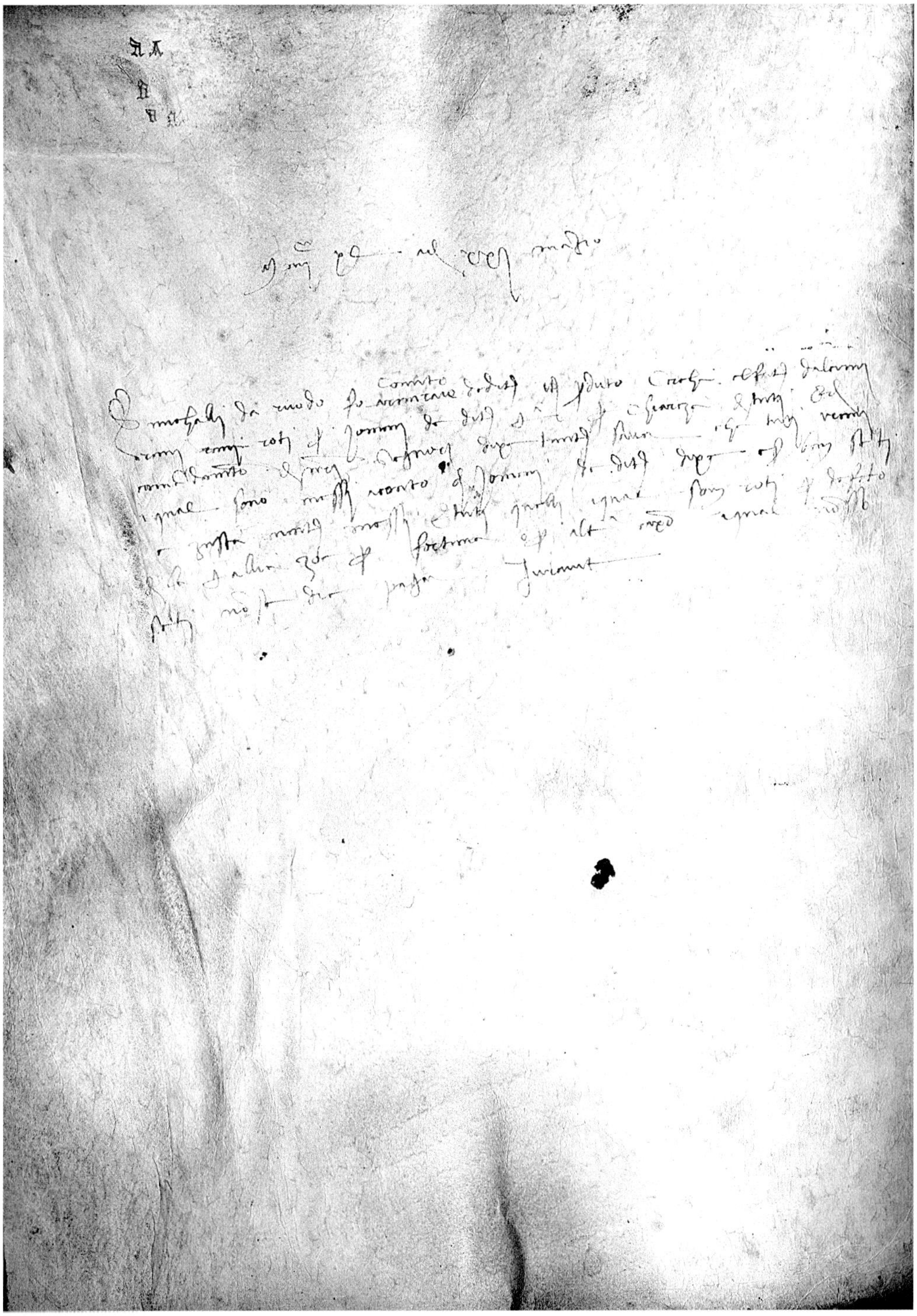

6. Note concerning Michael's responsibility for missing oars from his voyage to Constantinople in 1440. Archivio di Stato di Venezia, Spirito Santo, Pergamene, B. 4, inside front cover.